Springer-Lehrbuch

Reiner M. Dreizler · Cora S. Lüdde

Theoretische Physik 3

Quantenmechanik 1

Mit 171 Abbildungen, 9 Tabellen
und einer CD-ROM

Professor Dr. Reiner M. Dreizler
Cora S. Lüdde

Johann Wolfgang Goethe Universität Frankfurt/Main
Fachbereich Physik, Institut für Theoretische Physik
Max-von-Laue-Straße 1
60438 Frankfurt/Main

dreizler@th.physik.uni-frankfurt.de
cluedde@th.physik.uni-frankfurt.de

Bibliografische Information der Deutschen Bibliothek
Die Deutsche Bibliothek verzeichnet diese Publikation in der Deutschen Nationalbibliografie; detaillierte bibliografische Daten sind im Internet über <http://dnb.ddb.de> abrufbar.

ISBN 978-3-540-48801-9 Springer Berlin Heidelberg New York

Springer ist ein Unternehmen von Springer Science+Business Media

springer.de

Satz und Herstellung: LE-TEX Jelonek, Schmidt & Vöckler GbR, Leipzig
Umschlaggestaltung: WMXDesign GmbH, Heidelberg

Gedruckt auf säurefreiem Papier 56/3180/YL – 5 4 3 2 1 0

Vorwort

Experimente, die gegen Ende des neunzehnten und zu Anfang des zwanzigsten Jahrhunderts ausgeführt wurden, haben eine Wende in der Physik eingeleitet. Ein fest etabliertes Bild der unbelebten Natur und wohldefinierte Begriffe wurden in Frage gestellt. Man fand, dass sich elektromagnetische Wellen wie Teilchen verhalten (z. B. im Photoeffekt und im Comptoneffekt) und dass Teilchen (z. B. Elektronen bei der Beugung an Kristallgittern) Welleneigenschaften aufweisen. Ein Umbruch zeichnete sich auch an anderen Stellen, wie in der Erklärung der Spektralverteilung der Hohlraumstrahlung oder in den noch nicht verstandenen Gesetzmäßigkeiten im Linienspektrum des Wasserstoffatoms, ab. Es währte gut 25 Jahre bis man die duale Struktur der Natur (nicht Welle *oder* Teilchen, sondern Welle *und* Teilchen) verstand und mathematisch in der Schrödingergleichung gefasst hatte. In diesen 25 Jahren fand eine lebhafte, zuweilen auch erbitterte, Diskussion um die Interpretation der Aussagen der Quantenmechanik statt, eine Diskussion, die auch heute noch nicht abgeschlossen ist und in der die lange Tradition von Gedankenexperimenten zur Quantenmechanik begründet wurde.

Eines der frühsten Gedankenexperimente, unter der Bezeichnung 'Schrödingers Katze', nimmt Bezug auf die Wahrscheinlichkeitsinterpretation der Quantenmechanik: Ein Tier, bei Schrödinger eine Katze, befindet sich in einem geschlossenen Käfig, in dem zufallsgesteuert ein Tötungsmechanismus aktiviert wird. Entsprechend der Sprache der Quantenmechanik gibt es zwei Zustände

- das Tier lebt, beschrieben durch die Wellenfunktion ψ_v ,
- das Tier ist tot, mit der zugehörigen Wellenfunktion ψ_m .

Anfänglich ($t = 0$) lebt das Tier. Im Verlauf der Zeit muss man, wenn man, wie in der Quantenmechanik, die Gültigkeit einer linearen Wellengleichung voraussetzt, die Situation durch die Wellenfunktion

$$\psi(t) = a_v(t)\psi_v + a_m(t)\psi_m$$

beschreiben. Die Funktionen

$$a_v(t) \quad \text{und} \quad a_m(t)$$

beziehungsweise deren Betragsquadrate

$$|a_v(t)|^2 \quad \text{und} \quad |a_m(t)|^2 \qquad \text{z. B. mit} \qquad |a_v(t)|^2 + |a_m(t)|^2 = 1$$

werden durch die Zufallssteuerung bestimmt. Offensichtlich bringt diese Wellenfunktion ein Paradoxon zum Ausdruck. Das Tier kann nicht gleichzeitig tot und lebendig sein. Trotzdem kann man der Wellenfunktion einen Sinn verleihen. Sie beschreibt das Ergebnis, dass man erwarten kann, wenn man nach der Zeit t den Käfig öffnet. Die Größe $|a_v(t)|^2$ beschreibt die Wahrscheinlichkeit, das Tier zu diesem Zeitpunkt lebend anzutreffen. Das bedeutet, man findet bei N Versuchen (in Gedanken!) $N_v(t) = N\,|a_v(t)|^2$ mal zu dem Zeitpunkt t ein lebendes Tier. Die Größe $|a_m(t)|^2$ beschreibt die komplementäre Wahrscheinlichkeit, ein totes Tier zu finden.

Da man über eine Wahrscheinlichkeit spricht und nicht über Gewissheit, gibt es eine Streuung der 'Messergebnisse', die anhand der Funktion $\psi(t)$ zu definieren ist. Die Quintessenz der Überlegung ist die Aussage, dass die Wellenfunktion selbst nur ein Hilfsmittel ist, um die Zeitentwicklung des Systems zu beschreiben. Nur aus dem Betragsquadrat der Wellenfunktion (und aus anderen mathematischen Konstrukten mit der Wellenfunktion) kann man statistische Informationen über die Ergebnisse von Experimenten gewinnen. Diese Interpretation der Lösungen von Wellengleichungen wurde 1926 von Max Born vorgeschlagen. Borns Hypothese wurde über einen Zeitraum von 50 Jahren mit Erfolg eingesetzt. Sie konnte jedoch, infolge von hohen experimentellen Anforderungen, erst seit dem Jahr 1974 in direkter Weise überprüft werden.

Der einwandfreie Nachweis des Welle-Teilchen Dualismus ist das Ziel eines weiteren Gedankenexperiments, das von J.A. Wheeler vorgeschlagen wurde. In einem Interferometer können Quantenteilchen 'geteilt' werden, so dass die 'Teile' gleichzeitig die zwei Arme des Interferometers durchlaufen. Am Ausgang des Interferometers haben die Experimentatoren die Wahl (gesteuert durch die Erzeugung von Zufallszahlen), die Teile zur Interferenz zu bringen oder nachzuweisen, welchen Arm *das* Teilchen durchlaufen hat. Das letzte dieser Interferometerexperimente von einer französischen Gruppe um J. F. Roch (Science **315**, 2007, S. 966) zeigt, dass einzelne Photonen sich je nach der *momentan* angebotenen, experimentellen Situation entweder wie Teilchen oder wie eine Welle verhalten.

Die Tatsache, dass die Quantenmechanik der Schlüssel zum Verständnis der Mikrowelt von Festkörpern bis zu Elementarteilchen ist und die Notwendigkeit, ein außergewöhnlich breites Gebiet darzustellen, bedingt die Aufteilung des Stoffes in zwei Bände. In dem vorliegenden Band werden die Grundlagen gelegt, das Handwerkszeug aufbereitet und die ersten Gehversuche unternommen. Ausgangspunkt ist die Diskussion einer Auswahl von Experimenten, die zu dem Bruch mit der klassischen Physik führten, sowie eines ersten Versuchs, die neue Physik – in dem Bohrschen Atommodell – zu erfassen (Kap. 1). Der Aufstellung und der einführenden Diskussion der

Schrödingergleichung (Kap. 3) ist eine kurze Ausführung über Materiewellen auf der Basis der de Broglie Relation sowie der Bornschen Wahrscheinlichkeitsinterpretation vorangestellt (Kap. 2). Eine anschließende Aufgabe ist die Diskussion von Observablen in Quantensystemen. Allen Observablen wie Energie, Impuls, Drehimpuls etc. sind Operatoren zugeordnet, deren Mittelwerte und mittlere quadratische Abweichungen oder Eigenwerte eine Anbindung der Lösung der Schrödingergleichung an das Experiment ermöglichen (Kap. 4).

Die Praxis der Quantenmechanik, die explizite Lösung der Schrödingergleichung, wird in Kap. 5 für die Bewegung eines Quantenteilchen in Potentialen in einer Raumdimension eingeleitet. Auch in einer Raumdimension kann man alle Manifestationen der Quantenwelt, wie stationäre und Streuprobleme mit Tunneleffekten und Resonanzstrukturen, aufzeigen. Besprochen wird eine Auswahl von stückweise stetigen Potentialen und einige Facetten des harmonischen Oszillatorproblems, so auch die Möglichkeit ein Quantenteilchen in einem Oszillatorpotential wirklich oszillieren zu lassen.

In dem folgenden Kapitel (Kap. 6) werden Beispiele mit kugelsymmetrischen Potentialen vorgestellt. Infolge der Separation in sphärischen Polarkoordinaten steht letztlich wieder ein eindimensionales Problem zur Diskussion, wenn auch mit veränderten Randbedingungen. Die Beispiele in diesem Kapitel stellen eine Basis für viele weitere Anwendungen der Quantenmechanik dar. So ist das Coulomb- oder Wasserstoffproblem der Ausgangspunkt für das Verständnis der Welt der Atome. Den harmonischen Oszillator (nun dreidimensional) findet man in der Festkörper-, der Molekül- und der Kernphysik wieder. Die Lösung der (potential-) freien Schrödingergleichung in Kugelkoordinaten bereitet die Fassung von quantenmechanischen Streuproblemen vor.

Ein detaillierter Vergleich von einfacher Theorie und Experiment für das Wasserstoffatom oder wasserstoff-ähnliche Ionen zeigt auf, dass 'innere Freiheitsgrade' des Elektrons berücksichtigt werden müssen. Der Spinfreiheitsgrad wird in Kap. 7 diskutiert, mathematisch gefasst und bei der Erweiterung der Schrödingergleichung zur Pauligleichung eingesetzt. Als Beispiele werden der normale Zeemaneffekt, das heißt die Aufspaltung von atomaren Spektrallinien in Magnetfeldern, besprochen und die Kopplung von Spin und Bahnbewegung aufbereitet.

Auf der Basis der expliziten Beispiele kann in Kap. 8 die formale Fassung der Quantenmechanik dargelegt werden. In der Darstellungstheorie wird mit der Hilfe des Konzeptes des Hilbertraums das abstrakte Gerüst der Quantenmechanik erarbeitet und anhand der Impulsdarstellung illustriert. Die sogenannte Diracschreibweise ist das Werkzeug für eine weitergehende Abstraktion. Die formale Fassung wird in Kap. 9 durch die Diskussion der verschiedenen Operatortypen, die in der Quantenmechanik Anwendung finden, untermauert.

Eine Rückkehr zur Praxis der Quantenmechanik findet in Kap. 10 statt. Hier wird das Spin-Bahn Problem näher analysiert und eine erste Möglichkeit zur Diskussion der Kopplung von Drehimpulsen (in der Form von Spin und Bahndrehimpuls) in der Quantenmechanik genutzt.

Die nächsten zwei Kapitel befassen sich mit Näherungsmethoden. In Kap. 11 wird die stationäre Störungstheorie, die Korrektur von Energieniveaus aufgrund von zusätzlichen 'schwachen' Potentialen, behandelt. Beispiele sind leicht anharmonische Oszillatoren und der Starkeffekt mit einem Wasserstoffatom in einem äußeren elektrischen Feld. Bei der Diskussion der zeitabhängigen Störungstheorie in Kap. 12 ist das Thema die Anregung (und Abregung) von Quantensystemen durch eine kurzzeitige Störung, wie ein elektromagnetisches Wellenpaket, beziehungsweise eine nicht so kurze monochromatische elektromagnetische ebene Welle.

Vielteilchenaspekte werden einführend in Kap. 13 und 14 angesprochen. Auf die Auseinandersetzung mit der Permutationssymmetrie und dem Pauliprinzip folgt eine ausführlichere Diskussion des Heliumspektrums. Anhand dieses Themas, an dem in den zwanziger Jahren des letzten Jahrhunderts die Erweiterung des Bohrschen Quantenmodells gescheitert ist, kann man sowohl die Auswirkungen des Pauliprinzips als auch eine erste Bekanntschaft mit Vielteilchenmethoden vermitteln.

Den Abschluss dieses Bandes bildet ein Kapitel (Kap. 15) mit der Überschrift 'Reale Coulombsysteme', in dem, wenn auch in geraffter Form, ein Überblick über den theoretischen Zugang zu den drei klassischen Coulombsystemen: Atome, Moleküle und Festkörper angeboten wird.

Wie die schon erschienenen Bände dieser Reihe wird auch der dritte Band durch eine CD ergänzt. Auf der CD findet man:

- Detailrechnungen und Kommentare, auf die in dem Text mit ◉ D.tail xx hingewiesen wird.
- 54 Aufgaben mit expliziten Lösungen sowie alternativ einem Weg zu der Lösung durch einen Frage- und Antwortkatalog.
- Die mathematischen Ergänzungen zu Band 3 (im Text mit ◉ Math.Kap. xx gekennzeichnet), in denen die Themen Randwertprobleme, eine Ergänzung der Liste der speziellen Funktionen der mathematischen Physik sowie das numerische Problem der Matrixdiagonalisierung vorgestellt werden.
- Mathematische Ergänzungen, in denen das Hintergrundmaterial zu Band 1 und Band 2 dargestellt wird.

In dem Folgeband zu dem Thema Quantenmechanik (Band 4 dieser Reihe) werden, auf einem fortgeschritteren Niveau, die folgenden Themen behandelt:

- Die quantenmechanische Streutheorie (von der Potentialstreuung bis zur T- und S-Matrix),
- das quantenmechanische Vielteilchenproblem (die zweite Quantisierung, die Dysongleichung und die Arbeitspferde Hartree-Fock Verfahren und Dichtefunktionaltheorie),

- Gruppentheorie und Quantenmechanik (die unitären Gruppen SU_2, die isomorph zu der Drehgruppe $\mathcal{R}_3$ ist, und die für die Quantenchromodynamik wichtige Gruppe SU_3),
- relativistische Quantenmechanik (von der Diracgleichung in Richtung Quantenfeldtheorie).

Wir danken allen, die uns bei der Fertigstellung des dritten Bandes unterstützt haben, insbesondere Prof. E. Engel für numerische Resultate, die in Kap. 15 benutzt wurden, und Prof. T. Kirchner für hilfreiche Bemerkungen zu der ersten Version des Manuskriptes.

Frankfurt am Main, den 3. Juli 2007

Reiner Dreizler
Cora Lüdde

Inhaltsverzeichnis

1 Vorbemerkungen

In der Quantenmechanik werden die Gesetzmäßigkeiten erfasst, die den Aufbau und die Struktur der Materie (Kerne, Atome, Moleküle, Festkörper) bedingen. In dieser Mikrowelt (mit Objekten oder Abständen kleiner als 10^{-6} cm) treten, wie im Bereich extremer Geschwindigkeiten, Phänomene auf, die aus der Sicht der alltäglichen Erfahrung nicht verständlich sind, so z. B.

- Für ein klassisches Teilchen (einen Massenpunkt) ist der Zustand der Ruhe möglich. Die Position eines Massenpunktes ändert sich, aus der Sicht eines vorgegebenen Inertialsystems, nicht mit der Zeit. Ein quantenmechanisches Teilchen ist hingegen, notwendigerweise, immer in Bewegung.
- Klassische Teilchen besitzen zu jedem Zeitpunkt wohldefinierte Werte der dynamischen Variablen. Läuft ein klassisches Teilchen mit einer vorgegebenen Energie gegen eine Potentialbarriere an, so wird es von der Barriere reflektiert, falls die kinetische Energie des Teilchens kleiner als die maximale potentielle Energie der Barriere ist ($T < V_{\text{max}}$). Ein quantenmechanisches Teilchen kann in der gleichen Situation, mit einer gewissen Wahrscheinlichkeit, durch die Barriere tunneln (Abb. 1.1). Dies ist möglich, da für Quantenteilchen zwar wohldefinierte Werte für die Gesamtenergie nicht aber für die kinetische bzw. die potentielle Energie vorliegen.

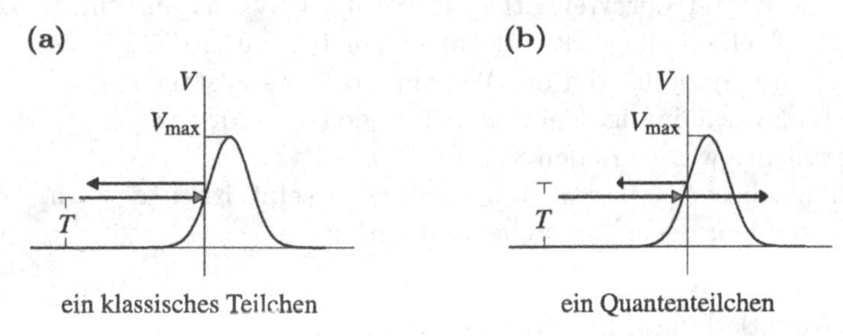

Abb. 1.1. Zum Tunneleffekt

Beide Quantenphänomene sind Konsequenzen der Heisenbergschen Unschärferelation, die Einschränkungen für mögliche Messprozesse an Quantensystemen zum Ausdruck bringt.

Die Geschichte der Quantenmechanik beginnt im Oktober 1900 mit den Arbeiten von Max Planck zu der Theorie der elektromagnetischen Strahlung 'schwarzer Körper'. Die Diskussion der Hohlraumstrahlung beinhaltet jedoch einige Aspekte, die nicht zu einer *Einführung* in das Thema Quantenmechanik geeignet sind[1]. Aus diesem Grund ist es nützlicher, eine Auswahl von Experimenten an den Anfang der Betrachtungen zu stellen, die, anschließend an die Arbeiten von M. Planck, die Entwicklung der Quantenmechanik eingeleitet haben. Die Zielsetzung dieser Experimente kann man in der Frage zusammenfassen: 'Handelt es sich bei dem beobachteten Phänomen um Strahlung oder um Materie?' oder direkter

Ist das beobachtete Objekt eine 'Welle' oder ein 'Teilchen'?

Anhand einer Auswahl von Experimenten mit elektromagnetischer Strahlung und mit Elektronen kann man feststellen, dass die klassische Unterteilung der physikalischen Welt in Strahlung oder Materie nicht haltbar ist. Je nach Art des Experiments kann sich klassische Strahlung wie ein Teilchen (Kap. 1.1) bzw. ein Teilchen wie klassiche Strahlung (Kap. 1.2) verhalten. Die Wellennatur des Elektrons, die sich in diesen Experimenten offenbart, wurde schon in der Quantisierungsvorschrift des Bohrschen Modells des Wasserstoffatoms, das in Kap. 1.3 betrachtet wird, vorweggenommen. Wie der Weg von der alten Quantentheorie zu einer modernen Fassung aussehen kann, wird in einer kurzen Vorschau (Kap. 1.4) skizziert.

1.1 Experimente mit elektromagnetischer Strahlung: Welle oder Teilchen?

Diese Frage wurde schon im 17. und 18. Jahrhundert bezüglich der Natur des Lichtes gestellt: Besteht das Licht aus Teilchen (Korpuskeln) oder stellt es ein Wellenphänomen dar? Die Vertreter der Korpuskulartheorie wurden von I. Newton, die Vertreter der Wellentheorie von C. Huygens angeführt. Bis zu dem Jahr 1900 schien eine Antwort (nicht zuletzt durch die Erfolge der Maxwellschen Theorie) zugunsten der Wellentheorie festzustehen. Doch genau die gleiche Frage trat infolge der Betrachtungen von M. Planck und der späteren Experimente wieder in den Vordergrund.

Bevor man sich mit diesen Experimenten auseinandersetzt, ist es nützlich, die beiden Begriffe, die hier gegenüberstehen, zu klären:

- Ein *Teilchen* ist ein *lokalisierbares* Objekt, im Idealfall ist es punktförmig (Massenpunkt, Punktladung). Es wird durch innere Eigenschaften wie Masse und Ladung (notfalls mit einer entsprechenden Verteilung) und

[1] Die Diskussion erfordert die Aufbereitung der Quantenstatistik. Eine abgekürzte Version findet man in Kap. 15.3.1.

durch mechanische Begriffe wie Energie, Impuls und Drehimpuls charakterisiert. Seine Bewegung beschreibt man (im Idealfall) durch eine Bahngleichung

$$\boldsymbol{r} = \boldsymbol{r}(t)\,.$$

- Eine *Welle* entspricht dem zeitlich veränderlichen Bewegungszustand eines Mediums. Beispiele sind Wasser- oder Schallwellen. Im Fall von elektromagnetischen Wellen ist man gezwungen, von dem Begriff des Mediums zu abstrahieren. Man stellt sich vor, dass der Raum von zeitlich veränderlichen Feldern erfüllt ist, die keinen substantiellen Träger benötigen. Der Idealfall einer ebenen Welle ist *nicht lokalisiert*, eine ebene Welle erfüllt den gesamten Raum. Innere Eigenschaften einer ebenen Welle sind Wellenlänge und Frequenz. Wellen besitzen jedoch auch mechanische Eigenschaften. Sie speichern, bzw. transportieren Energie. So kann man für elektromagnetische Wellen eine Energiedichte (hier und im Weiteren werden CGS Einheiten benutzt[2])

$$w(\boldsymbol{r},t) = \frac{1}{8\pi}\left[\boldsymbol{E}(\boldsymbol{r},t)\cdot\boldsymbol{D}(\boldsymbol{r},t)^* + \boldsymbol{B}(\boldsymbol{r},t)\cdot\boldsymbol{H}(\boldsymbol{r},t)^*\right]$$

und einen Energiefluss (bzw. eine Impulsdichte)

$$\boldsymbol{S}(\boldsymbol{r},t) = \frac{c}{4\pi}\left[\boldsymbol{E}(\boldsymbol{r},t)\times\boldsymbol{H}(\boldsymbol{r},t)^*\right]$$

angeben. Das Äquivalent der Bahngleichung ist die Wellenfunktion $\psi(\boldsymbol{r},t)$, bzw. entsprechende Vektorgrößen wie das elektrische $\boldsymbol{E}(\boldsymbol{r},t)$ und das magnetische Feld $\boldsymbol{B}(\boldsymbol{r},t)$.

Gemäß dem Korpuskularbild besteht das Licht aus diskreten Einheiten (welcher Art auch immer), die man als 'Lichtquanten' bezeichnen kann. In dem Wellenbild wird Licht durch eine Kontinuumstheorie beschrieben. Trotz der recht eindeutigen Begriffstrennung ist es unter Umständen nicht einfach zu unterscheiden, ob man es mit einem Wellenphänomen oder mit einem Teilchenfluss zu tun hat. Die Reflexions- und Brechungsgesetze der Optik kann man sowohl im Wellen- als auch im Teilchenbild deuten. Zur experimentellen Unterscheidung, ob ein Korpuskularcharakter oder ein Wellencharakter vorliegt, dienen Doppelspalt- oder aufwendigere Interferenzexperimente. Die Grundidee dieser Experimente kann man folgendermaßen beschreiben:

Fällt ein Teilchenstrom (Abb. 1.2), der von einer Quelle ausgeht, auf einen Schirm mit einem Doppelspalt, so kann man das folgende 'Experiment' durchführen: Man decke zunächst einen der Spalte zu und messe die Teilchenintensität (Anzahl der Teilchen in einem 'Punkt' pro Zeiteinheit) an der Position eines zweiten Schirms mit Hilfe eines geeigneten Detektors (Abb. 1.2a).

[2] Band 2 dieser Reihe (Elektrodynamik) ermöglicht die Benutzung von beliebigen Einheitensystemen

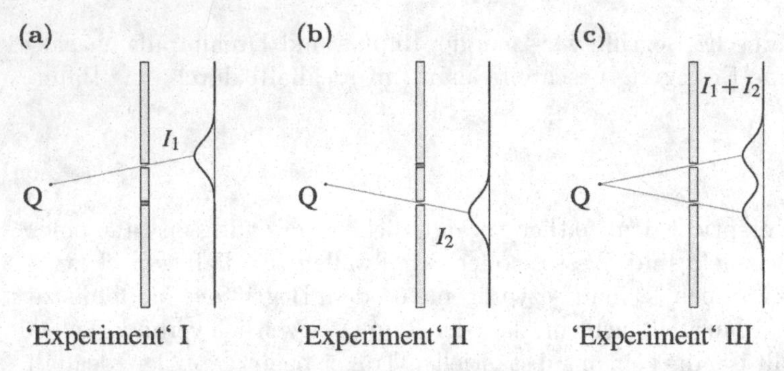

Abb. 1.2. Doppelspaltexperimente mit Teilchen

Die entsprechende Verteilung (wobei die Streuung z. B. dadurch zustande kommen kann, dass Teilchen an dem Rahmen des Spaltes gestreut werden) sei I_1. Verdeckt man den anderen Spalt (Abb. 1.2b), so erhält man (eine symmetrische Quelle vorausgesetzt) eine entsprechende Verteilung I_2. Sind beide Spalte offen, so erhält man die Verteilung

$$I_{12} = I_1 + I_2 \, .$$

In einem Doppelspaltexperiment mit Teilchen addieren sich die Intensitäten der Einzelspalte.

Betrachtet man, auf der anderen Seite, eine Kugelwelle, die von einer Quelle ausgeht, so kann man das Ergebnis des entsprechenden Experimentes folgendermaßen beschreiben: Trifft eine Wellenfront auf den Doppelspalt, so ist jeder Punkt der Spalte nach Huygens Prinzip der Ausgangspunkt einer neuen Kugelwelle (Abb. 1.3). Die Kugelwellen der beiden Spalte interferieren

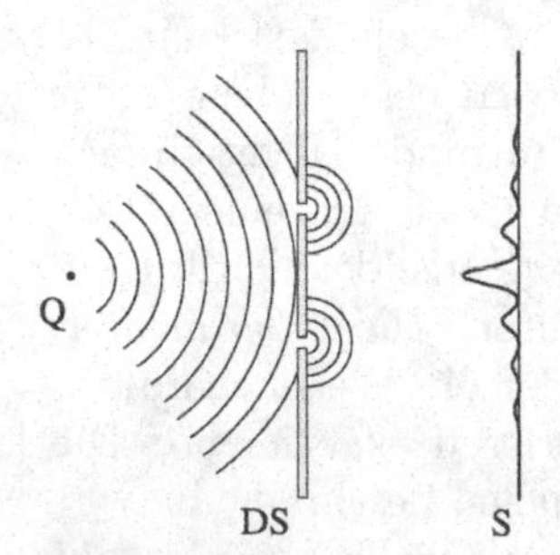

Abb. 1.3. Doppelspaltexperiment mit Wellen: Interferenz

konstruktiv oder destruktiv und ergeben je nach Gangunterschied auf einem Schirm ein Interferenzbild mit charakteristischen Minima und Maxima (siehe Bd. 2, Kap. 7.2.4). Die Intensitätsverteilung wird durch den Betrag des Poyntingvektors charakterisiert, im Fall einer skalaren Wellenfunktion also durch

$$I_{12} = S \propto \psi^* \psi$$
$$= (\psi_1 + \psi_2)^* (\psi_1 + \psi_2) = \psi_1^* \psi_1 + \psi_2^* \psi_2 + (\psi_1^* \psi_2 + \psi_2^* \psi_1) \,.$$

Neben der Intensitätsverteilung, die durch die Einzelspalte erzeugt wird

$$I_i \propto \psi_i^* \psi_i \qquad i = 1, 2 \,,$$

tritt ein Interferenzterm auf, der die Verteilung wesentlich prägt. Addiert werden nicht die Intensitäten der Einzelspalte, sondern die Wellenfunktionen. Da die Intensitätsverteilung dem Betragsquadrat der Wellenfunktionen entspricht, ergibt sich der Interferenzterm.

Man kann die Ergebnisse dieser Experimente aus der Sicht der unterschiedlichen Lokalisierung der auftreffenden Objekte deuten: Teilchen, die den ersten bzw. den zweiten Spalt passieren, sind ausreichend getrennt und vollständig unabhängig voneinander. Aus diesem Grund findet man eine Addition der Einzelbilder. Im Fall einer Welle sind die Schwingungszustände, die zu einer bestimmten Zeit die Spalte erreichen (symmetrische Anordnung vorausgesetzt), koordiniert. Aufgrund der Tatsache, dass die gleiche Information (z. B. Wellenberg) an verschiedenen Orten vorhanden ist, kann man einen Gangunterschied definieren. Die ‘Nichtlokalität‘ des auftreffenden Objektes eröffnet die Möglichkeit zur Interferenz.

Die ersten unwiderlegbaren Interferenzversuche mit Licht wurden 1801 von Thomas Young durchgeführt. Seitdem konnte die Wellennatur des Lichtes in unzähligen Experimenten bestätigt werden. In den Jahren 1887 bzw. 1922 beobachtete man jedoch den Photoeffekt und den Comptoneffekt. Diese Effekte können im Rahmen des Wellenbildes nicht erklärt werden. Nimmt man jedoch an, dass Licht aus Teilchen besteht, so ergibt sich eine einfache Erklärung dieser Effekte.

Da die klassischen Begriffsbildungen sich offensichtlich ausschließen, gibt es nur einen Ausweg aus dem Dilemma: Man muss versuchen, die konträren Vorstellungen unter einen Hut zu bringen. Die Vorstellung von der Natur (hier des Lichtes), die es zu entwickeln gilt, muss auch in der Lage sein, zu erklären, warum in einer experimentellen Situation der Wellenaspekt und in einer anderen Situation der Teilchencharakter dominiert. Die angestrebte Synthese ist unter der Bezeichnung

Welle-Teilchen-Dualismus

bekannt. Sie nimmt einen breiten Raum in der Diskussion des Frühstadiums der Quantenmechanik ein. Dies ist ein deutlicher Hinweis auf die Tatsache, dass diese Synthese keine triviale Angelegenheit war.

Vor einem vorläufigen Vollzug dieser Synthese sollen jedoch der photoelektrische Effekt und der Comptoneffekt besprochen werden.

1.1.1 Der photoelektrische Effekt

Der photoelektrische Effekt wurde, nach Vorarbeiten von Heinrich Hertz (1887), durch Wilhelm Hallwachs (1888) näher untersucht. Die experimentelle Anordnung besteht aus einem Vakuumrohr mit Anode und Kathode (siehe Abb. 1.4a). Licht fällt auf die (Metall-)Anode und löst Elektronen aus. In den Experimenten wurden die Intensität und die Frequenz des Lichtes variiert. Die austretenden Elektronen können in verschiedener Weise analysiert werden. Man kann z. B. die maximale kinetische Energie (T_{max}) der austretenden Elektronen bestimmen, indem man eine Gegenspannung anlegt und diese erhöht bis kein Elektronenstrom (i) mehr gemessen wird

$$T_{\text{max}} = eV(i = 0)$$

oder man kann die Anzahl der austretenden Elektronen bei gegebener Gegenspannung durch den Strom $i = i(V)$ bestimmen.

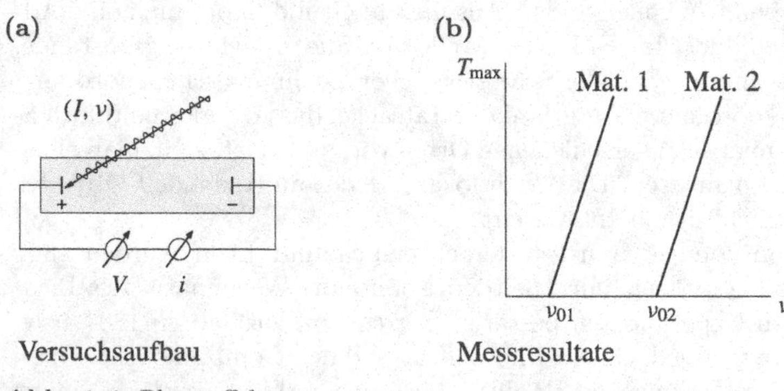

Abb. 1.4. Photoeffekt

Von den verschiedenen Experimenten, die von den Physikern der Zeit durchgeführt wurden, soll nur eines näher betrachtet werden. Im Jahr 1902 hat Phillip Lenard die maximale Gegenspannung $V(0)$ (bzw. die maximale kinetische Energie) für verschiedene Anodenmaterialien als Funktion der Frequenz des Lichtes vermessen. Er fand (Abb. 1.4b) einen linearen Zusammenhang zwischen der maximalen kinetischen Energie T_{max} und der Frequenz ν, der in der Form

$$T_{\text{max}}(\nu) = h \cdot (\nu - \nu_{0,k})$$

zusammengefasst werden kann. Die maximale kinetische Energie ist unabhängig von der Intensität des Lichts. Für verschiedene Metalle ($k = 1, 2, \ldots$) gibt es eine verschiedene Schwellfrequenz $\nu_{0,k}$ unterhalb deren keine Elektronenemission, wie groß auch immer die Intensität ist, stattfindet. Die Steigung der Kurven $T_{\text{max}}(\nu)$ ist, wie durch die universelle Konstante h angedeutet, unabhängig von dem Material.

Versucht man die Resultate aus der Sicht der klassischen Elektrodynamik zu interpretieren, so ergibt sich die folgende Aussage: Die Energieübertragung auf ein freies Elektron in dem Metall ist ein Beschleunigungsprozess.

Das Elektron wird sozusagen von einem Wellenberg erfasst und beschleunigt. Stellt man sich das Metall, wie in Abb. 1.5 gezeigt, als einen einfachen 'Potentialtopf' vor (was kein schlechtes Modell der Potentialverhältnisse in einem Metall ist), so würde ein Elektron das Metall verlassen können, wenn seine kinetische Energie wenigstens der Tiefe des Potentialtopfes entspricht. Die Tiefe des Potentialtopfes, die man als Ablösearbeit ϕ bezeichnet, beträgt

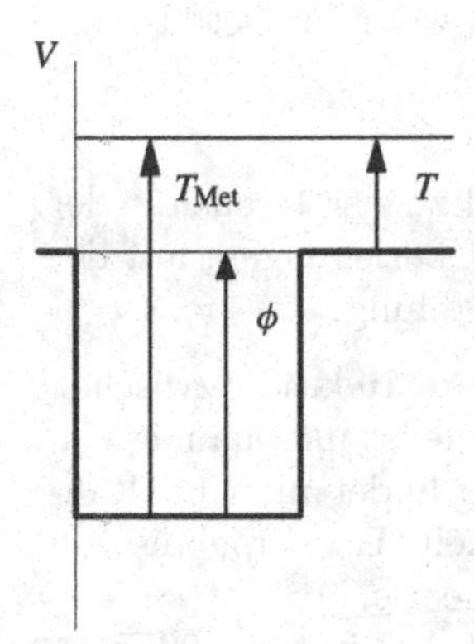

Abb. 1.5. Energiesituation in einem Metall

typischerweise einige Elektronenvolt. Zur Umrechnung in CGS Einheiten notiert man

$$1\,\mathrm{eV} = 1.6021917 \cdot 10^{-12}\,\mathrm{erg} \approx 1.602 \cdot 10^{-12}\,\mathrm{erg}\,.$$

Eine einfache quantitative Analyse der Situation zeigt aber, dass die experimentellen Befunde aus klassischer Sicht nicht erklärt werden können:

- Der Betrag des Poyntingvektors ist ein Maß für die Intensität des einfallenden Lichtes
$$I = S = \frac{c}{8\pi}\sqrt{\frac{\varepsilon}{\mu}}\,|E_0|^2 \approx \frac{c}{8\pi}\,|E_0|^2\,,$$
wobei die genäherte Aussage für Metalle zutrifft.
- Die mittlere Beschleunigung, die ein freies Elektron in dem Metall (Ruhemasse m_e) erfährt, ist
$$a = \frac{e}{m_e}\,|E_0|\,.$$

Da das elektrische Feld nur an der Metalloberfläche aufrecht erhalten werden kann, wirkt die Beschleunigung nur in der Oberflächenschicht. Wirkt sie über einen Zeitraum t, so erhalten die Elektronen die Geschwindigkeit

$$v = a\,t \propto \sqrt{I}\,t\,.$$

- Falls in der Oberflächenschicht keine weiteren Stöße mit Ionenrümpfen auftreten, lautet die Energiebilanz der ausgetretenen Elektronen

$$T = T_{\text{Met}} - \phi = \frac{m_e}{2}(a\,t)^2 - \phi\,.$$

Die Differenz der kinetischen Energien der Elektronen innerhalb und ausserhalb des Metalls entspricht der Ablösearbeit.

- Aus den vorherigen Aussagen folgt, unabhängig von weiteren Details,

$$T_{\text{max}} \propto a^2 \propto I\,.$$

Die maximale kinetische Energie sollte proportional zu der Intensität der einfallenden Strahlung sein. Sie ist, gemäß diesen Überlegungen, auf der anderen Seite unabhängig von der Frequenz der Strahlung.

Das Experiment besagt jedoch: Es besteht eine lineare Relation zwischen T_{max} und der Frequenz. Die maximale kinetische Energie ist unabhängig von der Intensität. Auch bei einer eingehenderen Analyse findet man im Rahmen der klassischen Theorie keine Frequenzabhängigkeit. Das Ergebnis von P. Lenard steht im Widerspruch zu der klassischen Theorie.

Eine schlüssige Interpretation des Photoeffektes hat A. Einstein 1905 vorgeschlagen (und dafür den Nobelpreis erhalten). Einstein benutzte einen Katalog von Forderungen, der den Hypothesen von M. Planck zu der Diskussion der Hohlraumstrahlung nachempfunden ist. In einfacher Form lautet die Photonenhypothese von Einstein:

- Ein Lichtstahl besteht aus individuellen Teilchen, den Photonen, die traditionell mit γ bezeichnet werden.
- Ist das Licht monochromatisch mit der Frequenz ν, so trägt jedes Photon die Energie

$$E_{\text{Photon}} = h\nu = \frac{h\,c}{\lambda}\,. \tag{1.1}$$

Die Konstante h ist die gleiche, die in den Arbeiten von M. Planck auftritt. Diese *Plancksche Konstante* (das Plancksche Wirkungsquantum) hat den Zahlenwert

$$h = 6.626196 \cdot 10^{-27}\,\text{erg s} \approx 6.626 \cdot 10^{-27}\,\text{erg s}\,.$$

Bei photoelektrischen Experimenten wird eine Lichtquelle im ultravioletten Bereich verwendet. Jedes UV-Photon in einem Lichtstrahl mit der Wellenlänge von z. B. $\lambda = 0.3 \cdot 10^{-7}$ cm trägt demnach die Energie

$$E_{\text{Photon}}(0.3 \cdot 10^{-7}) \approx 6 \cdot 10^{-9}\,\text{erg}\,.$$

- Ein Photon bewegt sich (im Vakuum) nur mit Lichtgeschwindigkeit. Nach der speziellen Relativitätstheorie verschwindet deswegen seine Ruhemasse ($m_{0,\,\text{Photon}} = 0$). Seine gesamte Energie ist kinetisch ($E_{\text{Photon}} = T$).

Mit diesen Forderungen kann man die Ergebnisse des Lenard-Experimentes in der folgenden Weise deuten: In einem 'elementaren Stoßprozess' von einem Photon mit einem freien Elektron in dem Metall wird das Photon vernichtet und gibt seine gesamte Energie an das (thermisch bewegte) Elektron ab. Die Energiebilanz für den Elementarprozess

$$\mathrm{e}^-_{\text{therm}} + \gamma \longrightarrow \mathrm{e}^-_{\text{Photon}}$$

lautet

$$T_0 - \phi + h\nu = T \,.$$

Vor dem Stoß hat das Elektron eine geringe thermische Energie T_0 und ist in dem Potentialtopf mit der Energie $-\phi$ gebunden. Das Photon bringt die Energie $h\nu$ ein. Tritt das Elektron ohne weitere Energieverluste (z. B. durch inelastische Stöße mit Gitterionen in der Metalloberfläche) aus dem Metall aus, so entspricht seine kinetische Energie T der maximalen kinetischen Energie T_{max}. Energieerhaltung, bei Vernachlässigung der geringen thermischen Energie T_0, ergibt demnach

$$T_{\text{max}} = h\nu - \phi \,. \tag{1.2}$$

Falls ein Elektron, das die Energie eines Photons mit der Frequenz ν_0 aufgenommen hat, die Potentialstufe am Metallrand gerade überwindet, gilt

$$T_{\text{max}} = 0 \qquad \text{oder} \qquad h\nu_0 = \phi \,.$$

Diese Relation zwischen der Ablösearbeit und der Schwellfrequenz erlaubt eine Überprüfung der Einstein-Planckschen Hypothese. Die Konstante h ist eine universelle Konstante, deren Wert man z. B. aus der Analyse der Hohlraumstrahlung bestimmen kann. Die Werte von unabhängigen Messungen von ν_0 und ϕ müssen dann die angegebene, einfache Relation erfüllen. Man findet in der Tat, dass dies der Fall ist, und somit das Ergebnis der Lenardschen Experimente

$$T_{\text{max}} = h \cdot (\nu - \nu_0) \,.$$

Die Tatsache, dass in der Einsteinschen Erklärung der Lenardschen Gleichung die Intensität des Lichtstrahls keine Rolle spielt, kann folgendermaßen erläutert werden: Die Intensität eines Lichtstrahls aus diskreten Teilchen kann, im Einklang mit der Definition des Poyntingvektors, als

$$I = N \cdot (h\nu) \qquad \text{mit} \quad [N] = \frac{\text{Anzahl}}{\text{cm}^2\,\text{s}}$$

angegeben werden, wobei N die Anzahl der Teilchen pro Flächeneinheit und Zeit darstellt. Eine Erhöhung der Intensität entspricht einer Vergrößerung der Anzahl von Photonen pro Flächeneinheit und Zeit. In dem Photoeffekt wird die Energie von dem Photon auf das Elektron jedoch in *einem* Elementarprozess übertragen, so dass die Energiebilanz unabhängig von der Intensität des Lichtstrahls ist.

Die Photonenhypothese stellt eine einfache Form der 'Quantelung' von physikalischen Größen dar, nämlich:

- In einem monochromatischen Lichtstrahl wird die Energie in diskreten Paketen transportiert. Die Energie ist gequantelt $E = h\,\nu$.
- Die Intensität des Lichtstrahls ist, wie oben angegeben, ebenfalls gequantelt. In der Formel $I = N \cdot (h\,\nu)$ ist N eine ganze Zahl.
- Für ein Teilchen ohne Ruhemasse gilt die Energie-Impuls Relation $E = pc$. Mit der Energie ist auch der Impuls eines Lichtstrahls gequantelt. Jedes Photon in einem monochromatischen Strahl trägt den Impuls

$$p = \frac{E}{c} = \frac{h\,\nu}{c} = \frac{h}{\lambda}\,.$$

Die Aussagen bezüglich Energie und Impuls eines Photons werden oft durch die Konstante

$$\hbar = \frac{h}{2\,\pi} = 1.0545919 \cdot 10^{-27}\,\mathrm{erg\,s} \approx 1.055 \cdot 10^{-27}\,\mathrm{erg\,s}$$

(ausgesprochen h-quer, englisch h-bar) ausgedrückt. Benutzt man die Kreisfrequenz ω und die Wellenzahl k, so ist

$$E = \left(\frac{h}{2\pi}\right)(2\,\pi\,\nu) = \hbar\omega \qquad p = \left(\frac{h}{2\pi}\right)\left(\frac{2\,\pi}{\lambda}\right) = \hbar\,k\,.$$

Die Aussage über den Impuls kann zu einer vektoriellen Beziehung

$$\boldsymbol{p} = \hbar\boldsymbol{k}$$

erweitert werden.

Die Umkehrung des für den Photoeffekt verantwortlichen Elementarprozesses ist die Erzeugung von Bremsstrahlung, zu der einige Anmerkungen nützlich erscheinen. In dem Bremsstrahlungsprozess werden Elektronen mit einer kinetischen Energie T_1 durch Wechselwirkung mit den Kernen bei dem Durchgang durch Materie abgebremst. Die Energie, die ein Elektron in diesem Abbremsvorgang verliert ($\Delta T = T_1 - T_2$), wird in elektromagnetische Strahlung umgesetzt. Bei einer klassischen Beschreibung dieses Prozesses erwartet man eine kontinuierliche Abstrahlung während des gesamten Abbremsvorgangs, die zu einem kontinuierlichen Spektrum der Bremsstrahlung führt. Insbesondere erwartet man, dass das Spektrum mit dem Abbremsmaterial (bzw. der Wechselwirkung, der ein Elektron in einem bestimmten Material ausgesetzt ist) variiert.

In einer 'Quantentheorie' wird die Energie eines Elektrons in einem Elementarprozess

$$(e^-)_{T_1} \longrightarrow (e^-)_{T_2} + \gamma$$

durch Erzeugung eines Photons abgegeben. Auch in diesem Bild erwartet man einen breiten Frequenzbereich der Bremsstrahlung, da Elektronen eine Anzahl von Elementarprozessen initiieren und Photonen mit verschiedenen Frequenzen erzeugen können. Da es sich jedoch bei jedem Erzeugungsprozess um einen Elementarprozess handelt, sollte die Form des Spektrums (weitgehend) unabhängig von dem Material sein, in dem der Abbremsvorgang stattfindet. Die Tatsache, dass diese Erwartung in der Natur realisiert ist, stellt eine weitere Stütze der Photonenhypothese dar.

Es verbleibt zu bemerken, dass sowohl für den Photoeffekt als auch zu der Erzeugung von Bremsstrahlung eine vollständige Theorie existiert, die jedoch einer Vorlesung zur Quantenelektrodynamik (QED) überlassen werden muss.

1.1.2 Der Comptoneffekt

Die Photonenhypothese findet weiter Bestätigung in dem Comptoneffekt (Arthur H. Compton, 1922). Bei der Streuung von Röntgenstrahlung durch Materie (vor allem an freien Elektronen in (Alkali-) Metallen) tritt eine Änderung der Wellenlänge der Streustrahlung gegenüber der einfallenden Strahlung auf (Abb. 1.6a).

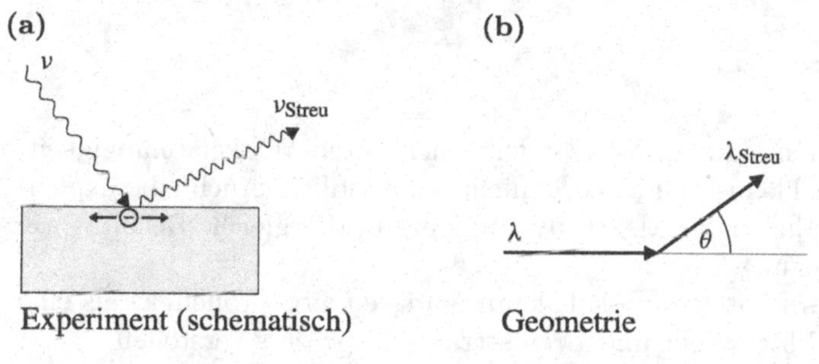

Abb. 1.6. Comptoneffekt

Aus der Sicht einer klassischen Theorie ist zu diesem Streuprozess das Folgende zu bemerken: Ein freies Elektron an der Oberfläche eines Metalls wird von einer monochromatischen, elektromagnetischen Welle (Frequenz ν) bestrahlt. Die oszillierende elektrische Komponente der Strahlung versetzt das Elektron in eine harmonische Schwingung. Als oszillierende Ladung wirkt das Elektron wie ein Miniatursender und strahlt die aufgenommene Energie wieder ab (nicht notwendigerweise in der gleichen Richtung wie die einfallende Strahlung, siehe Hertzscher Oszillator, Bd. 2, Kap. 7.3.2). Der springende Punkt der klassischen Betrachtung lautet: Da das Elektron mit der gleichen Frequenz schwingt wie das einfallende elektromagnetische Feld, hat das abgestrahlte elektromagnetische Feld die gleiche Frequenz wie das einfallende Feld

$$\nu_{\text{Streu}} = \nu \ .$$

In dem von Compton durchgeführten Experiment lautete der Befund:

(1) Für sichtbares Licht mit einer Wellenlänge der Größenordnung

$$\lambda \approx 4000\,\text{Å} \quad (1\,\text{Å} = 10^{-8}\,\text{cm})$$

findet man $\nu_{\text{Streu}} = \nu$, zumindest innerhalb der Messgenauigkeit, die bei der thermischen Bewegung der freien Metallelektronen möglich ist.

(2) Für Röntgenstrahlung mit $\lambda \approx 1\,\text{Å}$ ist jedoch

$$\nu_{\text{Streu}} \neq \nu \,.$$

Es ist einfacher, die Wellenlängenverschiebung anstatt die Frequenzverschiebung zu betrachten, da die Wellenlänge des gestreuten Lichtes als Funktion des Streuwinkels (θ) (siehe Abb. 1.6b) in der Form

$$\Delta\lambda = \lambda_{\text{Streu}} - \lambda = \text{const.}\,(1 - \cos\theta)$$

dargestellt werden kann. Im Experiment findet man: Die Wellenlänge ändert sich nicht für gestreute Strahlung in der Einfallsrichtung ($\theta = 0°$). Die Wellenlängenänderung ist maximal für Rückwärtsstreuung ($\theta = 180°$). Mit Röntgenstrahlung von $1\,\text{Å}$ misst man in Rückwärtsrichtung

$$\frac{\Delta\lambda}{\lambda} \approx 0.05 \,.$$

Diese Wellenlängenänderung, insbesondere auch deren Winkelabhängigkeit, ist im Rahmen der klassischen Theorie nicht verständlich. Auch eine explizite Rechnung im Rahmen der Elektrodynamik ergibt das gleiche Resultat wie die einfache Überlegung.

Im Rahmen des Photonenmodells kann man den Comptoneffekt als eine Kombination von Photoeffekt und Bremsstrahlungsprozess verstehen

$$(e^-) + \gamma \longrightarrow (e^-)_T \longrightarrow (e^-)_{T'} + \gamma' \,.$$

Das Photon kollidiert mit dem Elektron und wird unter Abgabe seiner Energie und seines Impulses vernichtet. Das Elektron tritt jedoch nicht (wie bei dem Photoeffekt) aus dem Metall aus, sondern strahlt in einem Bremsstrahlungsprozess ein neues Photon ab. Zur Diskussion der Wellenlängenänderung ist es ausreichend, Energie- und Impulserhaltung für den gesamten Streuprozess zu betrachten. Die expliziten Aussagen sind: Vor dem Stoß trifft ein Photon (Frequenz ν_1) auf ein (essentiell) ruhendes Elektron. Nach dem Stoß bewegt sich das Elektron (mit dem Impuls p_2) unter einem Winkel φ in Bezug auf die Einfallsrichtung, das neu erzeugte Photon (Frequenz ν_2) unter dem Winkel θ (siehe Abb. 1.7). Die pauschalen Erhaltungssätze sind (unabhängig von den Details der Zwischenschritte) in der folgenden Form anzusetzen:

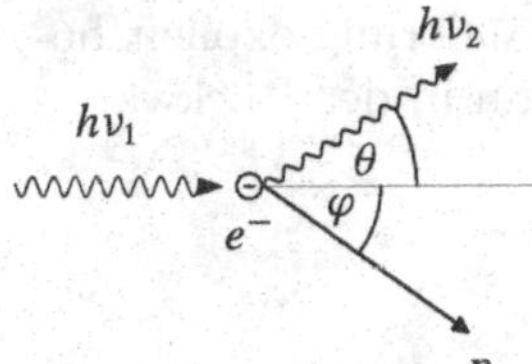

Abb. 1.7. Comptoneffekt: Geometrie

- Der Energiesatz (Energie von Photon und Elektron vor und nach dem Comptonprozess) wird in der relativistischen Form benutzt (siehe Bd. 2, Kap. 8.4.2)

$$m_e c^2 + h\,\nu_1 = \left[m_e^2 c^4 + p_2^2 c^2\right]^{1/2} + h\,\nu_2 \,.$$

- Die zwei Komponenten des Impulses in und senkrecht zu der Stoßrichtung sind gemäß dem Impulserhaltungssatz

$$\frac{h\,\nu_1}{c} = p_2 \cos\varphi + \frac{h\,\nu_2}{c}\cos\theta$$

$$0 = p_2 \sin\varphi + \frac{h\,\nu_2}{c}\sin\theta \,.$$

Aus den drei Gleichungen kann man die Elektronvariablen eliminieren (siehe D.tail 1.1). Das Ergebnis lautet

$$\frac{\nu_1 - \nu_2}{\nu_1\,\nu_2} = \frac{h}{m_e c^2}(1 - \cos\theta) \,.$$

Die Endformel ist durchsichtiger, wenn man die Frequenzen durch die Wellenlängen ersetzt. Mit

$$\frac{\nu_1 - \nu_2}{\nu_1\,\nu_2} = \frac{1}{\nu_2} - \frac{1}{\nu_1} = \frac{1}{c}\,(\lambda_2 - \lambda_1)$$

erhält man die Comptonformel

$$\Delta\lambda = \lambda_2 - \lambda_1 = \frac{h}{m_e c}\,(1 - \cos\theta) \,. \qquad (1.3)$$

Damit erkennt man, dass die Winkelabhängigkeit des gestreuten Photons in dem Comptonexperiment eine direkte Konsequenz der Gültigkeit der Erhaltungssätze in den Elementarprozessen ist. Der Vorfaktor in dem Comptongesetz, der die Dimension einer Länge hat, wird als die *Comptonwellenlänge* des Elektrons bezeichnet

$$\lambda_C(e^-) = \frac{h}{m_e c} = 2.4263096 \cdot 10^{-10}\,\text{cm} \approx 2.426 \cdot 10^{-10}\,\text{cm} = 0.02426\,\text{Å}$$

Mit der angegebenen Zahl kann man die Wellenlängenänderung explizit berechnen. Für sichtbares Licht mit $\lambda = 4000\,\text{Å}$ findet man in der Rückwärtsrichtung

$$\left(\frac{\Delta\lambda}{\lambda}\right)_{180^\circ} = 2\,\frac{\lambda_C(e^-)}{\lambda} = 0.000\,012\,.$$

Dieser Wert ist sehr klein und somit nicht messbar. Für Röntgenstrahlung mit $1\,\text{Å}$ ist

$$\left(\frac{\Delta\lambda}{\lambda}\right)_{180^\circ} = 0.048 = 4.8\%\,,$$

in quantitativer Übereinstimmung mit dem Experiment.

Für einen vollständigeren Nachweis, dass bei dem Comptoneffekt Elementarprozesse ablaufen, muss man auch das gestreute Elektron beobachten. Dies ist möglich, wenn das Elektron in dem Comptonstoß genügend Energie erhält, so dass es aus dem Metall austreten kann (Abb. 1.8). Misst man das Photon, das in dem zweiten Elementarprozess erzeugt wird, unter dem Winkel θ, so muss man in der Lage sein, das Elektron gleichzeitig unter dem Winkel φ, der durch den Impulsatz bestimmt ist, zu beobachten. Anhand von Koinzidenzexperimenten kann man nachweisen, dass dies der Fall ist.

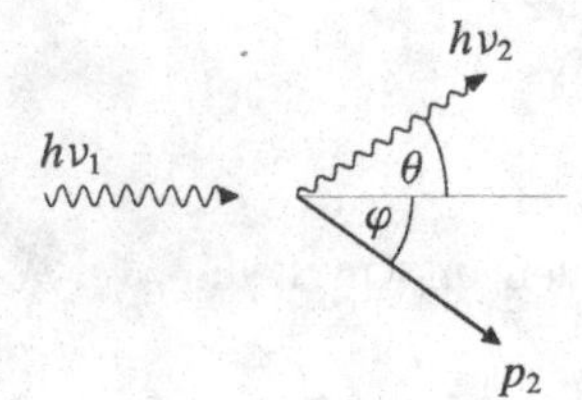

Abb. 1.8. Comptoneffekt: Koinzidenzexperiment

Hat man ein Material, in dem keine freien Elektronen vorhanden sind, so können Photonen durch einen Stoß mit Elektronen, die in dem Atomverband eingebaut sind, vernichtet werden. Bei der Vernichtung wird jedoch Energie und Impuls des Photons auf das gesamte Atom übertragen. Mit der gleichen Argumentation wie zuvor erhält man in diesem Fall eine Comptonformel, in der die Elektronenmasse (m_e) durch die atomare Masse (M_0) ersetzt ist. Die entsprechende Comptonwellenlänge

$$\lambda_C(\text{Atom}) = \frac{h}{M_0 c}$$

ist jedoch wenigstens um den Faktor 1800 (dem Verhältnis von Protonen- zu Elektronenmasse) kleiner als die Comptonwellenlänge des Elektrons. Die relative Wellenlängenänderung ist um den gleichen Faktor reduziert und somit nicht messbar. Da in einem Metall sowohl freie Elektronen als auch Ionenrümpfe vorhanden sind, beobachtet man (bei Benutzung von Röntgenstrahlung) zwei Streukomponenten: Photonen mit $\Delta\lambda \approx 0$ entstehen durch Comptonstreuung an den Ionenrümpfen, Photonen mit $\Delta\lambda \neq 0$ durch Streuung an freien Elektronen.

Die hier vorgestellte Photonenhypothese ist eine sehr starke Vereinfachung der vollständigen Theorie, der Quantenelektrodynamik. Um trotzdem eine vorläufige Antwort auf die Frage zu erhalten, inwieweit das Teilchen- und das Wellenbild miteinander verträglich sind, kann man die vorliegenden Aussagen zu der Intensität einer elektromagnetischen Welle vergleichen. Setzt man die Intensitäten in den zwei Betrachtungsweisen

$$I_{\text{klass}} = \frac{c}{8\pi}\sqrt{\frac{\varepsilon}{\mu}}|E_0|^2 \quad \text{und} \quad I_{\text{Photon}} = N\,(h\,\nu)$$

gleich und löst nach der Feldstärke auf, so findet man die Zuordnung

$$|E_0|^2 \quad \longleftrightarrow \quad \left[\frac{8\pi}{c}\sqrt{\frac{\mu}{\varepsilon}}\right] N\,.$$

An dieser Relation kann man ablesen, dass das elektrische Feld (bzw. das magnetische Feld) keine Eigenschaft eines einzelnen Photons ist. Der klassische Feldvektor, der proportional zu N ist, macht eine Aussage über das Verhalten einer großen Anzahl von Photonen. Somit wird in Experimenten, in denen das Verhalten vieler Photonen analysiert wird (z. B. Interferenzexperimente) eine klassische Beschreibung angemessen sein. Experimente, in denen Elementarprozesse mit einzelnen Photonen eine Rolle spielen (z. B. Comptoneffekt), können auf diese Weise nicht analysiert werden.

Anhand der folgenden, einfachen Überlegung kann man andeutungsweise erkennen, dass Elementarprozesse umso wichtiger werden, je kleiner die Wellenlänge der Strahlung ist. Man schreibt

$$I = \left(\frac{N}{\lambda}\right)(h\,c)$$

und argumentiert: Bei vorgegebener Intensität ist N um so größer je größer die Wellenlänge ist. Für Radiowellen und normales Licht ist selbst bei kleinen Intensitäten die Anzahl von Photonen (pro Flächeneinheit und Zeit) so groß, dass die 'Quantenstruktur' überdeckt wird. Für kurzwellige Strahlung (Röntgen- oder γ-Strahlen) kommt diese Struktur eher zum Tragen.

In Zusammenfassung kann man festhalten:

- Photoeffekt, Bremsstrahlungserzeugung und Comptoneffekt deuten einen Teilchencharakter der elektromagnetischen Strahlung an.
- Die Wechselwirkung dieser Teilchen, der Photonen, mit Elektronen läuft über Elementarprozesse ab, in denen die Photonen erzeugt oder vernichtet werden. In diesen Prozessen sind die Erhaltungssätze für Energie und Impuls, in relativistischer Ausdrucksweise die Erhaltung des Viererimpulses, gültig.

- Die Welleneigenschaften der Strahlung und die Teilcheneigenschaften der Photonen sind durch die Relationen

  $$E = \hbar\omega \qquad \boldsymbol{p} = \hbar\boldsymbol{k}$$

  verknüpft. Man sagt: Energie und Impuls der elektromagnetischen Strahlung sind gequantelt.

1.2 Experimente mit Mikroteilchen: Teilchen oder Welle?

Man kann die Frage stellen, ob die Zuordnung von Teilcheneigenschaften zu den klassischen Wellencharakteristika $(\omega, \boldsymbol{k})$

$$E = \hbar\omega \qquad \boldsymbol{p} = \hbar\boldsymbol{k}$$

umkehrbar ist. Kann man materiellen Teilchen mit der Energie E und dem Impuls $\boldsymbol{p}$ eine Wellenlänge und eine Frequenz zuordnen, gilt also

$$\nu = \frac{E}{h} \qquad \boldsymbol{k} = \frac{\boldsymbol{p}}{\hbar} \quad \text{bzw.} \quad \lambda = \frac{h}{p} \quad ?$$

Diese Relationen wurden 1924 von Louis de Broglie vorgeschlagen. Falls eine positive Antwort auf diese nicht gerade naheliegende Frage möglich ist, müsste man nachweisen können, dass man mit materiellen Teilchen Interferenzexperimente durchführen kann.

Um diese Möglichkeit ins Auge zu fassen, kann man zunächst ganz naiv fragen, welche Wellenlänge einem normalen Objekt, z. B. einer Stahlkugel von 100 g, die sich mit einer Geschwindigkeit von $1\,\text{m/s} = 3.6\,\text{km/h}$ bewegt, zuzuordnen wäre. Die Antwort lautet: Die *de Broglie-Wellenlänge*

$$\lambda_B = \frac{h}{p} \tag{1.4}$$

der Stahlkugel ist

$$\lambda_B = \frac{6.63 \cdot 10^{-27}}{100 \cdot 100}\,\text{cm} \approx 6.6 \cdot 10^{-31}\,\text{cm}\,.$$

Interferenzeffekte sind in Doppelspaltexperimenten bzw. an einem Beugungsgitter nur nachweisbar, wenn die Spaltgröße von der Größenordnung der Wellenlänge ist. Selbst wenn man in der Lage wäre, Spalte der gewünschten Dimension herzustellen oder zu finden, hätte man noch das Problem die Kugel durch den Spalt zu bringen.

Die kleinsten Spalte, die für derartige Experimente zur Verfügung stehen, sind die Zwischenräume zwischen den Atomen in einem Festkörper. Der

Abstand d benachbarter Atome in einem Kristallgitter ist von der Größenordnung $d = 1\,\text{Å}$ (Abb. 1.9a). Um de Brogliewellenlängen von dieser Größenordnung zu erreichen, muss das Teilchen möglichst leicht und/oder sehr schnell sein. Ein Spitzenkandidat ist das Elektron mit der Ruhemasse

$$m_e = 9.109558 \cdot 10^{-28}\,\text{g} \approx 9.110 \cdot 10^{-28}\,\text{g}\,.$$

Hat ein Teilchen mit der Ruhemasse m_0 eine nichtrelativistische Geschwindigkeit, so gilt

$$T = \frac{p^2}{2m_0} = \frac{h^2}{2m_0\,\lambda_B^2} \quad \text{bzw.} \quad \lambda_B = \frac{h}{\sqrt{2m_0\,T}}\,.$$

Setzt man die erforderlichen Größen ein, so erhält man für ein Elektron bei der Vorgabe der kinetischen Energie in Elektronenvolt

$$\lambda_B = \frac{6.6 \cdot 10^{-27}}{\sqrt{2 \cdot 9.1 \cdot 10^{-28} \cdot 1.6 \cdot 10^{-12} \cdot T(\text{eV})}}\,\text{cm} = \frac{12.25}{\sqrt{T(\text{eV})}}\,\text{Å}\,.$$

Einem Elektron mit einer kinetischen Energie[3] von 150 eV ist somit eine de Brogliewellenlänge von

$$\lambda_B = \frac{12.25}{\sqrt{150}}\,\text{Å} \approx 1\,\text{Å}$$

zuzuordnen. Ein Elektron mit dieser kinetischen Energie ist also ein Kandidat für Interferenzexperimente an Kristallgittern. Eine de Brogliewellenlänge von 1 Å entspricht der (realen) Wellenlänge von elektromagnetischer Strahlung aus dem Röntgenbereich. Man kann somit, vorausgesetzt die Hypothese von de Broglie ist kein Hirngespinst, ähnliche Beugungsmuster für die Streuung von Röntgenstrahlen und von Elektronen mit einer korrespondierenden de Brogliewellenlänge erwarten.

(a)

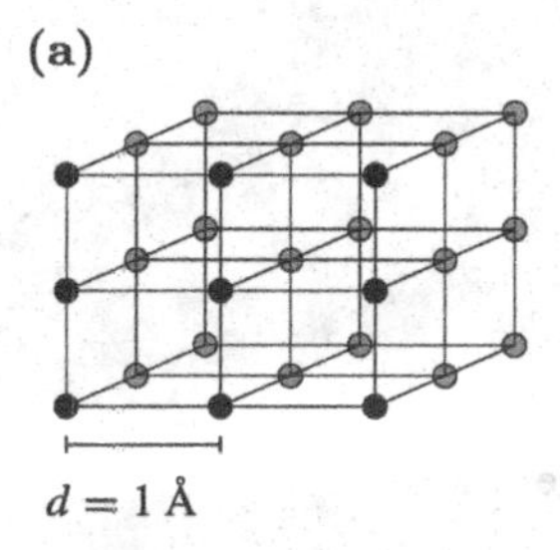

Kristallmodell

(b)

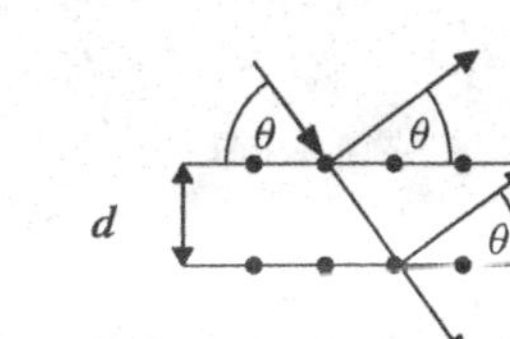

Braggebenen

Abb. 1.9. Zur Beugung von Röntgenstrahlen

[3] $1\,\text{eV} \approx 1.602 \cdot 10^{-12}$ erg.

Die Interferenz von Röntgenstrahlen durch Beugung an Kristallen wurde zuerst 1912 von Max von Laue nachgewiesen und durch William Henry Bragg und William Lawrence Bragg auf relativ einfache Weise erklärt. Die Experimente von M. von Laue, die den ersten Nachweis der Welleneigenschaften von Röntgenstrahlen darstellen, kann man in der folgenden Weise deuten (Abb. 1.9b): Man betrachtet eine Ebene von Atomen (Braggebene) in einem Kristall. Eine unter einem Winkel θ einfallende Welle wird zum Teil an den Atomen in der Ebene reflektiert (der Reflexionswinkel ist ebenfalls θ), zum Teil läuft sie durch die Ebene hindurch. Die reflektierten Wellen aus verschiedenen Ebenen (Abstand d) überlagern sich außerhalb des Kristalls. Ein elementares, geometrisches Argument (siehe D.tail 1.2) zeigt, dass eine konstruktive Interferenz auftritt, falls die Braggsche Bedingung

$$n\lambda = 2d \sin\theta$$

mit ganzen Zahlen $n > 0$ erfüllt ist.

In der experimentellen Anordnung fällt ein Röntgenstrahl unter dem Winkel θ auf eine Kristallfolie (Abb. 1.10a). Der gebeugte Strahl wird unter einem Winkel von 2θ in Bezug auf die Strahlachse beobachtet. Ist für diesen Winkel die Braggsche Bedingung erfüllt, so könnte man auf einem Schirm (Photoplatte, Detektor) senkrecht zu der Strahlachse konstruktive Interferenzmuster beobachten. Um das Interferenzmuster eines realen Kristalls zu verstehen, muss man jedoch (siehe D.tail 1.2) die Braggsche Bedingung modifizieren. Infolge der zusätzlichen Einschränkungen durch die dreidimensionale Geometrie beobachtet man ein kreisförmiges Punktmuster (ein von Laue-Diagramm). Benutzt man anstelle eines Einkristalls in dem Experiment eine polykristalline Folie (mit statistischer Verteilung der kleinen Kristalle), so beobachtet man eine Ausschmierung des Punktmusters in sogenannte Debye-Scherrer Ringe (Abb. 1.10b).

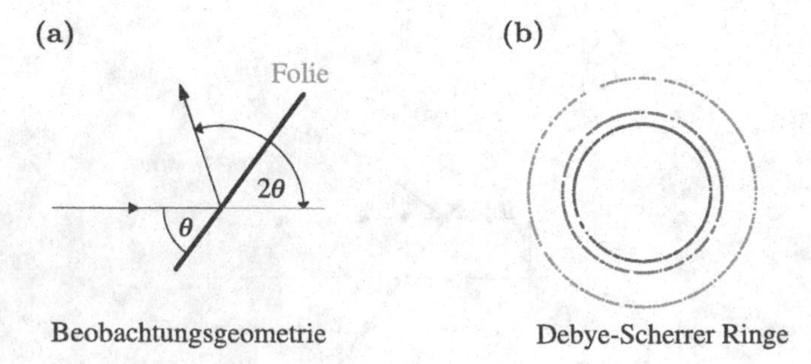

Abb. 1.10. Beugung von Röntgenstrahlen

Entsprechende Experimente mit Elektronen wurden ab 1927 durchgeführt. Punktmuster durch Streuung an Einkristallen wurden zuerst von Clinton Davisson und Lester Germer, Ringmuster von Sir George Thomson und Alexander Reid nachgewiesen. Es konnten in der Tat für den Fall $\lambda_B = \lambda_{\text{Rönt}}$ völlig identische Interferenzmuster beobachtet werden (Abb. 1.11a und b).

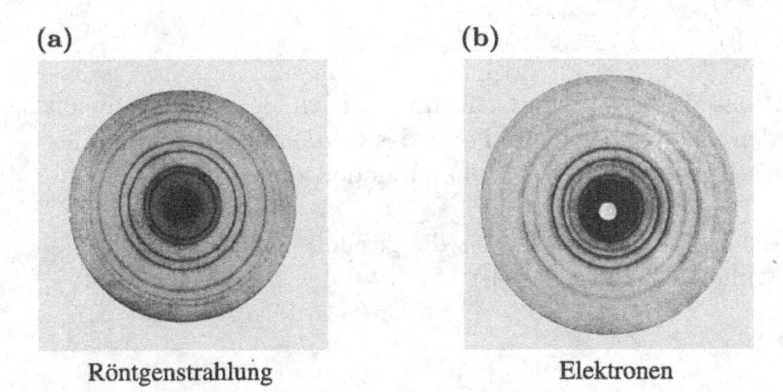

Abb. 1.11. Vergleich: Beugung von Röntgenstrahlung und von Elektronen (aus: Meschede, Gerthsen Physik, 23. Aufl., Springer Berlin Heidelberg)

Entsprechende Interferenzerscheinungen können auch für schwerere Mikroteilchen (Neutronen, Protonen, Atome) nachgewiesen werden, wenn diese eine Geschwindigkeit besitzen, so dass $\lambda_B = h/m_0 v$ von der richtigen Größenordnung ist. Kennt man die interatomaren Abstände, so kann man aus der Braggschen Bedingung die de Brogliewellenlänge der Mikroteilchen (experimentell) bestimmen. Man findet, dass der Ansatz von de Broglie vollständig bestätigt wird, und zwar unabhängig davon, ob die Teilchen geladen (e^-, p), ungeladen (n) oder zusammengesetzt (Atome) sind.

Mit dieser Erkenntnis steht man vor einer ähnlichen Situation wie im Fall der elektromagnetischen Strahlung. Elektronen (um bei diesem Beispiel zu bleiben) besitzen ohne Zweifel Teilcheneigenschaften. Man kann Flugbahnen von Elektronen in Nebelkammern beobachten, man kann die Ablenkung von Elektronen in elektrischen und magnetischen Feldern mit Hilfe der Teilchenmechanik berechnen, etc. Auf der anderen Seite enthüllen die Beugungsversuche ohne jeden Zweifel einen Wellencharakter.

Es stehen somit zwei Fragen im Raum:

- Was ist der Teilchencharakter der elektromagnetischen Strahlung wirklich? Die vorläufige Deutung des klassischen Wellencharakters als einen pauschalen Effekt vieler Photonen muss präzisiert werden.
- Um welchen Wellencharakter handelt es sich bei den *Materiewellen*? Die Vermutung, dass die Welleneigenschaften einen pauschalen Effekt vieler Teilchen darstellen, kann man (siehe Kap. 2.2) experimentell widerlegen. Die Behauptung, dass jedes einzelne Elektron diesen Wellencharakter auf weist, kann man schon anhand des Bohrschen Atommodells untermauern.

1.3 Das Bohrsche Atommodell

Das Bohrsche Atommodell (1913) ist ein frühes Quantenmodell des Wasserstoffatoms. In dem H-Atom ist ein Elektron durch die Coulombkraft an das viel schwerere Proton mit der Ruhemasse

$$M_p = 1.672614 \cdot 10^{-24}\,\text{g} \approx 1.673 \cdot 10^{-24}\,\text{g} \approx 1836\, m_e$$

gebunden. Gravitationseffekte sind um Größenordnungen kleiner und können vernachlässigt werden. Die vergleichbare Form des Coulombgesetzes und des Gravitationsgesetzes legt es nahe, ein Planetenmodell dieses Mikrosystems zu betrachten.

In einem klassischen Planetenmodell ist die gesamte Energie eines Elektrons, das um ein (ruhendes) Proton kreist

$$E = \frac{m_e}{2} v^2 - \frac{e^2}{r} \,.$$

Für jeden Drehimpulswert (außer für $l = 0$) ist die Kreisbahn die energetisch günstigste Bahn. Für Kreisbahnen kann man die einfache Stabilitätsbedingung

$$F_{\text{Zentripetal}} = F_{\text{Coulomb}} \qquad \longrightarrow \qquad \frac{m_e v^2}{r} = \frac{e^2}{r^2}$$

benutzen, die eine Verknüpfung der Geschwindigkeit v mit dem Bahnradius r liefert. Damit kann man die Energie des Elektrons in der Form

$$E_{\text{Kreis}} = -\frac{e^2}{2\,r}$$

angeben. Die experimentellen Daten für den Grundzustand (G) des Elektrons in dem Wasserstoffatom (kurz: dem Grundzustand des Wasserstoffatoms) sind ungefähr

$$E_{\text{G}} \approx -13.6\,\text{eV} \qquad r_{\text{G}} \approx 0.53\,\text{Å} \,.$$

Diese Zahlen erfüllen die klassische Formel. Das Mikroplanetenmodell scheint in Ordnung zu sein. Es gibt jedoch die Schwierigkeit, dass das Elektron als beschleunigtes, geladenes Teilchen elektromagnetische Energie abstrahlt. In Bd. 2, Aufg. 7.22 wird berechnet, dass das Elektron aus diesem Grund auf einer Spiralbahn in ca. 10^{-11} s auf das Proton treffen müsste. Das klassische Wasserstoffatom ist instabil.

Die Realität ist jedoch: Ein H-Atom im Grundzustand sendet keine elektromagnetische Strahlung aus. Es ist stabil. Nur wenn man dem Atom Energie zuführt (z. B. durch thermische Stoßanregung), strahlt es diese Energie wieder in Form von elektromagnetischer Strahlung ab. Das Emissionsspektrum des Wasserstoffatoms ist jedoch ebenfalls aus klassischer Sicht nicht verständlich.

Es ist ein Linienspektrum, in dem nur bestimmte Frequenzwerte auftreten (siehe Abb. 1.12). Für diese Linien hat man schon im 19. Jahrhundert eine einfache Gesetzmäßigkeit gefunden, die *Rydberg-* oder *Serienformel*

$$\frac{1}{\lambda} = R\left(\frac{1}{n_1^2} - \frac{1}{n_2^2}\right) \qquad n_1, n_2 = 1, 2, 3, \ldots \qquad n_1 < n_2 \,.$$

Die Konstante R, die Rydbergkonstante, hat den (experimentellen) Wert

$$R = 1.09678 \cdot 10^5\,\mathrm{cm}^{-1} = 1.09678 \cdot 10^{-3}\,\mathrm{\AA}^{-1} \,.$$

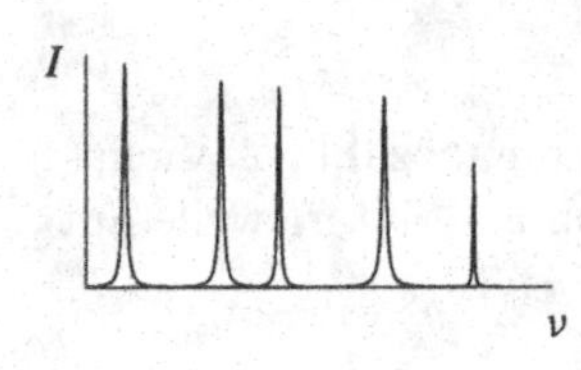

Abb. 1.12. H-Atom: Intensität I des Linienspektrums versus Frequenz ν (schematisch)

Für verschiedene Kombinationen der natürlichen Zahlen n_1 und n_2 erhält man verschiedene *Serien* von Wellenlängen (oder Frequenzen) des abgestrahlten Lichts. Nach ihren Entdeckern bezeichnet man die Serien mit

$n_1 = 1 \quad n_2 = 2, 3, \ldots$ Lyman Serie, ultraviolette Strahlung

$n_1 = 2 \quad n_2 = 3, 4, \ldots$ Balmer Serie, sichtbares Licht

$n_1 = 3 \quad n_2 = 4, 5, \ldots$ Paschen Serie, infrarote Strahlung

$n_1 = 4 \quad \ldots .$

Niels Bohr war in der Lage, dieses Spektrum zu erklären. Er hat zur Stabilisierung des Wasserstoffatoms das folgende Quantisierungspostulat gefordert:

Es sind nur Kreisbahnen zulässig, für die die Bedingung

$$\int_0^{2\pi} p_\varphi \,\mathrm{d}\varphi = n\,h \qquad n = 1, 2, 3, \ldots$$

erfüllt ist.

Diese Bedingung kann folgendermaßen umgeschrieben werden: Allgemein gilt für den generalisierten Impuls p_φ

$$p_\varphi = m_e r^2 \dot{\varphi} \,.$$

Da für eine Kreisbahn $\dot{\varphi} = v/r$ konstant ist, erhält man

$$\int_0^{2\pi} p_\varphi \,\mathrm{d}\varphi = 2\pi(m_e\, v\, r) = n\,h$$

oder

$$l = m_e \, v \, r = n \, \hbar \, . \tag{1.5}$$

Die Bohrsche Bedingung entspricht der Aussage: Der Bahndrehimpuls l des Elektrons ist quantisiert. Der Drehimpuls kann nur ein ganzzahliges Vielfaches der Naturkonstanten $\hbar$ sein.

Eine anschauliche Interpretation der Quantisierungsbedingung ergibt sich über die de Broglierelation. Ersetzt man den Impuls durch die de Broglie-Wellenlänge, so findet man

$$m_e v \, r = \frac{h}{\lambda_B} r = n \frac{h}{2\pi} \quad \longrightarrow \quad 2\pi r = n \lambda_B \, .$$

Der Umfang der kreisförmigen Elektronenbahnen ist ein ganzzahliges Vielfaches der de Brogliewellenlänge. Nur wenn das Elektron als Materiewelle auf eine Kreisbahn passt, ist die Bahn zulässig (siehe Abb. 1.13).

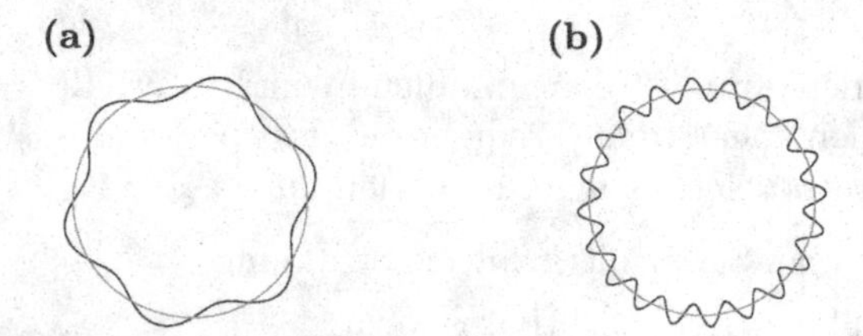

Abb. 1.13. Bohrmodell: Kreisbahnen und de Broglie Hypothese

Vergleicht man die Stabilitätsbedingung des Planetenmodells und die Quantisierungsbedingung

$$\text{Stabilitätsbedingung:} \; m_e \, v^2 = \frac{e^2}{r} \quad \longrightarrow \quad v = \sqrt{\frac{e^2}{m_e \, r}}$$

$$\text{Quantisierungsbedingung} : m_e \, v \, r = n \, \hbar \quad \longrightarrow \quad v = \frac{n \, \hbar}{m_e \, r} \, ,$$

so findet man zunächst eine Aussage über die erlaubten Bahnen

$$r_n = \frac{\hbar^2}{m_e \, e^2} n^2 \, . \tag{1.6}$$

Die erste erlaubte Bahn hat den Radius

$$r_1 \equiv a_0 = \frac{\hbar^2}{m_e \, e^2} = 0.52917715 \cdot 10^{-8} \, \text{cm} \approx 0.529 \, \text{Å} \, .$$

Der *Bohrsche Radius* r_1 – in der Literatur meist mit a_0 bezeichnet – entspricht genau dem *mittleren* Radius r_G des H-Atoms im Grundzustand. Die Radien der nächsten und der übernächsten Bahn sind vier bzw. neun mal so groß. Auf jeder der Bahnen hat das Elektron eine bestimmte Geschwindigkeit

$$v_n = \left(\frac{e^2}{\hbar}\right)\frac{1}{n} \,. \tag{1.7}$$

Die Geschwindigkeit ist am größten auf der innersten Bahn

$$v_1 = \frac{e^2}{\hbar} \,.$$

Für die Energie auf den zulässigen Bahnen erhält man (Abb. 1.14)

$$E_n = -\frac{e^2}{2r_n} = -\left(\frac{e^2}{2r_1}\right)\frac{1}{n^2} = -\frac{|E_1|}{n^2} \,. \tag{1.8}$$

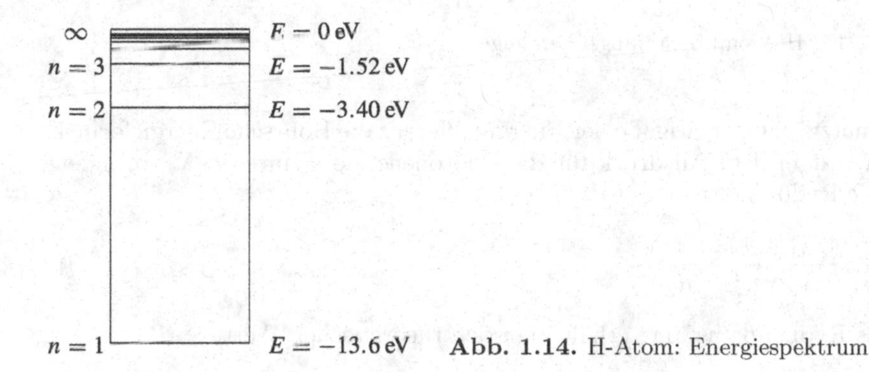

Abb. 1.14. H-Atom: Energiespektrum

Die Energiewerte sind für alle n (> 0) negativ. Das Elektron ist für alle zulässigen Bahnen an das Proton gebunden. Der niedrigste Energiewert ist

$$E_1 = -13.605826\,\text{eV} \approx -13.606\,\text{eV} \,.$$

Über diesem Grundzustand findet man Zustände mit den Energien

$$E_2 \approx -3.401\,\text{eV}, \quad E_3 \approx -1.512\,\text{eV}, \quad \text{etc.}$$

Es gibt unendlich viele Energieniveaus mit dem Grenzwert $E_\infty = 0\,\text{eV}$. Das Elektron ist dann (gemäß dem Bohrschen Modell) in Ruhe und unendlich weit von dem Proton entfernt.

Anhand der Energieformel kann man die Serienformel gewinnen, wenn man die zusätzliche Annahmen einbringt:

- Zwischen den diskreten Energiezuständen des H-Atoms (und nur zwischen diesen) können Übergänge stattfinden.

- Bei einem Übergang von einem energetisch höheren Energieniveau (n_2) zu einem tieferen (n_1) wird ein Photon mit der Energie $h\nu = E_{n_2} - E_{n_1}$ emittiert (Abb. 1.15a).
- Bei einem Übergang von einem energetisch tieferen Energieniveau (n_1) zu einem höheren (n_2) wird ein Photon mit der Energie $h\nu = E_{n_2} - E_{n_1}$ absorbiert (Abb. 1.15b).
- Ist das Elektron in dem energetisch tiefsten Zustand, so kann es nicht strahlen und das Atom bleibt stabil.

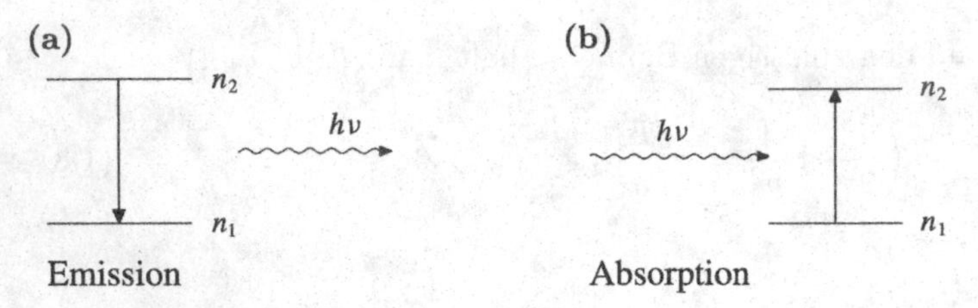

Abb. 1.15. H-Atom: Strahlungsübergänge

Benutzt man zur Angabe der Energiedifferenz die Bohrsche Energieformel und ersetzt in dem Ausdruck für die Photonenergie ν durch c/λ, so findet man die Rydbergformel

$$\frac{1}{\lambda} = \frac{|E_1|}{h\,c}\left(\frac{1}{n_1^2} - \frac{1}{n_2^2}\right) . \tag{1.9}$$

Für die Rydbergkonstante erhält man den theoretischen Wert

$$R = \frac{|E_1|}{h\,c} = \frac{e^4\,m_e}{4\pi\hbar^3\,c} = 1.09737312 \cdot 10^{-3}\,\text{Å}^{-1} \approx 1.097 \cdot 10^{-3}\,\text{Å}^{-1} .$$

Die (geringe) Abweichung von dem experimentellen Zahlenwert (1.0968) kann durch die Einbeziehung der Mitbewegung des Protons[4] korrigiert werden. Ersetzt man die Elektronenmasse durch die reduzierte Masse des Proton-Elektron Systems, so findet man mit $M_p = 1.672614 \cdot 10^{-24}\,$g als Korrekturfaktor der Elektronenmasse

$$f = \frac{M_p}{(M_p + m_e)} = 0.9995 .$$

Die Serien des Emissionsspektrums entsprechen allen möglichen Übergängen von Zuständen mit $n_2 > n_1$ zu einem gegebenen Endzustand $n_1 = 1, 2, \ldots$ (Abb. 1.16).

Der beeindruckende Erfolg des einfachen Modells hatte Signalwirkung für die Entwicklung der Quantenmechanik. Das Bohrmodell zeigt explizit,

[4] Vergleiche Keplerproblem, Bd. 1, Kap. 4.1.2.5.

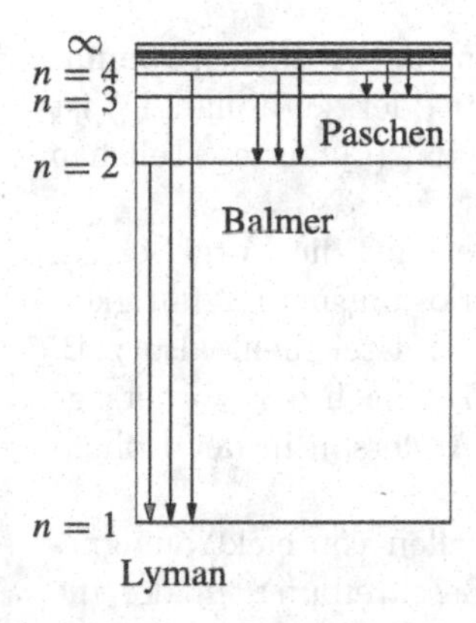

Abb. 1.16. H-Atom: Serienspektrum

dass die Serienformel auf der Basis einer Quantisierungsvorschrift für den Drehimpuls (oder alternativ für die Energie) erklärt werden kann. Es betont auch die Tatsache, dass ein einzelnes Elektron einen Wellencharakter besitzt. Doch es wurde im Endeffekt von der eigentlichen Quantenmechanik abgelöst, da es eine gute Zahl von experimentellen Befunden nicht erklären kann. Diese sind z. B.

- Die Intensitäten der höherenergetischen Übergänge fallen (nach einem bestimmten Muster) ab.
- Bei der Verbesserung der Messgenauigkeit fand man eine Aufspaltung der Spektrallinien. Arnold Sommerfeld hat versucht (ab 1915), diese Aufspaltung durch Berücksichtigung von zusätzlichen Ellipsenbahnen zu deuten. Der Grund für die Aufspaltung liegt jedoch an einer anderen Stelle (siehe Kap. 7 und Kap. 10).

1.4 Eine Vorschau

Bei der Erarbeitung der eigentlichen Quantentheorie verliert man leicht den Überblick. Aus diesem Grund erscheint es angemessen (wenn auch etwas gewagt) an dieser Stelle die Struktur dieser Theorie, die sich z. B. für ein System aus Elektronen, Positronen und Photonen ergeben wird, anhand eines Übersichtdiagramms auf Seite 28 und einem zugehörigen Kommentar vorzustellen. Ausgangspunkt ist das klassische Elektron, das durch die nichtrelativistische oder die relativistische Mechanik beschrieben wird. Um die Welleneigenschaften des Elektrons zu fassen, muss eine Quantisierungsvorschrift erarbeitet werden, die unter dem Namen *erste Quantisierung* bekannt ist. Aus technischer Sicht besteht sie in einer Vorschrift, wie man klassischen Observablen (Position, Impuls, Energie) quantenmechanische Operatoren zuordnen muss. Die Grundgleichungen, die nach diesem Schritt gewonnen werden, sind die Schrödingergleichung (Erwin Schrödinger, 1926) für die nichtrelativistische und die Diracgleichung (Paul Dirac, 1928) für die relativistische Variante.

Der Wellencharakter, der in diesen Grundgleichungen zum Ausdruck kommt, ist statistischer Natur. Die Wellenfunktion (stationär oder zeitabhängig) ist ein Maß für die Wahrscheinlichkeit bei einer Messung das (Quanten-)Teilchen an einer Stelle des Raumes zu finden.

Während die Schrödingergleichung gewissermaßen nur die Vorgabe (ein Elektron) quantenmechanisch erfasst, enthält die Lösungsmannigfaltigkeit der Diracgleichung notwendigerweise Teilchen und Antiteilchen, also z. B. Elektron und Positron. Das Positron wurde in der Tat nach der Vorhersage anhand der Diracgleichung im Jahr 1932 von Carl Anderson in der Höhenstrahlung entdeckt.

Bewegte Elektronen und Positronen sind die Quellen von elektromagnetischen Feldern. Dies bedingt eine relativistische Beschreibung, in der die Diracgleichung mit der Elektrodynamik gekoppelt ist. Sowohl die Quantenteilchen als auch die elektromagnetischen Felder werden auf dieser Ebene durch Wellenfunktionen beschrieben, die der elektromagnetischen Felder haben jedoch noch klassischen Charakter. Um die in der Natur beobachteten Elementarprozesse beschreiben zu können, ist eine *zweite Quantisierung* notwendig. Diese Feldquantisierung führt auf die Quantenelektrodynamik, eine Theorie in der alle drei quantisierten Felder (Elektron, Positron und Photon) über Elementarprozesse in Wechselwirkung stehen. Die Elementarprozesse sind:

- Absorption oder Emission eines Photons durch ein Elektron oder ein Positron.
- Die Vernichtung eines Elektron-Positron Paares mit der Erzeugung eines Photons oder die Vernichtung eines Photons mit der Erzeugung eines Elektron-Positron Paares.

Alle zwischen den drei Quantenteilchen ablaufenden Prozesse können aus diesen Elementarprozessen zusammengesetzt werden. Sie werden meist durch die anschaulichen Feynman-Diagramme[5] dargestellt.

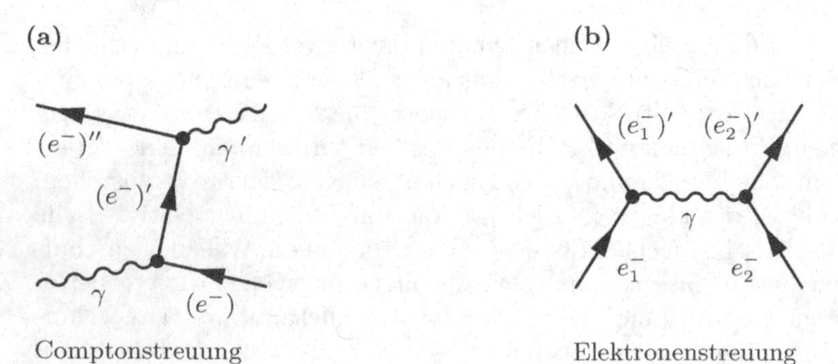

Abb. 1.17. Elementarprozesse: Beiträge in niedrigster Ordnung

[5] Dieses nützliche Hilfsmittel der theoretischen Physik wird in D.tail 1.3 näher erläutert.

Die in den Abb. 1.17 und 1.18 gezeigten Feynman-Diagramme stellen die einfachste Näherung für einige der möglichen Prozesse dar. So wird die Comptonstreuung durch das in Abb. 1.17a gezeigte Diagramm charakterisiert. Ein (freies) Elektron (e^-) absorbiert ein Photon, ändert dabei seinen Bewegungszustand ($(e^-)'$) und gibt, bei einer weiteren Zustandsänderung ($(e^-)''$), wieder ein Photon ab. In den Diagrammen kann man sich, cum grano salis, eine Ortsachse (Horizontale) und eine Zeitachse (Vertikale) denken. Elektronen entwickeln sich in der positiven Zeitrichtung. Positronen entsprechen (gemäß der Diracgleichung bzw. der Quantenelektrodynamik) rückwärts in der Zeit laufenden Elektronen. Diese Eigenschaften werden durch die Pfeilgebung angedeutet. Photonen, die Austauschteilchen der Quantenelektrodynamik, werden durch geschlängelte Linien dargestellt.

Bei der Elektronenstreuung in Abb. 1.17b tauschen die zwei Elektronen ein Photon aus, es kann sowohl von Elektron 1 ausgesandt und von Elektron 2 absorbiert werden oder umgekehrt. Die Streuung eines Elektrons und eines Positrons (unter der Bezeichnung Bhabhastreuung bekannt) wird in einfachster Näherung durch zwei Diagramme beschrieben. Neben dem Austausch eines Photons besteht die Möglichkeit, dass Elektron und Positron vernichtet werden und ein Photon erzeugt wird. Dieses wird anschließend in einem Erzeugungsprozess in ein neues Elektron-Positron Paar umgewandelt (Abb. 1.18).

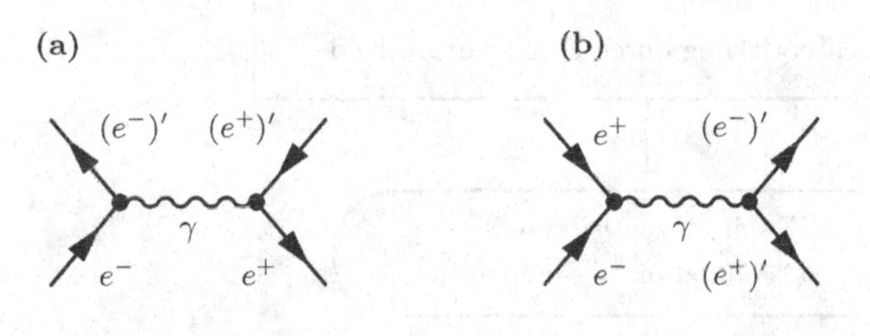

Abb. 1.18. Bhabhastreuung: Beiträge in niedrigster Ordnung

Die Feldquantisierung bedingt auch die Notwendigkeit, Elementarteilchen gemäß ihrem inneren Drehimpuls, dem Spin, zu klassifizieren. Das Spin-Statistik Theorem fordert die Existenz von genau zwei Sorten von Elementarteilchen: Fermionen (Teilchen mit halbzahligem Spin wie Elektron und Positron) sowie von Bosonen (Teilchen mit ganzzahligem Spin wie das Photon).

In diesem Band wird der erste Quantisierungsschritt im Detail vollzogen. Eine vereinfachte Version der zweiten Quantisierung wird in Band 4 vorgestellt, jedoch ohne eine Aufarbeitung der Quantenelektrodynamik oder gar der ähnlich strukturierten Quantenchromodynamik.

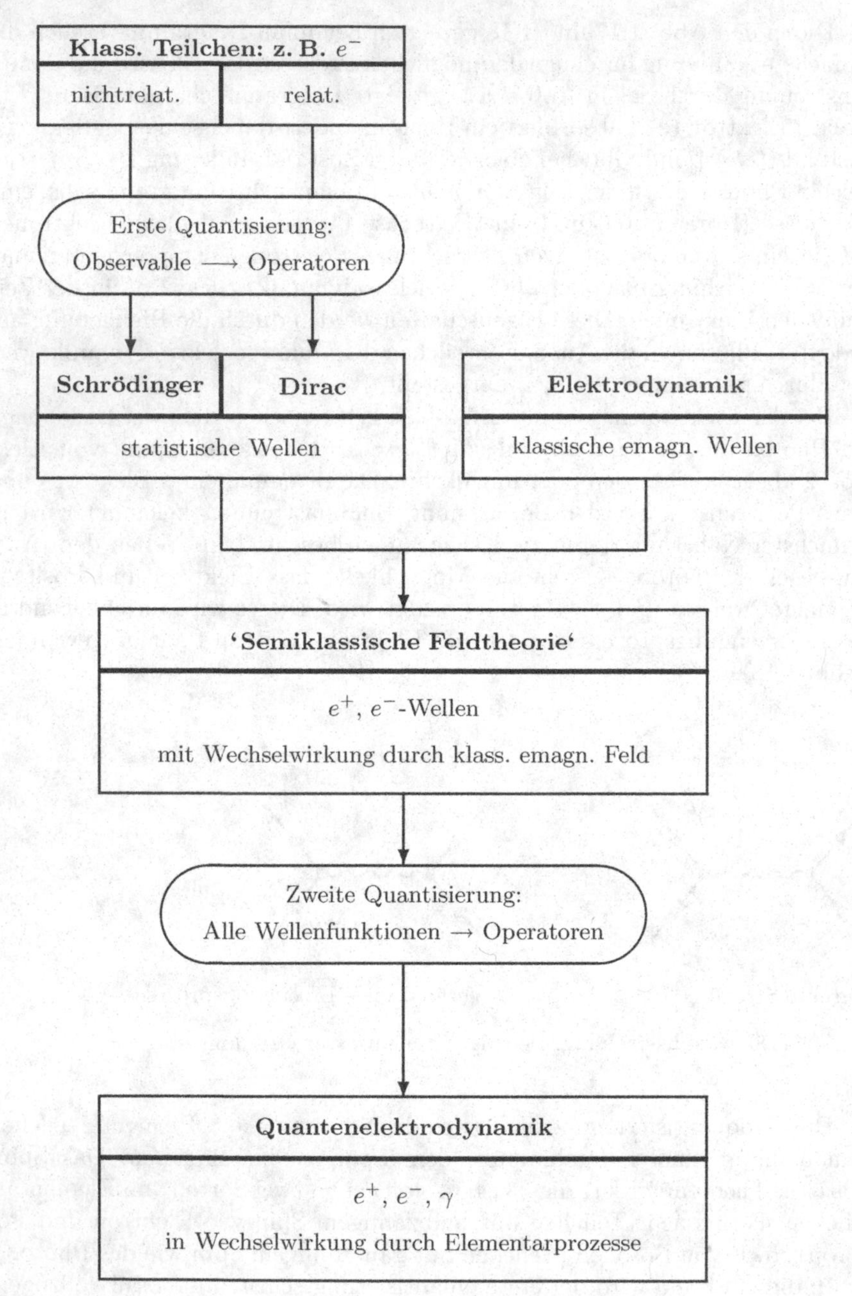

Abb. 1.19. Der e^+, e^-, γ Sektor der Quantenwelt: Eine Übersicht

2 Materiewellen

In diesem Kapitel soll die Frage beantwortet werden, wie man Materiewellen mathematisch beschreiben kann. Die sich direkt anschließende Frage nach dem physikalischen Gehalt der entsprechenden Wellenfunktionen bietet die Gelegenheit zu einer ersten Bekanntschaft mit der Unschärferelation und der Wahrscheinlichkeitsinterpretation der Materiewellenfunktionen.

2.1 Materiewellenfunktionen

Der Ausgangspunkt der Betrachtungen ist eine skalare, monochromatische ebene Welle

$$\Psi_{\boldsymbol{k}}(\boldsymbol{r},t) = \psi_0 \ \exp[\mathrm{i}\,(\boldsymbol{k}\cdot\boldsymbol{r} \pm \omega(k)\,t)] \ .$$

Zur Beschreibung der elektromagnetischen Vektorfelder werden sechs dieser Funktionen (Bd. 2, Kap. 6.3.3) benötigt, wobei jedoch nur dem Realteil eine physikalische Bedeutung zukommt. Zwischen der Wellenzahl k und der Kreisfrequenz ω einer elektromagnetischen Welle bestehen die Relationen

$$\text{im Vakuum}: \omega(k) = c\,k$$

$$\text{in Materie}: \omega(k) = \frac{c\,k}{\sqrt{\varepsilon(k)\mu(k)}} \ .$$

Die Dielektrizitätskonstante ε und die Permeabilität μ können, wie angedeutet, von der Wellenzahl abhängen.

Um einen Ansatz für eine Wellenfunktion zu erhalten, die als eine Wellenfunktion für Materiewellen dienen könnte, setzt man die de Broglie Relationen

$$\omega = \frac{E}{\hbar} \qquad \text{und} \qquad \boldsymbol{k} = \frac{\boldsymbol{p}}{\hbar}$$

in die angegebene, ebene Welle ein. Das Resultat

$$\Psi_{\boldsymbol{p}}(\boldsymbol{r},t) = \psi_0 \ \exp\left[\frac{\mathrm{i}}{\hbar}\,(\boldsymbol{p}\cdot\boldsymbol{r} \pm E(p)\,t)\right] \tag{2.1}$$

bezeichnet man als eine *ebene Materiewelle.*

Die Materiewellenfunktion stellt ein in dem ganzen Raum ausgedehntes 'Objekt' dar, dem eine bestimmte Energie und ein bestimmter Impuls zugeordnet ist. Offensichtlich kann eine derartige ebene Welle kein lokalisiertes Objekt, wie ein Teilchen, beschreiben. Um eine Lokalisierung zu erreichen, ist es notwendig, Wellenpakete zu betrachten[1]. Wellenpakete gewinnt man durch die Überlagerung von ebenen Wellen, das heißt durch ein Fourierintegral über den gesamten Wellenzahlraum, so z. B.

$$\Psi(\boldsymbol{r},t) = \iiint \mathrm{d}^3k\, C(\boldsymbol{k}) \exp[\mathrm{i}\,(\boldsymbol{k}\cdot\boldsymbol{r} - \omega(k)\,t)]$$

mit der Umkehrung

$$C(\boldsymbol{k}) = \frac{1}{(2\pi)^{3/2}} \iiint \mathrm{d}^3r\, \Psi(\boldsymbol{r},0) \exp[-\mathrm{i}\,\boldsymbol{k}\cdot\boldsymbol{r}]\,.$$

Zur Charakterisierung von Wellenpaketen werden zwei Geschwindigkeiten benutzt.

- Die *Phasengeschwindigkeit*, die der Geschwindigkeit der Wellenphase des Wellenzahlmittelwerts entspricht. Man definiert die Phasengeschwindigkeit mit dem Wellenzahlmittelwert

$$\bar{k} = \frac{\iiint \mathrm{d}^3k\; k\; C(\boldsymbol{k})}{\iiint \mathrm{d}^3k\; C(\boldsymbol{k})}$$

  als die Frequenz des Mittelwertes geteilt durch den Mittelwert

$$v_{\mathrm{ph}}(\bar{k}) = \frac{\omega(\bar{k})}{\bar{k}}\,. \tag{2.2}$$

- Die *Gruppengeschwindigkeit*

$$v_{\mathrm{gr}}(\bar{k}) = \left(\frac{\mathrm{d}\,\omega(k)}{\mathrm{d}\,k}\right)_{k=\bar{k}} \tag{2.3}$$

  beschreibt die Bewegung der Wellengruppe als Ganzes. Sie entspricht der Ableitung der Frequenz nach der Wellenzahl an der Stelle des Wellenzahlmittelwertes.
- Zwischen den beiden Geschwindigkeiten kann man einen Zusammenhang herstellen. Differentiation der Funktion $\omega(k)/k$ nach der Wellenzahl ergibt

$$\frac{\mathrm{d}}{\mathrm{d}\,k}\left(\frac{\omega(k)}{k}\right) = \frac{1}{k}\frac{\mathrm{d}\,\omega(k)}{\mathrm{d}\,k} - \frac{\omega(k)}{k^2}\,,$$

[1] Elektromagnetische Wellenpakete werden in Bd. 2, Kap. 6.3 diskutiert.

bzw. wenn man diesen Ausdruck für den Wellenzahlmittelwert auswertet

$$v_{\mathrm{gr}}(\bar{k}) = v_{\mathrm{ph}}(\bar{k}) + \bar{k}\left(\frac{\mathrm{d}v_{\mathrm{ph}}(k)}{\mathrm{d}\,k}\right)_{k=\bar{k}} . \tag{2.4}$$

Ist die Phasengeschwindigkeit eine Konstante, so stimmen Phasengeschwindigkeit und Gruppengeschwindigkeit überein.

Die Unterscheidung von Phasen- und Gruppengeschwindigkeit kann man auch im Fall von ebenen Wellen anwenden. Es entfällt dann die Notwendigkeit der Mittelwertbildung.

Für die weitere Diskussion ist es ausreichend, das Koordinatensystem so zu wählen, dass der Vektor $\boldsymbol{k}$ bzw. der Vektor $\boldsymbol{p}$ nur eine x-Komponente hat. Beschränkt man sich noch auf das Minuszeichen im Exponenten, so liegt eine ebene Welle vor, die sich in positiver x-Richtung bewegt. Die folgenden Beispiele für ebene Wellen im *Vakuum* illustrieren den Unterschied zwischen elektromagnetischen Wellen und Materiewellen.

- Für elektromagnetische Wellen im Vakuum (ob eben oder nicht) gilt $\omega = c\,k$ und es folgt $v_{\mathrm{gr}} = v_{\mathrm{ph}} = c$.
- Für ebene Materiewellen ist

  $$v_{\mathrm{ph}} = \frac{E}{p} \quad \text{und} \quad v_{\mathrm{gr}} = v_{\mathrm{ph}} + p\left(\frac{\mathrm{d}v_{\mathrm{ph}}}{\mathrm{d}\,p}\right) ,$$

  da k gleich $p/\hbar$ gesetzt werden kann. Betrachtet man eine nichtrelativistische Materiewelle mit $E = p^2/(2\,m_0)$, so findet man

  $$v_{\mathrm{ph}} = \frac{p}{2m_0} = \frac{v}{2} .$$

  Die Gruppengeschwindigkeit ist

  $$v_{\mathrm{gr}} = \frac{p}{2m_0} + \frac{p}{2m_0} = v .$$

  Es ist die Gruppengeschwindigkeit, die mit der Geschwindigkeit des Teilchens identisch ist.
- Für die Energie und den Impuls eines relativistischen Teilchens mit der Ruhemasse m_0 und der relativistischen Masse m_{rel} gilt

  $$E = m_{\mathrm{rel}}\,c^2,\; p = m_{\mathrm{rel}}v \quad \text{bzw.} \quad E = \left[p^2c^2 + m_0^2c^4\right]^{1/2} .$$

  Damit folgt für die Phasengeschwindigkeit

  $$v_{\mathrm{ph}} = \frac{E}{p} = \frac{c^2}{v} > c .$$

  Die Phasengeschwindigkeit ist größer als die Lichtgeschwindigkeit. Dies zeigt, dass die Phasengeschwindigkeit keine Messgröße sein kann. Die Gruppengeschwindigkeit berechnet sich über

$$v_{\mathrm{gr}} = v_{\mathrm{ph}} + p\left(\frac{\mathrm{d}v_{\mathrm{ph}}}{\mathrm{d}p}\right) = \frac{E}{p} + p\left(-\frac{E}{p^2} + \frac{1}{p}\left(\frac{\mathrm{d}E}{\mathrm{d}p}\right)\right) = \frac{\mathrm{d}E}{\mathrm{d}p}$$

zu

$$v_{\mathrm{gr}} = \frac{\mathrm{d}}{\mathrm{d}p}\left[p^2c^2 + m_0^2c^4\right]^{1/2} = \frac{pc^2}{E} = \frac{m_{\mathrm{rel}}vc^2}{m_{\mathrm{rel}}c^2} = v\,.$$

Wiederum stimmen Teilchen- und Gruppengeschwindigkeit überein. Es ist somit die Gruppengeschwindigkeit, die bei einer Verknüpfung von Teilchenbild und Wellenbild eine zentrale Rolle spielen sollte.

Da für ebene Materiewellen die Phasen- und die Gruppengeschwindigkeit der Fourierkomponenten eines Wellenpaketes nicht übereinstimmen, kann man die Aussage festhalten:

Wellenpakete mit dem vorgeschlagenen Ansatz für Materiewellen sind immer dispersiv.

Um die Dispersion von Materiewellen in Aktion zu sehen, soll ein eindimensionales Wellenpaket, das durch die Vorgabe

$$C(k) = \begin{cases} A & \text{für} \quad k_0 - \Delta k \le k \le k_0 + \Delta k \\ 0 & \text{sonst} \end{cases}$$

definiert ist, dienen. Die Fourieramplitude ist eine Stufenfunktion der Breite $2\,\Delta k$ um den Mittelwert $\bar{k} = k_0$ (Abb. 2.1a).

Das Wellenpaket zur Zeit $t = 0$, das unabhängig von der Vorgabe von $\omega(k)$ ist, kann direkt berechnet werden. Das Integral in

$$\Psi(x,0) = A\int_{k_0-\Delta k}^{k_0+\Delta k} \mathrm{d}k\ \mathrm{e}^{\mathrm{i}kx}$$

ist elementar und ergibt

$$\Psi(x,0) = \frac{A}{\mathrm{i}x}\left(\mathrm{e}^{\mathrm{i}(k_0+\Delta k)x} - \mathrm{e}^{\mathrm{i}(k_0-\Delta k)x}\right) = \frac{2A}{x}\,\mathrm{e}^{\mathrm{i}k_0x}\sin(\Delta k\,x)\,.$$

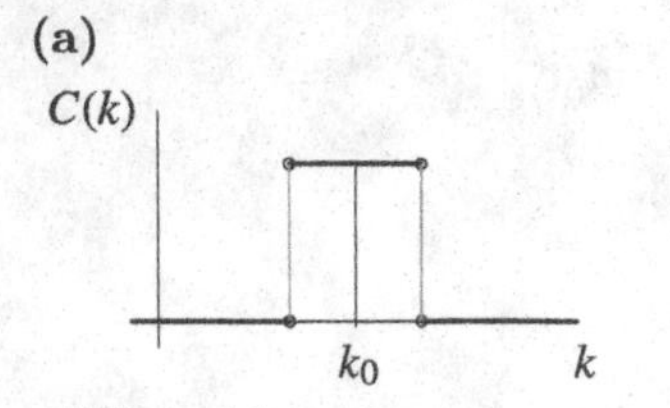

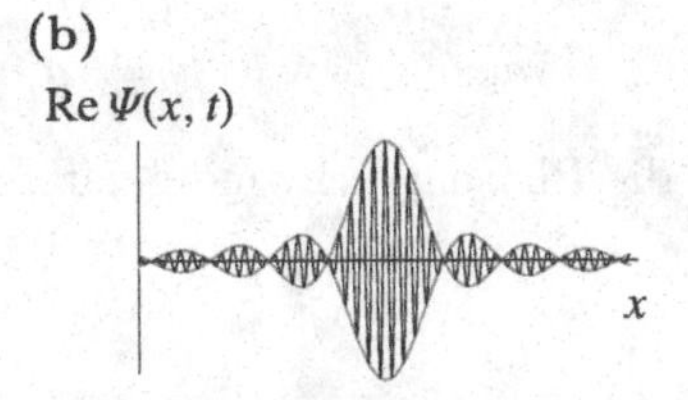

Abb. 2.1. Eindimensionales Wellenpaket

Zur Veranschaulichung der Situation betrachtet man z. B. den Realteil dieser komplexen Funktion

$$\mathrm{Re}(\Psi(x,0)) = \left[\frac{2A}{x}\sin(\Delta k\, x)\right]\cos k_0\, x\,.$$

Ist die Breite des Pakets klein im Vergleich zu dem Mittelwert ($\Delta k < k_0$), so wird (im Ortsraum) ein schnell oszillierender Anteil (die Kosinusfunktion) von einer langsam oszillierenden, für größere $|x|$-Werte abfallenden Enveloppe moduliert (Abb. 2.1b).

Für Zeiten mit $t \neq 0$ ist das Integral

$$\Psi(x,t) = A\int_{k_0-\Delta k}^{k_0+\Delta k} \mathrm{d}k\ \mathrm{e}^{\mathrm{i}[kx-\omega(k)t]}$$

auszuwerten. Diese Aufgabe ist auch für relativ einfache Funktionen $\omega(k)$ keineswegs trivial, für ein elektromagnetisches Wellenpaket im Vakuum hingegen einfach. In diesem Fall ist

$$\omega(k) = ck = ck_0 + c(k-k_0) = \omega(k_0) + v_{\mathrm{gr}}\cdot(k-k_0)\,.$$

Benutzt man die Substitution $k = k_0 + \eta$, so erhält man für das Integral

$$\Psi_{\mathrm{em}}(x,t) = A\,\mathrm{e}^{\mathrm{i}(k_0x-\omega(k_0)t)}\int_{-\Delta k}^{\Delta k}\mathrm{d}\eta\ \mathrm{e}^{\mathrm{i}(x-v_{\mathrm{gr}}t)\eta}\,,$$

und mit der gleichen Argumentation wie für den Fall $t = 0$

$$\Psi_{\mathrm{em}}(x,t) = \left[\frac{2A}{(x-v_{\mathrm{gr}}t)}\sin\left((x-v_{\mathrm{gr}}t)\Delta k\right)\right]\mathrm{e}^{\mathrm{i}(k_0x-\omega(k_0)t)}\,.$$

Betrachtet man auch hier den Realteil, so stellt man fest, dass die Enveloppe die gleiche Form hat wie im Fall $t = 0$, sie bewegt sich jedoch mit der Gruppengeschwindigkeit $v_{\mathrm{gr}} = c$ in der x-Richtung. Die schnell oszillierende Komponente

$$\cos(k_0x - \omega(k_0)t)$$

bewegt sich mit der Phasengeschwindigkeit $v_{\mathrm{ph}} = \omega(k_0)/k_0 = c$ unter der Enveloppe (siehe D.tail 2.1 für eine Illustration). Das laufende elektromagnetische Wellenpaket behält wegen $v_{\mathrm{gr}} = v_{\mathrm{ph}} = c$ seine Form bei.

Die gleiche Aussage ist näherungsweise gültig, wenn die Breite Δk so klein ist, dass man die Taylorentwicklung der Kreisfrequenz

$$\omega(k) = \omega(k_0) + \left(\frac{\mathrm{d}\omega}{\mathrm{d}k}\right)_{k_0}(k-k_0) + \ldots = \omega(k_0) + v_{\mathrm{gr}}(k-k_0) + \ldots$$

nach der ersten Ordnung abbrechen kann. Unter dieser Bedingung verhält sich ein Materiewellenpaket beinahe wie ein elektromagnetisches Wellenpaket.

Diese Näherung ist jedoch im Allgemeinen nicht angemessen. Für ein nichtrelativistisches Materiewellenpaket hat man

$$\begin{aligned}\omega(k) &= \frac{\hbar}{2m_0}k^2 = \frac{\hbar}{2m_0}\left(k_0^2 + 2k_0(k-k_0) + (k-k_0)^2\right) \\ &= \omega(k_0) + v_{\mathrm{gr}}(k_0)(k-k_0) + \frac{\hbar}{2m_0}(k-k_0)^2 \,.\end{aligned}$$

Es tritt gegenüber der einfachen Näherung ein Term in $(k-k_0)^2$ auf, so dass die Wellenfunktion des Pakets nun durch

$$\Psi(x,t) = A\,\mathrm{e}^{\mathrm{i}(k_0 x - \omega(k_0)t)} \int_{-\Delta k}^{\Delta k} \mathrm{d}\eta \;\mathrm{e}^{\mathrm{i}(a\eta + b\eta^2)}$$

mit

$$a = x - v_{\mathrm{gr}}t \quad \text{und} \quad b = -\frac{\hbar}{2m_0}t$$

bestimmt ist (siehe D.tail 2.2 für die Durchführung der weiteren Rechnung). Durch Umschreibung des Exponenten

$$a\eta + b\eta^2 = b\left(\eta + \frac{a}{2b}\right)^2 - \frac{a^2}{4b}\,,$$

sowie die Substitution

$$z = \left[-\frac{2b}{\pi}\right]^{1/2}\left(\eta + \frac{a}{2b}\right)$$

und die Anwendung der Moivre-Formel kann man das Integral durch die *Fresnelintegrale*[2]

$$S(x) = \int_0^x \mathrm{d}t\,\sin\left(\frac{\pi}{2}t^2\right) \quad \text{und} \quad C(x) = \int_0^x \mathrm{d}t\,\cos\left(\frac{\pi}{2}t^2\right)$$

darstellen. Das Endresultat lautet

$$\begin{aligned}\Psi(x,t) = A\left[-\frac{\pi}{2b}\right]^{1/2} &\exp\left[\mathrm{i}\left(k_0 x - \omega_0 t\right)\right]\,\exp\left[-\mathrm{i}\,\frac{a^2}{4b}\right] \\ &\cdot\left\{\left(-C(z_u) + C(z_o)\right) - \mathrm{i}\,\left(-S(z_u) + S(z_o)\right)\right\}\,,\end{aligned} \tag{2.5}$$

wobei die Grenzen durch

$$z_u = \left[-\frac{2b}{\pi}\right]^{1/2}\left(-\Delta k + \frac{a}{2b}\right)$$

$$z_o = \left[-\frac{2b}{\pi}\right]^{1/2}\left(\Delta k + \frac{a}{2b}\right)$$

[2] Math.Kap. 2.6

gegeben sind. Mit einer geeigneten Tabellierung der Fresnelintegrale kann man das Betragsquadrat dieser Wellenfunktion

$$|\Psi(x,t)|^2 = -\frac{\pi|A|^2}{2b}\left\{(C(z_o)-C(z_u))^2 + (S(z_o)-S(z_u))^2\right\}$$

berechnen. In diesem tritt, im Gegensatz zu dem Realteil der Wellenfunktion, der schnell oszillierende Anteil nicht auf. Die Abb. 2.2a und b zeigen das Betragsquadrat für die Zeitpunkte $t = 0$ (für den keine Singularität vorliegt, siehe D.tail 2.2) und $t \neq 0$. Man erkennt, dass das Wellenpaket auseinanderfließt. Die Teilwellen haben unterschiedliche Phasen- und Gruppengeschwindigkeiten, so dass sich die Form des Pakets mit der Zeit verändert. Nur wenn die Wellenzahlbreite sehr klein ist, kann man unter Umständen (z. B. für die Dauer eines Streuexperiments mit Mikroteilchen) das Auseinanderfließen vernachlässigen.

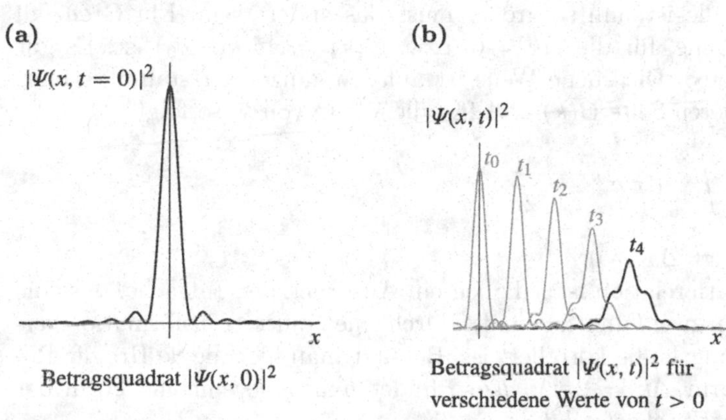

Abb. 2.2. Materiewellenpaket

Durch Betrachtung des vorliegenden Beispiels kann man einen weiteren Einblick in die Eigenschaften von Wellenpaketen gewinnen. Das Betragsquadrat der Wellenfunktion zum Zeitpunkt $t = 0$

$$|\Psi(x,0)|^2 = \frac{4A^2 \sin^2 \Delta k\, x}{x^2}$$

fällt wie $1/x^2$ ab (Abb. 2.3). Das Paket weist also eine gewisse Lokalisierung im Raum auf. Definiert man (etwas willkürlich) als die räumliche Breite Δx des Pakets die Hälfte des Intervalls zwischen den ersten Nulldurchgängen um das Maximum bei $x = 0$, so findet man

$$\Delta k\,(x_u - x_l) = 2\pi \longrightarrow \Delta k\, \Delta x = \pi\,.$$

Da die Ortsbreite nicht sonderlich präzise definiert ist, sollte man die Aussage etwas abschwächen und

$$\Delta k\, \Delta x \geq \pi$$

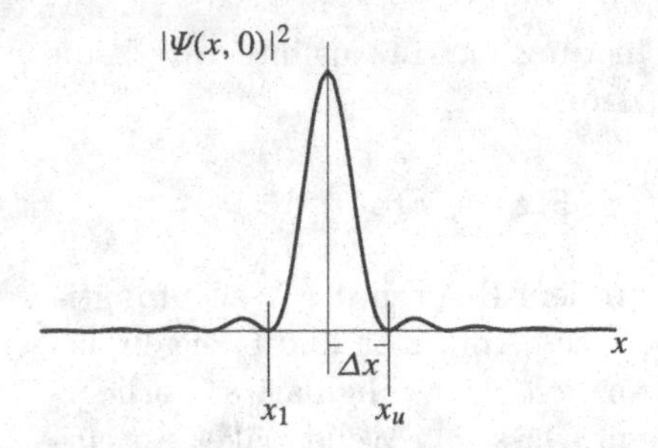

Abb. 2.3. Zur Ortsunschärfe

schreiben. Diese Ungleichung bezeichnet man als eine Unschärferelation. Diese durchaus klassische Unschärferelation besagt, dass die Breite eines Wellenpakets im Ortsraum (Lokalisierung von $\Psi(x, 0)$) und die Breite des Wellenpaketes im Wellenzahlraum (Lokalisierung von $C(k)$) korreliert sind. Je kleiner eines der Intervalle ist, um so größer muss das andere sein. Ein Grenzfall ist eine ebene Welle, für die $\Delta k = 0$, bzw. $C(k) = A\delta(k - k_0)$ ist. Es gilt deswegen $\Delta x \to \infty$. Die ebene Welle ist auf den ganzen Ortsraum verteilt. Gilt auf der anderen Seite $C(k) = A$ für alle Werte von k, so folgt

$$\Psi(x, 0) = A \int_{-\infty}^{\infty} \mathrm{d}x \; \mathrm{e}^{\mathrm{i}\,kx} = \frac{A}{2\pi}\delta(x) \, .$$

Aus $\Delta k \to \infty$ folgt $\Delta x \to 0$.

Diese Unschärferelation ist lediglich ein Ausdruck der Tatsache, dass die Lokalisierung von zwei Funktionen, die durch eine Fouriertransformation verknüpft sind, zwangsläufig korreliert ist. Benutzt man hier die de Broglie Relation in der Form $\Delta k = 2\pi\Delta p/h$, so findet man eine einfache Form der *Heisenbergschen Unschärferelation*

$$\Delta p \, \Delta x \geq \frac{h}{2} \, . \tag{2.6}$$

Die Impulsunschärfe und die Lokalisierung eines Materiewellenpaketes sind korreliert. Die eigentliche Bedeutung dieser Relation wird jedoch erst in Kap. 4.3 klar werden. Die Heisenbergsche Unschärferelation beinhaltet die Aussage, dass für ein Mikroteilchen, ein Teilchen dessen Gesetzmäßigkeiten durch die Gleichungen der Quantenmechanik bestimmt werden, Impuls und Position nicht gleichzeitig mit beliebiger Genauigkeit bestimmt werden können.

2.2 Eine Interpretation der Materiewellen

Die Interpretation der Materiewellen geht auf einen Vorschlag von Max Born aus dem Jahr 1926 zurück. Eine direkte experimentelle Bestätigung wurde erst zu einem späteren Zeitpunkt erbracht. In diesen Experimenten wird die Streuung von Elektronen an Spalten oder Biprismen für (zwei) verschiedene Intensitäten des einfallenden Teilchenstrahles verglichen. Führt man das Experiment mit einem intensiven Teilchenstrahl (typischerweise 10^{20} Teilchen pro Strahlquerschnitt und Sekunde) durch, so erhält man ein Interferenzmuster praktisch instantan. Benutzt man hingegen einen schwachen Strahl (z. B. weniger als 10^3 Teilchen pro Querschnitt und Sekunde), so macht man die folgende Beobachtung: Zunächst registriert man auf dem 'Schirm' ein völlig unkorrelliertes Auftreffen von Elektronen. Nach einiger Zeit ergibt die Summe der Auftreffer genau das gleiche Interferenzmuster wie bei dem Vergleichsexperiment mit dem intensiven Strahl. In Abb. 2.4 sind die akkumulierten Elektronenverteilungen in einem Experiment mit 10^3 Teilchen pro Sekunde für vier verschiedene Zeitpunkte zu sehen. Man erkennt den Übergang von einem statistischen zu einem voll ausgebildeten Interferenzmuster. (Für weitere Information zu direkten Interferenzexperimenten mit Materiewellen siehe D.tail 2.3). Da die registrierten Teilchen in dem zweiten Versuch zeitlich deutlich getrennt sind, bestätigen die Experimente den individuellen Wellencharakter. Die Tatsache, dass das zweite Experiment erst zu einem viel späteren Zeitpunkt durchgeführt wurde, weist auf die technischen Schwierigkeiten hin, einen schwachen Strahl über einen längeren Zeitraum stabil zu halten und die geringere Zahl von gestreuten Teilchen pro Zeiteinheit korrekt nachzuweisen.

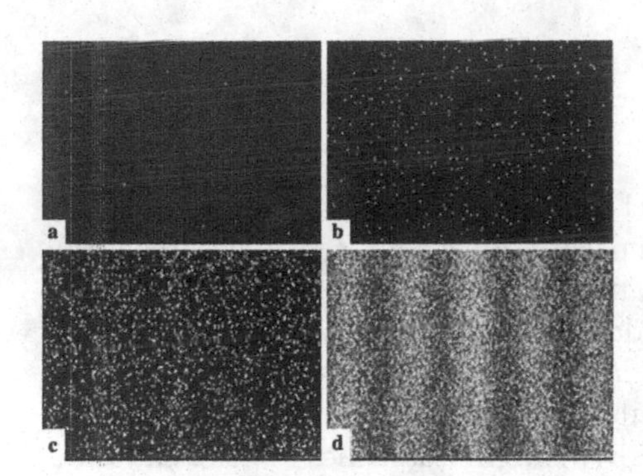

Abb. 2.4. Aufbau eines Interferenzmusters mit einem schwachen Elektronenstrahl über 30 min (mit freundlicher Genehmigung von A. Tonomura, Hitachi Advanced Research Laboratory)

Das Doppelexperiment bestätigt im Retrospekt den Vorschlag von M. Born, der besagt, dass der Wellencharakter eine statistische Aussage über das Quantensystem beinhaltet. Nach Born ist das Betragsquadrat der Wellenfunktion eines Materieteilchens

$$|\Psi(x,t)|^2 = \Psi^*(x,t)\Psi(x,t) \text{ für ein eindimensionales Problem}$$

$$|\Psi(\boldsymbol{r},t)|^2 = \Psi^*(\boldsymbol{r},t)\Psi(\boldsymbol{r},t) \text{ für ein dreidimensionales Problem}$$

ein Maß für die Wahrscheinlichkeit, das Teilchen zu dem Zeitpunkt t an der Stelle x bzw. $\boldsymbol{r}$ zu finden. Dieses Maß bezeichnet man als Aufenthaltswahrscheinlichkeitsdichte und schreibt

$$\varrho_W(\boldsymbol{r},t) = |\Psi(\boldsymbol{r},t)|^2 \,.$$

Zur Erläuterung des statistischen Charakters des Ergebnisses des Doppelexperiments kann man auf das Würfelspiel zurückgreifen. Die Wahrscheinlichkeit, eine bestimmte Augenzahl zu würfeln ist $1/6$, vorausgesetzt man hat einen idealen (nicht manipulierten) Würfel. Aus dieser Aussage folgt

(a) Nimmt man einen Würfel und macht eine genügend große Anzahl N von Würfen (z. B. $N = 600\,000$), so stellt man fest, dass jede Augenzahl $N/6$ (z. B. $100\,000$) mal auftritt (bis auf statistische Schwankungen proportional zu $1/\sqrt{N}$).
(b) Nimmt man eine große Zahl von idealen Würfeln (N, zum Vergleich auch $600\,000$), wirft sie auf einmal und sortiert, so findet man wiederum, dass jede Augenzahl $N/6$ mal auftritt.

Der Versuch mit dem schwachen Strahl entspricht der Variante (a), der Versuch mit dem intensiven Strahl der Variante (b). Die Tatsache, dass in beiden Experimenten die gleiche Endverteilung auftritt, kann als eine Bestätigung des statistischen Charakters der Welleneigenschaften angesehen werden.

Wird ein Mikroteilchen durch eine ebene de Brogliewelle

$$\Psi(\boldsymbol{r},t) = A\,\mathrm{e}^{[\mathrm{i}(\boldsymbol{k}\cdot\boldsymbol{r}\pm\omega(k)t)]}$$

beschrieben, so folgt nach Max Born

$$\varrho_W(\boldsymbol{r},t) = |A|^2 \,.$$

Die Aufenthaltswahrscheinlichkeitsdichte ist unabhängig von Zeit und Ort, bzw. in anderen Worten: Das Teilchen kann zu jedem Zeitpunkt irgendwo im Raum gefunden werden. Auf der anderen Seite ist die Aussage über den Impuls eindeutig. Das Teilchen hat den Impuls $\boldsymbol{p} = \hbar\boldsymbol{k}$. Wenn man also, im Einklang mit der Unschärferelation, die Situation beschreiben möchte, dass man den Impuls des Quantenteilchens genau, seine Position aber gar nicht kennt, könnte eine ebene de Brogliewelle ein nützliches Instrument sein. Inwieweit sie, infolge ihrer Einfachheit, in der Praxis zum Einsatz kommt, werden die folgenden Kapitel zeigen.

Für das bewegte Materiewellenpaket (2.5) gilt im Grenzfall $\Delta k \ll k_0$ für die Wellenfunktion

$$\Psi(x,t) = \left[\frac{2A}{(x - v_{\mathrm{gr}}t)} \sin\left((x - v_{\mathrm{gr}}t)\,\Delta k\right)\right] \mathrm{e}^{\mathrm{i}(k_0\,x-\omega(k_0)\,t)}$$

bzw. für die Aufenthaltswahrscheinlichkeitsdichte

$$\varrho_W(x,t) = \frac{4|A|^2}{(x - v_{\mathrm{gr}}t)^2} \sin^2\left((x - v_{\mathrm{gr}}t)\,\Delta k\right) \,.$$

Das Teilchen, das durch diese Wellenfunktion beschrieben wird, findet man mit hoher Wahrscheinlichkeit innerhalb eines Intervalles

$$v_{\mathrm{gr}}t - \frac{\pi}{\Delta k} \le x \le v_{\mathrm{gr}}t + \frac{\pi}{\Delta k} \, .$$

Die gesamte Verteilung bewegt sich in diesem Grenzfall ohne Dispersion mit der Geschwindigkeit v_{gr} in der positiven x-Richtung. Der Impuls des Teilchens kann (mit gleicher Wahrscheinlichkeit $\varrho_W(k,t) = |A|^2$, wie in Kap. 8.3 erklärt wird) einen Wert aus dem Intervall

$$\hbar(k_0 - \Delta k) \le p \le \hbar(k_0 + \Delta k)$$

annehmen. Da $\Delta k \ll k_0$ vorausgesetzt wird, ist die Impulsunschärfe relativ gering. In diesem Grenzfall beschreibt das Wellenpaket ein Teilchen mit einer gewissen Lokalisierung, dessen Dispersion (zumindest über einen gewissen Zeitraum) vernachlässigbar ist. Infolge der Lokalisierung muss man eine gewisse Unschärfe bezüglich des Impulses hinnehmen. Nimmt die Breite Δk beliebige Werte an, so bedingt die größere Impulsunschärfe, dass die Komponenten des Paketes eine deutlich unterschiedliche Geschwindigkeit aufweisen. Dies ist letztlich der Grund für das Auseinanderfließen.

Um die Ausführungen in diesem Kapitel zu untermauern, muss man in der Lage sein, die Materiewellenfunktionen für experimentell zugängliche Situationen (z. B. das Wasserstoffatom) zu berechnen. Man benötigt dazu eine Gleichung (voraussichtlich eine Differentialgleichung) mit Hilfe derer man die Wellenfunktionen bestimmen kann. In dem nächsten Kapitel soll die Aufstellung und die Diskussion dieser Gleichung, der Schrödingergleichung, in Angriff genommen werden.

3 Die Schrödingergleichung

Das Fundament der Quantenmechanik wurde in den Jahren 1925/26 gelegt. Sowohl in der Formulierung als Matrixmechanik durch Werner Heisenberg, Max Born und Pascual Jordan als auch in der Wellenmechanik von Erwin Schrödinger tritt das Konzept einer (Bohrschen) Elektronenbahn nicht mehr auf. Die Matrixmechanik stützt sich direkt auf die Betrachtung von physikalischen Observablen, wie der Intensität der Strahlung, die von einem Quantensystem ausgesandt wird. Jede physikalische Größe kann durch eine Matrix dargestellt werden. In der Wellenmechanik von Schrödinger steht die Suche nach einer Differentialgleichung, die die Zeitentwicklung von Materiewellen beschreibt, im Vordergrund. Trotz des scheinbaren Unterschieds kann man im Endeffekt zeigen, dass die zwei Formulierungen völlig äquivalent sind.

Die Wellenmechanik erlaubt den anschaulicheren Zugang zu der Quantenwelt. Aus diesem Grund bietet sie sich zur Einführung in diese Thematik an. Man kann die fundamentale Differentialgleichung der Quantenmechanik, die Schrödingergleichung, plausibel machen bzw. die Annahmen sortieren, die zur Aufstellung dieser Gleichung führen. Eine Herleitung ist nicht möglich. Ein Wegweiser bei der Formulierung der Schrödingergleichung ist das Korrespondenzprinzip, mit dessen Hilfe die erweiterte Theorie mit der klassischen Physik verknüpft werden kann.

Die Aufstellung der Schrödingergleichung soll in diesem Kapitel zunächst für den Fall *eines* nichtrelativistischen Quantenteilchens durchgeführt werden. Im Anschluss wird die Schrödingergleichung für ein System von mehreren wechselwirkenden Teilchen kurz angesprochen. Eine eingehendere Diskussion des quantenmechanischen Vielteilchenproblems wird jedoch zu einem späteren Zeitpunkt (Kap. 13 und Band 4) durchgeführt. Der Erfolg der heuristischen Argumentation zur Aufstellung dieser Wellengleichungen der Quantenmechanik muss im Endeffekt daran gemessen werden, inwieweit die Aussagen, die aus diesen Gleichungen folgen, mit experimentellen Ergebnissen übereinstimmen.

3.1 Ein freies Teilchen

Den Experimenten zur Streuung von Elektronen an Kristallgittern kann man die folgenden Prämissen entnehmen:

- Die de Broglie Relationen sind in der Natur realisiert.
- Für Materiewellenfunktionen ist das Superpositionsprinzip gültig.

Diese Aussagen sind der Ausgangspunkt für die Aufstellung der freien Schrödingergleichung, d. h. der Schrödingergleichung für ein Teilchen, das keinen Kraftwirkungen ausgesetzt ist.

Ohne die Möglichkeit der Superposition ist das Auftreten von Interferenzeffekten nicht möglich. Die Forderung nach der Gültigkeit des Superpositionsprinzips führt auf der anderen Seite auf eine erste Aussage über die gesuchte Differentialgleichung. Diese muss linear und homogen sein. Man betrachtet, zunächst in einer eindimensionalen Welt, den allgemeinen Ansatz

$$\hat{D}\, \Psi(x,\, t) = 0\,,$$

wobei $\hat{D}$ ein Differentialoperator ist, der von der Koordinate, dem Impuls, der Zeit und den Ableitungen nach diesen Größen abhängen kann

$$\hat{D} = \hat{D}\left(x, \partial_x, \partial_x^2, \partial_x^3, \ldots, p, \partial_p, \ldots, t, \partial_t, \ldots\right).$$

Das Superpositionsprinzip bedingt, dass aus der Gültigkeit von

$$\hat{D}\, \Psi_1(x,\, t) = 0 \quad \text{und} \quad \hat{D}\, \Psi_2(x,\, t) = 0$$

die Gültigkeit von

$$\hat{D}\left(a_1 \Psi_1(x,\, t) + a_2 \Psi_2(x,\, t)\right) = 0 \qquad a_1, a_2 = \text{const.}$$

folgt. Eine entsprechende Aussage ist für eine nichtlineare Differentialgleichung (z. B. $\hat{D}\Psi^2 = 0$) oder eine inhomogene Differentialgleichung (z. B. $\hat{D}\Psi = f$) nicht möglich.

Das Superpositionsprinzip ist nicht ausreichend, um die gesuchte Differentialgleichung festzulegen. Dies geschieht durch die Forderung

- Ein freies Teilchen, das durch einen bestimmten Impuls p charakterisiert wird und das somit nicht lokalisiert ist, wird durch eine ebene Materiewelle beschrieben.

Hiermit wird die zugehörige Differentialgleichung durch die Vorgabe der Lösung festgelegt. Es steht jedoch noch eine gewisse Auswahl von Wellenfunktionen zur Verfügung. Die Wellenfunktion könnte, wie die letztlich in der Elektrodynamik benötigte ebene Welle, reell

$$\Psi_k(x,\, t) = C \sin(kx - \omega(k)t + \alpha)$$

oder (notwendigerweise) komplex sein

$$\Psi_k(x,\, t) = C \exp[\mathrm{i}(kx - \omega(k)t + \alpha)]\,.$$

Ein freies Teilchen mit einer gewissen Lokalisierung kann dann (im Rahmen der Unschärferelation und infolge des Superpositionsprinzips) durch

$$\Psi(x,\, t) = \int_{-\infty}^{\infty} \mathrm{d}k\; C(k) \Psi_k(x,\, t)$$

dargestellt werden. Da sowohl $\Psi_k(x, t)$ als auch $\Psi(x, t)$ ein kräftefreies Teilchen beschreiben sollen, müssen die zwei Funktionen dieselbe Differentialgleichung erfüllen. Die Frage, ob ein Teilchen mit scharfem Impuls oder ein Wellenpaket betrachtet wird, ist nur eine Frage der anfänglichen Vorgabe. Die weitere Zeitentwicklung der Wellenfunktionen wird durch die Differentialgleichung beschrieben. Die Forderung, dass aus der Gültigkeit von $\hat{D}\,\Psi_k(x, t) = 0$ die Gültigkeit von $\hat{D}\,\Psi(x, t) = 0$ folgen soll, kann nicht erfüllt werden, wenn der Differentialoperator $\hat{D}$ von dem Impuls (bzw. der zugeordneten Wellenzahl) abhängt. Die Anwendung des Operators und die Superposition der ebenen Wellen sind nicht vertauschbar

$$\hat{D}(k', \ldots) \int_{-\infty}^{\infty} \mathrm{d}k\, C(k)\Psi_k(x, t) \neq \int_{-\infty}^{\infty} \mathrm{d}k\, C(k)\hat{D}(k, \ldots)\Psi_k(x, t)\,.$$

Aus diesem Grund ist die klassische Wellengleichung der Elektrodynamik

$$\left(\partial_x^2 - \gamma\partial_t^2\right)\Psi_k(x, t) = \left(k^2 - \gamma\omega(k)^2\right)\Psi_k(x, t) = 0$$

in der Quantenmechanik nicht brauchbar. In der Elektrodynamik ist die Größe $\gamma = k^2/\omega^2 = 1/c^2$ eine Konstante. Für Materiewellen würde (im Fall eines nichtrelativistischen Teilchens) die Aussage gelten

$$\gamma = \frac{k^2}{\omega^2} = \frac{p^2}{E^2} = \frac{4\,m_0^2}{p^2}\,.$$

Der Faktor γ wäre eine Funktion von p (bzw. k).

Ein einfacher Ausweg bietet sich anhand der de Broglie Relationen an. Mit $E = \hbar\omega$ und $p = \hbar k$ folgt

$$\omega = \frac{\hbar k^2}{2\,m_0} \quad \text{bzw.} \quad \frac{k^2}{\omega} = \frac{2\,m_0}{\hbar}\,.$$

Die Größe k^2/ω ist eine Konstante. Setzt man einen Differentialoperator an, der eine zweite Ableitung nach dem Ort und eine *erste* Ableitung nach der Zeit enthält

$$\hat{D} = \partial_x^2 - \gamma\partial_t\,,$$

so folgt für den reellen Ansatz

$$\hat{D}\sin(kx - \omega t) = -k^2\sin(kx - \omega t) - \gamma\omega\cos(kx - \omega t) \neq 0\,.$$

Der reelle Ansatz, auch in der erweiterten Form mit einer Linearkombination von Sinus- und Kosinusfunktionen, ist nicht brauchbar. Für den komplexen Ansatz findet man auf der anderen Seite

$$\hat{D}\exp[\mathrm{i}(kx - \omega t)] = (-k^2 + \mathrm{i}\gamma\omega)\exp[\mathrm{i}(kx - \omega t)]\,.$$

Mit der Wahl

$$\gamma = -\mathrm{i}\frac{k^2}{\omega} = -\mathrm{i}\frac{2\,m_0}{\hbar}\,,$$

erhält man eine Konstante und die Differentialgleichung

$$\hat{D}\exp[\mathrm{i}(kx-\omega t)] = 0\ .$$

Die (eindimensionale) Wellengleichung lautet somit

$$\left(\frac{\partial^2}{\partial x^2} + \mathrm{i}\frac{2\,m_0}{\hbar}\frac{\partial}{\partial t}\right)\Psi(x,\,t) = 0$$

oder nach einfacher Sortierung

$$\mathrm{i}\hbar\frac{\partial}{\partial t}\Psi(x,\,t) = -\frac{\hbar^2}{2\,m_0}\frac{\partial^2}{\partial x^2}\Psi(x,\,t)\ . \tag{3.1}$$

Zu dieser Wellengleichung, der *Schrödingergleichung* für ein freies Teilchen in einer Raumdimension, sind die folgenden Bemerkungen angebracht:

1. Die Wellengleichung (3.1) ist die einfachste Wellengleichung (es treten nur die niedrigst möglichen Ableitungen auf), die die Forderung erfüllt, dass ebene Materiewellen eine superponierbare Lösung darstellen. Es gibt keinen zwingenden Grund, dass die einfachste Wellengleichung die korrekte sein sollte. Es zeigt sich jedoch, dass man durch konsistente Erweiterungen den Kontakt mit experimentellen Resultaten herstellen kann.
2. Anstelle des Ansatzes $\Psi(x,\,t) = \exp[\mathrm{i}(kx-\omega t)]$ hätte man auch den Ansatz $\Psi'(x,\,t) = \exp[-\mathrm{i}(kx-\omega t)]$ benutzen können. Der Realteil dieser Funktion beschreibt ebenfalls eine in Richtung der positiven x-Richtung laufende harmonische Welle. Die Wellengleichung lautet dann
$$-\mathrm{i}\hbar\frac{\partial}{\partial t}\Psi'(x,\,t) = -\frac{\hbar^2}{2\,m_0}\frac{\partial^2}{\partial x^2}\Psi'(x,\,t)\ .$$
Beide Ansätze sind gleichwertig, doch wird meist (und auch hier) die Form (3.1) mit der ebenen Wellenlösung $\Psi(x,\,t) = \exp[\mathrm{i}(kx-\omega t)]$ benutzt.
3. Die Gleichung (3.1) hat die Grundlösungen
$$\Psi(x,\,t) = \mathrm{e}^{\mathrm{i}kx}\mathrm{e}^{-\mathrm{i}\omega t} \quad \text{und} \quad \Psi(x,\,t) = \mathrm{e}^{-\mathrm{i}kx}\mathrm{e}^{-\mathrm{i}\omega t}\ ,$$
die man, im Anklang an die Elektrodynamik, als in und gegen die positive x-Richtung laufende Materiewelle bezeichnet. Benutzt man die alternative Form der Schrödingergleichung, so sind die entsprechenden Lösungen
$$\Psi'(x,\,t) = \mathrm{e}^{\mathrm{i}kx}\mathrm{e}^{\mathrm{i}\omega t} \quad \text{und} \quad \Psi'(x,\,t) = \mathrm{e}^{-\mathrm{i}kx}\mathrm{e}^{\mathrm{i}\omega t}\ .$$
Die Lösungen unterscheiden sich in dem Vorzeichen des Exponenten des Zeitanteils.
4. Partielle Differentialgleichungen werden in die Klassen

– elliptischer Typ, z. B. eine Poissongleichung mit

$$\hat{D} = \partial_x^2 + \partial_y^2 ,$$

– hyperbolischer Typ, z. B. eine klassische Wellengleichung mit

$$\hat{D} = \partial_x^2 - \partial_t^2$$

– parabolischer Typ, z. B. mit

$$\hat{D} = \partial_x^2 \pm \partial_t$$

unterteilt. Die freie Schrödingergleichung ist eine partielle Differentialgleichung vom parabolischen Typ. Die Vorgabe einer Anfangsbedingung $\Psi(x, 0)$ und von geeigneten Randbedingungen garantiert in diesem Fall eine eindeutige Lösung (siehe Math.Kap. 1 und Kap. 4.2). Es liegt (gemäß Konstruktion) ein Anfangs-/Randwertproblem vor.

5. In der Differentialgleichung treten komplexe Koeffizienten auf. Es ist aus diesem Grund zu erwarten, dass die Lösungsfunktionen ebenfalls komplex sind. Da alle physikalischen Messgrößen reell sein müssen, kann die Wellenfunktion selbst keine Messgröße sein. Die Interpretation des Betragsquadrates (gemäß M. Born) als Aufenthaltswahrscheinlichkeitsdichte wird in Kap. 3.3 ausführlicher diskutiert.
6. Die Erweiterung der Betrachtungen auf eine dreidimensionale Welt liefert als Schrödingergleichung für ein kräftefreies Teilchen

$$\mathrm{i}\hbar\frac{\partial}{\partial t}\Psi(\boldsymbol{r}, t) = -\frac{\hbar^2}{2\,m_0}\Delta\Psi(\boldsymbol{r}, t) . \tag{3.2}$$

Die Fundamentallösungen, die ebene Materiewellen beschreiben, sind
– Ausbreitung in die Richtung von $\boldsymbol{k} = \boldsymbol{p}/\hbar$:

$$\Psi_{\boldsymbol{k}}(\boldsymbol{r}, t) = \mathrm{e}^{\mathrm{i}(\boldsymbol{k}\cdot\boldsymbol{r}-\omega t)} ,$$

– Ausbreitung gegen die Richtung von $\boldsymbol{k} = \boldsymbol{p}/\hbar$:

$$\Psi_{\boldsymbol{k}}(\boldsymbol{r}, t) = \mathrm{e}^{-\mathrm{i}(\boldsymbol{k}\cdot\boldsymbol{r}+\omega t)} .$$

7. Die Aufstellung einer relativistischen Wellengleichung mit entsprechenden Argumenten ist möglich. Die Situation ist jedoch durchaus komplizierter. Man erhält eine Wellengleichung, die sich nicht zur Beschreibung von Elektronen eignet. Die Frage nach relativistischen Wellengleichungen wird in Band 4 behandelt.

3.2 Ein Teilchen in einem Kraftfeld

Die Argumentation des vorhergehenden Abschnitts, die zu der Schrödingergleichung für ein freies Teilchen führte, kann man in einer Quantisierungsvorschrift zusammenfassen. Man fordert eine Zuordnung von klassischen Größen und quantenmechanischen Operatoren[1], in diesem Fall für die Energie und den Impuls

$$\begin{aligned} E &\longrightarrow \hat{E} = \mathrm{i}\hbar\partial_t \\ p_x &\longrightarrow \hat{p}_x = -\mathrm{i}\hbar\partial_x \\ \boldsymbol{p} &\longrightarrow \hat{\boldsymbol{p}} = -\mathrm{i}\hbar\boldsymbol{\nabla} \end{aligned}$$

und entsprechend

$$\boldsymbol{p}^2 = p^2 \longrightarrow \hat{\boldsymbol{p}}^2 = \hat{p}^2 = -\hbar^2\Delta \,.$$

Mit diesen Zuordnungen entspricht der klassische Energiesatz für ein freies Teilchen der Schrödingergleichung für ein freies Teilchen in dem folgenden Sinn

$$E\Psi = \frac{p^2}{2\,m_0}\Psi \longrightarrow \hat{E}\Psi = \frac{\hat{p}^2}{2\,m_0}\Psi \longrightarrow \mathrm{i}\hbar\frac{\partial}{\partial t}\Psi(\boldsymbol{r},\,t) = -\frac{\hbar^2}{2\,m_0}\Delta\Psi(\boldsymbol{r},\,t)\,.$$

Erweitert man die Zuordnungen um

$$\begin{aligned} \boldsymbol{r} &\longrightarrow \hat{\boldsymbol{r}} = \boldsymbol{r} \\ t &\longrightarrow \hat{t} = t \\ V(\boldsymbol{r},t) &\longrightarrow \hat{V}(\hat{\boldsymbol{r}},\hat{t}\,) = V(\boldsymbol{r},t)\,, \end{aligned}$$

so kann man aus dem Energiesatz für ein klassisches Teilchen in einem konservativen Kraftfeld

$$E = \frac{p^2}{2\,m_0} + V(\boldsymbol{r})$$

die Schrödingergleichung für ein Quantenteilchen in einem konservativen Kraftfeld

$$\mathrm{i}\hbar\frac{\partial}{\partial t}\Psi(\boldsymbol{r},\,t) = \left(-\frac{\hbar^2}{2\,m_0}\Delta + V(\boldsymbol{r})\right)\Psi(\boldsymbol{r},\,t) \tag{3.3}$$

gewinnen. Hängt die potentielle Energie auch von der Zeit ab, so muss man auf der klassischen Ebene die Energie durch die Hamiltonfunktion

$$E = H(\boldsymbol{r},t) = \frac{p^2}{2\,m_0} + V(\boldsymbol{r},\,t)$$

darstellen. Ordnet man der Hamiltonfunktion einen Hamiltonoperator zu

$$H(\boldsymbol{r},t) \longrightarrow \hat{H}(\boldsymbol{r},\,t)\,,$$

so lautet die Schrödingergleichung in dieser Situation

$$\mathrm{i}\hbar\frac{\partial}{\partial t}\Psi(\boldsymbol{r},\,t) = \hat{H}(\boldsymbol{r},\,t)\Psi(\boldsymbol{r},\,t) = \left(-\frac{\hbar^2}{2\,m_0}\Delta + V(\boldsymbol{r},\,t)\right)\Psi(\boldsymbol{r},\,t)\,. \tag{3.4}$$

[1] Operatoren werden durch ^ gekennzeichnet. Eine Präzisierung des Operatorkonzepts erfolgt in den Kap. 4, 8 und 9.

Die Schrödingergleichung (3.4) für ein nichtrelativistisches Teilchen in einem explizit zeitabhängigen Kraftfeld stellt eine Möglichkeit für den Übergang von der klassischen Physik (Energieaussage) zu der Quantenmechanik (Materiewellengleichung) dar. Da die Argumentation keineswegs zwingend ist, kann man deren Wahrheitsgehalt erst durch den Vergleich mit experimentellen Aussagen feststellen. Vor der Diskussion der Lösung der Schrödingergleichung für eine Sammlung von Beispielen muss jedoch die Wahrscheinlichkeitsinterpretation fundiert und die oben angegebenen Quantisierungsvorschriften eingehender untersucht werden.

3.3 Zur Wahrscheinlichkeitsinterpretation

3.3.1 Die Normierung

Die Aussage, dass

$$\varrho_W(\boldsymbol{r},t) = |\Psi(\boldsymbol{r},t)|^2 = \Psi^*(\boldsymbol{r},t)\Psi(\boldsymbol{r},t)$$

ein Maß für die Aufenthaltswahrscheinlichkeit eines Quantenteilchens ist, bedarf noch der Festlegung einer Skalierung. Da die Schrödingergleichung eine homogene Differentialgleichung ist, kann die Wellenfunktion beliebig skaliert werden. Zur Festlegung der Skalierung benutzt man das Argument: Zu einem Zeitpunkt t muss das Teilchen mit Gewissheit in irgendeinem Raumpunkt zu finden sein. Diese Gewissheit entspricht dem Wert 1 für die Summe aller Wahrscheinlichkeiten in allen Raumpunkten. Man legt die Skalierung der Wellenfunktion für ein Teilchen aus diesem Grund gemäß

$$\iiint \mathrm{d}^3r\, \varrho_W(\boldsymbol{r},t) = 1 \tag{3.5}$$

fest. Aus dieser Festlegung der *Normierung* der Wellenfunktion ergeben sich die quantitativen Wahrscheinlichkeitsmaße:

- Die Wahrscheinlichkeitsdichte, bzw. Wahrscheinlichkeitsverteilung

  $$\varrho_W(\boldsymbol{r},t) = |\Psi(\boldsymbol{r},t)|^2 ,$$

- die Wahrscheinlichkeit, das Teilchen zu dem Zeitpunkt t in einem infinitesimalen Volumen $\mathrm{d}V = \mathrm{d}^3r$ an der Stelle $\boldsymbol{r}$ zu finden

  $$\mathrm{d}P(\boldsymbol{r},t) = \varrho_W(\boldsymbol{r},t)\mathrm{d}^3r ,$$

- die Wahrscheinlichkeit, das Teilchen in einem Volumen V_0 zu finden

  $$P_{V_0}(t) = \iiint_{V_0} \mathrm{d}^3r\, \varrho_W(\boldsymbol{r},t) .$$

  Diese Wahrscheinlichkeit kann sich gegebenenfalls mit der Zeit ändern. Ist V_0 der gesamte Raum, so hat dieses Integral gemäß Definition den Wert 1.

Damit die geforderte Normierung umgesetzt werden kann, muss die Wellenfunktion so beschaffen sein, dass das Volumenintegral über den gesamten Raum existiert. Funktionen mit der Eigenschaft

$$\iiint \mathrm{d}^3 r \, \Psi^*(\boldsymbol{r},t)\Psi(\boldsymbol{r},t) < \infty \tag{3.6}$$

bezeichnet man als *quadratintegrabel.* Zur Erläuterung dieses Begriffs kann man die folgenden Beispiele betrachten:

Das in Kap. 2.1 diskutierte Wellenpaket in einer Raumdimension hat zum Zeitpunkt $t = 0$ die Wahrscheinlichkeitsdichte

$$\varrho_W(x,t) = 4C^2 \, \frac{\sin^2 \Delta k \, x}{x^2} \, .$$

Das Normierungsintegral

$$4C^2 \int_{-\infty}^{\infty} \mathrm{d}x \, \frac{\sin^2 \Delta k \, x}{x^2} \stackrel{!}{=} 1$$

ist nicht elementar. Durch komplexe Kontourintegration findet man jedoch (Bd. 2, Math.Kap. 2.3)

$$\int_{-\infty}^{\infty} \mathrm{d}z \, \frac{\sin^2 z}{z^2} = \pi \, ,$$

so dass sich mit der Substitution $z = \Delta k \, x$ das Resultat

$$\int_{-\infty}^{\infty} \mathrm{d}x \, \frac{\sin^2 \Delta k \, x}{x^2} = \Delta k \, \pi$$

ergibt. Die Wellenfunktion ist quadratintegrabel und mit der Wahl der (reellen) Konstanten C als

$$C = \frac{1}{2[\Delta k \, \pi]^{1/2}}$$

auf 1 normiert. An diesem Ergebnis liest man auch ab, dass die Amplitudenfunktion $C(\Delta \, k)$ – um die geforderte Normierung zu gewährleisten – um so größer sein muss, je kleiner das Intervall $\Delta \, k$ im Wellenzahlraum ist.

Betrachtet man hingegen eine (eindimensionale) ebene Welle mit

$$\Psi(x,t) = C\mathrm{e}^{\mathrm{i}(k\,x - \omega\, t)} \quad \text{bzw.} \quad \varrho_W(x,t) = |C|^2 \, ,$$

so stellt man fest, dass es Schwierigkeiten gibt. Das divergente Integral

$$\int_{-\infty}^{\infty} \mathrm{d}x \longrightarrow \infty$$

zeigt auf, dass die Wellenfunktion für eine ebene Welle nicht quadratintegrabel ist. Dieses Resultat ist eine Folge der Vorgabe, einer im gesamten Raum uniformen Wahrscheinlichkeitsverteilung.

Man sollte somit (z. B. mit dem Argument, dass ein nicht lokalisiertes Teilchen nicht von Interesse ist) auf die Benutzung der ebenen Wellenfunktion verzichten. Man muss dann (freie) Teilchen immer durch normierbare Wellenpakete beschreiben. Es stellt sich jedoch heraus, dass ebene Wellenfunktionen als nützliche Idealisierung wirklicher Situationen dienen können und infolge ihrer einfachen Handhabung gerne benutzt werden. Um die Schwierigkeit mit der mangelnden Normierung zu umgehen, benutzt man eine 'Behelfsnormierung' mittels der Deltafunktion (Bd. 2, Math.Kap. 1). Es ist

$$\int_{-\infty}^{\infty} \mathrm{d}x\, \mathrm{e}^{-\mathrm{i}kx}\mathrm{e}^{\mathrm{i}k'x} = 2\pi\, \delta(k-k')\,.$$

Für die (eindimensionale) ebene Wellenfunktion

$$\Psi_k(x,t) = \frac{1}{\sqrt{2\pi}}\, \mathrm{e}^{\mathrm{i}(kx-\omega(k)t)}$$

gilt dann

$$\begin{aligned}\int_{-\infty}^{\infty} \mathrm{d}x\, \Psi_k^*(x,t)\Psi_{k'}(x,t) &= \mathrm{e}^{\mathrm{i}(\omega(k)-\omega(k'))t}\frac{1}{2\pi}\int_{-\infty}^{\infty} \mathrm{d}x\, \mathrm{e}^{-\mathrm{i}(k-k')x} \\ &= \mathrm{e}^{\mathrm{i}(\omega(k)-\omega(k'))t}\, \delta(k-k') \equiv \delta(k-k')\,.\end{aligned}$$

Für $k \neq k'$ hat das Integral den Wert Null. Man sagt, dass ebene Wellenfunktionen mit verschiedener Wellenzahl zueinander orthogonal sind. Für $k = k'$ divergiert das Integral wie zuvor. Die ebenen Wellenfunktionen sind auf die Deltafunktion normiert. Die Behelfsnormierung wird in Kap. 8.2 erneut angesprochen. Die Praxis wird zeigen, dass man mit dieser Behelfsnormierung ausgezeichnet arbeiten kann.

3.3.2 Die Kontinuitätsgleichung

Das Normierungsintegral

$$\iiint \mathrm{d}^3r\, |\Psi(\boldsymbol{r},t|^2$$

soll *für jeden Zeitpunkt* den Wert 1 haben. Das Teilchen, das durch die Wellenfunktion beschrieben wird, soll zu jedem Zeitpunkt irgendwo im Raum anzutreffen sein. Es kann also nicht vernichtet werden. Die Lösung der Schrödingergleichung zu einem beliebigen Zeitpunkt $t > 0$ wird durch die Anfangsbedingung $\Psi(\boldsymbol{r},0)$ (und noch zu besprechende Randbedingungen) eindeutig bestimmt. Es ensteht somit die Frage, ob die Schrödingergleichung die geforderte Erhaltung der Normierung gewährleistet. Um diese Frage zu beantworten, differenziert man zunächst die Wahrscheinlichkeitsdichte nach der Zeit

$$\frac{\partial}{\partial t}\varrho_W(\boldsymbol{r},t) = \left(\frac{\partial \Psi^*(\boldsymbol{r},t)}{\partial t}\right)\Psi(\boldsymbol{r},t) + \Psi^*(\boldsymbol{r},t)\left(\frac{\partial \Psi(\boldsymbol{r},t)}{\partial t}\right)$$

und schreibt die auftretenden Zeitableitungen der Wellenfunktion mit Hilfe der Schrödingergleichung um. Es ist

$$\begin{aligned}\left(\frac{\partial \Psi(\boldsymbol{r},t)}{\partial t}\right) &= \frac{\mathrm{i}\hbar}{2m_0}\Delta\Psi(\boldsymbol{r},t) - \frac{\mathrm{i}}{\hbar}V(\boldsymbol{r},t)\Psi(\boldsymbol{r},t)\\ \left(\frac{\partial \Psi^*(\boldsymbol{r},t)}{\partial t}\right) &= -\frac{\mathrm{i}\hbar}{2m_0}\Delta\Psi^*(\boldsymbol{r},t) + \frac{\mathrm{i}}{\hbar}V(\boldsymbol{r},t)\Psi^*(\boldsymbol{r},t)\,,\end{aligned}$$

vorausgesetzt die Potentialfunktion V ist reell. Multipliziert man die erste Gleichung mit Ψ^*, die zweite mit Ψ und addiert die resultierenden Ausdrücke, so erhält man

$$\frac{\partial}{\partial t}\varrho_W(\boldsymbol{r},t) = \frac{\mathrm{i}\hbar}{2m_0}\left\{\Psi^*(\boldsymbol{r},t)(\Delta\Psi(\boldsymbol{r},t)) - (\Delta\Psi^*(\boldsymbol{r},t))\Psi(\boldsymbol{r},t)\right\}.$$

Den Ausdruck auf der rechten Seite dieser Gleichung kann man mit Hilfe der Formel

$$\begin{aligned}&\boldsymbol{\nabla}\cdot\{\Psi^*(\boldsymbol{r},t)\,(\boldsymbol{\nabla}\Psi(\boldsymbol{r},t)) - (\boldsymbol{\nabla}\Psi^*(\boldsymbol{r},t))\,\Psi(\boldsymbol{r},t)\}\\ &\quad= \left\{\Psi^*(\boldsymbol{r},t)(\Delta\Psi(\boldsymbol{r},t)) - (\Delta\Psi^*(\boldsymbol{r},t))\Psi(\boldsymbol{r},t)\right\}\end{aligned}$$

umformen. Das Ergebnis

$$\frac{\partial}{\partial t}\varrho_W(\boldsymbol{r},t) = \frac{\mathrm{i}\hbar}{2m_0}\boldsymbol{\nabla}\cdot\{\Psi^*(\boldsymbol{r},t)\,(\boldsymbol{\nabla}\Psi(\boldsymbol{r},t)) - (\boldsymbol{\nabla}\Psi^*(\boldsymbol{r},t))\,\Psi(\boldsymbol{r},t)\}$$

legt es nahe, neben der Wahrscheinlichkeitsdichte eine *Wahrscheinlichkeitsstromdichte*

$$\boldsymbol{j}_W(\boldsymbol{r},t) = \frac{\hbar}{2m_0\mathrm{i}}\{\Psi^*(\boldsymbol{r},t)\,(\boldsymbol{\nabla}\Psi(\boldsymbol{r},t)) - (\boldsymbol{\nabla}\Psi^*(\boldsymbol{r},t))\,\Psi(\boldsymbol{r},t)\} \tag{3.7}$$

zu definieren. Damit gewinnt man eine *Kontinuitätsgleichung* bezüglich der Wahrscheinlichkeitsaussagen

$$\frac{\partial}{\partial t}\varrho_W(\boldsymbol{r},t) + \boldsymbol{\nabla}\cdot\boldsymbol{j}_W(\boldsymbol{r},t) = 0\,. \tag{3.8}$$

Diese Kontinuitätsgleichung drückt in differentieller Form die Erhaltung der Wahrscheinlichkeit für die Lösung der Schrödingergleichung aus. Die Schrödingergleichung (mit einem reellen Potential) beschreibt keine Vernichtung (oder Erzeugung) von Teilchen. Durch Wahrscheinlichkeitsfluss in Raum und Zeit verändert sich nur die lokale Wahrscheinlichkeitsdichte.

Damit eine Wellenfunktion (in drei Raumdimensionen) quadratintegrabel ist, muss sie im asymptotischen Bereich wie

$$\lim_{r\longrightarrow\infty} \Psi(\boldsymbol{r},t) \longrightarrow \frac{f(\theta,\varphi,t)}{r^a} \quad \text{mit} \quad a > \frac{3}{2}$$

abfallen. Die Wahrscheinlichkeitsstromdichte verhält sich wegen

$$\lim_{r\longrightarrow\infty} \boldsymbol{\nabla}\Psi(\boldsymbol{r},t) \longrightarrow \frac{f(\theta,\varphi,t)}{r^{a+1}}\boldsymbol{e}_r + \ldots$$

wie

$$\lim_{r\longrightarrow\infty} \boldsymbol{j}_W(\boldsymbol{r},t) \longrightarrow \frac{|f(\theta,\varphi,t)|^2}{r^{2a+1}}\boldsymbol{e}_r + \ldots .$$

Integriert man die Kontinuitätsgleichung über den gesamten Raum

$$\iiint \mathrm{d}^3r\, \frac{\partial}{\partial t}\varrho_W(\boldsymbol{r},t) + \iiint \mathrm{d}^3r\, \boldsymbol{\nabla}\cdot\boldsymbol{j}_W(\boldsymbol{r},t) = 0$$

und benutzt das Divergenztheorem

$$\iiint \mathrm{d}^3r\, \frac{\partial}{\partial t}\varrho_W(\boldsymbol{r},t) + \iint_{\infty\, Ku} \boldsymbol{j}_W(\boldsymbol{r},t)\cdot\mathbf{d}\boldsymbol{f} = 0\,,$$

so findet man mit den obigen Aussagen

$$\iint_{\infty\, Ku} \boldsymbol{j}_W(\boldsymbol{r},t)\cdot\mathbf{d}\boldsymbol{f} = \lim_{R\longrightarrow\infty} \frac{1}{R^{2a-1}} \iint \mathrm{d}\Omega\, |f(\theta,\varphi,t)|^2 = 0\,.$$

Für quadratintegrable Wellenfunktionen ist also

$$\iiint \mathrm{d}^3r\, \frac{\partial}{\partial t}\varrho_W(\boldsymbol{r},t) = 0\,.$$

Vertauschung von Differentiation und Integration

$$\frac{\mathrm{d}}{\mathrm{d}t}\iiint \mathrm{d}^3r\, \varrho_W(\boldsymbol{r},t) = 0$$

ergibt letztlich die Aussage, dass die Schrödingergleichung die Normierung für quadratintegrable Lösungen erhält.

Der Fall von ebenen Wellenlösungen muss gesondert betrachtet werden. Eine ebene Materiewellenfunktion, dieses Mal in der auch benutzten Variante

$$\Psi_{\boldsymbol{p}}(\boldsymbol{r},t) = \left[\frac{\hbar}{2\pi}\right]^{3/2} \mathrm{e}^{[\mathrm{i}(\boldsymbol{p}\cdot\boldsymbol{r}-E(p)t)/\hbar]},$$

ist auf die Deltafunktion $\delta(\boldsymbol{p}-\boldsymbol{p}')$ normiert, denn es gilt (substituiere $\boldsymbol{r} = \hbar\boldsymbol{s}$)

$$\begin{aligned}\iiint \mathrm{d}^3 r\, \Psi_{\boldsymbol{p}}^*(\boldsymbol{r},t)\Psi_{\boldsymbol{p}'}(\boldsymbol{r},t) &= \left[\frac{\hbar}{2\pi}\right]^3 \mathrm{e}^{[\mathrm{i}(E(p)-E(p'))t/\hbar]} \iiint \mathrm{d}^3 r\; \mathrm{e}^{[\mathrm{i}(\boldsymbol{p}'-\boldsymbol{p}')\cdot\boldsymbol{r}/\hbar]} \\ &= \left[\frac{1}{2\pi}\right]^3 \mathrm{e}^{[\mathrm{i}(E(p)-E(p'))t/\hbar]} \iiint \mathrm{d}^3 s\; \mathrm{e}^{[\mathrm{i}(\boldsymbol{p}'-\boldsymbol{p}')\cdot\boldsymbol{s}]} \\ &= \delta(\boldsymbol{p}-\boldsymbol{p}')\, \mathrm{e}^{[\mathrm{i}(E(p)-E(p'))t/\hbar]} = \delta(\boldsymbol{p}-\boldsymbol{p}') \,.\end{aligned}$$

Für die Wahrscheinlichkeitsdichte und -stromdichte der ebenen Materiewelle findet man

$$\begin{aligned}\varrho_W(\boldsymbol{r},t) &= \left[\frac{\hbar}{2\pi}\right]^3 \\ \boldsymbol{j}_W(\boldsymbol{r},t) &= \left[\frac{\hbar}{2\pi}\right]^3 \frac{\boldsymbol{p}}{m_0} \,,\end{aligned}$$

so dass wegen

$$\partial_t \varrho_W(\boldsymbol{r},t) = 0 \quad \text{und} \quad \boldsymbol{\nabla}\cdot\boldsymbol{j}_W(\boldsymbol{r},t) = \boldsymbol{0}$$

die differentielle und die integrale Form der Kontinuitätsgleichung erfüllt ist. Die Integralaussage kann aber infolge von

$$\iiint \mathrm{d}^3 r\, (\boldsymbol{\nabla}\cdot\boldsymbol{j}_W) \neq \iint \boldsymbol{j}_W \cdot \mathbf{d}\boldsymbol{f}$$

nicht umgeschrieben werden. Das Divergenztheorem ist für eine überall konstante Vektorfunktion nicht anwendbar.

3.3.3 Die Messgrößen

Die Position eines Quantenteilchens ist eine Zufallsvariable. Diese Aussage ergibt sich aus dem folgenden Gedankenexperiment: Zur Zeit $t = 0$ wird ein (eindimensionales) Wellenpaket gemäß der anfänglichen Lokalisierung des Teilchens aufbereitet. Das Wellenpaket entwickelt sich anschließend in der Zeit. Zu einem gegebenen Zeitpunkt $t > 0$ wird der Ort des Teilchens bestimmt mit dem Resultat x_1. Das 'Experiment' wird bei gleicher Anfangsbedingung N mal wiederholt (Abb. 3.1). Bei jedem Durchgang findet man (im Rahmen der Ausdehnung des Wellenpakets) einen anderen Wert für die Position. Tritt der Wert x_k bei der Messreihe N_k mal auf, so ergibt sich für

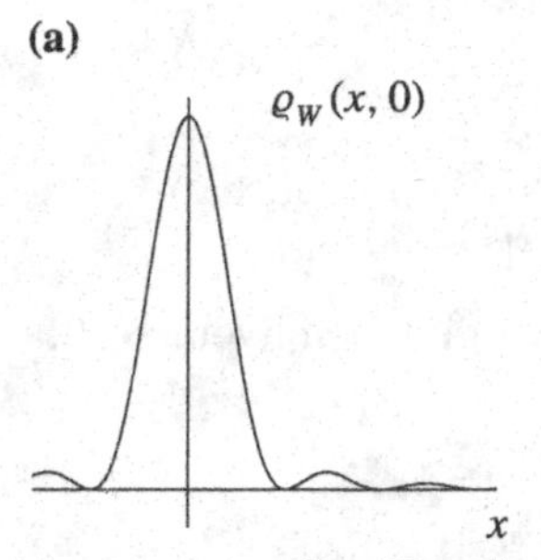

(b)
$\varrho_W(x,t)$
x_i x_i' x
Messwerte $x_i(t)$

Abb. 3.1. Zur Ortsmessung

den Mittelwert (den wahrscheinlichsten Wert) der Messreihe für die Position des Teilchens zu dem Zeitpunkt t

$$\langle x \rangle_t = \frac{1}{N} \sum_k x_k N_k = \sum_k x_k \frac{N_k}{N} ,$$

wobei

$$\sum_k N_k = N \quad \text{bzw.} \quad \sum_k \frac{N_k}{N} = 1$$

ist. Überträgt man dieses Resultat, so lautet die quantenmechanische Formulierung des Ergebnisses der Messreihe

$$\langle x \rangle_t \quad \longrightarrow \quad \langle \hat{x} \rangle_t = \int_{-\infty}^{\infty} \mathrm{d}x \, x \, \varrho_W(x,t) ,$$

mit der Voraussetzung

$$\int_{-\infty}^{\infty} \mathrm{d}x \, \varrho_W(x,t) = 1 .$$

Ist also die Wellenfunktion bzw. die Wahrscheinlichkeitsdichte bekannt, so kann man den Mittelwert einer Koordinatenmessreihe, der als *Erwartungswert* bezeichnet wird, durch Integration über die Koordinate (d. h. dem Operator, der die Koordinate charakterisiert) multipliziert mit der Wahrscheinlichkeitsdichte berechnen.

Für das Wellenpaket (Kap. 2.1) mit

$$\varrho_W(x,t) = \frac{1}{\pi \Delta k} \frac{\sin^2[(x - v_{gr}t)\Delta k]}{(x - v_{gr}t)^2}$$

folgt mit der Substitution $y = (x - v_{gr}t)\Delta k$

$$\langle \hat{x} \rangle_t = \frac{1}{\pi \Delta k} \int_{-\infty}^{\infty} \mathrm{d}x \, \frac{x \sin^2[(x - v_{gr}t)\Delta k]}{(x - v_{gr}t)^2}$$
$$= \frac{1}{\pi} \left\{ \frac{1}{\Delta k} \int_{-\infty}^{\infty} \mathrm{d}y \frac{\sin^2 y}{y} + v_{gr}t \int_{-\infty}^{\infty} \mathrm{d}y \frac{\sin^2 y}{y^2} \right\} .$$

Das erste Integral mit einem ungeraden Integranden ergibt den Wert Null, das zweite den Wert π, so dass man

$$\langle \hat{x} \rangle_t = v_{gr}t$$

erhält. Der Mittelwert entspricht dem Maximum des Paketes, das sich mit der Gruppengeschwindigkeit bewegt.

In der dreidimensionalen Welt lautet der Ausdruck für den Mittelwert der x-Koordinate der Position eines Quantenteilchens

$$\langle \hat{x} \rangle_t = \iiint \mathrm{d}^3 r \, x \, \varrho_W(\boldsymbol{r}, t) \, .$$

Entsprechendes gilt für die anderen Koordinaten, so dass die Erwartungswerte der Koordinaten in der Form

$$\langle \hat{\boldsymbol{r}} \rangle_t = \iiint \mathrm{d}^3 r \, \boldsymbol{r} \, \varrho_W(\boldsymbol{r}, t) \tag{3.9}$$

zusammengefasst werden können. Die Interpretation ist auch hier: Der Mittelwert ist der wahrscheinlichste Wert, der bei einer Messreihe der Position eines Quantenteilchens zum Zeitpunkt t auftritt, falls das Teilchen durch die normierte Wellenfunktion $\Psi(\boldsymbol{r}, t)$ bzw. die zugehörige Wahrscheinlichkeitsdichte $\varrho_W(\boldsymbol{r}, t)$ beschrieben wird.

Die übliche Notation, die in Kap. 8 begründet wird, nimmt direkten Bezug auf die Wellenfunktion anstatt auf die Wahrscheinlichkeitsdichte. Man schreibt anstelle von (3.9)

$$\langle \hat{\boldsymbol{r}} \rangle_t \Longleftrightarrow \langle \Psi(t) \, | \hat{\boldsymbol{r}} \, | \, \Psi(t) \rangle = \iiint \mathrm{d}^3 r \; \Psi^*(\boldsymbol{r}, t) \, \boldsymbol{r} \, \Psi(\boldsymbol{r}, t) \, . \tag{3.10}$$

Diese Notation betont die Aussage, dass die Zeitabhängigkeit des Mittelwerts durch die Zeitabhängigkeit der Wellenfunktion vorgegeben ist.

In Erweiterung kann man die Erwartungswerte beliebiger Potenzen der Koordinaten betrachten, so z. B.

$$\langle \hat{x}^m \hat{y}^n \rangle_t = \iiint \mathrm{d}^3 r \, x^m y^n \, \varrho_W(\boldsymbol{r}, t) \, .$$

Daraus folgt für eine Funktion der Koordinaten, die in eine Taylorreihe entwickelt werden kann

$$f(\boldsymbol{r}) = \sum_{k,l,m} a_{k,l,m} x^k y^l z^m \, ,$$

die Mittelwertaussage

$$\langle f(\hat{\boldsymbol{r}}) \rangle_t = \iiint \mathrm{d}^3 r\, f(\boldsymbol{r})\, \varrho_W(\boldsymbol{r}, t)\,,$$

vorausgesetzt Integration und Summation dürfen vertauscht werden. Insbesondere ist der Mittelwert der klassischen potentiellen Energie $V(\boldsymbol{r}, t)$ des Teilchens durch

$$\langle V(\hat{\boldsymbol{r}}, t) \rangle_t = \iiint \mathrm{d}^3 r\, V(\boldsymbol{r}, t)\, \varrho_W(\boldsymbol{r}, t) \tag{3.11}$$

gegeben. Diese Relation beinhaltet die Aussage: Versucht man die potentielle Energie des Teilchens durch eine geeignete Messreihe zu bestimmen, so würde man (wie für die Position) keinen eindeutigen Messwert erhalten. Man erhält eine Verteilung von Messwerten um den angegebenen Mittelwert.

Mittelwerte der Impulskomponenten können *nicht* durch Ausdrücke wie

$$\langle \hat{p}_x \rangle_t = \iiint \mathrm{d}^3 r\, p_x(\boldsymbol{r}, t)\, \varrho_W(\boldsymbol{r}, t)$$

berechnet werden, da diese Möglichkeit der Unschärferelation widerspricht. Eine mögliche und sinnvolle Option (im nichtrelativistischen Fall) ist

$$\frac{\mathrm{d}}{\mathrm{d}t} \langle \hat{\boldsymbol{r}} \rangle_t \overset{!}{=} \frac{1}{m_0} \langle \hat{\boldsymbol{p}} \rangle_t\,, \tag{3.12}$$

in der expliziteren Notation

$$\frac{\mathrm{d}}{\mathrm{d}t} \langle \Psi(t) \,|\, \hat{\boldsymbol{r}} \,|\, \Psi(t) \rangle \overset{!}{=} \frac{1}{m_0} \langle \Psi(t) \,|\, \hat{\boldsymbol{p}} \,|\, \Psi(t) \rangle\,.$$

Die Zeitableitung des Mittelwerts der Koordinaten soll den Mittelwert der entsprechenden Geschwindigkeitskomponenten ergeben. Für das oben betrachtete eindimensionale Wellenpaket findet man in der Tat

$$\frac{\mathrm{d}}{\mathrm{d}t} \langle \hat{x} \rangle_t = v_{gr}\,.$$

Der Ansatz (3.12) kann mit Hilfe der Kontinuitätsgleichung umgeschrieben werden, um eine alternative Formel zur Berechnung der Erwartungswerte der Impulskomponenten zu gewinnen. Man betrachtet z. B. für die x-Komponente

$$\begin{aligned}
\langle \hat{p}_x \rangle_t &= m_0 \frac{\mathrm{d}}{\mathrm{d}t} \langle \hat{x} \rangle_t = m_0 \frac{\mathrm{d}}{\mathrm{d}t} \iiint \mathrm{d}^3 r\, x\, \varrho_W(\boldsymbol{r}, t) \\
&= m_0 \iiint \mathrm{d}^3 r\, x\, \frac{\partial}{\partial t} \varrho_W(\boldsymbol{r}, t) \\
&= -m_0 \iiint \mathrm{d}^3 r\, x\, (\boldsymbol{\nabla} \cdot \boldsymbol{j}_W(\boldsymbol{r}, t))\,.
\end{aligned}$$

Weitere Umformung mit

$$x\,(\boldsymbol{\nabla}\cdot\boldsymbol{j}_W) = \boldsymbol{\nabla}\cdot(x\,\boldsymbol{j}) - (\boldsymbol{j}_W)_x$$

liefert zwei Terme. Das Volumenintegral des ersten Terms kann mit dem Divergenztheorem in ein Oberflächenintegral umgeschrieben werden. Dieses ergibt den Wert Null, falls die Wellenfunktion quadratintegrabel ist:

$$\iiint \mathrm{d}^3 r\, \boldsymbol{\nabla}\cdot(x\,\boldsymbol{j}) = \iint_{\infty Ku} x\,\boldsymbol{j}_W(\boldsymbol{r},t)\cdot \mathrm{d}\boldsymbol{f} \longrightarrow \frac{\text{const.}}{R^{2a-2}}\,.$$

Der Beitrag des zweiten Terms ist

$$\langle\, \hat{p}_x \,\rangle_t = m_0 \iiint \mathrm{d}^3 r\,(\boldsymbol{j}_W(\boldsymbol{r},t))_x\,,$$

bzw. in Zusammenfassung für alle drei Impulskomponenten

$$\langle\, \hat{\boldsymbol{p}}\,\rangle_t = m_0 \iiint \mathrm{d}^3 r\,\boldsymbol{j}_W(\boldsymbol{r},t)\,. \tag{3.13}$$

Der Erwartungswert des Impulses wird – vorausgesetzt die Wellenfunktion, die das Teilchen charakterisiert, ist quadratintegrabel – durch die Wahrscheinlichkeitsstromdichte bestimmt. Man setzt die Definition (3.7) für die Wahrscheinlichkeitsstromdichte ein

$$\langle\, \hat{\boldsymbol{p}}\,\rangle_t = -\frac{\mathrm{i}\hbar}{2} \iiint \mathrm{d}^3 r\, \{\Psi^*(\boldsymbol{r},t)(\boldsymbol{\nabla}\Psi(\boldsymbol{r},t)) - (\boldsymbol{\nabla}\Psi^*(\boldsymbol{r},t))\Psi(\boldsymbol{r},t)\}$$

und integriert den zweiten Term nach dem Muster

$$\begin{aligned}
&-\iiint \mathrm{d}^3 r\, \left(\frac{\partial}{\partial x}\Psi^*(\boldsymbol{r},t)\right)\Psi(\boldsymbol{r},t)\\
&= -\iint \mathrm{d}y\,\mathrm{d}z\,\Psi^*(\boldsymbol{r},t)\Psi(\boldsymbol{r},t)\Big|_{-\infty}^{\infty} + \iiint \mathrm{d}^3 r\,\Psi^*(\boldsymbol{r},t)\left(\frac{\partial}{\partial x}\Psi(\boldsymbol{r},t)\right)\\
&\longrightarrow \iiint \mathrm{d}^3 r\,\Psi^*(\boldsymbol{r},t)\left(\frac{\partial}{\partial x}\Psi(\boldsymbol{r},t)\right),
\end{aligned}$$

wobei auch hier vorausgesetzt wird, dass die Wellenfunktion in dem asymptotischen Bereich schnell genug abfällt. Da eine entsprechende Aussage für alle Komponenten gilt, findet man durch partielle Integration

$$\langle\, \hat{\boldsymbol{p}}\,\rangle_t = -\mathrm{i}\hbar \iiint \mathrm{d}^3 r\,\Psi^*(\boldsymbol{r},t)(\boldsymbol{\nabla}\Psi(\boldsymbol{r},t))\,. \tag{3.14}$$

Diese alternative Option zur Berechnung der Mittelwerte der Impulskomponenten eines Quantenteilchens schließt direkt an die in Kap. 3.2 diskutierte (vorläufige) Quantisierungsvorschrift

$$\hat{\boldsymbol{p}} = -\mathrm{i}\hbar\boldsymbol{\nabla}$$

an.

Es ist nicht direkt einsichtig, dass die Erwartungswerte (3.14) der Impulskomponenten, wie für Messwerte erforderlich, reell sind. Die anfängliche Definition (3.12) mit einer reellen Wahrscheinlichkeitsdichte garantiert jedoch, dass dies der Fall ist. Betont werden muss auch noch einmal die Aussage, dass die Option (3.14) nur für quadratintegrable Wellenfunktionen gültig ist.

Die Diskussion der Mittelwerte kann auf die Betrachtung von

$$\frac{\mathrm{d}}{\mathrm{d}t}\langle\, \hat{\boldsymbol{p}}\,\rangle_t$$

erweitert werden (siehe D.tail 3.1). Für quadratintegrable Wellenfunktionen findet man das Ergebnis

$$\begin{aligned}\frac{\mathrm{d}}{\mathrm{d}t}\langle\, \hat{\boldsymbol{p}}\,\rangle_t &= -\iiint \mathrm{d}^3 r\, \Psi^*(\boldsymbol{r},t)\, [\boldsymbol{\nabla} V(\boldsymbol{r},t)]\, \Psi(\boldsymbol{r},t) \\ &= -\langle\, \boldsymbol{\nabla}\hat{V}(t)\,\rangle_t = \langle\, \hat{\boldsymbol{F}}(t)\,\rangle_t\,, \end{aligned} \tag{3.15}$$

eine Gleichung, die als *Ehrenfests Theorem* bekannt ist. Die alternative Notation für diese Gleichung

$$\frac{\mathrm{d}}{\mathrm{d}t}\langle \Psi(t)\,|\,\hat{\boldsymbol{p}}\,|\,\Psi(t)\rangle = -\langle \Psi(t)\,|\,\boldsymbol{\nabla}\hat{V}(t)\,|\,\Psi(t)\rangle = \langle \Psi(t)\,|\,\hat{\boldsymbol{F}}(t)\,|\,\Psi(t)\rangle$$

gibt in abgekürzter, doch präziser Form an, wie die jeweiligen Mittelwerte zu berechnen sind. Das Ehrenfestsche Theorem besagt, dass die Zeitableitung des Mittelwertes des Impulses und der Mittelwert der Kraft (ein Raumintegral über eine Vektorfunktion von Ort und Zeit) auf ein nichtrelativistisches Quantenteilchen die klassische Bewegungsgleichung, die Newtonsche Bewegungsgleichung, erfüllen.

Das Ehrenfestsche Theorem und die Relation (3.12) sind Beispiele für das *Korrespondenzprinzip*: Quantenmechanische Mittelwertaussagen korrespondieren mit entsprechenden klassischen Aussagen. Das Korrespondenzprinzip stellt somit einen zentralen Verknüpfungspunkt von Mechanik und Quantenmechanik dar. In der Quantenmechanik entwickelt man eine Theorie, die über die Aussagen der Mechanik hinausgeht. Das Korrespondenzprinzip garantiert jedoch, dass diese Erweiterung die Gesetze der klassischen Mechanik im statistischen Mittel wiedergibt. Nachdem man über die Detailstruktur der Wellenfunktion, den *Quanten*aspekt, gemittelt hat, verbleibt die Anknüpfung an die klassische Physik, die *Mechanik*.

3.4 Vielteilchensysteme

Die Korrespondenz von klassischen Observablen und quantenmechanischen Operatoren, die in Kap. 3.2 zusammengestellt wurde, kann sinngemäß auf den Fall eines Systems von mehreren, wechselwirkenden Teilchen übertragen werden. Ein Beispiel ist die Schrödingergleichung eines Atoms, das aus einem

Punktkern mit der Ladung Ze und der Masse M_K und Z Elektronen besteht. Ausgangspunkt ist die klassische Hamiltonfunktion

$$H = \frac{P^2}{2M_K} + \sum_{i=1}^{Z} \frac{p_i^2}{2m_e} - \sum_{i=1}^{Z} \frac{Ze^2}{|\boldsymbol{R} - \boldsymbol{r}_i|} + \sum_{i<k} \frac{e^2}{|\boldsymbol{r}_i - \boldsymbol{r}_k|} .$$

Sie enthält die kinetische Energie des Kerns und der Elektronen, die potentielle Energie der Elektronen in dem Coulombfeld des Kerns sowie die Coulombabstoßung der Elektronen untereinander. Benutzt man hier die Zuordnungen

$$\begin{aligned}
&H \longrightarrow \hat{E} = \mathrm{i}\hbar\partial_t \\
&\boldsymbol{P} \longrightarrow \hat{\boldsymbol{P}} = -\mathrm{i}\hbar\boldsymbol{\nabla}_R \\
&P^2 \longrightarrow -\hbar^2 \Delta_R = -\hbar^2 \left(\partial_X^2 + \partial_Y^2 + \partial_Z^2\right) \\
&\boldsymbol{p}_i \longrightarrow \hat{\boldsymbol{p}}_i = -\mathrm{i}\hbar\boldsymbol{\nabla}_i \\
&p_i^2 \longrightarrow -\hbar^2 \Delta_i = -\hbar^2 \left(\partial_{x_i}^2 + \partial_{y_i}^2 + \partial_{z_i}^2\right) ,
\end{aligned}$$

so findet man die Schrödingergleichung für eine Wellenfunktion Ψ, die von den Koordinaten der $(Z+1)$ Teilchen abhängt

$$\begin{aligned}
\mathrm{i}\hbar \frac{\partial}{\partial t} \Psi(\boldsymbol{R}, \boldsymbol{r}_1, \ldots, \boldsymbol{r}_Z, t) = &\left\{ -\hbar^2 \left(\frac{\Delta_R}{2M_K} + \sum_i \frac{\Delta_i}{2m_e} \right) \right. \\
&\left. - \sum_i \frac{Ze^2}{|\boldsymbol{R} - \boldsymbol{r}_i|} + \sum_{i<k} \frac{e^2}{|\boldsymbol{r}_i - \boldsymbol{r}_k|} \right\} \Psi(\boldsymbol{R}, \boldsymbol{r}_1, \ldots, \boldsymbol{r}_Z, t) .
\end{aligned} \tag{3.16}$$

Für das Wasserstoffatom ist die Kernmasse gleich der Protonmasse und es ist nur ein Elektron (Koordinaten $\boldsymbol{r}_1$) vorhanden. Es ist dann die Zweiteilchenschrödingergleichung

$$\mathrm{i}\hbar\frac{\partial}{\partial t}\Psi(\boldsymbol{R}, \boldsymbol{r}_1, t) = \left\{ -\hbar^2 \left(\frac{\Delta_R}{2M_p} + \frac{\Delta_1}{2m_e} \right) - \frac{e^2}{|\boldsymbol{R} - \boldsymbol{r}_1|} \right\} \Psi(\boldsymbol{R}, \boldsymbol{r}_1, t)$$

zu diskutieren. Vernachlässigt man die Kernbewegung, so reduziert sich das Problem auf ein quantenmechanisches Einteilchenproblem, die Bewegung eines Elektrons im Coulombfeld des (ruhenden) Protons. Man setzt zweckmäßigerweise $\boldsymbol{R} = \boldsymbol{0}$ und $\boldsymbol{r}_1 = \boldsymbol{r}$ und erhält

$$\mathrm{i}\hbar\frac{\partial}{\partial t}\Psi(\boldsymbol{r}, t) = \left\{ -\hbar^2 \frac{\Delta}{2m_e} - \frac{e^2}{r} \right\} \Psi(\boldsymbol{r}, t) . \tag{3.17}$$

Das Wasserstoffproblem, vor allem in der Näherung (3.17), ist durchaus zugänglich. Die Betrachtung von komplexeren Atomen (und Molekülen oder Festkörpern) ist deutlich aufwendiger, zumal, wie in Kap. 13 diskutiert wird, zusätzliche Aspekte wie die Berücksichtigung des Pauliprinzips ins Spiel kommen.

4 Quantenmechanische Operatoren I

Die Kernpunkte der bisherigen Diskussion bezüglich der Frage nach der Darstellung von physikalischen Observablen in der Quantenmechanik sind:

- Jeder Bewegungsgröße der klassischen Mechanik A ist in der Quantenmechanik ein Operator $\hat{A}$ zugeordnet.
- Für ein (Einteilchen-) Quantensystem, das durch die Wellenfunktion $\Psi(\boldsymbol{r}, t)$ charakterisiert wird, beschreiben die Mittelwerte (Erwartungswerte)

$$\langle \hat{A} \rangle_t = \langle \Psi(t) \,|\hat{A}|\, \Psi(t) \rangle = \iiint \mathrm{d}^3 r \, \Psi^*(\boldsymbol{r}, t)(\hat{A}\Psi(\boldsymbol{r}, t))$$

  das statistische Mittel einer Messreihe der Variablen A zu dem Zeitpunkt t.

Die Tabelle der Zuordnungen, die in dem vorherigen Kapitel erarbeitet wurden, hat die Einträge

Klassische Größen		Quantenmech. Operatoren
Position	$\boldsymbol{r}$	$\hat{\boldsymbol{r}} \to \boldsymbol{r}$
Impuls	$\boldsymbol{p}$	$\hat{\boldsymbol{p}} \to -\mathrm{i}\hbar\boldsymbol{\nabla}$
Potentielle Energie	$V(\boldsymbol{r}, t)$	$\hat{V} \to V(\boldsymbol{r}, t)$
Kinetische Energie	$T = \dfrac{p^2}{2m_0}$	$\hat{T} \to -\dfrac{\hbar^2}{2m_0}\Delta$
Hamiltonfunktion	$H = T + V$	$\hat{H} = \hat{T} + \hat{V}\,.$

Bevor man die Frage aufgreift, inwieweit es möglich ist, diese Zuordnungen sowie die Zuordnung von weiteren Operatoren in systematischer Weise anzugehen, ist es notwendig, den Operatorbegriff und seine Anwendung in der Quantenmechanik etwas eingehender zu diskutieren.

4.1 Vorläufige Klassifikation und Verknüpfungen

Die allgemeine Definition des Operatorbegriffs beinhaltet die Aussage: Operatoren vermitteln eine Zuordnung von Funktionen bzw. eine Transformation zwischen Funktionen. Durch die Einwirkung eines Operators $\hat{A}$ auf eine Funktion Ψ erhält man eine Funktion Φ

$$\Psi \xrightarrow{\hat{A}} \Phi \Longleftrightarrow \Phi(\boldsymbol{r},t) = \hat{A}\Psi(\boldsymbol{r},t) \ .$$

Die Operation, die symbolisch durch $\hat{A}$ dargestellt wird, kann die verschiedensten Formen annehmen. In der obigen Tabelle findet man Differentialoperatoren und multiplikative Operatoren. Es können aber auch Integraloperatoren auftreten, wie z. B.

$$\Phi(x,t) = \int_0^x \mathrm{d}x' \, f(x')\Psi(x',t)$$

in der eindimensionalen Welt.

Die Operatoren, die in der Quantenmechanik eine Rolle spielen, sollen physikalische Observable darstellen. Aus diesem Grund sind sie bestimmten Anforderungen unterworfen.

- Die Operatoren müssen *linear* sein. Diese Forderung entspricht der Relation

$$\hat{A}(a_1\Psi_1(\boldsymbol{r},t) + a_2\Psi_2(\boldsymbol{r},t)) = a_1(\hat{A}\Psi_1(\boldsymbol{r},t)) + a_2(\hat{A}\Psi_2(\boldsymbol{r},t)) \ , \qquad (4.1)$$

  wobei a_1, a_2 komplexe Zahlen sind. Hinter dieser Forderung steht wieder das Superpositionsprinzip. Es macht keinen Unterschied, ob ein Operator erst auf zwei (oder mehrere) Wellenfunktionen einwirkt und die Ergebnisse danach superponiert werden oder ob der Operator auf die Superposition der zwei Wellenfunktionen wirkt.
- Damit die Mittelwerte von Operatoren, die eine Observable darstellen, reell sind, muss $\langle \hat{A} \rangle = \langle \hat{A} \rangle^*$ bzw. im Detail

$$\iiint \mathrm{d}^3r \, \Psi^*(\boldsymbol{r},t)(\hat{A}\Psi(\boldsymbol{r},t)) = \iiint \mathrm{d}^3r \, \Psi(\boldsymbol{r},t)(\hat{A}^*\Psi^*(\boldsymbol{r},t))$$

  gelten. Diese Forderung wird jedoch (vergleiche Kap. 9) durch die allgemeinere Forderung

$$\iiint \mathrm{d}^3r \, \Psi_a^*(\boldsymbol{r},t)(\hat{A}\Psi_b(\boldsymbol{r},t)) = \iiint \mathrm{d}^3r \, (\hat{A}^*\Psi_a^*(\boldsymbol{r},t))\Psi_b(\boldsymbol{r},t) \qquad (4.2)$$

  ersetzt. Die Wirkung des Operators auf die Funktion Ψ_b und Multiplikation mit Ψ_a^* ergibt nach Integration die gleiche Funktion von t wie das Integral über Ψ_b multipliziert mit $\hat{A}^*\Psi_a^*$. Falls $\Psi_a \equiv \Psi_b$ ist, entspricht dies der Forderung nach einem reellen Erwartungswert des Operators $\hat{A}$. Operatoren, die die Forderung (4.2) erfüllen, bezeichnet man als *selbstadjungiert* oder *hermitesch*.

In der Notation, die in (3.10) eingeführt wurde, benutzt man zur formaleren Charakterisierung eines hermiteschen Operators das Konzept der Adjungierten eines Operators, das durch die Angabe

$$\langle \hat{A}^\dagger \Psi_a(t) \,|\, \Psi_b(t) \rangle = \langle \Psi_b(t) \,|\, \hat{A}^\dagger \,|\, \Psi_a(t) \rangle^* = \iiint \mathrm{d}^3 r \, (\hat{A}^\dagger \Psi_a(\boldsymbol{r}, t))^* \Psi_b(\boldsymbol{r}, t)$$

definiert wird. Ein zu dem Operator $\hat{A}$ adjungierter Operator $\hat{A}^\dagger$ wirkt auf die Wellenfunktion $\Psi_a(\boldsymbol{r}, t)$, es folgt komplexe Konjugation von $(\hat{A}^\dagger \Psi_a(\boldsymbol{r}, t))$, Multiplikation mit $\Psi_b(\boldsymbol{r}, t)$ und Raumintegration. Die Nützlichkeit dieser Festlegung zeigt sich, wenn man die Relation (4.2) in der Form

$$\langle \hat{A}^\dagger \Psi_a(t) \,|\, \Psi_b(t) \rangle \stackrel{!}{=} \langle \hat{A} \Psi_a(t) \,|\, \Psi_b(t) \rangle = \langle \Psi_a(t) \,|\, \hat{A} \,|\, \Psi_b(t) \rangle$$

notiert. Diese Form beinhaltet die Aussage, dass ein hermitscher Operator durch die Relation

$$\hat{A}^\dagger = \hat{A} \tag{4.3}$$

charakterisiert wird, also selbstadjungiert ist.
Klammert man ebene Wellenfunktionen bzw. ähnliche auf die δ-Funktion normierbare Funktionen aus, so sind die Wellenfunktionen, die in (4.2) auftreten, quadratintegrabel. Unter Beachtung dieser Einschränkung lautet die zweite Forderung

Die Operatoren der Quantenmechanik, die Observablen entsprechen, müssen über der Klasse der quadratintegrablen Funktionen selbstadjungiert sein.

Man kann, zur Illustration, direkt überprüfen, dass der Orts- und der Impulsoperator hermitesch sind. Für die x-Koordinate gilt $x^* = x$ und somit

$$\iiint \mathrm{d}^3 r \, \Psi_a^* (x \Psi_b) = \iiint \mathrm{d}^3 r \, (x \Psi_a^*) \Psi_b = \iiint \mathrm{d}^3 r \, (x^* \Psi_a^*) \Psi_b \,.$$

Für den Impulsoperator ist die Überprüfung nur ein wenig länger. Betrachtet man der Einfachheit halber eine eindimensionale Welt, so ergibt

$$\int_{-\infty}^{\infty} \mathrm{d}x \, \Psi_a^*(x, t) (-\mathrm{i}\hbar \partial_x \Psi_b(x, t))$$

nach partieller Integration

$$= -\mathrm{i}\hbar \Psi_a^*(x, t) \Psi_b(x, t) \Big|_{-\infty}^{\infty} + \mathrm{i}\hbar \int_{-\infty}^{\infty} \mathrm{d}x \, (\partial_x \Psi_a^*(x, t)) \Psi_b(x, t) \,,$$

bzw. für quadratintegrable Funktionen

$$= \int_{-\infty}^{\infty} \mathrm{d}x \, \{(-\mathrm{i}\hbar \partial_x)^* \Psi_a^*(x, t)\} \Psi_b(x, t) \,.$$

Im Gegensatz zu dem Impulsoperator ist der Operator $\hat{A} = \partial_x$, wie auch der Operator $\hat{\boldsymbol{A}} = \boldsymbol{\nabla}$, nicht selbstadjungiert. Die gleiche Rechnung wie für den Impulsoperator ergibt hier

$$\int_{-\infty}^{\infty} \mathrm{d}x\, \Psi_a^*(x,t)(\partial_x \Psi_b(x,t)) = -\int_{-\infty}^{\infty} \mathrm{d}x\, \{(\partial_x)^* \Psi_a^*(x,t)\} \Psi_b(x,t)\,.$$

Als eine Faustregel kann man die folgenden Bemerkungen festhalten: Differentialoperatoren, die eine ungerade Ordnung von Ableitungen enthalten, sind nur hermitesch, falls sie imaginär sind. Hermitesche Differentialoperatoren von gerader Ordnung (wie z. B. der Operator für die kinetische Energie) müssen reell sein. Die Umschichtung der Wirkung des Operators von Ψ_b auf Ψ_a^* erfordert eine gerade Anzahl von partiellen Integrationen.

Operatoren können auf verschiedene Weisen verknüpft werden. Durch solche Verknüpfungen kann man aus einfachen Operatoren kompliziertere aufbauen. Die einfachsten Verknüpfungen sind die *Addition* und die *Subtraktion*. Diese Verknüpfungen sind durch

$$(\hat{A} \pm \hat{B})\Psi(\boldsymbol{r},t) = \hat{C}\Psi(\boldsymbol{r},t) \tag{4.4}$$

oder in symbolischer Schreibweise

$$\hat{A} \pm \hat{B} = \hat{C}$$

definiert. Die wesentliche (und einfach zu beweisende) Aussage zu diesen zwei Verknüpfungen ist: Die Summe (Differenz) von zwei linearen, selbstadjungierten Operatoren ist linear und selbstadjungiert. Das *Produkt* von zwei Operatoren

$$\hat{A}\hat{B}\Psi(\boldsymbol{r},t) = \hat{A}(\hat{B}\Psi(\boldsymbol{r},t)) = \hat{C}\Psi(\boldsymbol{r},t) \tag{4.5}$$

symbolisch

$$\hat{A}\hat{B} = \hat{C}$$

ist folgendermaßen definiert: Zuerst wirkt der Operator $\hat{B}$ auf die Funktion Ψ ein, auf die resultierende Funktion wirkt danach der Operator $\hat{A}$. Die Reihenfolge der Operationen ist im Allgemeinen nicht vertauschbar. Ist

$$\hat{C}' = \hat{B}\hat{A} \qquad \text{und} \qquad \hat{C} = \hat{A}\hat{B}\,,$$

so ist im Allgemeinen

$$\hat{C}' \neq \hat{C}\,.$$

So sind z. B. für die Operatoren

$$\hat{A} = x \qquad \hat{B} = -\mathrm{i}\hbar\partial_x$$

die Produkte

$$\hat{C}\Psi = \hat{A}\hat{B}\Psi = -\mathrm{i}\hbar x\partial_x\Psi \longrightarrow \hat{C} = -\mathrm{i}\hbar x\partial_x$$

$$\hat{C}'\Psi = \hat{B}\hat{A}\Psi = -\mathrm{i}\hbar(1 + x\partial_x)\Psi \longrightarrow \hat{C}' = -\mathrm{i}\hbar(1 + x\partial_x) \neq \hat{C}$$

verschieden.

Die Addition, Subtraktion und Multiplikation von Operatoren erfüllen die gleichen Rechenregeln wie die entsprechenden Operationen mit Zahlen, mit der Ausnahme der Nichtvertauschbarkeit von Produkten. Einen derartigen Satz von Operationen bezeichnet man als eine nichtkommutative Algebra. Die Definition der Division von Operatoren bzw. die Definition eines inversen Operators ist möglich. Diese etwas aufwendigere Operation wird in Kap. 9.2 näher besprochen und unter den Überschriften 'Störungstheorie, Vielteilchentheorie und Streutheorie' ausgiebig benutzt.

Infolge der Nichtvertauschbarkeit der Faktoren eines Operatorprodukts ist der Ausdruck

$$[\hat{A},\hat{B}]_- \equiv [\hat{A},\hat{B}] = \hat{A}\hat{B} - \hat{B}\hat{A} \tag{4.6}$$

von besonderer Bedeutung. Man bezeichnet ihn als den *Kommutator* der Operatoren $\hat{A}$ und $\hat{B}$. Vertauschbarkeit von zwei Operatoren (die Reihenfolge der Anwendung spielt keine Rolle) wird durch

$$[\hat{A},\hat{B}] = 0$$

angezeigt. Neben dem Kommutator spielt in der Quantenmechanik auch die Kombination

$$[\hat{A},\hat{B}]_+ \equiv \{\hat{A},\hat{B}\} = \hat{A}\hat{B} + \hat{B}\hat{A} \tag{4.7}$$

eine Rolle. Diese *Antikommutatoren* werden jedoch erst ab Kap. 7.2 benötigt.

Die Koordinaten und die zugehörigen Impulsoperatoren vertauschen nicht, so ist z. B. (siehe oben)

$$[\hat{x},\hat{p}_x] = \mathrm{i}\hbar\,.$$

Bei der Auswertung muss beachtet werden, dass diese Kurzform eigentlich für die Gleichung

$$[\hat{x},\hat{p}_x]\Psi(\boldsymbol{r},t) = x(-\mathrm{i}\hbar\partial_x\Psi(\boldsymbol{r},t)) - (-\mathrm{i}\hbar\partial_x)(x\Psi(\boldsymbol{r},t)) = \mathrm{i}\hbar\Psi(\boldsymbol{r},t)$$

steht. Die Operatoren in dem Kommutator wirken auf eine Funktion. Der vollständige Satz von Kommutatoren der Koordinaten und Impulsoperatoren ist (in summarischer Notation)

$$[\hat{x}_i,\hat{x}_j] = [\hat{p}_i,\hat{p}_j] = 0 \qquad [\hat{x}_i,\hat{p}_j] = \mathrm{i}\hbar\delta_{ij} \qquad i,j = 1,2,3\,. \tag{4.8}$$

Bis auf die Koordinaten und den zugehörigen Impulsoperator sind alle Operatoren vertauschbar.

Bei der Zusammensetzung von Operatoren zur Anwendung in der Quantenmechanik muss man die Frage beantworten, ob das Produkt von zwei selbstadjungierten Operatoren ebenfalls selbstadjungiert ist, bzw. unter welchen Bedingungen dies der Fall ist. Die Antwort auf diese Frage lautet:

Das Produkt von zwei selbstadjungierten Operatoren ist nur selbstadjungiert, wenn die Operatoren vertauschbar sind.

Zum Beweis benutzt man die Hermitizität der einzelnen Operatoren

$$\begin{aligned}\iiint \mathrm{d}^3r\, \Psi_a^*(\hat{A}\hat{B}\Psi_b) &= \iiint \mathrm{d}^3r\, \Psi_a^*(\hat{A}(\hat{B}\Psi_b)) = \iiint \mathrm{d}^3r\, (\hat{A}^*\Psi_a^*)(\hat{B}\Psi_b) \\ &= \iiint \mathrm{d}^3r\, (\hat{B}^*\hat{A}^*\Psi_a^*)\Psi_b = \iiint \mathrm{d}^3r\, ((\hat{B}\hat{A})^*\Psi_a^*)\Psi_b\,.\end{aligned}$$

Nur wenn die Operatoren vertauschbar sind, folgt

$$(\hat{B}\hat{A})^* = (\hat{A}\hat{B})^*$$

und somit

$$\iiint \mathrm{d}^3r\, \Psi_a^*(\hat{A}\hat{B}\Psi_b) = \iiint \mathrm{d}^3r\, ((\hat{A}\hat{B})^*\Psi_a^*)\Psi_b\,.$$

Da jeder hermitesche Operator mit sich selbst vertauscht, folgt die Zusatzbemerkung

Jede Potenz von selbstadjungierten Operatoren ist selbstadjungiert.

Aus der Hermitizität des Impulsoperators folgt z. B. die Hermitizität des Operators für die kinetische Energie.

Ein Beispiel für die Gewinnung von weiteren Operatoren aus einem Satz von Grundoperatoren ist die Operatordarstellung des *Drehimpulses* in der Quantenmechanik. Die Definition des Drehimpulsvektors in der klassischen Mechanik ist

$$\boldsymbol{l} = \boldsymbol{r} \times \boldsymbol{p} \qquad \text{im Detail} \quad l_x = y p_z - z p_y, \text{ etc.}$$

Definiert man die quantenmechanischen Operatoren für die Drehimpulskomponenten durch Ersetzung der klassischen Größen, so findet man

$$\begin{aligned}\hat{l}_x &= -\mathrm{i}\hbar(y\partial_z - z\partial_y) \\ \hat{l}_y &= -\mathrm{i}\hbar(z\partial_x - x\partial_z) \\ \hat{l}_z &= -\mathrm{i}\hbar(x\partial_y - y\partial_x)\,.\end{aligned} \tag{4.9}$$

Die Operatoren in jedem der auftretenden Produkte sind vertauschbar. Aus diesem Grund sind die Operatoren für die drei Drehimpulskomponenten hermitesch. Die Zuordnung ist eindeutig in dem Sinn, dass es keinen Unterschied macht, ob man z. B. von $y p_z$ oder $p_z y$ ausgeht.

Für einen klassischen Ausdruck, der z. B. die Form $x\, p_x$ hat, wäre die Erweiterung nicht eindeutig. Es gilt in der klassischen Physik $x\, p_x = p_x\, x$, doch für die Operatoren, die man durch direkte Ersetzung gewinnt, ist $\hat{x}\, \hat{p}_x \neq \hat{p}_x\, \hat{x}$. Eine Vorschrift zur Handhabung dieser Situation wird in Kap. 4.5 erläutert.

Mit den drei Operatoren in (4.9) kann man (siehe D.tail 4.1) die Kommutatoren

$$\left[\hat{l}_x, \hat{l}_y\right] = \mathrm{i}\hbar\hat{l}_z \qquad \left[\hat{l}_y, \hat{l}_z\right] = \mathrm{i}\hbar\hat{l}_x \qquad \left[\hat{l}_z, \hat{l}_x\right] = \mathrm{i}\hbar\hat{l}_y \tag{4.10}$$

berechnen. Diese werden oft mit dem Levi-Civita Symbol

$$[\hat{l}_j, \hat{l}_k] = \mathrm{i}\hbar \sum_{l=1}^{3} \varepsilon_{jkl} \hat{l}_l \qquad j, k = 1, 2, 3 \tag{4.11}$$

zusammengefasst. Man beachte die zyklische Struktur und die Antisymmetrie der Kommutatoren

$$[\hat{l}_j, \hat{l}_k] = -[\hat{l}_k, \hat{l}_j] \, .$$

Aus den Operatoren für die Drehimpulskomponenten kann man den Operator für das Betragsquadrat des Drehimpulses gewinnen

$$\hat{l}^2 = \hat{l}_x^2 + \hat{l}_y^2 + \hat{l}_z^2 \, . \tag{4.12}$$

Auch dieser Operator ist selbstadjungiert[1]. Die Kommutatoren dieses Operators mit den drei Drehimpulskomponenten (siehe D.tail 4.1) sind

$$[\hat{l}^2, \hat{l}_k] = 0 \qquad k = 1, 2, 3 \, . \tag{4.13}$$

Der Operator für das Betragsquadrat des Drehimpulses vertauscht mit den Operatoren für jede der Komponenten.

Es wird sich zeigen, dass hinter den Vertauschungsrelationen für die Drehimpulsoperatoren handfeste physikalische Aussagen über die Eigenschaften von Quantenteilchen stehen.

4.2 Eigenwertprobleme

4.2.1 Charakterisierung

Im Allgemeinen liefert eine Messreihe für eine Observable eines Quantensystems eine Verteilung um einen Mittelwert. Es ist jedoch auch möglich, dass bei einer Messreihe immer der gleiche Wert gefunden wird. Dies setzt voraus, dass eine stationäre Situation vorliegt, für die der Hamiltonoperator des Systems nicht explizit von der Zeit abhängt

$$\frac{\partial \hat{H}}{\partial t} = 0 \, .$$

Die Schrödingergleichung für ein Quantenteilchen separiert in diesem Fall in einen Ortsanteil und einen Zeitanteil. Mit dem Ansatz

$$\Psi(\boldsymbol{r}, t) = \psi(\boldsymbol{r}) f(t)$$

erhält man

$$\frac{\hat{H}\psi(\boldsymbol{r})}{\psi(\boldsymbol{r})} = \frac{\mathrm{i}\hbar \partial_t f(t)}{f(t)} \, .$$

[1] Die explizite Form dieses Operators wird in Kap. 4.4 betrachtet.

Die Lösung der Differentialgleichung für den Zeitanteil (mit der Separationskonstanten E)

$$\mathrm{i}\hbar \frac{\mathrm{d}f(t)}{\mathrm{d}t} f(t) = E f(t)$$

lautet

$$f(t) = \exp\left[-\mathrm{i}\frac{Et}{\hbar}\right] .$$

Es verbleibt die Diskussion der stationären Schrödingergleichung

$$\hat{H}\psi(\boldsymbol{r}) = E\psi(\boldsymbol{r}) ,$$

die ab Kap. 5 aufgegriffen wird.

Wird das System, ein Quantenteilchen, durch eine stationäre Wellenfunktion $\psi(\boldsymbol{r})$ charakterisiert, so lautet die Bedingung, dass für eine Observable, dargestellt durch den Operator $\hat{A}$, bei jeder Messung der Wert a auftritt

$$\iiint \mathrm{d}^3 r\, \psi^*(\boldsymbol{r})[(\hat{A} - a)^2 \psi(\boldsymbol{r})] = 0 .$$

Der Messwert a ist in diesem Fall identisch mit dem Mittelwert

$$a = \langle A \rangle = \iiint \mathrm{d}^3 r\, \psi^*(\boldsymbol{r})(\hat{A}\psi(\boldsymbol{r})) .$$

Eine direkte Aussage gewinnt man aufgrund der Hermitizität des Operators $\hat{B} = \hat{A} - a$, denn es gilt

$$\begin{aligned}\iiint \mathrm{d}^3 r\, \psi^*(\boldsymbol{r})(\hat{B}^2 \psi(\boldsymbol{r})) &= \iiint \mathrm{d}^3 r\, (\hat{B}^* \psi^*(\boldsymbol{r}))(\hat{B}\psi(\boldsymbol{r})) \\ &= \iiint \mathrm{d}^3 r\, |\hat{B}\psi(\boldsymbol{r})|^2 = 0 .\end{aligned}$$

Ein Integral mit einem positiv definiten Integranden kann nur den Wert Null haben, wenn der Integrand selbst verschwindet

$$|\hat{B}\psi(\boldsymbol{r})|^2 = 0 .$$

Der Betrag einer komplexen Zahl kann jedoch nur den Wert Null annehmen, wenn die komplexe Zahl selbst den Wert Null hat. Aus $\hat{B}\psi(\boldsymbol{r}) = 0$ folgt

$$\hat{A}\psi(\boldsymbol{r}) = a\psi(\boldsymbol{r}) . \tag{4.14}$$

Diese Operatorgleichung (die Wirkung eines Operator auf eine Wellenfunktion ergibt eine Zahl mal die gleiche Wellenfunktion) bezeichnet man als eine *Eigenwertgleichung.* Ist der Operator eine Funktion der Koordinaten

$$\hat{A} = A(\boldsymbol{r}) ,$$

so stellt die Gleichung (4.14) eine homogene Funktionalgleichung dar. Ist $\hat{A}$ ein Differentialoperator (und dies ist der normale Fall) so entspricht (4.14) einer homogenen, linearen Differentialgleichung. Der Sprachgebrauch bei dem Umgang mit Eigenwertproblemen ist:

- Die gleichzeitige Bestimmung der Lösung ψ und der zulässigen Werte der Zahl a bezeichnet man als die Lösung des Eigenwertproblems.
- Die zulässigen Werte für a nennt man die *Eigenwerte* des Operators $\hat{A}$.
- Der Satz von Funktionen $\psi_a(\boldsymbol{r})$, die den jeweiligen Eigenwerten a entsprechen, sind die *Eigenfunktionen* des Operators $\hat{A}$.

Eigenwertprobleme stellen ein mathematisches Kernstück der Quantenmechanik dar. Sie treten aber auch in der klassischen Physik auf. So ergibt (siehe Bd. 2, Kap. 6.3.1) die Diskussion der (eindimensionalen) klassischen Wellengleichung für eine eingespannte Saite

$$\frac{\partial^2 y(x,t)}{\partial x^2} - \frac{1}{v^2}\frac{\partial^2 y(x,t)}{\partial t^2} = 0$$

(wobei $y(x,t)$ die Auslenkung der Saite an der Stelle x zur Zeit t und v die Ausbreitungsgeschwindigkeit einer Welle auf der Saite darstellt) mit den Randbedingungen

$$y(0,t) = y(L,t) = 0 \quad \text{für alle} \quad t$$

nach Separation der Variablen $y(x,t) = f(x)g(t)$ die Eigenwertgleichung

$$\frac{\mathrm{d}^2 f(x)}{\mathrm{d}x^2} = k^2 f(x) \quad \text{mit} \quad f(0) = f(L) = 0\,,$$

sowie eine Differentialgleichung für den Zeitanteil

$$\frac{\mathrm{d}^2 g(t)}{\mathrm{d}t^2} = (k^2v^2)g(t) = \omega^2 g(t)\,.$$

Die Lösung des Eigenwertproblems für die angegebenen Randbedingungen lautet:

- Die Eigenwerte und die zugehörigen Eigenfunktionen sind

  $$k_n = \frac{n\pi}{L} \qquad \text{mit} \qquad n = (0), 1, 2, \ldots$$

  $$f_n(x) = \sin k_n x\,.$$

  Die Lösung mit $n = 0$ beschreibt die ruhende Saite, negative Werte von n ergeben keine zusätzlichen Lösungen, da jede der Eigenfunktionen mit einem beliebigen Faktor (z. B. -1) versehen werden kann.
- Reelle Fundamentallösungen der Zeitgleichung zu jedem $\omega_n = vk_n$ sind

  $$g_n(t) = \{\sin\omega_n t,\ \cos\omega_n t\}\,.$$

Man kann die Eigenwerte in einer anderen Form notieren, so z. B.

$$\nu_n = \left(\frac{v}{2\pi}\right) k_n = \left(\frac{v}{2L}\right) n = \nu_0 n$$

$$\lambda_n = \frac{v}{\nu_n} = \frac{(2L)}{n} = \frac{\lambda_0}{n} \; .$$

Die zweite Gleichung besagt, dass nur stehende Wellenlösungen möglich sind, deren Wellenlängen an das vorgegebene Intervall angepasst sind. Die erste Gleichung beinhaltet die Aussage, dass die eingespannte Saite ein diskretes Frequenzspektrum (Abb. 4.1) besitzt. Die möglichen Frequenzwerte sind ganzzahlige Vielfache einer Grundfrequenz, die durch die Eigenschaften der Saite (v und L) bestimmt ist.

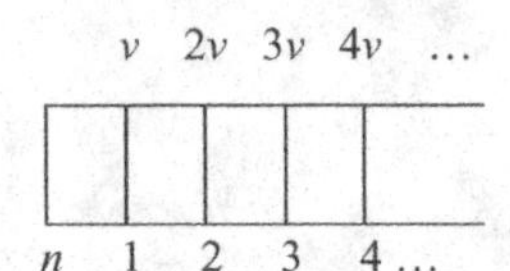

Abb. 4.1. Frequenzspektrum einer eingespannten Saite

Das Eigenwertproblem tritt als ein Teilproblem bei der Diskussion der vollständigen Aufgabenstellung auf. Neben den diskutierten Randbedingungen können Anfangsbedingungen wie z. B. die Auslenkung der Saite zum Zeitpunkt $t = 0$ vorgegeben sein

$$y(x, 0) = f_0(x) \qquad \left.\frac{\partial y(x,t)}{\partial t}\right|_{t=0} = f_1(x) \; .$$

Die Anfangsbedingungen bestimmen die Koeffizienten A_n und B_n der allgemeinen Lösung in der Form einer Fourierentwicklung

$$y(x,t) = \sum_{n=1}^{\infty} \sin k_n x \, (A_n \sin \omega_n t + B_n \cos \omega_n t) \; .$$

Die Vorgabe von Randbedingungen ist auch der Angelpunkt bei der Diskussion der Randwertprobleme der Quantenmechanik. Diese sind jedoch etwas allgemeiner gehalten als in dem konkreten Beispiel aus der klassischen Physik. Man unterscheidet

- *Schwache Randbedingungen:* Hier wird nur gefordert, dass die Eigenfunktionen (im Sinn der statistischen Interpretation) ein physikalisches System charakterisieren sollen. Dies bedeutet, dass die Eigenfunktionen

  stetig, endlich und eindeutig

  sein müssen. Diese Bedingung (einschließlich eventueller Zusätze) ist bei der Diskussion von Streuproblemen (z. B. ein Elektron streut an einem Proton) angemessen.

- *Starke Randbedingungen:* Hier fordert man zusätzlich, dass die Wellenfunktion

  quadratintegrabel

  oder, in anderen Worten, normierbar sein muss. Anwendung findet diese Bedingung bei der Diskussion von Problemen, bei denen ein Quantenteilchen sich nur in einem mehr oder weniger beschränkten Raumgebiet aufhält. Ein Beispiel ist das Wasserstoffatom, ein Elektron ist an ein Proton gebunden.

Mathematische Aspekte des quantenmechanischen Randwertproblems werden in Math.Kap. 1 weiter ausgeführt. Hier folgen, zur physikalisch motivierten Einführung in die Thematik, einige konkrete Beispiele.

4.2.2 Beispiele aus der Quantenmechanik

Das Kernproblem, das Eigenwertproblem des Hamiltonoperators, wird in späteren Kapiteln ausführlich angesprochen. Die vier folgenden Beispiele stellen eine Fingerübung dar, die auf der einen Seite die Möglichkeiten ausloten soll, auf der anderen Seite aber durchaus nützliche Resultate liefert.

Beispiel 1. Die Eigenwertgleichung für eine Impulskomponente (z. B. die x-Komponente) lautet

$$-\mathrm{i}\hbar \frac{\mathrm{d}}{\mathrm{d}x}\psi(x) = p_x \psi(x) \,.$$

Der Eigenwert (eine Zahl) wurde mit p_x bezeichnet. Der Wertebereich der Variablen ist das Intervall $[-\infty, \infty]$. Die allgemeine Lösung dieser einfachen Differentialgleichung erster Ordnung im Komplexen ist

$$\psi_{p_x}(x) = A \exp\left[\mathrm{i}\,\frac{p_x}{\hbar}\,x\right] .$$

Diese Funktion ist eindeutig, stetig und endlich, falls p_x reell ist. Dies ist die einzige Einschränkung der möglichen Werte von p_x. Das Eigenwertspektrum des Impulsoperators $\hat{p}_x$ ist *kontinuierlich*, die Eigenfunktionen entsprechen dem Ortsanteil der ebenen Materiewellen. Die Funktionen, die ein Quantenteilchen mit einem bestimmten Wert der Impulskomponente beschreiben, sind nur auf die Deltafunktion normierbar.

Beispiel 2. Um die Eigenwerte und die Eigenfunktionen des Drehimpulsoperators

$$\hat{l}_z = -\mathrm{i}\hbar(x\partial_y - y\partial_x)$$

zu diskutieren, ist es zweckmäßig zu Kugelkoordinaten überzugehen. (Die Detailrechnungen zu den Beispielen 2 und 3 sind in D.tail 4.2 zusammengefasst.) Gemäß der Kettenregel folgt aus

$$x = r\cos\varphi\sin\theta \qquad y = r\sin\varphi\sin\theta \qquad z = r\cos\theta$$

für die partiellen Ableitungen

$$\partial_x = \cos\varphi \sin\theta \partial_r + \frac{1}{r}\cos\varphi\cos\theta\partial_\theta - \frac{\sin\varphi}{r\sin\theta}\partial_\varphi$$
$$\partial_y = \sin\varphi \sin\theta \partial_r + \frac{1}{r}\sin\varphi\cos\theta\partial_\theta + \frac{\cos\varphi}{r\sin\theta}\partial_\varphi \,.$$

Setzt man diese Angaben in (4.9) ein, so findet man

$$\hat{l}_z = -\mathrm{i}\hbar\frac{\partial}{\partial\varphi} \,. \tag{4.15}$$

Es steht somit das einfache Eigenwertproblem

$$-\mathrm{i}\hbar\partial_\varphi\psi(\varphi) = l_z\psi(\varphi)$$

zur Diskussion. Eine stetige und endliche Lösung dieser gewöhnlichen Differentialgleichung erster Ordnung ist wie zuvor

$$\psi_{l_z}(\varphi) = A\exp\left[\mathrm{i}\frac{l_z}{\hbar}\varphi\right] \,,$$

vorausgesetzt φ ist reell. Der Wertebereich der Variablen φ ist in diesem Beispiel jedoch auf das Intervall $[0, 2\pi]$ beschränkt. Die Lösung ist somit nur eindeutig, falls

$$\psi_{l_z}(\varphi + 2\pi) = \psi_{l_z}(\varphi)$$

gilt. Die resultierende Bedingung

$$\exp\left[\mathrm{i}\frac{l_z}{\hbar}2\pi\right] = 1$$

kann nur erfüllt werden, falls

$$l_z = m\hbar \qquad m = 0, \pm 1, \pm 2, \ldots \tag{4.16}$$

ist. Die z-Komponente des Drehimpulses kann in der Quantenmechanik nur ein ganzzahliges Vielfaches der Größe $\hbar$ sein. Das Spektrum dieses Drehim-

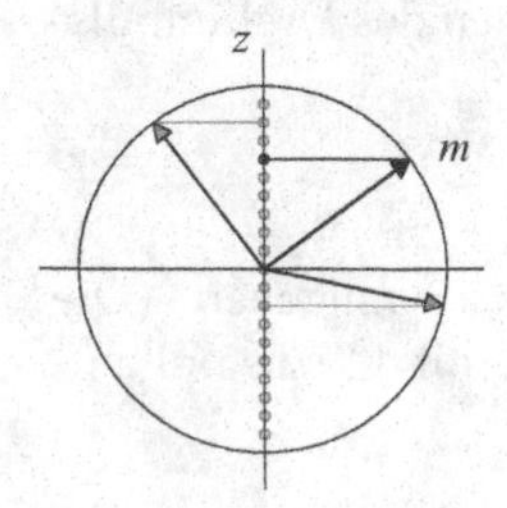

Abb. 4.2. Eigenwerte des Drehimpulsoperators $\hat{l}_z$

pulsoperators ist diskret (Abb. 4.2). Man sagt: Die z-Komponente des Drehimpulses ist gequantelt. Die *Quantenzahlen* m sind ganze Zahlen. Die Eigenfunktionen sind normierbar, denn man findet für

$$\psi_m(\varphi) = \frac{1}{\sqrt{2\pi}} \mathrm{e}^{\mathrm{i}m\varphi} \tag{4.17}$$

die Aussage

$$\int_0^{2\pi} \mathrm{d}\varphi \, \psi_m^*(\varphi)\psi_{m'}(\varphi) = \delta_{m,m'} \, .$$

Anwendung der schwachen Randbedingung liefert hier eine Lösung, die auch der starken Randbedingung genügt.

Beispiel 3. Auch bei der Betrachtung des Eigenwertproblems des Operators $\hat{l}^2$ sind Kugelkoordinaten nützlich. Die Darstellung der Operatoren $\hat{l}_x$ und $\hat{l}_y$ in diesen Koordinaten lautet (siehe D.tail 4.2)

$$\begin{aligned} \hat{l}_x &= -\mathrm{i}\hbar(y\partial_z - z\partial_y) = -\mathrm{i}\hbar \left\{ -\sin\varphi \frac{\partial}{\partial\theta} - \cos\varphi \cot\theta \frac{\partial}{\partial\varphi} \right\} \\ \hat{l}_y &= -\mathrm{i}\hbar(z\partial_x - x\partial_z) = -\mathrm{i}\hbar \left\{ \cos\varphi \frac{\partial}{\partial\theta} - \sin\varphi \cot\theta \frac{\partial}{\partial\varphi} \right\} . \end{aligned} \tag{4.18}$$

Zusammen mit dem Ergebnis für $-\hat{l}_z$ in (4.15) ergibt die Summe der Quadrate der Operatoren für die drei Komponenten

$$\hat{l}^2 = -\hbar^2 \left\{ \frac{1}{\sin\theta} \frac{\partial}{\partial\theta} \left(\sin\theta \frac{\partial}{\partial\theta} \right) + \frac{1}{\sin^2\theta} \frac{\partial^2}{\partial\varphi^2} \right\} . \tag{4.19}$$

Dieser Operator entspricht bis auf einen Faktor $-\hbar^2$ dem Operator in der Differentialgleichung für die Kugelflächenfunktionen

$$Y_{lm}(\theta, \varphi) = \left[\frac{(2l+1)}{4\pi} \frac{(l-m)!}{(l+m)!} \right]^{1/2} P_l^m(\cos\theta) \mathrm{e}^{\mathrm{i}m\varphi} \, .$$

Diese Funktionen, sowie die Legendrefunktionen und die Legendrepolynome werden in Band 2, Kap. 3 und Math.Kap. 4.3 ausführlich diskutiert. Oft benötigte Details sind in Anhang C zu Band 2 noch einmal zusammengestellt.

Die Lösung des Eigenwertproblems

$$\hat{l}^2\psi(\theta, \varphi) = \lambda\psi(\theta, \varphi)$$

kann somit wegen

$$\hat{l}^2 Y_{lm}(\theta, \varphi) = \hbar^2 l(l+1) Y_{lm}(\theta, \varphi)$$

direkt angegeben werden. Für die Eigenwerte

$$\lambda = \hbar^2 l(l+1)$$

mit ganzahligem, positiven l $(l \geq 0)$ sind die Kugelflächenfunktionen stetige, endliche und eindeutige Lösungen. Diese Funktionen sind außerdem quadratintegrabel, denn es ist

$$\iint \mathrm{d}\Omega\, Y^*_{lm}(\Omega) Y_{l'm'}(\Omega) = \delta_{ll'}\delta_{mm'} \,.$$

Es liegt ein diskretes Spektrum vor, doch mit einem kleinen Unterschied. Zu jedem Eigenwert mit der *Quantenzahl* l gibt es $(2l+1)$ Eigenfunktionen. Für jedes l kann der Index m die Werte

$$m = -l, -l+1, \ldots, 0, \ldots, l-1, l$$

annehmen. Die Lösung eines Eigenwertproblems, bei dem für einen Eigenwert eine bestimmte Anzahl von Eigenfunktionen auftritt, bezeichnet man als *entartet.* Die Anzahl der Eigenfunktionen zu einem Eigenwert nennt man den Grad der Entartung. Die Situation für das Eigenwertspektrum des Betragsquadrates des Drehimpulses ist in Abb. 4.3 illustriert. Angegeben sind

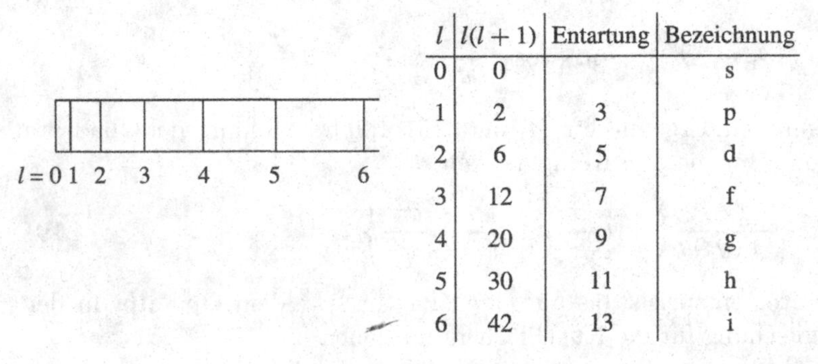

l	$l(l+1)$	**Entartung**	**Bezeichnung**
0	0		s
1	2	3	p
2	6	5	d
3	12	7	f
4	20	9	g
5	30	11	h
6	42	13	i

Abb. 4.3. Drehimpuls in der Quantenmechanik: Eigenwertspektrum des Operators $\hat{l}^2$

die l-Werte, die entsprechenden Eigenwerte (geteilt durch $\hbar^2$) und der Grad der Entartung. Oft wird anstelle der Zahlenwerte für l die spektroskopische Bezeichnung

s, p, d, f, g, h, i, ...

benutzt. Diese Bezeichnung entstammt der historischen Bezeichnung der dominanten Spektrallinien des Wasserstoffatoms. Es bedeuten: s – sharp, p – principal, d – diffuse, f – fundamental. Die restlichen Buchstaben folgen dann dem Alphabet.

Zwei weitere Aussagen kann man an dieser Stelle noch festhalten:

- Da der Operator $\hat{l}^2$ auch (bis auf einen Faktor) dem Winkelanteil des Laplaceoperators in Kugelkoordinaten

$$\Delta = \frac{\partial^2}{\partial r^2} + \frac{2}{r}\frac{\partial}{\partial r} - \frac{\hat{l}^2}{r^2\hbar^2}$$

entspricht, kann man für den Operator der kinetischen Energie den Ausdruck

$$\hat{T} = -\frac{\hbar^2}{2m_0}\Delta = -\frac{\hbar^2}{2m_0}\left\{\frac{\partial^2}{\partial r^2} + \frac{2}{r}\frac{\partial}{\partial r}\right\} + \frac{\hat{l}^2}{2m_0 r^2} \tag{4.20}$$

notieren.

- Die Eigenfunktionen von $\hat{l}^2$ sind auch Eigenfunktionen des Operators $\hat{l}_z$, denn es ist

$$\hat{l}_z Y_{lm}(\theta, \varphi) = -\mathrm{i}\hbar\frac{\partial}{\partial\varphi}Y_{lm}(\theta, \varphi) = \hbar m Y_{lm}(\theta, \varphi) .$$

Die Ableitung wirkt auf die Exponentialfunktion in Y_{lm}. Die allgemeine Frage, unter welchen Umständen eine Funktion Eigenfunktion zu mehreren Operatoren sein kann, wird in dem folgenden Kap. 4.3 eingehender diskutiert.

Beispiel 4. Das Eigenwertproblem für den Ortsoperator, z. B. $\hat{x} = x$ in einer Raumdimension, besteht in der Lösung der Funktionalgleichung

$$\hat{x}\psi(x) = x\psi(x) = x_e\psi(x) .$$

Der Eigenwert wurde zur Unterscheidung von dem 'Operator' x mit x_e bezeichnet. Die Frage, die mit der Funktionalgleichung

$$(x - x_e)\psi(x) = 0$$

gestellt wird, lautet: Suche die Funktion, die für einen gegebenen Wert x_e diese Gleichung für alle Werte von x aus dem Intervall $-\infty \leq x \leq \infty$ erfüllt. Für $x \neq x_e$ ist dies nur möglich, wenn $\psi(x) = 0$ ist. Für $x = x_e$ ist die Aufgabenstellung nicht wohldefiniert. Eine Definition, die der Aussage für $x \neq x_e$ Rechnung trägt, ist

$$\psi_{x_e}(x) = \delta(x - x_e) .$$

Diese 'Funktion' ist nicht stetig, doch in dem folgenden Sinn normierbar

$$\int_{-\infty}^{\infty} \mathrm{d}x\, \delta(x - x_e)\delta(x - x_{e'}) = \delta(x_e - x_{e'}) .$$

Die Deltafunktion kann ein vollständig lokalisiertes, quantenmechanisches Punktteilchen beschreiben. Alle Werte aus dem Intervall $-\infty \leq x_e \leq \infty$ sind möglich. Das Spektrum dieses Eigenwertproblems ist kontinuierlich.

4.3 Die Unschärferelation

Die Kugelflächenfunktionen sind Eigenfunktionen zu den Operatoren $\hat{l}^2$ und $\hat{l}_z$. Diese Feststellung legt die Frage nahe: Unter welchen Bedingungen, ist es möglich, dass eine Funktion gleichzeitig Eigenfunktion zu zwei verschiedenen Operatoren ist? Die Antwort, die man leicht beweisen kann, lautet: Dies ist möglich, falls die Operatoren vertauschbar sind.

Setzt man voraus, dass es eine Funktion gibt, die Eigenfunktion zu zwei Operatoren $\hat{A}$ und $\hat{B}$ ist

$$\hat{A}\psi = a\psi \qquad \hat{B}\psi = b\psi ,$$

so kann man wie folgt argumentieren. Es ist

$$\begin{aligned}\hat{B}(\hat{A}\psi) &= \hat{B}(a\psi) = a(\hat{B}\psi) = ab\psi \\ \hat{A}(\hat{B}\psi) &= \hat{A}(b\psi) = b(\hat{A}\psi) = ba\psi .\end{aligned}$$

Die Eigenwerte sind Zahlen und somit mit den Operatoren vertauschbar. Subtraktion der zwei Aussagen liefert

$$\hat{A}(\hat{B}\psi) - \hat{B}(\hat{A}\psi) = [\hat{A}, \hat{B}]\, \psi = 0 .$$

Ist $\psi \neq 0$, so folgt $[\hat{A}, \hat{B}] = 0$.

Setzt man auf der anderen Seite voraus, dass die Operatoren vertauschbar sind und dass ψ eine Eigenfunktion zu $\hat{A}$ ist, so folgt

$$(\hat{A}\hat{B} - \hat{B}\hat{A})\psi = (\hat{A} - a)(\hat{B}\psi) = 0 .$$

Diese Gleichung besagt, dass $(\hat{B}\psi)$ eine Eigenfunktion zu $\hat{A}$ ist. Falls die Eigenwerte von $\hat{A}$ nicht entartet sind, ist dies nur möglich, falls $(\hat{B}\psi)$ die Form $(b\psi)$ hat. Man findet somit in diesem Fall, dass die Vertauschbarkeit der Operatoren eine notwendige und hinreichende Bedingung für die Existenz von gemeinsamen Eigenfunktionen ist[2].

Eine zweite Frage, die sich direkt anschließt, lautet: Welche Konsequenzen ergeben sich für die Messung von zwei Observablen eines Quantensystems, deren zugeordnete Operatoren nicht vertauschen? Die Antwort auf diese Frage lautet: Es besteht dann eine *Unschärferelation*. Der Zusammenhang zwischen der Nichtvertauschbarkeit (eine Aussage über die Eigenschaft der Operatoren) und der Unschärferelation (eine Aussage über die Messbarkeit der Observablen) bedarf einer eingehenden Erläuterung.

Die Voraussetzung lautet: Gegeben sind zwei selbstadjungierte Operatoren $\hat{A}$ und $\hat{B}$, deren (nichtverschwindender) Kommutator in der Form

$$[\hat{A}, \hat{B}] = \mathrm{i}\hat{C}$$

[2] Die Beweisführung des zweiten Teils ist ein wenig aufwendiger, falls das Spektrum von $\hat{A}$ entartet ist. Siehe D.tail 4.3.

vorgegeben wird. Man betrachtet die Mittelwerte der drei Operatoren bezüglich einer *beliebigen* zeitabhängigen Wellenfunktion $\Psi(\boldsymbol{r},t)$, die nicht notwendigerweise eine Eigenfunktion zu $\hat{A}$ oder zu $\hat{B}$ ist

$$\langle \hat{A} \rangle_t = \iiint \mathrm{d}^3r\, \Psi^*(\boldsymbol{r},t)\hat{A}\Psi(\boldsymbol{r},t)$$

$$\langle \hat{B} \rangle_t = \iiint \mathrm{d}^3r\, \Psi^*(\boldsymbol{r},t)\hat{B}\Psi(\boldsymbol{r},t)$$

$$\langle \hat{C} \rangle_t = \iiint \mathrm{d}^3r\, \Psi^*(\boldsymbol{r},t)\hat{C}\Psi(\boldsymbol{r},t) \,.$$

In allen relevanten Fällen genügt es, vorauszusetzen, dass $\langle \hat{C} \rangle_t$ reell ist. Die Differenzoperatoren

$$\Delta\hat{A} = \hat{A} - \langle \hat{A} \rangle \qquad \Delta\hat{B} = \hat{B} - \langle \hat{B} \rangle$$

sind selbstadjungiert und erfüllen die Vertauschungsrelation

$$[\Delta\hat{A}, \Delta\hat{B}] = \mathrm{i}\hat{C} \,.$$

Die Subtraktion von Konstanten ändert weder die Hermitizität noch die Vertauschungsrelationen.

Die Herleitung der gesuchten Unschärferelation[3] vollzieht sich in den Schritten:

- Das Integral

$$I(\alpha) = \iiint \mathrm{d}^3r\, [(\alpha\Delta\hat{A} - \mathrm{i}\Delta\hat{B})^*\Psi^*(\boldsymbol{r},t)][(\alpha\Delta\hat{A} - \mathrm{i}\Delta\hat{B})\Psi(\boldsymbol{r},t)]$$

ist positiv definit für alle Werte des *reellen* Parameters α

$$I(\alpha) = \iiint \mathrm{d}^3r\, |(\alpha\Delta\hat{A} - \mathrm{i}\Delta\hat{B})\Psi(\boldsymbol{r},t)|^2 \geq 0 \,.$$

- Die Operatoren $\Delta\hat{A}$ und $\Delta\hat{B}$ sind hermitesch. Das Integral kann für quadratintegrable Funktionen somit in die Form

$$I(\alpha) = \iiint \mathrm{d}^3r\, \Psi^*(\boldsymbol{r},t)[(\alpha\Delta\hat{A} + \mathrm{i}\Delta\hat{B})(\alpha\Delta\hat{A} - \mathrm{i}\Delta\hat{B})\Psi(\boldsymbol{r},t)]$$

gebracht werden. Zu beachten ist dabei, dass der Faktor $-\mathrm{i}^* = \mathrm{i}$ eine Zahl ist, die von der Umschichtung der Operatoren nicht betroffen ist. Das Produkt der beiden Operatoren wird ausgeschrieben

[3] In den meisten Fällen interessiert nur eine stationäre Situation. Die Notation wird deswegen auf $\langle \ldots \rangle$ verkürzt, obschon die Argumentation und das Resultat auch für explizit zeitabhängige Situationen gültig sind.

$$(\alpha\Delta\hat{A} + \mathrm{i}\Delta\hat{B})(\alpha\Delta\hat{A} - \mathrm{i}\Delta\hat{B}) = \alpha^2(\Delta\hat{A})^2 - \mathrm{i}\alpha(\Delta\hat{A}\Delta\hat{B} - \Delta\hat{B}\Delta\hat{A}) + (\Delta\hat{B})^2$$
$$= \alpha^2(\Delta\hat{A})^2 + \alpha\hat{C} + (\Delta\hat{B})^2 \,,$$

so dass das Integral die mittleren quadratischen Abweichungen der zwei Operatoren $\hat{A}$ und $\hat{B}$ und den Mittelwert des Kommutators enthält

$$I(\alpha) = \alpha^2 \left\langle (\Delta\hat{A})^2 \right\rangle + \alpha \left\langle \hat{C} \right\rangle + \left\langle (\Delta\hat{B})^2 \right\rangle .$$

- Man addiert und subtrahiert in diesem Resultat

$$\frac{\left\langle \hat{C} \right\rangle^2}{4\left\langle (\Delta\hat{A})^2 \right\rangle}$$

und fasst das Ergebnis in der Form

$$I(\alpha) = \left\{ \left\langle (\Delta\hat{A})^2 \right\rangle \left[\alpha + \frac{\left\langle \hat{C} \right\rangle}{2\left\langle (\Delta\hat{A})^2 \right\rangle} \right]^2 \right.$$
$$\left. + \left\langle (\Delta\hat{B})^2 \right\rangle - \frac{\left\langle \hat{C} \right\rangle^2}{4\left\langle (\Delta\hat{A})^2 \right\rangle} \right\} \geq 0$$

zusammen.

- Der Parameter α wird nun so festgelegt, dass das Integral extremal ist. Aus

$$\frac{\mathrm{d}I(\alpha)}{\mathrm{d}\alpha} = 0 \quad \text{folgt} \quad \alpha_{\mathrm{extr}} = -\frac{\langle \hat{C} \rangle}{2\langle (\Delta\hat{A})^2 \rangle}$$

und

$$I(\alpha_{\mathrm{extr}}) = \left\langle (\Delta\hat{B})^2 \right\rangle - \frac{\left\langle \hat{C} \right\rangle^2}{4\left\langle (\Delta\hat{A})^2 \right\rangle} \geq 0 \,.$$

Einfache Umschreibung ergibt die gesuchte Unschärferelation

$$\left\langle (\Delta\hat{A})^2 \right\rangle \left\langle (\Delta\hat{B})^2 \right\rangle \geq \frac{1}{4}\langle \hat{C} \rangle^2 = \frac{1}{4}\left| \left\langle [\hat{A}, \hat{B}] \right\rangle \right|^2 . \tag{4.21}$$

Die Aussage dieser quantenmechanischen Unschärferelation lautet: Sind zwei Operatoren nicht vertauschbar, so ist das Produkt ihrer mittleren quadratischen Abweichungen immer größer als ein Viertel des Betragsquadrates ihres Kommutators. Die Abweichungen beziehen sich auf den Mittelwert bezüglich einer Wellenfunktion, die das Quantenteilchen charakterisiert. Bei den Messreihen für die beiden Observablen gibt es eine unüberwindbare Schranke, die eine gleichzeitige exakte Bestimmung der beiden Größen nicht erlaubt. Diese Schranke ist eine prinzipielle Eigenschaft des Quantensystems, die durch keine Verbesserung der Messapparatur überwunden werden kann.

Für Orts- und Impulskomponenten findet man mit (4.21) z. B.

$$\left\langle (\hat{x} - \langle \hat{x} \rangle)^2 \right\rangle \left\langle (\hat{p}_x - \langle \hat{p}_x \rangle)^2 \right\rangle \geq \frac{\hbar^2}{4} .$$

Identifiziert man die Wurzel aus der mittleren quadratischen Abweichung mit der vereinfachten Form Δx

$$\Delta x = \sqrt{\left\langle (\hat{x} - \langle \hat{x} \rangle)^2 \right\rangle}$$

und Entsprechendes für den Impuls, so kann man

$$\Delta x \, \Delta p_x \geq \frac{\hbar}{2} \tag{4.22}$$

schreiben. Dies ersetzt die Unschärferelation, die in Kap. 2.1 durch die Betrachtung von Wellenpaketen gewonnen wurde. Die Tatsache, dass die Unschärferelation erst im Bereich der Quantenwelt greift, ist durch den Wert der Planckschen Konstanten ($\hbar \approx 10^{-27}$ erg s) bedingt. Einige Zahlen sollen diese Aussage erläutern:

- Ist für ein klassisches Objekt mit $m_0 = 1$ g der Schwerpunkt mit einer Genauigkeit von $\Delta x = 10^{-5}$ cm bekannt, so ist die unvermeidbare Impulsunschärfe bzw. Geschwindigkeitsunschärfe des Schwerpunktes (eigentlich der Gruppengeschwindigkeit des Wellenpaketes, das das Objekt darstellt)

  $$\Delta v \approx \frac{\hbar}{2 m_0 \Delta x} \approx 0.5 \cdot 10^{-22} \, \frac{\text{cm}}{\text{s}} .$$

  Dieser Wert liegt unterhalb der Messmöglichkeit.
- Ein Elektron ($m_e \approx 10^{-27}$ g), das innerhalb eines Atoms lokalisiert ist ($\Delta x = 10^{-8}$ cm), hat dagegen eine unvermeidbare Geschwindigkeitsunschärfe von $\Delta v \approx 0.5 \cdot 10^8$ cm/s. Diese Unschärfe entspricht immerhin ca. 0.2% der Lichtgeschwindigkeit.
- Hätte $\hbar$ einen wesentlich kleineren Wert, z. B. $\hbar = 10^{-60}$ erg s, so würde man für das Elektron $\Delta v \approx 0.5 \cdot 10^{-25}$ cm/s finden. Diese Unschärfe wäre ebenfalls vernachlässigbar klein.

Im Sinn dieser Gegenüberstellung ist die Aussage zu verstehen, dass im Grenzfall $\hbar \longrightarrow 0$ die Quantenmechanik in die klassische Mechanik übergehen würde. Der statistische Wellencharakter von Mikroteilchen würde dann nicht in Erscheinung treten. Unschärfen verschwinden für alle praktischen Zwecke und Mittelwertaussagen, wie z. B. die Ehrenfestschen Theoreme, wären exakte Aussagen. Die allgemeine Fassung des Korrespondenzprinzips, das z. B. in Kap. 3.3.3 in spezieller Form zur Sprache kam, lautet somit

In dem Grenzfall $\hbar \longrightarrow 0$ gehen die Mittelwertaussagen der Quantenmechanik in entsprechende Gleichungen der klassischen Physik über.

Die Quantenmechanik ist eine Erweiterung der klassischen Physik und kein Widerspruch zu ihr.

Eine weitere oft zitierte Unschärferelation besteht zwischen der Energie und der Zeit, die gemäß der vorläufigen Quantisierungsvorschrift durch die Operatoren

$$\hat{E} = i\hbar\partial_t \qquad \text{und} \qquad \hat{t} = t$$

charakterisiert werden. Der Kommutator $[\hat{t}, \hat{E}] = -i\hbar$ bedingt die vereinfachte Unschärferelation

$$\Delta t \Delta E \geq \frac{\hbar}{2} . \tag{4.23}$$

Diese Relation kann in der folgenden Weise kommentiert werden (Abb. 4.4):

- Befindet sich ein Quantensystem in einem Zustand mit unendlich großer Lebensdauer (wie z. B. ein isoliertes Wasserstoffatom im Grundzustand), so kann man seine Energie mit beliebiger Genauigkeit angeben.
- Ist die Lebensdauer hingegen endlich (z. B. $\Delta t \approx 10^{-8}$ s für ein Elektron in einem angeregten Zustand des Wasserstoffatoms), so kann man die Energie dieses Zustands nur mit einer gewissen Unschärfe

  $$\Delta E \geq \frac{\hbar}{2\Delta t} \approx 0.5 \cdot 10^{-19}\,\text{erg} \approx 3 \cdot 10^{-8}\,\text{eV}$$

  bestimmen. Diese Energieunschärfe ist relativ klein im Vergleich zu typischen Anregungsenergien von einigen eV, doch mit spektroskopischen Methoden durchaus beobachtbar.
- Für sehr kurzlebige Zustände (von der Größenordnung 10^{-16} s in Atomen) tritt diese Energieunschärfe in der Form der 'natürliche Linienbreite' für Übergänge (z. B. in den Grundzustand) deutlich in Erscheinung.

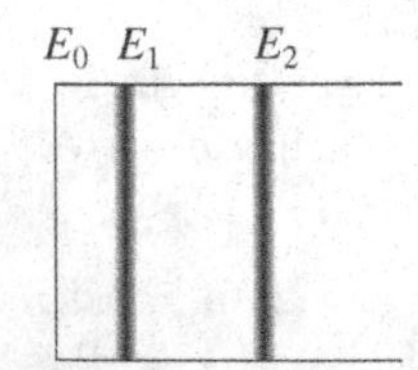

Abb. 4.4. Unschärfe im Energiespektrum

Die Energieunschärfe spielt auch an anderer Stelle eine Rolle, so bei der Diskussion von Streuprozessen (einem Instrument zur Untersuchung von Quantensystemen). Bei der Streuung eines Teilchens, wie Neutron oder Proton, an einem Kern gibt es wegen der kurzen Reichweite der Kernkräfte nur einen kleinen Wechselwirkungsbereich. Ein Teilchen mit einer hohen, doch wohl definierten Einschussenergie kann den Bereich in ca. $\Delta t \approx 10^{-20}$ s durchfliegen. Die entsprechende Energieunschärfe ist

$$\Delta E \approx 0.5 \cdot 10^{-7}\,\text{erg} \approx 3 \cdot 10^{4}\,\text{eV} .$$

Die Energie des Projektils in dem Wechselwirkungsbereich ist nicht wohldefiniert. Infolge dieser Energieunschärfe können kurzzeitig Prozesse ablaufen (sie werden als virtuelle Prozesse bezeichnet), die gemäß der Erhaltung der Energie nicht erlaubt sind. Für den gesamten Stoßprozess, in dem das Zeitintervall für die Flugstrecke von Quelle zum Detektor groß ist, ist die Energieerhaltung nicht in Frage gestellt.

In der Frühzeit der Quantenmechanik ist viel über die philosophischen Implikationen der Unschärferelation geschrieben worden. Aus diesem Fundus sollen nur zwei Punkte in pragmatischer Form kurz angesprochen werden:

- Die Unschärferelation spielt eine Rolle in der Theorie der quantenmechanischen Messprozesse. Da die Beobachtung eines Quantensystems eine Wechselwirkung zwischen der Messapparatur und dem System bedingt, wird das System dabei gestört. Bestimmt man z. B. die Position eines Elektrons durch Bestrahlung mit einer geeigneten Laserapparatur, so ist die Wechselwirkung stark genug, dass man die weitere 'Bahn' des Elektrons nicht klassisch deterministisch voraussagen kann. Versucht man gleichzeitig den Impuls zu messen, indem man infinitesimal später die Verschiebung des Teilchens ($\Delta \boldsymbol{r}$) bestimmt und den Impuls durch

  $$\boldsymbol{p} = m_0 \frac{\Delta \boldsymbol{r}}{\Delta t}$$

  berechnet, so ist man mit dem Problem konfrontiert, dass die zweite Ortsmessung zur Bestimmung von $\Delta \boldsymbol{r}$ durch die erste Ortsmessung verfälscht ist. Man kann natürlich zu einem späteren Zeitpunkt den Impuls des Elektrons mittels einer anderen Methode bestimmen, doch ist dann die gleichzeitige Messung des Ortes ohne Unschärfe ausgeschlossen. Die Resultate jedweder möglichen Messung an einem Quantensystem werden durch die Wellenmechanik ausreichend beschrieben. Die Unschärferelation ist ein integraler Bestandteil dieser Theorie.

  Im Fall von makroskopischen Objekten ist der Einfluss der Wechselwirkung zwischen der Messapparatur und dem Objekt vernachlässigbar. Aus diesem Grund führt die Bestimmung der Position des Mondes durch die Reflexion eines Laserstrahls nicht zu einer Verfälschung von eventuell folgenden Messungen.
- Die Quantenmechanik ist eine kausale Theorie. Es ist zwar nicht möglich, wie in der klassischen Physik einen Satz von Anfangsbedingungen mit Koordinaten und Geschwindigkeiten vorzugeben, es ist jedoch möglich, einen Anfangszustand $\Psi(\boldsymbol{r}, 0)$ (im Einklang mit der Unschärferelation) zu präparieren und dessen Zeitentwicklung mit der Schrödingergleichung präzise zu berechnen

  $$\Psi(\boldsymbol{r}, 0) \quad \xrightarrow{\text{SGL}} \quad \Psi(\boldsymbol{r}, t)\ .$$

  Damit ist auch die Zeitentwicklung aller Mittelwerte und aller Streuungen um diese Mittelwerte bekannt. Diese Wahrscheinlichkeitsaussagen ersetzen die deterministischen Aussagen der klassischen Physik.

4.4 Quantenmechanisches zum Drehimpuls

Die Vertauschungsrelationen (4.11) und (4.13) für die Drehimpulsoperatoren sind

$$[\hat{l}_j, \hat{l}_k] = \mathrm{i}\hbar \sum_l \varepsilon_{jkl} \hat{l}_l \qquad [\hat{l}^2, \hat{l}_j] = 0 \quad j, k = 1, 2, 3 .$$

Der erste Satz von Vertauschungsrelationen besagt, dass keine Wellenfunktion existiert, die gleichzeitig Eigenfunktion der Operatoren für die drei Komponenten des Drehimpulses sein kann. Für alle drei Drehimpulskomponenten können also keine Messreihen ohne Streuung vorliegen. Der *Drehimpulsvektor* eines Quantenteilchens kann also nie definitiv gemessen werden. Der zweite Satz von Gleichungen besagt, dass es möglich ist, gleichzeitige Eigenfunktionen zu $\hat{l}^2$ und *einer* der Komponenten zu finden. Für ein Quantenteilchen können somit nur die Länge des Drehimpulsvektors und eine Komponente (die übliche, aber keineswegs zwingende Wahl ist die z-Komponente) mit Bestimmtheit angegeben werden.

Bei dieser Wahl wird das Quantenteilchen durch eine Wellenfunktion der Form

$$\Psi_{lm}(\boldsymbol{r}, t) = f(r, t) Y_{lm}(\Omega)$$

charakterisiert. Der normierte Radial-Zeit Anteil

$$\int_0^\infty r^2 \mathrm{d}r\, f^*(r, t) f(r, t)$$

ist im Weiteren nicht von Interesse. Die Mittelwerte der vier Drehimpulsoperatoren sind (die Rechnungen zu diesem Abschnitt werden in D.tail 4.4 erläutert)

$$\langle \hat{l}_x \rangle_{lm} = 0 \qquad \langle \hat{l}_y \rangle_{lm} = 0 \qquad \langle \hat{l}_z \rangle_{lm} = \hbar m$$
$$\langle \hat{l}^2 \rangle_{lm} = \hbar^2 l(l+1) ,$$

wobei $\langle \hat{O} \rangle_{lm}$ durch

$$\langle \hat{O} \rangle_{lm} = \iint \mathrm{d}\Omega\, Y^*_{lm}(\Omega)(\hat{O} Y_{lm}(\Omega))$$

definiert ist. Für die Streuung um diese Mittelwerte findet man

$$\langle (\hat{l}^2 - \hbar^2 l(l+1))^2 \rangle_{lm} = 0$$
$$\langle (\hat{l}_x)^2 \rangle_{lm} = \langle (\hat{l}_y)^2 \rangle_{lm} = \frac{\hbar^2}{2}(l(l+1) - m^2)$$
$$\langle (\hat{l}_z - \hbar m)^2 \rangle_{lm} = 0 .$$

Diese Aussagen über die Ergebnisse von Messreihen der vier Drehimpulsgrößen kann man in eine anschauliche Vorstellung des Drehimpulses eines

Quantenteilchens umsetzen. Man kann die Länge des Drehimpulsvektors ($L = \hbar\sqrt{l(l+1)}$) eindeutig messen. Damit ist der Endpunkt des Drehimpulsvektors auf einer Kugel um den Koordinatenursprung festgelegt. Die Projektion auf die z-Achse ($l_z = \hbar m$) kann gleichzeitig eindeutig bestimmt werden. Das bedeutet (Abb. 4.5a), dass der Endpunkt des Drehimpulsvektors auf bestimmten Breitenkreisen lokalisiert werden kann. Weitere definitive Aussagen sind nicht möglich. Der Drehimpulsvektor fluktuiert in statistischer Weise auf einem Kegel um die z-Achse. Die Aussagen über die Mittelwerte der x- und y-Komponenten besagen, dass jede Orientierung auf dem Kegel gleich wahrscheinlich ist. Die Streuung $\langle (\hat{l}_x)^2 \rangle_{lm}$ und $\langle (\hat{l}_y)^2 \rangle_{lm}$ sind nicht gleich Null und hat für ein gegebenes l als Funktion von m die in Abb. 4.5b angedeutete Form einer Parabel. Die Streuung, die für $m = 0$ maximal ist, ist ein Maß für die Öffnung des Kegels.

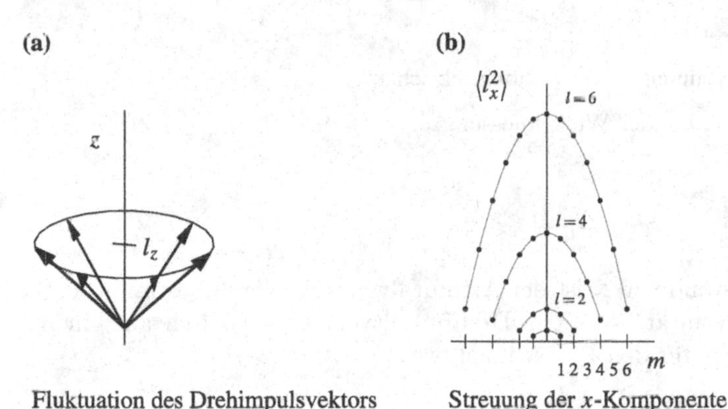

Abb. 4.5. Drehimpuls in der Quantenmechanik: Veranschaulichung

Eine weitere, für die Quantenmechanik typische Aussage lautet

$$|\langle \hat{l}_z \rangle_{ll}| = \hbar l \leq \hbar\sqrt{l(l+1)}\,.$$

Der Vektor $\langle \hat{\boldsymbol{l}} \rangle$ ist (außer für $l = 0$) immer länger als seine größtmögliche Projektion. Für $l \neq 0$ fluktuiert der Drehimpulsvektor für jede der möglichen Projektionen auf einem Kegel. Diese Situation ist in Abb. 4.6 für $l = 2$ verdeutlicht.

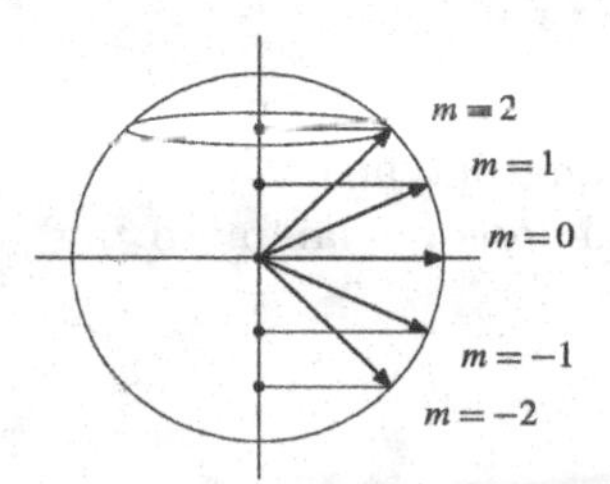

Abb. 4.6. Drehimpulsprojektionen ($l = 2$)

Einen weiteren, wenn auch bescheidenen Einblick gewinnt man durch die Betrachtung der Kommutatoren der Drehimpulsoperatoren und den Operatoren für den Polar- bzw. den Azimutalwinkel. Für den Azimutalwinkel (Abb. 4.7a) gilt

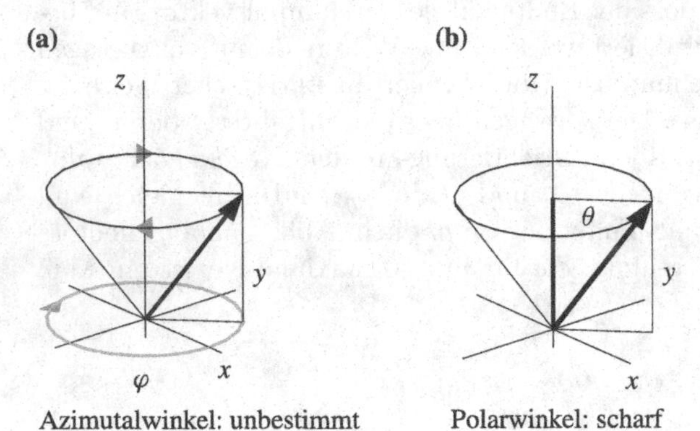

Abb. 4.7. Unschärfe bei der Winkelmessung

$$[\hat{\varphi}, \hat{l}_z] = \mathrm{i}\hbar \qquad \longrightarrow \qquad \Delta\varphi \Delta l_z \geq \frac{\hbar}{2} \; .$$

In einem Eigenzustand von $\hat{l}_z$ ist der Azimutalwinkel völlig unbestimmt, entsprechend dem Resultat, dass der Drehimpulsvektor statistisch auf einem Kegel fluktuiert. Da für den Polarwinkel

$$[\hat{\theta}, \hat{l}_z] = 0$$

ist, kann dieser Winkel ohne Unschärfe gleichzeitig mit der Projektion des Drehimpulsvektors auf die z-Achse gemessen werden. Der Abb. 4.7b kann man entnehmen, dass

$$\cos\theta = \frac{\langle \hat{l}_z \rangle_{lm}}{\langle \hat{l}^2 \rangle_{lm}} = \frac{m}{\sqrt{l(l+1)}}$$

ist.

4.5 Quantisierungsvorschriften

Um die Erweiterung der klassischen Mechanik zur Quantenmechanik auf eine formale Basis zu stellen, ist die folgende Bemerkung nützlich: Man kann feststellen, dass eine direkte Analogie zwischen den Poissonklammern der klassischen Mechanik

$$\{F, G\} = \sum_i \left(\frac{\partial F}{\partial p_i} \frac{\partial G}{\partial x_i} - \frac{\partial G}{\partial p_i} \frac{\partial F}{\partial x_i} \right)$$

und den Kommutatoren der in der Quantenmechanik diesen Größen zugeordneten Operatoren

$$[\hat{F}, \hat{G}] = \hat{F}\hat{G} - \hat{G}\hat{F}$$

besteht. Setzt man für F und G die Koordinaten und Impulse (eines Teilchens) ein, so findet man die Poissonklammern

$$\{x_i, x_j\} = \{p_i, p_j\} = 0 \quad \{x_i, p_j\} = -\delta_{ij} \,.$$

Die entsprechenden Kommutatoren sind (siehe (4.8))

$$[\hat{x}_i, \hat{x}_j] = [\hat{p}_i, \hat{p}_j] = 0 \quad [\hat{x}_i, \hat{p}_j] = \mathrm{i}\hbar\delta_{ij} \,.$$

Vergleicht man diese Resultate, so bietet sich die folgende Zuordnung an:

Erhält man bei der Auswertung einer Poissonklammer die Größe K, so ergibt der Kommutator der entsprechenden quantenmechanischen Operatoren den Ausdruck $-\mathrm{i}\hbar\hat{K}$, wobei $\hat{K}$ der zugeordnete Operator zu K ist.

Man kann überprüfen, dass diese Vorschrift für die meisten einfachen Funktionen der Koordinaten und Impulse erfüllt ist. So lautet z. B. die Poissonklammer für die Drehimpulskomponenten

$$l_x = yp_z - zp_y \qquad l_y = zp_x - xp_z$$

$$\{l_x, l_y\} = yp_x - xp_z = -l_z \,.$$

Die geforderte Zuordnung liefert den Kommutator

$$[\hat{l}_x, \hat{l}_y] = \mathrm{i}\hbar\hat{l}_z \,.$$

Die direkte Zuordnung kann jedoch zu Widerspüchen führen. So sind z. B. die klassischen Größen

$$F_1 = p_x^3 x \quad \text{und} \quad F_2 = xp_x^3$$

äquivalent. Die Übertragung der klassischen Größen F_1 und F_2 führt auf die Operatoren

$$\hat{F}_1 = \mathrm{i}\hbar^3\partial_x^3 x \quad \text{und} \quad \hat{F}_2 = \mathrm{i}\hbar^3 x\partial_x^3 \,,$$

für die

$$\hat{F}_1 = \hat{F}_2 + 2\mathrm{i}\hbar^3\partial_x^2$$

gilt. Die beiden Operatoren sind verschieden. Sie sind aber auch nicht hermitesch, es gilt vielmehr

$$\iiint \mathrm{d}^3r\, (\hat{F}_2\Phi)^*\Psi = \iiint \mathrm{d}^3r\, \Phi^*(\hat{F}_1\Psi) \,. \tag{4.24}$$

Die Operatoren $\hat{F}_1$ und $\hat{F}_2$ können also keine Messgrößen darstellen. Die Aussage (4.24) legt es nahe, die äquivalenten klassischen Größen durch die symmetrische Kombination

$$\hat{F} = \frac{1}{2}\left(\hat{F}_1 + \hat{F}_2\right) = \frac{1}{2}\mathrm{i}\hbar^3\left(\partial_x^3 x + x\partial_x^3\right)$$

zu ersetzen, die hermitesch ist. Die möglichen Widersprüche sind aber immer noch nicht vollständig ausgeräumt. Betrachtet man z. B. die Poissonklammer der klassischen Größe $F = F_1 = F_2$ mit $G = x^2$, so erhält man

$$\{F, G\} = 6p_x^2 x^2 \equiv 3(p_x^2 x^2 + x^2 p_x^2)\,.$$

Schreibt man die Poissonklammer direkt um, wobei $\hat{F}$ für den symmetrisierten Operator stehen sollte, so findet man

$$\{F, G\} \longrightarrow [\hat{F}, \hat{G}]_1 = -3\mathrm{i}\hbar(\hat{p}_x^2 x^2 + x^2 \hat{p}_x^2)\,.$$

Berechnet man auf der anderen Seite den Kommutator explizit, so erhält man

$$[\hat{F}, \hat{G}]_2 = -3\mathrm{i}\hbar(\hat{p}_x^2 x^2 + x^2 \hat{p}_x^2 + \hbar^2)\,.$$

Da die Ergebnisse immer noch verschieden sind, bedarf es einer genaueren Festlegung der Quantisierungsvorschrift als oben angedeutet. Diese unterteilt sich in die folgenden Punkte

- Ausgangspunkt ist der Satz von Vertauschungsrelationen (4.8) der kartesischen Koordinaten und Impulskomponenten (die als *Heisenberg-Algebra* bezeichnet wird)

  $$[\hat{x}_i, \hat{x}_j] = [\hat{p}_i, \hat{p}_j] = 0 \qquad [\hat{x}_i, \hat{p}_j] = \mathrm{i}\hbar\delta_{ij} \qquad i, j = 1,\, 2,\, 3\,.$$

  Sind mehrere Teilchen im Spiel (charakterisiert durch einen zusätzlichen Index $\alpha = 1, 2, \ldots$), so sind die kartesischen Koordinaten und Impulskomponenten für jedes der Teilchen zu betrachten

  $$[\hat{x}_{i\alpha}, \hat{x}_{j\beta}] = [\hat{p}_{i\alpha}, \hat{p}_{j\beta}] = 0 \qquad [\hat{x}_{i\alpha}, \hat{p}_{j\beta}] = \mathrm{i}\hbar\delta_{ij}\delta_{\alpha\beta} \qquad i, j = 1,\, 2,\, 3\,.$$

  Die Operatoren, die verschiedene Teilchen charakterisieren, vertauschen miteinander.
- Finde selbstadjungierte Operatoren, die diese Vertauschungsrelationen erfüllen. Zu bemerken ist hier, dass neben der Standardform

  $$\hat{x} = x \quad \hat{p}_x = -\mathrm{i}\hbar\partial_x \quad \text{etc.}$$

  auch die Operatoren

  $$\hat{x} = \mathrm{i}\hbar\partial_{p_x} \quad \hat{p}_x = p_x \quad \text{etc.}$$

  die Vertauschungsrelationen erfüllen. Man bezeichnet (siehe Kap. 8.3) die erste Variante als die Ortsdarstellung, die zweite als die Impulsdarstellung der Operatoren.

- Die Operatoren für physikalische Größen der Form $F = F(\boldsymbol{r}, \boldsymbol{p})$ erhält man durch die Übersetzung

$$F = F(\boldsymbol{r}, \boldsymbol{p}) \Longrightarrow \hat{F} = F(\hat{\boldsymbol{r}}, \hat{\boldsymbol{p}}) \; ,$$

gegebenenfalls mit Hilfe von Symmetrisierung in einer hermiteschen Form.
- Die Kommutatoren der unter 3 gewonnenen Operatoren sind die relevanten. Sie stimmen in den meisten, aber nicht allen Fällen mit der Übersetzung der Poissonklammer überein.

Es ist noch ein zusätzlicher Punkt zu beachten. In der klassischen Mechanik arbeitet man oft mit generalisierten Koordinaten. Die Benutzung von generalisierten Koordinaten, z. B. die Darstellung des Operators für die kinetische Energie in Kugelkoordinaten, ist auch in der Quantenmechanik von Nutzen. Hierzu gilt die Vorschrift

5. Finde die Operatoren in kartesischer Darstellung und gehe dann zu generalisierten Koordinaten über.

Die Option, die Operatoren direkt durch Betrachtung der Poissonklammern in generalisierten Koordinaten zu gewinnen, führt meist zu Schwierigkeiten. In einigen Fällen, z. B. dem Operator für die kinetische Energie eines quantenmechanischen Kreisels (dies ist in der Molekül- und der Kernphysik von Interesse), ist die Forderung 5 nicht durchführbar. In diesem Fall ist der Weg zu dem korrekten Operator aufwendiger.

Die genannten Vorschriften kann man nicht im strengen Sinn beweisen, da sie eine klassische Theorie erweitern. Bisher haben sie sich jedoch in der Praxis bewährt. Die Diskussion der Operatoren in der Quantenmechanik wird in Kap. 9 auf formaler Ebene fortgesetzt. Zunächst muss jedoch eine eher praktische Seite der Quantenmechanik erarbeitet werden. Um einen guten Grundstock zur anschaulichen Diskussion von Quantensystemen zu gewinnen, werden in den nächsten zwei Kapiteln Lösungen der Einteilchenschrödingergleichung für eine Auswahl von Beispielen diskutiert.

5 Lösung der stationären Schrödingergleichung in einer Raumdimension

In den folgenden zwei Kapiteln werden Beispiele für die Lösung der Schrödingergleichung für ein einzelnes Quantenteilchen vorgestellt. Ist die potentielle Energie zeitunabhängig, so entkoppeln die Zeitentwicklung und die Raumstruktur. Die Zeitentwicklung, beschrieben durch eine komplexe Exponentialfunktion, ist im Allgemeinen nicht von Interesse. Aus diesem Grund konzentriert sich die Aufmerksamkeit auf die Lösung (und die Interpretation) der verbleibenden stationären Schrödingergleichung für den Raumanteil. Das Ziel bei der Diskussion dieses Randwertproblems ist die Bestimmung der möglichen quantisierten Energiezustände des Systems.

Die Verteilung der vorliegenden Aufgabe auf zwei Kapitel ergibt sich durch Abtrennung von Beispielen in einer eindimensionalen Welt. Die stationäre Schrödingegleichung ist dann eine gewöhnliche Differentialgleichung über einem Intervall $a \leq x \leq b$, wobei die Grenzen gegen $\pm\infty$ gehen können. Trotz des eher modellhaften Charakters ist die Bearbeitung derartiger Probleme durchaus von Nutzen.

Die einfachsten Probleme in einer dreidimensionalen Welt zeichnen sich durch eine hohe Symmetrie, wie der Kugelsymmetrie, aus. In dem Fall von Kugelsymmetrie kann der Winkelanteil in bekannter Weise (siehe Poissongleichung der Elektrostatik) abgetrennt werden. Die Lösung der verbleibenden Radialgleichung, meist über dem Intervall $0 \leq r \leq \infty$, ist dann ebenfalls eine, wenn auch leicht anders strukturierte, gewöhnliche Differentialgleichung. In den analytisch lösbaren Problemen von Interesse sind die Lösungen oft spezielle Funktionen der mathematischen Physik.

In diesen zwei Kapiteln wird nur ein Beispiel für ein zeitabhängiges Problem vorgestellt: die Bewegung eines Gaußwellenpakets in einem stationären (eindimensionalen) harmonischen Oszillatorpotential. Dies ist ein Problem, in dem die Zeitabhängigkeit alleine durch die Anfangsbedingungen und nicht durch die Zeitabhängigkeit der potentiellen Energie bestimmt wird.

5.1 Vorarbeit

Die Schrödingergleichung

$$\mathrm{i}\hbar\frac{\partial}{\partial t}\Psi(\boldsymbol{r},t) = \hat{H}(t)\Psi(\boldsymbol{r},t) = \left(-\frac{\hbar^2}{2m_0}\Delta + V(\boldsymbol{r},t)\right)\Psi(\boldsymbol{r},t) \qquad (5.1)$$

beschreibt die Zeitentwicklung eines Quantenteilchens mit der Ruhemasse m_0 und der potentiellen Energie $V(\boldsymbol{r}, t)$. In den zwei folgenden Kapiteln, Kap. 5 und Kap. 6, wird nur der Fall behandelt, dass sich das Teilchen in einem skalaren Potential bewegt. Dadurch werden magnetische Kraftwirkungen, die durch ein Vektorpotential charakterisiert werden, ausgeschlossen. Die Erweiterung der Schrödingergleichung durch Einbeziehung der magnetischen Kraftwirkungen wird in Kap. 7.3 besprochen.

Bei der Lösung der Schrödingergleichung (5.1) muss man die Fälle unterscheiden:

- Die potentielle Energie ist, wie in (5.1) angedeutet, explizit zeitabhängig. Die Lösung des zugehörigen Anfangswertproblems ist nicht einfach und im Allgemeinen nur mit numerischen Mitteln oder in Näherungen möglich. Es gibt nur wenige Systeme mit einer zeitabhängigen potentiellen Energie, für die eine analytische, quantenmechanische Lösung verfügbar ist.
- Die potentielle Energie hängt nicht von der Zeit ab $V = V(\boldsymbol{r})$. Das Teilchen bewegt sich in einem konservativen Kraftfeld.

Für ein konservatives Kraftfeld kann man die Zeitabhängigkeit der Wellenfunktion durch Variablentrennung isolieren. Mit dem Ansatz

$$\Psi(\boldsymbol{r}, t) = \psi(\boldsymbol{r}) f(t)$$

separiert die Schrödingergleichung (5.1) in

$$\mathrm{i}\hbar \frac{\mathrm{d}f(t)}{\mathrm{d}t} = E f(t)$$

$$\left(-\frac{\hbar^2}{2m_0}\Delta + V(\boldsymbol{r})\right)\psi(\boldsymbol{r}) = E\psi(\boldsymbol{r}) \, ,$$

wobei die Separationskonstante (schon aus Dimensionsgründen) mit E bezeichnet wurde. Die Lösung der einfachen Differentialgleichung für den Zeitanteil lautet

$$f(t) = \text{const. } \exp\left[-\frac{\mathrm{i}}{\hbar}Et\right] . \tag{5.2}$$

Da bei der Betrachtung von Observablen in den meisten Fällen die Form $f^*(t)f(t)$ auftritt, findet sozusagen keine Zeitentwicklung statt. Die Differentialgleichung für den Ortsanteil

$$\hat{H}\psi(\boldsymbol{r}) = \left(-\frac{\hbar^2}{2m_0}\Delta + V(\boldsymbol{r})\right)\psi(\boldsymbol{r}) = E\psi(\boldsymbol{r}) \tag{5.3}$$

bezeichnet man als die *stationäre Schrödingergleichung.* Sie stellt ein *Eigenwertproblem* für den (zeitunabhängigen) Hamiltonoperator dar. Lösungen der stationären Schrödingergleichung mit bestimmten Energieeigenwerten beschreiben die möglichen Zustände des Quantenteilchens, das sich in einem

Kraftfeld mit der potentiellen Energie $V(\boldsymbol{r})$ bewegt. Man bezeichnet sie als *stationäre Zustände.*

Es stellt sich die Frage, inwieweit solche Zustände in der Natur realisiert sind. Man kann diese Frage z. B. beantworten, indem man das schon vorgestellte Wasserstoffatom betrachtet. Löst man die stationäre Schrödingergleichung für dieses Problem mit der Randbedingung quadratintegrabler Funktionen, so erhält man (vergleiche Kap. 6.1), wie im Bohrschen Modell, ein diskretes Energiespektrum

$$E_n = -\frac{\text{const.}}{n^2} \qquad n = 1, 2, 3, \ldots$$

mit den zugehörigen Eigenfunktionen $\psi_n(\boldsymbol{r})$. Der Zustand mit $n = 1$, der Grundzustand, ist beliebig langlebig, vorausgesetzt das Atom ist isoliert. Er ist also stationär. Die angeregten Zustände ($n = 2, \ldots$) haben auf der anderen Seite eine endliche Lebensdauer. So beträgt die mittlere Lebensdauer des Wasserstoffzustandes mit $n = 2$ ungefähr 10^{-8} s. Ein Elektron in diesem Zustand benötigt gemäß dem Bohrschen Modell ca. 10^{-15} s für einen Umlauf, machte also im Mittel 10^7 Umläufe bevor es unter Aussendung eines Photons in den Grundzustand übergeht. Vergleicht man diese Anzahl von Umläufen mit den bisher ca. 10^9 Umläufen der Erde um die Sonne, so könnte man das Elektron in dem angeregten Wasserstoffzustand als nahezu so stationär wie die Erde bezeichnen. Die relative Langlebigkeit der angeregten Wasserstoffzustände drückt sich auch in der geringen Energieunschärfe dieser Zustände, dem Komplement zu der Lebensdauer, aus. Sie beträgt für den ersten angeregten Zustand nur ungefähr $\Delta E \approx 10^{-8}$ eV.

Als Fazit kann man festhalten, dass angeregte Zustände von Quantensystemen nicht streng stationär sind, doch ist in den meisten Fällen diese Bezeichnung vertretbar. Es zeigt sich aber auch, dass die Schrödingergleichung keine vollständig korrekte Beschreibung der Natur liefert. Die spontane Erzeugung von Photonen, die z. B. den Übergang eines Elektrons von dem Zustand mit $n = 2$ in den Zustand mit $n = 1$ begleitet, ist in der Schrödingertheorie nicht enthalten. Bevor die notwendige Erweiterung zur Sprache kommt, sollen jedoch, in dem oben angedeuteten Sinn, die stationären Lösungen dieser Grundgleichung der Quantenmechanik näher untersucht werden.

Für die gesamte Wellenfunktion eines stationären Energieeigenzustandes

$$\Psi_E(\boldsymbol{r}, t) = \psi_E(\boldsymbol{r}) \, \exp\left[-\mathrm{i}\frac{E}{\hbar}t\right] \tag{5.4}$$

kann man (wie oben angedeutet) die folgenden generellen Eigenschaften notieren:

- Die Wahrscheinlichkeitsdichte ist zeitunabhängig

  $$\varrho_W(\boldsymbol{r}, t) = \Psi_E^*(\boldsymbol{r}, t)\Psi_E(\boldsymbol{r}, t) = \psi_E^*(\boldsymbol{r})\psi_E(\boldsymbol{r}) = \varrho_W(\boldsymbol{r}) \, .$$

  Der Zeitanteil der Wellenfunktion entfällt. Die Wahrscheinlichkeit, das Teilchen an einer Stelle $\boldsymbol{r}$ zu finden, ändert sich nicht mit der Zeit.

- Die Wahrscheinlichkeitsstromdichte

$$\boldsymbol{j}_W(\boldsymbol{r},t) = -\frac{\mathrm{i}\hbar}{2m_0}\left[\Psi_E^*(\boldsymbol{\nabla}\Psi_E) - (\boldsymbol{\nabla}\Psi_E^*)\Psi_E\right] = \boldsymbol{j}_W(\boldsymbol{r})$$

  ist ebenfalls zeitunabhängig. Aus der Kontinuitätsgleichung folgt

$$\boldsymbol{\nabla}\cdot\boldsymbol{j}_W(\boldsymbol{r}) = 0\,.$$

  Es gibt keine Quellen oder Senken für den Wahrscheinlichkeitsstrom.
- Erwartungswerte von Operatoren, die nicht explizit von der Zeit abhängen, sind ebenfalls zeitunabhängig. Es ist

$$\begin{aligned}\langle\hat{A}\rangle &= \iiint \mathrm{d}^3r\,\Psi_E^*(\boldsymbol{r},t)\hat{A}(\boldsymbol{r},\boldsymbol{\nabla},\ldots)\Psi_E(\boldsymbol{r},t)\\ &= \iiint \mathrm{d}^3r\,\psi_E^*(\boldsymbol{r})\hat{A}(\boldsymbol{r},\boldsymbol{\nabla},\ldots)\psi_E(\boldsymbol{r})\,,\end{aligned}$$

  so dass

$$\frac{\mathrm{d}}{\mathrm{d}t}\langle\hat{A}\rangle = 0$$

  folgt.

Die explizite Lösung der stationären Schrödingergleichung wird zunächst anhand von Beispielen aus der eindimensionalen Welt vorgestellt. Anstelle einer partiellen Differentialgleichung steht dann die gewöhnliche Differentialgleichung

$$-\frac{\hbar^2}{2m_0}\frac{\mathrm{d}^2}{\mathrm{d}x^2}u(x) + V(x)u(x) = Eu(x) \tag{5.5}$$

zur Diskussion. Diese Beschränkung vereinfacht den Lösungsprozess und die Diskussion der Lösung. Trotzdem kann man feststellen, dass alle Eigenheiten der Quantenwelt schon im Fall von Problemen in einer Raumdimension auftreten.

5.2 Stückweise stetige Potentiale

Die ersten Beispiele sind so gewählt, dass die allgemeine Lösung der anstehenden Differentialgleichung direkt angegeben werden kann. Ein Kernpunkt bei der Diskussion von Eigenwertproblemen, die Implementierung der Randbedingungen, kann in diesem Fall in aller Deutlichkeit herausgearbeitet werden. Ein Standardbeispiel dieser Art ist der rechteckige Potentialtopf.

5.2.1 Der rechteckige Potentialtopf

Der zu diskutierende Potentialtopf (Abb. 5.1), ein Beispiel aus der Klasse der stückweise stetigen Potentiale[1], wird durch die folgenden Angaben charakterisiert

$$V(x) = \begin{cases} 0 & x < -a \\ -V_0 \qquad \text{für} & -a \le x \le a \\ 0 & x > a\,. \end{cases} \qquad (V_0 > 0)$$

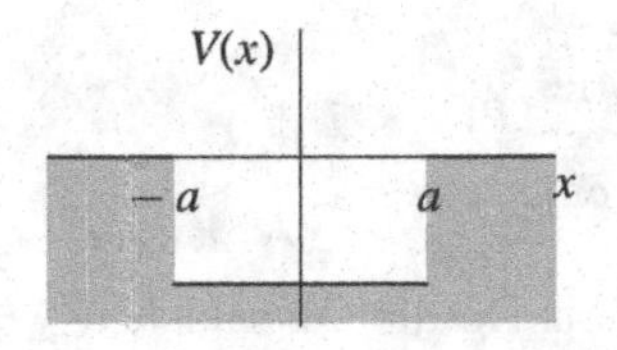

Abb. 5.1. Der eindimensionale, rechteckige Potentialtopf

Es ist nützlich, noch einmal zu notieren, welche Aussage man zu einem klassischen Bewegungsproblem mit dieser potentiellen Energie machen kann.

- Ist die Gesamtenergie größer als Null ($E > 0$, Abb. 5.2a), so liegt ein (einfaches) Streuproblem vor (Kap. 5.2.7). Ein Massenpunkt (Teilchen) bewegt sich über den Topf hinweg, wobei er an den Stellen, an denen das Potential eine Sprungstelle aufweist, einen Kraftstoß erfährt. Außerhalb des Topfes entspricht die Gesamtenergie der kinetischen Energie $E = T$. Über dem Topf gilt $E = T' - V_0$. Die kinetische Energie, und damit die Geschwindigkeit, wird vergrößert.
- Ist die Gesamtenergie kleiner als Null ($E < 0$, Abb. 5.2b), so ist das Teilchen in dem Topf 'gebunden'. Es kann sich nur in dem Potentialtopf aufhalten. Es wird an den Wänden reflektiert und kann nicht aus dem Topf entweichen.

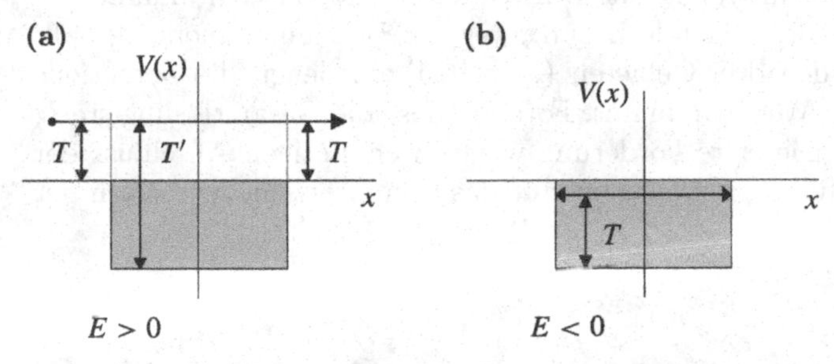

Abb. 5.2. Klassisches Teilchen in dem Potentialtopf

[1] Zu jeder potentiellen Energie kann ein entsprechendes Potential angegeben werden. Dies bedingt den abgekürzten Sprachgebrauch, in dem die beiden Begriffe synonym benutzt werden.

Das vorliegende Beispiel ist nicht so unrealistisch, wie es den Anschein hat. Die Kräfte, die ein Nukleon im Innern eines Kerns halten, können modellhaft durch ein *Woods-Saxon Potential* dargestellt werden (Abb. 5.3). Dieses hat, bei Übertragung in die eindimensionale Welt, die analytische Form

$$V(x) = -\frac{V_0}{[1 + \exp((|x| - |x_0|)/a)]} .$$

Die Parameter in diesem Ausdruck haben in der Kernphysik die folgende Bedeutung und Größenordnung:

V_0	zentrale Tiefe	$\approx 50\,\mathrm{MeV}$
x_0	Halbbreite	$\approx 1.2\,\mathrm{A}^{1/3}\,10^{-13}$ cm
a	Dicke der Oberflächenschicht	$\approx 0.5 \cdot 10^{-13}$ cm ,

wobei A die Anzahl der Nukleonen in dem Kern angibt. Da die Oberflächendicke, entsprechend der kurzen Reichweite der Kräfte zwischen den Nukleonen, klein ist, kann man das Woods-Saxon Potential in einer ersten Näherung durch einen rechteckigen Potentialtopf ersetzen.

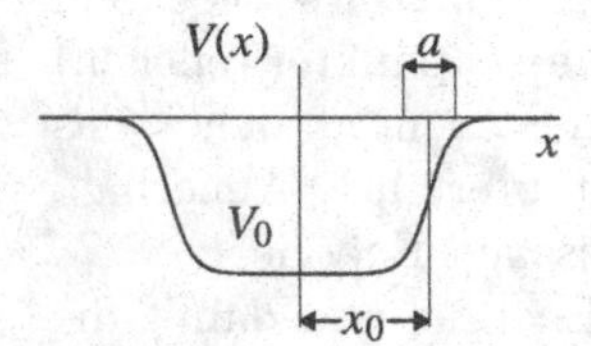

Abb. 5.3. Woods-Saxon Potential (eindimensional)

5.2.2 Gebundene Zustände im rechteckigen Potentialtopf

Zur Lösung des Problems für negative Energiewerte bietet sich anhand der Form des Potentials der folgende Lösungsweg an: Bestimme zuerst die allgemeine Lösung in den drei Gebieten (Abb. 5.4), in denen die potentielle Energie verschiedene Werte annimmt. Fordere, dass die Gesamtlösung stetig und normierbar ist. Die erste Forderung wird durch stetigen Anschluss der drei Teillösungen erfüllt, die zweite betrifft das asymptotische Verhalten der Lösung ($x \longrightarrow \pm\infty$).

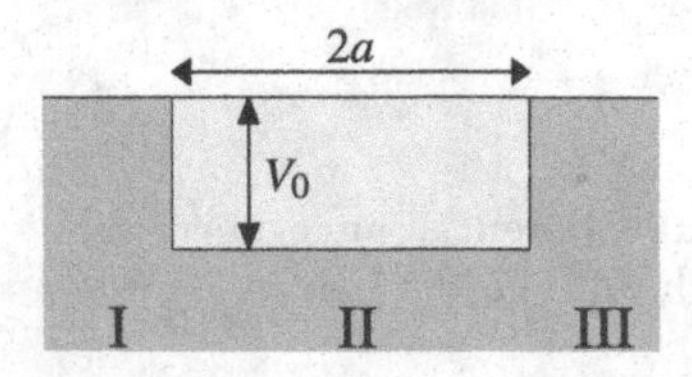

Abb. 5.4. Potentialtopf: Aufteilung des Grundbereiches

Im ersten Schritt bestimmt man die allgemeine Lösung der (recht einfachen) Differentialgleichungen in den drei Gebieten:

- In dem Gebiet I mit $x < -a$ ist $V = 0$, so dass die stationäre Schrödingergleichung

$$-\frac{\hbar^2}{2m_0}\frac{\mathrm{d}^2 u_1(x)}{\mathrm{d}x^2} = -\frac{\hbar^2}{2m_0}u_1''(x) = Eu_1(x)$$

lautet. Zur Vereinfachung stellt man die Energie durch eine Wellenzahl dar

$$E = -\frac{\hbar^2}{2m_0}k_0^2 .$$

Für gebundene Zustände mit einer negativen Energie ist die Wellenzahl

$$k_0 = [-2m_0 E/\hbar^2]^{1/2}$$

reell und größer gleich Null. Die allgemeine Lösung der resultierenden Differentialgleichung zweiter Ordnung

$$u_1'' - k_0^2 u_1 = 0 \tag{5.6}$$

lautet

$$u_1(x) = A_1 \mathrm{e}^{k_0 x} + B_1 \mathrm{e}^{-k_0 x} .$$

In dem Gebiet III mit $x > a$ hat die Schrödingergleichung genau die gleiche Form, so dass man ohne weitere Rechnung

$$u_3(x) = A_3 \mathrm{e}^{k_0 x} + B_3 \mathrm{e}^{-k_0 x}$$

notieren kann.

In dem Gebiet II ($-a \leq x \leq a$) steht die Schrödingergleichung

$$-\frac{\hbar^2}{2m_0}u_2''(x) - (V_0 + E)u_2(x) = 0$$

zur Diskussion. Da die kinetische Energie $T = E + V_0$ positiv definit ist, ist die Wellenzahl

$$k_1 = \left[\frac{2m_0}{\hbar^2}(V_0 + E)\right]^{1/2} \geq 0$$

reell. Die allgemeine Lösung der Schrödingergleichung in dem Gebiet II

$$u_2'' + k_1^2 u_2 = 0$$

kann durch trigonometrische Funktionen oder Exponentialfunktionen ausgedrückt werden

$$u_2(x) = A_2 \cos k_1 x + B_2 \sin k_1 x = A_2' \mathrm{e}^{\mathrm{i}k_1 x} + B_2' \mathrm{e}^{-\mathrm{i}k_1 x} .$$

In dem zweiten Schritt werden die Einschränkungen für die Lösungen herausgearbeitet:

- Normierbarkeit der gesamten Wellenfunktion erfordert, dass das Integral in der eindimensionalen Welt

$$\int_{-\infty}^{\infty} \mathrm{d}x\, u^*(x)u(x) = \int_{-\infty}^{-a} \mathrm{d}x\, u_1^*(x)u_1(x) + \int_{-a}^{a} \mathrm{d}x\, u_2^*(x)u_2(x) + \int_{a}^{\infty} \mathrm{d}x\, u_3^*(x)u_3(x)$$

  endlich ist. Da in dem Gebiet I der Term mit $\mathrm{e}^{-k_0 x}$ und in Gebiet III der Term mit $\mathrm{e}^{k_0 x}$ divergiert, kann diese Randbedingung nur erfüllt werden, wenn in dem

Gebiet I	$B_1 = 0$	und somit	$u_1(x) = A_1 \mathrm{e}^{k_0 x}$,
Gebiet III	$A_3 = 0$	und somit	$u_3(x) = B_3 \mathrm{e}^{-k_0 x}$

  ist. Die Wellenfunktion für gebundene Zustände in dem Kastenpotential fällt in den beiden Seitengebieten exponentiell ab (Abb. 5.5). Da sich das

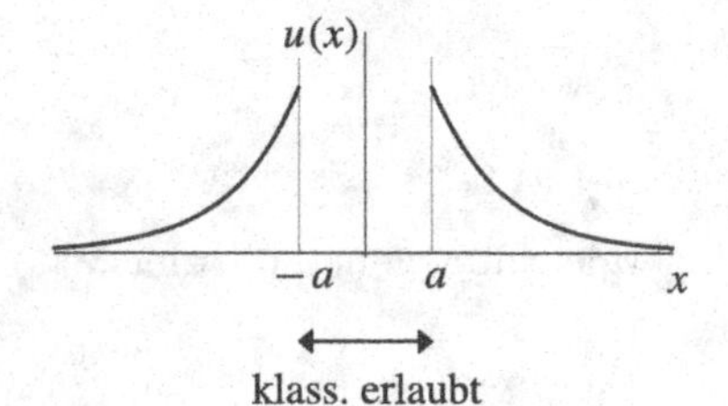

Abb. 5.5. Potentialtopf: Asymptotische Anteile der Wellenfunktion

  Quantenteilchen (vorausgesetzt $A_1, B_3 \neq 0$) außerhalb des Kastens aufhalten kann, erkennt man einen deutlichen Unterschied zu dem entsprechenden klassischen Problem. Das Quantenteilchen kann in das klassisch nicht zugängliche Gebiet *tunneln*.

Der dritte Schritt erfordert die Festlegung der speziellen Lösung durch die Bestimmung der Integrationskonstanten:

- Die Forderung nach einem stetigen Anschluss der Lösung beinhaltet für die vorgelegte Differentialgleichung zweiter Ordnung die Bedingungen

$$\begin{aligned} u_1(-a) &= u_2(-a) \qquad & u_2(a) &= u_3(a) \\ u_1'(-a) &= u_2'(-a) \qquad & u_2'(a) &= u_3'(a)\,, \end{aligned}$$

  d. h. die Stetigkeit der Funktionen und deren ersten Ableitungen an den Anschlussstellen. Anschaulich gesprochen entsprechen die Anschlussbedingungen der Forderung nach der Stetigkeit der Wahrscheinlichkeitsdichte und der Wahrscheinlichkeitsstromdichte.

Die Auswertung der Anschlussbedingungen, unter Berücksichtigung der erforderlichen asymptotischen Form, ergibt ein lineares Gleichungssystem für die vier Unbekannten A_1, A_2, B_2 und B_3

$$\begin{aligned} A_1 e^{-k_0 a} &= A_2 \cos k_1 a - B_2 \sin k_1 a \\ B_3 e^{-k_0 a} &= A_2 \cos k_1 a + B_2 \sin k_1 a \\ k_0 A_1 e^{-k_0 a} &= k_1 A_2 \sin k_1 a + k_1 B_2 \cos k_1 a \\ -k_0 B_3 e^{-k_0 a} &= -k_1 A_2 \sin k_1 a + k_1 B_2 \cos k_1 a \,. \end{aligned} \tag{5.7}$$

Dieses Gleichungssystem besitzt nur eine nichttriviale Lösung, wenn die Determinante der Koeffizienten verschwindet. Für die Determinante findet man (siehe D.tail 5.1 für die Gewinnung der Eigenwertgleichung)

$$k_0^2 - k_1^2 + 2k_0 k_1 \cot 2k_1 a = 0 \,.$$

Da k_0 und k_1 Funktionen der Energie E sind, stellt diese Gleichung eine Bedingung für die erlaubten Energiewerte, die Energieeigenwerte eines Quantenteilchens in dem Kastenpotential, dar.

Zur expliziten Auswertung dieser transzendenten Gleichung ist eine Umformung von Nutzen. Man fasst die Eigenwertbedingung als eine quadratische Gleichung für k_0 auf und löst

$$k_0 = -k_1 \cot 2k_1 a \pm [k_1^2 + k_1^2 \cot^2 2k_1 a]^{1/2} \,.$$

Weitere Umformung führt auf die zwei Wurzeln

Fall (a): $\quad k_0 = k_1 \tan k_1 a$

Fall (b): $\quad k_0 = -k_1 \cot k_1 a \,.$

Diese Gleichungen stellen immer noch transzendente Gleichungen für die Energieeigenwerte dar. Da transzendente Gleichungen nur in Ausnahmefällen analytisch lösbar sind, muss man zur Bestimmung der Eigenwerte numerische Methoden (D.tail 5.2) einsetzen. Möchte man die Diskussion anschaulich gestalten und einen gewissen Überblick über das Energiespektrum gewinnen, so ist eine graphische Auswertung angemessen (auch wenn man auf diese Weise keine annähernd exakten Resultate gewinnt). Mit Hilfe der Abkürzungen

$$\eta = k_0 a \geq 0 \qquad \xi = k_1 a \geq 0 \qquad R_V = a\left[\frac{2m_0}{\hbar^2}V_0\right]^{1/2}$$

kann man im Fall (a) die folgenden Gleichungen notieren:

- Die Eigenwertgleichung $\eta = \xi \tan \xi$.
- Zusätzlich besteht zwischen den oben definierten Wellenzahlen die Relation

$$k_0^2 + k_1^2 = \frac{\hbar^2}{2m_0}V_0 \longrightarrow \eta^2 + \xi^2 = R_V^2 \,.$$

Die zweite Gleichung beschreibt einen Kreis um den Ursprung der $\xi - \eta$ Ebene. Der Radius des Kreises wird durch die Parameter des Potentials $(a\sqrt{V_0})$ bestimmt. Die erste Gleichung stellt eine modifizierte Tangenskurve dar. Die möglichen Eigenwerte entsprechen den Schnittpunkten dieser Kurven im ersten Quadranten der $\xi - \eta$ Ebene. In Abb. 5.6a ist eine Schar von konzentrischen Kreisen, die verschiedenen Potentialkästen entsprechen, eingezeichnet.

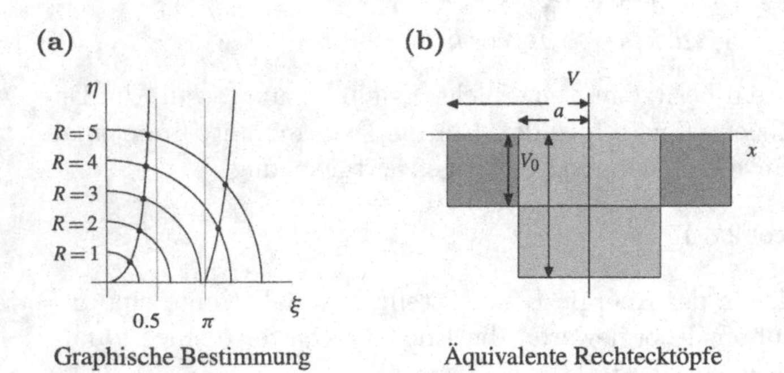

Abb. 5.6. Potentialtopf: Bestimmung der Energieeigenwerte, Fall (a)

Die tangensähnlichen Kurven beginnen bei $\xi = 0, \pi, 2\pi, \ldots$ und gehen für $\xi = \pi/2, 3\pi/2, \ldots$ gegen $+\infty$. Anhand dieser Abbildung erkennt man, dass es für Kreise mit $0 \leq R_V < \pi$ nur einen Schnittpunkt vom Typ (a) gibt. In einem Potentialkasten mit einer entsprechenden Parameterkombination kann man in diesem Fall nur eine stehende quantenmechanische Welle unterbringen. Für $\pi \leq R_V < 2\pi$ findet man zwei mögliche Eigenwerte vom Typ (a), etc. Die allgemeine Aussage lautet:

Für einen rechteckigen Potentialtopf mit $(n-1)\pi \leq R_V < n\pi$ existieren n Energieeigenwerte des Typs (a).

Da die Anzahl der Eigenwerte und die Werte selbst nur durch die Parameterkombination $a\sqrt{V_0}$ bestimmt werden, haben Rechtecktöpfe verschiedener Gestalt das gleiche Eigenwertspektrum solange die Parameterkombination R_V den gleichen Wert hat (Abb. 5.6b).

In dem Fall (b) $(k_0 = -k_1 \cot k_1 a)$ werden die Energieeigenwerte als Schnittpunkte der Kurven

$$\xi^2 + \eta^2 = R_V^2 \quad \text{und} \quad \eta = -\xi \cot \xi$$

bestimmt. Der Abb. 5.7a entnimmt man die Aussagen: Solange $R_V < \pi/2$ ist, gibt es keine Schnittpunkte, für $\pi/2 \leq R_V < 3\pi/2$ existiert ein Schnittpunkt. Für $3\pi/2 \leq R_V < 5\pi/2$ findet man zwei Eigenwerte, etc. Die allgemeine Aussage lautet in diesem Fall:

Für einen rechteckigen Potentialtopf mit $(2n-1)\pi/2 \leq R_V < (2n+1)\pi/2$ existieren n Energieeigenwerte des Typs (b).

Die Energiesituation ist in Abb. 5.7b zusammengefasst. Für das Beispiel einer festen Breite und variablen Tiefe des Potentialtopfes findet man, dass mit wachsender Tiefe jeweils ein weiterer Zustand, abwechselnd vom Typ (a) und (b), in dem Topf existieren kann. Bis zu $R_V < \pi/2$ existiert nur ein Zustand vom Typ (a), ab $R_V \geq \pi/2$ bis $R_V < \pi$ sind es dann zwei Zustände (Typ (a) und Typ (b)). Liegt R_V zwischen π und $3\pi/2$, so kommt ein zusätzlicher Zustand vom Typ (a) hinzu, etc. Nur diese diskreten Energiewerte sind für stationäre Zustände in dem Potentialtopf möglich. Es ist nicht möglich, ein Teilchen mit einem anderen Energiewert in dem Topf unterzubringen und dabei eine zeitlich konstante Wahrscheinlichkeitsverteilung zu erhalten[2].

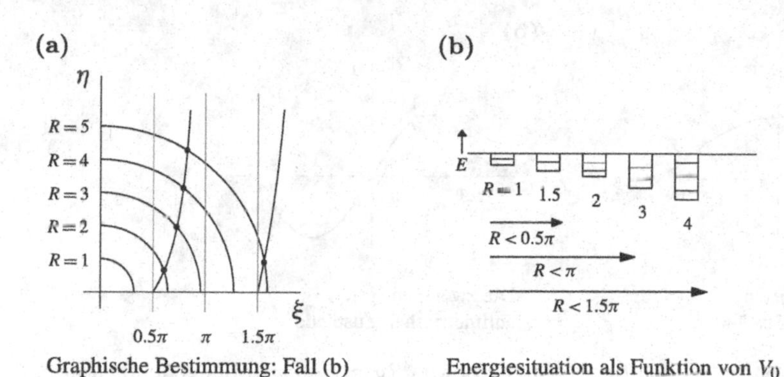

Abb. 5.7. Potentialtopf: Bestimmung der Energieeigenwerte, Fall (b)

Zur Bestimmung der zu den Eigenwerten gehörigen Eigenfunktionen, muss man das lineare Gleichungssystem (5.8)

$$
\begin{aligned}
A_1 \mathrm{e}^{-k_0 a} &= A_2 \cos k_1 a - B_2 \sin k_1 a \\
B_3 \mathrm{e}^{-k_0 a} &= A_2 \cos k_1 a + B_2 \sin k_1 a \\
k_0 A_1 \mathrm{e}^{-k_0 a} &= k_1 A_2 \sin k_1 a + k_1 B_2 \cos k_1 a \\
-k_0 B_3 \mathrm{e}^{-k_0 a} &= -k_1 A_2 \sin k_1 a + k_1 B_2 \cos k_1 a
\end{aligned}
$$

unter Berücksichtigung der Eigenwertbedingung lösen. Die Lösung beinhaltet die Bestimmung der Abhängigkeit von drei der Koeffizienten von einem ausgewählten, hier A_1. Das Ergebnis (siehe D.tail 5.3) lautet im Fall (a)

$$
\begin{aligned}
u_1(x) &= A_1 \mathrm{e}^{k_0 x} \\
u_2(x) &= A_1 \frac{\mathrm{e}^{-k_0 a}}{\cos k_1 a} \cos k_1 x \\
u_3(x) &= A_1 \mathrm{e}^{-k_0 x} \, .
\end{aligned}
$$

[2] Eine zeitlich veränderliche Wahrscheinlichkeitsverteilung in einem konservativen Potentialtopf wird in Kap. 5.3.4 diskutiert.

Man kann den stetigen Anschluss der Funktionen bei $x = \pm a$ direkt ablesen, den Anschluss der ersten Ableitung sofort berechnen. Die Funktionen haben die Eigenschaft

$$u(x) = u(-x)\,.$$

Man bezeichnet diese geraden Lösungen des Eigenwertproblems als *symmetrisch.* Die ersten zwei Eigenfunktionen für ausgewählte Topfparameter zeigt die Abb. 5.8a. Der Grundzustand entspricht einem Kosinusbogen mit gleichartigem exponentiellen Abfall auf beiden Seiten. Bei dem ersten angeregten Zustand vom Typ (a) tritt in dem Innenbereich eine volle Kosinusschwingung auf.

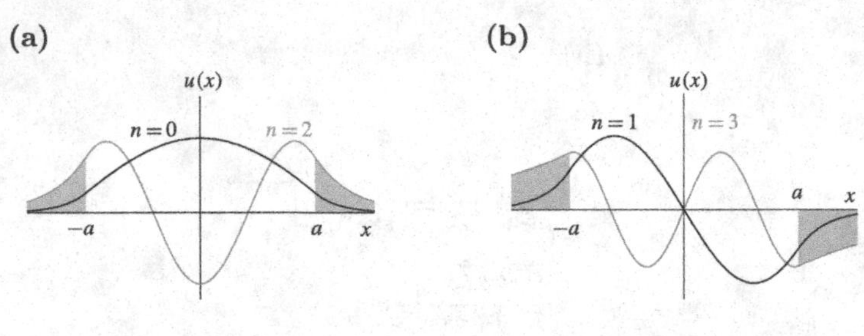

Abb. 5.8. Eigenfunktionen des Rechtecktopfes ($R_V = 5$, $a = 2$ Längeneinheiten)

Für den Fall (b) erhält man entsprechend (siehe ◉ D.tail 5.3)

$$\begin{aligned} u_1(x) &= A_1 \mathrm{e}^{k_0 x} \\ u_2(x) &= -A_1 \frac{\mathrm{e}^{-k_0 a}}{\sin k_1 a} \sin k_1 x \\ u_3(x) &= -A_1 \mathrm{e}^{-k_0 x}\,. \end{aligned}$$

Diese Funktionen sind ungerade bzw. *antimetrisch.* Der Anteil in dem Gebiet II wird durch eine partielle, bzw. eine volle Sinusschwingung bestimmt (Abb. 5.8b). Das Energiespektrum der vier Zustände aus Abb. 5.8 ist in Abb. 5.9 skizziert.

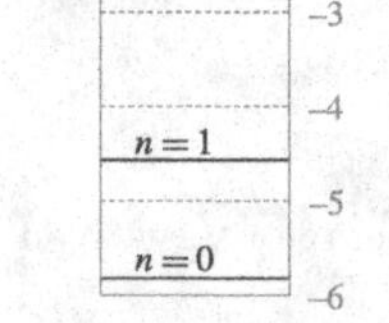

Abb. 5.9. Potentialtopf: Energiezustände (in den Einheiten $\hbar^2/2m$) mit den Parametern $R_V = 5$, $a = 2$

Zur vollständigen Festlegung der Lösung muss noch die Konstante A_1 aus der Normierungsbedingung

$$\int_{-\infty}^{\infty} \mathrm{d}x\, u^*(x)u(x) = 1\,,$$

die aussagt, dass es sicher ist, das Teilchen irgendwo in der eindimensionalen Welt zu finden, bestimmt werden. Alle auftretenden Teilintegrale sind elementar. Wie in D.tail 5.3 gezeigt wird, lautet das Ergebnis sowohl für die symmetrischen als auch die antimetrischen Eigenfunktionen

$$|A_1|^2 = \frac{\mathrm{e}^{2k_0 a}}{a}\left\{1 + \frac{k_0^2}{k_1^2} + \frac{k_0}{ak_1^2} + \frac{1}{ak_0}\right\}^{-1}.$$

Durch die Normierungsbedingung ist nur das Betragsquadrat der Konstanten A_1 festgelegt. Dies ist jedoch ausreichend, da die Wahrscheinlichkeitsdichte und alle möglichen Mittelwerte alleine durch $|A_1|^2$ bestimmt sind. Die Phase α (α reell) in der komplexen Zahl A_1

$$A_1 = \mathrm{e}^{\mathrm{i}\alpha}\left[\frac{\mathrm{e}^{2k_0 a}}{a}\left\{1 + \frac{k_0^2}{k_1^2} + \frac{k_0}{ak_1^2} + \frac{1}{ak_0}\right\}^{-1}\right]^{1/2}$$

kann beliebig gewählt werden und wird meist gleich Null gesetzt.

Mit Hilfe der Eigenfunktionen kann man Mittelwerte für Observable und deren Streuung, sowie die Wahrscheinlichkeiten für Anregungen z. B. in Stoßprozessen berechnen. Für den Moment sollen nur die Aufenthaltswahrscheinlichkeiten für zwei stationäre Zustände betrachtet werden. Die Abb. 5.10 zeigt ϱ_W für die zwei niedrigsten symmetrischen und antimetrischen Zustände

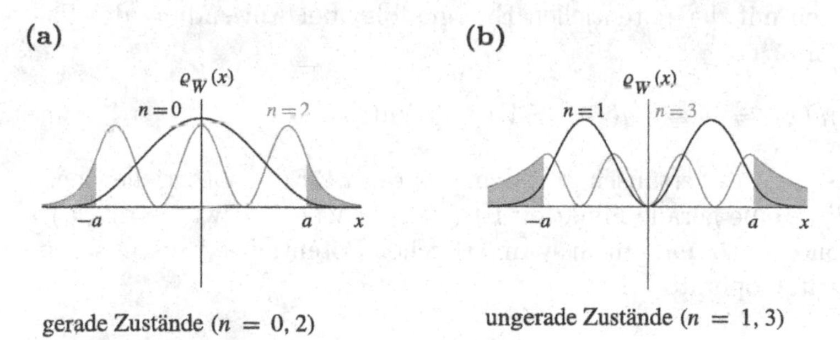

Abb. 5.10. Wahrscheinlichkeitsverteilung ($R_V = 5,\ a = 2$)

für die angegebene Parameterkombination. Man bemerkt die endliche Aufenthaltswahrscheinlichkeit in dem klassisch verbotenen Gebiet. Da die Wahrscheinlichkeitsdichte z. B. in dem Gebiet III ($x > a$)

$$\varrho_W \propto \mathrm{e}^{-2k_0 x} \quad \text{mit} \quad k_0 = \sqrt{-\frac{2m_0}{\hbar^2}E}$$

ist, dringt das Teilchen mit wachsender Quantenzahl weiter in das verbotene Gebiet ein. Die Aufenthaltswahrscheinlichkeit in dem Grundzustand ($n = 0$) hat ein Maximum über der Mitte des Topfes und weist (ausgenommen für $x \longrightarrow \pm\infty$) keine Nullstellen auf. In dem ersten angeregten Zustand ($n = 1$) findet man das Teilchen etwas mehr am Rand des Topfes, in der Mitte hat die Aufenthaltswahrscheinlichkeit eine Nullstelle. Es ist dort nie anzutreffen. Verfolgt man die Struktur der Aufenthaltswahrscheinlichkeit weiter ($n = 2, 3$), so erkennt man eine Gesetzmäßigkeit: Der n-te angeregte Zustand weist n Nullstellen der Wellenfunktion bzw. der Aufenthaltswahrscheinlichkeit auf[3].

Die Klassifikation der Eigenzustände gemäß der Eigenschaft gerade und ungerade bzw. symmetrisch und antimetrisch beruht auf dem Konzept der *Parität.* In der eindimensionalen Welt ist der Paritätsoperator $\hat{P}$ durch

$$\hat{P}f(x) = f(-x) \tag{5.8}$$

definiert. Die Paritätsoperation bewirkt eine Spiegelung am Koordinatenursprung. Zu diesem Operator kann man die folgenden Aussagen machen:

- Wirkt dieser Operator auf den kinetischen Energieanteil der Schrödingergleichung, so folgt

$$\hat{P}\left(-\frac{\hbar^2}{2m_0}\frac{\mathrm{d}^2}{\mathrm{d}x^2}u(x)\right) = -\frac{\hbar^2}{2m_0}\frac{\mathrm{d}^2}{\mathrm{d}x^2}u(-x) = -\frac{\hbar^2}{2m_0}\frac{\mathrm{d}^2}{\mathrm{d}x^2}(\hat{P}u(x)) .$$

  Der Paritätsoperator vertauscht mit dem Operator für die kinetische Energie

$$[\hat{T}, \hat{P}] = 0 .$$

- Für den Anteil mit der potentiellen Energie folgt bei Anwendung des Paritätsoperators

$$\hat{P}\,(V(x)u(x)) = V(-x)u(-x) = V(-x)(\hat{P}u(x)) .$$

  Der Paritätsoperator vertauscht mit dem Operator für die potentielle Energie, wenn diese eine gerade Funktion ist ($V(x) = V(-x)$ bzw. $\hat{V} = \hat{V}_{\mathrm{sym}}$).
- Ein Hamiltonoperator mit einem symmetrischen Potential vertauscht somit mit dem Paritätsoperator

$$[\hat{H}_{\mathrm{sym}}, \hat{P}] = 0 .$$

  Es ist möglich, Eigenfunktionen zu bestimmen, die gleichzeitig Eigenfunktionen von $\hat{H}_{\mathrm{sym}}$ (Energieeigenwerte) und $\hat{P}$ (Paritätseigenwerte) sind.
- Die Eigenwertgleichung des Paritätsoperators, die Funktionalgleichung,

$$\hat{P}u(x) = \lambda u(x)$$

[3] Dieser Punkt wird in Math.Kap. 1.2 allgemeiner betrachtet.

kann 'aufgelöst' werden, wenn man noch einmal mit dem Operator einwirkt. Es ist

$$\hat{P}^2 u(x) = \lambda \hat{P} u(x) = \lambda^2 u(x) .$$

Da jedoch $\hat{P}^2 u(x) = u(x)$ ist, folgt $\lambda^2 = 1$ bzw. für reelles λ

$$\lambda = \pm 1 ,$$

was offensichtlich der Klassifikation nach geraden (symmetrischen) Funktionen

$$\hat{P} u(x) = u(-x) = u(x)$$

und ungeraden (antimetrischen) Funktionen

$$\hat{P} u(x) = u(-x) = -u(x)$$

entspricht.

Die Parität erscheint hier als ein sehr einfaches Konzept. Ihre tiefere Bedeutung zeigt sich jedoch in der Tatsache, dass 1957 der Nobelpreis[4] für die Entdeckung der Nichterhaltung der Parität bei der schwachen Wechselwirkung vergeben wurde und dass das P (für Parität) in einem der fundamentalen Theoreme der Quantenfeldtheorie, dem PCT-Theorem (Parity-Charge conjugation-Time reversal), auftritt.

Man kann die Resultate für gebundene Zustände in einem rechteckigen Potentialtopf in der folgenden Weise zusammenfassen: Man numeriert die Eigenzustände mit $n = 0, 1, 2, \ldots, N$ durch, wobei die Maximalzahl durch die Parameterkombination $a\sqrt{V_0}$ bestimmt wird. Die Eigenfunktionen $u_n(x)$ sind Eigenfunktionen der Operatoren $\hat{H}$ und $\hat{P}$ mit den Eigenwerten

$$E_n = -\frac{\hbar^2}{2m_0} k_0^2(n) \quad \text{und} \quad \lambda_n = (-1)^n ,$$

wobei die Wellenzahl $k_0(n)$ numerisch bestimmt werden muss.

5.2.3 Unendlich tiefer Potentialtopf

Falls nur tiefliegende Zustände in einem tiefen Potentialtopf von Interesse sind, kann der Grenzfall eines unendlich tiefen Potentialtopfs ($V_0 \longrightarrow \infty$) als einfache Idealisierung betrachtet werden. Die Eigenwerte müssen in diesem Fall von dem Boden des Topfes aus gemessen werden. Es ist dann

$$E + V_0 = T = \frac{\hbar^2}{2m_0} k_1^2 \longrightarrow \text{endlich} \quad \text{und} \quad k_0^2 = \frac{2m_0}{\hbar^2} V_0 - k_1^2 \longrightarrow \infty$$

[4] an T.D. Lee und C.N. Yang.

zu setzen. Die möglichen Eigenwerte ergeben sich als Schnittpunkte von Kreisen mit dem Radius $R_V \longrightarrow \infty$ und den Tangens- bzw. Kotangenskurven. Für Zustände mit positiver Parität findet man

$$ak_1 = n\frac{\pi}{2} \qquad n = 1,\, 3,\, 5,\, \ldots$$

(wobei die Nummerierung zweckmäßigerweise mit $n = 1$ beginnt), für Zustände mit negativer Parität

$$ak_1 = n\frac{\pi}{2} \qquad n = 2,\, 4,\, 6,\, \ldots\,.$$

Das gesamte Energiespektrum kann somit in der Form

$$E_n = \frac{\hbar^2}{2m_0}k_1^2 = \frac{\hbar^2\pi^2}{8m_0a^2}n^2 \qquad n = 1,\, 2,\, 3,\, \ldots$$

angegeben werden. In dem unendlich tiefen Topf sind unendlich viele Zustände möglich, deren Energieeigenwerte mit n^2 wachsen.

Die zugehörigen Wellenfunktionen kann man mit dem Grenzübergang

$$u_n(x) = \lim_{k_0 \to \infty} \; \lim_{k_1 \to n\pi/(2a)} u_n(x; k_0, k_1)$$

bestimmen. Der Grenzübergang (◉ D.tail 5.4) liefert

$$u_{1,n}(x) = u_{3,n}(x) = 0\,.$$

In einem unendlich tiefen Potentialtopf ist auch ein Quantenteilchen auf das klassisch erlaubte Gebiet beschränkt. In diesem Gebiet ist (siehe Abb. 5.11)

$$u_{2,n}(x) = u_n(x) = \sqrt{\frac{1}{a}}\cos\left[\frac{n\pi}{2a}x\right] \qquad n = 1,\, 3,\, \ldots$$

$$u_{2,n}(x) = u_n(x) = \sqrt{\frac{1}{a}}\sin\left[\frac{n\pi}{2a}x\right] \qquad n = 2,\, 4,\, \ldots\,.$$

Die de Brogliewellenlänge (1.4) des Teilchens in jedem der Zustände

$$\lambda_{\mathrm{B},n} = \frac{2\pi}{k_1(n)} = \frac{4a}{n}$$

passt genau in den Potentialtopf.

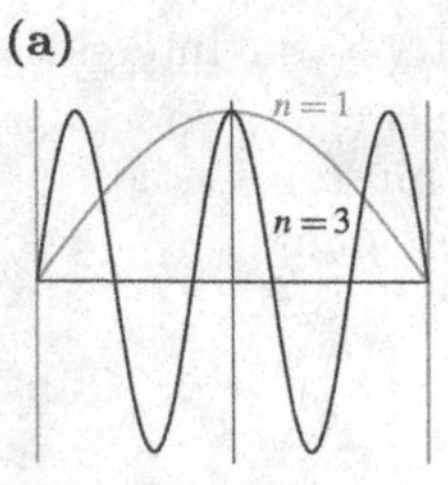

gerade Zustände ($n = 1, 3$)

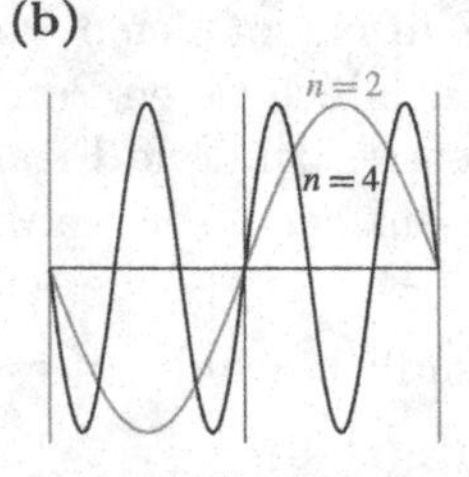

ungerade Zustände ($n = 2, 4$)

Abb. 5.11. Wellenfunktionen in einem unendlich tiefen Potentialtopf

Noch zu bemerken ist: Man erhält die gleichen Eigenwerte und Eigenfunktionen, wenn man die stationäre Schrödingergleichung für ein Potential mit unendlich hohen Wänden

$$V(x) = \begin{cases} \infty & x < -a \\ 0 \quad \text{für} & -a \leq x \leq a \\ \infty & x > a \end{cases}$$

mit den Randbedingungen $u(-a) = u(a) = 0$ bzw. $u(x) = 0$ für $x > a$ und $x < -a$ löst.

5.2.4 Streuung an einer Potentialstufe

Streuprobleme entsprechen in der (eindimensionalen) Welt dem folgenden Muster: Ein Teilchen bewegt sich kräftefrei auf ein Gebiet zu, in dem seine Bewegung durch ein Potential modifiziert wird. Zu beantworten ist die Frage nach den Details der Modifikation. Auch bei der Diskussion von Streuproblemen findet man deutliche Unterschiede, wenn man diese mit der klassischen Mechanik oder der Quantenmechanik untersucht.

Das einfachste Problem dieser Art ist die Streuung eines Teilchens an einer Potentialstufe, deren potentielle Energie durch

$$V(x) = \begin{cases} 0 & \text{für} \quad x < 0 \\ V_0 & \text{für} \quad x \geq 0 \end{cases}$$

mit $V_0 > 0$ vorgegeben wird (Abb. 5.12). Für ein klassisches Teilchen, das (von links mit der Geschwindigkeit v_0) gegen die Stufe anläuft, kann man zwei

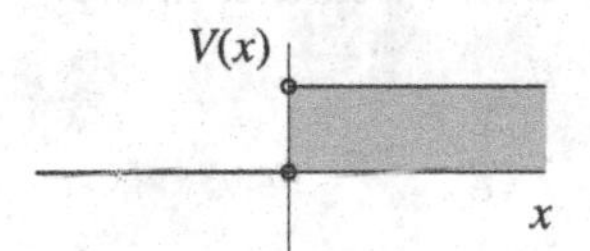

Abb. 5.12. Potentialstufe

Möglichkeiten unterscheiden. Ist die anfängliche kinetische Energie $E = T_0$ kleiner als die Höhe der Stufe ($T_0 < V_0$), so wird das Teilchen an der Stufe reflektiert. Ist die anfängliche kinetische Energie größer als die Stufe, so läuft das Teilchen über die Stufe hinweg, wobei seine Geschwindigkeit auf

$$v = \left[\frac{2}{m_0}(T_0 - V_0)\right]^{1/2}$$

reduziert wird.

Um die gleiche Situation in der Quantenmechanik zu betrachten, muss man das Teilchen, das gegen die Stufe anläuft, durch ein Wellenpaket beschreiben. Dies entspricht dem notwendigen Kompromiss zwischen möglicher Lokalisierung und Impulsunschärfe. Eine in diesem Fall anstehende Rechnung mit Lösung der zeitabhängigen Schrödingergleichung ist jedoch keineswegs einfach. Um eine einfache stationäre Diskussion des Problems zu ermöglichen, verlegt man sich auf die statistische Interpretation der Quantenmechanik: Man erhält das gleiche Ergebnis, wenn man ein Teilchen N-mal gegen die Stufe anlaufen lässt oder einen Strom von Teilchen mit einer entsprechenden Anzahl pro Flächen- und Zeiteinheit. Den Teilchenstrom in einem Gebiet, in dem die Teilchen keinen Kräften ausgesetzt sind, kann man durch eine (z. B. nach rechts laufende) ebene Welle

$$\Psi(x,t) = A \exp\left[ikx - \mathrm{i}\frac{Et}{\hbar}\right]$$

darstellen. Es wird dabei vorausgesetzt, dass die Teilchen einen scharfen Impuls $p = \hbar k$ haben. Die Energie E (> 0) der Teilchen in dem Strahl ist ein Parameter, der mit der Präparation des Strahls vorgegeben ist. Infolge der Vorgabe der Energie sind Streuprobleme keine Eigenwertprobleme.

Die Laufrichtung wird durch das relative Vorzeichen der beiden Terme in dem Exponenten beschrieben. Zur Interpretation dieses Ansatzes betrachtet man die Wahrscheinlichkeitsstromdichte (hier nur mit einer x-Komponente)

$$(j_W)_x = \frac{\hbar}{2m_0\mathrm{i}}\left\{u^*\left(\frac{\mathrm{d}u}{\mathrm{d}x}\right) - \left(\frac{\mathrm{d}u^*}{\mathrm{d}x}\right)u\right\} = \frac{\hbar k}{m_0}A^*A = vA^*A\,.$$

Vergleicht man diese mit der Ladungsstromdichte der Elektrodynamik

$$j_{ED} = \frac{i}{F} = Nqv \longrightarrow \frac{j_{ED}}{q} = Nv\,,$$

wobei N die Anzahl von Teilchen angibt, die pro Sekunde durch den Leiterquerschnitt fließen, so findet man

$$N \equiv A^*A = |A|^2\,.$$

Das Betragsquadrat der ebenen Welle entspricht der Anzahl der Teilchen pro Zeiteinheit, die eine Stelle in diesem eindimensionalen Problem passieren.

Bei der vorgeschlagenen, stationären Behandlung des vorliegenden Streuproblems mit dem Ansatz

$$\Psi(x,t) = u(x)\,\exp\left[-\mathrm{i}\frac{Et}{\hbar}\right]$$

steht die Bestimmung der Ortsfunktion $u(x)$ an. Zur Diskussion der Lösung der Schrödingergleichung (5.5) wird in dem vorliegenden Beispiel die eindimensionale Welt in zwei Gebiete unterteilt.

- In dem Gebiet I $(x < 0)$ lautet die stationäre Schrödingergleichung

$$u_1'' + \frac{2m_0E}{\hbar^2}u_1 = u_1'' + k_0^2 u_1 = 0\,,$$

da für eine positive Gesamtenergie die reelle Wellenzahl

$$k_0 = \left[\frac{2m_0E}{\hbar^2}\right]^{1/2} \geq 0$$

eingeführt werden kann. Das positive Vorzeichen von $k_0^2 u_1$ bedingt, dass die allgemeine Lösung dieser Differentialgleichung

$$u_1(x) = A\mathrm{e}^{\mathrm{i}k_0x} + B\mathrm{e}^{-\mathrm{i}k_0x}$$

ist. Die Lösung ist stetig, endlich und eindeutig. Sie erfüllt also die allgemeine Randbedingung. Um die Lösung korrekt zu interpretieren, muss man die gesamte Wellenfunktion betrachten. Mit $E = \hbar\omega$ lautet diese

$$\Psi_1(x,t) = u_1(x)\mathrm{e}^{-\mathrm{i}\omega t} = A\mathrm{e}^{\mathrm{i}(k_0x-\omega t)} + B\mathrm{e}^{-\mathrm{i}(k_0x+\omega t)}\ .$$

Diese Wellenfunktion stellt eine 'nach rechts laufende' ebene Welle, die man mit dem einfallenden Strahl identifizieren kann, sowie eine nach links laufende ebene Welle, einen an der Stufe reflektierten Strahl, dar. Dabei sind A^*A und B^*B die Anzahl der Teilchen pro Sekunde in dem jeweiligen Strahl.

- In dem Gebiet II mit $x \geq 0$ gilt die Schrödingergleichung

$$u_2'' + \frac{2m_0}{\hbar^2}(E - V_0)u_2 = 0\ .$$

Bei der Einführung einer Wellenzahl muss man zwei Fälle unterscheiden:
(a) Die Höhe der Stufe ist größer als die anfängliche Energie ($V_0 > E$). In diesem Fall definiert man die reelle Wellenzahl

$$k_1 = \left[-\frac{2m_0}{\hbar^2}(E - V_0)\right]^{1/2} \geq 0\ .$$

Die allgemeine Lösung der entsprechenden Differentialgleichung

$$u_2'' - k_1^2 u_2 = 0$$

lautet

$$u_2(x) = C\mathrm{e}^{k_1x} + D\mathrm{e}^{-k_1x}\ .$$

Die Randbedingung erfordert jedoch eine Einschränkung. Falls $x \longrightarrow \infty$ geht, divergiert der erste Term. Man muss $C = 0$ setzen. Die verbleibende Lösung

$$u_2(x) = D\mathrm{e}^{-k_1x}$$

deutet wieder einen möglichen Tunneleffekt an. Quantenteilchen können in das klassisch verbotene Gebiet eindringen.

(b) Ist die anfängliche kinetische Energie größer als die Höhe der Stufe, so definiert man die reelle Wellenzahl

$$k_1' = \left[\frac{2m_0}{\hbar^2}(E - V_0)\right]^{1/2} \geq 0 \, .$$

Die entsprechende Differentialgleichung lautet dann

$$u_2'' + {k_1'}^2 u_2 = 0 \, .$$

Die allgemeine Lösung

$$u_2(x) = C' \mathrm{e}^{\mathrm{i}k_1' x} + D' \mathrm{e}^{-\mathrm{i}k_1' x}$$

wird durch die Randbedingungen nicht weiter eingeschränkt. Die Lösung beschreibt ebenfalls nach rechts bzw. nach links laufende ebene Wellen. Die veränderte Wellenzahl entspricht der veränderten Geschwindigkeit der Teilchen.

Die Lösungen in den zwei Gebieten müssen auch in diesem Beispiel aneinander angeschlossen werden. Die zuständigen Bedingungen lauten

$$u_1(0) = u_2(0) \qquad u_1'(0) = u_2'(0) \, .$$

Im Fall **(a)** ergeben die Anschlussbedingungen

$$\begin{aligned} A + B &= D \\ \mathrm{i}k_0(A - B) &= -k_1 D \, . \end{aligned}$$

Zur Auflösung dieses linearen Gleichungssystems muss man bemerken, dass die Intensität des einfallenden Strahls (also $|A|^2$) durch den ‘experimentellen Aufbau‘ vorgegeben ist. Teilt man beide Gleichungen durch A, so erhält man ein *inhomogenes*, lineares Gleichungssystem für die relativen Amplituden B/A und D/A. Zur Vereinfachung setzt man $A = 1$ und hält fest, dass alle Resultate auf einen ‘Einheitsstrahl‘ bezogen sind. Die Lösungen des Gleichungssystems

$$\begin{aligned} B - D &= -1 \\ -\mathrm{i}k_0 B + k_1 D &= -\mathrm{i}k_0 \, , \end{aligned}$$

die komplexen Größen

$$B = -\frac{(k_1 + \mathrm{i}k_0)}{(k_1 - \mathrm{i}k_0)} \qquad D = -\frac{2\mathrm{i}k_0}{(k_1 - \mathrm{i}k_0)} \, ,$$

bestimmen die Funktion $u(x)$ vollständig.

Um die gesamte Lösung zu interpretieren, betrachtet man die Wahrscheinlichkeitsdichte und die Wahrscheinlichkeitsstromdichte in den beiden Gebieten (Nebenrechnungen für die weitere Diskussion findet man in D.tail 5.5). In dem Gebiet I ist

$$\varrho_{W1}(x) = \left(\mathrm{e}^{-\mathrm{i}k_0x} + B^*\mathrm{e}^{\mathrm{i}k_0x}\right)\left(\mathrm{e}^{\mathrm{i}k_0x} + B\mathrm{e}^{-\mathrm{i}k_0x}\right)$$
$$= \frac{4}{(k_0^2 + k_1^2)}\left(k_0 \cos k_0x - k_1 \sin k_0x\right)^2 .$$

Die Wahrscheinlichkeitsdichte ist reell und positiv definit. Während die einfallende Welle und die reflektierte Welle jeweils eine konstante Verteilung aufweisen

$$\varrho_{W1,\,\mathrm{ein}} = 1 \quad \text{und} \quad \varrho_{W1,\,\mathrm{refl}} = B^*B = 1 ,$$

überlagern sich die beiden Wellen in dem Gebiet I zu einer strukturierten, stationären Verteilung. Für die Wahrscheinlichkeitsstromdichte in dem Gebiet I berechnet man

$$j_{W1}(x) = \frac{\hbar k_0}{m_0}(1 - B^*B) = 0 .$$

Der Wahrscheinlichkeitsfluss nach rechts (der erste Term in der Klammer) und der Wahrscheinlichkeitsfluss nach links (der zweite Term) sind gleich groß. Jedes Teilchen in dem einfallenden Strahl wird reflektiert.

Die entsprechenden Aussagen in dem Gebiet II verdeutlichen den Unterschied zur klassischen Physik. Es besteht eine exponentiell abfallende Aufenthaltswahrscheinlichkeit ϱ_{W2} Teilchen in dem klassisch verbotenen Gebiet anzutreffen

$$\varrho_{W2}(x) = \frac{4k_0^2}{(k_0^2 + k_1^2)}\mathrm{e}^{-2k_1x} .$$

Der Nettofluss

$$j_{W2}(x) = 0$$

verschwindet. Jedes Teilchen, das in die Stufe eindringt, wird letztlich reflektiert.

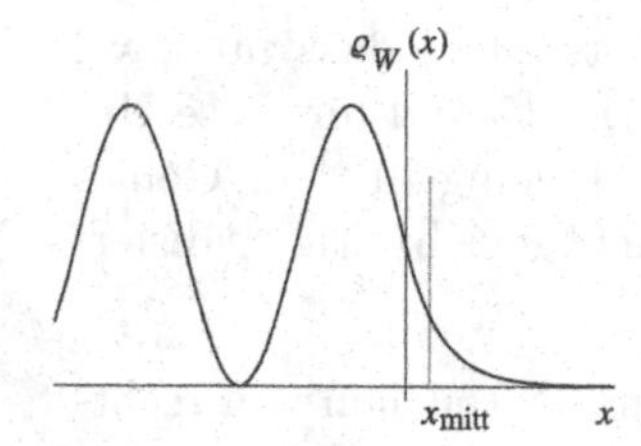

Abb. 5.13. Potentialstufe: Wahrscheinlichkeitsdichte ($E < V_0$)

Die Wahrscheinlichkeitsdichte in dem gesamten eindimensionalen Raum ist in Abb. 5.13 dargestellt. In dem Gebiet I beobachtet man eine Verteilung, deren Interferenzstruktur sich durch die zwei gegenläufigen ebenen Wellen ergibt. An der Stelle $x = 0$ schließt sich stetig der exponentiell abfallende Anteil an. Ein Anteil des Teilchenstrahls dringt in das klassisch verbotene Gebiet ein, läuft eine nicht genau definierbare Strecke in diesem nach rechts und wird im Endeffekt innerhalb der Stufe reflektiert. Definiert man die mittlere Eindringtiefe durch

$$\varrho_{W2}(x_{\mathrm{mitt}}) = \frac{1}{2}\varrho_{W2}(0)\,,$$

so findet man

$$x_{\mathrm{mitt}} = \frac{\ln 2}{2k_1} = \frac{\ln 2}{\left[\dfrac{8m_0}{\hbar^2}(V_0 - E)\right]^{1/2}}\,.$$

Die Eindringtiefe ist um so größer je geringer der Unterschied zwischen E und V_0 ist.

Der Grenzfall einer unendlich hohen Stufe wird durch $E = \mathrm{const.}$ sowie $V_0 \to \infty$ bzw. $k_0 = \mathrm{const.}$ und $k_1 \to \infty$ charakterisiert. In diesem Grenzfall ist

$$B = -1 \quad D = 0 \quad \text{und somit} \quad \varrho_{W1}(x) = 4\sin^2 k_0 x, \quad \varrho_{W2}(x) = 0\,.$$

Alle Teilchen werden an dieser Stufe reflektiert. Die Wellenfunktion muss an dieser Stelle einen Phasensprung aufweisen, damit sich die beiden Wellen an der Stelle $x = 0$ zu $\varrho_{W1}(0) = 0$ überlagern. Der Phasensprung äußert sich in dem Vorzeichenwechsel des Koeffizienten B im Vergleich zu A.

Das gleiche Resultat findet man in dem Grenzfall einer beliebigen Stufe $V_0 = \mathrm{const.}$ und entsprechend kleiner kinetischer Energie $E \longrightarrow 0$ bzw. $k_1 = \mathrm{const.}$ und $k_0 \to 0$. Genügend langsame Teilchen sehen jede Potentialstufe als unendlich hoch an.

Im Fall **(b)** mit $E > V_0$ folgt aus den Anschlussbedingungen

$$\begin{aligned} A + B &= C' + D' \\ \mathrm{i}k_0(A - B) &= \mathrm{i}k_1'(C' - D')\,. \end{aligned}$$

Setzt man hier wie zuvor $A = 1$, so muss man feststellen, dass nur zwei Gleichungen für drei unbekannte Größen vorliegen. Der Grund für diese Unbestimmtheit ist die Tatsache, dass die allgemeine Lösung in dem Gebiet II zwei Situationen beschreibt, die normalerweise nicht gleichzeitig realisiert werden.

(i) In der ersten Situation (siehe Abb. 5.14a) laufen die Teilchen von rechts nach links. Sie werden zum Teil an der (negativen) Stufe reflektiert, beziehungsweise sie gelangen in das Gebiet I. Diese Möglichkeit, die nicht weiter diskutiert wird, wird durch die Parameter

$$A = 0 \quad D' \text{ ist vorgegeben} \quad \longrightarrow \quad B \text{ und } C' \text{ sind zu bestimmen}$$

charakterisiert.

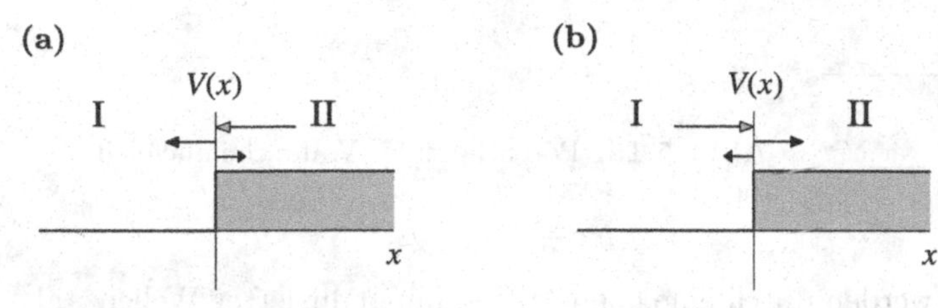

Abb. 5.14. Potentialstufe: Streusituationen im Fall $E > V_0$

(ii) In der zweiten Situation fallen die Teilchen von links ein (Abb. 5.14b). Es gilt dann

$$D' = 0 \quad A \text{ ist vorgegeben} \quad \longrightarrow \quad B \text{ und } C' \text{ sind zu bestimmen.}$$

Teilchen werden an der Stufe reflektiert oder laufen über die Stufe ohne weitere Reflexion hinweg. Setzt man $A = 1$, so lauten die Anschlussbedingungen in dieser Situation

$$B - C' = -1$$

$$B + \frac{k_1'}{k_0}C' = 1 \, .$$

Mit der Lösung

$$B = \frac{(k_0 - k_1')}{(k_0 + k_1')} \qquad C' = \frac{2k_0}{(k_0 + k_1')}$$

kann man wieder die Wahrscheinlichkeitsaussagen in den beiden Gebieten berechnen. Die Resultate (D.tail 5.5) sind

$$\varrho_{W1}(x) = \frac{4}{(k_0 + k_1')^2}\left(k_0^2 \cos^2 k_0 x + {k_1'}^2 \sin k_0 x\right)$$

$$j_{W1}(x) = \frac{4\hbar}{m_0}\frac{k_0^2 k_1'}{(k_0 + k_1')^2} = j_{W2}(x)$$

$$\varrho_{W2}(x) = \frac{4k_0^2}{(k_0 + k_1')^2} \, .$$

Der Nettofluss (beschrieben durch die Stromdichten) ist, entsprechend der Bewegung der Teilchen nach rechts, positiv. Außerdem ist er in den beiden Gebieten gleich groß und unabhängig von der Position x. In dem Gebiet I findet man wieder eine strukturierte Wahrscheinlichkeitsverteilung, die der Interferenz des einfallenden und des reflektierten Strahls entspricht (Abb. 5.15). Sie unterscheidet sich von der Verteilung in dem Fall (a). In dem Gebiet II hat die Wahrscheinlichkeitsverteilung einen konstanten Wert. Dies zeigt, dass Reflexion von Teilchen nur an der Stelle $x = 0$ stattfindet. Alle Teilchen, die diese Stelle passieren, laufen, mit einer reduzierten Geschwindigkeit, nach

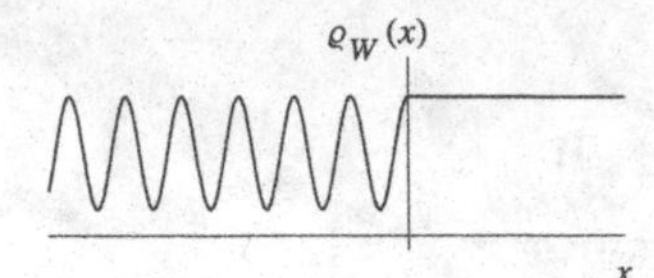

Abb. 5.15. Potentialstufe: Wahrscheinlichkeitsdichte ($E > V_0$)

rechts weiter. Sie werden durch eine ebene Welle mit reduzierter Wellenzahl und Amplitude beschrieben.

Für eine quantitative Diskussion ist die Einführung eines Reflexions- und eines Transmissionskoeffizienten nützlich (siehe Bd. 2, Kap. 7.2.1). Der Reflexionskoeffizient ist durch

$$R = \left|\frac{B}{A}\right|^2 = \left(\frac{k_0 - k_1'}{k_0 + k_1'}\right)^2$$

definiert, der Transmissionskoeffizient ist die Ergänzung zu 1

$$T = 1 - R = \frac{k_1'}{k_0}\left|\frac{C'}{A}\right|^2 = \frac{4k_0k_1'}{(k_0 + k_1')^2} \, .$$

Die Koeffizienten sind Funktionen von E und V_0. Alternativ kann man sie wegen

$$k_0 = \sqrt{\frac{2m_0E}{\hbar^2}} = \left[\frac{2m_0}{\hbar^2}(E - V_0 + V_0)\right]^{1/2} = \left[k_1'^{\,2} + \frac{2m_0}{\hbar^2}V_0\right]^{1/2}$$

als Funktion von k_1' und V_0 diskutieren. Für eine gegebene Stufe V_0 findet man die in Abb. 5.16 dargestellten Kurven. Für $k_1' = 0$ bzw. $E = V_0$ ist die Schwelle genau so hoch wie die anfängliche kinetische Energie. In diesem Grenzfall ist die Reflexion total und es findet keine Transmission statt. Der Nettofluss verschwindet im gesamten Raum. Da jedoch ϱ_{W2} nicht gleich Null ist, erkennt man, dass Teilchen die Stufe durch Tunneln unterwandern und in dem Gebiet II letztlich doch reflektiert werden. Mit wachsendem k_1' nimmt die Reflexion ab, die Transmission steigt. Im Grenzfall $k_1' \to \infty$ ist $R = 0$ und $T = 1$. Hochenergetische Teilchen reagieren auf die Schwelle nicht.

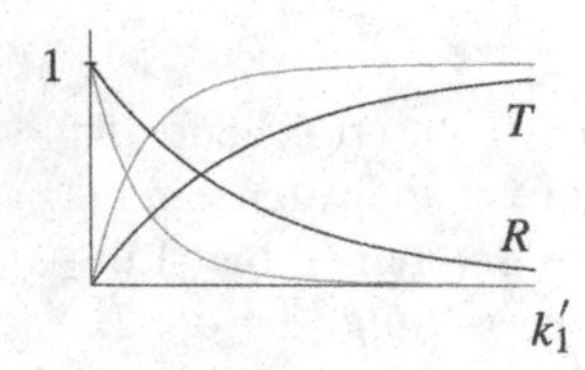

Abb. 5.16. Potentialstufe: Transmissions- und Reflexionskoeffizienten für $V_0 = 4$ (*schwarz*, in beliebigen Einheiten) und $V_0 = 0.415$ (*grau*)

Hier wird noch einmal der Unterschied zu der klassischen Physik deutlich. Ist $E > V_0$, so findet man unabhängig von der Energie $R_{\text{klass.}} = 0$ und $T_{\text{klass.}} = 1$. Alle Teilchen laufen über die Stufe.

5.2.5 Streuung an einer Potentialschwelle

Eine Variante des Stufenproblems ist die Streuung an einer Potentialschwelle (Abb. 5.17), die durch

$$V(x) = \begin{cases} 0 & & x < 0 \\ V_0 & \text{für} & 0 \leq x \leq a \\ 0 & & x > a \end{cases}$$

($V_0 > 0$) charakterisiert werden kann. Es soll nur der Fall eines Teilchenstrahls mit scharfer Energie, der von links nach rechts läuft, betrachtet werden. Die Lösung der stationären Schrödingergleichung in den drei Gebieten kann ohne weitere Rechnung aus Kap. 5.2.4 übernommen werden.

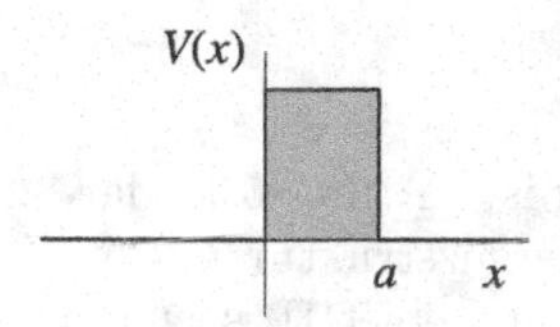

Abb. 5.17. Potentialschwelle

Ist die anfängliche Energie kleiner als die Höhe der Schwelle ($E < V_0$), so findet man, bei gleicher Definition der Wellenzahlen wie in Kap. 5.2.4, in dem Gebiet I

$$u_1(x) = A\mathrm{e}^{ik_0x} + B\mathrm{e}^{-ik_0x} .$$

In dem Gebiet II muss man beide Fundamentallösungen

$$u_2(x) = C\mathrm{e}^{k_1x} + D\mathrm{e}^{-k_1x}$$

benutzen, da infolge der endlichen Breite der Schwelle an dem rechten Rand eine weitere Reflexion stattfindet. Der Anteil der einfallenden Welle, der durch die Stufe gelaufen ist, wird durch die ebene Welle

$$u_3(x) = F\mathrm{e}^{ik_0x}$$

beschrieben. Die Lösungen in den drei Gebieten müssen durch Anschlussbedingungen verknüpft werden, die auf das Gleichungssystem

$$\begin{aligned} A + B &= C + D \\ \mathrm{i}k_0(A - B) &= k_1(C - D) \\ C\mathrm{e}^{k_1a} + D\mathrm{e}^{-k_1a} &= F\mathrm{e}^{\mathrm{i}k_0a} \\ k_1(C\mathrm{e}^{k_1a} - D\mathrm{e}^{-k_1a}) &= \mathrm{i}k_0F\mathrm{e}^{\mathrm{i}k_0a} \end{aligned} \tag{5.9}$$

führen. Setzt man hier $A = 1$, so verbleibt ein System von vier Gleichungen für vier unbekannte Koeffizienten, dessen vollständige Lösung in D.tail 5.6 besprochen wird. Für den Fall $E < V_0$ erhält man die folgenden Resultate für die Koeffizienten in (5.9)

$$B = 2(k_1^2 + k_0^2)\sinh k_1 a) f_N$$

$$C = 2\mathrm{i}k_0(k_1 + \mathrm{i}k_0)\mathrm{e}^{-k_1 a} f_N$$

$$D = 2\mathrm{i}k_0(k_1 - \mathrm{i}k_0)\mathrm{e}^{k_1 a} f_N$$

$$F = 4\mathrm{i}k_0 k_1 \mathrm{e}^{-\mathrm{i}k_1 a} f_N \,.$$

Der gemeinsame Faktor f_N ist

$$f_N = \frac{1}{4\mathrm{i}k_0 k_1 \left(\cosh k_1 a + \frac{\mathrm{i}}{2}\left(\frac{k_1}{k_0} - \frac{k_0}{k_1}\right)\sinh k_1 a\right)} \,.$$

Die daraus resultierende Wahrscheinlichkeitsverteilung ist in Abb. 5.18 dargestellt. Sie setzt sich aus einer Verteilung mit Interferenzstruktur in dem Gebiet I, einem exponentiell abfallenden Beitrag in dem Gebiet II, sowie in dem Gebiet III aus einem konstanten Anteil, der einer ebenen Welle entspricht, zusammen.

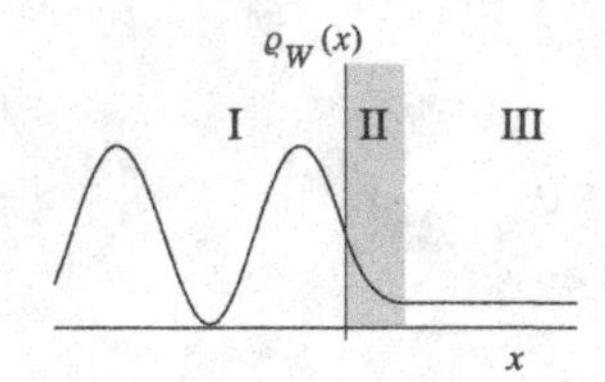

Abb. 5.18. Potentialschwelle Wahrscheinlichkeitsdichte ($E < V_0$)

Das Schwellenproblem mit $E < V_0$ ist ein Prototyp für den quantenmechanischen Tunnelprozess. Während die Schwelle in dieser Energiesituation für klassische Teilchen absolut undurchlässig ist, können Quantenteilchen in der gleichen Situation die Potentialschwelle durchdringen. Der Transmissionskoeffizient wird in diesem Beispiel durch die Amplitude der durchlaufenden Welle im Vergleich zu der Amplitude der einfallenden Welle

$$T = \left|\frac{F}{A}\right|^2$$

bestimmt. Mit der Lösung des Gleichungssystems (5.9) findet man

$$T = \frac{4}{(4\cosh^2 k_1 a + \varepsilon^2 \sinh^2 k_1 a)} \,, \tag{5.10}$$

wobei zur Abkürzung

$$\varepsilon = \left(\frac{k_1}{k_0} - \frac{k_0}{k_1}\right)$$

gesetzt wurde. Der Ausdruck für T vereinfacht sich für $k_1 a > 1$, d. h. eine nicht so durchlässige Schwelle. Es ist dann

$$\cosh k_1 a \approx \sinh k_1 a \approx \frac{1}{2}\mathrm{e}^{k_1 a}$$

und

$$T \approx 16\,\mathrm{e}^{-2k_1 a}\left(\frac{k_0 k_1}{k_0^2 + k_1^2}\right)^2 .$$

Die Transmission wird in der Hauptsache durch die Exponentialfunktion

$$\mathrm{e}^{-2k_1 a} = \exp\left[-\frac{2a}{\hbar}[2m_0(V_0 - E)]^{1/2}\right]$$

bestimmt. Die Zahl der Teilchen, die die Schwelle durchdringen, ist umso kleiner je breiter die Schwelle ist und je größer die Differenz $(V_0 - E) \propto k_1^2$ ist. Die Näherungsformel zeigt die typische Abhängigkeit des Tunneleffekts von der Planckschen Konstante auf. In dem Grenzfall $\hbar \to 0$ geht $T \to 0$. Dies ist der klassische Grenzfall. Hätte $\hbar$ hingegen eine andere Größenordnung (z. B. $\hbar = 1$), so könnte man auch beobachten, wie makroskopische Objekte durch makroskopische Schwellen tunneln. Zur Illustration dieser Bemerkung kann man einige konkrete Zahlenbeispiele betrachten:

- Für Elektronen ($m_e \approx 9 \cdot 10^{-28}$g) mit einer kinetischen Energie, die 10 eV unter einer Schwelle mit atomaren Dimensionen ($a = 10^{-8}$cm) liegt, findet man

  $$2k_1 a \approx 3.2 \quad\longrightarrow\quad \mathrm{e}^{-2k_1 a} \approx 0.04 .$$

- Bei einer makroskopischen Schwelle ($a = 1$ cm) ist

  $$2k_1 a \approx 3 \cdot 10^8 \quad\longrightarrow\quad \mathrm{e}^{-2k_1 a} \approx 0.00\ldots .$$

  Praktisch keines der Elektronen wird durch eine derartige Schwelle tunneln.
- Wäre $\hbar = 1$, so würden klassische Objekte von 10 g bei $V_0 - E = 0.1$ erg und einer Schwelle mit $a = 1$ cm wegen

  $$2k_1 a \approx 2.8 \quad\longrightarrow\quad \mathrm{e}^{-2k_1 a} \approx 0.06$$

  durchaus noch tunneln.

Bei der Diskussion der Situation mit $E > V_0$ ändert sich nur die Lösung in dem Gebiet II. Anstelle der reellen Exponentialfunktionen findet man eine Wellenfunktion aus gegenläufigen ebenen Wellen

$$u_2(x) = C'\mathrm{e}^{\mathrm{i}k_1' x} + D'\mathrm{e}^{-\mathrm{i}k_1' x} .$$

Ein bestimmter Anteil der Teilchen läuft nunmehr über die Schwelle hinweg anstatt zu tunneln.

5.2.6 Mehr zum Tunneleffekt

Ein direktes Beispiel für die Realität des Tunneleffekts ist der α-Zerfall von schweren Kernen. Es gibt in der Natur Kerne, die spontan (das heißt ohne äußere Einwirkung) α-Teilchen (He^4 Kerne) aussenden. Ein Beispiel für eine radioaktive Zerfallsreihe (mit Angabe der Halbwertszeit τ) ist

$$\begin{aligned}
{}^{234}_{92}\mathrm{U} &\longrightarrow {}^{4}_{2}\mathrm{He} + {}^{230}_{90}\mathrm{Th} && (\tau = 2.5 \cdot 10^5\ \mathrm{a}) \\
{}^{232}_{90}\mathrm{Th} &\longrightarrow {}^{4}_{2}\mathrm{He} + {}^{226}_{88}\mathrm{Ra} && (\tau = 8 \cdot 10^4\ \mathrm{a}) \\
{}^{226}_{88}\mathrm{Ra} &\longrightarrow {}^{4}_{2}\mathrm{He} + {}^{222}_{86}\mathrm{Rn} && (\tau = 1.6 \cdot 10^3\ \mathrm{a}) \\
{}^{222}_{86}\mathrm{Rn} &\longrightarrow {}^{4}_{2}\mathrm{He} + {}^{218}_{84}\mathrm{Po} && (\tau = 38\ \mathrm{s}) \\
{}^{218}_{84}\mathrm{Po} &\longrightarrow {}^{4}_{2}\mathrm{He} + {}^{214}_{82}\mathrm{Pb} && (\tau = 3\ \mathrm{min})\ .
\end{aligned}$$

An dieser Stelle wird die Zerfallsreihe zunächst durch β-Zerfall fortgesetzt

$$\begin{aligned}
{}^{214}_{82}\mathrm{Pb} &\longrightarrow \mathrm{e}^- + {}^{214}_{83}\mathrm{Bi} && (\tau = 27\ \mathrm{min}) \\
{}^{214}_{83}\mathrm{Bi} &\longrightarrow \mathrm{e}^- + {}^{214}_{84}\mathrm{Po} && (\tau = 19\ \mathrm{min})\ .
\end{aligned}$$

Der β-Zerfall ist kein Tunnelprozess, vielmehr findet im Kern ein Zerfall eines Neutrons statt ($\mathrm{n}^0 \longrightarrow \mathrm{p}^+ + \mathrm{e}^- + \bar{\nu}_\mathrm{e}$). Das Elektron (sowie das im Allgemeinen nicht beobachtete Elektron-Antineutrino) tritt aus dem Kern aus. Die Zerfallsreihe endet mit einem weiteren α-Zerfall in dem stabilen Blei-Isotop ${}^{210}_{82}\mathrm{Pb}$

$${}^{214}_{84}\mathrm{Po} \longrightarrow {}^{4}_{2}\mathrm{He} + {}^{210}_{82}\mathrm{Pb} \qquad (\tau = 1.6 \cdot 10^{-4}\ \mathrm{s})\ .$$

Ein einfaches Modell für die Bindung eines α-Teilchens in dem Kern (übertragen auf den Fall einer Raumdimension, siehe Abb. 5.19) ist ein Potentialtopf (Tiefe $-V_0$) umgeben von Potentialwänden (Höhe V_S). Das α-Teilchen befindet sich in einem anfänglichen Zustand mit $V_S > E > 0$. Ein klassisches Teilchen würde ewig zwischen den Potentialwänden hin und her laufen. Ein Quantenteilchen wird auch an den Wänden reflektiert (im U^{234}-Kern im Mittel 250 000 Jahre lang, im Po^{214}-Kern nur $1.6 \cdot 10^{-4}$ s), doch gibt es eine endliche Wahrscheinlichkeit dafür, dass das Teilchen die Wände durchdringen kann.

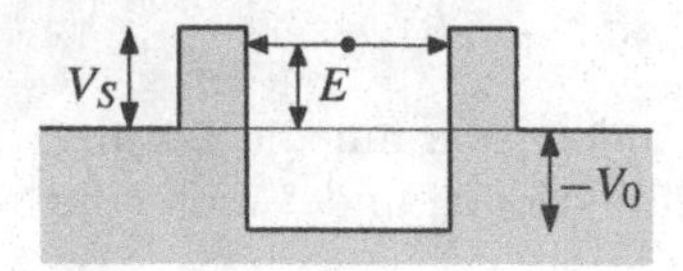

Abb. 5.19. Einfaches Potentialmodell eines α-Teilchens im Kern

Das einfache Modell für das effektive Potential, das die Bewegung eines α-Teilchen in einem Kern bestimmt, ist für eine quantitative Diskussion nicht realistisch genug. Ein realistischeres Potential (als Funktion des Abstandes r vom Kernmittelpunkt) zeigt die Abb. 5.20. Der Außenbereich der Schwelle wird durch die $1/r$-Coulombabstoßung zwischen dem Restkern und dem α-Teilchen charakterisiert. Der nach innen anschließende Bereich stellt die attraktive Wirkung der (starken) Kernkräfte dar. Die Berechnung der Transmission durch derartige Schwellen ist aufwendiger. Neben der Möglichkeit

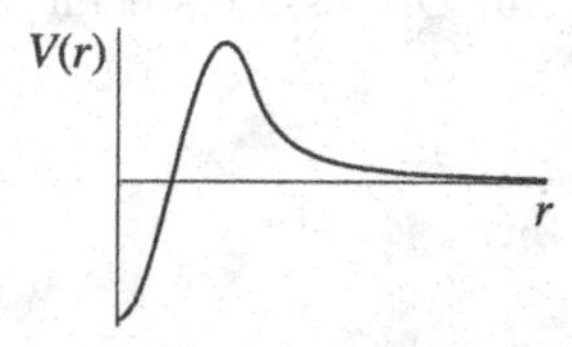

Abb. 5.20. Realistisches Potentialmodell eines α-Teilchens im Kern

einer numerischen Lösung der Schrödingergleichung bieten sich verschiedene Näherungsmethoden an. Die bekannteste, die *W*entzel-*K*ramers-*B*rillouin Methode (siehe Kap. 11.5), beruht auf einer Zerlegung einer beliebig geformten Schwelle in differentielle Rechteckschwellen. Die Transmission durch die gesamte Schwelle setzt sich in guter Näherung multiplikativ aus der Transmission durch die Einzelschwellen zusammen.

Zur formaleren Betrachtung des quantenmechanischen Tunnelns kann man die folgenden Überlegungen anstellen: Ein klassisches Teilchen in einem (eindimensionalen) Potentialtopf $V(x)$ (Abb. 5.21) hat eine konstante Gesamtenergie

$$E = \frac{p^2}{2m_0} + V(x) = \text{const.}$$

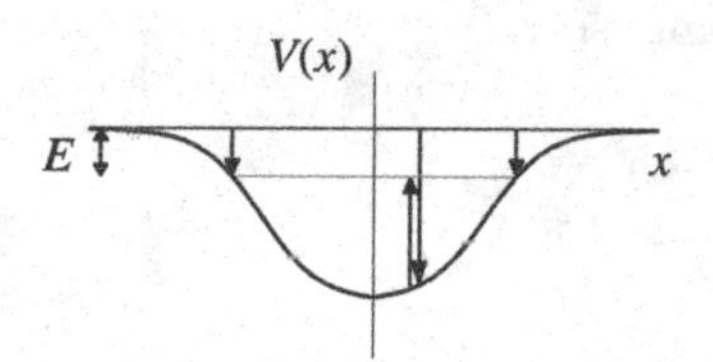

Abb. 5.21. Klassische Energiesituation in einem Potentialtopf

Aus der Lösung der entsprechenden Bewegungsgleichungen kann man $p(t)$ und $x(t)$ bestimmen und daraus die Funktion $p(x)$ gewinnen. Der Energiesatz lautet somit

$$E = \frac{p(x)^2}{2m_0} + V(x)\,.$$

Man kann für jede Position x die konstante Gesamtenergie in einen kinetischen Anteil $T(x)$ und einen potentiellen Anteil $V(x)$ zerlegen. An den klassischen Umkehrpunkten der Bewegung ist

$$p(x_U) = 0 \qquad E = V(x_U)\,.$$

Ein einfaches Beispiel ist ein harmonischer Oszillator (Federkonstante b, Amplitude A) mit

$$T(x) = \frac{b}{2}(A^2 - x^2) \qquad V(x) = \frac{b}{2}x^2 \qquad T(x) + V(x) = \frac{k}{2}A^2 .$$

Hat man es mit quantenmechanischen Teilchen zu tun, so ist eine derartige Zerlegung infolge der Unschärferelation nicht möglich. Zur Diskussion stehen die Operatoren

$$\hat{x},\ \hat{p},\ \hat{T},\ \hat{V},\ \hat{H} = \hat{T} + \hat{V} .$$

Es gelten, unter anderen, die Vertauschungsrelationen

$$[\hat{x}, \hat{V}] = 0 \qquad [\hat{p}, \hat{T}] = 0 \qquad [\hat{T}, \hat{V}] \neq 0 ,$$

sowie

$$[\hat{H}, \hat{O}] \neq 0 \quad \text{für} \quad \hat{O} = \hat{x},\ \hat{p},\ \hat{T},\ \hat{V} .$$

Man kann also Ort und potentielle Energie gleichzeitig messen, oder Impuls und kinetische Energie, nicht aber kinetische und potentielle Energie. Bei der Lösung der Schrödingergleichung legt man sich auf Eigenfunktionen des Hamiltonoperators

$$\hat{H}u_n(x) = E_n u_n(x) \qquad n = 1, 2, 3, \ldots$$

fest. Da $\hat{H}$ aber mit keinem der anderen Operatoren vertauscht, ergeben Messreihen der zugeordneten Observablen für Teilchen in diesem Zustand nur Mittelwerte mit einer wohldefinierten Streuung, so z. B.

$$\langle \hat{T} \rangle_n = -\frac{\hbar^2}{2m_0} \int_{-\infty}^{\infty} \mathrm{d}x\ u_n^*(x) \left(\frac{\mathrm{d}^2}{\mathrm{d}x^2} u_n(x) \right)$$

$$\Delta T_n = \left[\langle \hat{T}^2 \rangle_n - \langle \hat{T} \rangle_n^2 \right]^{1/2} \neq 0 .$$

Für Teilchen in einem stationären Energiezustand kann man nicht angeben, wo es genau ist, welchen genauen Impulswert oder welche genaue potentielle oder kinetische Energie es hat. Da eine Zerlegung der Gesamtenergie in die klassischen Anteile nicht möglich ist, entfällt die Beschränkung auf das klassisch erlaubte Gebiet.

5.2.7 Streuung an dem rechteckigen Potentialtopf

Die Streuung eines klassischen Teilchens an dem rechteckigen Potentialtopf (Abb. 5.22) aus Kap. 5.2.1 ist nicht sehr spektakulär. Läuft ein Teilchenstrahl mit der Energie $E = T_1 = p_1^2/2m_0$ (z. B. von links kommend) über

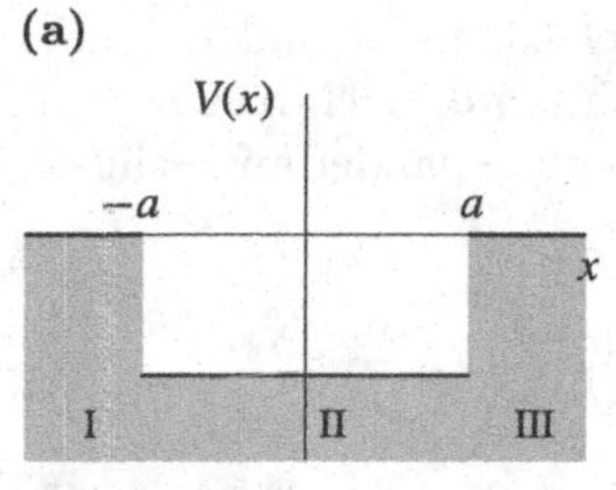

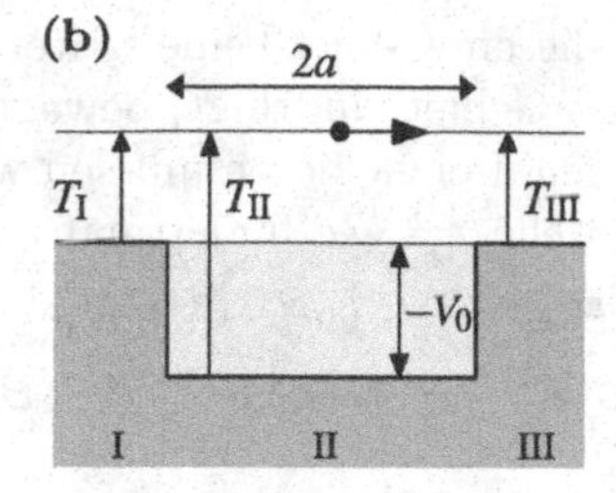

Abb. 5.22. Rechteckpotential: Streuung

den Kasten hinweg, so erfahren die Teilchen in dem Strahl an der ersten Potentialkante einen Kraftstoß. Über dem Kasten ist die Energie $E = T_2 - V_0$. Der Kraftstoß an der zweiten Kante ist genau so groß wie der an der ersten, aber entgegengesetzt gerichtet. Aus diesem Grund gilt in dem Gebiet III $E = T_3 \equiv T_1$. Für ein Quantenteilchen beobachtet man hingegen ein weiteres, typisch quantenmechanisches Phänomen: Resonanzeffekte in der Transmission bzw. Reflexion.

Die Lösung der stationären Schrödingergleichung

$$-\frac{\hbar^2}{2m_0}\frac{\mathrm{d}^2}{x^2}u(x) + V(x)u(x) = Eu(x)$$

mit $E > 0$ kann direkt aus den vorherigen Beispielen übernommen werden. In dem Gebiet I entspricht die Lösung

$$u_1(x) = A_1\mathrm{e}^{\mathrm{i}k_0x} + B_1\mathrm{e}^{-\mathrm{i}k_0x} \qquad \text{mit} \quad k_0 = \left[\frac{2m_0}{\hbar^2}E\right]^{1/2} > 0$$

einer einlaufenden und einer reflektierten Welle mit der Wellenzahl k_0. Die Schrödingergleichung in dem Gebiet II

$$\frac{\mathrm{d}^2}{x^2}u_2(x) + \frac{2m_0}{\hbar^2}(E + V_0)u_2(x) = 0$$

hat die allgemeine Lösung

$$u_2(x) = A_2\mathrm{e}^{\mathrm{i}k_1x} + B_2\mathrm{e}^{-\mathrm{i}k_1x} \qquad \text{mit} \quad k_1 = \left[\frac{2m_0}{\hbar^2}(E + V_0)\right]^{1/2} > 0\,.$$

Auch in diesem Gebiet gibt es eine nach rechts und eine nach links laufende ebene Welle, wobei die reflektierte Welle an der zweiten Kante entsteht. Die Wellenzahl k_1 ist größer als die Wellenzahl k_0. Die Teilchen laufen wie die klassischen Teilchen über dem Topf schneller. In dem Gebiet III ist es ausreichend, eine durchlaufende Welle

$$u_3(x) = A_3\mathrm{e}^{\mathrm{i}k_0x}$$

zu betrachten, da in diesem Gebiet keine weitere Reflexion stattfindet. Jedes Teilchen, das in dieses Gebiet eindringt, bewegt sich weiter nach rechts.

Die Lösungen in den drei Gebieten müssen wieder aneinander angeschlossen werden. An der Stelle $x = -a$ findet man

$$A_1 e^{-ik_0 a} + B_1 e^{ik_0 a} = A_2 e^{-ik_1 a} + B_2 e^{ik_1 a}$$
$$ik_0 (A_1 e^{-ik_0 a} - B_1 e^{ik_0 a}) = ik_1 (A_2 e^{-ik_1 a} - B_2 e^{ik_1 a}) ,$$

an der Stelle $x = +a$

$$A_2 e^{ik_1 a} + B_2 e^{-ik_1 a} = A_3 e^{ik_0 a}$$
$$ik_1 (A_2 e^{ik_1 a} - B_2 e^{-ik_1 a}) = ik_0 A_3 e^{ik_0 a} .$$

Der Koeffizient A_1 stellt wieder ein Maß für die Stärke des einfallenden Strahls dar, der als vorgegeben gelten kann. Die vier verbleibenden inhomogenen, linearen Gleichungen für die Relativkoeffizienten

$$B_1/A_1,\ A_2/A_1,\ B_2/A_1,\ A_3/A_1$$

haben eine eindeutige Lösung, falls die Koeffizientendeterminante des Gleichungssystems nicht verschwindet. Man kann sich explizit davon überzeugen, dass diese Bedingung für $E > 0$ immer erfüllt ist. Die eigentliche Lösung des Gleichungssystem ist etwas langatmig (◉ D.tail 5.7). Die notwendigen Schritte sind: Fasse die ersten zwei Gleichungen als Matrixgleichung auf

$$(\mathsf{M}_1)\begin{pmatrix} A_1 \\ B_1 \end{pmatrix} = (\mathsf{M}_2)\begin{pmatrix} A_2 \\ B_2 \end{pmatrix} ,$$

bestimme die Linksinverse zu (M_1) und erhalte

$$\begin{pmatrix} A_1 \\ B_1 \end{pmatrix} = (\mathsf{M}_1)^{-1}(\mathsf{M}_2)\begin{pmatrix} A_2 \\ B_2 \end{pmatrix} = (\mathsf{M}_3)\begin{pmatrix} A_2 \\ B_2 \end{pmatrix} .$$

Verfahre entsprechend mit den letzten zwei Gleichungen

$$(\mathsf{M}_1')\begin{pmatrix} A_2 \\ B_2 \end{pmatrix} = (\mathsf{M}_2')\begin{pmatrix} A_3 \\ 0 \end{pmatrix} ,$$

mit dem Resultat

$$\begin{pmatrix} A_2 \\ B_2 \end{pmatrix} = (\mathsf{M}_1')^{-1}(\mathsf{M}_2')\begin{pmatrix} A_3 \\ 0 \end{pmatrix} = (\mathsf{M}_3')\begin{pmatrix} A_3 \\ 0 \end{pmatrix} .$$

Kombination der beiden Aussagen liefert

$$\begin{pmatrix} A_1 \\ B_1 \end{pmatrix} = (\mathsf{M}_3)(\mathsf{M}_3')\begin{pmatrix} A_3 \\ 0 \end{pmatrix} = (\mathsf{M})\begin{pmatrix} A_3 \\ 0 \end{pmatrix} .$$

Für die weitere Diskussion werden die expliziten Elemente der Matrizen (M) und (M_3') benötigt. ◉ D.tail 5.7 entnimmt man die generelle Form

$$(\mathsf{M}) = \begin{pmatrix} M_{11} & 0 \\ M_{21} & 0 \end{pmatrix} \qquad (\mathsf{M}_3') = \begin{pmatrix} M_{11}' & 0 \\ M_{21}' & 0 \end{pmatrix} .$$

Damit kann man als Lösung des linearen Gleichungssytems die folgenden Relationen notieren: Die letzte Matrixgleichung ergibt

$$A_1 = M_{11} A_3 \quad \text{und} \quad B_1 = M_{21} A_3$$

bzw.

$$\frac{A_3}{A_1} = \frac{1}{M_{11}} \quad \text{und} \quad \frac{B_1}{A_1} = \frac{M_{21}}{M_{11}} ,$$

aus der Matrixgleichung mit (M_3') gewinnt man

$$A_2 = M_{11}' A_3 \quad \text{und} \quad B_2 = M_{21}' A_3$$

bzw.

$$\frac{A_2}{A_1} = \frac{M_{11}'}{M_{11}} \quad \text{und} \quad \frac{B_2}{A_1} = \frac{M_{21}'}{M_{11}} .$$

Für die vier Matrixelemente findet man mit den Abkürzungen

$$\alpha = \left(\frac{k_0}{k_1} + \frac{k_1}{k_0}\right) \qquad \beta = \left(\frac{k_0}{k_1} - \frac{k_1}{k_0}\right)$$

die Resultate

$$\begin{aligned}
M_{11} &= \mathrm{e}^{2\mathrm{i}k_0 a}\left(\cos 2k_1 a - \mathrm{i}\frac{\alpha}{2}\sin 2k_1 a\right) \\
M_{21} &= -\mathrm{i}\frac{\beta}{2}\sin 2k_1 a \\
M_{11}' &= \frac{1}{2}\left(1 + \frac{k_0}{k_1}\right)\mathrm{e}^{\mathrm{i}(k_0 - k_1)a} \\
M_{21}' &= \frac{1}{2}\left(1 - \frac{k_0}{k_1}\right)\mathrm{e}^{\mathrm{i}(k_0 + k_1)a} .
\end{aligned}$$

Damit sind alle relevanten Größen festgelegt. Im Weiteren interessiert jedoch vor allem die Gesamttransmission und die Gesamtreflexion. Da in den Gebieten I und III die gleiche Wellenzahl vorliegt, sind die entsprechenden Koeffizienten

$$T = \left|\frac{A_3}{A_1}\right|^2 = \frac{1}{|M_{11}|^2} = \frac{4}{(4\cos^2 2k_1 a + \alpha^2 \sin^2 2k_1 a)} . \tag{5.11}$$

Man erkennt eine gewisse Ähnlichkeit mit der Formel (5.10) für die Transmission durch die Schwelle[5]. Die Reflexion ist durch

$$R = \left|\frac{B_1}{A_1}\right|^2 = \left|\frac{M_{21}}{M_{11}}\right|^2 = \frac{\beta^2 \sin^2 2k_1 a}{(4\cos^2 2k_1 a + \alpha^2 \sin^2 2k_1 a)}$$

bestimmt. Man rechnet direkt nach, dass $R + T = 1$ ist.

[5] Ersetze in (5.10) k_1 durch $\mathrm{i}k_1$ und a durch $2a$.

Um die Transmission im Detail zu diskutieren, kann man sich entweder auf die Formel (5.11) stützen oder in dieser Formel die ursprünglichen Parameter a, E, V_0 wieder einzuführen

$$T = \left[\cos^2\left\{\frac{2a}{\hbar}\sqrt{2m_0(E+V_0)}\right\}\right.$$
$$\left. + \frac{1}{4}\left(\frac{E}{E+V_0} + 2 + \frac{E+V_0}{E}\right)\sin^2\left\{\frac{2a}{\hbar}\sqrt{2m_0(E+V_0)}\right\}\right]^{-1} . \quad (5.12)$$

Zur Diskussion der Transmission für einen vorgegebenen Potentialtopf (feste Werte von a, V_0) als Funktion der Einschussenergie E beginnt man zweckmäßigerweise mit der Diskussion der Extremfälle

- $E,\ k_1 \rightarrow \infty$: Der Vorfaktor der Sinusfunktion in (5.12) hat in diesem Grenzfall den Wert 1, so dass man $T = 1$ erhält. Teilchen mit genügend hoher Energie laufen ohne Reflexion über den Potentialtopf hinweg.
- $E \rightarrow 0,\ k_1 \rightarrow R_V$: In diesem Grenzfall geht der Vorfaktor der Sinusfunktion gegen ∞, so dass $T \longrightarrow 0$ strebt. Teilchen mit genügend niedriger Energie werden durch den Potentialtopf vollständig reflektiert.

Die Werte von T in diesen Grenzfällen werden jedoch nicht durch eine monotone Kurve verbunden, sondern infolge der trigonometrischen Funktionen, wie in Abb. 5.23 gezeigt, durch eine stark oszillierende Funktion. Es existieren

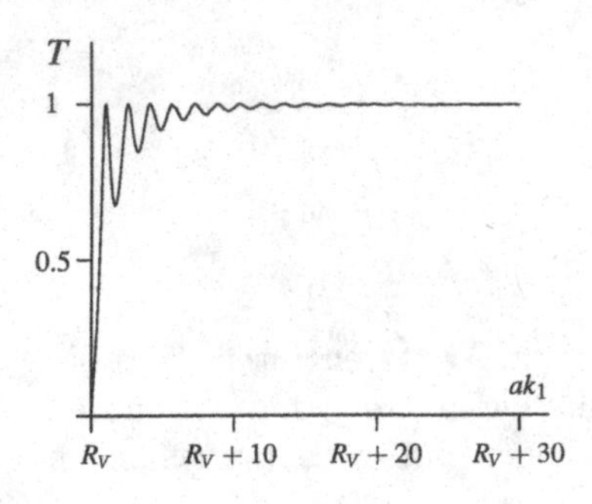

Abb. 5.23. Rechteckpotential: Transmissionskoeffizient $T(k_1)$ für $R_V = 10$

Energiewerte, für die der Potentialtopf vollkommen durchlässig ist. Die Tatsache, dass periodische Maximalwerte auftreten, entnimmt man direkt der Gleichung (5.11). Für $2k_1a = n\pi$ mit $n = 1, 2, 3, \ldots$ ist $\sin 2k_1a = 0$ und $\cos 2k_1a = (-1)^n$, und somit

$$T\left(k_1 = \frac{n\pi}{2a}\right) = 1 .$$

Die diesen Wellenzahlen entsprechenden Energiewerte sind

$$E_n = -V_0 + \frac{\hbar^2\pi^2n^2}{8m_0a^2} .$$

Zur Diskussion der Minima muss man die Bedingungen

$$\frac{\mathrm{d}T}{\mathrm{d}E} = 0 \qquad \frac{\mathrm{d}^2T}{\mathrm{d}E^2} > 0$$

auswerten. Man findet (D.tail 5.7), dass Minima näherungsweise für

$$2k_1 a \approx (2n+1)\frac{\pi}{2}$$

auftreten, also auf einer k_1-Skala ungefähr in der Mitte zwischen zwei Maxima liegen. Die Werte des Transmissionskoeffizienten für zwei aufeinanderfolgende Minima wachsen monoton

$$T(E_n^{\min}) < T(E_n^{\min}+1)\,.$$

Die Variation des Transmissionskoeffizienten mit den Topfparametern ist in Abb. 5.24a und b dargestellt. Falls der Parameter $R_V = a\sqrt{2m_0V_0/\hbar^2}$ klein ist, so sind die Oszillationen der Funktion $T(E/V_0)$ auf einen kleinen Bereich beschränkt und relativ schwach. Ist R_V hingegen groß, so weist die Kurve $T(E/V_0)$ viele und sehr starke Fluktuationen auf.

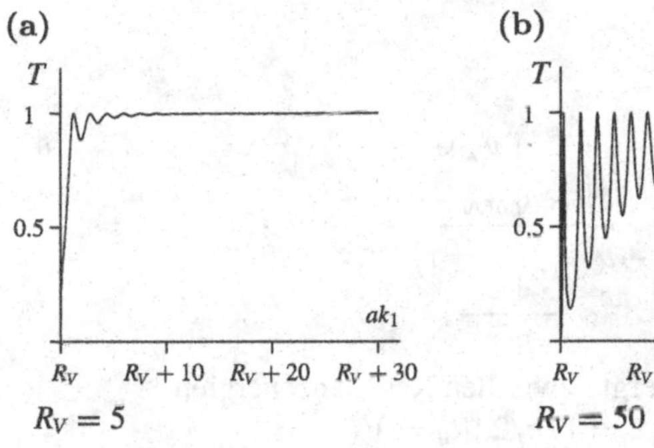

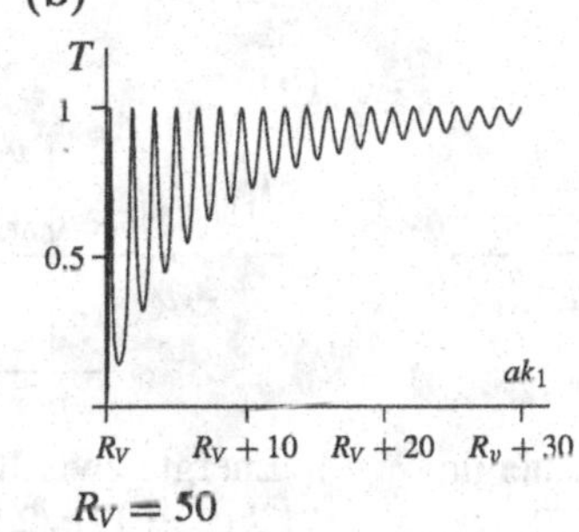

Abb. 5.24. Rechteckpotential: Transmissionskoeffizient $T(k_1, R_V)$

Die *Resonanzstruktur* des Transmissionskoeffizienten (und entsprechend des Reflexionskoeffizienten) ist eine typisch quantenmechanische Eigenschaft. Diese Aussage wird schon durch die Betrachtung der de Brogliewellenlänge $\lambda_B = h/p$ der Teilchen *über* dem Topf unterstrichen. Für die Energiewerte mit maximaler Transmission gilt

$$\lambda_{B,1} = \frac{2\pi}{k_1} = \frac{4a}{n} \qquad n = 1,\,2,\,3,\,\ldots\,.$$

Die de Brogliewellenlänge der Teilchen ist genau auf die Breite des Topfes abgestimmt (Abb. 5.25).

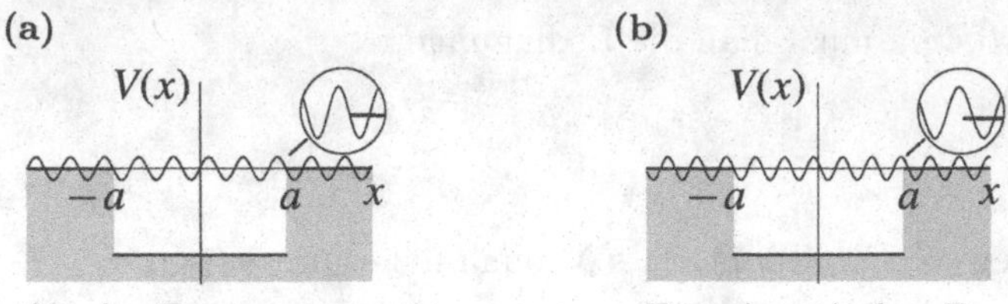

Abb. 5.25. Streuung am Rechteckpotential: de Brogliewellenlängen

Betrachtet man zusätzlich die Wahrscheinlichkeitsdichte, so findet man eine korrespondierende Situation. Für eine Resonanzenergie (Abb. 5.26a) ist die Wahrscheinlichkeitsdichte vor und hinter dem Topf gleich groß und konstant. Es werden an der vorderen Kante keine Teilchen reflektiert, alle Teilchen in dem Strahl laufen letztlich über den Potentialtopf hinweg. Die Interferenzstruktur über dem Potentialtopf, die durch zwei 'gegenläufige' Wellen erzeugt wird, zeigt jedoch auf, dass an den inneren Kanten Reflexion stattfindet. Liegt die Einschussenergie zwischen zwei Resonanzenergien (in Abb. 5.26b) für einen Fall mit minimaler Transmission), so wird ein Großteil des einfallenden Strahls schon an der ersten Kante reflektiert und nur ein Bruchteil dringt in den Potentialtopf ein.

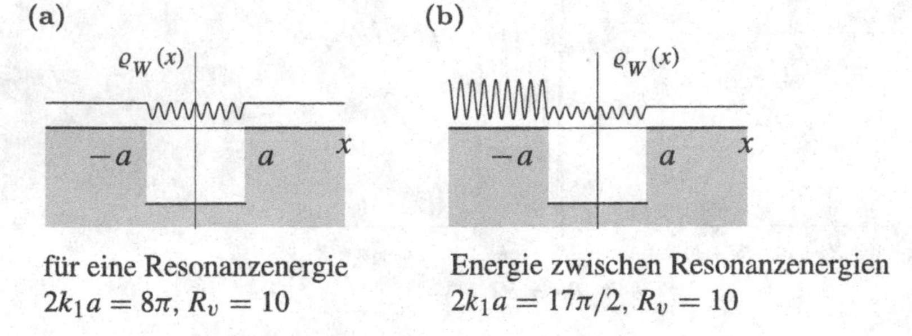

Abb. 5.26. Streuung am Rechteckpotential: Wahrscheinlichkeitsdichte

Die Resonanzstrukturen, die hier durch explizite Lösung der Schrödingergleichung aufgedeckt wurden, haben einen subtilen, mathematischen Hintergrund. Ein weitergehender Einblick wird in Band 4 unter dem Stichwort 'analytische Struktur der S-Matrix' folgen.

5.2.8 Periodische Potentiale: Ein Beispiel aus der Festkörperphysik

Die Liste von Beispielen zur Lösung der Schrödingergleichung mit stückweise stetigen Potentialen kann noch erweitert werden. Eine besondere Klasse von

Beispielen stellen periodische Potentiale, wie z. B. die in Abb. 5.27a gezeigte periodische Potentialschwelle mit der Periode $l = 2a+2b$, dar. Dieses Potential, bekannt unter dem Namen Kronig-Penney Potential, ist ein einfaches Modell für das Potential, dem ein Elektron in einem (eindimensionalen) Kristall ausgesetzt ist. Derartige Potentiale erlauben es, Einblicke in die Struktur der Festkörper zu gewinnen. Eines der Phänomene, das man anhand solcher Potentiale studieren kann, ist das Auftreten von Energiebändern (Abb. 5.27b). Während für ein freies Elektron die Relation $E \propto k^2$ gilt, erhält man für die quasifreien Elektronen in einem periodischen Potential einen diskontinuierlichen Zusammenhang zwischen Energie und Wellenzahl (siehe Kap. 15.3.3). Es treten Bereiche von erlaubten Energiewerten $E = E(k)$ auf, die durch Bereiche von nicht erlaubten Energiewerten getrennt sind.

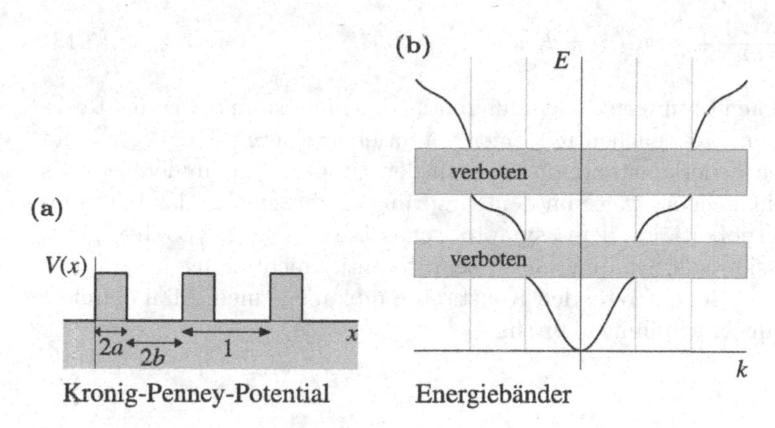

Abb. 5.27. Periodische Potentiale

5.3 Oszillatorprobleme

Wie in der klassischen Mechanik spielen in der Quantenmechanik Oszillatorprobleme eine besondere Rolle. Das wichtigste Beispiel ist natürlich der harmonische Oszillator, der hier in der eindimensionalen Variante diskutiert wird. Die Bedeutung des harmonischen Oszillators ist aus der klassischen Physik bekannt. Jede potentielle Energie mit einer Minimalstelle kann in einer Umgebung dieser Stelle durch ein Oszillatorpotential genähert werden. Man erwartet, dass ein Teilchen in der Potentialmulde bei geringer Energiezufuhr in entsprechender Näherung harmonisch um die Gleichgewichtslage schwingt. Die Frage, die es zu beantworten gilt, lautet: Wie beschreibt man eine harmonische Schwingung in der Quantenwelt?

Auf eine ausführliche Diskussion des quantenmechanischen harmonischen Oszillatorproblems folgt eine wesentlich kürzere Betrachtung des anharmonischen Oszillators. Den Abschluss bildet eine Untersuchung der Bewegung von

Wellenpaketen in einem Oszillatorpotential durch Lösung der zeitabhängigen Schrödingergleichung.

5.3.1 Der harmonische Oszillator

Das klassische, eindimensionale Oszillatorproblem wird durch die Hamiltonfunktion

$$H = \frac{p^2}{2m_0} + \frac{b}{2}x^2$$

charakterisiert, das entsprechende quantenmechanische Problem durch die stationäre Schrödingergleichung

$$-\frac{\hbar^2}{2m_0}\frac{\mathrm{d}^2u(x)}{\mathrm{d}x^2} + \frac{b}{2}x^2u(x) = E\,u(x)\,. \tag{5.13}$$

Zu den möglichen Lösungen dieser Differentialgleichung kann man ohne Rechnung bemerken: Ein Teilchen mit einer potentiellen Energie $V(x) \propto x^2$ und einer positiven Federkonstanten b muss an den Ursprung gebunden sein. Es kann sich nicht beliebig weit von dem Ursprung entfernen. Da das harmonische Oszillatorpotential in dem asymptotischen Bereich[6] gegen ∞ divergiert, ist die Diskussion von Streuung an diesem Potential nicht sinnvoll.

Es ist üblich, die auftretenden Konstanten umzubenennen. Man definiert eine Wellenzahl k, wie immer durch

$$k = \frac{\sqrt{2m_0E}}{\hbar}$$

und eine effektive Federkonstante λ durch

$$\lambda = \frac{\sqrt{m_0b}}{\hbar}\,.$$

Die Schrödingergleichung lautet dann

$$\frac{\mathrm{d}^2u(x)}{\mathrm{d}x^2} + (k^2 - \lambda^2x^2)u(x) = 0\,. \tag{5.14}$$

Eine weitere Reduktion in der Notation ergibt sich durch die Substitution $y = \sqrt{\lambda}\,x$. Wegen

$$\frac{\mathrm{d}^2}{\mathrm{d}x^2} = \lambda\frac{\mathrm{d}^2}{\mathrm{d}y^2}$$

erhält man

$$\lambda\frac{\mathrm{d}^2u(y)}{\mathrm{d}y^2} + (k^2 - \lambda y^2)u(y) = 0$$

[6] $x \longrightarrow \pm\infty$ in dem vorliegenden Fall.

und mit einem Energieparameter ε bezogen auf die effektive Federkonstante

$$\varepsilon = \frac{k^2}{\lambda}$$

letztlich die Form[7]

$$\frac{\mathrm{d}^2 u(y)}{\mathrm{d}y^2} + (\varepsilon - y^2)u(y) = 0 \quad \longrightarrow \quad u''(y) + (\varepsilon - y^2)u(y) = 0\,. \tag{5.15}$$

Der Energieparameter ε ist mit der Energie E wegen

$$\varepsilon = \frac{k^2}{\lambda} = \frac{2m_0E}{\hbar^2}\frac{\hbar}{\sqrt{m_0 b}} = \frac{2E}{\hbar\sqrt{b/m_0}} = \frac{2E}{\hbar\omega}$$

durch die Relation

$$E = \frac{\hbar\omega}{2}\,\varepsilon \tag{5.16}$$

verknüpft. Die Größe $\omega = \sqrt{b/m_0}$ ist die Kreisfrequenz des klassischen Oszillators.

Die Differentialgleichung (5.15) ist eine lineare Differentialgleichung zweiter Ordnung mit variablen Koeffizienten. Der Lösungsprozess ist aus diesem Grund etwas aufwendiger. Der erste Schritt bei der Diskussion von gebundenen Zuständen ist die Untersuchung des asymptotischen Verhaltens der Lösung. Ist y^2 groß, so dominiert in (5.15) der Term y^2u über den Term εu. Die asymptotische Differentialgleichung

$$u''(y) - y^2u(y) = 0 \quad \text{für} \quad y \longrightarrow \pm\infty$$

muss jedoch nicht allgemein gelöst werden. Es genügt, eine Lösung zu finden, die in dem Grenzfall gültig ist. Man zeigt, dass

$$u(y) = y^n \mathrm{e}^{\pm y^2/2}$$

eine asymptotische Lösung der asymptotischen Differentialgleichung ist, denn man erhält für den führenden Term

$$u' = ny^{n-1}\mathrm{e}^{\pm y^2/2} \pm y^{n+1}\mathrm{e}^{\pm y^2/2} \quad \longrightarrow \quad \pm y^{n+1}\mathrm{e}^{\pm y^2/2}\,,$$

und entsprechend

$$u'' = \pm(n+1)y^n\mathrm{e}^{\pm y^2/2} + y^{n+2}\mathrm{e}^{\pm y^2/2} \quad \longrightarrow \quad y^{n+2}\mathrm{e}^{\pm y^2/2}\,.$$

Die Randbedingung für gebundene Zustände erfordert, dass die Lösung quadratintegrabel sein muss. Dies ist für die Funktionen mit $\exp[+y^2/2]$ nicht

[7] Die Notation für die Ableitungen impliziert Differentiation nach den jeweiligen Koordinaten.

gegeben. Das asymptotische Verhalten wird alleine durch die abfallende Exponentialfunktion bestimmt

$$u(y) \stackrel{y \to \pm\infty}{\longrightarrow} y^n \mathrm{e}^{-y^2/2} \,. \tag{5.17}$$

Anhand des asymptotischen Verhaltens der Lösung erscheint die Substitution

$$u(y) = H(y)\mathrm{e}^{-y^2/2}$$

nützlich. In diesem Ansatz wird das asymptotische Verhalten abgetrennt, so dass man (vermutlich) schon einen Teil des Problems unter Kontrolle hat. Geht man mit diesem Ansatz in die Differentialgleichung (5.15) ein und spaltet die Exponentialfunktion ab, so erhält man als Differentialgleichung für die Funktion $H(y)$

$$H''(y) - 2yH'(y) + (\varepsilon - 1)H(y) = 0 \,.$$

Es ist auf den ersten Blick nicht abzusehen, dass man mit der Substitution viel gewonnen hat. Ein zweiter Blick zeigt jedoch, dass diese Differentialgleichung angenehmere Eigenschaften hat als die ursprüngliche Differentialgleichung für die Funktion u. Das Auftreten der Potenz x^2 bzw. y^2 in der ursprünglichen Differentialgleichung (5.14) bedingt eine dreigliedrige Rekursion, wenn man versucht eine Lösung der Differentialgleichung (5.15) für u über einen Potenzreihenansatz zu gewinnen (◉ D.tail 5.8). Der Ansatz

$$H(y) = \sum_{k=0}^{\infty} a_k y^k$$

für die Funktion H führt hingegen auf die zweigliedrige Rekursion

$$a_{k+2} = \frac{(2k+1) - \varepsilon}{(k+1)(k+2)}\, a_k \,.$$

Die Rekursionsformel verknüpft Koeffizienten, deren Index sich um 2 erhöht. Da eine homogene Differentialgleichung vorliegt, kann man somit a_0 als auch a_1 frei wählen. Mit der Wahl

- $a_0 \neq 0 \quad a_1 = 0$ sind die Lösungen gerade Funktionen

  $$H(y) = \sum_{k=0}^{\infty} a_{2k} y^{2k} \,,$$

  also, wie für ein symmetrisches Potential sinnvoll, Eigenfunktionen mit positiver Parität.

- Für $a_0 = 0 \quad a_1 \neq 0$ sind die Lösungen ungerade Funktionen

$$H(y) = \sum_{k=0}^{\infty} a_{2k+1} y^{2k+1} ,$$

also Eigenfunktionen mit negativer Parität.

Falls ε beliebige Werte annimmt, führt die Rekursion im Allgemeinen auf eine unendliche Reihe, für die (siehe S. 132 für eine Begründung)

$$\lim_{y \to \pm\infty} H_\varepsilon(y) e^{-y^2/2} \longrightarrow \pm\infty$$

gilt. Diese Funktionen sind nicht quadratintegrabel. Für die Werte

$$\varepsilon = (2n+1) \qquad n = 0, 1, 2, \ldots$$

bricht die Rekursion jedoch ab. Die resultierenden Polynomlösungen stellen, zusammen mit dem abfallenden Exponentialfaktor, quadratintegrable Lösungen dar. Man erkennt auch an diesem Beispiel: Es ist nicht die Schrödingergleichung alleine, die zur Quantisierung der Energie führt, sondern die Randwertaufgabe, die mit dieser Gleichung gestellt wird.

Die Eigenfunktionen für ganzzahlige Werte der Quantenzahl n sind

$$H_n(y) = \sum_{k=0}^{n/2} a_{2k} y^{2k} \qquad n = 0, 2, 4, \ldots$$

$$H_n(y) = \sum_{k=0}^{(n-1)/2} a_{2k+1} y^{2k+1} \qquad n = 1, 3, 5, \ldots ,$$

bzw. explizit anhand der Rekursionsformel für niedrige Werte von n

$$\begin{array}{ll}
n = 0 & H_0(y) = a_0 \\
n = 1 & H_1(y) = a_1 y \\
n = 2 & H_2(y) = a_0(1 - 2y^2) \\
n = 3 & H_3(y) = a_1 y \left(1 - \frac{2}{3} y^3\right) \\
n = 4 & H_4(y) = a_0 \left(1 - 4y^2 + \frac{4}{3} y^4\right) \\
\vdots &
\end{array}$$

Man bezeichnet diese Funktionen als die *Hermiteschen Polynome.* Üblicherweise werden für die Koeffizienten die Zahlenwerte $a_0 = 1$ und $a_1 = 2$ gewählt.

Für die Hermiteschen Polynome existiert, wie für andere spezielle Funktionen der mathematischen Physik, ein vollständiger Katalog von Eigenschaften. Die wichtigsten Eigenschaften sind in Math.Kap. 2.2 zusammengestellt.

Die Detaildiskussion der Lösung des quantenmechanischen Oszillatorproblems beginnt mit der Betrachtung des Energiespektrums. Mit (5.16) folgt für die zulässigen Energiewerte des eindimensionalen Oszillators (Abb. 5.28)

$$E_n = \hbar\omega \left(n + \frac{1}{2}\right) \qquad n = 0, 1, 2, \ldots \,. \tag{5.18}$$

Das Energiespektrum eines harmonisch oszillierenden Quantensystems ist einfach zu identifizieren, es ist äquidistant

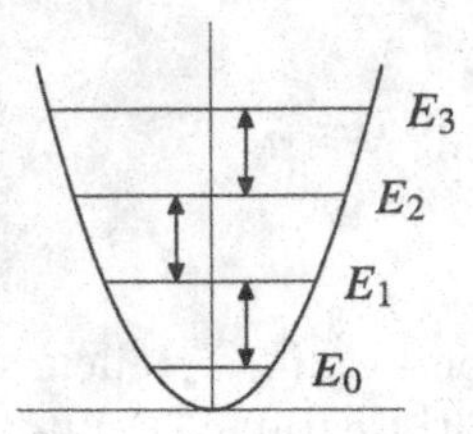

Abb. 5.28. Harmonisches Energiespektrum

$$\Delta E = E_{n+1} - E_n = \hbar\omega \,.$$

Der niedrigste zulässige Energiewert ist

$$E_0 = \frac{1}{2}\hbar\omega \,.$$

Man bezeichnet diese Minimalenergie als *Nullpunktsenergie*. Diese Bezeichnung beruht auf der folgenden Vorstellung: Atome (Ionen) in einem Festkörper schwingen in erster Näherung nach der Oszillatorformel, und zwar um so stärker je mehr Wärme dem Festkörper zugeführt wird. Erniedrigt man die Temperatur gegen den Grenzwert $T \to 0°$ K, so sind die Atome nicht in dem Potentialminimum eingefroren, sondern schwingen immer noch mit der Nullpunktsenergie (Abb. 5.29). Dieses Quantenphänomen zeigt sich deutlich in dem Verhalten von Materialkonstanten (wie z. B. der spezifischen Wärme) bei tiefen Temperaturen.

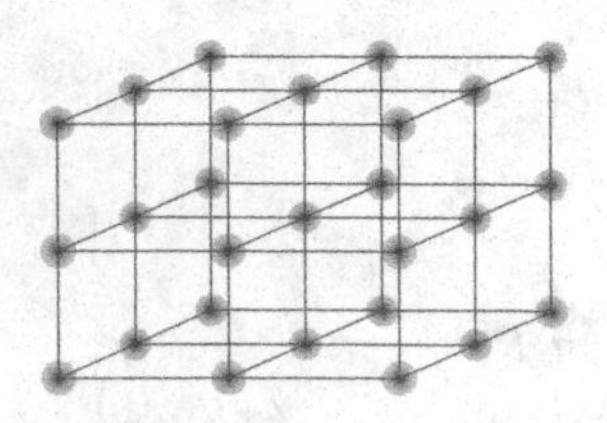

Abb. 5.29. Kristall bei $T = 0° K$: Nullpunktsbewegung

Das Auftreten der Nullpunktsenergie ist eine Konsequenz der Unschärferelation. Schreibt man die Minimalenergie in der Form

$$E_{\min} = \frac{(\Delta p)^2}{2m_0} + \frac{b}{2}(\Delta x)^2 ,$$

so erkennt man, dass $E_{\min} = 0$ nur möglich ist, falls sowohl Δp als auch Δx gleich Null sind. Es ist jedoch

$$\Delta p \approx \frac{\hbar}{2\,\Delta x} .$$

Die erreichbare Minimalenergie ist deswegen durch

$$\frac{\mathrm{d}}{\mathrm{d}(\Delta x)}\left\{\frac{\hbar^2}{8m_0}\frac{1}{(\Delta x)^2} + \frac{b}{2}(\Delta x)^2\right\} = 0$$

bestimmt. Es folgt

$$-\frac{\hbar^2}{4m_0}\frac{1}{(\Delta x)^3} + b\Delta x = 0 ,$$

bzw.

$$(\Delta x)^2 = \frac{\hbar}{2}\sqrt{\frac{1}{m_0 b}} \quad \text{und} \quad (\Delta p)^2 = \frac{\hbar}{2}\sqrt{m_0 b} .$$

Damit erhält man

$$E_{\min} = \frac{\hbar}{4}\sqrt{\frac{b}{m_0}} + \frac{\hbar}{4}\sqrt{\frac{b}{m_0}} = \frac{1}{2}\hbar\omega .$$

Die Nullpunktsenergie ist die minimal mögliche Energie, die mit der Unschärferelation verträglich ist.

Die vollständigen Eigenfunktionen des Oszillatorproblems sind

$$u_n(x) = A_n H_n(\sqrt{\lambda}\,x)\mathrm{e}^{-\lambda x^2/2} \qquad n = 0, 1, 2, \ldots . \tag{5.19}$$

Der Parameter λ wird durch die Federkonstante b und die Masse des Oszillators bestimmt

$$\lambda = \frac{1}{\hbar}\sqrt{m_0 b} ,$$

die Normierungskonstante A_n ergibt sich aus

$$\int_{-\infty}^{\infty} \mathrm{d}x\; u_n^*(x) u_n(x) = 1$$

zu (D.tail 5.8)

$$A_n = \left[\sqrt{\frac{\lambda}{\pi}}\frac{1}{2^n n!}\right]^{1/2} .$$

Weitere Aussagen zu den Funktionen $u_n(x)$, wie z. B. die Orthogonalitätsrelation

$$\int_{-\infty}^{\infty} \mathrm{d}x\, u_m^*(x) u_n(x) = \delta_{mn} ,$$

folgen direkt aus den Eigenschaften der Hermitepolynome.

Die Funktionen u_n sind gleichzeitig Eigenfunktionen des Paritätsoperators

$$\hat{P} u_n(x) = (-1)^n u_n(x) .$$

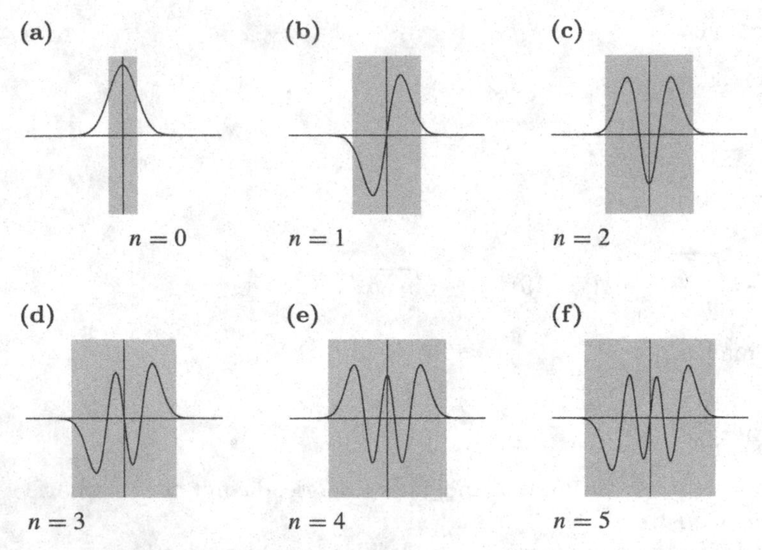

Abb. 5.30. Oszillatorwellenfunktionen

In der Abb. 5.30 sind die ersten sechs Eigenfunktionen abgebildet. Den Abbildungen entnimmt man die folgenden Aussagen:

- Die Grundzustandswellenfunktion ist eine *Glocken-* oder *Gaußkurve*. Die Wellenfunktionen der angeregten Zustände sind, entsprechend der größeren klassischen Amplituden, über einen größeren Raumbereich verteilt, weisen aber alle den starken exponentiellen Abfall auf. Die Zahl der Nulldurchgänge der Wellenfunktionen (die Stellen mit der Aufenthaltswahrscheinlichkeit Null entsprechen) entspricht genau der Quantenzahl n.
- In den Abbildungen ist jeweils der klassisch erlaubte Bereich durch einen Balken markiert. Ein quantenmechanisches Teilchen tunnelt über diesen Bereich hinaus. Man beobachtet aber auch, dass die Übereinstimmung von klassischem und Quantenbereich umso besser ist, je größer die Quantenzahl n ist. Dies entspricht einer Variante des Korrespondenzprinzips, die besagt, dass die Aussagen der Quantenmechanik für große Quantenzahlen mit den Aussagen der klassischen Mechanik übereinstimmen.

Die klassische und die quantenmechanische Aufenthaltswahrscheinlichkeit für Zustände mit $n = 2$ und $n = 10$ werden in Abb. 5.31 gegenübergestellt.

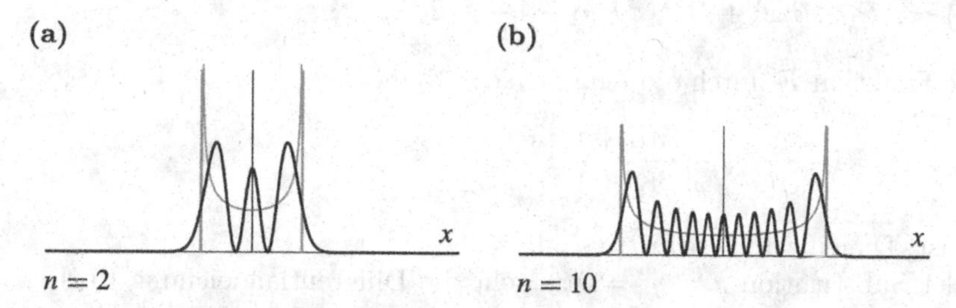

Abb. 5.31. Klassische (grau) versus quantenmechanische Aufenthaltswahrscheinlichkeit

Die quantenmechanische Aufenthaltswahrscheinlichkeit für $n = 10$

$$\varrho_{10} = A_{10}^2 H_{10}^2(\sqrt{\lambda}x)\mathrm{e}^{-\lambda x^2}$$

weist infolge der Wellennatur Interferenzstrukturen auf. Die Definition der klassischen Aufenthaltswahrscheinlichkeit beruht auf dem Argument, dass sie umso größer ist, je kleiner die Geschwindigkeit ist. Mit $x = A\sin\omega t$ also

$$\varrho_{\text{klass}} = \frac{B}{\sqrt{A^2 - x^2}} \propto \frac{1}{v} .$$

Die Amplitude A ist durch $A = \sqrt{2E_{10}/b}$, die Konstante B durch die Normierung

$$\int_{-\infty}^{\infty} \mathrm{d}x\, \varrho_{\text{klass}}(x) = 1$$

gegeben. Man erkennt (wenn man von den Unstetigkeitsstellen an den klassischen Umkehrpunkten absieht), dass die Aufenthaltswahrscheinlichkeiten im Mittel gut übereinstimmen. Der Tunneleffekt ist für $n = 10$ nicht sehr ausgeprägt.

5.3.2 Der harmonische Oszillator: Alternativer Lösungsweg

Die Differentialgleichung für die Hermiteschen Polynome

$$H''(y) - 2yH'(y) + (\varepsilon - 1)H(y) = 0 \tag{5.20}$$

kann in die Differentialgleichung für die konfluente hypergeometrische Funktion

$$zW''(z) + (\beta - z)W'(z) - \alpha W(z) = 0$$

übergeführt werden. Die allgemeine Lösung dieser Differentialgleichung vom Fuchsschen Typ ist

$$W(z) = AF(\alpha, \beta; z) + Bz^{1-\beta}F(\alpha + 1 - \beta, 2 - \beta; z)\,,$$

wobei die Funktion F durch die Kummersche Reihe

$$F(\alpha, \beta; z) = 1 + \frac{\alpha}{\beta}z + \frac{1}{2!}\frac{\alpha(\alpha+1)}{\beta(\beta+1)}z^2 + \ldots$$

definiert ist. Die einzelnen Schritte sind:

Mit der Substitution $z = y^2 = \lambda x^2$ geht die Differentialgleichung (5.20) in

$$zH''(z) + \left(\frac{1}{2} - z\right)H'(z) + \left(\frac{\varepsilon}{4} - \frac{1}{4}\right)H(z) = 0$$

über. Mit der Identifizierung

$$\alpha = -\left(\frac{\varepsilon}{4} - \frac{1}{4}\right) \qquad \beta = \frac{1}{2}$$

kann man die allgemeine Lösung in der Form

$$H(z) = AF(\alpha, 1/2; z) + Bz^{1/2}F(\alpha + 1/2, 3/2; z)$$

angeben. Der erste Term entspricht einer geraden Funktion in x, der zweite einer ungeraden. Die konfluente hypergeometrische Funktion verhält sich asymptotisch wie

$$F(\alpha, 1/2; z) \overset{z\to\infty}{\longrightarrow} z^{\alpha-1/2}\mathrm{e}^{z}\,,$$

falls α keine negative ganze Zahl ist. Die Gesamtlösung $u(z) = H(z)\mathrm{e}^{-z/2}$ ist dann im Allgemeinen keine quadratintegrable Funktion. Beachtet man die Klassifikation gemäß der Parität, so gibt es zwei Möglichkeiten für quadratintegrable Lösungen:

- Es ist $B = 0$ und $\alpha = -k,\ k = 0,\,1,\,2,\,\ldots$. Es folgt dann $\varepsilon = 4k + 1$ bzw.

  $$E_{2k} = \left(2k + \frac{1}{2}\right)\hbar\omega\,.$$

  Die zugehörigen Eigenfunktionen sind

  $$u_{2k}(x) = A\,F(-k, 1/2; \lambda x^2)\,\mathrm{e}^{-\lambda x^2/2}\,.$$

  Die Funktion F ist in diesem Fall ein Polynom, das bis auf die Normierung mit H_{2k} übereinstimmt.

- Es ist $A = 0$ und $\alpha + 1/2 = -k$, $k = 0, 1, 2, \ldots$. Hier findet man

$$E_{2k+1} = \left(2k + \frac{3}{2}\right)\hbar\omega$$

und

$$u_{2k+1}(x) = B\,x\,F(-k, 3/2; \lambda x^2)\,\mathrm{e}^{-\lambda x^2/2}\;.$$

Die weitere Diskussion der Lösung, die ab dieser Stelle folgt, könnte somit alternativ anhand der Eigenschaften der konfluenten hypergeometrischen Funktion durchgeführt werden.

Die konfluente hypergeometrische Funktion wird in Bd. 2, Math.Kap. 4.6 eingeführt. Eine ausführlichere Auseinandersetzung mit dieser oft zitierten Funktion findet man in Math.Kap. 2.1 zu diesem Band.

5.3.3 Bemerkungen zu anharmonischen Oszillatoren

Die Entwicklung der potentiellen Energie eines Massenpunktes um eine Minimalstelle bei $x = 0$ in der eindimensionalen Welt führt auf

$$V(x) = \frac{b_2}{2}x^2 + b_3x^3 + b_4x^4 + \ldots\;.$$

Die Diskussion in diesem Abschnitt soll auf die ausgeschriebenen Terme beschränkt bleiben. Die Federkonstante b_2 ist für die meisten Fälle von Interesse positiv. Die Vorzeichen der zwei anderen Koeffizienten können in allen möglichen Kombinationen auftreten. Eine analytische Lösung der Schrödingergleichung mit diesem Potential ist nicht möglich. Für die quasigebundenen Zustände ist ein Zugang über die Störungstheorie (Kap. 11.3) möglich, ansonsten ist man auf eine numerische Behandlung angewiesen.

Ist $b_4 = 0$ (x^3-Oszillator), so dominiert für große Werte von x der Term in x^3. Je nach Vorzeichen von b_3 ergeben sich ($b_2 > 0$ vorausgesetzt) die in Abb. 5.32a und b angedeuteten Möglichkeiten. In beiden Fällen hat sich

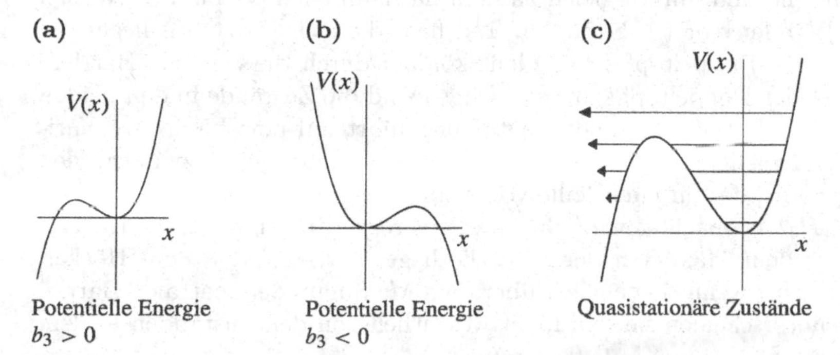

Abb. 5.32. Anharmonischer x^3-Oszillator

die Struktur des Problems deutlich geändert: Eine steile Barriere steht einem Potentialwall gegenüber, durch den das Teilchen tunneln kann. In dieser Situation sind keine gebundenen Zustände möglich, bestenfalls existieren quasigebundene Zustände falls $|b_3| \ll |b_2|$ ist. Wie in Abb. 5.32c angedeutet, muss dann der Wall breit und hoch, der anschließende Topf entsprechend tief sein. Die Transmissionskoeffizienten für Zustände nahe dem Boden des Topfes sind sehr klein, so dass diese Zustände eine sehr große Lebensdauer haben. Teilchen in diesen Zuständen sind aus praktischer Sicht gebunden.

Für $b_3 = 0$ und $b_2, b_4 \neq 0$ (x^4-Oszillator) findet man im Wesentlichen die in Abb. 5.33 gezeigten Möglichkeiten. Der in Abb. 5.33a gezeigte Fall ($b_4 > 0$) ist der einfachste. Die potentielle Energie unterscheidet sich von der des harmonischen Oszillators durch steilere 'Wände'. Es existieren nur gebundene Zustände. Die tiefer liegenden können mittels Störungstheorie berechnet werden, falls die Anharmonizität nicht zu groß ist.

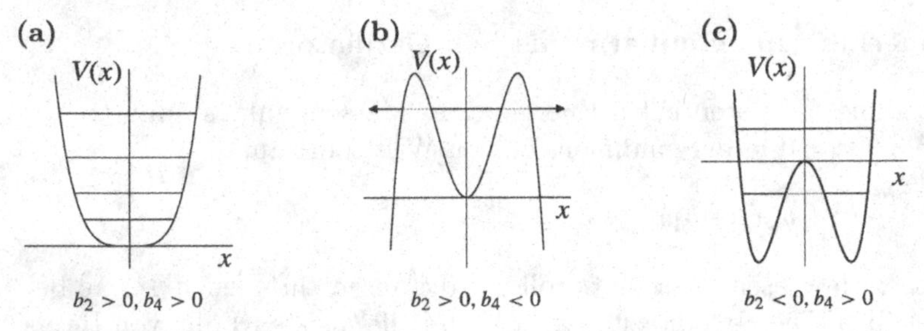

Abb. 5.33. Potentielle Energie $V(x) = b_2 x^4/2 + b_4 x^4$: Vorzeichenkombinationen

Ist $b_2 > 0$ und $b_4 < 0$, so ist die potentielle Energie für $|x| \to \infty$ negativ. Am Ursprung findet man einen Potentialtopf mit durchlässigen Wänden (Abb. 5.33b). Auch in diesem Fall existieren bestenfalls quasistationäre Zustände.

Die Diskussion einiger interessanter Aspekte ergibt sich für eine potentielle Energie mit $b_2 < 0$ und $b_4 > 0$. Es liegt ein Doppeltopf mit einer zentralen Schwelle und, im Vergleich zu dem harmonischen Oszillator, letztlich steileren Wänden vor (Abb. 5.33c). Teilchen, die sich in niedrig liegenden Zuständen des Doppeltopfes befinden, können durch die zentrale Barriere tunneln. Ist der Doppeltopf symmetrisch, so sind die Zustände in den beiden Töpfen entartet. Diese Symmetrieentartung führt auf eine besondere Variante des Tunneleffekts (das Teilchen oszilliert quasiharmonisch zwischen den beiden Töpfen), der für eine Reihe von symmetrischen Molekülen (z. B. Ammoniak NH_3) beobachtet wird. Höhere angeregte Zustände, deren Energie knapp über dem Maximum der Schwelle liegt, werden durch den 'Höcker' beeinflusst. Nur wenn sie deutlich über dem Maximum der zentralen Barriere liegen, unterscheiden sie sich nicht wesentlich von den Zuständen in dem Potential mit $b_2 > 0$ und $b_4 > 0$.

5.3.4 Wellenpaket in einem harmonischen Oszillatorpotential

Die Abb. 5.34 zeigt die Situation, die in diesem Abschnitt analysiert werden soll. Man präpariert ein beliebiges (eindimensionales) Wellenpaket $\Psi(x,0)$, das zu dem Zeitpunkt $t = 0$ in ein Oszillatorpotential eingebracht wird.

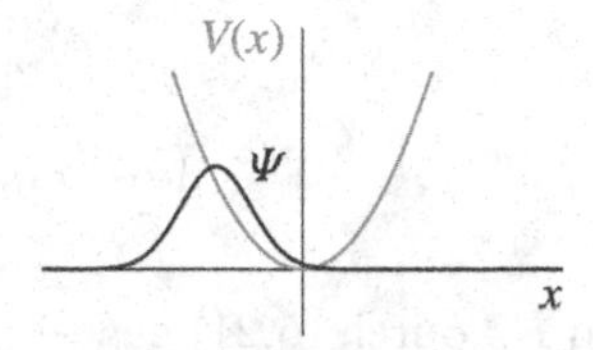

Abb. 5.34. Wellenpaket im Oszillatorpotential

Die Aufgabe lautet: Berechne die weitere Zeitentwicklung des Wellenpakets und somit die Aussagen, die die Quantenmechanik zu der Bewegung des entsprechenden Teilchens macht. Zur Lösung der gestellten Aufgabe benötigt man (natürlich) die zeitabhängige Schrödingergleichung

$$\mathrm{i}\hbar \frac{\partial \Psi(x,t)}{\partial t} = \hat{H}\Psi(x,t) = \left\{ -\frac{\hbar^2}{2m_0}\frac{\partial^2}{\partial x^2} + \frac{b}{2}x^2 \right\} \Psi(x,t) \,.$$

Mit einer Entwicklung der gesuchten Funktion $\Psi(x,t)$ nach den Lösungen des stationären Problems einschließlich des Zeitfaktors

$$\Psi_n(x,t) = u_n(x)\mathrm{e}^{-\mathrm{i}E_n t/\hbar}$$

kann man, unter Rückgriff auf das Superpositionsprinzip und die Vollständigkeit des Satzes von Funktionen $\{u_n(x)\}$, ein beliebiges Wellenpaket

$$\Psi(x,t) = \sum_{n=0}^{\infty} B_n(t)\Psi_n(x,t)$$

konstruieren.

Zur Bestimmung der Koeffizienten $B_n(t)$ setzt man den Ansatz in die zeitabhängige Schrödingergleichung ein[8] und sortiert. Man findet, dass die Koeffizienten nicht von der Zeit abhängen

$$B_m(t) = B_m(0) \equiv B_m \,.$$

Man kann somit die gesuchten Entwicklungskoeffizienten berechnen, indem man den vorgegebenen Anfangszustand $\Psi(x,0)$ auf die Basis projiziert. Zu dem Zeitpunkt $t = 0$ ist

$$\Psi(x,0) = \sum_n B_n u_n(x) \,.$$

[8] Der Übersichtlichkeit wegen sind die notwendigen Rechenschritte zu diesem Abschnitt in D.tail 5.9 zusammengefasst.

Infolge der Orthogonalität der Basis der Entwicklung ergibt sich sofort

$$B_n = \int_{-\infty}^{\infty} \mathrm{d}x \; u_n^*(x)\Psi(x,0) \, . \tag{5.21}$$

Damit ist die gestellte Aufgabe im Prinzip gelöst. Die Zeitentwicklung des Wellenpakets wird durch

$$\Psi(x,t) = \sum_{n=0}^{\infty} B_n u_n(x) \mathrm{e}^{-\mathrm{i}E_n t/\hbar} \tag{5.22}$$

beschrieben, wobei die zeitunabhängigen Koeffizienten B_n durch (5.21) gegeben sind.

Mit der Lösung der zeitabhängigen Schrödingergleichung kann man Erwartungswerte berechnen. Für einen Operator $\hat{O}$ gilt

$$O(t) = \langle \, \hat{O} \, \rangle_t = \langle \Psi(t) \, | \hat{O} | \, \Psi((t) \rangle = \int_{-\infty}^{\infty} \mathrm{d}x \; \Psi^*(x,t) \, \hat{O} \, \Psi(x,t) \, .$$

Ist $\hat{O}$ der Hamiltonoperator, so folgt

$$E(t) = \sum_{n,m} \mathrm{e}^{\mathrm{i}(E_m - E_n)t/\hbar} B_m^* B_n \int_{-\infty}^{\infty} \mathrm{d}x \; u_m^*(x)(\hat{H} u_n(x)) \, .$$

Da die Funktionen $u_n(x)$ Eigenfunktionen des Hamiltonoperators sind, findet man wegen der Orthogonalität der stationären Basis

$$E(t) = \sum_n B_n^* B_n E_n = E(0) \, .$$

Der Mittelwert der Energie ist für das vorliegende (konservative) Problem zeitunabhängig.

Betrachtet man einen Operator, der nicht mit dem Hamiltonoperator vertauscht

$$[\hat{O}, \hat{H}] \neq 0 \quad \text{wie z. B. den Ortsoperator} \quad [\hat{x}, \hat{H}] \neq 0 \, ,$$

so können die Wellenfunktionen $u_n(x)$ keine Eigenfunktionen von $\hat{O}$ sein. Die Zeitanteile in dem Ausdruck für $O(t)$ heben sich nicht heraus. Der Erwartungswert ändert sich mit der Zeit.

Es ist also durchaus möglich, ein Teilchen mit beliebiger Energie in einem (Oszillator-) Potential unterzubringen. Die Entwicklung nach stationären Eigenfunktionen zeigt, dass die Energie des Teilchens in dem konservativen Potential eine Erhaltungsgröße ist. Der Erwartungswert für die Position (und für andere Observablen deren zugeordnete Operatoren nicht mit dem Hamiltonoperator vertauschen) ist explizit zeitabhängig. Das Wellenpaket, sprich das Teilchen, bewegt sich in dem Potential. Nur wenn das Teilchen anfänglich in einem Eigenzustand ist ($B_m = \delta_{nm}$), sind die Erwartungswerte von Operatoren, die keine Zeitableitung enthalten, zeitlich konstant.

Ein Beispiel, das analytisch diskutiert werden kann, ist ein Wellenpaket, das zum Zeitpunkt $t = 0$ durch

$$\Psi(x,0) = \left[\frac{\lambda}{\pi}\right]^{1/4} \mathrm{e}^{-\lambda(x-x_0)^2/2} \tag{5.23}$$

gegeben ist. Der Anfangszustand, der auf 1 normiert ist, hat die gleiche Form wie der Grundzustand, nur ist er um die Strecke x_0 ($x_0 > 0$) in Richtung der positiven x-Achse verschoben. Die Koeffizienten B_n sind durch das Integral

$$\begin{aligned} B_n &= \int_{-\infty}^{\infty} \mathrm{d}x\, u^*(x)\Psi(x,0) \\ &= \left[\frac{\lambda}{\pi}\right]^{1/4} A_n \int_{-\infty}^{\infty} \mathrm{d}x\, H_n(\sqrt{\lambda}x)\, \mathrm{e}^{-\lambda x^2/2}\, \mathrm{e}^{-\lambda(x-x_0)^2/2} \end{aligned}$$

zu berechnen. Die Auswertung des Integrals führt auf

$$B_n = \frac{y_0^n\, \mathrm{e}^{-y_0^2/4}}{[2^n n!]^{1/2}} \qquad y_0 = \sqrt{\lambda}\, x_0 \,. \tag{5.24}$$

In dem Grenzfall $y_0 \to 0$ geht B_n in $B_n = \delta_{n0}$ über. Falls das Teilchen anfänglich in dem Grundzustand des Oszillators ist, bleibt es natürlich für alle Zeiten in diesem Zustand.

In der Abb. 5.35 sind die Werte von B_n für verschiedene Auslenkungen $y_0 = 1, 2, 3, 4$ als Funktion von n aufgetragen. Das Maximum verschiebt sich mit wachsendem y_0 zu größeren Werten von n. Der Hauptbeitrag zu dem verschobenen Wellenpaket besteht aus höher angeregten Oszillatorzuständen, falls das Wellenpaket stärker aus der Gleichgewichtslage $y_0 = 0$ verschoben ist. Die Verteilung der Koeffizienten auf die Oszillatorzustände wird mit wachsendem y_0 breiter und flacher. Falls $y_0 = 1$ ist, benötigt man nur 6–7

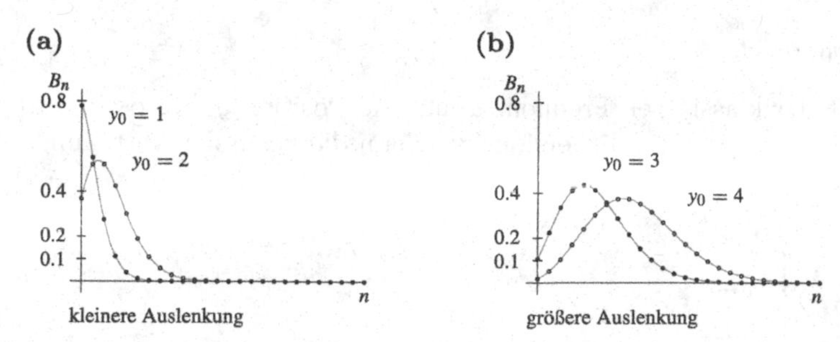

Abb. 5.35. Die Entwicklungskoeffizienten $B_n(y_0)$

Oszillatorzustände, um die Zeitentwicklung des Wellenpakets mit guter Genauigkeit darzustellen. Für $y_0 = 4$ muss man ca. 25 Zustände benutzen, um eine entsprechende Genauigkeit der Reihendarstellung zu erreichen.

Für das Wellenpaket, das sich aus dem Anfangszustand (5.23) entwickelt, kann man die unendliche Reihe (5.22)

$$\Psi(x,t) = \sum_{n=0}^{\infty} B_n u_n(x) \mathrm{e}^{-\mathrm{i}E_n t/\hbar}$$

exakt resummieren. Setzt man die Resultate (5.24) für B_n und (5.19) für $u_n(x)$ ein, schreibt noch

$$\mathrm{e}^{-\mathrm{i}E_n t/\hbar} = \mathrm{e}^{-\mathrm{i}\omega(n+1/2)t} = \mathrm{e}^{-\mathrm{i}\omega t/2} \left(\mathrm{e}^{-\mathrm{i}\omega t}\right)^n ,$$

so erhält man zunächst

$$\Psi(x,t) = \left[\frac{\lambda}{\pi}\right]^{1/4} \mathrm{e}^{-y^2/2 - y_0^2/4 - \mathrm{i}\omega t/2} \sum_{n=0}^{\infty} \frac{H_n(y)}{n!} \left[\frac{y_0}{2}\mathrm{e}^{-\mathrm{i}\omega t}\right]^n ,$$

eine Relation, die mit Hilfe der erzeugenden Funktion der Hermitepolynome sortiert werden kann. Das Endergebnis kann in der Form

$$\Psi(x,t) = \left[\frac{\lambda}{\pi}\right]^{1/4} \exp\left[-\frac{1}{2}(y - y_0 \cos\omega t)^2\right]$$
$$* \exp\left[-\mathrm{i}\left(\frac{\omega}{2}t - \frac{y_0^2}{4}\sin 2\omega t + y y_0 \sin\omega t\right)\right]$$

zusammengefasst werden.

Physikalische Aspekte diskutiert man anhand der Wahrscheinlichkeitsdichte

$$\varrho_W(x,t) = \Psi^*(x,t)\Psi(x,t) = \left[\frac{\lambda}{\pi}\right]^{1/2} \exp[-(y - y_0\cos\omega t)^2] .$$

Die Wahrscheinlichkeitsverteilung wird durch eine Glockenkurve beschrieben, deren Maximum gemäß

$$y_{\max}(t) = y_0 \cos\omega t$$

harmonisch mit der klassischen Frequenz ω um die Position $y = 0$ oszilliert (Abb. 5.36). Die Bewegung ist dispersionsfrei, denn die Form der Verteilung

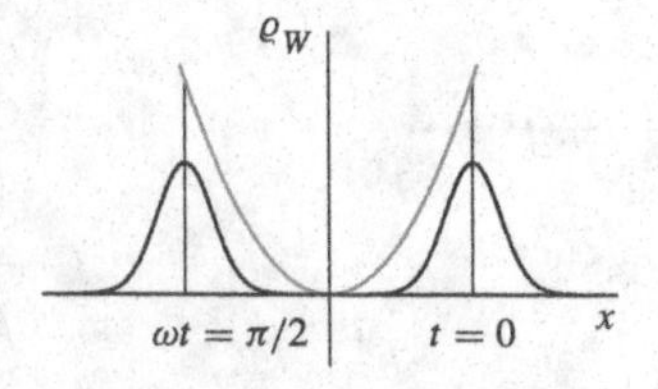

Abb. 5.36. Oszillierende Glockenkurve

ändert sich nicht. Das Maximum des Wellenpakets bewegt sich, entsprechend dem Ehrenfesttheorem, wie ein klassisches Teilchen in dem Oszillatortopf.

Die Diskussion der Lösung der stationären Schrödingergleichung in der eindimensionalen Welt soll auf die Probleme mit stückweise stetigen Potentialen und auf Oszillatorprobleme beschränkt bleiben. In der realen, dreidimensionalen Welt ist die stationäre Schrödingergleichung eine partielle Differentialgleichung. Eine analytische Diskussion ist im Allgemeinen nur möglich, wenn die Differentialgleichung in den drei Variablen separiert. In diesem Fall kehrt man zu der Diskussion von gewöhnlichen Differentialgleichungen, wenn auch in einer leicht verschiedenen Form, zurück. Eine Vielzahl von Problemen von praktischem Interesse zeichnet sich durch Symmetrien der Potentialfunktion aus. In dem nächsten Kapitel werden Beispiele für den einfachsten Fall, Beispiele mit Kugelsymmetrie, vorgestellt.

6 Lösung der stationären Schrödingergleichung für Zentralpotentiale

Der Hamiltonoperator für die Bestimmung der Wellenfunktion und der Energieeigenwerte *eines* Teilchens mit der Masse m_0 in einem zentralsymmetrischen Potential (mit der potentiellen Energie $V(r)$) ist

$$\hat{H} = \hat{H}_{\text{zentr}} = -\frac{\hbar^2}{2m_0}\Delta + V(r) \qquad r = \left[x^2 + y^2 + z^2\right]^{1/2} .$$

Ein Beispiel ist das Coulombproblem für die Bewegung eines Elektrons in dem Potential einer Punktladung $+Ze$

$$V(r) = -e\, v(r) = -\frac{Ze^2}{r} .$$

Man benutzt die Zerlegung des Laplaceoperators in Kugelkoordinaten (4.20)

$$\begin{aligned}\hat{T} &= \hat{T}_r + \hat{T}_\Omega \\ &= -\frac{\hbar^2}{2m_0}\left(\frac{\partial^2}{\partial r^2} + \frac{2}{r}\frac{\partial}{\partial r}\right) + \frac{\hat{l}^2}{2m_0 r^2} .\end{aligned}$$

Der Operator für das Betragsquadrat des Drehimpulses $\hat{l}^2$ wurde in (4.19) mit

$$\hat{l}^2 = -\hbar^2\left\{\frac{1}{\sin\theta}\frac{\partial}{\partial\theta}\left(\sin\theta\frac{\partial}{\partial\theta}\right) + \frac{1}{\sin^2\theta}\frac{\partial^2}{\partial\varphi^2}\right\}$$

notiert. Ohne explizite Rechnung kann man sofort feststellen, dass

$$[H_{\text{zentr}}, \hat{l}^2] = [H_{\text{zentr}}, \hat{l}_z] = 0$$

ist.

Da die Operatoren $\hat{l}^2$ und $\hat{l}_z$ ebenfalls miteinander vertauschen, können die Eigenzustände des Hamiltonoperators gleichzeitig Eigenzustände der zwei Drehimpulsoperatoren sein.

Mit dem Separationsansatz für die stationäre Schrödingergleichung

$$\hat{H}\psi(\boldsymbol{r}) = E\psi(\boldsymbol{r}) \qquad \psi(\boldsymbol{r}) = R(r)Q(\Omega) .$$

ergibt sich für den Winkelanteil gemäß Kap. 4.2.2

$$Q(\Omega) = Y_{lm}(\Omega) \quad \text{mit} \quad l = 0, 1, 2, \ldots \quad \text{und} \quad m = -l, \ldots, l\,.$$

Die aus dem Separationsansatz resultierende, gewöhnliche Differentialgleichung für den Radialanteil ist deswegen

$$-\frac{\hbar^2}{2m_0}\left(\frac{\mathrm{d}^2R(r)}{\mathrm{d}r^2} + \frac{2}{r}\frac{\mathrm{d}R(r)}{\mathrm{d}r}\right) + \left(\frac{\hbar^2 l(l+1)}{2m_0 r^2} + V(r)\right)R(r) = ER(r)\,. \tag{6.1}$$

In dieser Differentialgleichung tritt die Quantenzahl l explizit auf. Das bedeutet, dass die Radialwellenfunktionen und die Energieeigenwerte im Allgemeinen von dieser Größe (und von anderen möglichen Quantenzahlen, mit .. angedeutet) abhängen

$$R(r) \longrightarrow R_{..l}(r) \qquad E \longrightarrow E_{..l}\,.$$

Sowohl $R(r)$ als auch E sind unabhängig von der Quantenzahl m, da in einem Problem mit Zentralsymmetrie die Orientierung des Koordinatensystems beliebig gewählt werden kann.

Die Eigenfunktionen von Zentralpotentialproblemen sind Eigenfunktionen des Paritätsoperators $\hat{P}$, der in der dreidimensionalen Welt einer Spiegelung am Koordinatenursprung entspricht, so dass

$$\hat{P}\psi_{..lm}(\boldsymbol{r}) = \psi_{..lm}(-\boldsymbol{r})$$

und

$$[\hat{P}, \hat{H}_{\text{zentr}}] = [\hat{P}, -\frac{\hbar^2}{2m_0}\Delta + V(r)] = 0$$

gilt. Hat man eine Wellenfunktion der Form

$$\psi_{..,lm}(\boldsymbol{r}) = R_{..l}(r)Y_{lm}(\Omega)\,,$$

so lautet die Paritätsaussage in Kugelkoordinaten explizit

$$\hat{P}\psi_{..lm}(\boldsymbol{r}) = R_{..l}(r)Y_{lm}(\pi - \theta, \pi - \varphi)\,.$$

Die Spiegelsymmetrie der Kugelflächenfunktionen (Bd. 2, Math.Kap. 4.3.4)

$$Y_{lm}(\pi - \theta, \pi - \varphi) = (-1)^l Y_{lm}(\theta, \varphi)$$

führt auf die Aussage

$$\hat{P}\psi_{..lm}(\boldsymbol{r}) = (-1)^l \psi_{..lm}(\boldsymbol{r})\,.$$

Die Parität wird durch die Drehimpulsquantenzahl l bestimmt. Zustände mit geraden l-Werten haben positive, Zustände mit ungeraden l-Werten negative Parität.

Das Konzept der Parität ist bei der Diskussion des Energiespektrums von Zentralpotentialproblemen nicht so wesentlich. Es gewinnt an Bedeutung, wenn man Übergänge zwischen den Zuständen (z. B. initiiert durch einfallende elektromagnetische Strahlung) diskutiert. Man gewinnt anhand der Parität einfache, aber nützliche Auswahlregeln, d. h. Aussagen über erlaubte bzw. nichterlaubte Übergänge (siehe Kap. 12).

Der Wertebereich der Variablen r ist das Intervall $0 \leq r \leq \infty$. Um die Radialwellenfunktion am Koordinatenursprung besser in den Griff zu bekommen und um eine kompaktere Form der Differentialgleichung zu gewinnen, benutzt man die Substitution

$$R(r) = \frac{u(r)}{r} .$$

Die Differentialgleichung für die Funktion $u(r)$, die letztlich zur Diskussion steht, lautet dann

$$-\frac{\hbar^2}{2m_0}\left(\frac{\mathrm{d}^2 u(r)}{\mathrm{d}r^2}\right) + \left(\frac{\hbar^2 l(l+1)}{2m_0 r^2} + V(r)\right) u(r) = E u(r) . \tag{6.2}$$

Sie unterscheidet sich von der entsprechenden Differentialgleichung in der eindimensionalen Welt durch das Auftreten einer effektiven anstelle der vorgegebenen potentiellen Energie. Der Term mit der Drehimpulsquantenzahl l ist das Äquivalent des klassischen Zentrifugalpotentials (siehe Bd. 1, Kap. 4.1.2). Dieser Term beschreibt die 'Drehbewegung' des Quantenteilchens.

Die Randbedingungen erfordern für ein Teilchen in einem bindenden Potential die Existenz des Normierungsintegrals

$$\begin{aligned}\iiint \mathrm{d}^3 r\, \psi^*(\boldsymbol{r})\psi(\boldsymbol{r}) &= \int_0^\infty r^2 \mathrm{d}r\, R^*(r)R(r) \iint \mathrm{d}\Omega\, Y^*_{lm}(\Omega) Y_{lm}(\Omega) \\ &= \int_0^\infty \mathrm{d}r\, u^*(r)u(r) < \infty .\end{aligned}$$

Damit dieses Integral existiert, muss die Funktion $u(r)$ für $r \to \infty$ schnell genug abfallen. Zusätzlich darf der Integrand auch für $r \to 0$ nicht zu singulär sein. Dies bedingt, dass sich die Radialfunktion $u(r)$ am Koordinatenursprung wie

$$u(r) \xrightarrow{r \to 0} r^\alpha \quad \text{mit} \quad \alpha > -\frac{1}{2}$$

verhalten muss.

In diesem Kapitel ist die Diskussion auf vier grundlegende Beispiele beschränkt. Das erste Beispiel mit einem zentralsymmetrischen Potential ist das am Anfang des Kapitels schon angedeutete Wasserstoffproblem ($Z = 1$ für

Wasserstoff, $Z > 1$ mit *einem* Elektron für die entsprechende isoelektronische Reihe). Die Lösung der Schrödingergleichung für dieses Problem bildet eine erste Grundlage zur Beantwortung von atomphysikalischen und quantenchemischen Fragestellungen. Es folgen Variationen des Oszillatorproblems in drei Raumdimensionen. Dessen Lösungen ermöglichen die Formulierung eines einfachen Modells der Kernstruktur. Zur Formulierung eines alternativen, einfachen Kernmodells wird auch das dritte Beispiel, der sphärische Potentialtopf, herangezogen. Das letzte Beispiel befasst sich mit der für die quantenmechanische Behandlung von Streusituationen notwendigen Partialwellenentwicklung, der Darstellung der Wellenfunktion eines freien Teilchens mit Hilfe von Kugelkoordinaten.

6.1 Das Coulombproblem

Die potentielle Energie ist in diesem Fall

$$V(r) = -\frac{Ze^2}{r} \,. \tag{6.3}$$

Die Beschreibung des Wasserstoffatoms ($Z = 1$) und der isoelektronischen Reihe mit $\mathrm{He}^+(Z = 2), \mathrm{Li}^{++}(Z = 3), \ldots$ mit dem Potential Ze/r stellt eine Näherung dar. Die folgenden Effekte sind in der Schrödingergleichung

$$\left\{-\frac{\hbar^2}{2m_0}\Delta - \frac{Ze^2}{r}\right\}\psi(\boldsymbol{r}) = E\psi(\boldsymbol{r})$$

nicht enthalten:

- Die Mitbewegung der Zentralladung ist nicht berücksichtigt. Dies könnte leicht korrigiert werden.
- Es wird ein Punktkern anstelle eines realistischeren Kerns mit einer räumlichen Ausdehnung benutzt. Dies spielt bei der Betrachtung von Elektronen ($m_0 = m_e$) und kleinen Z-Werten keine wesentliche Rolle. Ersetzt man das Elektron durch ein μ-Meson ($m_0 = m_\mu \approx 270\, m_e$), so ergeben sich bei Berücksichtigung der Kernausdehnung merkliche Korrekturen, die in μ-mesonischen Atomen gemessen werden können.
- Magnetische Wechselwirkungen sind nicht eingeschlossen. Diese Vernachlässigung wird mit der Formulierung der Pauligleichung, die die direkte Wirkung von Magnetfeldern sowie eine modellhafte Ankopplung des Spins an diese Felder beinhaltet, in Kap. 7.3 korrigiert.
- Relativistische Effekte, die vor allem für $Z \gg 1$ eine Rolle spielen, werden nicht angesprochen. In der relativistischen Formulierung wird die Ankopplung von Magnetfeldern an den Spin in korrekter Weise behandelt.

6.1.1 Lösungsdetails

Da die Details des Lösungsprozesses relativ langwierig sind, erscheint es nützlich, zunächst die einzelnen Schritte abzuarbeiten und in dem folgenden Kapitel (Kap. 6.1.2) die Ergebnisse noch einmal in einer Übersicht zusammenzustellen und zu kommentieren.

Die Lösung der Differentialgleichung für die Radialfunktion $u(r) = rR(r)$ des Coulombproblems

$$-\frac{\hbar^2}{2m_0}u''(r) - \frac{Ze^2}{r}u(r) + \frac{\hbar^2 l(l+1)}{2m_0 r^2}u(r) = Eu(r) \tag{6.4}$$

wird vereinfacht, wenn man in einem Ansatz das Verhalten der Funktion $u(r)$ an den Randpunkten $r \to \infty$ und $r = 0$ explizit berücksichtigt. Es ist aus diesem Grund nützlich, die Frage nach dem Verhalten der Lösung an den Randpunkten zuerst zu betrachten. Für große Werte von r kann das gesamte, effektive Potential vernachlässigt werden. Die asymptotische Schrödingergleichung

$$r \longrightarrow \infty : \qquad u''(r) + \frac{2m_0E}{\hbar^2}\, u(r) = 0$$

ist eine lineare Differentialgleichung zweiter Ordnung mit konstanten Koeffizienten. Der Ansatz $u = \exp[\alpha r]$ führt auf die charakteristische Gleichung

$$\alpha^2 + \frac{2m_0E}{\hbar^2} = 0\,.$$

Ist die Energie $E \geq 0$, so sind die Wurzeln der charakteristischen Gleichung imaginär

$$\alpha_{1,2} = \pm\mathrm{i}\left[\frac{2m_0E}{\hbar^2}\right]^{1/2} = \pm\mathrm{i}\bar{\alpha} \qquad \bar{\alpha} \geq 0, \text{reell}\,.$$

Die Wellenfunktionen haben somit oszillatorischen Charakter

$$u \xrightarrow{r \to \infty} \{\sin\bar{\alpha}r, \cos\bar{\alpha}r\}\,.$$

Sie sind offensichtlich nicht quadratintegrabel. Die angesprochene Situation entspricht dem Keplerstreuproblem der klassischen Physik mit Kometen- oder Parabelbahnen. Das quantenmechanische Coulomb-Streuproblem wird in Band 4 diskutiert.

Das klassische Planetenproblem, ein Problem mit gebundenen Zuständen, ist durch negative Energiewerte ($E < 0$) gekennzeichnet. Die Lösung der charakteristischen Gleichung ist dann

$$\alpha_{1,2} = \pm\left[-\frac{2m_0E}{\hbar^2}\right]^{1/2} \equiv \pm\lambda \qquad \lambda > 0, \text{reell}\,. \tag{6.5}$$

Die allgemeine Lösung der asymptotischen Radialgleichung lautet in diesem Fall

$$u \xrightarrow{r \to \infty} A\mathrm{e}^{\lambda r} + B\mathrm{e}^{-\lambda r} \to B\mathrm{e}^{-\lambda r} .$$

Der erste Term würde zu einer Wellenfunktion führen, die nicht quadratintegrabel ist. Man muss also $A = 0$ fordern. Die Lösungen des Wasserstoff- (oder des wasserstoffähnlichen) Problems für gebundene Zustände fallen im asymptotischen Bereich exponentiell ab.

Das Verhalten der Lösung an dem anderen Randpunkt $r = 0$ muss ebenfalls genauer analysiert werden. Es sind zwei Fälle zu unterscheiden:

- Ist $l \neq 0$, so dominiert der Zentrifugalterm in der Nähe des Koordinatenursprungs über die weiteren Terme. Die Differentialgleichung lautet dann

  $$r \longrightarrow 0: \qquad u''(r) - \frac{l(l+1)}{r^2} u(r) = 0 .$$

  Mit dem Ansatz $u = r^\alpha$ findet man den Satz von Fundamentallösungen

  $$u(r) = \{r^{l+1}, r^{-l}\} .$$

  Infolge der Forderung einer quadratintegrablen Funktion ist nur die erste Lösung zulässig. Es gilt also

  $$u(r) \longrightarrow u_l(r) \xrightarrow{r \to 0} r^{l+1} .$$

- Für $l = 0$ ist der Coulombterm der dominante Term, ein Zentrifugalterm tritt nicht auf. Es ist ausreichend, für die Differentialgleichung

  $$r \longrightarrow 0: \qquad u''(r) + \frac{c}{r} u(r) = 0 \qquad c = \frac{2m_0 e^2 Z}{\hbar^2}$$

  die genäherten Fundamentallösungen

  $$\begin{aligned} u_1(r) &= -r + \frac{c}{2} r^2 + \ldots \\ u_2(r) &= -1 + cr \ln r + \ldots \end{aligned}$$

  zu notieren. Die zweite Lösung ist am Ursprung zu singulär und somit auszuschließen.

Man kann somit für alle Werte der Drehimpulsquantenzahl l das Verhalten der am Koordinatenursprung regulären Lösung des Coulombproblems mit

$$u_l(r) \xrightarrow{r \to 0} r^{l+1} \tag{6.6}$$

angeben.

Zur weiteren Diskussion der Lösung des Coulombproblems spaltet man das Verhalten der Lösung in den Randpunkten mit dem Ansatz[1]

$$u(r) = r^{l+1} \mathrm{e}^{-\lambda r} w(r)$$

ab. Man definiert traditionell den Parameter

$$\gamma = \frac{m_0 e^2 Z}{\hbar^2 \lambda} = \frac{e^2 Z}{\hbar} \left[-\frac{m_0}{2E} \right]^{1/2} ,$$

geht mit dem Ansatz in die Differentialgleichung (6.4) für die Funktion $u(r)$

$$u''(r) + \left[-\lambda^2 + \frac{2\lambda\gamma}{r} - \frac{l(l+1)}{r^2} \right] u(r) = 0 \tag{6.7}$$

ein und gewinnt für die Restfunktion $w(r)$ die Differentialgleichung (D.tail 6.1.1)

$$r w''(r) + (2l + 2 - 2\lambda r) w'(r) - 2\lambda(l + 1 - \gamma) w(r) = 0 \, . \tag{6.8}$$

Auch hier hat man die Optionen, die zulässige Lösung durch einen Potenzreihenansatz ab initio zu erarbeiten oder die Differentialgleichung durch eine geeignete Transformation in die Differentialgleichung einer bekannten (speziellen) Funktion überzuführen. Die zweite Option lässt sich in dem vorliegenden Fall mit Hilfe der Variablensubstitution

$$\rho = 2\lambda r$$

umsetzen. Man gewinnt die Differentialgleichung

$$\rho \frac{\mathrm{d}^2 w(\rho)}{\mathrm{d}\rho^2} + (2l + 2 - \rho) \frac{\mathrm{d}w(\rho)}{\mathrm{d}\rho} - (l + 1 - \gamma) w(\rho) = 0 \, .$$

Wenn man die Koeffizienten mit

$$a = l + 1 - \gamma \qquad c = 2l + 2$$

bezeichnet, erkennt man die Differentialgleichung für die konfluente hypergeometrische Funktion

$$\rho \frac{\mathrm{d}^2 w(\rho)}{\mathrm{d}\rho^2} + (c - \rho) \frac{\mathrm{d}w(\rho)}{\mathrm{d}\rho} - a w(\rho) = 0 \tag{6.9}$$

mit der allgemeinen Lösung

$$w(\rho) = A F(a, c; \rho) + B \rho^{1-c} F(a - c + 1, 2 - c; \rho)$$

[1] Explizite Einzelschritte bei der Lösung der Differentialgleichung des Coulombproblems werden in D.tail 6.1 näher ausgeführt und kommentiert.

bzw. in den ursprünglichen Parametern

$$w(\rho) = AF(l+1-\gamma, 2l+2; \rho) + B\rho^{-(2l+1)}F(-l-\gamma, -2l; \rho) \,. \tag{6.10}$$

Die Eigenschaften der konfluenten hypergeometrischen Funktion werden in Math. Kap. 2.1 besprochen.

Um die Forderung nach einer quadratintegrablen Gesamtlösung

$$u(r) = r^{l+1}\mathrm{e}^{-\lambda r} w(2\lambda r)$$

zu erfüllen, sind die folgenden Aussagen zu beachten:

- Die Partikulärlösung in dem zweiten Term von (6.10) ist für $r \to 0$ zu singulär. Dies erfordert $B = 0$.
- Die Partikulärlösung in dem ersten Term verhält sich asymptotisch wie $\exp[2\lambda r]$, falls a keine negative ganze Zahl ist. Die Radialfunktion u wäre dann wegen

  $$u \xrightarrow{r \to \infty} \mathrm{e}^{+\lambda r}$$

  nicht normierbar. Ist jedoch a eine negative ganze Zahl, so ist die Funktion $F(a, c; \rho)$ ein Polynom und die Funktion $u(r)$ quadratintegrabel.

Die Randbedingung erfordert also

$$a = l+1-\gamma \stackrel{!}{=} -n_r \qquad n_r = 0, 1, 2, \ldots \,, \tag{6.11}$$

wobei die *Radialquantenzahl* n_r eingeführt wurde. Da die Energie in dem Parameter γ enthalten ist, ist die Relation (6.11) eine Bedingung für die erlaubten Energiewerte des Coulombproblems.

Zur Auswertung dieser Quantisierungsbedingung für die Energie definiert man eine *Hauptquantenzahl*, die mit dem Parameter γ identisch ist

$$\gamma \equiv n = n_r + l + 1 \,. \tag{6.12}$$

Diese Quantenzahl kann die Werte 1, 2, 3, ... annehmen. Dabei setzen sich jedoch die möglichen Werte von n aus verschiedenen Werten der Radialquantenzahl n_r und der *Drehimpulsquantenzahl* l zusammen, so z. B. für die niedrigsten Werte von n

$$\begin{array}{lll}
n = 1 & n_r = 0 & l = 0 \\
 & & \\
n = 2 & n_r = 1 & l = 0 \\
 & n_r = 0 & l = 1 \\
 & & \\
n = 3 & n_r = 2 & l = 0 \\
 & n_r = 1 & l = 1 \\
 & n_r = 0 & l = 2 \\
\vdots & \vdots & .
\end{array}$$

Aus der Gleichung $\gamma = n$ folgt mit der Definition von γ

$$-\frac{m_0 e^4 Z^2}{2E\hbar^2} = n^2$$

oder für die Energieeigenwerte

$$E_n = -\frac{m_0 e^4 Z^2}{2\hbar^2}\frac{1}{n^2} \qquad n = 1, 2, 3, \ldots . \tag{6.13}$$

Die Eigenfunktionen des Coulombproblems haben die Form

$$\psi_{nlm}(\boldsymbol{r}) = R_{nl}(r) Y_{lm}(\Omega) ,$$

wobei der Radialanteil in der ursprünglichen Variablen r durch

$$R_{nl}(r) = \frac{u_{nl}(r)}{r} = A_{nl} r^l \mathrm{e}^{-\lambda_n r} F(l+1-n, 2l+2; 2\lambda_n r) \tag{6.14}$$

gegeben ist. Der Parameter λ_n, definiert in (6.5), hängt von den Energiewerten E_n und somit von der Hauptquantenzahl n ab. Benutzt man auch hier den Bohrschen Radius a_0 (Kap. 1.3), so kann man ihn in der Form

$$\lambda_n = \left[-\frac{2m_0 E_n}{\hbar^2}\right]^{1/2} = \frac{m_0 e^2}{\hbar^2}\frac{Z}{n} = \frac{Z}{a_0 n}$$

schreiben.

Der Polynomanteil der Radialfunktionen kann alternativ durch die *zugeordneten Laguerreschen Polynome* dargestellt werden[2]. Diese Funktionen aus der Klasse der orthogonalen Polynome sind durch die Relation

$$L_n^{(k)}(y) = \frac{\Gamma(n+k+1)}{\Gamma(n+1)\Gamma(k+1)} F(-n, k+1; y) \tag{6.15}$$

($n, k \geq 0$ ganzzahlig) mit den konfluenten hypergeometrischen Funktionen verknüpft. Explizit findet man für das Coulombproblem die alternative Form der Radialfunktion (für eine Liste der einfachsten Radialfunktionen, siehe D.tail 6.1.2)

$$R_{nl}(r) = A_{nl}\frac{(n-l-1)!(2l+1)!}{(l+n)!} r^l \mathrm{e}^{-\lambda_n r} L_{n-l-1}^{(2l+1)}(2\lambda_n r) . \tag{6.16}$$

Die wichtigsten Eigenschaften der Laguerrepolynome sind in Math.Kap. 2.3 und Math.Kap. 2.4 zusammengestellt.

[2] Infolge der Definition dieser Funktionen über eine homogene Differentialgleichung liegt die Normierung dieser Funktionen nicht fest. In der hier benutzten Form ist der Koeffizient des y^n-Terms $(-1)^n/n!$. Siehe z. B. M. Abramovitz and I. A. Stegun, Handbook of Mathematical Functions.

Da der Hamiltonoperator hermitesch ist, sind die Lösungen des Coulombproblems (wie die Lösungen jeder Schrödingergleichung) orthogonal (◉ D.tail 6.1.3). Um die statistische Interpretation der Wellenfunktion zu wahren, fordert man

$$\iiint \mathrm{d}^3r\, \psi^*_{nlm}(\boldsymbol{r})\psi_{n'l'm'}(\boldsymbol{r}) \stackrel{!}{=} \delta_{nn'}\delta_{ll'}\delta_{mm'} \,.$$

Diese Bedingung erlaubt die Bestimmung der Normierungskonstanten A_{nl}. Führt man die Winkelintegration aus, so verbleibt

$$\int_0^\infty \mathrm{d}r\, r^2 R_{nl}(r)R_{n'l}(r) = \delta_{nn'} \,.$$

Das verbleibende Radialintegral für $n = n'$ kann mit Hilfe der Eigenschaften der Laguerreschen Polynome berechnet werden (siehe ◉ D.tail 6.1.4). Für den (reell gewählten) Normierungfaktor A_{nl} erhält man auf diese Weise

$$A_{nl} = \frac{(2\lambda_n)^{l+3/2}}{(2l+1)!}\left[\frac{(n+l)!}{2n(n-l-1)!}\right]^{1/2} . \tag{6.17}$$

6.1.2 Diskussion des Coulombproblems

Zur Diskussion stehen die Energieeigenwerte und die Eigenfunktionen.

6.1.2.1 Eigenwerte. Die Eigenwerte der Differentialgleichung

$$-\frac{\hbar^2}{2m_0}u''(r) - \frac{Ze^2}{r}u(r) + \frac{\hbar^2 l(l+1)}{2m_0 r^2}u(r) = Eu(r) \,. \tag{6.18}$$

beschreiben die Bindung eines Quantenteilchens der Masse m_0 und der Ladung $-e$ an eine massive Zentralladung Ze. Sie lauten

$$E_n = -\frac{m_0 e^4 Z^2}{2\hbar^2}\frac{1}{n^2} = -\frac{|E_1|Z^2}{n^2} \qquad n = 1, 2, 3, \ldots \,. \tag{6.19}$$

Die Größe $|E_1|$ hat im Fall eines gebundenen Elektrons ($m_0 = m_e$) den Zahlenwert (vergleiche Kap. 1.3)

$$|E_1| = \frac{m_e e^4}{2\hbar^2} \approx 13.606 \text{ eV} \,.$$

Alternativ schreibt man oft, unter Benutzung des Bohrschen Radius

$$a_0 = \frac{\hbar^2}{m_0 e^2} \,,$$

bzw.

$$a_0 = \frac{\hbar^2}{m_e e^2} \approx 0.52918 \cdot 10^{-8}\,\mathrm{cm}$$

im Fall eines Elektrons, die Energie des Coulombproblems als

$$E_n = -\frac{Z^2}{2n^2}\,\frac{e^2}{a_0}\ .$$

Die quantenmechanische Energieformel stimmt mit der Formel des Bohrschen Atommodells überein. Das Spektrum der Zustände bis $n = 4$ wird in Abb. 6.1 gezeigt. Im Gegensatz zu dem einfachen Modell führt die Be-

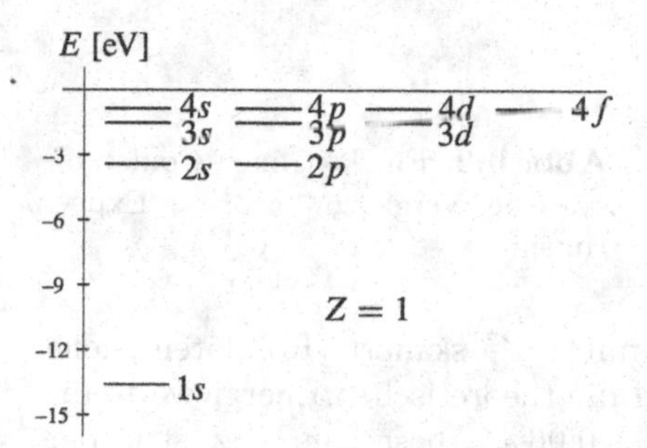

Abb. 6.1. Schrödingerspektrum des Wasserstoffatoms

rechnung des Wasserstoffspektrums über die Schrödingergleichung auf eine Entartung der Zustände, die der experimentellen Situation eher entspricht, auch wenn weitere Feinheiten zu berücksichtigen sind. Man findet:

- Für jeden Wert der Hauptquantenzahl $n = 1, 2, 3, \ldots$ gibt es n mögliche Drehimpulswerte

$$l = 0, 1, 2, \ldots, n-1\ .$$

- Zu jedem l-Wert gibt es $(2l+1)$ Werte für die Drehimpulsprojektionsquantenzahl m (siehe Separationsansatz und Kap. 4.2.2)

$$m = -l, \ldots\ldots, l\ .$$

- Der Grad der Entartung eines Energieniveaus des Wasserstoff- (wasserstoffähnlichen) Atoms ist demnach (D.tail 6.2.1)

$$GE(n) = \sum_{l=0}^{n-1}\sum_{m=-l}^{l} 1 = \sum_{l=0}^{n-1}(2l+1) = n^2\ .$$

Der Grundzustand mit den Quantenzahlen $n = 1$, $l = 0$ $(m = 0)$ ist nicht entartet. In der üblichen spektroskopischen Bezeichnung führt man die Quantenzahlen $n = 1$ und $l = 0$ in der Form $1s$ auf. Der erste angeregte Zustand ist vierfach entartet. Es gibt einen $2s$- und drei $2p$-Zustände. Der zweite angeregte Zustand mit einem $3s$-, drei $3p$- und fünf $3d$-Zuständen ist neunfach entartet. Der dritte angeregte Zustand ist 16 fach entartet, etc. In Abb. 6.2 werden die Ergebnisse der Lösung der Schrödingergleichung mit 'experimentellen' Daten für das Wasserstoffatom und die Einelektronensysteme Kr^{35+} und U^{91+} verglichen. Um den Vergleich zu vereinfachen, wurden

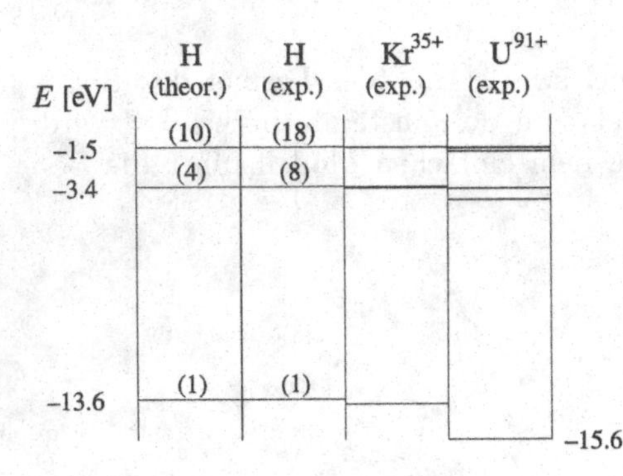

Abb. 6.2. Einelektronen-Coulombsysteme: Vergleich Theorie – Experiment

die Daten für die hochgeladenen Ionen mit $1/Z^2$ skaliert (Rohdaten, siehe D.tail 6.2.2). Die experimentellen und die theoretischen Energiewerte für Wasserstoff unterscheiden sich nur um ca. 0.06% , diese Differenz ist in der Abbildung nicht ersichtlich. Zusätzlich ist in der Abbildung angedeutet, dass die Zahl der experimentell beobachtbaren Zustände mit der Zahl der berechneten Zustände nicht übereinstimmt. Die Verdopplung ergibt sich erst bei der Berücksichtigung des Elektronenspins (siehe Kap. 7).

Einen detaillierten Vergleich zeigen die Abb. 6.3, in denen die vollständige experimentelle Situation dargestellt wird. In Abb. 6.3a sieht man das Spektrum der Zustände mit $n = 2$. Für Kr^{35+} und U^{91+} tragen die zwei schwach aufgespaltenen, tiefer liegenden Zustände, die durch die Ankopplung des Spins in dem $2s$- bzw. den $2p$- Zuständen charakterisiert sind (vergleiche Kap. 10.1), die Gesamtdrehimpulsquantenzahl $j = 1/2$. Der höher liegen-

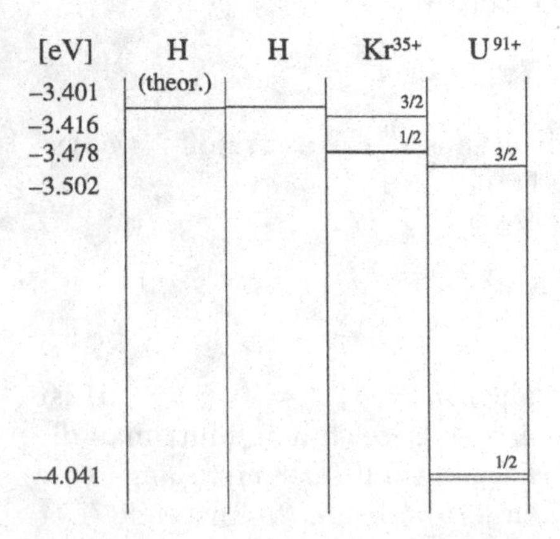

Abb. 6.3a Einelektronen-Coulombsysteme: Detail zu Abb. 6.2 Spektrum der Zustände mit $n = 2$

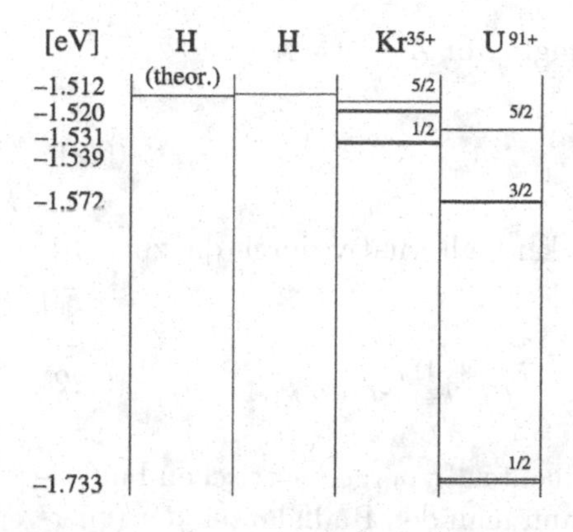

Abb. 6.3b Einelektronen-Coulombsysteme: Detail zu Abb. 6.2 Spektrum der Zustände mit $n = 3$

de Zustand wird durch den Gesamtdrehimpuls $j = 3/2$ gekennzeichnet. Die Quantenzahlen für den Gesamtdrehimpuls in dem Spektrum der Zustände mit $n = 3$ (Abb. 6.3b) sind (von oben nach unten) $j = 5/2, 3/2, 1/2$, wobei jeweils zwei Zustände mit $j = 3/2$ und $j = 1/2$ beobachtet werden. Sie entsprechen der Kopplung des Spins an die $3d$- und $3p$-, bzw. die $3p$- und $3s$-Zustände.

Der Vergleich der berechneten Energiewerte mit den experimentellen Werten zeigt,

- dass die Lösung der Schrödingergleichung die Anzahl der Zustände bis auf die noch fehlende Verdopplung der p- und d-Zustände infolge der Einbeziehung des Elektronenspins korrekt wiedergibt und
- dass die anfangs erwähnten Korrekturen zu einem komplexeren Spektrum führen und somit in der Tat diskutiert werden müssen. Die Schrödingergleichung mit dem einfachen Coulombpotential ist für eine hochpräzise Beschreibung des Wasserstoffatoms und von wasserstoffähnlichen Ionen mit höheren Kernladungen nicht ausreichend.

6.1.2.2 Eigenfunktionen. Der Radialanteil R_{nl} der Eigenfunktionen des (gebundenen) Coulombproblems

$$\psi_{nlm}(\boldsymbol{r}) = R_{nl}(r)Y_{lm}(\Omega)$$

enthält neben elementaren Funktionen eine konfluente hypergeometrische Funktion, die hier einem Polynom entspricht. Es ist

$$R_{nl}(r) = \frac{u_{nl}(r)}{r} = A_{nl}r^l \mathrm{e}^{-\lambda_n r} F(l + 1 - n, 2l + 2; 2\lambda_n r) \, . \tag{6.20}$$

Die gesamte Radialfunktion wird maßgeblich von dem Parameter λ_n bestimmt. Benutzt man auch hier den Bohrschen Radius a_0, so kann man ihn in der Form

$$\lambda_n = \left[-\frac{2m_0 E_n}{\hbar^2}\right]^{1/2} = \frac{m_0 e^2}{\hbar^2}\frac{Z}{n} = \frac{Z}{a_0 n}$$

schreiben. Der (reell gewählte) Normierungfaktor A_{nl} ist

$$A_{nl} = \frac{(2\lambda_n)^{l+3/2}}{(2l+1)!} \left[\frac{(n+l)!}{2n(n-l-1)!} \right]^{1/2} . \tag{6.21}$$

Der Polynomanteil der Radialfunktionen kann alternativ durch die zugeordneten Laguerreschen Polynome dargestellt werden

$$R_{nl}(r) = A_{nl} \frac{(n-l-1)!(2l+1)!}{(l+n)!} r^l \mathrm{e}^{-\lambda_n r} L_{n-l-1}^{(2l+1)}(2\lambda_n r) . \tag{6.22}$$

Mit Hilfe der Reihendarstellung der konfluenten hypergeometrischen Funktion (oder mittels Rekursionsrelationen) kann man den Radialanteil der (energetisch niedrigsten) Zustände gewinnen. In der Tabelle 6.1 sind diese Funktionen für $n = 1, 2, 3$ in der faktorisierten Form

$$R_{nl}(r) = A_{nl} \left[R_{nl}(r)/A_{nl} \right]$$

zusammengestellt.

Tabelle 6.1. Radialanteile der Coulombwellenfunktionen ($\lambda_n = Z/(a_0\, n)$)

	n	l	(n_r)	A_{nl}	R_{nl}/A_{nl}
$(1s)$	1	0	0	$2\lambda_1^{3/2}$	$\mathrm{e}^{-\lambda_1 r}$
$(2s)$		0	1	$2\lambda_2^{3/2}$	$(1-\lambda_2 r)\mathrm{e}^{-\lambda_2 r}$
$(2p)$	2	1	0	$\frac{2}{\sqrt{3}}\lambda_2^{5/2}$	$r\mathrm{e}^{-\lambda_2 r}$
$(3s)$		0	2	$2\lambda_3^{3/2}$	$(1-2\lambda_3 r+2\lambda_3^2 r^2/3)\mathrm{e}^{-\lambda_3 r}$
$(3p)$		1	1	$\frac{4\sqrt{2}}{3}\lambda_3^{3/2}$	$(r-\lambda_3 r^2/2)\mathrm{e}^{-\lambda_3 r}$
$(3d)$	3	2	0	$\frac{2}{3}\sqrt{\frac{2}{5}}\lambda_3^{7/2}$	$r^2\mathrm{e}^{-\lambda_3 r}$.

Um eine anschauliche Vorstellung von den stationären Zuständen des Coulombproblems zu gewinnen, betrachtet man die Wahrscheinlichkeitsdichte

$$\varrho_{nlm}(\boldsymbol{r}) = \psi_{nlm}^*(\boldsymbol{r})\psi_{nlm}(\boldsymbol{r}) = \left[R_{nl}^2(r)\right]\left[Y_{lm}^*(\Omega)Y_{lm}(\Omega)\right] \tag{6.23}$$

oder die entsprechende Aufenthaltswahrscheinlichkeit

$$\mathrm{d}^3 P_{nlm}(\boldsymbol{r}) = \varrho_{nlm}(\boldsymbol{r})\mathrm{d}^3 r = \left[r^2 R_{nl}^2(r)\mathrm{d}r\right]\left[Y_{lm}^*(\Omega)Y_{lm}(\Omega)\mathrm{d}\Omega\right] .$$

Die Größe $\mathrm{d}^3 P_{nlm}(\boldsymbol{r})$ beschreibt die Wahrscheinlichkeit, ein Teilchen, das sich in einem Zustand mit den Quantenzahlen n, l, m befindet, in einem Volumen $\mathrm{d}^3 r$ um die Stelle $\boldsymbol{r}$ zu finden. Da die beiden Maße für die räumliche

Wahrscheinlichkeitsverteilung in einen Radial- und einen Raumwinkelanteil faktorisieren, kann man die Anteile getrennt betrachten.

Integriert man die Wahrscheinlichkeitsdichte in (6.23) über den Raumwinkel und multipliziert mit r^2, so erhält man die *radiale Wahrscheinlichkeitsdichte*

$$\varrho_{nl}(r) = r^2 \iint \varrho_{nlm}(\boldsymbol{r})\mathrm{d}\Omega = r^2 R_{nl}^2(r) \,. \tag{6.24}$$

Für den Grundzustand, den $1s$-Zustand, findet man die radiale Wahrscheinlichkeitsdichte

$$\varrho_{1s}(r) = \frac{4Z^3}{a_0^3} r^2 \mathrm{e}^{-2Zr/a_0} \,.$$

Der Verlauf dieser Funktion ist in Abb. 6.4 gezeigt. Die Wahrscheinlichkeit, ein Elektron (oder ein anderes negativ geladenes Teilchen, z. B. ein Myon[3]) an der Stelle der Zentralladung zu finden, ist Null. Sie ist maximal für den Radius $r_{\mathrm{max},1s} = a_0/Z$ und fällt exponentiell ab. Die Maximalstelle r_{max} ist umgekehrt proportional zu der Zentralladung Z. Das Einteilchensystem schrumpft, wenn die Größe von Z, d. h. die Attraktion durch die Zentralladung, erhöht wird. So ist das Maximum der Verteilung in dem Ion He^+ nur halb so weit von der Zentralladung entfernt wie im H-Atom, im Li^{++}-Ion nur ein Drittel, etc. Die Position des Maximums entspricht dem Radius der innersten Bohrschen Kreisbahn. Es zeigt sich jedoch auch an dieser Stelle ein Unterschied zwischen den Aussagen der Quantenmechanik und dem semiklassischen Modell. Die Bohrsche Kreisbahn wird durch einen Drehimpulswert ungleich Null charakterisiert. Der Drehimpulswert des korrekten Quantenzustands ist hingegen $l = 0$.

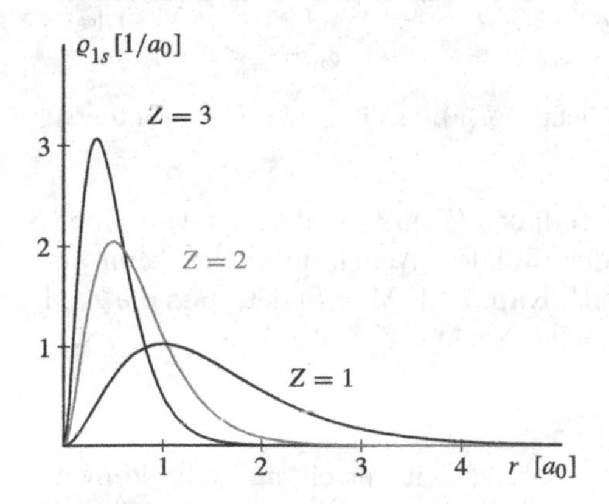

Abb. 6.4. Radiale Wahrscheinlichkeitsdichten $\varrho_{1s}(r)$

[3] Dieses Teilchen wurde zunächst unter dem Namen μ-Meson als Meson eingestuft. In der jetzigen Klassifikation der Elementarteilchen zählt es zu den Leptonen und wird mit Myon bezeichnet.

Die radiale Wahrscheinlichkeitsdichte der $2p$-Zustände

$$\varrho_{2p}(r) = \frac{Z^5}{24a_0^5} r^4 \mathrm{e}^{-Zr/a_0}$$

hat einen ähnlichen Verlauf (Abb. 6.5a). Doch ist der Anstieg in der Nähe des Ursprungs etwas flacher, die Maximalstelle ist

$$r_{\mathrm{max},2p} = 4a_0/Z = 4r_{\mathrm{max},1s} \,.$$

Der exponentielle Abfall für $r \longrightarrow \infty$ ist ebenfalls flacher. Auch in diesem Fall stimmen der Radius der semiklassischen Bahn und die Position des Maximums der Aufenthaltswahrscheinlichkeit überein.

Die Wahrscheinlichkeitsdichte des $2s$-Zustandes (D.tail 6.2.3)

$$\varrho_{2s}(r) = \frac{Z^3}{2a_0^3} r^2 \left(1 - \frac{Zr}{2a_0}\right)^2 \mathrm{e}^{-Zr/a_0}$$

ist deutlich strukturierter (Abb. 6.5b). Die Funktion hat eine Nullstelle (bei $r_{0,2s} = 2a_0/Z$) und zwei Maxima (bei $r_{\mathrm{max},2s} = (3 \pm \sqrt{5})\, a_0/Z$, also ungefähr bei 0.76 a_0/Z bzw. 5.24 a_0/Z). Offensichtlich besteht keine Korrespondenz dieser Verteilung mit einer semiklassischen Bahn.

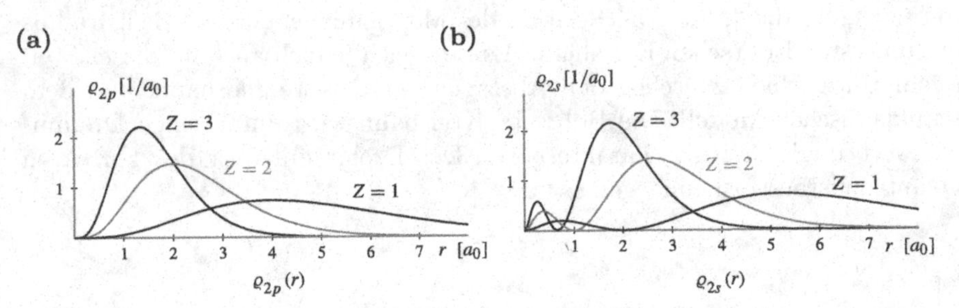

Abb. 6.5. Radiale Wahrscheinlichkeitsdichte $\varrho_{2l}(r)$ (skaliert mit einem Faktor 2)

Das Auftreten von Nullstellen der radialen Wahrscheinlichkeitsverteilung, entsprechend der 'Knotenstruktur' der radialen Wellenfunktionen kann allgemeiner diskutiert werden (siehe Math.Kap. 1.2). Man findet, dass die Zahl der Knoten der Radialquantenzahl n_r entspricht

$$n(\text{Knoten}) = n_r = n - l - 1 \,.$$

Um einen Eindruck von der Wahrscheinlichkeitsverteilung im dreidimensionalen Raum zu gewinnen, muss man die Radialverteilung mit der Winkelverteilung

$$\varrho_{lm}(\theta) = |Y_{lm}(\theta, \varphi)|^2$$

wichten. Diese Funktion von θ wird meist in einem Polardiagramm dargestellt, in dem ϱ_{lm} als Radiusvektor in Abhängigkeit von dem Polarwinkel θ aufgetragen wird. Das vollständige räumliche Bild der Winkelverteilung erhält man, indem man die Polardiagramme um die z-Achse dreht.

Für $l = 0$ ist die Verteilung isotrop

$$\varrho_{00}(\theta) = \frac{1}{4\pi} \, .$$

Ist $l = 1$ und $m = \pm 1$, so findet man (Abb. 6.6a)

$$\varrho_{1,\pm 1}(\theta) = \frac{3}{8\pi} \sin^2 \theta \, .$$

Dies gibt die Aussage wieder, dass sich das Teilchen bevorzugt in der x-y Ebene bewegt. Der Drehimpulsvektor, der senkrecht auf der 'Bahn' steht, fluktuiert jedoch um die z-Achse (vergleiche Kap. 4.4). Diese Fluktuationen entsprechen den (statistischen) Abweichungen von einer ebenen Bahn. Die Verteilung (Abb. 6.6b)

$$\varrho_{10}(\theta) = \frac{3}{4\pi} \cos^2 \theta$$

zeigt, dass sich ein Teilchen mit $l = 1$ und $m = 0$ in der Nähe der z-Achse aufhält und nie in der x-y Ebene zu finden ist.

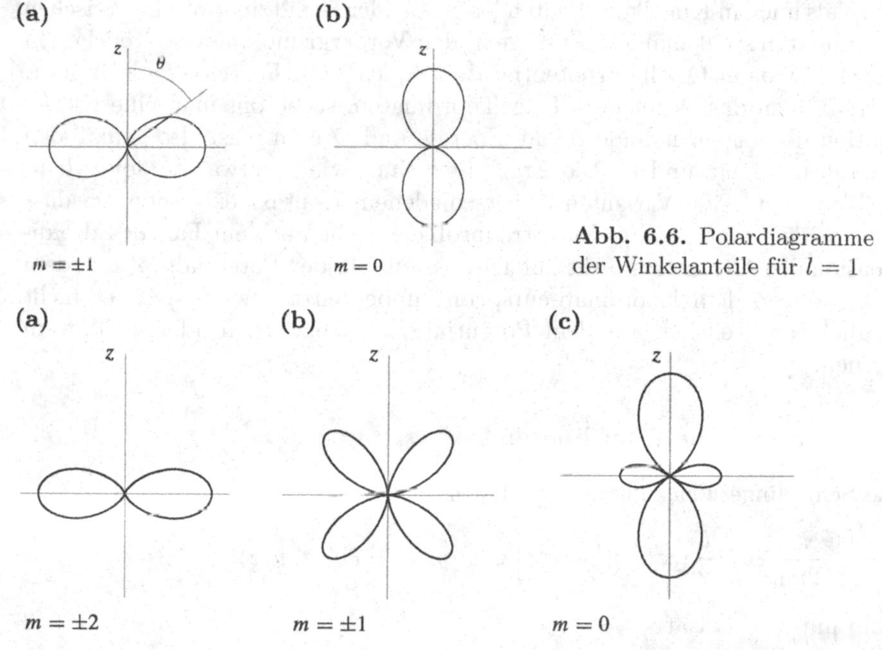

Abb. 6.6. Polardiagramme der Winkelanteile für $l = 1$

Abb. 6.7. Polardiagramme der Winkelanteile für $l = 2$

Die Polardiagramme für Zustände mit $l = 2$ sind (ohne Kommentar) in den Abb. 6.7a-c zusammengestellt. Die Formeln für die radialen und die winkelabhängigen Faktoren der gesamten Aufenthaltswahrscheinlichkeitsdichten (6.23)

$$\varrho_{nlm}(\boldsymbol{r}) = R_{nl}^2(r)|Y_{lm}(\Omega)|^2$$

für die energetisch niedrigen Zustände, sowie deren Illustration, findet man in D.tail 6.3.

Das wasserstoffähnliche Spektrum ist die einfachst mögliche Basis zur Diskussion der Struktur komplexer Atome und deren chemischen Eigenschaften, die in dem Periodensystem der Elemente ihren Ausdruck finden. Diese Diskussion wird jedoch bis zu den Kap. 14 und 15, nach der Einführung des Pauliprinzips in Kap. 13, zurückgestellt.

6.2 Der dreidimensionale harmonische Oszillator

Die potentielle Energie des harmonischen Oszillators kann durch die Radialkoordinate oder durch die kartesischen Koordinaten ausgedrückt werden

$$V(\boldsymbol{r}) = \frac{b}{2}r^2 = \frac{b}{2}\left(x^2 + y^2 + z^2\right) \qquad b > 0\,. \tag{6.25}$$

Man kann somit das dreidimensionale Oszillatorproblem sowohl in kartesischen als auch in Kugelkoordinaten lösen. Bei der Benutzung von kartesischen Koordinaten stellt man die Aussage in den Vordergrund, dass ein Teilchen in einem isotropen Oszillatorpotential drei äquivalente Freiheitsgrade besitzt. Sortiert man das Problem in Kugelkoordinaten, so betont man eine Klassifikation der Eigenzustände gemäß Energie und Drehimpuls, also gemäß den Operatoren $\hat{H}, \hat{l}^2$ und $\hat{l}_z$. Die Ergebnisse sind, wie zu erwarten äquivalent, doch werden beide Varianten in verschiedenem Kontext eingesetzt, so dass man beide kennen sollte. Ein Streuproblem steht auch im Fall des dreidimensionalen Oszillators nicht zur Diskussion. Da der Potentialtopf mit dem Abstand von dem Koordinatenursprung unbegrenzt anwächst, ist es nicht möglich, ein Teilchen aus dem Potentialtopf zu entfernen oder an ihm zu streuen.

6.2.1 Kartesische Koordinaten

Die Schrödingergleichung des Oszillators

$$\left[-\frac{\hbar^2}{2m_0}\Delta + \frac{b}{2}\left(x^2 + y^2 + z^2\right)\right]\psi(x,y,z) = E\psi(x,y,z)$$

kann mit dem Ansatz

$$\psi(x,y,z) = X(x)Y(y)Z(z)$$

separiert werden. Man erhält drei eindimensionale Oszillatorgleichungen, wie z. B.

$$-\frac{\hbar^2}{2m_0}\frac{\mathrm{d}^2X(x)}{\mathrm{d}x^2}+\frac{b}{2}x^2X(x)=E_xX(x)\,.$$

Die Summe der Separationskonstanten ergibt die Gesamtenergie

$$E=E_x+E_y+E_z\,,$$

die Gesamtwellenfunktion ist ein Produkt aus drei eindimensionalen Oszillatorlösungen. Jeder Faktor hat eine Form wie (siehe (5.19))

$$X_{n_x}(x)=A_{n_x}H_{n_x}\left(\sqrt{\lambda}x\right)\mathrm{e}^{-\lambda x^2/2}\qquad n_x=0,\,1,\,2,\,\ldots$$

$$\lambda=\frac{m_0\omega}{\hbar}=\frac{\sqrt{m_0 b}}{\hbar}\,.$$

Zu der Energieformel

$$E=\hbar\omega\left(n_x+n_y+n_z+\frac{3}{2}\right)=\hbar\omega\left(N+\frac{3}{2}\right)\qquad\omega=\sqrt{\frac{b}{m_0}}\tag{6.26}$$

ist das Folgende zu bemerken:

- Alle drei Quantenzahlen n_x, n_y, n_z können die Werte 0, 1, 2, ... annehmen. Die Gesamtquantenzahl $N=n_x+n_y+n_z$ nimmt somit ebenfalls diese Werte an. Das Energiespektrum (Abb. 6.8) ist wie für den eindimensionalen Oszillator äquidistant. Die angeregten Zustände sind jedoch entartet. Der Grundzustand wird durch den Satz von Quantenzahlen $(n_x,n_y,n_z)=(0,0,0)$ charakterisiert. Es gibt drei angeregte Zustände mit $N=1$. Diese tragen die Quantenzahlen $(1,0,0)$, $(0,1,0)$, $(0,0,1)$. Das Teilchen in dem Oszillatorpotential 'schwingt' in der jeweiligen Koordinatenrichtung. Der zweite angeregte Zustand mit $N=2$ und $E=7\,\hbar\omega/2$ ist

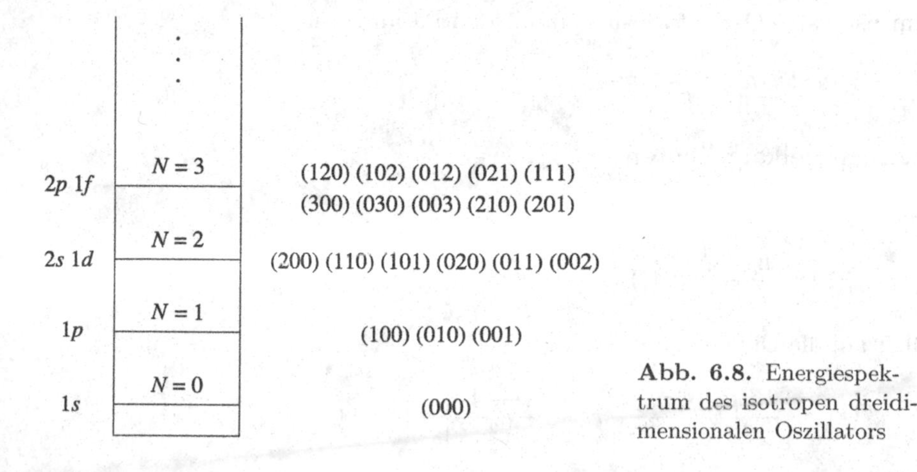

Abb. 6.8. Energiespektrum des isotropen dreidimensionalen Oszillators

sechsfach entartet. Es liegt entweder eine 'erste Oberschwingung' in einer Koordinatenrichtung oder die Überlagerung von zwei Grundschwingungen in verschiedenen Koordinatenrichtungen vor

$$(n_x, n_y, n_z) = (2,0,0),\ (1,1,0),\ \ldots\ .$$

Die Entartung eines höher angeregten Zustandes mit der Quantenzahl N kann man durch einfache Kombinatorik bestimmen. Die Antwort entspricht der Anzahl der möglichen Verteilungen von N Objekten in drei verschiedene Behälter, bzw. etwas abstrakter formuliert, der Anzahl der Zerlegungen der Zahl N in drei Summanden. Die Anzahl der Zerlegungen, die mit dem Begriff Partition bezeichnet werden, ist

$$GE(N) = Pa(N) = \binom{N+2}{2} = \frac{(N+2)(N+1)}{2}\ .$$

- Die Nullpunktsenergie ist $3\hbar\omega/2$. Man kann ein Quantenteilchen in keinem der drei Freiheitsgrade zur Ruhe bringen.

Zu erwähnen ist noch die Verallgemeinerung auf das Problem des anisotropen Oszillators mit der potentiellen Energie

$$V(\boldsymbol{r}) = \frac{b_x}{2}x^2 + \frac{b_y}{2}y^2 + \frac{b_z}{2}z^2\ .$$

Auch dieses Problem ist in kartesischen Koordinaten separierbar. Die Energieformel lautet

$$E = \hbar\left\{\omega_x\left(n_x + \frac{1}{2}\right) + \omega_y\left(n_y + \frac{1}{2}\right) + \omega_z\left(n_z + \frac{1}{2}\right)\right\}$$

$$\omega_i = \sqrt{\frac{b_i}{m_0}} \qquad i = x,\, y,\, z \qquad n_x, n_y, n_z = 0,\, 1,\, 2,\, \ldots\ .$$

Die Entartung ist aufgehoben. Die Eigenfunktionen sind Produkte von eindimensionalen Oszillatorlösungen mit den Parametern

$$\lambda_i = m_0\omega_i/\hbar \qquad i = x,\, y,\, z\ .$$

6.2.2 Kugelkoordinaten

Der Ansatz

$$\psi_{lm}(\boldsymbol{r}) = \frac{u_l(r)}{r} Y_{lm}(\Omega)$$

führt auf die Differentialgleichung

$$u_l''(r) + \left[\frac{2m_0}{\hbar^2}E - \frac{m_0^2\omega^2}{\hbar^2}r^2 - \frac{l(l+1)}{r^2}\right] u_l(r) = 0$$

für die Radialfunktion u_l. Mit den Abkürzungen (vergleiche Kap. 5.3.1)

$$k^2 = \frac{2m_0}{\hbar^2}E \qquad \lambda = \frac{m_0\omega}{\hbar}$$

ergibt sich die Radialgleichung des räumlichen Oszillators in Kugelkoordinaten (siehe D.tail 6.4 für die Herleitung der in diesem Abschnitt auftretenden Differentialgleichungen)

$$u_l''(r) + \left[k^2 - \lambda^2 r^2 - \frac{l(l+1)}{r^2}\right] u_l(r) = 0 \,. \tag{6.27}$$

Um einen geeigneten Ansatz für die Lösung dieser Differentialgleichung zu gewinnen, ist wiederum das Verhalten der Funktion u_l in den Randpunkten $r = 0$ und $r \to \infty$ zu untersuchen. Für $r = 0$ dominiert auch in diesem Problem der Zentrifugalterm, so dass, wie im Fall des Coulombproblems (Kap. 6.1), nur Funktionen, die sich wie

$$u_l(r) \xrightarrow{r \to 0} r^{l+1}$$

verhalten, für quadratintegrable Lösungen zulässig sind. Je größer die Drehimpulsquantenzahl l ist, desto stärker ist die repulsive Zentrifugalbarriere am Koordinatenursprung. Die entsprechende Aufenthaltswahrscheinlichkeit muss aus diesem Grund in der Nähe des Ursprungs umso kleiner sein, je größer l ist. Dies wird (für $r < 1$) durch die Potenzfunktion gewährleistet. Für $r \to \infty$ überwiegt der Oszillatorterm, so dass man, wie für den eindimensionalen Oszillator, die asymptotische Lösung

$$u_l(r) \xrightarrow{r \to \infty} \mathrm{e}^{-\lambda r^2/2}$$

findet.

Geht man mit der Abspaltung

$$u_l(r) = r^{l+1}\mathrm{e}^{-\lambda r^2/2} w_l(r)$$

in die Differentialgleichung (6.27) ein, so erhält man

$$w_l''(r) - \left[2\lambda r - \frac{2(l+1)}{r}\right] w_l'(r) - \left[\lambda(2l+3) - k^2\right] w_l(r) = 0 \,. \tag{6.28}$$

Von den möglichen Optionen

- Potenzreihenansatz, der auf eine zweigliedrige Rekursion führt, sowie die zugehörigen Konvergenzbetrachtungen, die den Ansatz auf eine Polynomlösung reduzieren und die zulässigen Energiewerte ergeben.
- Überführung in die Differentalgleichung einer bekannten speziellen Funktion mittels einer geeigneten Substitution

soll nur die zweite verfolgt werden. Die Substitution $\rho = \lambda r^2$ führt über

$$\rho \frac{\mathrm{d}^2 w_l(\rho)}{\mathrm{d}\rho^2} + \left[l + \frac{3}{2} - \rho\right] \frac{\mathrm{d}w_l(\rho)}{\mathrm{d}\rho} - \frac{1}{2}\left[l + \frac{3}{2} - \frac{k^2}{2\lambda}\right] w_l(\rho) = 0 \tag{6.29}$$

und

$$a = \frac{1}{2}\left[l + \frac{3}{2} - \frac{k^2}{2\lambda}\right] = \frac{1}{2}\left[l + \frac{3}{2} - \frac{E}{\hbar\omega}\right]$$

$$c = l + \frac{3}{2}$$

in der Tat auf die Differentialgleichung (6.9) für die konfluente hypergeometrische Funktion

$$\rho \frac{\mathrm{d}^2 w_l(\rho)}{\mathrm{d}\rho^2} + [c - \rho] \frac{\mathrm{d}w_l(\rho)}{\mathrm{d}\rho} - a w_l(\rho) = 0 \,.$$

In der allgemeinen Lösung (6.10)

$$w(\rho) = AF(l + 1 - \gamma, 2l + 2; \rho) + B\rho^{-(2l+1)} F(-l - \gamma, -2l; \rho)$$

muss man den Term mit

$$\rho^{1-c} F(a - c + 1, 2 - c; \rho)$$

ausschließen, da die Lösung sonst am Ursprung divergiert. Der verbleibende Term

$$w_l(\rho) = AF(a, c; \rho)$$

ist im Allgemeinen divergent, es sei denn a ist eine negative ganze Zahl

$$a = \frac{1}{2}\left[l + \frac{3}{2} - \frac{E}{\hbar\omega}\right] = -n \qquad n = 0,\, 1,\, 2,\, \ldots \,.$$

Das resultierende Energiespektrum

$$E_{nl} = \hbar\omega\left(2n + l + \frac{3}{2}\right) \qquad n, l = 0,\, 1,\, 2,\, \ldots \tag{6.30}$$

kann, wie im Fall des Lösungswegs in kartesischen Koordinaten, in der Form

$$E_{N(n,l)} = \hbar\omega\left(N + \frac{3}{2}\right) \qquad N = 2n + l = 0,\, 1,\, 2,\, \ldots$$

zusammengefasst werden. Die Energiewerte, der Entartungsgrad, die Kombinationen der entsprechenden (n, l)-Werte und die Paritätsquantenzahl π sind in der folgenden Tabelle zusammengestellt. Die Energiewerte und der Entartungsgrad der mit $N(nl)$ klassifizierten Zustände müssen mit den Werten der kartesischen Rechnung übereinstimmen.

N	E	(n, l)	$(n+1, l)$	GE	π
0	$\frac{3}{2}\hbar\omega$	$(0,0)$	$(1s)$	1	+
1	$\frac{5}{2}\hbar\omega$	$(0,1)$	$(1p)$	3	–
2	$\frac{7}{2}\hbar\omega$	$(1,0),(0,2)$	$(2s),(1d)$	6	+
3	$\frac{9}{2}\hbar\omega$	$(1,1),(0,3)$	$(2p),(1f)$	10	–
4	$\frac{11}{2}\hbar\omega$	$(2,0),(1,2),(0,4)$	$(3s),(2d),(1g)$	15	+

Die spektroskopische Bezeichnung $(n+1,\, l)$, die für das Oszillatorproblem üblich ist, kennzeichnet den $(n+1)$-ten Zustand mit dem Drehimpuls l. Der Grundzustand ist ein $(1s)$-Zustand. Der erste angeregte Zustand ist ein $(1p)$-Zustand, mit dreifacher Entartung in der Projektionsquantenzahl m. Der zweite angeregte Zustand, der sechsfach entartet ist, enthält fünf $(1d)$-Zustände und einen s-Zustand, der mit $(2s)$ bezeichnet wird. Die Parität π der Zustände ist

$$\pi = (-1)^N \equiv (-1)^l\,,$$

wie man es für ein zentralsymmetrisches Problem erwartet. Man findet somit abwechselnd 'Schalen' mit positiver und negativer Parität. Diese Tatsache bildet eine der Grundlagen für das Schalenmodell der Kernphysik, das zur Erklärung der Struktur der Kerne benutzt wird.

Die Lösungen des Oszillatorproblems in Kugelkoordinaten mit den Quantenzahlen n, l, m sind

$$\psi_{nlm}(\boldsymbol{r}) = A_{nl} r^l \mathrm{e}^{-\lambda r^2/2} F(-n, l+3/2, \lambda r^2) Y_{lm}(\Omega)\,. \tag{6.31}$$

Diese Funktionen sind orthogonal

$$\iiint \mathrm{d}^3 r \psi^*_{nlm}(\boldsymbol{r}) \psi_{n'l'm'}(\boldsymbol{r}) = \delta_{nn'}\delta_{ll'}\delta_{mm'}\,.$$

Diese Aussage folgt, wie für das Coulombproblem, aus der Orthogonalität der Kugelflächenfunktionen und der Orthogonalität des Radialanteils. Das Radialintegral

$$I_{nl,n'l} = A_{nl} A_{n'l} \int_0^\infty \mathrm{d}r\, r^{(2l+2)} \;\; \mathrm{e}^{-\lambda r^2} F(-n, l+3/2; \lambda r^2)$$
$$F(-n', l+3/2; \lambda r^2)$$

kann mit (6.15) durch ein Integral über Laguerrepolynome ausgedrückt werden. Man substituiert $\rho = \lambda r^2$, benutzt die Orthogonalitätsrelation der Laguerre Polynome (siehe Math.Kap. 2.4) und findet

$$I_{nl,n'l} = \delta_{nn'}\, A_{nl} A_{n'l} \frac{\Gamma(n+1)}{2\Gamma(n+l+3/2)} \Gamma(l+3/2)^2 \lambda^{-(l+3/2)} \,.$$

An diesem Resultat kann man die Normierungskonstante A_{nl} ablesen

$$A_{nl} = \frac{1}{\Gamma(l+3/2)} \left[2\lambda^{(l+3/2)} \frac{\Gamma(n+l+3/2)}{\Gamma(n+1)} \right]^{1/2} . \tag{6.32}$$

Die Funktionen $f_{nl}(r) = A_{nl}\, r^l F(-n, l+3/2; \lambda r^2)$ für die ersten drei Schalen sind zur eventuellen Bezugnahme in der kleinen Tabelle zusammengestellt

$(n+1,\, l)$	(1s)	(1p)	(2s)	(1d)
f_{nl}	$\sqrt{\frac{4\lambda^{3/2}}{\pi^{1/2}}}$	$\sqrt{\frac{8\lambda^{5/2}}{3\pi^{1/2}}}\, r$	$\sqrt{\frac{8\lambda^{3/2}}{3\pi^{1/2}}}(3/2 - \lambda r^2)$	$\sqrt{\frac{16\lambda^{7/2}}{15\pi^{1/2}}}\, r^2$

Man sieht auch hier den schon erwähnten Zusammenhang zwischen der 'Radialquantenzahl' $(n-1)$ und der Anzahl der Nullstellen (Knoten) der Wellenfunktion.

6.2.3 Vergleich der Darstellungen des Oszillatorproblems

Jeder der in den vorherigen Abschnitten berechneten Sätze von Eigenfunktionen des Oszillatorproblems

$$\hat{H}\psi_{n_x n_y n_z}(x,y,z) = (n_x + n_y + n_z + 3/2)\hbar\omega\; \psi_{n_x n_y n_z}(x,y,z)$$
$$\hat{H}\psi_{nlm}(r,\theta,\varphi) = (2n + l + 3/2)\hbar\omega\; \psi_{nlm}(r,\theta,\varphi)$$

beschreibt die gleiche Situation. Man kann also die Funktionen eines der Sätze nach den Funktionen des anderen Satzes entwickeln, so z. B.

$$\psi_{n_x n_y n_z}(x,y,z) = \sum_{(nl),m} C_{nlm}^{n_x n_y n_z}\, \psi_{nlm}(r,\theta,\varphi) \,.$$

Die Summe läuft über alle Werte der Quantenzahlen n und l, für die

$$2n + l = n_x + n_y + n_z = N$$

ist, denn nur dann folgt

$$\begin{aligned}
\hat{H}\psi_{n_x n_y n_z}(x,y,z) &= \sum_{(nl),m} C_{nlm}^{n_x n_y n_z} (\hat{H}\psi_{nlm}(r,\theta,\varphi)) \\
&= \sum_{(nl),m} C_{nlm}^{n_x n_y n_z} ((N + 3/2)\hbar\omega)\psi_{nlm}(r,\theta,\varphi) \\
&= ((N + 3/2)\hbar\omega)\psi_{n_x n_y n_z}(x,y,z) \,.
\end{aligned}$$

Die Entwicklungskoeffizienten sind infolge der Orthonormierung der Wellenfunktionen durch die Integrale

$$C_{nlm}^{n_x n_y n_z} = \iiint \mathrm{d}^3 r\, \psi_{nlm}^{*}(r,\theta,\varphi)\psi_{n_x n_y n_z}(x,y,z)$$

bestimmt. Deren Auswertung ist wegen der notwendigen Umschreibung der Koordinaten im Allgemeinen keine besonders einfache Angelegenheit.

Neben der Notwendigkeit, die Entwicklungskoeffizienten explizit zu berechnen, stellt sich an dieser Stelle die Frage, unter welchen Voraussetzungen derartige Entwicklungen möglich sind. Die Antwort auf diese Frage lautet: Die Voraussetzung ist die Vollständigkeit der Funktionensysteme.

In Math.Kap. 1.2 wird, auf der Basis des Sturm-Liouville Theorems, der Begriff der Vollständigkeit, die Antwort auf die anschließende Frage, wie man Vollständigkeit nachweisen kann, und der Nachweis, dass die zwei Systeme von Lösungen des dreidimensionalen Oszillatorproblems vollständig sind, näher erläutert.

6.3 Der sphärische Potentialtopf

Der sphärische Potentialtopf wird durch die Vorgabe der potentiellen Energie

$$V(\boldsymbol{r}) = \left\{ \begin{array}{cc} -V_0 & r < R \\ 0 & r > R \end{array} \right\} = -V_0\, \Theta(R-r) \qquad V_0 > 0 \tag{6.33}$$

charakterisiert. Für alle Punkte innerhalb einer Kugel ist die potentielle Energie (und das Potential) konstant und negativ, im Außenbereich ist sie Null. Auf der Kugelschale erfährt das Teilchen einen Kraftstoß

$$\boldsymbol{F} = -\nabla V(\boldsymbol{r}) = -V_0 \delta(R-r)\boldsymbol{e}_r\ .$$

Für die Bewegung in diesem Potentialtopf kann man wieder zwei Energiebereiche unterscheiden:

- Ein Teilchen mit der (kinetischen) Energie $E > 0$ läuft aus großer Entfernung auf den Potentialtopf zu. Die Kraftwirkung beim Eintritt in und Austritt aus der Kugel modifiziert die Bewegung. Es liegt ein Streuproblem vor.
- Ein Teilchen mit der Energie $-V_0 < E < 0$ ist aus klassischer Sicht auf das Gebiet des Topfes beschränkt. Hier ist ein gebundenes Problem zu diskutieren.

Da der sphärische Potentialtopf sich durch relative Einfachheit auszeichnet, wird er oft benutzt, um kompliziertere dreidimensionale Probleme wie die Struktur des Deuterons, das gebundene Neutron-Proton System der Kernphysik, oder die Nukleon-Nukleon Streuung in einfacher Weise zu nähern.

Zur Diskussion der *gebundenen Zustände* unterteilt man, analog zu dem eindimensionalen Potentialtopf, den Raum in zwei Bereiche und macht die Ansätze

$$\text{Bereich I} : \psi(\boldsymbol{r}) = \frac{u_{l,1}(r)}{r} Y_{lm}(\Omega) \qquad r \leq R$$

$$\text{Bereich II} : \psi(\boldsymbol{r}) = \frac{u_{l,2}(r)}{r} Y_{lm}(\Omega) \qquad r > R\,.$$

Der Bereich II ist für klassische Teilchen mit $E < 0$ nicht zugänglich. Die Wellenfunktion in diesem Bereich beschreibt also Tunneleffekte. Für die Radialanteile erhält man gemäß (6.2) die Differentialgleichungen

$$u''_{l,1}(r) - \frac{l(l+1)}{r^2} u_{l,1}(r) + \frac{2m_0}{\hbar^2}(E + V_0)\, u_{l,1}(r) = 0$$

$$u''_{l,2}(r) - \frac{l(l+1)}{r^2} u_{l,2}(r) + \frac{2m_0}{\hbar^2}(E)\, u_{l,2}(r) = 0\,,$$

in die noch die Wellenzahlen

$$k_1^2 = \frac{2m_0}{\hbar^2}(E + V_0) \qquad k_1 > 0, \text{ reell}$$

$$k_0^2 = -\frac{2m_0}{\hbar^2} E \qquad k_0 > 0, \text{ reell}$$

eingeführt werden. Die resultierenden Differentialgleichungen, in denen *nur* das Zentrifugalpotential eine Koordinatenabhängigkeit aufweist,

$$u''_{l,1}(r) - \frac{l(l+1)}{r^2} u_{l,1}(r) + k_1^2 u_{l,1}(r) = 0$$

$$u''_{l,2}(r) - \frac{l(l+1)}{r^2} u_{l,2}(r) + (\mathrm{i}k_0)^2 u_{l,2}(r) = 0\,, \tag{6.34}$$

sind Bessel-Riccati Differentialgleichungen (siehe Bd. 2, Math.Kap. 4.4.3). Mit der trivialen Substitution $\rho = k_1 r$ bzw. $\rho = \mathrm{i}k_0 r$ gewinnt man die Standardform

$$\frac{\mathrm{d}^2 u_l(\rho)}{\mathrm{d}\rho^2} + \left[1 - \frac{l(l+1)}{\rho^2}\right] u_l(\rho) = 0\,. \tag{6.35}$$

Die Standardbezeichnungen der Lösungen der Differentialgleichung (6.35) sind:

- Ein Satz von Fundamentallösungen für jeden Wert von l besteht aus den Bessel-Riccati Funktionen $u_l(kr)$ und den Neumann-Riccati Funktionen $v_l(kr)$, wie z. B.

$$u_0(kr) = \sin kr \qquad v_0(kr) = -\cos kr$$

$$u_1(kr) = \frac{\sin kr}{kr} - \cos kr \qquad v_1(kr) = -\frac{\cos kr}{kr} - \sin kr\,.$$

- Ein alternatives Fundamentalsystem stellen die Hankel-Riccati Funktionen

$$w_l^{(+)}(kr) = u_l(kr) + \mathrm{i}v_l(kr) \qquad w_l^{(-)}(kr) = u_l(kr) - \mathrm{i}v_l(kr)$$

  dar.
- Anstelle dieser Funktionen benutzt man oft (und vorzugsweise) die sphärischen Bessel-, Neumann- und Hankelfunktionen, die dem vollständigen Radialanteil der Lösung der freien Schrödingergleichung entsprechen

$$j_l(kr) = \frac{u_l(kr)}{kr} \qquad n_l(kr) = \frac{v_l(kr)}{kr} \qquad h_l^{(\pm)}(kr) = \frac{w_l^{(\pm)}(kr)}{kr} \, .$$

  Die sphärischen Besselfunktionen sind an der Stelle $kr = 0$ regulär, die sphärischen Neumannfunktionen sind an dieser Stelle singulär.

Die sphärischen Besselfunktionen und ihre wichtigsten Eigenschaften wurden in Bd. 2, Math.Kap. 4.4.3 als Spezialfall der allgemeinen Besselfunktionen J_ν mit dem Index $\nu = l + 1/2$ eingeführt. Ein alternativer Zugang aus der Sicht der Differentialgleichung (6.35) findet man in Math.Kap. 2.5

Neben der Erfüllung der Randbedingungen, dass die Gesamtlösung quadratintegrabel sein soll, müssen die Teillösungen an der Stelle $r = R$ stetig aneinander angeschlossen werden. Als Teillösung in dem Gebiet I ist nur die reguläre Lösung zulässig

$$R_{l,1}(r) = A_l' \, \frac{u_l(k_1 r)}{r} = A_l \, j_l(k_1 r) \, ,$$

wobei u_l eine Bessel-Riccati Funktion darstellt. In dem Gebiet II muss man das asymptotische Verhalten der Lösung betrachten. Aus diesem Grund arbeitet man mit den Hankel-Riccati Funktionen, die die Form

$$w_l^{(\pm)}(kr) = \mathrm{e}^{\pm \mathrm{i}kr} \left(\mathrm{Polynom}_{(\pm)} \text{ in } \frac{1}{kr} \right)$$

haben. Da in dem Gebiet II die effektive Wellenzahl $k = \mathrm{i}k_0$ ist, ergibt nur die Funktion $w_l^{(+)}$ eine exponentiell abfallende Funktion, die mit der Randbedingung einer quadratintegrablen Lösung verträglich ist. Es ist also

$$R_{l,2}(r) = B_l' \, \frac{w_l^{(+)}(\mathrm{i}k_0 r)}{r} = B_l \, h_l^{(+)}(\mathrm{i}k_0 r) \, .$$

Die Anschlussbedingungen an der Stelle $r = R$

$$A_l \, j_l(k_1 R) = B_l \, h_l^{(+)}(\mathrm{i}k_0 R)$$

$$A_l \left(\frac{\mathrm{d}j_l(k_1 r)}{\mathrm{d}r} \right)_R = B_l \left(\frac{\mathrm{d}h_l^{(+)}(\mathrm{i}k_0 r)}{\mathrm{d}r} \right)_R$$

stellen ein homogenes, lineares Gleichungssystem für jeden Satz von Koeffizienten $\{A_l, B_l\}$ dar. Lösung des Gleichungssystems ist das Verhältnis A_l/B_l.

Die Bedingung für die Existenz einer nichttrivialen Lösung, das Verschwinden der Determinante des Gleichungssystems, kann man als eine logarithmische Anschlussbedingung

$$\left(\frac{1}{R_{l,1}(r)}\frac{\mathrm{d}R_{l,1}(r)}{\mathrm{d}r}\right)_R = \left(\frac{1}{R_{l,2}(r)}\frac{\mathrm{d}R_{l,2}}{\mathrm{d}r}\right)_R$$

formulieren. Diese Bedingung stellt eine Relation zur Bestimmung der Eigenwerte dar. Das Normierungsintegral

$$\iiint \mathrm{d}^3r\, \psi^*_{Elm}(\boldsymbol{r})\psi_{Elm}(\boldsymbol{r}) = |A_l|^2 \int_0^R \mathrm{d}r\, r^2 j_l^2(k_1 r) + |B_l|^2 \int_R^\infty \mathrm{d}r\, r^2 |h_l^{(+)}(\mathrm{i}k_0 r)|^2 = 1$$

legt letztlich (bis auf einen unwesentlichen Phasenfaktor) die Konstanten A_l und B_l explizit fest.

Die Auswertung der Eigenwertbedingung soll nur für den Fall $l = 0$ angedeutet werden. Die expliziten Lösungen für $l = 0$ sind

$$R_{0,1}(r) = A_0 \frac{\sin k_1 r}{k_1 r} \qquad R_{0,2}(r) = B_0 \frac{\mathrm{e}^{-k_0 r}}{\mathrm{i}k_0 r}\ .$$

In der logarithmischen Ableitung heben sich die Konstanten A_0 und B_0 heraus und es verbleibt die reelle Bedingung

$$\frac{R}{\sin k_1 R}\left[\frac{k_1 \cos k_1 R}{R} - \frac{\sin k_1 R}{R^2}\right] = \frac{R}{\mathrm{e}^{-k_0 R}}\left[-\frac{k_0 \mathrm{e}^{-k_0 R}}{R} - \frac{\mathrm{e}^{-k_0 R}}{R^2}\right].$$

Sortiert man diesen Ausdruck, so erhält man

$$k_0 = -k_1 \cot k_1 R\ .$$

Dies ist das gleiche Resultat wie für die antimetrischen Lösungen des eindimensionalen Potentialtopfs (Kap. 5.2.1). Zusammen mit der Relation zwischen den Wellenzahlen

$$k_0^2 + k_1^2 = \frac{2m_0}{\hbar} V_0$$

können somit, wie zuvor, die zulässigen Energiewerte als Schnittpunkte von Kreisen und modifizierten Kotangenskurven in der k_0-k_1 Ebene (oder mit numerischen Methoden) bestimmt werden. Je nach Größe und Tiefe des Topfes findet man keinen, einen, etc. Energieeigenwerte mit $l = 0$.

Eine minimale Topfgröße, für die wenigstens ein Eigenwert vorhanden ist, gewinnt man aus dem folgenden Argument: Das Teilchen ist gerade gebunden, wenn $k_0 = 0$ ist. Aus der Eigenwertbedingung folgt somit für schwach gebundene Teilchen $k_1 R \geq \pi/2$. Die Kreisbedingung liefert dann

$$V_0 R^2 \geq \frac{\pi^2 \hbar^2}{8 m_0}\ .$$

Es gibt mindestens einen gebundenen Zustand mit $l = 0$, falls diese Bedingung erfüllt ist[4].

Die Bestimmung der Eigenwerte (und der Normierung) wird um so aufwendiger je größer der Wert der Quantenzahl l ist. Für $l = 1$ erhält man z. B.

$$\frac{\cot k_1 R}{k_1 R} - \frac{1}{(k_1 R)^2} = \frac{1}{(k_0 R)} + \frac{1}{(k_0 R)^2} \, .$$

Zu bestimmen sind die Schnittpunkte dieser transzendenten Kurve mit den Kreisen in der k_0-k_1 Ebene. Man kann mit einigem Aufwand zeigen, dass für die niedrigsten Energieeigenwerte zu aufeinanderfolgenden Drehimpulswerten die Aussage gilt

$$E_{\min}(l = 0) < E_{\min}(l = 1) < E_{\min}(l = 2) < \ldots \, .$$

Die repulsive Zentrifugalwirkung drängt das Teilchen nach außen. Das entspricht einer schwächeren Bindung. Die Abb. 6.9a bis c deuten an, wie das effektive Gesamtpotential $V = -V_0 + V_{\text{zentrif}}$ mit l variiert und dadurch den niedrigsten Energieeigenwert anhebt.

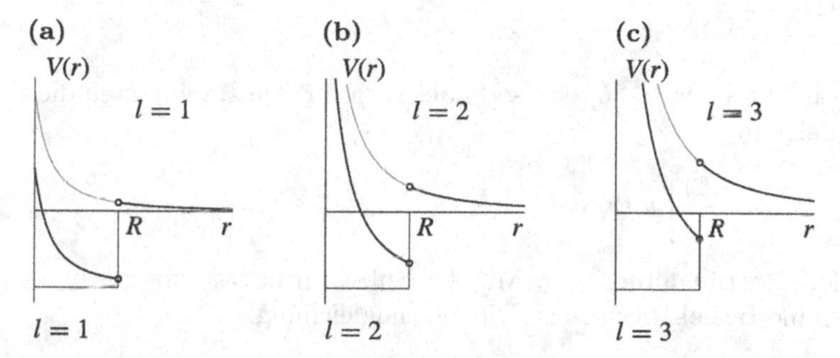

Abb. 6.9. Sphärischer Potentialtopf: Effektives Potential mit Zentrifugalterm

6.4 Die Partialwellenentwicklung von ebenen Wellen

Die potentielle Energie $V(\boldsymbol{r}) = 0$ kann als sphärisch angesehen werden, obschon dies zunächst etwas abwegig erscheinen mag. Mit der Lösung der freien Schrödingergleichung

$$-\frac{\hbar^2}{2m_0} \Delta \psi(\boldsymbol{r}) = E \psi(\boldsymbol{r}) \tag{6.36}$$

[4] Die Berechnung der Normierung der Wellenfunktion für $l = 0$ und der expliziten Eigenwertgleichungen mit $l = 1, 2$ findet man in D.tail 6.5.

in Kugelkoordinaten gewinnt man jedoch ein wichtiges Hilfsmittel für die Diskussion von Streuproblemen der Quantenmechanik: die Partialwellenzerlegung von ebenen Materiewellen.

Die Lösung der freien Schrödingergleichung (6.36) in kartesischen Koordinaten ergibt die Standardform der ebenen Wellen

$$\psi_{\boldsymbol{k}}(\boldsymbol{r}) = \left[\frac{1}{2\pi}\right]^{3/2} \mathrm{e}^{[i\boldsymbol{k}\cdot\boldsymbol{r}]} , \tag{6.37}$$

die auf die δ-Funktion normiert sind

$$\iiint \mathrm{d}^3 r \; \psi^*_{\boldsymbol{k}}(\boldsymbol{r})\psi_{\boldsymbol{k}'}(\boldsymbol{r}) = \delta(\boldsymbol{k} - \boldsymbol{k}') .$$

Die Energiewerte der freien Schrödingergleichung sind kontinuierlich und positiv

$$E = \frac{\hbar^2}{2m_0} k^2 = \frac{\hbar^2}{2m_0} \left(k_x^2 + k_y^2 + k_z^2\right) \geq 0 .$$

Geht man auf der anderen Seite mit dem Ansatz

$$\psi(\boldsymbol{r}) = \frac{u_l(r)}{r} Y_{lm}(\Omega)$$

in die Differentialgleichung (6.36) ein, so findet man für den Radialanteil die Bestimmungsgleichung

$$u_l''(r) + \left[k^2 - \frac{l(l+1)}{r^2}\right] u_l(r) = 0 .$$

Es tritt nur der Zentrifugalterm auf. Mit der Substitution $\rho = kr$ gewinnt man auch hier eine Bessel-Riccatische Differentialgleichung

$$\frac{\mathrm{d}^2 u_l(\rho)}{\mathrm{d}\rho^2} + \left[1 - \frac{l(l+1)}{\rho^2}\right] u_l(\rho) = 0 .$$

Die Lösungen der freien Schrödingergleichung in Kugelkoordinaten können somit als

$$\psi_{k,l,m}(\boldsymbol{r}) = A_{kl} \frac{1}{kr} u_l(kr) Y_{lm}(\Omega) = A_{kl} j_l(kr) Y_{lm}(\Omega)$$

notiert werden. Infolge der Forderung, dass die Wellenfunktion wenigstens auf die δ-Funktion normierbar sein muss, treten nur die sphärischen Besselfunktionen auf. Die Normierung dieser Funktionen ergibt sich aus dem folgenden Argument. Das zuständige Integral ist

$$\iiint \mathrm{d}^3 r \; \psi^*_{k',l',m'}(\boldsymbol{r})\psi_{k,l,m}(\boldsymbol{r}) = \frac{A^*_{k'l'}}{k'} \frac{A_{kl}}{k} \int_0^\infty \mathrm{d}r \, u_{l'}(k'r) u_l(kr)$$
$$\iint \mathrm{d}\Omega \, Y^*_{l'm'}(\Omega) Y_{lm}(\Omega) ,$$

bzw. nach der Raumwinkelintegration

$$= \delta_{ll'}\, \delta_{mm'}\, \frac{A^*_{k'l}}{k'} \frac{A_{kl}}{k} \int_0^\infty \mathrm{d}r\, u_l(k'r) u_l(kr) \; .$$

Die Integrale über die Radialfunktionen sind im Riemannschen Sinn nicht wohldefiniert. Zur Orientierung beginnt man zunächst mit dem Integral für den Fall $l = 0$. Es ist

$$I_0 = \int_0^\infty \mathrm{d}r\, u_0(k'r) u_0(kr) = \int_0^\infty \mathrm{d}r\, \sin k'r \sin kr \; ,$$

bzw. bei Anwendung des Additionstheorems

$$I_0 = \frac{1}{2} \int_0^\infty \mathrm{d}r \left\{ \cos(k - k')r - \cos(k + k')r \right\} .$$

Da man erwartet, dass das Resultat proportional zu einer Distribution ist, betrachtet man die Standarddefinition der δ-Funktion in einer Raumdimension

$$\delta(k) = \frac{1}{2\pi} \int_{-\infty}^\infty \mathrm{d}x\, \mathrm{e}^{ikx} \; .$$

Anwendung der Moivreformel und der Symmetrie der trigonometrischen Funktionen ergibt

$$\delta(k) = \frac{1}{2\pi} \int_{-\infty}^\infty \mathrm{d}x\, \left\{ \cos kx + \mathrm{i} \sin kx \right\} = \frac{1}{\pi} \int_0^\infty \mathrm{d}x\, \cos kx \; .$$

Mit dieser reellen Darstellung der δ-Funktion findet man also

$$I_0 = \frac{\pi}{2} \left\{ \delta(k - k') - \delta(k + k') \right\} .$$

Da die Wellenzahlen positive Größen sind, greift der zweite Term nicht und es bleibt

$$I_0 = \frac{\pi}{2} \delta(k - k') \; .$$

Unter Benutzung der Differentialgleichung und der Rekursionsformel für die Funktionen u_l kann man zeigen (D.tail 6.6), dass das Integral

$$I_l = \int_0^\infty \mathrm{d}r\, u_l(k'r) u_l(kr)$$

durch die Rekursion

$$I_l = \frac{k}{k'}\, I_{l-1}$$

bestimmt ist. Beginnt man die Rekursion mit $l = 1$, so stellt man fest, dass der Faktor k/k' wegen der δ-Funktion gleich 1 gesetzt werden kann. Es ist somit für alle l-Werte

$$I_l = \int_0^\infty \mathrm{d}r\, u_l(k'r)u_l(kr) = \frac{\pi}{2}\delta(k-k') \,. \tag{6.38}$$

Damit lautet das Ergebnis dieser Betrachtung: Für die Funktionen

$$\psi_{k,l,m}(\boldsymbol{r}) = \sqrt{\frac{2}{\pi}}\,\frac{1}{r}\,u_l(kr)Y_{lm}(\Omega) = \sqrt{\frac{2}{\pi}}\,k\,j_l(kr)Y_{lm}(\Omega) \tag{6.39}$$

gilt

$$\iiint \mathrm{d}^3r\, \psi^*_{k',l',m'}(\boldsymbol{r})\psi_{k,l,m}(\boldsymbol{r}) = \delta_{ll'}\,\delta_{mm'}\delta(k-k') \,.$$

Die Funktionen stellen ein Orthogonalsystem mit zwei diskreten und einer kontinuierlichen Quantenzahl dar.

Die Lösungen (6.37) und (6.39) der kräftefreien Schrödingergleichung entsprechen der Klassifizierung nach den Wellenzahlen in den drei Koordinatenrichtungen $\boldsymbol{k} = (k_x,\, k_y,\, k_z)$ bzw. nach dem Betrag der Wellenzahl k und den Drehimpulsquantenzahlen l, m. Da die beiden Lösungen die gleiche Situation beschreiben, muss es möglich sein, einen Satz von Lösungen durch den anderen, z. B.

$$\mathrm{e}^{\mathrm{i}\boldsymbol{k}\cdot\boldsymbol{r}} = \sum_{lm} \tilde{C}_{lm}(\boldsymbol{k})\psi_{k,l,m}(\boldsymbol{r}) \tag{6.40}$$

darzustellen. Es muss nur über l und m summiert (und nicht über k integriert) werden, da die Funktionen auf beiden Seiten der Gleichung Eigenfunktionen des Hamiltonoperators mit dem Eigenwert $\hbar^2k^2/(2m_0)$ sind. Auch an dieser Stelle wird Vollständigkeit der Funktionensysteme vorausgesetzt. Ein Nachweis, dass die zwei Systeme von Lösungen des freien Teilchenproblems vollständig sind, kann man Math.Kap. 1.2 entnehmen.

Da die Bestimmung der Entwicklungskoeffizienten in (6.40) keine triviale Angelegenheit ist, ist eine geeignete Wahl des Koordinatensystems von Nutzen. Man wählt das Koordinatensystem so, dass der Wellenzahlvektor in die z-Richtung zeigt. Es ist dann

$$\mathrm{e}^{\mathrm{i}\boldsymbol{k}\cdot\boldsymbol{r}} \longrightarrow \mathrm{e}^{\mathrm{i}kz} = \mathrm{e}^{\mathrm{i}kr\cos\theta} \,.$$

Mit dieser Wahl ist die linke Seite von (6.40) unabhängig von dem Winkel φ. Da dies auch für die rechte Seite gelten muss, ist es ausreichend, nach Legendre Polynomen (entsprechend $m = 0$) zu entwickeln

$$\mathrm{e}^{\mathrm{i}kr\cos\theta} = \sum_l C_l(k)\frac{u_l(kr)}{r}P_l(\cos\theta) \,. \tag{6.41}$$

Zur Inversion dieses Ansatzes bildet man (setze $\cos\theta = x$)

$$\int_{-1}^{1} \mathrm{d}x\, \mathrm{e}^{\mathrm{i}krx} P_{l'}(x) = \sum_l C_l(k) \frac{u_l(kr)}{r} \int_{-1}^{1} \mathrm{d}x\, P_{l'}(x) P_l(x)$$
$$= C_{l'}(k) \frac{u_{l'}(kr)}{r} \frac{2}{(2l'+1)} \,.$$

Das Integral auf der linken Seite kann nicht mit elementaren Mitteln ausgewertet werden. Es ist bis auf einen Faktor die Integraldarstellung der Bessel-Riccati Funktionen (siehe Math.Kap. 2.5.3)

$$\int_{-1}^{1} \mathrm{d}x\, \mathrm{e}^{\mathrm{i}krx} P_{l'}(x) = \frac{2\mathrm{i}^{l'}}{kr} u_{l'}(kr) \,.$$

Mit der Integraldarstellung folgt

$$\frac{2\mathrm{i}^{l'}}{kr} u_{l'}(kr) = C_{l'}(k) \frac{u_{l'}(kr)}{r} \frac{2}{(2l'+1)}$$

und für die Entwicklungskoeffizienten

$$C_l(k) = \frac{\mathrm{i}^l}{k}(2l+1) \,.$$

Führt man noch die sphärische Besselfunktion anstelle der Bessel-Riccati Funktion ein, so lautet die Entwicklung (6.41) explizit

$$\mathrm{e}^{\mathrm{i}kz} = \sum_l (2l+1)\mathrm{i}^l j_l(kr) P_l(\cos\theta) \,. \tag{6.42}$$

Die spezielle Wahl des Koordinatensystems kann in einfacher Weise rückgängig gemacht werden. Es gilt

$$\boldsymbol{k} \cdot \boldsymbol{r} = kr \cos\theta_{kr} \,,$$

wobei θ_{kr} der von den Vektoren $\boldsymbol{k}$ und $\boldsymbol{r}$ eingeschlossene Winkel ist. Benutzt man in (6.42) diesen Winkel und das Additionstheorem der Kugelflächenfunktionen (Bd. 2, Math.Kap. 4.3.4), so findet man

$$\mathrm{e}^{\mathrm{i}\boldsymbol{k}\cdot\boldsymbol{r}} = 4\pi \sum_l \mathrm{i}^l j_l(kr) \sum_m Y^*_{lm}(\Omega) Y_{lm}(\Omega_k) \,, \tag{6.43}$$

wobei der Raumwinkel Ω_k die Richtung des Vektors $\boldsymbol{k}$ festlegt.

Die Entwicklungen (6.42) bzw. (6.43) bezeichnet man als *Partialwellenzerlegung* einer ebenen Welle. Um die Nützlichkeit dieser Zerlegung zu erläutern, kann man den klassischen Stoßparameter heranziehen. Für ein klassisches Teilchen, das sich mit dem Impuls $\boldsymbol{p}$ parallel zu der z-Achse bewegt (Abb. 6.10), sind der Drehimpuls L des Teilchens (eine Konstante der

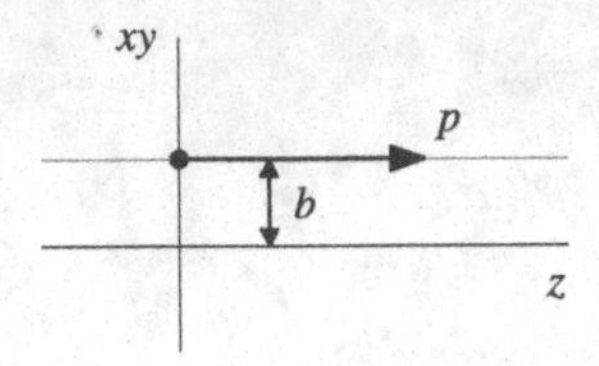

Abb. 6.10. Stoßparameter klassisch

Bewegung) und der Stoßparameter (Impaktparameter) b durch die Relation $b = L/p$ verknüpft. Bei vorgegebenem Impuls entspricht ein bestimmter Drehimpulswert genau einem bestimmten Stoßparameter. Eine ebene Welle der Form $\exp[ikz]$ stellt (Abb. 6.11) eine Wellenfront dar, die sich in Richtung der positiven z-Achse bewegt.

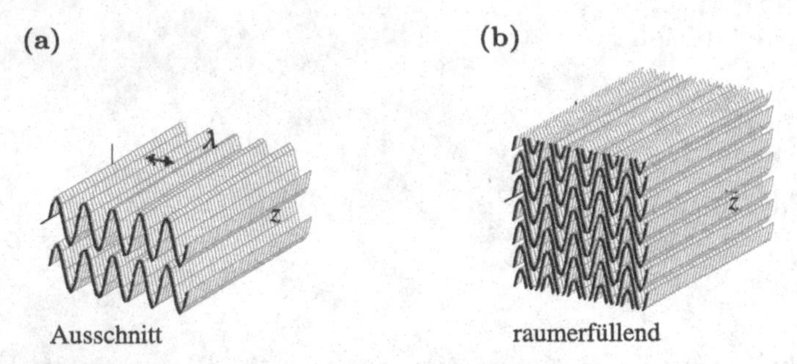

Abb. 6.11. Ebene Welle, ganz schematisch

Diese Wellenfunktion (charakterisiert durch einen scharfen Impuls $\boldsymbol{p} = \hbar \boldsymbol{k}$ und eine entsprechend unscharfe Lokalisierung des Teilchens) interpretiert man als die Beschreibung (vergleiche Kap. 5.2.4) eines beliebig breiten, kontinuierlichen Strahls von Teilchen mit dem Impuls $\boldsymbol{p}$. Die Partialwellenzerlegung (6.42) mit $\sum_l \ldots$ entspricht einer Analyse dieses Strahls nach möglichen Drehimpulswerten. Benutzt man die Zuordnung

$$b = \frac{L}{p} \longrightarrow \frac{\hbar\sqrt{l(l+1)}}{\hbar k} \approx \frac{l}{k} \, ,$$

so kann man feststellen, dass die Partialwellenzerlegung einer Zerlegung des Strahls nach Stoßparameterbereichen entspricht. Die ebene Welle wird in Bezug auf ein Streuzentrum in Zylinderröhren um die z-Achse zerlegt (Abb. 6.12). Teilchen mit $l = 0$ bewegen sich entlang der z-Achse ($b = 0$), Teilchen mit $l = 1$ haben einen Stoßparameter von einer inversen Wellenzahl ($b = 1/k$), etc.

Der Nutzen der Partialwellenzerlegung kann durch ein Beispiel aus der Kernphysik belegt werden. Ein Neutronenstrahl mit einem typischen Durchmesser von 10^{-1} cm fällt auf einen Kern (Durchmesser 10^{-12} cm). Die Reichweite der Kernkräfte ist so gering, dass ein Neutron nur beeinflusst

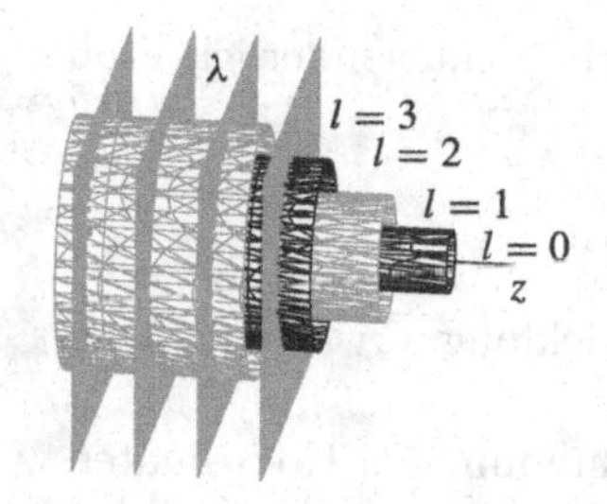

Abb. 6.12. Stoßparameter quantenmechanisch

(abgelenkt, eingefangen) wird, wenn es in einer Entfernung von weniger als 10^{-11} cm an dem Kern vorbeifliegt. Die meisten Neutronen in dem Strahl (der aus der Sicht des Kerns eine ebene Welle darstellt) passieren den Kern unbeeinflusst. Für langsame Neutronen müssen wegen

$$\frac{\hbar l}{p} < 10^{-11}\ \text{cm} \longrightarrow l < 10^{-11} \cdot \frac{p}{\hbar} \qquad \text{CGS Einheiten}$$

nur wenige, niedrige Drehimpulswerte berücksichtigt werden. Dadurch wird die Analyse von Streuexperimenten wesentlich vereinfacht.

6.5 Bemerkungen zu nichtzentralen Potentialproblemen

Nicht alle zentralsymmetrischen Probleme können analytisch gelöst werden. Eine ausreichend genaue, numerische Lösung der gewöhnlichen Differentialgleichung für die Radialfunktionen ist jedoch in allen Fällen von Interesse möglich. Die Lösung der *Einteilchen*schrödingergleichung ist durchaus aufwendiger, falls eine potentielle Energie ohne Zentralsymmetrie, wie z. B.

$$V(\boldsymbol{r}) = V(r, \theta, \varphi) \tag{6.44}$$

vorgegeben wird. Mögliche Wege zur Berechnung der Eigenfunktionen und der Energieeigenwerte sind dann:

- Man entwickelt die Lösung der Schrödingergleichung nach den Eigenfunktionen (ein vollständiger Satz wird vorausgesetzt) eines geeigneten, analytisch lösbaren zentralsymmetrischen Problems, im Fall der Vorgabe (6.44) in der Form

  $$\psi(\boldsymbol{r}) = \sum_{nlm} C_{nlm} R_{nl}(r) Y_{lm}(\Omega) .$$

  Die Zahl n ist dabei oft ein reiner Abzählparameter. Die Bestimmung der Entwicklungskoeffizienten und der Eigenwerte ist keine triviale Angelegenheit.

- Falls die Abweichungen von der Zentralsymmetrie nicht sonderlich groß sind, ein Beispiel wäre

$$V(\boldsymbol{r}) = V(r) + f_l(r)Y_{lm}(\omega) \quad \text{mit} \quad |V(r)| > |f_l(r)| \, ,$$

  so kann man eine schnell konvergierende Entwicklung erwarten (siehe Kap. 11).
- Es können Probleme vorliegen, die in anderen krummlinigen Koordinaten (ganz oder teilweise) separieren. Ein Beispiel ist die Schrödingergleichung für das Wasserstoffmolekülion H_2^+, in dem sich ein Elektron in dem Coulombfeld von zwei Protonen im Abstand $2\,R$ bewegt (Abb. 6.13). Bezeichnet man die Positionen der Kerne mit $\pm\boldsymbol{R}$, so lautet die potentielle Energie

$$V(\boldsymbol{r}) = -e^2 \left\{ \frac{1}{|\boldsymbol{r} - \boldsymbol{R}|} + \frac{1}{|\boldsymbol{r} + \boldsymbol{R}|} \right\} .$$

  Die zugehörige Einteilchenschrödingergleichung kann mit Hilfe von elliptischen Koordinaten diskutiert werden.

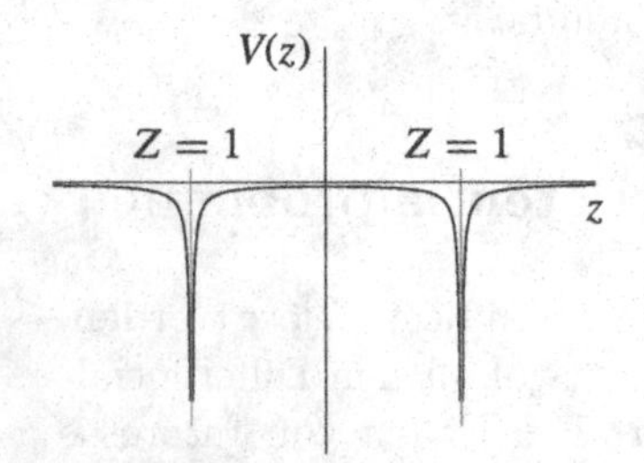

Abb. 6.13. Potential des H_2^+ Molekülions entlang der internuklearen Achse

- Die vollständige numerische Lösung der Schrödingergleichung in zwei oder drei Raumdimensionen (z. B. für Probleme mit Zylindersymmetrie) ist eine weitere Option. Zur numerischen Lösung von partiellen Differentialgleichungen stehen Methoden, wie Relaxationsmethoden oder die Methode finiter Elemente[5] zur Verfügung.

In der Schrödingergleichung werden nur die räumlichen Freiheitsgrade eines Quantenteilchens berücksichtigt. Elementarteilchen wie das Elektron, das Proton etc. zeichnen sich aber durch eine innere Struktur aus. Für Fermionen ist die einfachste Manifestation dieses Innenlebens der Spin mit dem Wert $\hbar/2$. Die Erweiterung der Formulierung der nichtrelativistischen Quantenmechanik, die durch die Existenz des Spins bedingt ist, wird in dem nächsten Kapitel besprochen.

[5] Siehe Literaturliste, Mathematik

7 Innere Freiheitsgrade: Spin

Wären Elementarteilchen im strengen Sinn Punktteilchen, so würde sich die Frage nach inneren Freiheitsgraden erübrigen. Doch auch für das Elektron, das eine gute Näherung an ein Punktteilchen[1] darstellt, gibt es unübersehbare Hinweise auf eine innere Struktur. Nach einer kurzen Zusammenfassung der ersten experimentellen Beobachtung des Elektronspins wird die Umsetzung der daraus (und aus weiteren Experimenten) folgenden Hypothesen in eine mathematische Sprache in Angriff genommen. Es ist eine Erweiterung der Wellenfunktion notwendig, um diesen Freiheitsgrad einzubeziehen (Kap. 7.1). Die Diskussion der Spindynamik erfordert die Betrachtung von Operatoren im Spinraum (Kap. 7.2) und letztlich die Aufstellung einer plausiblen Wellengleichung (Kap. 7.3), die bei Vernachlässigung des Spins in die Schrödingergleichung übergeht.

Das klassische Experiment ist das *Stern-Gerlach Experiment*, das 1922 am Frankfurter Physikalischen Institut durchgeführt wurde. Ein Strahl von Silberatomen ($_{47}$Ag) wird durch ein inhomogenes Magnetfeld geschickt (siehe Abb. 7.1). Man beobachtet, dass der Strahl in zwei Teilstrahlen aufge-

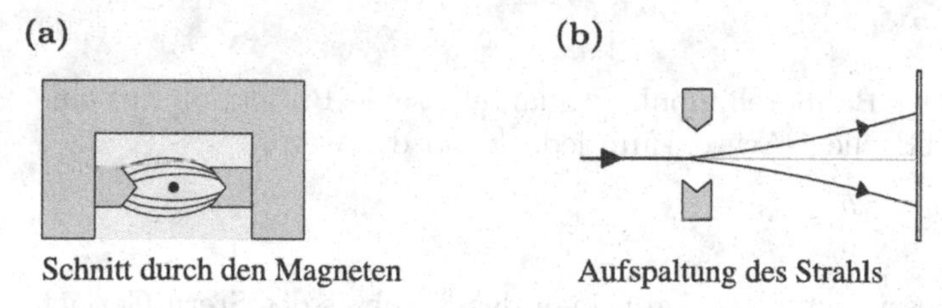

Abb. 7.1. Stern-Gerlach Experiment

spalten wird. Das Experiment wurde eigentlich zur Überprüfung einer Aussage der Bohrschen Atomtheorie durchgeführt, nach der ein Silberatom im Grundzustand den Bahndrehimpuls Eins mit *zwei* Einstellungen (!) bezüglich einer vorgegebenen Raumachse hat. Somit wurde das Ergebnis des Experiments zunächst als Nachweis dieser 'Raumquantisierung' angesehen. Doch

[1] Es ist noch nicht gelungen, für Elektronen einen mittleren Radius (oder Durchmesser) zu bestimmen, da dieser kleiner als das räumliche Auflösungsvermögen ist, das derzeit (2006) experimentell zugänglich ist.

mit dem Einzug der eigentlichen Quantenmechanik änderte sich das Bild. Unter den folgenden Prämissen ist das Ergebnis des Stern-Gerlach Versuches nicht verständlich:

- Die Wechselwirkung zwischen einem Magnetfeld $\boldsymbol{B}(\boldsymbol{r})$ und einem Atom mit einem magnetischen Moment $\boldsymbol{m}_A$ hat die Form

$$V_{\text{magn}} = -\boldsymbol{m}_A \cdot \boldsymbol{B} \,.$$

- Das magnetische Moment des Atoms ist durch die klassische Formel

$$\boldsymbol{m}_A = -\frac{e}{2m_e c}\boldsymbol{L}_A \qquad \boldsymbol{L}_A = \sum_{i=1}^{Z} \boldsymbol{l}_i$$

  gegeben, wobei $\boldsymbol{L}_A$ die Summe der quantenmechanischen Bahndrehimpulse aller Z Elektronen in dem Atom ist.
- Die Summe der Bahndrehimpulse muss infolge der Quantelung *ganzzahlige* Werte (multipliziert mit $\hbar$) ergeben.

Keine Aufspaltung (Gesamtdrehimpuls Null), eine Aufspaltung in drei Teilstrahlen (Gesamtdrehimpuls Eins) oder, allgemein, eine Aufspaltung in eine ungerade Anzahl von Strahlen ($(2L+1)$ für Gesamtdrehimpuls L) wäre verständlich gewesen. Ganz explizit konnte man anhand der einfachen Atomtheorie ohne Spin für Silberatome im Grundzustand einen Drehimpulswert von Null und somit keine Aufspaltung erwarten.

Nach weiteren Experimenten wurde letztlich ein Vorschlag von Uhlenbeck und Goudsmit (1925) bestätigt: Ein Elektron besitzt ein inneres magnetisches Moment $\boldsymbol{m}_s$. Das innere magnetische Moment ist an einen inneren Drehimpuls, den Spin $\boldsymbol{s}$, gekoppelt

$$\boldsymbol{m}_s = \beta_s \boldsymbol{s} \,. \tag{7.1}$$

Der Spin ist wie der Bahndrehimpuls gequantelt, seine Projektion auf eine gegebene Achse, z. B. die z-Achse, kann jedoch *nur* die Werte

$$s_z = \frac{\hbar}{2} \quad \text{oder} \quad -\frac{\hbar}{2}$$

annehmen. Mit dieser Hypothese kann man das Ergebnis des Stern-Gerlach Experiments deuten. In einem Silberatom ($_{47}$Ag) addieren sich die Spins von 46 Elektronen paarweise, ebenso wie die Bahndrehimpulse, zu dem Wert Null. Es bleibt ein Elektron mit ungepaartem Spin und Bahndrehimpuls Null übrig. Das inhomogene Magnetfeld in dem Stern-Gerlach Versuch greift an dem inneren magnetischen Moment des ungepaarten Elektrons an und bewirkt, gemäß der möglichen Projektion, eine Aufspaltung in zwei Teilstrahlen. Stern und Gerlach haben als erste den Spin des Elektrons nachgewiesen, ohne zunächst die volle Bedeutung ihrer Resultate zu erkennen.

Die Frage nach dem Ursprung des magnetischen Momentes bzw. des Spins wird durch die Hypothese von Uhlenbeck und Goudsmit nicht beantwortet.

Hinweise kann man der Proportionalitätskonstanten β_s entnehmen, die aus der Größe der Ablenkung in dem Stern-Gerlach Experiment bzw. mit verfeinerten Methoden bestimmt werden kann. Man findet[2]

$$\beta_s = -\frac{e}{m_e c} = -\frac{2\mu_B}{\hbar} \,. \tag{7.2}$$

Vergleicht man die Konstante β_s (oder den korrespondierenden gyromagnetischen Faktor $g = (\beta_s \hbar)/\mu_B$) mit dem entsprechenden Faktor für das magnetische Moment der Bahnbewegung

$$\boldsymbol{m}_l = \beta_l \boldsymbol{l} \qquad \beta_l = -\frac{e}{2m_e c} \,,$$

so stellt man fest: Der gyromagnetische Faktor des Spinmomentes ist doppelt so groß. Bei Präzisionsmessungen findet man eine Korrektur des Faktors β_s von der Größenordnung 0.1%

$$\beta_s = -\frac{e}{m_e c}(1+\Delta) = -\frac{2\mu_B}{\hbar}(1+\Delta) \,.$$

Die Korrektur, das anomale magnetische Moment, wird durch die *Feinstrukturkonstante* $\alpha = \hbar/m_e c$ bestimmt

$$\Delta \approx \frac{\alpha}{2\pi} \approx 0.0012 \,.$$

Das normale magnetische Spinmoment des Elektrons $\beta_{s,n} = -e/(m_e c)$ ergibt sich zwangsläufig bei der Formulierung der relativistischen Wellengleichung des Elektrons (Band 4). Das Moment ist somit, wie das Auftreten von halbzahligen Drehimpulswerten, eine Folge der Forderung nach relativistischer Kovarianz. Das anomale magnetische Moment kann erklärt werden (J. Schwinger, 1948), wenn man die Wechselwirkung eines Elektrons mit einem äußeren elektromagnetischen Feld im Rahmen der Quantenelektrodynamik untersucht. Neben der Ankopplung an Photonen, die dem klassischen elektromagnetischen Feld entsprechen, gibt es Beiträge, in denen das Photon für (sehr) kurze Zeit in intermediäre Elektron-Positronpaare übergeht (siehe Abb. 7.2).

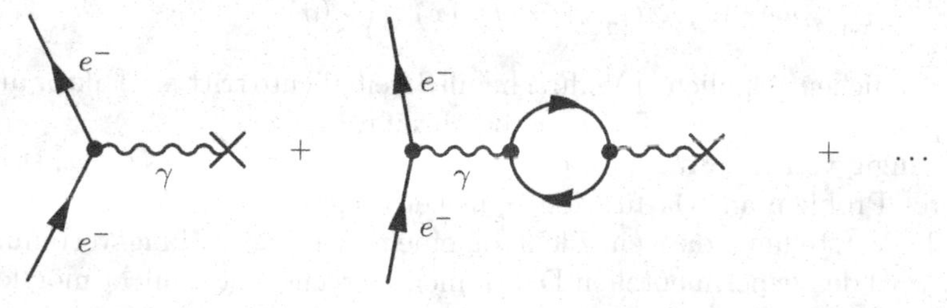

Abb. 7.2. Wechselwirkung eines Elektrons mit einem äußeren Feld

[2] Das Bohrsche Magneton ist $\mu_B = e\hbar/(2m_e c)$.

Die derzeitige Aufgabe ist jedoch einfacher. Sie lautet: Wie kann man die generellen Aussagen über den Spinfreiheitsgrad eines Fermions in mathematische Form umsetzen? Welche Wellengleichung beschreibt die Bewegung eines nichtrelativistischen, aber mit Spin versehenen Elektrons bzw. Fermions?

7.1 Spinwellenfunktionen

Bisher wurde ein Quantenteilchen allein durch seine räumlichen Freiheitsgrade charakterisiert. Eine (stationäre) Wellenfunktion $\psi(\boldsymbol{r})$ wurde als ein Maß für die Wahrscheinlichkeit interpretiert, das Teilchen an der Stelle $\boldsymbol{r}$ zu finden. Zieht man den Spinfreiheitsgrad in Betracht, so muss man nach der Wahrscheinlichkeit fragen, ein Teilchen an der Stelle $\boldsymbol{r}$ mit der Spinprojektion $+\hbar/2$ oder $-\hbar/2$ (mit 'Spin nach oben' bzw. mit 'Spin nach unten') zu finden (Abb. 7.3). Die Wellenfunktion sollte also die Form $\psi(\boldsymbol{r}, \sigma)$ haben, wo-

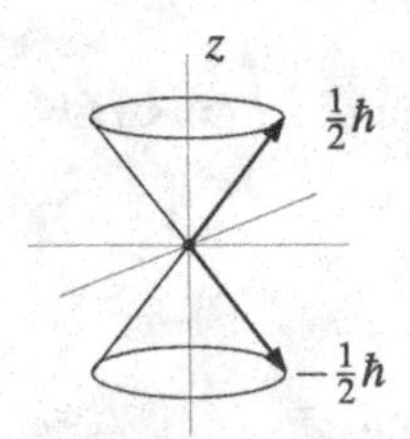

Abb. 7.3. Spinprojektionen

bei die Spinkoordinate pauschal mit σ bezeichnet wurde. In der einfachsten Form, die vorliegen könnte, sind die räumlichen und die Spinfreiheitsgrade entkoppelt. Dies entspricht der Produktform

$$\psi_{a_1 a_2}(\boldsymbol{r}, \sigma) = \psi_{a_1}(\boldsymbol{r}) \chi_{a_2}(\sigma) \,,$$

wobei jede der Faktorfunktionen durch einen Satz von Quantenzahlen a_1 bzw. a_2 gekennzeichnet ist. Die Wahrscheinlichkeitsaussage ist in diesem Fall, wie gefordert

$$\rho(\boldsymbol{r}, \sigma) = \psi^*_{a_1 a_2}(\boldsymbol{r}, \sigma) \psi_{a_1 a_2}(\boldsymbol{r}, \sigma) = |\psi_{a_1}(\boldsymbol{r})|^2 |\chi_{a_2}(\sigma)|^2 \,.$$

Neben der üblichen räumlichen Wahrscheinlichkeitsdichte tritt ein Faktor auf, der die Spinorientierung des Teilchens beschreibt.

Unabhängig von der Frage, ob eine Faktorisierung angemessen ist, steht ein weiteres Problem an. Da für den Spin keine explizite Modellvorstellung besteht (die Vorstellung, dass ein Elektron eine rotierende Ladungsverteilung darstellt, wird den experimentellen Daten nicht gerecht), ist es nicht möglich, dynamische Variablen zur Beschreibung des Spins festzulegen. Es bleibt im Endeffekt nur die Möglichkeit, die Festlegung von Spinvariablen auf elegante Weise zu umgehen. Man erreicht dies durch die Forderung nach der Existenz eines *Spinorraumes*, der die zwei möglichen Spineinstellungen wiedergibt. Für den Fall, dass die Spin- und die Raumfreiheitsgrade entkoppeln, wird dieser Raum von zwei 'Vektoren' aufgespannt. Eine Basisfunktion, die mit

$$\chi_+ = \chi_1 = \begin{pmatrix} 1 \\ 0 \end{pmatrix}$$

bezeichnet wird, beschreibt den Zustand mit Spin nach oben. Der Zustand mit Spin nach unten wird entsprechend durch

$$\chi_- = \chi_2 = \begin{pmatrix} 0 \\ 1 \end{pmatrix}$$

charakterisiert. Die Matrixform entspricht genau der (Einheits)-Basis eines zweidimensionalen Vektorraums. Einen allgemeinen Spinzustand beschreibt man mit Hilfe von Superposition

$$\chi = c_1\chi_1 + c_2\chi_2 = \begin{pmatrix} c_1 \\ c_2 \end{pmatrix} .$$

Die Matrixform und die Regeln für das Rechnen mit Matrizen legen den Umgang mit den Spinfunktionen fest. Dabei spielt das Konzept der adjungierten (hermitesch konjugierten) Matrix eine besondere Rolle[3]. Eine adjungierte Matrix

$$A^\dagger = \begin{pmatrix} a_{11}^* & a_{21}^* & \dots & a_{N1}^* \\ a_{12}^* & a_{22}^* & \dots & a_{N2}^* \\ \vdots & \vdots & \vdots & \vdots \\ a_{1N}^* & a_{2N}^* & \dots & a_{NN}^* \end{pmatrix}$$

erhält man aus einer Matrix mit komplexen Elementen

$$A = \begin{pmatrix} a_{11} & a_{12} & \dots & a_{1N} \\ a_{21} & a_{22} & \dots & a_{2N} \\ \vdots & \vdots & \vdots & \vdots \\ a_{N1} & a_{N2} & \dots & a_{NN} \end{pmatrix}$$

durch Transposition der komplex konjugierten Elemente.

Man bezeichnet die hier diskutierten Spinfunktionen als zweikomponentige *Spinoren*. Das zu deren Interpretation benötigte Betragsquadrat wird durch

$$|\chi|^2 = \chi^\dagger\chi = (c_1^*, c_2^*) \begin{pmatrix} c_1 \\ c_2 \end{pmatrix} = |c_1|^2 + |c_2|^2 \stackrel{!}{=} 1$$

festgelegt. Nimmt die Größe $|\chi|^2$ den Wert 1 an, so beschreibt die Spinfunktion einen Zustand, in dem die Wahrscheinlichkeit das Teilchen mit Spin nach

[3] Siehe auch Kap. 9.1.

oben anzutreffen $|c_1|^2$ beträgt. Die Wahrscheinlichkeit, das Teilchen mit Spin nach unten anzutreffen, ist $|c_2|^2 = 1-|c_1|^2$. Orthogonalität von zwei Spinoren

$$\chi' = \begin{pmatrix} c_1' \\ c_2' \end{pmatrix} \quad \text{und} \quad \chi = \begin{pmatrix} c_1 \\ c_2 \end{pmatrix}$$

bedeutet

$$\chi'^{\dagger}\chi = c_1'^{*}c_1 + c_2'^{*}c_2 = 0\,.$$

Hier erkennt man, dass die gewählte Basis $\{\chi_+, \chi_-\}$ des Spinorraums orthogonal ist.

Sind Spin- und Raumfreiheitsgrade nicht entkoppelt, so arbeitet man mit den ortsabhängigen Spinoren

$$\psi(\boldsymbol{r}, \sigma) = \begin{pmatrix} \psi_1(\boldsymbol{r}) \\ \psi_2(\boldsymbol{r}) \end{pmatrix}.$$

Das Betragsquadrat

$$|\psi(\boldsymbol{r}, \sigma)|^2 = (\psi_1^*(\boldsymbol{r}), \psi_2^*(\boldsymbol{r})) \begin{pmatrix} \psi_1(\boldsymbol{r}) \\ \psi_2(\boldsymbol{r}) \end{pmatrix} = |\psi_1(\boldsymbol{r})|^2 + |\psi_2(\boldsymbol{r})|^2 \stackrel{!}{=} 1$$

gibt in diesem Fall die von Ort zu Ort veränderlichen Wahrscheinlichkeiten für Spin nach oben bzw. nach unten an.

7.2 Spinoperatoren

In dem Zustandsraum der Spinoren muss man geeignete Operatoren definieren, um *Observable* zu beschreiben. Die Spinoperatoren $\hat{\boldsymbol{s}} = \{\hat{s}_x, \hat{s}_y, \hat{s}_z\}$ sollen einen 'inneren Drehimpuls' des Elektrons (oder eines anderen Fermions) wiedergeben. Aufgrund der experimentellen Situation kann man zu ihrer Definition die folgenden Ansätze benutzen:

- Die Spinoperatoren entsprechen den Operatoren für den Bahndrehimpuls. Sie erfüllen einen entsprechenden Satz von Vertauschungsrelationen

$$[\hat{s}_i, \hat{s}_j] = \mathrm{i}\hbar \sum_{k=1}^{3} \varepsilon_{ijk}\hat{s}_k\,, \tag{7.3}$$

$$\text{z. B.} \quad \hat{s}_x\hat{s}_y - \hat{s}_y\hat{s}_x = \mathrm{i}\hbar\hat{s}_z\,.$$

- Die möglichen Eigenwerte des Operators $\hat{s}_z$ sind[4]

$$s_z = \pm\frac{\hbar}{2} = m_s\hbar\,.$$

[4] Die Spinprojektionsquantenzahl, nicht zu verwechseln mit dem magnetischen Spinmoment $\boldsymbol{m}_s$ (einem Vektor), wird traditionell mit m_s bezeichnet.

- Die Spinoperatoren sind hermitesch

$$\hat{s}_i^\dagger = \hat{s}_i \,.$$

Diese Forderungen sind ausreichend, um eine explizite Form der Spinoperatoren zu gewinnen. Da die Operatoren in einem zweidimensionalen Raum wirken, muss man sie in der Form von 2×2 Matrizen für jeden der Operatoren $\{\hat{s}_x, \hat{s}_y, \hat{s}_z\}$ ansetzen

$$\hat{s} \Rightarrow \begin{pmatrix} s_{11} & s_{12} \\ s_{21} & s_{22} \end{pmatrix} .$$

Die Matrixform nimmt Bezug auf die gewählte Basis, denn es ist

$$s_{ik} = \chi_i^\dagger \, \hat{s} \, \chi_k \quad \text{für} \quad i, k = 1, 2 \,,$$

so z. B.

$$(1, 0) \begin{pmatrix} s_{11} & s_{12} \\ s_{21} & s_{22} \end{pmatrix} \begin{pmatrix} 0 \\ 1 \end{pmatrix} = (1, 0) \begin{pmatrix} s_{12} \\ s_{22} \end{pmatrix} = s_{12} \,.$$

Die Erwartungswerte bezüglich eines beliebigen Spinzustands werden in der Standardweise berechnet

$$\chi^\dagger \, \hat{s} \, \chi = (c_1^*, c_2^*) \begin{pmatrix} s_{11} & s_{12} \\ s_{21} & s_{22} \end{pmatrix} \begin{pmatrix} c_1 \\ c_2 \end{pmatrix} = \sum_{i,k=1}^{2} c_i^* s_{ik} c_k \,.$$

Die explizite Berechnung der drei Matrizen für die Spinoperatoren durch Anwendung der drei Forderungen wird in D.tail 7.1 ausgeführt. Das Ergebnis lautet

$$\hat{s}_x = \frac{\hbar}{2} \begin{pmatrix} 0 & 1 \\ 1 & 0 \end{pmatrix} \qquad \hat{s}_y = \frac{\hbar}{2} \begin{pmatrix} 0 & -\mathrm{i} \\ \mathrm{i} & 0 \end{pmatrix} \qquad \hat{s}_z = \frac{\hbar}{2} \begin{pmatrix} 1 & 0 \\ 0 & -1 \end{pmatrix} . \tag{7.4}$$

Dieser Satz von Matrizen ist unter der Bezeichnung *Spinmatrizen* bekannt. Es ist üblich (und für manche Anwendung praktisch) von den Matrizen, wie schon in (7.4) angedeutet, einen Faktor $\hbar/2$ abzutrennen

$$\hat{\boldsymbol{s}} = \frac{\hbar}{2} \hat{\boldsymbol{\sigma}}$$

Für die drei Matrizen

$$\hat{\sigma}_x = \begin{pmatrix} 0 & 1 \\ 1 & 0 \end{pmatrix} \qquad \hat{\sigma}_y = \begin{pmatrix} 0 & -\mathrm{i} \\ \mathrm{i} & 0 \end{pmatrix} \qquad \hat{\sigma}_z = \begin{pmatrix} 1 & 0 \\ 0 & -1 \end{pmatrix}, \tag{7.5}$$

die *Paulimatrizen* oder *Paulioperatoren*, gelten die Vertauschungsrelationen

$$[\hat{\sigma}_i, \hat{\sigma}_j] = 2\mathrm{i} \sum_{k=1}^{3} \varepsilon_{ijk} \hat{\sigma}_k \,.$$

Aus den einfachen Spinoperatoren kann man eine Reihe von nützlichen, zusammengesetzten Operatoren gewinnen. Die Operatoren

$$\hat{s}_+ = \hat{s}_x + \mathrm{i}\hat{s}_y \qquad \hat{s}_- = \hat{s}_x - \mathrm{i}\hat{s}_y \tag{7.6}$$

sind nicht hermitesch, doch es gilt[5]

$$\hat{s}_+^\dagger = \hat{s}_- \qquad \hat{s}_-^\dagger = \hat{s}_+ \,.$$

Anhand der Matrixform

$$\hat{s}_+ = \hbar \begin{pmatrix} 0 & 1 \\ 0 & 0 \end{pmatrix} \qquad \hat{s}_- = \hbar \begin{pmatrix} 0 & 0 \\ 1 & 0 \end{pmatrix}$$

kann man leicht nachrechnen, dass sich bei Einwirkung auf die Basisspinoren die Aussagen

$$\begin{aligned} \hat{s}_+\chi_+ &= 0 & \hat{s}_+\chi_- &= \hbar\chi_+ \\ \hat{s}_-\chi_+ &= \hbar\chi_- & \hat{s}_-\chi_- &= 0 \end{aligned}$$

ergeben. Die Operatoren erhöhen (+) bzw. erniedrigen (−) die Spinprojektion um eine Einheit $\hbar$. Sie beschreiben das Umklappen des Spins in die jeweils andere Richtung, also einen *Spinflip*.

Neben den linearen Kombinationen von Spinoperatoren sind Produkte mit diesen Operatoren von Interesse. Anhand der expliziten Matrixform kann man die Aussagen gewinnen (siehe ◉ D.tail 7.1)

$$\hat{s}_i\hat{s}_k = -\hat{s}_k\hat{s}_i \qquad i \neq k = 1,\, 2,\, 3\,.$$

Diese Relationen können als Antivertauschungsrelationen

$$\{\hat{s}_i, \hat{s}_k\} = \hat{s}_i\hat{s}_k + \hat{s}_k\hat{s}_i = 0 \qquad i \neq k \tag{7.7}$$

interpretiert werden. Die drei Spinoperatoren antikommutieren. Kombiniert man die Vertauschungsrelationen und die Antivertauschungsrelationen

$$\begin{aligned} \hat{s}_i\hat{s}_k + \hat{s}_k\hat{s}_i &= 0 \\ \hat{s}_i\hat{s}_k - \hat{s}_k\hat{s}_i &= \mathrm{i}\hbar \sum_{l=1}^{3} \varepsilon_{ikl}\hat{s}_l \,, \end{aligned}$$

so erhält man Relationen der Form

$$2\hat{s}_i\hat{s}_k = \mathrm{i}\hbar \sum_{l=1}^{3} \varepsilon_{ikl}\hat{s}_l \to \mathrm{i}\hbar\varepsilon_{ikl}\hat{s}_l \,,$$

wobei die Summe auch unterdrückt werden kann, da das Levi-Civita Symbol alles Weitere regelt. So ist z. B.

$$\hat{s}_x\hat{s}_y = \frac{\mathrm{i}\hbar}{2}\hat{s}_z \,,$$

[5] Sie sind zueinander adjungiert, siehe Kap. 9.1.

die Produkte von zwei *verschiedenen* Spinoperatoren ergeben (bis auf einen Faktor) den dritten Spinoperator. Man kann durch Multiplikation von zwei Spinoperatoren keine neuen Spinoperatoren erzeugen.

Für die Produkte von gleichen Spinoperatoren erhält man

$$\hat{s}_i^2 = \frac{\hbar^2}{4}\begin{pmatrix}1 & 0\\ 0 & 1\end{pmatrix} \qquad i = 1, 2, 3\,.$$

Die Quadrate der Spinoperatoren entsprechen bis auf einen Faktor der Einheitsmatrix. Das Betragsquadrat des Vektorspinoperators ist somit

$$\hat{\boldsymbol{s}}^2 = \hat{s}_x^2 + \hat{s}_y^2 + \hat{s}_z^2 = \frac{3}{4}\hbar^2\begin{pmatrix}1 & 0\\ 0 & 1\end{pmatrix}\,.$$

Die Anwendung dieses Operators auf einen beliebigen Spinor $\psi_s(\boldsymbol{r})$ ergibt

$$\hat{\boldsymbol{s}}^2\psi_s(\boldsymbol{r}) = \frac{3}{4}\hbar^2\psi_s(\boldsymbol{r})\,. \tag{7.8}$$

Jeder Spinor ist eine Eigenfunktion von $\hat{\boldsymbol{s}}^2$ mit dem Eigenwert $3\hbar^2/4$. Der Eigenwert entspricht, wie zu erwarten, der Drehimpulsformel $s(s+1)\hbar^2$ mit $s = 1/2$. Die Basisspinoren werden deswegen auch in der Form

$$\chi_\pm \longrightarrow \chi_{1/2,m_s} \longrightarrow \chi_{m_s}$$

notiert, die zeigt, dass sie Eigenfunktionen von $\hat{\boldsymbol{s}}^2$ und $\hat{s}_z$ sind.

Da die Produkte von Spinoperatoren entweder den ergänzenden Spinoperator oder eine Einheitsmatrix ergeben, hat *jeder* Operator im Spinraum die Form

$$\hat{O}_S = A_1\begin{pmatrix}1 & 0\\ 0 & 1\end{pmatrix} + A_2\hat{s}_x + A_3\hat{s}_y + A_4\hat{s}_z\,.$$

7.3 Spinwellengleichung: Pauligleichung

Um die Dynamik des Spinfreiheitsgrades zu erfassen, muss man eine geeignete Erweiterung der Schrödingergleichung angeben. Die Bewegung eines Teilchens mit der Masse m_0 und der Ladung q in einem elektromagnetischen Feld sowie gegebenenfalls einem weiteren skalaren Potential, wird gemäß der Übertragung der klassischen Hamiltonfunktion (Bd. 2, Kap. 8.5.4) durch die Schrödingergleichung

$$\mathrm{i}\hbar\partial_t\psi(\boldsymbol{r},t) = \hat{H}_{em}\psi(\boldsymbol{r},t)$$

mit

$$\hat{H}_{\text{em}} = \frac{1}{2m_0}\left(\hat{\boldsymbol{p}} - \frac{q}{c}\boldsymbol{A}(\boldsymbol{r},t)\right)^2 + q\,\Phi(\boldsymbol{r},t) + U(\boldsymbol{r},t) \tag{7.9}$$

beschrieben. Die in dem Hamiltonoperator auftretenden Größen sind

$\{\Phi, \boldsymbol{A}\}$ → das Viererpotential des elektromagnetischen Feldes,

U → die potentielle Energie einer zusätzlichen skalaren Wechselwirkung, der das Teilchen ausgesetzt ist.

Die einfachste (und aus diesem Grund nicht ganz zwingende) Erweiterung berücksichtigt die Tatsache, dass das vorgegebene Magnetfeld auch an dem magnetischen Spinmoment angreift. Überträgt man die klassische Formel für die Wechselwirkungsenergie eines magnetischen Dipols mit einem Magnetfeld

$$U_{\mathrm{magn}} = -\boldsymbol{m} \cdot \boldsymbol{B}(\boldsymbol{r}, t)$$

auf den Fall des Spinmoments, so findet man

$$\hat{H}_{\mathrm{magn}} = -\boldsymbol{m}_s \cdot \boldsymbol{B}(\boldsymbol{r}, t) = \beta_s \hat{\boldsymbol{s}} \cdot \boldsymbol{B}(\boldsymbol{r}, t) \, . \tag{7.10}$$

Für ein Elektron lautet diese Wechselwirkung bei Vernachlässigung der Anomaliekorrektur

$$\hat{H}_{\mathrm{e,magn}} = \frac{e\hbar}{2m_e c} \, \hat{\boldsymbol{\sigma}} \cdot \boldsymbol{B}(\boldsymbol{r}, t) \, . \tag{7.11}$$

Das Magnetfeld $\boldsymbol{B} = \boldsymbol{\nabla} \times \boldsymbol{A}$ wirkt multiplikativ auf den Ortsanteil der Wellenfunktion, die Spinoperatoren auf den Spinanteil (d. h. die Matrixstruktur). Aus diesem Grund können die Spinoperatoren in (7.10) und (7.11) mit dem Magnetfeld vertauscht werden.

Die Erweiterung der Schrödingergleichung für ein Elektron unter Einbeziehung der Ankopplung an ein Magnetfeld und der Einbeziehung des Spinfreiheitsgrades ist auf der Basis dieser Argumentation

$$\mathrm{i}\hbar\partial_t \Psi(\boldsymbol{r}, \sigma, t) = \left(\hat{H}_{\mathrm{e,em}} \begin{pmatrix} 1 & 0 \\ 0 & 1 \end{pmatrix} + \hat{H}_{\mathrm{e,magn}} \right) \Psi(\boldsymbol{r}, \sigma, t) = \hat{H}_{\mathrm{Pauli}} \Psi(\boldsymbol{r}, \sigma, t) \, . \tag{7.12}$$

Die Wellenfunktion $\Psi(\boldsymbol{r}, \sigma, t)$ ist eine Spinorfunktion

$$\Psi(\boldsymbol{r}, \sigma, t) = \begin{pmatrix} \Psi_1(\boldsymbol{r}, t) \\ \Psi_2(\boldsymbol{r}, t) \end{pmatrix} \, .$$

Diese Wellengleichung, ein Satz von gekoppelten Differentialgleichungen für die zwei Spinorkomponenten, wird als *Pauligleichung* bezeichnet. Der Hamiltonoperator der Pauligleichung setzt sich aus den Operatoren (7.9) und (7.10) zusammen, wobei zur Umsetzung der Spinorstruktur der Term H_{em} formal mit der Einheitsmatrix im Spinraum zu multiplizieren ist. Wie im Fall der Schrödingergleichung kann eine Kontinuitätsgleichung (siehe D.tail 7.2) diskutiert werden, aus der sich als Definition der Wahrscheinlichkeitsdichte der Ausdruck

$$\varrho_W(\boldsymbol{r}, t) = \Psi^\dagger(\boldsymbol{r}, \sigma, t) \Psi(\boldsymbol{r}, \sigma, t) = |\Psi_1(\boldsymbol{r}, t)|^2 + |\Psi_2(\boldsymbol{r}, t)|^2$$

und als Definition der Wahrscheinlichkeitsstromdichte

$$\begin{aligned}\boldsymbol{j}_W(\boldsymbol{r},t) = &\frac{\hbar}{2m_e\mathrm{i}}\left[\Psi^\dagger(\boldsymbol{r},\sigma,t)\left(\boldsymbol{\nabla}\Psi(\boldsymbol{r},\sigma,t)\right) - \left(\boldsymbol{\nabla}\Psi^\dagger(\boldsymbol{r},\sigma,t)\right)\Psi(\boldsymbol{r},\sigma,t)\right]\\ &- \boldsymbol{A}(\boldsymbol{r},t)\Psi^\dagger(\boldsymbol{r},\sigma,t)\Psi(\boldsymbol{r},\sigma,t)\end{aligned}$$

ergibt. Eine Lösung der Pauligleichung für den normalen Zeemaneffekt wird in dem nächsten Abschnitt (Kap. 7.4.1) vorgestellt. Zu der Einordnung dieser Gleichung in das Gebäude der Grundgleichungen der Quantenmechanik kann man an dieser Stelle das Folgende bemerken:

- In Band 4 wird eine korrekte Wellengleichung für ein Spin 1/2-Teilchen in einem *klassischen* elektromagnetischen Feld, die Diracgleichung, aufgestellt und untersucht. Die Diracgleichung ist eine voll kovariante Wellengleichung.
- Der schwach relativistische Grenzfall ($T < m_0c^2$) der Diracgleichung ist eine Pauligleichung, die sich jedoch in einigen Termen von der Form, die in diesem Kapitel durch einfache Argumentation gewonnen wurde, unterscheidet.
- Liegt kein Magnetfeld vor (oder vernachlässigt man den Spinfreiheitsgrad), so geht die Pauligleichung in die Schrödingergleichung (bzw. zwei identische Schrödingergleichungen) eines (geladenen) Teilchens in einem elektromagnetischen Feld über.

7.4 Lösung der Pauligleichung

Die Kopplung des Elektronenspins an ein äußeres Magnetfeld bedingt die Aufspaltung von Spektrallinien in Atomen, so z. B. auch im Wasserstoffatom. Die beobachtete Aufspaltung der Wasserstoff $2p \longleftrightarrow 1s$ Spektrallinie in drei (eng benachbarte) Linien aufgrund der Bahnbewegung wird als *normaler* Zeemaneffekt bezeichnet (Kap. 7.4.1). Fügt man zu der bisher diskutierten Pauligleichung eine weitere Korrektur, die Wechselwirkung aufgrund der Spin-Bahn Kopplung hinzu, so führt die Lösung dieser erweiterten Pauligleichung für ein Atom im homogenen Magnetfeld auf den *anomalen* Zeemaneffekt, in dem sich der Spinfreiheitsgrad deutlicher manifestiert. In diesem Kapitel (Kap. 7.4.2) wird die erweiterte Pauligleichung zwar erarbeitet, doch noch nicht gelöst. Der Grund ist die Aufbereitung von benötigten Hilfsmitteln bezüglich der Kopplung von Bahndrehimpuls und Spin, die erst in Kap. 10 erfolgt.

7.4.1 Der normale Zeemaneffekt

Ein Beispiel für den Einsatz der Pauligleichung (7.12) ist die Diskussion des (normalen) Zeemaneffekts. Man betrachtet ein Elektron, das sich in einem stationären Zentralfeld $U(r)$ bewegt. Für wasserstoffähnliche Atome entspricht U dem Coulombpotential. Bei der Diskussion von Mehrelektronensystemen könnte man die wechselseitige Abschirmung der Elektronen durch ein abgeschirmtes Coulombpotential einbeziehen, wenn man solche Systeme auf der Basis einer Einteilchengleichung anspricht[6]. Das Einelektronensystem befindet sich in einem stationären, homogenen Magnetfeld $\boldsymbol{B}$. Wählt man die z-Richtung als Feldrichtung

$$\boldsymbol{B} = (0, 0, B) ,$$

so ist das entsprechende Vektorpotential in der Coulombeichung durch (CGS-System)

$$\boldsymbol{A}(\boldsymbol{r}) = \frac{1}{2}\left(\boldsymbol{B}(\boldsymbol{r}) \times \boldsymbol{r}\right) = \frac{1}{2}\left(-By, Bx, 0\right)$$

gegeben. Der Paulihamiltonoperator des normalen Zeemanproblems lautet somit

$$\hat{H}_{\text{Pauli}} = \left[\frac{1}{2m_e}\left(\hat{\boldsymbol{p}}^2 + \frac{2e}{c}\boldsymbol{A}(\boldsymbol{r}) \cdot \hat{\boldsymbol{p}} + \frac{e^2}{c^2}\boldsymbol{A}(\boldsymbol{r})^2\right) + U(r)\right] \begin{pmatrix} 1 & 0 \\ 0 & 1 \end{pmatrix} + \frac{e}{m_e c} B \hat{s}_z \,. \tag{7.13}$$

Infolge des einfachen Magnetfeldes kann man diesen Operator weiter vereinfachen. In dem zweiten Term tritt das Spatprodukt

$$2\boldsymbol{A}(\boldsymbol{r}) \cdot \hat{\boldsymbol{p}} = -\mathrm{i}\hbar[(\boldsymbol{B} \times \boldsymbol{r}) \cdot \hat{\boldsymbol{p}}$$

auf. Für ein konstantes Magnetfeld ist die zyklische Vertauschung mit dem Gradientenoperator zulässig

$$= -\mathrm{i}\hbar[(\boldsymbol{r} \times \hat{\boldsymbol{p}}) \cdot \boldsymbol{B} \,.$$

Das Vektorprodukt (einschließlich Vorfaktor) in dieser Gleichung entspricht dem Drehimpulsoperator, so dass man

$$= \hat{\boldsymbol{l}} \cdot \boldsymbol{B}$$

schreiben kann. Vernachlässigt man noch den Term in $\boldsymbol{A}^2$ mit dem Argument, dass dieser Term wegen des Faktors $1/c^2$ klein gegenüber den anderen Termen ist, so erhält man den vereinfachten Hamiltonoperator des normalen Zeemanproblems. Bei einer expliziten Darstellung der Spinorstruktur lautet er

$$\hat{H}_{\text{Ze}} = \left\{-\frac{\hbar^2}{2m_e}\Delta + U(r)\right\} \begin{pmatrix} 1 & 0 \\ 0 & 1 \end{pmatrix} + \frac{eB}{2m_e c}\left\{\begin{pmatrix} 1 & 0 \\ 0 & 1 \end{pmatrix} \hat{l}_z + \hbar \begin{pmatrix} 1 & 0 \\ 0 & -1 \end{pmatrix}\right\} . \tag{7.14}$$

[6] Optimale Einteilchenpotentiale für Mehrteilchensysteme werden in Band 4 unter den Stichworten 'Hartree-Fock Methode' und 'Dichtefunktionaltheorie' vorgestellt.

Der Zeeman-Hamiltonoperator beinhaltet, neben der Coulomb- (oder einer abgeschirmten Coulomb-) Wechselwirkung, Beiträge, in denen die Kopplung des Bahndrehimpulses und des Spins des Elektrons an das (einfache) Magnetfeld berücksichtigt wird. Eine Pauligleichung mit dem Operator (7.14)

$$\hat{H}_{\mathrm{Ze}}\,\Psi(\boldsymbol{r},\sigma,t) = \mathrm{i}\,\hbar\,\partial_t \Psi(\boldsymbol{r},\sigma,t)$$

kann wie die Schrödingergleichung separiert werden. Der Ansatz

$$\Psi(\boldsymbol{r},\sigma,t) = \psi(\boldsymbol{r},\sigma) f(t) = \begin{pmatrix} \psi_1(\boldsymbol{r}) \\ \psi_2(\boldsymbol{r}) \end{pmatrix} f(t)$$

liefert

$$f(t) = \exp\left[-\frac{\mathrm{i}}{\hbar}Et\right]$$

$$\hat{H}_{\mathrm{Ze}}\psi(\boldsymbol{r},\sigma) = E\psi_s(\boldsymbol{r},\sigma)\,. \tag{7.15}$$

Das Zeemanproblem ist ein stationäres Problem. Schreibt man die beiden Spinorkomponenten in (7.15) explizit aus, so erhält man mit der Abkürzung

$$\hat{H}_0 = \left\{-\frac{\hbar^2}{2m_e}\Delta + U(r)\right\}\begin{pmatrix} 1 & 0 \\ 0 & 1 \end{pmatrix}$$

das Gleichungssystem

$$\begin{aligned} \hat{H}_0\psi_1(\boldsymbol{r}) + \frac{eB}{2m_e c}\left(\hat{l}_z + \hbar\right)\psi_1(\boldsymbol{r}) &= E\psi_1(\boldsymbol{r}) \\ \hat{H}_0\psi_2(\boldsymbol{r}) + \frac{eB}{2m_e c}\left(\hat{l}_z - \hbar\right)\psi_2(\boldsymbol{r}) &= E\psi_2(\boldsymbol{r})\,. \end{aligned} \tag{7.16}$$

Dieser Satz von Differentialgleichungen ist, dank der Wahl eines geeigneten Koordinatensystems, entkoppelt und somit in einfacher Weise lösbar.

Trotzdem lohnt zum besseren Verständnis der Spinstruktur ein kurzer Blick auf den Fall $B = 0$, in dem beide Teilgleichungen in (7.16) identisch sind. Da der Hamiltonoperator (7.14) in diesem Grenzfall nicht von den Spinoperatoren abhängt, ist für die Lösung von (7.15) ein Produktansatz angemessen

$$\psi(\boldsymbol{r},\sigma) = \psi(\boldsymbol{r})\;\chi(\sigma)\,.$$

Ein Satz von Lösungen ist

$$\psi_{m_s}(\boldsymbol{r},\sigma) = \psi(\boldsymbol{r})\;\chi_{m_s}(\sigma)\,, \tag{7.17}$$

bzw. explizit für eine Situation mit sphärischer Symmetrie

$$\psi_{nlm,1/2}(\boldsymbol{r},\sigma) = \begin{pmatrix} \psi_{nlm}(\boldsymbol{r}) \\ 0 \end{pmatrix}$$

$$\psi_{nlm,-1/2}(\boldsymbol{r},\sigma) = \begin{pmatrix} 0 \\ \psi_{nlm}(\boldsymbol{r}) \end{pmatrix}\,,$$

wobei n die Hauptquantenzahl oder nur ein Abzählparameter sein kann. Beide Zustände haben die gleiche Energie

$$\hat{H}_0 \psi_{nlm,m_s}(\boldsymbol{r},\sigma) = E_{nl} \psi_{nlm,m_s}(\boldsymbol{r},\sigma) \,.$$

Für wasserstoffähnliche Systeme besteht (wie in Kap. 6.1 diskutiert) die Entartung $E_{nl} \longrightarrow E_n$.

Man erkennt hier direkt, dass bei Berücksichtigung des Spinfreiheitsgrades jedes Energieniveau zweifach entartet ist. In dem Wasserstoffproblem findet man anstelle

des $1s$-Niveaus zwei entartete Niveaus,
des $2s$-Niveaus zwei entartete Niveaus,
der drei entarteten $2p$-Niveaus sechs entartete Niveaus, etc.

Eine entsprechende Aussage gilt für Atome und Ionen mit mehr als einem Elektron, vorausgesetzt eine effektive Einteilchenbeschreibung ist angemessen genug.

Die Lösung des Zeemanproblems (7.16) stellt sich im Endeffekt als recht einfach heraus, da

$$\left[\begin{pmatrix} 1 & 0 \\ 0 & 1 \end{pmatrix} \hat{l}_z + \hbar \begin{pmatrix} 1 & 0 \\ 0 & -1 \end{pmatrix}\right] \psi_{nlm}(\boldsymbol{r})\chi_{m_s}(\sigma) = \hbar(m+2m_s)\psi_{nlm}(\boldsymbol{r})\chi_{m_s}(\sigma) \,.$$

ist. Die Lösung des gesamten Zeemanproblems lautet somit auch

$$\begin{aligned} \psi(\boldsymbol{r},\sigma) &= \psi_{nlm,m_s}(\boldsymbol{r},\sigma) = \psi_{nlm}(\boldsymbol{r})\chi_{m_s}(\sigma) \\ E &= E_{nlm,m_s} = E_{nl} + \frac{e\hbar B}{2m_e c}(m+2m_s) \,. \end{aligned} \tag{7.18}$$

Die Energieeigenwerte hängen sowohl von der Orientierung des Bahndrehimpulses als auch des Spins bezüglich der vorgegebenen Feldrichtung ab. Die Größe

$$\omega_L = \frac{eB}{2m_e c}$$

mit der Dimension $[\omega_L] = s^{-1}$ wird als *Larmorfrequenz* bezeichnet. Die Spinorwellenfunktion ist, gemäß (7.17) und (7.18), nach dem 'Einschalten' des Magnetfelds unverändert. Das Atom wird durch das Magnetfeld in keiner Weise polarisiert. Die Energieverschiebung entspricht somit der Präzession eines 'starren Körpers' um die vorgegebene Feldrichtung. Die Energie wird in diesem Fall durch die Wechselwirkung des Magnetfeldes mit dem magnetischen Bahnmoment bestimmt

$$E_{\text{Bahn}} = -\boldsymbol{m}_l \cdot \boldsymbol{B} = \frac{e}{2m_e c}\boldsymbol{l} \cdot \boldsymbol{B} = \boldsymbol{\omega}_L \cdot \boldsymbol{l} \,.$$

Vergleicht man diesen Ausdruck mit der Form einer klassischen Rotationsenergie

$$E_{\mathrm{Rot}} = \frac{1}{2}\, \omega_{\mathrm{Pr}} \cdot \boldsymbol{l}\,,$$

so stellt man fest, dass die klassische Präzessionsfrequenz doppelt so groß wie die Larmorfrequenz ist. In der Quantenmechanik tritt, wie in (7.18) abzulesen, zusätzlich eine Spinpräzession auf.

Infolge der Niveauaufspaltung in einem homogenen Magnetfeld vergrößert sich die Zahl der möglichen Strahlungsübergänge. Das einfachste Beispiel ist der Dipolübergang von dem $2p$-Niveau zu dem $1s$-Niveau (oder umgekehrt) im Wasserstoffatom. Ohne Magnetfeld erwartet man (gemäß der Lösung der Schrödingergleichung) eine einzige Spektrallinie. Die Energiedifferenz $\hbar\omega = 10.20$ eV entspricht einer Wellenlänge von ca. 82300 cm. Mit Feld liegen die in Tabelle 7.1 aufgeführten Energiewerte E_{n,l,m_l,m_s} vor.

Tabelle 7.1. Normale Zeemanaufspaltung im Wasserstoffatom

$n\,l\,m$	E_{n,l,m_l,m_s}	$m_s = \frac{1}{2}$	$m_s = -\frac{1}{2}$
1 0 0	$E_1 + 2m_s x$	$E_1 + x$	$E_1 - x$
2 1 0	$E_2 + 2m_s x$	$E_2 + x$	$E_2 - x$
2 1 1	$E_2 + (1 + 2m_s)x$	$E_2 + 2x$	E_2
2 1 −1	$E_2 + (-1 + 2m_s)x$	E_2	$E_2 - 2x$

Die Energiesituation ist in Abb. 7.4 noch einmal illustriert ($\hbar\omega_L = x$).

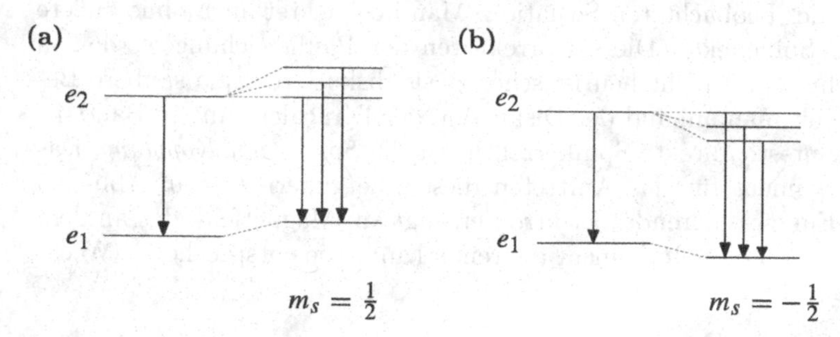

Abb. 7.4. Normaler Zeemaneffekt: $2p$-$1s$ Übergänge im Wasserstoffatom

Da die Kopplung des anregenden oder des abgestrahlten elektromagnetischen Feldes an das Spinmoment sehr schwach ist, finden nur starke

Übergänge zwischen Zuständen mit der gleichen Spinprojektion statt. Spinflipübergänge sind um Größenordnungen schwächer. Dies wird durch die Auswahlregel (siehe Kap. 12.2) $\Delta m_s = 0$ ausgedrückt. Die Bahndrehimpulsprojektion kann sich bei Dipolübergängen um $\Delta m = 0, \pm 1$ ändern. Folglich liegt für den Übergang $1s \longleftrightarrow 2p$ für jede Spinorientierung eine Aufspaltung in je drei Linien vor. Die Übergangsfrequenz ist jedoch unabhängig von der Orientierung des Spins

$$\omega_m = \frac{1}{\hbar}\left(E_{21m,m_s} - E_{100,m_s}\right) = \omega_0 + \omega_L\, m\,. \tag{7.19}$$

Anstatt der möglichen sechs Linien (je drei pro Spinorientierung) werden nur drei Linien beobachtet. Eine der drei Linien hat die Frequenz ω_0, die anderen sind um die Frequenzen $\pm\omega_L$ dagegen verschoben. Dieses (Hendrik A.) Lorentz Triplett kann auch auf der Basis einer klassischen Betrachtung interpretiert werden. Die Übereinstimmung der klassischen und quantenmechanischen Aussage ist nur möglich, wenn die Übergangsfrequenz, wie in (7.19), nicht von Spineffekten und *nicht* von der Planckschen Konstante $\hbar$ abhängt.

Die Größe der Zeemanaufspaltung wächst linear mit der magnetischen Feldstärke. Für ein Magnetfeld mittlerer Stärke ($B \approx 10^5$ Gauß) ist die Energieverschiebung

$$x = \hbar\omega_L = \hbar\frac{eB}{2m_e c} \approx 5.8 \cdot 10^{-4}\,\mathrm{eV}\,.$$

Dies ist um Größenordnungen kleiner als die Energiedifferenz zwischen den $2p$- und $1s$- Zuständen ohne Feld ($E_{2p} - E_{1s} \approx 10.20\,\mathrm{eV}$), doch kann die Aufspaltung ohne Schwierigkeiten nachgewiesen werden.

7.4.2 Spin-Bahn und andere Kopplungen

Die Pauligleichung führt in dem Grenzfall $\boldsymbol{B} \to \boldsymbol{0}$ auf eine Verdopplung der Schrödingergleichung für die zwei möglichen Spinorientierungen. Dies entspricht nicht der beobachteten Situation. Man beobachtet auch ohne äußere Magnetfelder Spineffekte. Diese Korrekturen der Pauligleichung werden in diesem Abschnitt auf recht heuristischer Basis diskutiert. Eine saubere Begründung findet man anhand der Diskussion der Diracgleichung in Band 4.

Die markanteste, direkte Spinkorrektur ist die *Spin-Bahn Kopplung.* Das klassische Argument für das Auftreten diese Energieterms ist in Abb. 7.5 angedeutet. Ein zirkulierendes Elektron erzeugt ein Magnetfeld, das an dem eigenen magnetischen Spinmoment angreifen kann. Die entsprechende Wechselwirkung hat die Form

$$\hat{H}_{\mathrm{e,S-B}} = -\boldsymbol{m}_s \cdot \boldsymbol{B}_{\mathrm{Bahn}}\,.$$

Ein derartiger Term führt zu Aufspaltungen in den Energiespektren von Atomen[7]. Diese Korrektur ist von der gleichen Größenordnung wie weitere relati-

[7] Spin-Bahn Effekte werden auch in Kernen diskutiert.

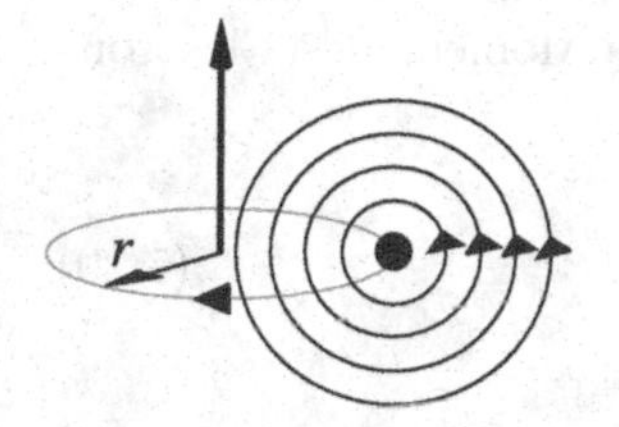

Abb. 7.5. Spin-Bahn Kopplung, schematisch

vistische Korrekturen, die durch die Geschwindigkeitsabhängigkeit der Elektronenmasse bedingt sind. Die Auswirkung der Spin-Bahn und der relativistischen Korrekturen auf die Spektren bezeichnet man als *Feinstruktur*.

Eine zusätzliche magnetische Korrektur entsteht durch die Wechselwirkung eines Dipolfeldes, das von dem (Gesamt-) Spin eines Kerns verursacht wird, mit dem magnetischen Spinmoment der atomaren Elektronen. Man bezeichnet die Auswirkung der entsprechenden Energiekorrektur

$$\hat{H}_{\mathrm{e,S-K}} = -\boldsymbol{m}_s \cdot \boldsymbol{B}_{\mathrm{Kernspin}}$$

als die Hyperfeinstruktur. Da das Kerndipolmoment, das das Kernfeld bestimmt, durch die inverse Kernmasse bestimmt ist und die Kernmasse wesentlich größer als die Masse eines Elektrons ist, sind Hyperfeineffekte sehr klein.

Die explizite Angabe einer Spin-Bahn Wechselwirkung auf der Basis einer klassischen Argumentation bedarf eines Umwegs, da die Bestimmung des Magnetfeldes eines zirkulierenden Elektrons an der Stelle des Elektrons auf Schwierigkeiten stößt. Man betrachtet deswegen die Situation zunächst aus der Sicht eines Koordinatensystems, in dem das Elektron ruht und der Kern (bzw. das Proton im Fall des Wasserstoffatoms) um das Elektron zirkuliert. Der zirkulierende Kern erzeugt an der Stelle des Elektrons ein Magnetfeld, das in guter Näherung durch die Biot-Savart Formel (siehe Bd. 2, Kap. 5.3)

$$B'_K(\boldsymbol{r}) = \frac{Ze}{2c}\frac{[\boldsymbol{r}_K \times \boldsymbol{v}_K]}{r^3} + \ldots$$

angegeben werden kann. In dieser Formel ist $\boldsymbol{v}_K$ die Geschwindigkeit des Kerns aus der Sicht des Elektrons und $\boldsymbol{r}_K$ der Vektor von dem Elektron zu dem Kern. Eine direkte Umschreibung mit[8]

$$\boldsymbol{r} \equiv \boldsymbol{r}_e = -\boldsymbol{r}_K$$
$$\boldsymbol{v} \equiv \boldsymbol{v}_e = -\boldsymbol{v}_K$$

ergibt für das Feld in einem Koordinatensystem, in dem der Kern ruht,

$$B_e(\boldsymbol{r}) = \frac{Ze}{2c}\frac{[\boldsymbol{r} \times \boldsymbol{v}]}{r^3} = \frac{Ze}{2m_e c}\frac{\boldsymbol{l}}{r^3} .$$

[8] Diese Aussage entspricht der niedrigsten Ordnung der Entwicklung der eigentlich benötigten Lorentztransformation nach Potenzen von v/c.

Zusammen mit (7.1) und (7.2) für das magnetische Moment des Elektrons lautet die Spin-Bahn Wechselwirkung des Elektrons

$$\hat{H}_{\mathrm{e,S-B}} = \frac{1}{2}\frac{Ze^2}{(m_e c)^2}\frac{\hat{\boldsymbol{s}}\cdot\hat{\boldsymbol{l}}}{r^3}\,. \tag{7.20}$$

Die Diskussion der Pauligleichung mit

$$\hat{H}_{\mathrm{Pauli}+} = \hat{H}_{\mathrm{Pauli}} + \hat{H}_{\mathrm{e,S-B}}$$

verlangt eine eingehendere Betrachtung. Der Grund ist die Tatsache, dass der Spin-Bahn Operator $\hat{\boldsymbol{s}}\cdot\hat{\boldsymbol{l}}$ weder mit $\hat{s}_z$ noch mit $\hat{l}_z$ vertauscht. Die Produktwellenfunktionen, die Eigenfunktionen des normalen Zeemanproblems darstellen, können somit keine Eigenfunktionen der erweiterten Pauligleichung sein, auch wenn man ein reines Coulomb plus Spin-Bahn Problem

$$\hat{H}_{sl} = \left[\frac{\hat{\boldsymbol{p}}^2}{2m_e} - \frac{Ze^2}{r}\right]\begin{pmatrix}1&0\\0&1\end{pmatrix} + \frac{1}{2}\frac{Ze^2}{(m_e c)^2}\frac{\hat{\boldsymbol{s}}\cdot\hat{\boldsymbol{l}}}{r^3} \tag{7.21}$$

betrachten würde. Da die Diskussion der Kopplung des Winkelanteils und des Spinanteils der Wellenfunktion, die bei der Lösung der erweiterten Pauligleichung ansteht, in formaler Schreibweise einfacher geführt werden kann, wird sie erst in Kap. 10 aufgegriffen. Vorerst wird in den folgenden Kapiteln (Kap. 8 und Kap. 9) das formale Gerüst der Quantenmechanik und eine präzise Fassung in der Diracschreibweise aufbereitet.

8 Formale Quantenmechanik

In diesem Kapitel wird unter der Bezeichnung 'Darstellungstheorie' die Anbindung der Quantenmechanik an das Konzept des Hilbertraums herausgearbeitet. Diese Diskussion stellt die bisher etwas großzügig eingeführten Konzepte und Begriffe auf eine solide Basis. Zusätzlich vermittelt die Darstellungstheorie einen geradlinigen Zugang zu den verschiedenen Optionen, die Quantenmechanik zu formulieren.

Ist das Fundament gelegt, so entsteht die Forderung nach einer optimalen 'Sprache' in die das abstrakte Gerüst der Quantenmechanik eingebunden werden kann. Diese Forderung wird in dem zweiten Kernpunkt dieses Kapitels mit der Einführung[1] der 'Diracschreibweise' erfüllt. Diese Schreibweise ist ein elegantes und praktisches Hilfsmittel, mit dem man alle auftretenden Konzepte fassen und manipulieren kann.

Bevor man auf die eigentliche Darstellungstheorie eingehen kann, muss man den Begiff des 'Hilbertraumes' aufbereiten[2] und aufzeigen, inwieweit durch die Quantenmechanik eine Möglichkeit zur Realisierung dieses abstrakten Konzeptes gegeben ist.

8.1 Der Hilbertraum

Der *Hilbertraum* $\mathcal{H}$ wird durch vier Axiome definiert. Diese lauten:

- Axiom 1: $\mathcal{H}$ ist ein komplexer, linearer Vektorraum.
- Axiom 2: In $\mathcal{H}$ ist ein Skalarprodukt definiert.
- Axiom 3: $\mathcal{H}$ ist ein vollständiger Vektorraum.
- Axiom 4: $\mathcal{H}$ hat die Dimension abzählbar unendlich.

Die auftretenden Vokabeln entstammen dem Gebiet der linearen Algebra. So bedeutet der Begriff 'linearer Vektorraum', dass man es mit einer Menge von Elementen (den Vektoren) zu tun hat, für die Verknüpfungsoperationen (z. B. Vektoraddition) definiert sind. Der Begriff 'linear' besagt dann, dass die Verknüpfungen bestimmten Einschränkungen unterworfen sind. Die

[1] Diese Schreibweise wurde zuerst von Paul Dirac 1930 in seinem Buch 'The Principles of Quantum Mechanics' benutzt.

[2] Vergleiche auch Bd. 2, Math.Kap. 5.3.1.

Bezeichnung 'komplex' gibt an, dass die Elemente über der Menge der komplexen Zahlen definiert sind. Durch das Skalarprodukt werden (geometrisch gesprochen) Abstände und Winkel zwischen den Vektoren (den Elementen des Raumes) eingeführt. Damit ist es möglich, in dem Raum Geometrie zu betreiben. Der Begriff der Vollständigkeit erfordert, dass Grenzwerte von Folgen von Elementen des Raumes Elemente des Raumes sein müssen. Daraus ergibt sich die Aussage, dass jedes Element des Raumes sich als Linearkombination einer geeigneten Basis des Raumes darstellen lässt (vergleiche die Diskussion der Vollständigkeit auf der Basis des Sturm-Liouville Theorems in Math.Kap. 1.2). Die Aussage zu der Dimension ist der Punkt, in dem sich der Hilbertraum von einem normalen Vektorraum unterscheidet. Die Axiome 1–3 sind auch für n-dimensionale Vektorräume (mit endlichem n) zuständig.

Die Forderung der vier Axiome garantiert nicht, dass ein Raum mit den gewünschten Eigenschaften existiert. Die Antwort auf die Frage nach der Existenz wurde von David Hilbert durch den Nachweis der folgenden Punkte gegeben:

- Der Raum von ∞-Tupeln von komplexen Zahlen

  $$\boldsymbol{c} = (c_1, c_2, \ldots, c_n, \ldots)$$

  ist eine Realisierung von $\mathcal{H}$. Die Definition der Verknüpfungen ist den entsprechenden Definitionen im Fall endlicher Dimension (siehe Bd. 2, Math.Kap. 5.1) nachempfunden. Man nennt diesen Raum den Hilbertschen Folgenraum $\mathcal{C}_\infty$.
- Jede andere Realisierung von $\mathcal{H}$ ist zu $\mathcal{C}_\infty$ isomorph. Man kann also jede andere Realisierung auf $\mathcal{C}_\infty$ abbilden. Diese Aussage ist der Punkt, an dem die Quantenmechanik anknüpft.

Die folgenden Aussagen zu dem Raum $\mathcal{C}_\infty$ werden im Weiteren benötigt:

- Eine mögliche Basis des Raumes sind die ∞-Tupel

  $$\begin{aligned} \boldsymbol{e}_1 &= (1, 0, 0, \ldots) \\ \boldsymbol{e}_1 &= (0, 1, 0, \ldots) \\ &\vdots \\ \boldsymbol{e}_n &= (0, \ldots, 0, 1, 0, \ldots) \\ &\vdots \end{aligned}$$

- Bezüglich dieser Basis kann ein beliebiges Element in der Form

  $$\boldsymbol{c} = \sum_{n=1}^{\infty} c_n \boldsymbol{e}_n = (c_1, c_2, \ldots)$$

  dargestellt werden.

- Das Skalarprodukt zweier Elemente des Raums ist durch

$$\boldsymbol{c} \cdot \boldsymbol{d} \equiv \langle\, \boldsymbol{c} \,|\, \boldsymbol{d} \,\rangle = \sum_n c_n^* d_n$$

  definiert. Diese Definition beinhaltet für die Basisvektoren die Aussage

$$\langle\, \boldsymbol{e}_i \,|\, \boldsymbol{e}_k \,\rangle = \delta_{ik} \ .$$

- Eine hinreichende Bedingung für den Nachweis der Vollständigkeit ist die Gültigkeit der Parsevalschen Gleichung

$$\langle\, \boldsymbol{c} \,|\, \boldsymbol{c} \,\rangle = \sum_{n=1}^{\infty} |c_n|^2 < \infty \ .$$

8.2 Realisierung des Hilbertraums in der Quantenmechanik

Die erste Aussage in diesem Abschnitt lautet:

Die Eigenfunktionen eines Eigenwertproblems für selbstadjungierte Operatoren stellen eine Realisierung des Hilbertraums dar.

Diese Aussage, einschließlich der Herausstellung eventueller Einschränkungen, kann anhand von Beispielen, die in den vorangehenden Kapiteln vorgestellt wurden, belegt werden. Die direktesten Beispiele sind Eigenwertprobleme vom Sturm-Liouville Typ in einer Variablen. In diesen Problemen ist das Grundintervall der Variablen[3] $a \le q \le b$ endlich. Der selbstadjungierte Operator $\hat{A}$ hängt von der Koordinate und deren Ableitungen ab, so dass das Eigenwertproblem

$$\hat{A}(q, \partial_q)\, \psi(q) = a\, \psi(q)$$

zu diskutieren ist. Die Randbedingungen bestehen in der Vorgabe von

$$\psi(a) = \psi_a \qquad \psi(b) = \psi_b \ .$$

Explizite Beispiele sind:

- Die Schrödingergleichung

$$\left\{ -\frac{\hbar^2}{2m_0} \frac{\mathrm{d}^2}{\mathrm{d}x^2} + V(x) \right\} \psi(x) = E\psi(x)$$

  mit einem Potential $V(x)$, das an den Stellen $x = a$ und $x = b$ unendlich wird, innerhalb des Intervalls aber einen beliebigen Verlauf hat (Abb. 8.1). Die Randbedingungen sind $\psi(a) = \psi(b) = 0$.

[3] Die Notation soll andeuten, dass auch generalisierte Koordinaten angesprochen werden.

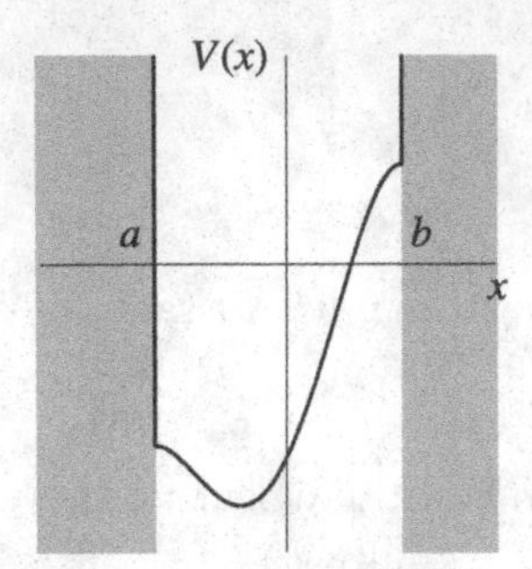

Abb. 8.1. Potentialsituation für das Sturm-Liouville Problem

- Das Eigenwertproblem des Drehimpulsoperators $\hat{l}_z$

$$\hat{l}_z\psi(\varphi) = -\mathrm{i}\hbar\frac{\mathrm{d}}{\mathrm{d}\varphi}\psi(\varphi) = l_z\psi(\varphi) \,.$$

  Das Grundintervall ist $0 \le \varphi \le 2\pi$, die Randbedingungen sind periodisch $\psi(0) = \psi(2\pi)$.

Unter den genannten Bedingungen garantiert das Sturm-Liouville Theorem, dass

- ein diskretes, abzählbar unendliches Spektrum vorliegt, so z. B. in den genannten Beispielen mit den Energiewerten $E = E_n$, $n = 1, 2, \ldots$ oder den Drehimpulswerten $l_z = \hbar m$, $m = 0, \pm 1, \pm 2, \ldots$,

und dass

- die Eigenfunktionen $\psi_n(q)$ ein vollständiges, diskretes Orthonormalsystem bilden. Die Funktionen sind somit quadratintegrabel.

Um die Isomorphie des durch die Eigenwertprobleme erzeugten Funktionenraums mit $\mathcal{C}_\infty$ zu demonstrieren, genügt es, einen Katalog von Zuordnungen anzugeben:

- Die Eigenfunktionen werden als Basis von $\mathcal{C}_\infty$ interpretiert

$$\psi_n(q) \longrightarrow \boldsymbol{e}_n \,.$$

- Die Orthonormalitätsrelation entspricht dem Skalarprodukt der Basis von $\mathcal{C}_\infty$

$$\int_a^b \mathrm{d}q\, \psi_n^*(q)\psi_m(q) = \delta_{nm} \longrightarrow \langle\, \boldsymbol{e}_n \,|\, \boldsymbol{e}_m \,\rangle = \delta_{nm} \,.$$

  Unter Umständen muss man eine Verallgemeinerung ins Auge fassen

$$\int_a^b \mathrm{d}q\, w(q)\psi_n^*(q)\psi_m(q) \longrightarrow \langle\, \boldsymbol{e}_n \,|\, \boldsymbol{e}_m \,\rangle \,.$$

  Es besteht Orthonormalität bezüglich einer Gewichtsfunktion w.

- Eine Funktion $f(q)$, die über dem Intervall $[a,b]$ definiert ist und die gleichen Randbedingungen wie die Eigenfunktionen erfüllt, kann durch Entwicklung nach den Eigenfunktionen dargestellt werden

$$f(q) = \sum_n f_n \psi_n(q) \longrightarrow \boldsymbol{f} = \sum_n f_n \boldsymbol{e}_n \, .$$

Anhand dieser Darstellung findet man für das Skalarprodukt von zwei Funktionen mit den genannten Eigenschaften

$$\int_a^b \mathrm{d}q\, w(q) f^*(q) g(q) = \sum_n f_n^* g_n \longrightarrow \langle \boldsymbol{f} \,|\, \boldsymbol{g} \rangle = \sum_n f_n^* g_n \, .$$

- Für jede quadratintegrable Funktion $f(q)$ (und nur diese können sinnvollerweise nach einem quadratintegrablen Basissatz entwickelt werden) gilt die Parsevalsche Gleichung

$$\int_a^b \mathrm{d}q\, w(q) f^*(q) f(q) = \sum_n f_n^* f_n < \infty \, .$$

Eine entsprechende Liste von Zuordnungen kann man für ein Sturm-Liouville Problem mit mehreren Variablen

$$\hat{A}(q_1, q_2, \ldots, \partial_{q_1}, \partial_{q_2}, \ldots)\psi(q_1, q_2, \ldots) = a\psi(q_1, q_2, \ldots)$$

aufstellen, wobei die Variablen auf endliche Intervalle

$$q_{ai} \le q_i \le q_{bi} \qquad i = 1, 2, \ldots$$

beschränkt sind. Es besteht jedoch in diesem Fall die Möglichkeit, dass das Spektrum entartet ist, und aus diesem Grund Orthogonalität der Eigenfunktionen nicht offensichtlich ist.

Ausgehend von den Gleichungen (in abgekürzter Schreibweise)

$$\hat{A}(\ldots)\psi_{n_1,m_1}(\boldsymbol{q}) = a_{n_1}\psi_{n_1,m_1}(\boldsymbol{q})$$
$$\hat{A}(\ldots)\psi_{n_2,m_2}(\boldsymbol{q}) = a_{n_2}\psi_{n_2,m_2}(\boldsymbol{q}) \, ,$$

die andeuten, dass die (reellen) Eigenwerte nicht von dem Entartungsindex m abhängen, bildet man[4]

$$\iiint \mathrm{d}^3q_1\, \mathrm{d}^3q_2 \ldots \quad \left\{\psi^*_{n_2,m_2}(\boldsymbol{q})(\hat{A}\psi_{n_1,m_1}(\boldsymbol{q})) - (\hat{A}\psi^*_{n_2,m_2}(\boldsymbol{q}))\psi_{n_1,m_1}(\boldsymbol{q})\right\}$$
$$= (a_{n_1} - a_{n_2}) \iiint \mathrm{d}^3q_1\, \mathrm{d}^3q_2 \ldots \psi^*_{n_2,m_2}(\boldsymbol{q})\psi_{n_1,m_1}(\boldsymbol{q}) \, .$$

Für einen hermiteschen Operator verschwindet die linke Seite dieser Gleichung, so dass

$$(a_{n_1} - a_{n_2}) \iiint \mathrm{d}^3q_1\, \mathrm{d}^3q_2 \ldots \psi^*_{n_2,m_2}(\boldsymbol{q})\psi_{n_1,m_1}(\boldsymbol{q}) \stackrel{\bullet}{=} 0$$

---
[4] Integrale über mehr als drei Variable werden auch durch $\iiint \ldots$ gekennzeichnet.

verbleibt. Sind die Eigenwerte verschieden, so folgt

$$\iiint \mathrm{d}^3q_1\,\mathrm{d}^3q_2 \ldots \psi^*_{n_2,m_2}(\boldsymbol{q})\psi_{n_1,m_1}(\boldsymbol{q}) = 0$$

für $n_1 \neq n_2$, bzw.

$$\iiint \mathrm{d}^3q_1\,\mathrm{d}^3q_2 \ldots \psi^*_{n_2,m_2}(\boldsymbol{q})\psi_{n_1,m_1}(\boldsymbol{q}) = \delta_{n_1 n_2} f(n_1, m_1, m_2)\,.$$

Auf der anderen Seite kann man *nicht* schließen, dass die Normierung

$$\iiint \mathrm{d}^3q_1\,\mathrm{d}^3q_2 \ldots \psi^*_{n_1,m_2}(\boldsymbol{q})\psi_{n_1,m_1}(\boldsymbol{q}) = \delta_{m_1 m_2}$$

direkt gegeben ist.

Bildet man aber eine Linearkombination der N_n entarteten Zuständen zu einem gegebenen n

$$\psi_{n,M_i}(\boldsymbol{q}) = \sum_{k=1}^{N_n} C^{(n)}_{M_i,m_k}\psi_{n,m_k}(\boldsymbol{q}) \qquad i = 1,\, 2,\, \ldots,\, N_n\;,$$

so kann man zeigen, dass die Entwicklungskoeffizienten so gewählt werden können, dass die Zustände ψ_{n,M_i} orthogonal sind. Eine Standardmethode, die zu dieser Konstruktion eingesetzt wird, ist das Schmidtsche Orthogonalisierungsverfahren (siehe D.tail 8.1). Für die orthogonalisierten Zustände gilt

$$\hat{A}\psi_{n,M_i} = \sum_{k=1}^{N_n} C^{(n)}_{M_i,m_k}\hat{A}\psi_{n,m_k} = a_n\psi_{n,M_i}\,.$$

Es stellt sich somit heraus, dass das Auftreten von nichtorthogonalen, entarteten Zuständen keine prinzipielle Einschränkung bedeutet, sondern nur einen zusätzlichen Zwischenschritt erfordert. Die Eigenfunktionen eines Sturm-Liouville Problems mit mehreren Veränderlichen stellen eine Realisierung des Hilbertraums dar.

Ist der Grundbereich der Variablen nicht endlich, so ergeben sich unter Umständen Schwierigkeiten. Zur Illustration betrachtet man zweckmäßigerweise den einfachsten, aber auch extremsten Fall, die kräftefreie Schrödingergleichung

$$-\frac{\hbar^2}{2m_0}\Delta\psi_{\boldsymbol{k}}(\boldsymbol{r}) = \frac{\hbar^2 k^2}{2m_0}\,\psi_{\boldsymbol{k}}(\boldsymbol{r})$$

$$\psi_{\boldsymbol{k}}(\boldsymbol{r}) = \frac{1}{(2\pi)^{3/2}}\exp[\mathrm{i}\boldsymbol{k}\cdot\boldsymbol{r}]\,.$$

Bei dem Versuch, diese Funktionen als eine Basis des Hilbertraums zu interpretieren, muss man feststellen:

- Das Spektrum der Eigenwerte $\boldsymbol{k} = (k_x,\, k_y,\, k_z)$ bzw. $k^2 = k_x^2 + k_y^2 + k_z^2$ ist beliebig dicht. Die Basis ist nicht abzählbar.
- Für die ebenen Wellen gilt

$$\iiint \mathrm{d}^3 r\, \psi_{\boldsymbol{k}}^*(\boldsymbol{r}) \psi_{\boldsymbol{k}'}(\boldsymbol{r}) = \delta(\boldsymbol{k} - \boldsymbol{k}') \,.$$

  Die Länge der Basisvektoren ist nicht endlich, sondern sie sind (cum grano salis) unendlich lang.
- Auf der positiven Seite steht die Aussage (siehe Kap. 8.4.2): Der Satz von ebenen Wellenfunktionen ist vollständig.

Es gibt zwei Möglichkeiten, mit den Schwierigkeiten umzugehen:

- Man arbeitet mit einem erweiterten Raumbegriff, um die Darstellungstheorie zu fundieren[5].
- Man versucht die Hilbertraumkonzepte mit Hilfe eines Kunstgriffs weiterhin zu nutzen. Dazu ist die Vollständigkeit des Funktionensystems der ebenen Wellen eine Notwendigkeit.

Für die zweite Option beschränkt man den Ortsraum zunächst auf ein beliebig großes, aber endliches Volumen, z. B. einen Würfel um den Koordinatenursprung mit der (makroskopischen) Kantenlänge L (Abb. 8.2) oder

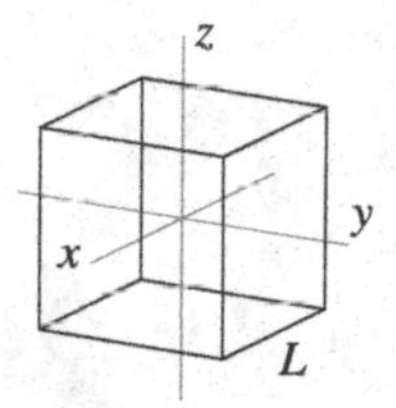

Abb. 8.2. Beschränkung des Raumgebiets

einen entsprechenden Quader. Die Vorgabe der Randbedingungen kann in verschiedener Weise erfolgen

- Man fordert periodische Randbedingungen, z. B. für Punkte in zwei Ebenen senkrecht zur x-Achse

$$\psi(-L/2, y, z) = \psi(+L/2, y, z)$$

  und entsprechende Forderungen für Punkte in Ebenen senkrecht zu den anderen Koordinatenrichtungen. Diese Randbedingung entspricht der klassischen Vorstellung, dass ein Teilchen an einer Stelle den Würfel verlässt und an der gegenüberliegenden Stelle wieder erscheint.

[5] z. B. mit Banachräumen, siehe Literaturverzeichnis.

- Man fordert die Randbedingungen

$$\psi(-L/2, y, z) = \psi(L/2, y, z) = 0$$

und Entsprechendes in den anderen Koordinaten. Der Würfel ist mit undurchdringlichen Wänden ausgestattet, die die eingeschlossenen Teilchen reflektieren.

Die periodischen Randbedingungen ergeben explizit die Lösungen

$$\mathrm{e}^{\mathrm{i}(k_x(-L/2)+k_y y+k_z z)} = \mathrm{e}^{\mathrm{i}(k_x(L/2)+k_y y+k_z z)}, \quad \text{etc.}$$

Die resultierenden Bedingungen

$$\mathrm{e}^{\mathrm{i}k_x L} = \mathrm{e}^{\mathrm{i}k_y L} = \mathrm{e}^{\mathrm{i}k_z L} = 1$$

können nur für diskrete Wellenzahlen

$$k_i = 2\pi \frac{n_i}{L} \qquad i \to x,\, y,\, z \quad n_i = 0, \pm 1, \pm 2, \ldots$$

erfüllt werden. Der zugehörige Wellenzahlvektor

$$\boldsymbol{k} = \frac{2\pi}{L}(n_x, n_y, n_z)$$

markiert Gitterpunkte in einem dreidimensionalen Wellenzahl-Raum. Diese Menge ist abzählbar (Abb. 8.3). Die entsprechenden Eigenfunktionen

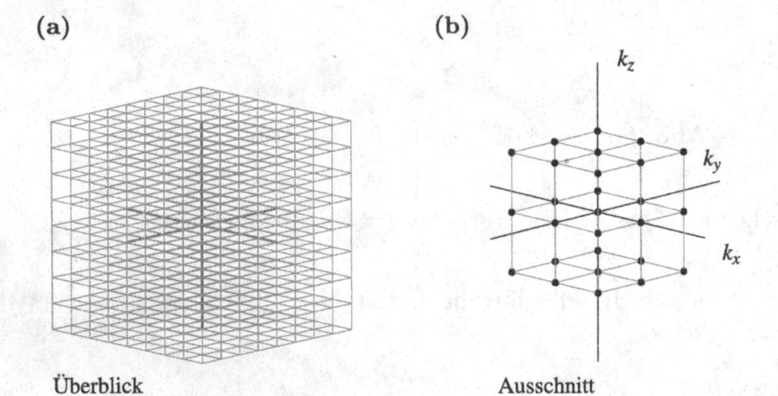

Abb. 8.3. Diskretisierung des k-Raumes

$$\psi_{n_x,n_y,n_z}(\boldsymbol{r}) = \frac{1}{L^{3/2}} \mathrm{e}^{\mathrm{i}\boldsymbol{k}\cdot\boldsymbol{r}} \tag{8.1}$$

sind auf 1 normiert und erfüllen die Orthogonalitätsrelation

$$\iiint \mathrm{d}^3 r\, \psi^*_{n_x,n_y,n_z}(\boldsymbol{r}) \psi_{n'_x,n'_y,n'_z}(\boldsymbol{r}) = \delta_{n_x n'_x} \delta_{n_y n'_y} \delta_{n_z n'_z} \,.$$

Durch Vergrößerung der Kantenlänge des Würfels können nun die Eigenwerte beliebig dicht gelegt werden, so dass sie mehr und mehr der Situation, die durch die ebenen Wellen beschrieben wird, ähneln.

Da bei der Beschränkung auf ein endliches Volumen die Schwierigkeiten umgangen werden, argumentiert man in pragmatischer Weise wie folgt: Jedes Experiment findet in einem endlichen Volumen statt. In einem derartigen Volumen sind die Eigenzustände der freien Schrödingergleichung quasikontinuierlich und stellen eine Basis des Hilbertraums dar. Anstatt jedoch mit diesen Zuständen zu arbeiten, ist es in vielen Fällen einfacher und praktischer mit den kontinuierlichen Lösungen zu arbeiten. An die kontinuierlichen Lösungen kann man, falls erforderlich, mit dem Grenzübergang $L \to \infty$ anknüpfen. Zur Durchzuführung dieses Grenzübergangs benötigt man die Dichte der Zustände in dem Wellenzahlraum

$$p(\boldsymbol{k}) = \left(\frac{\Delta n_x}{\Delta k_x}\right)\left(\frac{\Delta n_y}{\Delta k_y}\right)\left(\frac{\Delta n_z}{\Delta k_z}\right) = \left(\frac{L}{2\pi}\right)^3 .$$

Diese Größe stellt das Produkt der Anzahl der Zustände pro Wellenzahlintervall für die drei Koordinatenrichtungen dar. Die kontinuierlichen Zustände $\psi_{\boldsymbol{k}}(\boldsymbol{r})$ sind mit den quasikontinuierlichen in (8.1) durch die Relation

$$\psi_{\boldsymbol{k}}(\boldsymbol{r}) = \lim_{L\to\infty}\left[\sqrt{p(\boldsymbol{k})}\;\psi_{n_x,n_y,n_z}(\boldsymbol{r})\right] = \frac{1}{(2\pi)^{3/2}}\exp[\mathrm{i}\boldsymbol{k}\cdot\boldsymbol{r}]$$

verknüpft. In dem Sinn, dass man mit den diskreten Zuständen arbeiten könnte, den angedeuteten Grenzfall jedoch aus Gründen der Einfachheit benutzt, kann man die kontinuierlichen Lösungen der freien Schrödingergleichung als einen Basissatz in einem Quasi-Hilbertraum benutzen.

Noch zu bemerken ist: Für die Randbedingungen mit undurchdringlichen Wänden erhält man ein diskretes Spektrum mit reellen Eigenfunktionen (Sinus und Kosinus). Aus diesen kann man mittels eines ähnlichen Grenzübergangs ebenfalls die ebenen Wellen rekonstruieren.

8.3 Darstellungstheorie

Die Grundaussage der Darstellungstheorie ist das folgende Theorem:

Gegeben ist ein vollständiger Satz von Eigenfunktionen $\{\psi_n(x,\ldots)\}$ eines hermiteschen Operators $\hat{A} = \hat{A}(x, \partial_x, \ldots)$, der über einem Raumbereich $\mathcal{B}$ definiert ist,

$$\hat{A}\psi_n = a_n\psi_n \quad \text{in } \mathcal{B} .$$

• Die Behauptung lautet: Jede beliebige Wellenfunktion $\psi(x,\ldots)$ und jeder beliebige (hermitesche) Operator $\hat{B} = \hat{B}(x, \partial_x, \ldots)$ über diesem Bereich kann mit Hilfe des Funktionensatzes $\{\psi_n(x,\ldots)\}$ vollständig charakterisiert werden.

Die Notation soll andeuten, dass eine beliebige Anzahl von Freiheitsgraden angesprochen werden kann. Der Index n, meist ein Multiindex, wird in geeigneter Weise durchnummeriert. Inwieweit das vorausgesetzte, diskrete Spektrum durch ein kontinuierliches ersetzt werden kann, wird in Kap. 8.3.1 gesondert angemerkt.

Die Behauptung enthält zwei Aussagen, die Charakterisierung von Wellenfunktionen (oder alternativ der Quantenzustände, die durch die Wellenfunktionen beschrieben werden) und die Charakterisierung von Operatoren. Zur Überprüfung dieser Aussagen beginnt man mit der Betrachtung der Wellenfunktionen, und zwar, im Rahmen des bisherigen Hintergrundmaterials, für Einteilchenwellenfunktionen $\psi(\boldsymbol{r})$.

8.3.1 Charakterisierung von Zuständen

Ist der Basissatz $\{\psi_n(\boldsymbol{r})\}$ vollständig und orthonormal, so gilt (über $\mathcal{B}$) die Entwicklung

$$\psi(\boldsymbol{r}) = \sum_{n=0}^{\infty} C_n \psi_n(\boldsymbol{r}) \,, \tag{8.2}$$

wobei die Entwicklungskoeffizienten durch

$$C_n = \iiint \mathrm{d}^3 r \, \psi_n^*(\boldsymbol{r}) \psi(\boldsymbol{r}) \tag{8.3}$$

bestimmt sind. Ist auf der anderen Seite ein Satz $\{C_1, C_2, \ldots\}$ von Koeffizienten vorgegeben, so ist damit in Bezug auf die Basis in eindeutiger Weise durch (8.2) eine Wellenfunktion bestimmt. Die Vorgabe des Satzes von Koeffizienten ist völlig äquivalent zur Vorgabe einer Funktion. Man bezeichnet den Satz von Koeffizienten $\{C_1, C_2, \ldots\}$ als eine Darstellung des Quantenzustandes, der durch die Wellenfunktion $\psi(\boldsymbol{r})$ charakterisiert wird (bezüglich der Basis $\{\psi_n(\boldsymbol{r})\}$).

Für eine derartige Darstellung kann man die folgenden Eigenschaften notieren:

- Ist die Wellenfunktion $\psi(\boldsymbol{r})$ auf 1 normiert und bilden die Funktionen $\{\psi_n(\boldsymbol{r})\}$ ein Orthonormalsystem, so gilt

$$\sum_n |C_n|^2 = 1 \,.$$

- Der Erwartungswert eines Operators $\hat{A}$ in dem Zustand $\psi(\boldsymbol{r})$ ist

$$\begin{aligned}\langle \hat{A} \rangle_\psi = \langle \psi | \hat{A} | \psi \rangle &= \iiint \mathrm{d}^3 r \, \psi^*(\boldsymbol{r}) [\hat{A} \psi(\boldsymbol{r})] \\ &= \iiint \mathrm{d}^3 r \sum_{nm} C_n^* C_m (\psi_n^*(\boldsymbol{r}) [\hat{A} \psi_m(\boldsymbol{r})]) \,.\end{aligned}$$

Dieser Ausdruck vereinfacht sich, falls die Funktionen $\psi_n(\boldsymbol{r})$ Eigenfunktionen des Operators $\hat{A}$ sind. Für den Fall $\hat{A}\psi_m(\boldsymbol{r}) = a_m\psi_m(\boldsymbol{r})$, der im Folgenden ausschließlich von Interesse ist, folgt

$$\langle \hat{A} \rangle_\psi = \sum_n a_n |C_n|^2 .$$

- Sind die Funktionen $\psi_n(\boldsymbol{r})$ Eigenfunktionen des Operators $\hat{A}$, so findet man für das mittlere Schwankungsquadrat

$$\langle (\Delta\hat{A})^2 \rangle_\psi = \langle \hat{A}^2 \rangle_\psi - \langle \hat{A} \rangle_\psi^2 = \sum_n a_n^2 |C_n|^2 - \left[\sum_n a_n |C_n|^2 \right]^2 .$$

Infolge dieser Eigenschaften kann man die Koeffizienten als Wahrscheinlichkeitsamplituden, ihr Betragsquadrat als Wahrscheinlichkeit bezeichnen: Die Summe der Wahrscheinlichkeiten ist 1. Der Mittelwert einer Zufallsvariablen entspricht der Summe der Wahrscheinlichkeiten jeweils multipliziert mit dem Wert der Zufallsvariablen. Die mittlere quadratische Abweichung verschwindet nur, falls $\psi(\boldsymbol{r})$ ein Eigenzustand zu $\hat{A}$ ist. Nur für $C_n = \delta_{nN}$ bzw. $\psi(\boldsymbol{r}) \equiv \psi_N(\boldsymbol{r})$ erhält man $\langle (\Delta\hat{A})^2 \rangle_\psi = 0$.

Die Entwicklung einer Wellenfunktion $\psi_m(\boldsymbol{r})$ nach den Eigenfunktionen $\psi_n(\boldsymbol{r})$ eines Operators $\hat{A}$ stellt somit eine statistische Analyse des Zustandes ψ in Bezug auf die möglichen Messwerte der Observablen A dar. Die Entwicklung kann man somit als eine Spektralanalyse des Zustandes ψ in Bezug auf die Observable A, oder kurz als die

A-Darstellung des Zustandes ψ

bezeichnen.

Als explizites Beispiel zur Illustration dieser Aussagen kann man die folgende Situation betrachten. Gegeben sind die Eigenlösungen der stationären Schrödingergleichung

$$\hat{H}\psi_\alpha(\boldsymbol{r}) = E_\alpha\psi_\alpha(\boldsymbol{r}) .$$

Jede der Eigenfunktionen kann nach ebenen Wellen entwickelt werden

$$\psi_\alpha(\boldsymbol{r}) = \left(\frac{1}{2\pi}\right)^{3/2} \iiint \mathrm{d}^3k \, C_\alpha(\boldsymbol{k})\, \mathrm{e}^{\mathrm{i}\boldsymbol{k}\cdot\boldsymbol{r}}$$

oder alternativ mit der Substitution $\boldsymbol{p} = \hbar\boldsymbol{k}$

$$\psi_\alpha(\boldsymbol{r}) = \left(\frac{1}{2\pi\hbar}\right)^{3/2} \iiint \mathrm{d}^3p \, C_\alpha\left(\frac{\boldsymbol{p}}{\hbar}\right) \mathrm{e}^{\mathrm{i}(\boldsymbol{p}\cdot\boldsymbol{r})/\hbar} .$$

Da die ebenen Wellen Eigenfunktionen des Impulsoperators $\hat{\boldsymbol{p}} = -\mathrm{i}\hbar\boldsymbol{\nabla}$ sind, kann man diese Standard-Fourieranalyse in der folgenden Weise kommentieren: Mit der Entwicklung wurden die Eigenzustände des Hamiltonoperators einer Spektralanalyse bezüglich des Impulsoperators unterzogen. Wegen

$$\iiint \mathrm{d}^3r\,|\psi_\alpha|^2 = \left(\frac{1}{2\pi\hbar}\right)^3 \iiint \mathrm{d}^3r\,\mathrm{d}^3p\,\mathrm{d}^3p'\,C^*_\alpha\left(\frac{\boldsymbol{p}'}{\hbar}\right) C_\alpha\left(\frac{\boldsymbol{p}}{\hbar}\right) \mathrm{e}^{\mathrm{i}[(\boldsymbol{p}-\boldsymbol{p}')\cdot\boldsymbol{r}]/\hbar}$$
$$= \iiint \mathrm{d}^3p\, C^*_\alpha\left(\frac{\boldsymbol{p}}{\hbar}\right) C_\alpha\left(\frac{\boldsymbol{p}}{\hbar}\right)$$

beschreiben die Größen

$$\left|\tilde{C}_\alpha(\boldsymbol{p})\right|^2 = \left|C_\alpha\left(\frac{\boldsymbol{p}}{\hbar}\right)\right|^2$$

die Wahrscheinlichkeit, für ein Teilchen in dem Zustand α den Impulswert $\boldsymbol{p}$ zu messen. Da der Operator, der für die Spektralanalyse zuständig ist, ein kontinuierliches Spektrum besitzt, entspricht der 'Satz von Koeffizienten' $\{\tilde{C}_\alpha(\boldsymbol{p})\}$ einer Funktion und die Summe in der Entwicklung einer Integration. Man bezeichnet die Funktion $\tilde{C}_\alpha(\boldsymbol{p})$ als die *Impulsdarstellung* des Zustandes α. Die bisher diskutierte Wellenfunktion $\psi_\alpha(\boldsymbol{r})$ nennt man dann die *Ortsdarstellung* des Zustandes α. Die Vorgabe der Funktion $\psi_\alpha(\boldsymbol{r})$ und die Vorgabe der Funktion $\tilde{C}_\alpha(\boldsymbol{p})$ sind völlig gleichwertig. Beide charakterisieren den Quantenzustand vollständig, wenn auch aus anderer Sichtweise.

8.3.2 Charakterisierung von Operatoren

Die Charakterisierung von Operatoren folgt einem entsprechenden Muster. Man betrachtet die Wirkung eines Operators $\hat{B}(x, \partial_x, \ldots)$ auf eine Eigenfunktion des hermiteschen Operators $\hat{A}(x, \partial_x, \ldots)$, im Fall eines Teilchens

$$\hat{B}\psi_n(\boldsymbol{r}) = \psi(\boldsymbol{r}) .$$

Die resultierende Wellenfunktion $\psi(\boldsymbol{r})$ kann, als Element eines Hilbertraumes, nach der Basis $\psi_n(\boldsymbol{r})$ entwickelt werden[6]

$$\hat{B}\psi_n(\boldsymbol{r}) = \sum_m B_{mn}\psi_m(\boldsymbol{r}) .$$

Sind die Funktionen $\psi_n(\boldsymbol{r})$ orthonormal, so ist

$$B_{mn} = \iiint \mathrm{d}^3r\,\psi^*_m(\boldsymbol{r})(\hat{B}\psi_n(\boldsymbol{r})) \equiv \langle\, m \,|\, \hat{B} \,|\, n \,\rangle . \tag{8.4}$$

Die Koeffizienten B_{mn} bezeichnet man als die *Matrixelemente* des Operators $\hat{B}$ in Bezug auf die Eigenfunktionen des Operators $\hat{A}$. Die gesamte (abzählbar unendlich mal abzählbar unendlich) Matrix

$$(B) = (B_{mn}) = \begin{pmatrix} B_{11} & B_{12} & B_{13} & \ldots \\ B_{21} & B_{22} & B_{23} & \ldots \\ B_{31} & B_{32} & B_{33} & \ldots \\ \ldots & \ldots & \ldots & \ldots \end{pmatrix}$$

[6] Die Indizierung benutzt die Sequenz: Quantenzahl des Ausgangszustands rechts von der Quantenzahl der Entwicklung.

nennt man die *Matrixdarstellung* des Operators $\hat{B}$ in Bezug auf die Eigenfunktionen des Operators $\hat{A}$ oder kurz

die A-Darstellung von B.

Die Matrixdarstellung charakterisiert einen Operator vollständig. Zur Erläuterung dieser Aussage betrachtet man die Wirkung des Operators $\hat{B}$ auf eine beliebige Wellenfunktion $\psi(\boldsymbol{r})$, so dass sich die Funktion $\tilde{\psi}(\boldsymbol{r})$ ergibt

$$\tilde{\psi}(\boldsymbol{r}) = \hat{B}(x, \partial_x, \ldots)\psi(\boldsymbol{r}) \,.$$

Setzt man die möglichen Entwicklungen ein

$$\begin{aligned}\sum_n D_n \psi_n(\boldsymbol{r}) = \hat{B} \sum_m C_m \psi_m(\boldsymbol{r}) &= \sum_m C_m (\hat{B}\psi_m(\boldsymbol{r})) \\ &= \sum_{mn} C_m B_{nm} \psi_n(\boldsymbol{r}) \,,\end{aligned}$$

so findet man durch Koeffizientenvergleich

$$D_n = \sum_m B_{nm} C_m \,. \tag{8.5}$$

Die Koeffizienten $\{D_n\}$ – die Wellenfunktion $\tilde{\psi}(\boldsymbol{r})$ – können aus der Vorgabe der Matrixelemente B_{mn} – der Darstellung des Operators $\hat{B}$ – und der Koeffizienten $\{C_m\}$ – der Darstellung der Wellenfunktion ψ – berechnet werden.

8.3.3 Zusammenfassung und Erweiterung

In den Kap. 1 bis 6 wurde für die Diskussion von Einteilchenproblemen fast ausschließlich die Ortsdarstellung der Quantenmechanik benutzt. Um die Einteilchenquantenmechanik in einer anderen Darstellung zu formulieren, benötigt man die Zuordnungen

- Die Basis der Darstellung ist durch den Satz von Funktionen $\{\psi_n(\boldsymbol{r})\}$, in Matrixform durch die Hilbertraumvektoren

$$\psi_n(\boldsymbol{r}) \longrightarrow \begin{pmatrix} 0 \\ 0 \\ \vdots \\ 1 \\ 0 \\ \vdots \end{pmatrix} \quad \begin{matrix} \\ \\ \\ \rightarrow \quad n-\text{te Stelle} \\ \\ \\ \end{matrix}$$

  gegeben, wobei die 1 an der n-ten Stelle steht.

- Beliebige Wellenfunktionen $\psi(\boldsymbol{r})$ werden durch die Vektoren

$$\psi(\boldsymbol{r}) \longrightarrow \begin{pmatrix} C_1 \\ C_2 \\ \vdots \\ C_n \\ \vdots \end{pmatrix}$$

dargestellt. Die Koeffizienten sind durch

$$C_n = \iiint \mathrm{d}^3 r\, \psi_n^*(\boldsymbol{r})\psi(\boldsymbol{r})$$

mit der Funktion $\psi(\boldsymbol{r})$ verknüpft.
- (Hermitesche) Operatoren werden durch ihre Matrixelemente bezüglich der Basis charakterisiert

$$\hat{B}(x, \ldots) \longrightarrow (B_{mn}) = \begin{pmatrix} B_{11} & B_{12} & B_{13} & \ldots \\ B_{21} & B_{22} & B_{23} & \ldots \\ B_{31} & B_{32} & B_{33} & \ldots \\ \ldots & \ldots & \ldots & \ldots \end{pmatrix} .$$

Die Matrixelemente sind

$$B_{mn} = \iiint \mathrm{d}^3 r\, \psi_m^*(\boldsymbol{r})(\hat{B}\psi_n(\boldsymbol{r})) .$$

- Für den hermiteschen Operator $\hat{A}$, der die Basis erzeugt, gilt

$$\hat{A}(x, \ldots) \longrightarrow (A_{mn}) = (a_n \delta_{nm}) = \begin{pmatrix} a_1 & 0 & 0 & \ldots \\ 0 & a_2 & 0 & \ldots \\ 0 & 0 & a_3 & \ldots \\ \vdots & \vdots & \vdots & \ddots \end{pmatrix} .$$

Diese Matrixdarstellung hat Diagonalform.
- Eine Operatorgleichung entspricht einer Matrixgleichung, z. B.

$$\tilde{\psi}(\boldsymbol{r}) = \hat{B}\psi(\boldsymbol{r}) \longrightarrow (D_n) = \sum_m (B_{nm})(C_m) .$$

Diese Aussagen sind auch bei Einschluss des Spinfreiheitsgrades gültig. Die Basis ist dann z. B. eine Produktwellenfunktion

$$\psi_n(\boldsymbol{r}, \sigma) = \psi_{n_1}(\boldsymbol{r})\chi_{n_2}(\sigma) ,$$

wobei die Abzählung in der Form $\ldots, n_1+, n_1-, \ldots$ durchgeführt werden könnte. Die Darstellung eines beliebigen Spinors $\psi(\boldsymbol{r}, \sigma)$ ist ein Hilbertraumvektor mit den Elementen

$$C_n = \iiint \mathrm{d}^3 r\, \psi_n^\dagger(\boldsymbol{r}, \sigma)\psi(\boldsymbol{r}, \sigma) ,$$

die Matrixdarstellung eines Operators, der in dem Orts-/Spinraum definiert ist, hat die Elemente

$$\begin{aligned} B_{mn} &= \iiint \mathrm{d}^3 r\, \psi_m^\dagger(\boldsymbol{r},\sigma)(\hat{B}\psi_n(\boldsymbol{r},\sigma)) \\ &= \iiint \mathrm{d}^3 r\, \psi_{m_1}^*(\boldsymbol{r})\chi_{m_2}^\dagger(\sigma) \begin{pmatrix} \hat{B}_{++} & \hat{B}_{+-} \\ \hat{B}_{-+} & \hat{B}_{--} \end{pmatrix} \psi_{n_1}(\boldsymbol{r})\chi_{n_2}(\sigma)\,. \end{aligned}$$

Der Operator $\hat{B}$ repräsentiert den Spinfreiheitsgrad in der Form einer 2×2-Matrix.

Mehrteilchensituationen, z. B. mit einer Wellenfunktion

$$\begin{aligned} &\Psi_{n_1,n_2,\ldots,n_N}(\boldsymbol{r}_1,\sigma_1,\,\boldsymbol{r}_2,\sigma_2,\,\ldots,\,\boldsymbol{r}_N,\sigma_N) \\ &\qquad = \psi_{n_1}(\boldsymbol{r}_1,\sigma_1)\psi_{n_2}(\boldsymbol{r}_2,\sigma_2)\ldots\psi_{n_N}(\boldsymbol{r}_N,\sigma_N) \end{aligned}$$

könnten ebenfalls in das angegebene Schema eingebunden werden. Da in diesem Fall jedoch noch andere Aspekte eine Rolle spielen, wird die Diskussion von Mehrteilchenproblemen und deren Darstellung auf das Kap. 13 sowie Band 4 vertagt.

8.3.4 Die Impulsdarstellung

Die Möglichkeiten der Darstellungstheorie im Fall von Einteilchenproblemen sollen durch drei explizite Beispiele zu der Impulsdarstellung illustriert werden. Zur Warnung sei noch einmal bemerkt, dass man eigentlich mit Vorsicht vorgehen müsste und den Grenzübergang von einem endlichen Volumen auf den gesamten Raum benutzen sollte. Im Endeffekt kann der Übergang von einem diskreten zu einem kontinuierlichen Spektrum jedoch im Allgemeinen vermieden werden.

Die Basis der Darstellung sind die Eigenfunktionen des Impulsoperators

$$\hat{\boldsymbol{p}}\,\psi_{\boldsymbol{k}}(\boldsymbol{r}) = -\mathrm{i}\hbar\boldsymbol{\nabla}_r\psi_{\boldsymbol{k}}(\boldsymbol{r}) = \hbar\boldsymbol{k}\psi_{\boldsymbol{k}}(\boldsymbol{r})\,,$$

die ebenen Wellen

$$\psi_{\boldsymbol{k}}(\boldsymbol{r}) = \frac{1}{(2\pi)^{3/2}}\,\mathrm{e}^{\mathrm{i}\boldsymbol{k}\cdot\boldsymbol{r}}\,.$$

Die Impulsdarstellung eines Operators $\hat{B}(x,\,\partial_x,\,\ldots)$ lautet

$$B_{\boldsymbol{k}'\boldsymbol{k}} = \frac{1}{(2\pi)^3}\iiint \mathrm{d}^3 r\,\mathrm{e}^{-\mathrm{i}\boldsymbol{k}'\cdot\boldsymbol{r}}\hat{B}(x,\,\partial_x,\,\ldots)\mathrm{e}^{\mathrm{i}\boldsymbol{k}\cdot\boldsymbol{r}}\,. \tag{8.6}$$

Anstatt diesen Ausdruck als Element einer Matrix mit kontinuierlichem Index aufzufassen, ist es nützlicher und der Situation angemessen, diese Darstellung des Operators $\hat{B}$ im Impulsraum als eine Funktion von 6 Variablen zu bezeichnen

$$B_{\boldsymbol{k}'\boldsymbol{k}} \equiv B(\boldsymbol{k}',\,\boldsymbol{k})\,.$$

Die Darstellung eines Operators, die durch zwei Punkte eines Raumes bestimmt wird, nennt man *nichtlokal.*

Zur Umschreibung der Gleichung

$$\tilde{\psi}(\boldsymbol{r}) = \hat{B}(x, \partial_x, \ldots)\psi(\boldsymbol{r}) \tag{8.7}$$

notiert man die Fourierdarstellung der beiden Wellenfunktionen

$$\psi(\boldsymbol{r}) = \frac{1}{(2\pi)^{3/2}} \iiint \mathrm{d}^3k\, C(\boldsymbol{k})\mathrm{e}^{\mathrm{i}\boldsymbol{k}\cdot\boldsymbol{r}}$$

$$\tilde{\psi}(\boldsymbol{r}) = \frac{1}{(2\pi)^{3/2}} \iiint \mathrm{d}^3k\, D(\boldsymbol{k})\mathrm{e}^{\mathrm{i}\boldsymbol{k}\cdot\boldsymbol{r}}$$

und betrachtet

$$\hat{B}(x, \partial_x, \ldots)\psi(\boldsymbol{r}) = \frac{1}{(2\pi)^{3/2}} \iiint \mathrm{d}^3k'\, C(\boldsymbol{k}')\hat{B}(x, \partial_x, \ldots)\mathrm{e}^{\mathrm{i}\boldsymbol{k}'\cdot\boldsymbol{r}} .$$

Der Operator, der an der Ortskoordinate angreift, kann unter das Integralzeichen gezogen werden. Zur weiteren Bearbeitung fächert man diesen Ausdruck mit der δ-Funktion auf

$$\hat{B}(x, \partial_x, \ldots)\psi(\boldsymbol{r}) = \frac{1}{(2\pi)^{3/2}} \iiint \mathrm{d}^3k'\, \mathrm{d}^3r\, C(\boldsymbol{k}')\delta(\boldsymbol{r} - \boldsymbol{r}') \hat{B}(x', \partial_{x'}, \ldots)\mathrm{e}^{\mathrm{i}\boldsymbol{k}'\cdot\boldsymbol{r}'}$$

und benutzt die Vollständigkeitsrelation der ebenen Wellenfunktionen

$$\hat{B}(x, \partial_x, \ldots)\psi(\boldsymbol{r}) = \frac{1}{(2\pi)^{9/2}} \iiint \mathrm{d}^3k'\, \mathrm{d}^3r\, \mathrm{d}^3k\, C(\boldsymbol{k}')\mathrm{e}^{\mathrm{i}\boldsymbol{k}\cdot\boldsymbol{r}} \left\{\mathrm{e}^{-\mathrm{i}\boldsymbol{k}\cdot\boldsymbol{r}'}\hat{B}(x', \partial_{x'}, \ldots)\mathrm{e}^{\mathrm{i}\boldsymbol{k}'\cdot\boldsymbol{r}'}\right\} .$$

In diesem neunfachen Integral erkennt man die (geklammerte) Impulsdarstellung des Operators $\hat{B}$ und schreibt

$$\hat{B}(x, \partial_x, \ldots)\psi(\boldsymbol{r}) = \frac{1}{(2\pi)^{3/2}} \iiint \mathrm{d}^3k\, \mathrm{d}^3k'\, C(\boldsymbol{k}')\hat{B}(\boldsymbol{k}, \boldsymbol{k}')\mathrm{e}^{\mathrm{i}\boldsymbol{k}\cdot\boldsymbol{r}} .$$

Vergleich mit der Impulsdarstellung der Funktion $\tilde{\psi}$ ergibt das Endresultat

$$D(\boldsymbol{k}) = \iiint \mathrm{d}^3k'\, \hat{B}(\boldsymbol{k}, \boldsymbol{k}')C(\boldsymbol{k}') . \tag{8.8}$$

Die Summe in der diskreten Darstellung (8.5) wird durch ein (Dreifach)-Integral ersetzt. Die Frage, ob man die Ortsdarstellung (8.7) oder die Impulsdarstellung (8.8) benutzt, ist lediglich eine Frage der Zweckmäßigkeit. Die Darstellungen sind völlig gleichwertig.

Die Darstellung von Operatoren im Impulsraum wird bei der Anwendung der Quantenmechanik in vielen Situationen benötigt. Einige konkrete Beispiele folgen.

- Die Impulsdarstellung des Impulsoperators, die Vektorfunktion $\boldsymbol{p}(\boldsymbol{k},\,\boldsymbol{k}')$, ist

$$\begin{aligned}\boldsymbol{p}(\boldsymbol{k},\,\boldsymbol{k}') &= \frac{1}{(2\pi)^3}\iiint \mathrm{d}^3r\,\mathrm{e}^{-\mathrm{i}\boldsymbol{k}\cdot\boldsymbol{r}}(-\mathrm{i}\hbar\boldsymbol{\nabla}_r)\mathrm{e}^{\mathrm{i}\boldsymbol{k}'\cdot\boldsymbol{r}} \\ &= \frac{1}{(2\pi)^3}\hbar\boldsymbol{k}'\iiint \mathrm{d}^3r\,\mathrm{e}^{\mathrm{i}(\boldsymbol{k}'-\boldsymbol{k})\cdot\boldsymbol{r}} \\ &= \hbar\boldsymbol{k}'\delta(\boldsymbol{k}'-\boldsymbol{k})\,. \end{aligned} \tag{8.9}$$

Dies ist die Form einer Diagonalmatrix im Fall einer kontinuierlichen Basis. Das Auftreten einer Distribution, die naiv betrachtet unendlich große Matrixelemente andeutet, ist ungefährlich. In der Praxis tritt der Operator nur unter einem Integralzeichen auf. So lautet die Gleichung

$$\tilde{\psi}(\boldsymbol{r}) = \hat{p}_x\psi(\boldsymbol{r})$$

im Impulsraum

$$\begin{aligned} D(\boldsymbol{k}) &= \iiint \mathrm{d}^3k'\;\hat{p}_x(\boldsymbol{k},\,\boldsymbol{k}')C(\boldsymbol{k}') \\ &= \iiint \mathrm{d}^3k'\;\{\hbar k_x'\delta(\boldsymbol{k}'-\boldsymbol{k})\}C(\boldsymbol{k}') \\ &= \hbar k_x C(\boldsymbol{k})\,. \end{aligned}$$

Der Operator ist im Endeffekt multiplikativ. Das Auftreten der δ-Funktion ist lediglich ein Ausdruck der Tatsache, dass der Operator im Impulsraum lokal ist. Man schreibt deswegen im Impulsraum im Sinn einer Abkürzung auch (wie schon benutzt)

$$\hat{\boldsymbol{p}} = \hbar\boldsymbol{k}\,.$$

- Für den Ortsoperator $\hat{\boldsymbol{r}} = \boldsymbol{r}$ lautet die Impulsdarstellung

$$\boldsymbol{r}(\boldsymbol{k},\,\boldsymbol{k}') = \frac{1}{(2\pi)^3}\iiint \mathrm{d}^3r\,\mathrm{e}^{-\mathrm{i}\boldsymbol{k}\cdot\boldsymbol{r}}\;\boldsymbol{r}\;\mathrm{e}^{\mathrm{i}\boldsymbol{k}'\cdot\boldsymbol{r}}\,.$$

Zur Auswertung des Integrals verwendet man eine häufig benutzte Relation

$$(\boldsymbol{r})\mathrm{e}^{\mathrm{i}\boldsymbol{k}'\cdot\boldsymbol{r}} = -\mathrm{i}\boldsymbol{\nabla}_{k'}\mathrm{e}^{\mathrm{i}\boldsymbol{k}'\cdot\boldsymbol{r}}$$

und zieht den Gradienten vor das Integral

$$\boldsymbol{r}(\boldsymbol{k},\,\boldsymbol{k}') = \frac{1}{(2\pi)^3}(-\mathrm{i}\boldsymbol{\nabla}_{k'})\iiint \mathrm{d}^3r\,\mathrm{e}^{\mathrm{i}(\boldsymbol{k}'-\boldsymbol{k})\cdot\boldsymbol{r}}\,.$$

Das verbleibende Integral ist abermals eine δ-Funktion, so dass man das Resultat

$$\begin{aligned} \boldsymbol{r}(\boldsymbol{k},\,\boldsymbol{k}') &= -\mathrm{i}[\boldsymbol{\nabla}_{k'}\delta(\boldsymbol{k}'-\boldsymbol{k})] \\ &= -\mathrm{i}\sum_{l=1}^{3}\left[\frac{\partial}{\partial k_l'}\{\delta(k_1'-k_1)\delta(k_2'-k_2)\delta(k_3'-k_3)\}\right]\boldsymbol{e}_l \end{aligned} \tag{8.10}$$

erhält. Die Impulsdarstellung des Ortsoperators ist, wie zu erwarten, nichtlokal. Sie scheint aber auch hochgradig singulär zu sein. Trotzdem ergeben sich in der Anwendung keine (wesentlichen) Schwierigkeiten. So lautet z. B. die Gleichung

$$\tilde{\psi}(\boldsymbol{r}) = \hat{x}\psi(\boldsymbol{r})$$

im Impulsraum

$$D(\boldsymbol{k}) = -\mathrm{i} \iiint \mathrm{d}^3k' \, [\partial_{k'_x} \delta(\boldsymbol{k}' - \boldsymbol{k})] C(\boldsymbol{k}') \, .$$

Diesen Ausdruck kann man mit Hilfe der Rechenregeln für die δ-Funktion

$$\int \mathrm{d}k'_x \, [\partial_{k'_x} \delta(k'_x - k_x)] C(\boldsymbol{k}') = - \int \mathrm{d}k'_x \, \delta(k'_x - k_x) [\partial_{k'_x} C(\boldsymbol{k}')]$$

auswerten

$$D(\boldsymbol{k}) = \mathrm{i} \iiint \mathrm{d}^3k' \, \delta(\boldsymbol{k}' - \boldsymbol{k}) [\partial_{k'_x} C(\boldsymbol{k}')] \, .$$

Damit ist die δ-Funktion isoliert und man kann

$$D(\boldsymbol{k}) = \mathrm{i}\partial_{k_x} C(\boldsymbol{k})$$

notieren. Die singuläre, nichtlokale Form entspricht im Endeffekt einem Differentialoperator. Zur Abkürzung kann man somit im Impulsraum auch

$$\hat{\boldsymbol{r}} = \mathrm{i}\boldsymbol{\nabla}_k = \mathrm{i}\hbar\boldsymbol{\nabla}_p$$

schreiben.

- Die ebenen Wellen sind auch Eigenfunktionen des Operators für die kinetische Energie. Aus diesem Grund findet man analog zur Betrachtung des Impulses

$$T(\boldsymbol{k}, \boldsymbol{k}') = \frac{\hbar^2 k^2}{2m_0} \delta(\boldsymbol{k}' - \boldsymbol{k}) \, , \tag{8.11}$$

oder abgekürzt

$$\hat{T} = \frac{\hbar^2 k^2}{2m_0} \qquad \text{im Impulsraum} \, .$$

- Die Darstellung der potentiellen Energie im Impulsraum

$$V(\boldsymbol{k}, \boldsymbol{k}') = \frac{1}{(2\pi)^3} \iiint \mathrm{d}^3r \, V(\boldsymbol{r}) \mathrm{e}^{\mathrm{i}(\boldsymbol{k}' - \boldsymbol{k}) \cdot \boldsymbol{r}} = V(\boldsymbol{k}' - \boldsymbol{k}) \tag{8.12}$$

entspricht der Fouriertransformierten. Für besonders einfache Funktionen kann man auch die Ortsvariablen durch ihre Impulsdarstellung ersetzen

$$V(\boldsymbol{k}, \boldsymbol{k}') = [V(\mathrm{i}\boldsymbol{\nabla}_k) \delta(\boldsymbol{k}' - \boldsymbol{k})] \, .$$

Infolge der möglicherweise intrikaten Differentiation ist diese Form im Allgemeinen recht unhandlich.

- Die Einteilchenschrödingergleichung im Ortsraum

$$\left[-\frac{\hbar^2}{2m_0}\Delta + V(\boldsymbol{r})\right]\psi(\boldsymbol{r}) = E\psi(\boldsymbol{r})$$

lautet im Impulsraum

$$\iiint \mathrm{d}^3k' \left[T(\boldsymbol{k},\, \boldsymbol{k}') + V(\boldsymbol{k},\, \boldsymbol{k}')\right] C(\boldsymbol{k}') = EC(\boldsymbol{k})\,.$$

Die kinetische Energie ist lokal, so dass man

$$\frac{\hbar^2 k^2}{2m_0}C(\boldsymbol{k}) + \iiint \mathrm{d}^3k' V(\boldsymbol{k},\, \boldsymbol{k}')C(\boldsymbol{k}') = EC(\boldsymbol{k}) \tag{8.13}$$

erhält. Die Schrödingergleichung ist im Impulsraum eine Integralgleichung. Es ist wiederum einzig eine Frage der Zweckmäßigkeit, ob man eine Differentialgleichung oder eine Integralgleichung löst. Die Lösungen $\psi(\boldsymbol{r})$ bzw. $C(\boldsymbol{k})$ enthalten die gleiche Information über das Quantensystem.

- Ein Potential, das in der Anwendung öfter auftritt, ist das *Yukawa Potential*

$$V_Y(r,\alpha) = V_0\,\frac{\mathrm{e}^{-\alpha\, r}}{r}\,.$$

Ein Grenzfall dieses Zentralpotentials ist das Coulombpotential $V_C(r,0)$. Der Parameter α bedingt eine Abschirmung des Coulombpotentials falls er größer als Null ist. Zur Berechnung der Fouriertransformierten (8.12) wählt man zweckmäßigerweise ein Koordinatensystem, so dass der Impulsvektor $\boldsymbol{q} = \boldsymbol{k}' - \boldsymbol{k}$ in die z-Richtung zeigt $\boldsymbol{q} = q\boldsymbol{e}_z$. Für ein beliebiges Zentralpotential ist das Integral

$$V(\boldsymbol{k},\, \boldsymbol{k}') = V(\boldsymbol{q}) = \frac{1}{(2\pi)^3}\int_0^\infty \mathrm{d}r\, r^2 V(r)\int_{-1}^{1} \mathrm{d}\cos\theta \mathrm{e}^{\mathrm{i}qr\cos\theta}\int_0^{2\pi} \mathrm{d}\varphi$$

auszuwerten. Die Winkelintegrale sind einfach, so dass noch das Radialintegral

$$V(\boldsymbol{q}) = \frac{1}{2\pi^2 q}\int_0^\infty \mathrm{d}r\, rV(r)\sin(qr)$$

zu berechnen ist. Im Fall des Yukawapotentials benutzt man

$$\int_0^\infty \mathrm{d}r\, \mathrm{e}^{-\alpha\, r}\sin(qr) = \frac{q}{q^2+\alpha^2}$$

und findet

$$V_Y(\boldsymbol{k}' - \boldsymbol{k},\, \alpha) = \frac{V_0}{2\pi^2}\frac{1}{((\boldsymbol{k}' - \boldsymbol{k})^2 + \alpha^2)}\,, \tag{8.14}$$

bzw. für das Coulombpotential[7]

$$V_C(\boldsymbol{k}' - \boldsymbol{k}) = \frac{V_0}{2\pi^2} \frac{1}{(\boldsymbol{k}' - \boldsymbol{k})^2} \,. \tag{8.15}$$

Somit ist die Schrödingergleichung für das Wasserstoffproblem im Impulsraum

$$\frac{\hbar^2 k^2}{2m_0} C(\boldsymbol{k}) - \frac{e^2}{2\pi^2} \iiint \mathrm{d}^3k' \frac{C(\boldsymbol{k}')}{(\boldsymbol{k}' - \boldsymbol{k})^2} = EC(\boldsymbol{k})$$

eine Integralgleichung vom Fredholmtyp.

- Um das Problem des harmonischen Oszillators im Impulsraum zu diskutieren, genügt die Beschränkung der Diskussion auf eine Raumdimension

$$\left[-\frac{\hbar^2}{2m_0} \frac{\mathrm{d}^2}{\mathrm{d}x^2} + \frac{b}{2} x^2 \right] u(x) = Eu(x) \,.$$

Die entsprechenden Eigenfunktionen sind (siehe (5.19))

$$u_N(x) = A_N H_N(\alpha x) \mathrm{e}^{-\alpha^2 x^2/2} \qquad \alpha = \sqrt{\lambda} = \left(\frac{m_0 b}{\hbar^2} \right)^{1/4} \,.$$

Die Impulsdarstellung in einer Raumdimension gewinnt man durch Übertragung der Formeln aus der dreidimensionalen Welt. Die Schrödingergleichung im eindimensionalen Impulsraum lautet analog zu (8.13)

$$\frac{\hbar^2 k^2}{2m_0} C(k) + \int_{-\infty}^{\infty} \mathrm{d}k' \, V(k, k') C(k') = EC(k) \,.$$

Die (eindimensionale) Fouriertransformierte des Oszillatorpotentials

$$V(k, k') = \frac{1}{2\pi} \int_{-\infty}^{\infty} \mathrm{d}x \, \mathrm{e}^{-\mathrm{i}kx} \left(\frac{b}{2} x^2 \right) \mathrm{e}^{\mathrm{i}k' x}$$

kann man berechnen, indem man die Koordinate durch die Ableitung nach der Wellenzahl $-\mathrm{i}(\mathrm{d}/\mathrm{d}k')$ ersetzt. Das Ergebnis ist

$$V(k, k') = -\frac{b}{2} \left[\frac{\mathrm{d}^2}{\mathrm{d}k'^2} \delta(k' - k) \right] \,.$$

Setzt man dies in die Schrödingergleichung ein, integriert partiell unter Benutzung von (Bd. 2, Math.Kap. 1.2)

$$\int_{-\infty}^{\infty} \mathrm{d}k' \left[\frac{\mathrm{d}^2}{\mathrm{d}k'^2} \delta(k' - k) \right] C(k') = \frac{\mathrm{d}^2 C(k)}{\mathrm{d}k^2} \,,$$

[7] Anzumerken ist, dass die Berechnung der Fouriertransformierten des Coulombpotentials ohne den Umweg über das Yukawapotential auf technische Probleme stößt.

so findet man

$$\frac{\hbar^2 k^2}{2m_0} C(k) - \frac{b}{2} \frac{\mathrm{d}^2 C(k)}{\mathrm{d}k^2} = E C(k) .$$

Die Schrödingergleichung im Impulsraum unterscheidet sich (bei Benutzung der zweiten Variante zur Darstellung der potentiellen Energie) nicht wesentlich von der Schrödingergleichung im Ortsraum. Infolge der offensichtlichen Symmetrie kann man die Lösung sofort angeben

$$C_N(k) = \tilde{A}_N H_N(\beta k) \mathrm{e}^{-\beta^2 k^2/2} \qquad \beta = \left(\frac{\hbar^2}{m_0 b}\right)^{1/4} = \frac{1}{\alpha} .$$

Mit den Eigenschaften der Hermite Polynome kann man sich davon überzeugen, dass in der Tat

$$C_N(k) = \frac{1}{\sqrt{2\pi}} \int_{-\infty}^{\infty} \mathrm{d}x \, u_N(x) \mathrm{e}^{-\mathrm{i}kx}$$

ist (D.tail 8.2).

- Um die zeitabhängige Schrödingergleichung

$$\mathrm{i}\hbar \frac{\partial}{\partial t} \psi(\boldsymbol{r}, t) = \left[-\frac{\hbar^2}{2m_0} \Delta + V(\boldsymbol{r}, t) \right] \psi(\boldsymbol{r}, t)$$

im Impulsraum zu diskutieren, existieren zwei Optionen. In der ersten Option benutzt man eine dreidimensionale Fouriertransformation der Wellenfunktion

$$\psi(\boldsymbol{r}, t) = \frac{1}{(2\pi)^{3/2}} \iiint \mathrm{d}^3 k \; C(\boldsymbol{k}, t) \mathrm{e}^{\mathrm{i}\boldsymbol{k}\cdot\boldsymbol{r}}$$

und erhält eine Integrodifferentialgleichung für die Funktion $C(\boldsymbol{k}, t)$

$$\mathrm{i}\hbar \frac{\partial}{\partial t} C(\boldsymbol{k}, t) = \frac{\hbar^2 k^2}{2m_0} C(\boldsymbol{k}, t) + \iiint \mathrm{d}^3 k' \; V(\boldsymbol{k}, \boldsymbol{k}'; t) C(\boldsymbol{k}', t) .$$

Die zweite Option basiert auf der vierdimensionalen Fouriertransformation

$$\psi(\boldsymbol{r}, t) = \frac{1}{(2\pi)^2} \iiint \mathrm{d}^3 k \int \mathrm{d}\omega \; C(\boldsymbol{k}, \omega) \mathrm{e}^{\mathrm{i}(\boldsymbol{k}\cdot\boldsymbol{r} - \omega t)} .$$

Diese kovariante Transformation mit dem vollen Variablensatz

$$\boldsymbol{r}, t \longleftrightarrow \boldsymbol{k}, \omega \longleftrightarrow \frac{\boldsymbol{p}}{\hbar}, \frac{E}{\hbar}$$

ist in relativistischen Situationen die einzig sinnvolle Umschreibung. In nichtrelativistischen Problemen stellt sie eine Option dar. Mit dieser Option folgen die Aussagen (mit abgekürzter Notation $\int$ für die vierdimensionale Integration):

– Die Darstellung eines Operators im Impuls-Energie Raum (Viererimpulsraum) ist

$$B(\boldsymbol{k}\omega, \boldsymbol{k}'\omega') = \frac{1}{(2\pi)^4}\int \mathrm{d}^3r\mathrm{d}t\, \mathrm{e}^{-\mathrm{i}(\boldsymbol{k}\cdot\boldsymbol{r}-\omega t)}B(x, \partial_x, \ldots, t, \partial_t)\mathrm{e}^{\mathrm{i}(\boldsymbol{k}'\cdot\boldsymbol{r}-\omega' t)}\,.$$

– Die Gleichung $\tilde{\psi} = \hat{B}\psi$ lautet

$$D(\boldsymbol{k}\omega) = \int \mathrm{d}^3k'\mathrm{d}\omega'\, B(\boldsymbol{k}\omega, \boldsymbol{k}'\omega')C(\boldsymbol{k}'\omega')\,.$$

– Mit

$$\mathrm{i}\hbar\partial_t(\boldsymbol{k}\omega, \boldsymbol{k}'\omega') = \hbar\omega\delta(\omega' - \omega)\delta(\boldsymbol{k}' - \boldsymbol{k})$$

$$T(\boldsymbol{k}\omega, \boldsymbol{k}'\omega') = \frac{\hbar^2k^2}{2m_0}\delta(\omega' - \omega)\delta(\boldsymbol{k}' - \boldsymbol{k})$$

findet man für die zeitabhängige Schrödingergleichung (eine nichtrelativistische Wellengleichung!)

$$\hbar\omega C(\boldsymbol{k}\omega) = \frac{\hbar^2k^2}{2m_0}C(\boldsymbol{k}\omega) + \int \mathrm{d}^3k'\mathrm{d}\omega' V(\boldsymbol{k}\omega,\, \boldsymbol{k}'\omega')C(\boldsymbol{k}'\omega')$$

eine Integralgleichung in vier Variablen. Ist das Potential unabhängig von der Zeit, so gilt

$$V(\boldsymbol{r}, t) \rightarrow V(\boldsymbol{r}) \Longleftrightarrow V(\boldsymbol{k}\omega,\, \boldsymbol{k}'\omega') \rightarrow V(\boldsymbol{k},\, \boldsymbol{k}')\delta(\omega' - \omega)\,.$$

8.4 Die Diracschreibweise

Da es möglich ist, die Quantenmechanik in jeder genehmen Darstellung zu formulieren, stellt sich die Frage: Ist es möglich eine darstellungsfreie Form zu gewinnen? Die Basis für diese konzise und abstrakte Fassung der Quantenmechanik ist die Diracschreibweise, die schon teilweise benutzt wurde, hier aber in vollem Umfang eingeführt wird. Diese Schreibweise ist ein recht praktisches Hilfsmittel, um den Übergang zwischen verschiedenen Darstellungen in eleganter Weise zu vollziehen.

8.4.1 Einführung

Der erste Schritt ist eine suggestive Schreibweise für die stationäre Wellenfunktion im Ortsraum

$$\psi(\boldsymbol{r}) = \langle\, \boldsymbol{r} \,|\, \psi \,\rangle\,. \tag{8.16}$$

Die Schreibweise soll den Eindruck vermitteln, dass die Wellenfunktion aus zwei Anteilen besteht:

- Ein abstrakter, nicht näher charakterisierter Zustand $|\,\psi\,\rangle$ und
- eine abstrakte Darstellung eines Punktes im Ortsraum $\langle\,\boldsymbol{r}\,|$.

Die Kombination $\psi(\boldsymbol{r}) = \langle\,\boldsymbol{r}\,|\,\psi\,\rangle$ bedeutet, dass man den Zustand auf den Ortsraum projiziert. Diese Projektion entspricht der Wellenfunktion im Ortsraum. Für eine Wellenfunktion im Impulsraum benutzt man entsprechend

$$C(\boldsymbol{k}) = \langle\,\boldsymbol{k}\,|\,C\,\rangle \qquad \text{bzw.} \quad \psi(\boldsymbol{k}) = \langle\,\boldsymbol{k}\,|\,\psi\,\rangle\,.$$

Der abstrakte Zustand $|\,C\,\rangle$ bzw. $|\,\psi\,\rangle$ wird auf einen Punkt im Impulsraum projiziert, dessen Darstellung $\langle\,\boldsymbol{k}\,|$ ist. Für die komplex konjugierten Wellenfunktionen benutzt man

$$\psi^*(\boldsymbol{r}) = \langle\,\boldsymbol{r}\,|\,\psi\,\rangle^* = \langle\,\psi\,|\,\boldsymbol{r}\,\rangle \qquad \psi^*(\boldsymbol{k}) = \langle\,\boldsymbol{k}\,|\,\psi\,\rangle^* = \langle\,\psi\,|\,\boldsymbol{k}\,\rangle\,.$$

Die Rollen von Zustandsraum und Darstellungsraum werden vertauscht. Insbesondere kann man mit den genannten Zutaten die Wellenfunktion der ebenen Wellen notieren

$$\begin{aligned} \psi_{\boldsymbol{k}}(\boldsymbol{r}) &= \frac{1}{(2\pi)^{3/2}}\mathrm{e}^{\mathrm{i}\boldsymbol{k}\cdot\boldsymbol{r}} = \langle\,\boldsymbol{r}\,|\,\boldsymbol{k}\,\rangle \\ \psi^*_{\boldsymbol{k}}(\boldsymbol{r}) &= \frac{1}{(2\pi)^{3/2}}\mathrm{e}^{-\mathrm{i}\boldsymbol{k}\cdot\boldsymbol{r}} = \langle\,\boldsymbol{k}\,|\,\boldsymbol{r}\,\rangle\,. \end{aligned} \tag{8.17}$$

In der ersten Zeile wird der Zustand $|\,\boldsymbol{k}\,\rangle$ durch die Wellenzahl charakterisiert, die Darstellung ist im Ortsraum $\langle\,\boldsymbol{r}\,|$. In der zweiten Zeile ist die Situation umgekehrt.

Die Fouriertransformation, die den Übergang von der Orts- in die Impulsdarstellung vermittelt

$$\psi(\boldsymbol{r}) = \frac{1}{(2\pi)^{3/2}}\iiint \mathrm{d}^3k\, C(\boldsymbol{k})\mathrm{e}^{\mathrm{i}\boldsymbol{k}\cdot\boldsymbol{r}}$$

und deren Umkehrung

$$C(\boldsymbol{k}) = \frac{1}{(2\pi)^{3/2}}\iiint \mathrm{d}^3r\, \psi(\boldsymbol{r})\mathrm{e}^{-\mathrm{i}\boldsymbol{k}\cdot\boldsymbol{r}}$$

lauten in der neuen Schreibweise

$$\begin{aligned} \langle\,\boldsymbol{r}\,|\,\psi\,\rangle &= \iiint \mathrm{d}^3k\,\langle\,\boldsymbol{r}\,|\,\boldsymbol{k}\,\rangle\langle\,\boldsymbol{k}\,|\,\psi\,\rangle \\ \langle\,\boldsymbol{k}\,|\,\psi\,\rangle &= \iiint \mathrm{d}^3r\,\langle\,\boldsymbol{k}\,|\,\boldsymbol{r}\,\rangle\langle\,\boldsymbol{r}\,|\,\psi\,\rangle\,. \end{aligned} \tag{8.18}$$

Diese Ausdrücke legen es nahe, die Vollständigkeitsrelationen im Ortsraum und im Impulsraum wie folgt zu definieren[8]

$$\begin{aligned} \iiint |\, \boldsymbol{k} \,\rangle \mathrm{d}^3 k \langle\, \boldsymbol{k} \,| &= 1 \\ \iiint |\, \boldsymbol{r} \,\rangle \mathrm{d}^3 r \langle\, \boldsymbol{r} \,| &= 1 \,. \end{aligned} \tag{8.19}$$

Die rechte Seite der Gleichungen in (8.18) geht aus der linken Seite durch 'Einschieben der Eins' hervor. Die Anwendung der Vollständigkeitsrelationen (8.19) ist ein Kernpunkt in der Handhabung der Diracschreibweise.

Anstelle von nicht näher spezifizierten Zuständen kann man ein spezielles diskretes Orthonormalsystem ins Auge fassen. Man schreibt dann für die Wellenfunktion im Ortsraum

$$\psi_n(\boldsymbol{r}) = \langle\, \boldsymbol{r} \,|\, \psi_n \,\rangle \equiv \langle\, \boldsymbol{r} \,|\, n \,\rangle \,. \tag{8.20}$$

Der Zustand $|\, n \,\rangle$ wird auf den Ortsraum projiziert. Das übliche Normierungsintegral kann in der Diracschreibweise formuliert

$$\delta_{nm} = \iiint \mathrm{d}^3 r \; \psi_n^*(\boldsymbol{r}) \psi_m(\boldsymbol{r}) = \iiint \langle\, n \,|\, \boldsymbol{r} \,\rangle \mathrm{d}^3 r \langle\, \boldsymbol{r} \,|\, m \,\rangle$$

und mittels der Vollständigkeitsrelation abgekürzt werden

$$= \langle\, n \,|\, m \,\rangle \,.$$

Das Normierungsintegral entspricht der Projektion des Zustands $|\, m \,\rangle$ auf den Zustand $\langle\, n \,|$. Fügt man in diesem Resultat die Vollständigkeitsrelation im Impulsraum ein

$$\delta_{nm} = \iiint \langle\, n \,|\, \boldsymbol{k} \,\rangle \mathrm{d}^3 k \langle\, \boldsymbol{k} \,|\, m \,\rangle = \iiint \mathrm{d}^3 k \; \psi_n^*(\boldsymbol{k}) \psi_m(\boldsymbol{k}) \,,$$

so findet man, sozusagen auf spielerische Weise, die Aussage: Ist ein Satz von Wellenfunktionen in der Ortsdarstellung orthonormal, so gilt dies auch in der Impulsdarstellung.

8.4.2 Formulierung

Nach der einführenden Betrachtung der Möglichkeiten, die die Diracschreibweise bietet, kann sie in einem zweiten Schritt durch einen Katalog von Forderungen präzisiert werden.

- Forderung 1: Es existiert ein abstrakter Zustandsraum, dessen Elemente mit $|\, \ldots \rangle$ gekennzeichnet sind. Realisierungen dieses Zustandsraums sind z. B.

[8] Zur Betonung der Symmetrie wird $\mathrm{d}^3 r$ anstelle von $\mathrm{d}V$ benutzt. Oft wird auch $\iiint$ der Kürze halber durch $\int$ ersetzt.

– Ortszustände $|\, \boldsymbol{r}\, \rangle$. Dieser Zustand besagt, dass sich ein Quantenteilchen an der Stelle $\boldsymbol{r}$ befindet.
– Impulszustände $|\, \boldsymbol{k}\, \rangle$. Ein Quantenteilchen hat den Impuls $\boldsymbol{p} = \hbar \boldsymbol{k}$.
– Diskrete Zustände $|\, n\, \rangle$. Ein Teilchen befindet sich in einem Quantenzustand, der durch einen Satz von Quantenzahlen (hier zusammengefasst in dem Buchstaben n) charakterisiert wird.
– Wird der Zustand nicht näher spezifiziert, so benutzt man meist $|\, \psi\, \rangle$.

Nach P.A.M. Dirac bezeichnet man die Zustände $|\, \ldots \rangle$ als *ket-Vektoren*. Die Benutzung des Begriffes Vektor besagt, dass die Zustände jeweils einen Hilbertraum aufspannen sollen. Die konjugierten Zustände $\langle \ldots \,|$ bezeichnet man als *bra-Vektoren*.

- Forderung 2: Ist der Zustandsraum ein Hilbertraum, so kann man ein Skalarprodukt definieren. Man schreibt dieses in der Form

$$\langle \ldots \,|\, \ldots \rangle$$

und bezeichnet es als *braket*, im Anklang an das Wort 'bracket', das man mit Klammerausdruck übersetzen kann. Das Skalarprodukt interpretiert man, wie in Kap. 8.4.1 angedeutet, als Projektion eines Hilbertraumzustandes auf einen anderen. Beispiele sind:

– Die Orthonormalitätsrelation von diskreten Zuständen als Projektion $\langle\, m \,|\, n\, \rangle = \delta_{nm}$.
– Eine stationäre Wellenfunktion im Ortsraum $\langle\, \boldsymbol{r} \,|\, \psi\, \rangle$ als Projektion eines beliebigen Zustandes auf einen Ortszustand.
– Eine stationäre Wellenfunktion im Impulsraum $\langle\, \boldsymbol{k} \,|\, \psi\, \rangle$.
– Die Projektion eines beliebigen Zustandes auf einen diskreten Zustand $\langle\, n \,|\, \psi\, \rangle$, die, wie unten gezeigt, einem Entwicklungskoeffizienten des Zustandes $|\, \psi\, \rangle$ nach der Basis $\{|\, n\, \rangle\}$ entspricht.
– Die Normierung eines beliebigen Zustandes $\langle\, \psi \,|\, \psi\, \rangle = 1$.

- Forderung 3: Kann ein Satz von Zuständen als Basis eines Hilbertraums dienen, so erfüllen die Zustände Vollständigkeitsrelationen. Falls die Zustände orthonormiert sind, kann man für die wichtigsten notieren:

– Diskrete Zustände: $\sum_n |\, n\, \rangle\langle\, n \,| = 1$, falls $\langle\, n \,|\, m\, \rangle = \delta_{nm}$ ist.
– Ortszustände: $\int |\, \boldsymbol{r}\, \rangle\, \mathrm{d}^3 r\, \langle\, \boldsymbol{r} \,| = 1$ mit $\langle\, \boldsymbol{r} \,|\, \boldsymbol{r}'\, \rangle = \delta(\boldsymbol{r} - \boldsymbol{r}')$.
– Impulszustände: $\int |\, \boldsymbol{k}\, \rangle\, \mathrm{d}^3 k\, \langle\, \boldsymbol{k} \,| = 1$ mit $\langle\, \boldsymbol{k} \,|\, \boldsymbol{k}'\, \rangle = \delta(\boldsymbol{k} - \boldsymbol{k}')$.

Die Aussagen zu der Vollständigkeit müssen, wie in Math.Kap. 1.2 bei der Diskussion des Sturm-Liouville Theorems betont wird, auf die Randbedingungen, die zur Gewinnung des Orthonormalsystems benutzt wurden, Bezug nehmen. So kann man z. B. eine beliebige quadratintegrable Funktion (von drei Variablen) nach den diskreten Lösungen des Wasserstoffproblems entwickeln. Fehlt der Zusatz quadratintegrabel, hat man also eine beliebige (wenn auch einigermaßen vernünftige) Funktion, so benötigt man auch die Streuzustände $|\psi_{\boldsymbol{k}}\rangle$ des Wasserstoffproblems. Die Vollständigkeitsrelation lautet dann

$$\sum_n |\,n\,\rangle\langle\,n\,| + \int |\,\psi_{\boldsymbol{k}}\,\rangle\, \mathrm{d}^3k\, \langle\,\psi_{\boldsymbol{k}}\,| = 1\,,$$

vorausgesetzt es ist

$$\langle\,n\,|\,m\,\rangle = \delta_{nm} \quad \langle\,n\,|\,\psi_{\boldsymbol{k}}\,\rangle = 0 \quad \langle\,\psi_{\boldsymbol{k}}\,|\,\psi_{\boldsymbol{k}'}\,\rangle = \delta(\boldsymbol{k}-\boldsymbol{k}')\,.$$

Neben der Manipulation von Zuständen benötigt man zur Formulierung der Quantenmechanik Operatoren. Um das Operatorkonzept in abstrakter Form zu fassen (und die bisher benutzte Schreibweise zu präzisieren) benutzt man:

- Forderung 4: Es existieren Operatoren

$$\hat{O} \longrightarrow \hat{x},\, \hat{\boldsymbol{r}},\, \hat{\boldsymbol{p}},\, \hat{H},\, \ldots\,,$$

die mit physikalischen Observablen korrespondieren.
- Forderung 5: Jeder Operator $\hat{O}$ kann auf jeden Vektor des abstrakten Zustandsraums einwirken. Das Ergebnis ist ein weiterer Vektor aus der gleichen Realisierung des Zustandsraums, z. B.

$$|\,\boldsymbol{r}'\,\rangle = \hat{O}|\,\boldsymbol{r}\,\rangle \qquad |\,\psi'\,\rangle = \hat{O}|\,\psi\,\rangle\,.$$

- Forderung 6: Zur Anbindung an die übliche Form der Quantenmechanik fordert man: Eine Realisierung (eine explizite Darstellung) der Operatoren ist durch die Ortsdarstellung eines Satzes von Grundoperatoren wie z. B.

$$\begin{aligned} \langle\,\boldsymbol{r}\,|\,\hat{\boldsymbol{r}}\,|\,\boldsymbol{r}'\,\rangle &= \boldsymbol{r}\delta(\boldsymbol{r}-\boldsymbol{r}') \\ \langle\,\boldsymbol{r}\,|\,\hat{\boldsymbol{p}}\,|\,\boldsymbol{r}'\,\rangle &= -\mathrm{i}\hbar[\boldsymbol{\nabla}_{\boldsymbol{r}}\delta(\boldsymbol{r}-\boldsymbol{r}')] = \mathrm{i}\hbar[\boldsymbol{\nabla}_{\boldsymbol{r}'}\delta(\boldsymbol{r}-\boldsymbol{r}')] \end{aligned} \tag{8.21}$$

gegeben.

Der Satz von Forderungen 1–6 stellt das abstrakte (darstellungsfreie) Gerüst der Quantenmechanik dar. Von dieser abstrakten Form kann man, zum Zweck der expliziten Anwendung, zu einer gewünschten Darstellung übergehen. Die Einbeziehung des Spinfreiheitsgrades bedarf jedoch einer zusätzlichen Betrachtung.

Es stehen zwei Optionen zur Verfügung. In der ersten wird die fiktive Spinkoordinate σ explizit verwendet. Man kann dann z. B. die Produktwellenfunktion $\psi_n(\boldsymbol{r})\chi_{m_s}(\sigma)$ in der Form

$$\psi_n(\boldsymbol{r})\chi_{m_s}(\sigma) = \langle\,\boldsymbol{r}\,|\,n\,\rangle\langle\,\sigma\,|\,m_s\,\rangle$$

schreiben und einen ket-Ortszustand und einen ket-Spinzustand getrennt extrahieren. Da die Produktwellenfunktion jedoch nicht die allgemeine Situation abdeckt, ist es vorzuziehen, die fiktive Spinkoordinate dem ket zuzuschlagen und direkt auf die Nutzung von Zweierspinoren zurückzugreifen. Man schreibt dann z. B.

$$\psi_n(\boldsymbol{r},, \sigma) = \begin{pmatrix} \psi_{n+}(\boldsymbol{r}) \\ \psi_{n-}(\boldsymbol{r}) \end{pmatrix} = \begin{pmatrix} \langle\, \boldsymbol{r} \,|\, \psi_{n+} \,\rangle \\ \langle\, \boldsymbol{r} \,|\, \psi_{n-} \,\rangle \end{pmatrix}$$

$$\psi_n^\dagger(\boldsymbol{r}, \sigma) = \left(\psi_{n+}^*(\boldsymbol{r})\ ,\ \psi_{n-}^*(\boldsymbol{r})\right) = \left(\langle\, \psi_{n+} \,|\, \boldsymbol{r} \,\rangle\ ,\ \langle\, \psi_{n-} \,|\, \boldsymbol{r} \,\rangle\right)$$

und extrahiert den Spinor in Diracschreibweise

$$|\, \psi_{\sigma,n} \,\rangle = \begin{pmatrix} |\, \psi_{n+} \,\rangle \\ |\, \psi_{n-} \,\rangle \end{pmatrix} \qquad \langle\, \psi_{\sigma,n} \,| = \left(\langle\, \psi_{n+} \,|\, ,\ \langle\, \psi_{n-} \,|\right) .$$

Die Rekonstruktion der Spinorwellenfunktion basiert auf der Multiplikation einer Matrix mit einem Skalar

$$\psi_{\sigma,n}(\boldsymbol{r}) = \langle\, \boldsymbol{r} \,|\, \psi_{\sigma,n} \,\rangle = \langle\, \boldsymbol{r} \,| \begin{pmatrix} |\, \psi_{n+} \,\rangle \\ |\, \psi_{n-} \,\rangle \end{pmatrix} = \begin{pmatrix} \langle\, \boldsymbol{r} \,|\, \psi_{n+} \,\rangle \\ \langle\, \boldsymbol{r} \,|\, \psi_{n-} \,\rangle \end{pmatrix} .$$

Das Skalarprodukt von zwei Diracspinoren schreibt man als Kombination eines Spinors mit einem konjungierten Spinor, die mit den Regeln der Matrixmutiplikation ausgewertet wird

$$\begin{aligned} \langle\, \psi_{\sigma,m} \,|\, \psi_{\sigma,n} \,\rangle &= \left(\langle\, \psi_{m+} \,|\, , \langle\, \psi_{m-} \,|\right) \begin{pmatrix} |\, \psi_{n+} \,\rangle \\ |\, \psi_{n-} \,\rangle \end{pmatrix} \\ &= \langle\, \psi_{m+} \,|\, \psi_{n+} \,\rangle + \langle\, \psi_{m-} \,|\, \psi_{n-} \,\rangle . \end{aligned}$$

Die Vollständigkeitsrelation zum Übergang in die Ortsdarstellung lautet (wie zuvor)

$$\int \mathrm{d}^3 r \,|\, \boldsymbol{r} \,\rangle\langle\, \boldsymbol{r} \,| = \hat{1} ,$$

denn es gilt dann z. B.

$$\langle\, \psi_{\sigma,m} \,|\, \psi_{\sigma,n} \,\rangle = \int \mathrm{d}^3 r\ \left(\langle\, \psi_{m+} \,|\, , \langle\, \psi_{m-} \,|\right) |\, \boldsymbol{r} \,\rangle\langle\, \boldsymbol{r} \,| \begin{pmatrix} |\, \psi_{n+} \,\rangle \\ |\, \psi_{n-} \,\rangle \end{pmatrix} .$$

Ausführung der Multiplikation der zwei Matrizen mit je einem Skalar

$$\langle\, \psi_{\sigma,m} \,|\, \psi_{\sigma,n} \,\rangle = \int \mathrm{d}^3 r\ \left(\langle\, \psi_{m+} \,|\, \boldsymbol{r} \,\rangle\, , \langle\, \psi_{m-} \,|\, \boldsymbol{r} \,\rangle\right) | \begin{pmatrix} \langle\, \boldsymbol{r} \,|\, \psi_{n+} \,\rangle \\ \langle\, \boldsymbol{r} \,|\, \psi_{n-} \,\rangle \end{pmatrix}$$

und der Matrixmultiplikation ergibt

$$\begin{aligned}\langle\, \psi_{\sigma,m} \,|\, \psi_{\sigma,n} \,\rangle &= \int \mathrm{d}^3 r \,\left\{ \psi^*_{m+}(\boldsymbol{r})\psi_{n+}(\boldsymbol{r}) + \psi^*_{m-}(\boldsymbol{r})\psi_{n-}(\boldsymbol{r}) \right\} \\ &= \psi^\dagger_{s,m}(\boldsymbol{r})\psi_{s,n}(\boldsymbol{r}) \,.\end{aligned}$$

Die Vollständigkeitsrelation im Spinorraum selbst entspricht einer Projektion auf die zwei (Spin up und Spin down) Segmente des Raums (vergleiche Kap. 9.4)

$$\begin{aligned}\sum_n |\, \psi_{\sigma,n} \,\rangle\langle\, \psi_{\sigma,n} \,| &= \sum_{n,m_s} |\, \psi_{n,m_s} \,\rangle\langle\, \psi_{n,m_s} \,| \\ &= \sum_n \{|\, \psi_{n+} \,\rangle\langle\, \psi_{n+} \,| + |\, \psi_{n-} \,\rangle\langle\, \psi_{n-} \,|\} = \hat{1} \,.\end{aligned}$$

Aus dieser Definition folgen zum Beispiel die Aussagen

$$\delta(\boldsymbol{r}-\boldsymbol{r}') = \langle\, \boldsymbol{r} \,|\, \boldsymbol{r}' \,\rangle = \sum_n \langle\, \boldsymbol{r} \,|\, \psi_{\sigma,n} \,\rangle\langle\, \psi_{\sigma,n} \,|\, \boldsymbol{r}' \,\rangle = \sum_n \psi_{\sigma,n}(\boldsymbol{r})\psi^\dagger_{\sigma,n}(\boldsymbol{r}')$$

oder

$$\delta(\boldsymbol{r}-\boldsymbol{r}') = \sum_n \left\{ \psi_{n+}(\boldsymbol{r})\psi^*_{n+}(\boldsymbol{r}') + \psi_{n-}(\boldsymbol{r})\psi^*_{n-}(\boldsymbol{r}') \right\} \,.$$

Ein Operator im Spinorraum besteht aus vier Operatoren in der Form einer 2×2 Matrix

$$\hat{O}_s = \begin{pmatrix} \hat{O}_{++} & \hat{O}_{+-} \\ \hat{O}_{-+} & \hat{O}_{--} \end{pmatrix} .$$

Eine Matrixdarstellung lautet dann

$$\begin{aligned}\langle\, \psi_{\sigma,m} \,|\, \hat{O}_s \,|\, \psi_{\sigma,n} \,\rangle &= (\langle\, \psi_{m+} \,| \,,\, \langle\, \psi_{m-} \,|\,) \begin{pmatrix} \hat{O}_{++} & \hat{O}_{+-} \\ \hat{O}_{-+} & \hat{O}_{--} \end{pmatrix} \begin{pmatrix} |\, \psi_{n+} \,\rangle \\ |\, \psi_{n-} \,\rangle \end{pmatrix} \\ &= \begin{pmatrix} \langle\, \psi_{m+} | \hat{O}_{++} |\, \psi_{n+} \,\rangle & \langle\, \psi_{m+} | \hat{O}_{+-} |\, \psi_{n-} \,\rangle \\ \langle\, \psi_{m-} | \hat{O}_{-+} |\, \psi_{n+} \,\rangle & \langle\, \psi_{m-} | \hat{O}_{--} |\, \psi_{n-} \,\rangle \end{pmatrix} ,\end{aligned}$$

bzw. nach Einschieben der Vollständigkeitsrelation im Ortsraum ganz explizit

$$= \int \mathrm{d}^3 r \, \mathrm{d}^3 r' \begin{pmatrix} [\psi^*_{m+}(\boldsymbol{r})O_{++}(\boldsymbol{r},\boldsymbol{r}')\psi_{n+}(\boldsymbol{r}')] & [\psi^*_{m+}(\boldsymbol{r})O_{+-}(\boldsymbol{r},\boldsymbol{r}')\psi_{n-}(\boldsymbol{r}')] \\ [\psi^*_{m-}(\boldsymbol{r})O_{-+}(\boldsymbol{r},\boldsymbol{r}')\psi_{n+}(\boldsymbol{r}')] & [\psi^*_{m-}(\boldsymbol{r})O_{--}(\boldsymbol{r},\boldsymbol{r}')\psi_{n-}(\boldsymbol{r}')] \end{pmatrix} .$$

In dem nächsten Abschnitt werden zur Übung des Umgangs mit der Diracschreibweise noch einige Beispiele vorgestellt.

8.4.3 Anwendungen

Die Operatorgleichung

$$|\,\psi'\,\rangle = \hat{x}|\,\psi\,\rangle$$

entspricht, wie die folgenden Zeilen zeigen, der Gleichung

$$\psi'(\boldsymbol{r}) = x\psi(\boldsymbol{r})$$

im Ortsraum. Die Schritte zu diesem Ergebnis beinhalten Projektion, Anwendung der Vollständigkeitsrelation und die Ortsdarstellung des Operators[9]

$$\begin{aligned}\langle\,\boldsymbol{r}\,|\,\psi'\,\rangle &= \langle\,\boldsymbol{r}\,|\,\hat{x}\,|\,\psi\,\rangle = \int \mathrm{d}^3r'\,\langle\,\boldsymbol{r}\,|\,\hat{x}\,|\,\boldsymbol{r}'\,\rangle\langle\,\boldsymbol{r}'\,|\,\psi\,\rangle \\ &= \int \mathrm{d}^3r'\,x\,\delta(\boldsymbol{r}-\boldsymbol{r}')\langle\,\boldsymbol{r}'\,|\,\psi\,\rangle\,.\end{aligned}$$

Entsprechende Resultate gelten für den Impulsoperator mit der Ausgangsgleichung $|\,\psi'\,\rangle = \hat{p}_x|\,\psi\,\rangle$

$$\langle\,\boldsymbol{r}\,|\,\psi'\,\rangle = \int \mathrm{d}^3r'\,\langle\,\boldsymbol{r}\,|\,\hat{p}_x\,|\,\boldsymbol{r}'\,\rangle\langle\,\boldsymbol{r}'\,|\,\psi\,\rangle\,.$$

Die beiden in (8.21) angegebenen Darstellungen führen auf das gleiche Resultat

$$\begin{aligned}\langle\,\boldsymbol{r}\,|\,\psi'\,\rangle &= -\mathrm{i}\hbar\int \mathrm{d}^3r'\,(\partial_x\delta(\boldsymbol{r}-\boldsymbol{r}'))\langle\,\boldsymbol{r}'\,|\,\psi\,\rangle = -\mathrm{i}\hbar\partial_x\psi(\boldsymbol{r}) \\ &= \mathrm{i}\hbar\int \mathrm{d}^3r'\,(\partial_{x'}\delta(\boldsymbol{r}-\boldsymbol{r}'))\langle\,\boldsymbol{r}'\,|\,\psi\,\rangle = -\mathrm{i}\hbar\partial_x\psi(\boldsymbol{r})\,.\end{aligned}$$

Im ersten Fall wirkt die Ableitung auf die Koordinate, über die nicht integriert wird, und kann somit vor das Integral gezogen werden (eine vorsichtigere Vorgehensweise mit der Entwicklung der δ-Funktion nach ebenen Wellen ergibt das gleiche Resultat). Im zweiten Fall wird die Formel zur ersten Ableitung der δ-Funktion benutzt.

Die Zusammensetzung von Operatoren kann mit den gleichen Mitteln vollzogen werden. Einige Beispiele sind:

- Potenzen des Ortsoperators wie z. B. die einfachste

$$\langle\,\boldsymbol{r}\,|\,\hat{x}^2|\,\boldsymbol{r}'\,\rangle = x^2\delta(\boldsymbol{r}-\boldsymbol{r}')\,.$$

- Das Betragsquadrat des Impulsoperators

$$\langle\,\boldsymbol{r}\,|\,\hat{\boldsymbol{p}}^2|\,\boldsymbol{r}'\,\rangle = -\hbar^2(\Delta_r\delta(\boldsymbol{r}-\boldsymbol{r}')) = -\hbar^2(\Delta_{r'}\delta(\boldsymbol{r}-\boldsymbol{r}'))\,.$$

  Bis auf einen Faktor ist dies auch die Ortsdarstellung des Operators für die kinetische Energie.

[9] Es wird das einfache Integralzeichen $\int$ benutzt.

- Für die x-Komponente des Drehimpulsoperators findet man

$$\langle \boldsymbol{r} \,|\, \hat{l}_x \,|\, \boldsymbol{r}' \rangle = -\mathrm{i}\hbar\{y[\partial_z \delta(\boldsymbol{r}-\boldsymbol{r}')] - z[\partial_y \delta(\boldsymbol{r}-\boldsymbol{r}')]\} \,.$$

Es folgt dann

$$\begin{aligned} \langle \boldsymbol{r} \,|\, \hat{l}_x \,|\, \psi \rangle &= \int \mathrm{d}^3 r' \, \langle \boldsymbol{r} \,|\, \hat{l}_x \,|\, \boldsymbol{r}' \rangle \langle \boldsymbol{r}' \,|\, \psi \rangle \\ &= -\mathrm{i}\hbar \int \mathrm{d}^3 r' \, \{y[\partial_z \delta(\boldsymbol{r}-\boldsymbol{r}')] - z[\partial_y \delta(\boldsymbol{r}-\boldsymbol{r}')]\} \langle \boldsymbol{r}' \,|\, \psi \rangle \\ &= -\mathrm{i}\hbar\{y\partial_z - z\partial_y\} \langle \boldsymbol{r} \,|\, \psi \rangle \,. \end{aligned}$$

Man bemerkt, dass in jedem der Fälle eine δ-Funktion oder Ableitungen der δ-Funktion auftreten. Die δ-Funktion gibt nur an, dass der Operator lokal ist, tritt also im Endeffekt nicht mehr auf. Ist

$$\langle \boldsymbol{r} \,|\, \hat{O} \,|\, \boldsymbol{r}' \rangle = O(\boldsymbol{r})\delta(\boldsymbol{r}-\boldsymbol{r}') \,,$$

so folgt

$$\langle \boldsymbol{r} \,|\, \hat{O} \,|\, \psi \rangle = O(\boldsymbol{r})\psi(\boldsymbol{r}) \,.$$

Eine entsprechende Aussage gilt, wie die oben angegebenen Beispiele zeigen, auch für Operatoren in deren expliziter Darstellung Ableitungen der δ-Funktion vorkommen. Bei der direkten Anwendung solcher Operatoren, kann man die einfache Form

$$\langle \boldsymbol{r} \,|\, \hat{\boldsymbol{p}} \,|\, \boldsymbol{r}' \rangle = -\mathrm{i}\hbar\delta(\boldsymbol{r}-\boldsymbol{r}')\boldsymbol{\nabla}_r$$

$$\langle \boldsymbol{r} \,|\, \hat{H} \,|\, \boldsymbol{r}' \rangle = \delta(\boldsymbol{r}-\boldsymbol{r}') \left\{ -\frac{\hbar^2}{2m_0}\Delta_r + V(\boldsymbol{r}) \right\}$$

$$\langle \boldsymbol{r} \,|\, \hat{l}_x \,|\, \boldsymbol{r}' \rangle = -\mathrm{i}\hbar\delta(\boldsymbol{r}-\boldsymbol{r}')(y\partial_z - z\partial_y)$$

verwenden. Vorsicht ist jedoch geboten, wenn derartige Operatoren in einer Zusammensetzung von Operatoren auftreten.

Der Übergang von der Ortsdarstellung zu einer beliebigen Darstellung wurde schon in verschiedener Form angesprochen. Hier soll nur noch erwähnt werden, dass man neben der Ortsdarstellung und der Impulsdarstellung der Schrödingergleichung eine Darstellung in einer diskreten Basis angeben kann. Mit der Definition

$$\langle m \,|\, \hat{H} \,|\, n \rangle = \int \mathrm{d}^3 r \, \psi_m^*(\boldsymbol{r}) \left(-\frac{\hbar^2}{2m_0}\Delta_r + V(\boldsymbol{r}) \right) \psi_n(\boldsymbol{r})$$

und den Entwicklungskoeffizienten

$$\langle n \,|\, \psi \rangle = C_n \,,$$

erhält man

$$\sum_{m=1}^{\infty}\{\langle m\,|\,\hat{H}\,|\,n\,\rangle - E\delta_{nm}\}C_m = 0\,. \tag{8.22}$$

Die Gleichung (8.22) stellt ein algebraisches Eigenwertproblem dar. Im Unterschied zu entsprechenden Beispielen aus der Mechanik (Bd. 1 Kap. 6, Trägheitsmatrix, Oszillatorkette) ist die Dimension des homogenen, linearen Eigenwertproblems der Quantenmechanik im Allgemeinen unendlich. Die Gleichung (8.22) kann deswegen nur zur Formulierung von Näherungen, wie z. B. einer approximativen numerischen Lösung des Eigenwertproblems, eingesetzt werden.

Quantenmechanische Operatoren wurden in pragmatischer Weise in Kap. 4 diskutiert. Der nun erarbeitete formale Zugang zur Quantenmechanik erlaubt eine übersichtlichere Charakterisierung und Klassifizierung der benutzten Operatoren. Aus diesem Grund wird in dem nächsten Kapitel dieses Thema noch einmal aufgegriffen.

9 Quantenmechanische Operatoren II

Neben den schon angesprochenen

- adjungierten bzw. selbstadjungierten Operatoren,

die den Zusammenhang mit dem Experiment garantieren, spielen in der Quantenmechanik weitere Klassen von Operatoren eine besondere Rolle

- inverse Operatoren,
- unitäre Operatoren,
- Projektionsoperatoren,
- Zeitentwicklungsoperatoren.

Die Bedeutung der inversen Operatoren ergibt sich aus ihrer Rolle als Resolventen, der formalen Basis der allgegenwärtigen Greensfunktionen. Unitäre Operatoren vermitteln Transformationen von Basissätzen des Hilbertraums in Erweiterung des Konzeptes der orthogonalen Transformationen in reellen Räumen endlicher Dimension. Projektionsoperatoren erlauben es, eine Segmentierung des Hilbertraums in zwei oder mehrere Teilräume in kompakter Weise zu handhaben. Weist das Quantensystem eine interessante Zeitentwicklung auf, so kann diese mit Hilfe von Zeitentwicklungsoperatoren in formaler und flexibler Weise beschrieben werden.

Diese fünf Operatorklassen sollen in diesem Kapitel aus formaler Sicht vorgestellt werden. Der Hintergrund ist immer noch das quantenmechanische Einteilchenproblem, doch sind die Diskussion und die Resultate auch für Mehrteilchensysteme gültig.

9.1 Adjungierte Operatoren

Einen zu $\hat{O}$ *adjungierten* Operator bezeichnet man mit $\hat{O}^{\dagger}$. Zur Definition benutzt man eine geeignete Darstellung. Sind ψ_a und ψ_b zwei beliebige Zustände, so gilt

$$\begin{aligned}\langle\, \psi_a \,|\, \hat{O} \,|\, \psi_b \,\rangle^* &= \langle\, \psi_a \,|\, \hat{O}\psi_b \,\rangle^* = \langle\, \hat{O}\psi_b \,|\, \psi_a \,\rangle \overset{!}{=} \langle\, \psi_b \,|\, \hat{O}^{\dagger}\psi_a \,\rangle \\ &= \langle\, \psi_b \,|\, \hat{O}^{\dagger} \,|\, \psi_a \,\rangle\,.\end{aligned}$$

In dieser Kette von Umformungen wird, außer der eigentlichen Definition

$$\langle \psi_b \,|\, \hat{O}^\dagger \,|\, \psi_a \rangle = \langle \psi_a \,|\, \hat{O} \,|\, \psi_b \rangle^* \tag{9.1}$$

nur die Aussage benutzt, dass Operatoren 'nach rechts' wirken. Die Definition selbst besagt, dass man die Matrixdarstellung des adjungierten Operators erhält, indem man die ursprüngliche Matrix transponiert und komplex konjugiert

$$\text{Darstellung}(\hat{O}^\dagger) = (\text{Darstellung}(\hat{O})^T)^* \,.$$

Aus der Definition folgt somit, dass die Operation des Adjungierens reziprok ist, denn es folgt

$$(\hat{O}^\dagger)^\dagger = \hat{O} \,,$$

bzw. in expliziter Matrixform

$$\langle \psi_b \,|\, (\hat{O}^\dagger)^\dagger \,|\, \psi_a \rangle = \langle \psi_a \,|\, \hat{O}^\dagger \,|\, \psi_b \rangle^* = \langle \psi_a \,|\, \hat{O} \,|\, \psi_b \rangle \,.$$

Der Definitionskette entnimmt man noch einen durchaus praktischen Aspekt. Komplexe Konjugation ergibt

$$\langle \psi_a \,|\, \hat{O}\psi_b \rangle = \langle \psi_b \,|\, \hat{O}^\dagger \psi_a \rangle^* = \langle \hat{O}^\dagger \psi_a \,|\, \psi_b \rangle \,. \tag{9.2}$$

Man kann also entweder mit dem Operator auf den ket-Zustand oder mit dem adjungierten Operator auf den bra-Zustand einwirken. Diese Freiheit erlaubt es (nach dem Übergang zu einer expliziten Darstellung, also zu Wellenfunktionen), die rechnerisch günstigere Variante auszuwählen.

Für die Multiplikation (das Hintereinanderausführen) von adjungierten Operatoren gilt die Rechenregel

$$(\hat{A}\hat{B})^\dagger = \hat{B}^\dagger \hat{A}^\dagger \,. \tag{9.3}$$

Die Adjungierte eines Produktes von Operatoren ist gleich dem Produkt der adjungierten Operatoren in umgekehrter Reihenfolge. Der Beweis (siehe D.tail 9.1) folgt aus der direkten Anwendung der Definition.

Für einen *selbstadjungierten* (hermiteschen) Operator gilt

$$\hat{O}^\dagger = \hat{O} \,, \tag{9.4}$$

in Matrixform

$$\langle \psi_a \,|\, \hat{O} \,|\, \psi_b \rangle^* = \langle \psi_b \,|\, \hat{O} \,|\, \psi_a \rangle \,. \tag{9.5}$$

Die Diagonalelemente der Matrixdarstellung eines hermiteschen Operators sind reell. Dies garantiert, dass die Erwartungswerte von hermiteschen Operatoren Messwerte darstellen. Außerdem sind die transponierten Matrixelemente zueinander komplex konjugiert[1].

---

[1] Dieser Punkt wird in Kap. 9.3 eingehender diskutiert.

Aus der Regel (9.3) folgt noch einmal die Aussage, dass das Produkt zweier hermitescher Operatoren nur hermitesch ist, falls die Operatoren vertauschbar sind

$$(\hat{A}\hat{B})^\dagger = \hat{B}^\dagger \hat{A}^\dagger = \hat{B}\hat{A} \to \hat{A}\hat{B} \quad \text{falls} \quad [\hat{A}, \hat{B}] = 0 \,.$$

Neben hermiteschen Operatoren benötigt man das Konzept der *antihermiteschen* Operatoren, die durch die Relation

$$\hat{O}^\dagger = -\hat{O} \tag{9.6}$$

charakterisiert werden. Ein Beispiel ist der Operator zur Beschreibung der Zeitumkehr.

9.2 Inverse Operatoren

Existiert zu einem Operator $\hat{A}$ ein Operator $\hat{B}$ mit

$$\hat{A}\hat{B} = \hat{B}\hat{A} = \hat{1} \,, \tag{9.7}$$

so ist $\hat{B}$ der zu $\hat{A}$ inverse Operator[2]

$$\hat{A} = \hat{B}^{-1} \,.$$

Der Operator $\hat{1} \equiv \hat{E}$ ist die Operatoridentität mit $\hat{1}|\,\psi\,\rangle = |\,\psi\,\rangle$. Anhand der Definitionsgleichung (9.7) findet man die Matrixdarstellung bezüglich einer diskreten Orthonormalbasis

$$\sum_l \langle\, m\,|\,\hat{A}\,|\,l\,\rangle\langle\, l\,|\,\hat{A}^{-1}\,|\,n\,\rangle = \delta_{mn} \,,$$

die besagt, dass die Matrixdarstellung des inversen Operators der inversen Matrix des Operators $\hat{A}$ entspricht

$$\Big(\langle\, l\,|\,\hat{A}^{-1}\,|\,n\,\rangle\Big) = \Big(\langle\, l\,|\,\hat{A}\,|\,n\,\rangle\Big)^{-1} \,.$$

Da die Dimension einer solchen Matrixdarstellung jedoch meist ∞ ist, ist diese Aussage im Allgemeinen nicht verwertbar. In vielen (nützlichen) Fällen kann man die Existenz des inversen Operators direkt nachweisen, bzw. seine Matrixdarstellung angeben. Beispiele sind

- Für den Ortsoperator $\hat{x}$ folgt in der Ortsdarstellung

$$\begin{aligned}\delta(\boldsymbol{r}-\boldsymbol{r}') = \langle\, \boldsymbol{r}\,|\,\hat{x}\hat{x}^{-1}\,|\,\boldsymbol{r}'\,\rangle &= \int \mathrm{d}^3r''\langle\, \boldsymbol{r}\,|\,\hat{x}\,|\,\boldsymbol{r}''\,\rangle\langle\, \boldsymbol{r}''\,|\,\hat{x}^{-1}\,|\,\boldsymbol{r}'\,\rangle \\ &= \int \mathrm{d}^3r''x\delta(\boldsymbol{r}-\boldsymbol{r}'')\langle\, \boldsymbol{r}''\,|\,\hat{x}^{-1}\,|\,\boldsymbol{r}'\,\rangle \,.\end{aligned}$$

[2] Auf die mögliche Unterscheidung von rechts- bzw. linksinversen Operatoren wird hier nicht eingegangen.

Aus dem Resultat

$$\langle \boldsymbol{r} \,|\, \hat{x}^{-1} \,|\, \boldsymbol{r}' \rangle = \frac{1}{x}\delta(\boldsymbol{r} - \boldsymbol{r}')$$

kann man die Matrixdarstellung bezüglich jeder anderen Basis gewinnen.

- Für den Operator $\hat{A} = E - \hat{T}$, mit dem kinetischen Energieoperator $\hat{T}$, benutzt man die Impulsdarstellung

$$\delta(\boldsymbol{k} - \boldsymbol{k}') = \langle \boldsymbol{k} \,|\, (E - \hat{T})(E - \hat{T})^{-1} \,|\, \boldsymbol{k}' \rangle$$

und findet in der gleichen Weise

$$\langle \boldsymbol{k} \,|\, (E - \hat{T})^{-1} \,|\, \boldsymbol{k}' \rangle = \frac{1}{\left(E - \dfrac{\hbar^2 k^2}{2m_0}\right)} \, \delta(\boldsymbol{k} - \boldsymbol{k}') \,.$$

Anhand dieser Beispiele erkennt man, dass die Existenz eines inversen Operators gesichert ist, bzw. dieser direkt angegeben werden kann, falls man die Eigendarstellung (diagonale Darstellung) des Operators selbst kennt. Im Sinn dieser Bemerkung kann man für die inversen Operatoren auch eine Schreibweise wie

$$\hat{x}^{-1} = \frac{1}{\hat{x}} \qquad (E - \hat{T})^{-1} = \frac{1}{(E - \hat{T})}$$

benutzen.

Das zweite Beispiel ist ein Beispiel für die formale Definition einer *Resolvente*, d. h. des Operators der eine Auflösung einer Operatorgleichung

$$(O - \hat{O})|\,\psi\,\rangle = |\,\phi\,\rangle$$

in der Form

$$|\,\psi\,\rangle = (O - \hat{O})^{-1}|\,\phi\,\rangle$$

vermittelt, wobei O eine beliebige Zahl darstellt. Dieses Konzept spielt bei der Diskussion von Greenschen Funktionen in der Elektrodynamik (Bd. 2, Kap. 4.3) eine Rolle. Seine Bedeutung wird durch zahlreiche Anwendungen in der Quantenmechanik (Streuprobleme, Vielteilchenprobleme) und in der Quantenfeldtheorie unterstrichen.

Es ist noch die Regel

$$(\hat{A}\hat{B})^{-1} = \hat{B}^{-1}\hat{A}^{-1}$$

zu notieren, die in der linearen Algebra für endlich dimensionale Matrizen bewiesen wird. Der Beweis auf der Ebene der Operatoren besteht in den Schritten

$$(\hat{A}\hat{B})(\hat{A}\hat{B})^{-1} = \hat{A}\hat{B}\hat{B}^{-1}\hat{A}^{-1} = \hat{A}\hat{A}^{-1} = \hat{1} \,.$$

9.3 Unitäre Operatoren

Ein Operator heißt unitär, falls seine Inverse und seine Adjungierte übereinsimmen

$$\hat{U}^{\dagger} = \hat{U}^{-1} \, . \qquad (9.8)$$

Eine einfache Umformung liefert die alternative Definition

$$\hat{U}^{\dagger}\hat{U} = \hat{U}\hat{U}^{\dagger} = \hat{1} \, . \qquad (9.9)$$

Das Interesse an unitären Operatoren beruht auf der folgenden Eigenschaft: Für zwei beliebige Zustände $|\,\psi_a\,\rangle$ und $|\,\psi_b\,\rangle$ betrachtet man das bra-ket $\langle\,\psi_b\,|\,\psi_a\,\rangle$. Lässt man auf die Zustände einen unitären Operator $\hat{U}$ einwirken und bildet mit den so gewonnen Zuständen das bra-ket, so findet man

$$\langle\,\psi_b\,|\,\hat{U}^{\dagger}\hat{U}\,|\,\psi_a\,\rangle = \langle\,\psi_b\,|\,\psi_a\,\rangle \, .$$

Die 'Längen' der Vektoren und der 'Winkel' zwischen ihnen sind nach Einwirkung eines unitären Operators auf die beiden Zustände unverändert. Unitäre Operatoren induzieren eine Transformation von Hilbertraumzuständen, die Skalarprodukte invariant lassen. Sie verallgemeinern das Konzept der orthogonalen Transformationen in endlich dimensionalen Räumen $\mathcal{R}_n$ auf den Fall von Hilberträumen $\mathcal{H}$.

Eine praktische Anwendung solcher Operatoren ist die vielbenutzte *unitäre Basistransformation.* Für die Zustände eines vollständigen, diskreten Orthonormalsystems $\{|\,n\,\rangle\}$ gilt bei Einwirkung eines unitären Operators

$$|\,\tilde{n}\,\rangle = \hat{U}|\,n\,\rangle = \sum_m |\,m\,\rangle\langle\,m\,|\,\hat{U}\,|\,n\,\rangle \, . \qquad (9.10)$$

Die transformierten Zustände erfüllen die Relationen

$$\begin{aligned} \langle\tilde{n}\,|\,\tilde{m}\,\rangle &= \langle\,n\,|\,\hat{U}^{\dagger}\hat{U}\,|\,m\,\rangle = \langle\,n\,|\,m\,\rangle = \delta_{mn} \\ \sum_n |\,\tilde{n}\,\rangle\langle\tilde{n}\,| &= \sum_n \hat{U}|\,n\,\rangle\langle\,n\,|\hat{U}^{\dagger} = \hat{U}\hat{U}^{\dagger} = \hat{1} \, . \end{aligned}$$

Die transformierten Zustände sind orthonormal und vollständig. Sie stellen ebenfalls eine Basis des Hilbertraums dar. Hat man eine beliebige (diskrete) Matrixdarstellung

$$\langle\,m\,|\,\hat{A}\,|\,n\,\rangle$$

eines Operators $\hat{A}$, so kann man eine unitäre Basistransformation benutzen, um eine Eigendarstellung

$$\langle\,\tilde{m}\,|\,\hat{A}\,|\,\tilde{n}\,\rangle = a_n\delta_{nm}$$

zu finden. Dies ist für eine unendlich dimensionale Matrixdarstellung im Allgemeinen nicht möglich, doch findet die Methode der unitären Basistransformationen z. B. weite Anwendung für Näherungen bei der Berechnung von Energiespektren komplexer Systeme.

Eine mögliche Darstellung von unitären Operatoren, die oft eingesetzt wird, ist

$$\hat{U} = \mathrm{e}^{\mathrm{i}\hat{O}} \quad \text{mit} \quad \hat{O}^\dagger = \hat{O}\,.$$

Die Funktion des hermiteschen Operators $\hat{O}$ ist über die Reihenentwicklung

$$\hat{U} = \mathrm{e}^{\mathrm{i}\hat{O}} = \sum_{n=0} \frac{\mathrm{i}^n}{n!}\hat{O}^n = 1 + \mathrm{i}\hat{O} - \frac{1}{2!}\hat{O}^2 - \frac{\mathrm{i}}{3!}\hat{O}^3 + \ldots$$

definiert. Es gilt dann auch

$$\hat{U}^\dagger = \mathrm{e}^{-\mathrm{i}\hat{O}} = \sum_{n=0} \frac{(-\mathrm{i})^n}{n!}\hat{O}^n = 1 - \mathrm{i}\hat{O} - \frac{1}{2!}\hat{O}^2 + \frac{\mathrm{i}}{3!}\hat{O}^3 + \ldots\,.$$

Anhand dieser Definition kann man explizit nachrechnen (siehe D.tail 9.1), dass z. B. die Relation

$$\hat{U}\hat{U}^\dagger = \mathrm{e}^{\mathrm{i}\hat{O}}\mathrm{e}^{-\mathrm{i}\hat{O}} = \hat{1}$$

erfüllt ist. Der Umgang mit dieser Form von unitären Operatoren ist jedoch mit einer gewissen Vorsicht zu handhaben. So ist die Relation

$$\mathrm{e}^{\mathrm{i}\hat{A}}\mathrm{e}^{\mathrm{i}\hat{B}} = \mathrm{e}^{\mathrm{i}\hat{B}}\mathrm{e}^{\mathrm{i}\hat{A}} = \mathrm{e}^{\mathrm{i}(\hat{A}+\hat{B})}$$

nur gültig, falls die Operatoren $\hat{A}$ und $\hat{B}$ vertauschbar sind, also $[\hat{A},\hat{B}] = 0$ ist.

9.4 Projektionsoperatoren

Projektionsoperatoren eignen sich vorzüglich zur Segmentierung eines Hilbertraums. Die einfachste Variante ist ein Operator mit den Eigenschaften

$$\hat{P}_a|\,\psi\,\rangle = c\,|\,a\,\rangle \quad \hat{P}_a|\,a\,\rangle = |\,a\,\rangle \qquad (c = \text{const.})\,.$$

Der Operator projiziert einen beliebigen Zustand auf den Zustand $|\,a\,\rangle$ (mit einem gewissen Gewicht c, das auch den Wert Null annehmen kann). Wirkt er auf den Zustand $|\,a\,\rangle$ selbst, so reproduziert er diesen Zustand. Aus der Definition folgt

$$\hat{P}_a^2|\,\psi\,\rangle = c\hat{P}_a|\,a\,\rangle = c|\,a\,\rangle\,.$$

Vergleich zeigt eine der Grundeigenschaften von Projektionsoperatoren

$$\hat{P}_a^2 = \hat{P}_a \,. \tag{9.11}$$

Der Operator

$$\hat{P}_a = |\, a\,\rangle\langle\, a\,| \tag{9.12}$$

erfüllt die geforderten Eigenschaften (vorausgesetzt der Zustand $|\, a\,\rangle$ ist normiert $\langle\, a\,|\, a\,\rangle = 1$), denn es folgt

$$\hat{P}_a^2 = |\, a\,\rangle\langle\, a\,|\, a\,\rangle\langle\, a\,| = |\, a\,\rangle\langle\, a\,| = \hat{P}_a$$
$$\hat{P}_a|\,\psi\,\rangle = |\, a\,\rangle\langle\, a\,|\,\psi\,\rangle \equiv c|\, a\,\rangle \,.$$

Der Operator $\hat{P}_a$ ist hermitesch

$$\hat{P}_a^\dagger = (|\, a\,\rangle\langle\, a|)^\dagger = |\, a\,\rangle\langle\, a| = \hat{P}_a \,.$$

Anstatt auf einen Zustand zu projizieren, kann man auf einen vorgegebenen Unterraum des Zustandsraums projizieren. Wird dieser Unterraum von den orthonormalen Zuständen

$$S = \{|\, a_1\,\rangle, |\, a_2\,\rangle, \ldots, |\, a_N\,\rangle\} \qquad \langle\, a_n\,|\, a_m\,\rangle = \delta_{nm}$$

aufgespannt, so stellt der Operator

$$\hat{P}_S = \sum_{n=1}^{N} |\, a_n\,\rangle\langle\, a_n\,| \tag{9.13}$$

den Projektor auf diesen Unterraum dar. Für diesen Operator kann man die folgenden Eigenschaften notieren

$$\hat{P}_S^2 = \sum_{nm} |\, a_n\,\rangle\langle\, a_n\,|\, a_m\,\rangle\langle\, a_m| = \sum_{n} |\, a_n\,\rangle\langle\, a_n\,| = \hat{P}_S$$
$$\hat{P}_S^\dagger = \hat{P}_S$$
$$\hat{P}_S|\,\psi\,\rangle = \sum_{n} \langle\, a_n\,|\,\psi\,\rangle|\, a_n\,\rangle \,.$$

Eine nützliche Ergänzung dieses Operators ist der Operator für die Projektion auf das Komplement von S

$$\hat{Q}_S = \sum_{n=N+1}^{\infty} |\, a_n\,\rangle\langle\, a_n\,| = \hat{1} - \hat{P}_S \,.$$

Für diesen Operator notiert man

$$\hat{Q}_S^2 = \hat{Q}_S \qquad \hat{Q}_S^\dagger = \hat{Q}_S$$

$$\hat{Q}_S\hat{P}_S = \hat{P}_S\hat{Q}_S = 0$$

$$\hat{Q}_S + \hat{P}_S = \hat{1} \,.$$

Analoge Operatoren können auch im Fall von kontinuierlichen Basissätzen diskutiert und eingesetzt werden, so z. B.

die Projektion auf einen Ortszustand

$$\hat{P}_{\boldsymbol{r}} = |\,\boldsymbol{r}\,\rangle\langle\,\boldsymbol{r}\,|\,,$$

die Projektion auf ein Raumgebiet G

$$\hat{P}_G = \int_G \mathrm{d}^3 r\,|\,\boldsymbol{r}\,\rangle\langle\,\boldsymbol{r}\,|\,.$$

9.5 Zeitentwicklungsoperatoren

Die Behandlung zeitabhängiger Probleme müsste einen größeren Raum einnehmen, als ihr hier zugestanden wird. Eine erste Diskussion dieses Themas bietet sich jedoch in dem jetzigen Rahmen an. Der Ausgangspunkt ist hier die zeitabhängige Einteilchenschrödingergleichung mit einem zeitunabhängigen Hamiltonoperator

$$\mathrm{i}\hbar\partial_t\,\Psi(\boldsymbol{r},t) = H(\boldsymbol{r},\boldsymbol{\nabla}_r)\,\Psi(\boldsymbol{r},t) \qquad \text{mit} \quad \partial_t\,H(\boldsymbol{r},\boldsymbol{\nabla}_r) = 0\,. \tag{9.14}$$

Die Notwendigkeit, in dieser Situation eine Zeitentwicklung des Systems zu betrachten, ergibt sich, wenn der Anfangszustand, charakterisiert durch die Wellenfunktion $\Psi(\boldsymbol{r},t_0)$, *kein* Eigenzustand des Hamiltonoperators ist (siehe Kap. 5.3.4).

Es gibt zwei gegensätzliche Möglichkeiten (und verschiedene Zwischenstufen), das angedeutete Problem formal zu fassen

- In der Schrödingerdarstellung (Schrödingerbild) trägt der Zustandsvektor die gesamte Zeitabhängigkeit. Die Operatoren sind zeitunabhängig.
- In der Heisenbergdarstellung (Heisenbergbild) arbeitet man mit zeitunabhängigen Zuständen und zeitabhängigen Operatoren.

Das *Schrödingerbild*, das in diesem Abschnitt näher vorgestellt werden soll, ist demnach durch die Aussage definiert

$$\Psi(\boldsymbol{r},t) = \langle\,\boldsymbol{r}\,|\,\Psi_S(t)\,\rangle\,. \tag{9.15}$$

Aus der Gleichung (9.14) kann man mit dieser Definition die formale zeitabhängige Schrödingergleichung

$$\mathrm{i}\hbar\partial_t|\,\Psi_S(t)\,\rangle = \hat{H}|\,\Psi_S(t)\,\rangle \tag{9.16}$$

extrahieren. Die Aufgabe lautet in formaler Sprache: Gegeben ist ein Anfangszustand $|\,\Psi_S(t_0)\,\rangle = |\,\Psi\,\rangle$. Bestimme die weitere Zeitentwicklung dieses Zustands.

Diese Aufgabe kann in verschiedener Weise gelöst werden. In der ersten Option entwickelt man den gesuchten Zustand nach einem zeitunabhängigen Orthonormalsystem, z. B.

$$|\,\Psi_S(t)\,\rangle = \sum_n |\,n\,\rangle\langle\,n\,|\,\Psi_S(t)\,\rangle = \sum_n C_n(t)|\,n\,\rangle\,.$$

Die vorgegebene Anfangsbedingung entspricht dem Satz von Koeffizienten

$$\{C_n(t_0) = \langle\,n\,|\,\Psi_S(t_0)\,\rangle\}\,.$$

Geht man mit der Entwicklung in die Schrödingergleichung (9.16) ein

$$\mathrm{i}\hbar\sum_m \frac{\partial C_m(t)}{\partial t}\,|\,m\,\rangle = \sum_m C_m(t)\hat{H}|\,m\,\rangle$$

und multipliziert mit dem bra-Vektor $\langle\,n\,|$, so erhält man ein System von gekoppelten Differentialgleichungen erster Ordnung für die Zeitentwicklung der Koeffizienten $C_n(t)$

$$\mathrm{i}\hbar\frac{\partial C_n(t)}{\partial t} = \sum_m \langle\,n\,|\hat{H}|\,m\,\rangle C_m(t) \qquad n = 1,\,2,\,\ldots\,. \tag{9.17}$$

Dieser Satz von möglicherweise unendlich vielen Gleichungen ist im Allgemeinen nicht lösbar. Er kann jedoch als Ausgangspunkt für eine Vielzahl von Näherungen benutzt werden.

In dem Beispiel, das in Kap. 5.3.4 betrachtet wurde, konnte die Lösung angegeben werden, da das Orthonormalsystem $\{|\,n\,\rangle\}$ ein System von Eigenzuständen des Hamiltonoperators $\hat{H}$ war. In diesem Fall reduziert sich (9.17) wegen

$$\langle\,n\,|\hat{H}|\,m\,\rangle = E_n\delta_{nm}$$

auf den Satz von ungekoppelten Gleichungen

$$\mathrm{i}\hbar\frac{\partial C_n(t)}{\partial t} = E_n C_n(t) \qquad n = 1,\,2,\,\ldots$$

mit der bekannten Lösung

$$C_n(t) = C_n(t_0)\,\exp\left[-\mathrm{i}\frac{E_n}{\hbar}(t-t_0)\right]$$

und dem gesuchten Zustand in der Form

$$|\,\Psi_S(t)\,\rangle = \sum_n C_n(t_0)\,\exp\left[-\mathrm{i}\frac{E_n}{\hbar}(t-t_0)\right]\,|\,n\,\rangle\,.$$

Die erforderlichen Eigenzustände sind jedoch in den wenigsten Fällen von Interesse verfügbar.

Eine weitere (oft benutzte) Option beruht auf dem Ansatz

$$|\,\Psi_S(t)\,\rangle = \hat{U}(t,t_0)|\,\Psi_S(t_0)\,\rangle\,. \tag{9.18}$$

Der *Zeitentwicklungsoperator* $\hat{U}$ beschreibt, wie sich der Zustand $|\,\Psi_S(t)\,\rangle$ unter dem Einfluss des Hamiltonoperators aus dem Zustand $|\,\Psi_S(t_0)\,\rangle$ entwickelt. Der Schwerpunkt des Lösungsprozesses liegt somit auf der Bestimmung dieses Operators, der spezielle Anfangszustand spielt letztlich keine Rolle. Geht man mit dem Ansatz (9.18) in die Schrödingergleichung (9.16) ein, so gewinnt man, da der Anfangszustand beliebig gewählt werden kann, die Operatorgleichung

$$\mathrm{i}\hbar\partial_t\hat{U}(t,t_0) = \hat{H}\hat{U}(t,t_0)\,. \tag{9.19}$$

Diese Gleichung stellt lediglich eine Umschreibung der ursprünglichen Schrödingergleichung dar. Die Anfangsbedingung für die Lösung dieser Differentialgleichung lautet

$$\hat{U}(t_0,t_0) = \hat{1}\,.$$

Einen expliziten Zugang zu einer (formalen) Lösung gewinnt man, indem man zu einer äquivalenten Integralgleichung übergeht. Integration der Differentialgleichung mit den Schritten

$$\begin{aligned}
\mathrm{i}\hbar\int_{t_0}^{t}\mathrm{d}t'\,\partial_{t'}\hat{U}(t',t_0) &= \int_{t_0}^{t}\mathrm{d}t'\,\hat{H}\hat{U}(t',t_0)\\
\mathrm{i}\hbar[\hat{U}(t,t_0)-\hat{U}(t_0,t_0)] &= \int_{t_0}^{t}\mathrm{d}t'\,\hat{H}\hat{U}(t',t_0)
\end{aligned}$$

liefert mit der Anfangsbedingung die Integralgleichung

$$\hat{U}(t,t_0) = \hat{1} - \frac{\mathrm{i}}{\hbar}\int_{t_0}^{t}\mathrm{d}t'\,\hat{H}\hat{U}(t',t_0)\,. \tag{9.20}$$

Diese Integralgleichung vom Volterratyp kann formal durch Iteration gelöst werden.

Das Iterationsschema beginnt mit der nullten Ordnung $\hat{U}_0(t_0,t_0) = \hat{1}$ die für die erste Ordnung das Resultat

$$\begin{aligned}
\hat{U}_1(t,t_0) &= \hat{1} - \frac{\mathrm{i}}{\hbar}\int_{t_0}^{t}\mathrm{d}t'\,\hat{H}\hat{U}_0(t',t_0) = \hat{1} - \frac{\mathrm{i}}{\hbar}\hat{H}\int_{t_0}^{t}\mathrm{d}t'\\
&= \hat{1} - \frac{\mathrm{i}}{\hbar}\hat{H}(t-t_0)
\end{aligned}$$

liefert. Die zweite Iteration mit

$$\hat{U}_2(t,t_0) = \hat{1} - \frac{\mathrm{i}}{\hbar}\int_{t_0}^{t} \mathrm{d}t'\, \hat{H}\hat{U}_1(t',t_0)$$
$$= \hat{1} - \frac{\mathrm{i}}{\hbar}\hat{H}(t-t_0) + \frac{1}{2!}\left(\frac{-\mathrm{i}}{\hbar}\right)^2 \hat{H}^2(t-t_0)^2$$

lässt das Endergebnis erahnen (bzw. durch Induktion beweisen). Man erhält eine Potenzreihe für eine operatorwertige Exponentialfunktion. Die Lösung der Operatorintegralgleichung, der Zeitentwicklungsoperator, ist

$$\hat{U}(t,t_0) = \exp\left[-\frac{\mathrm{i}}{\hbar}\hat{H}(t-t_0)\right] . \tag{9.21}$$

Auch diese Lösung kann nicht in einfacher Weise in der Praxis eingesetzt werden. Das Problem ist die Nichtvertauschbarkeit der Operatoren $\hat{T}$ und $\hat{V}$, die eine direkte Umsetzung der Potenzen $(\hat{T}+\hat{V})^n$ (z. B. in der Orts- oder der Impulsdarstellung) praktisch unmöglich macht. Die kompakte Form ist auf der anderen Seite der Ansatzpunkt für fast alle weitergehenden Diskussionen.

Dem Resultat (9.21) kann man die Aussage entnehmen, dass der Operator $\hat{U}$ unitär ist. Dies folgt, wie die folgende Argumentationskette zeigt, aus der Hermitizität des Hamiltonoperators

$$\hat{U}^\dagger(t,t_0) = \exp\left[\frac{\mathrm{i}}{\hbar}\hat{H}^\dagger(t-t_0)\right] = \exp\left[-\frac{\mathrm{i}}{\hbar}\hat{H}(t_0-t)\right] = \hat{U}(t_0,t)$$
$$= \hat{U}^{-1}(t,t_0) .$$

Konjugation ergibt einen Operator, der den umgekehrten Zeitablauf (von t nach t_0) beschreibt, also dem inversen Operator entspricht.

Wirkt der Zeitentwicklungsoperator (9.21) auf eine Linearkombination von Eigenzuständen des Hamiltonoperators $\hat{H}$, so findet man, wie für die erste Option,

$$\hat{U}(t,t_0)\sum_n C_n|\,n\,\rangle = \sum_n C_n \exp\left[-\mathrm{i}\frac{E_n}{\hbar}(t-t_0)\right]\,|\,n\,\rangle .$$

Die Lösungsformel (9.21) ist nur für den Fall zuständig, dass der Hamiltonoperator nicht von der Zeit abhängt. Eine entsprechende Formel mit einem zeitabhängigen Hamiltonoperator $\hat{H} = \hat{H}(t)$ kann aufbereitet werden. Die Aufbereitung unterscheidet sich in der Ausführung der Iteration. Während für $\partial_t\hat{H} = 0$ der Hamiltonoperator vor das Integralzeichen gezogen werden kann und somit eine einfache Zeitabhängigkeit resultiert, ist die Situation für $\hat{H} = \hat{H}(t)$ durchaus aufwendiger (siehe ◉ D.tail 9.2).

Die *Heisenbergdarstellung* ist mit der Schrödingerdarstellung durch eine Ähnlichkeitstransformation verknüpft. Man geht von der Matrixdarstellung eines Operators $\hat{O}$ im Schrödingerbild aus

$$\langle\,\Psi_S'(t)\,|\,\hat{O}_S\,|\,\Psi_S(t)\,\rangle = \langle\,\Psi_S'(t_0)\,|\,\hat{U}^\dagger(t,t_0)\hat{O}_S\hat{U}(t,t_0)\,|\,\Psi_S(t_0)\,\rangle$$

und definiert zeitunabhängige Heisenbergzustände, die Zuständen zur Anfangszeit entsprechen

$$|\,\psi_H\,\rangle = |\,\Psi_S(t_0)\,\rangle\,,$$

sowie zeitabhängige Heisenbergoperatoren

$$\hat{O}_H(t) = \hat{U}^\dagger(t,t_0)\hat{O}_S\hat{U}(t,t_0)\,,$$

die implizit auf die Anfangszeit bezogen sind. Mit diesen Definitionen folgt

$$\langle\,\Psi'_S(t)\,|\,\hat{O}_S\,|\,\Psi_S(t)\,\rangle = \langle\,\psi'_H\,|\,\hat{O}_H(t)\,|\,\psi_H\,\rangle\,.$$

Die Benutzung einer unitären Transformation der Zustände bedingt, dass sich der Wert der Matrixelemente nicht ändert. Was sich ändert, ist der Aufbau der Matrixelemente aus verschiedenen Grundelementen.

Ein Kompromiss zwischen den beiden Bildern, die sozusagen die möglichen Extremfälle darstellen, ist das oft benutzte *Wechselwirkungsbild*. Es basiert auf einer Zerlegung des Hamiltonoperators in $\hat{H} = \hat{H}_0 + \hat{H}_1$, wobei $\hat{H}_1$ die 'Wechselwirkung' darstellt, z. B. einen Anteil des Hamiltonoperators, der meist näherungsweise behandelt wird. Hier benutzt man den partiellen Zeitentwicklungsoperator

$$\hat{U}_0(t,t_0) = \exp\left[-\frac{\mathrm{i}}{\hbar}\hat{H}_0(t-t_0)\right]$$

zur Definition der Zustände und Operatoren im Wechselwirkungsbild

$$|\,\Psi_W(t)\,\rangle = \hat{U}_0^\dagger(t,t_0)|\,\Psi_S(t_0)\,\rangle$$

$$\hat{O}_W(t) = \hat{U}_0^\dagger(t,t_0)\hat{O}_S\hat{U}_0(t,t_0)\,.$$

Sowohl die Zustände als auch die Operatoren sind zeitabhängig[3].

[3] Die Diskussion der Darstellungen der Zeitentwicklung, insbesondere die Wechselwirkungsdarstellung, wird in Band 4 wieder aufgegriffen.

10 Spin-Bahn Wechselwirkung und Drehimpulskopplung

Das Bewegungsproblem, das mit dem in Kap. 7.4.2 gewonnenen Hamiltonoperator (7.21) mit Coulomb- und Spin-Bahn Wechselwirkung

$$\hat{H}_{sl} = \left[\frac{\hat{\boldsymbol{p}}^2}{2m_e} - \frac{Ze^2}{r}\right]\begin{pmatrix}1 & 0\\ 0 & 1\end{pmatrix} + \frac{1}{2}\frac{Ze^2}{(m_e c)^2}\frac{\hat{\boldsymbol{s}}\cdot\hat{\boldsymbol{l}}}{r^3} \tag{10.1}$$

gestellt wurde, soll in diesem Kapitel diskutiert werden. In dem nächsten Abschnitt wird implizit gezeigt, dass der Hamiltonoperator (10.1) mit $\hat{l}^2$ und mit $\hat{s}^2$ jedoch *nicht* mit $\hat{l}_z$ und mit $\hat{s}_z$ vertauscht. Die Kopplung von Spin und Bahndrehimpuls durch den Spin-Bahn Term bedingt die Einführung eines Operators für den Gesamtdrehimpuls, dessen Eigenschaften anhand einer Kette von Vertauschungsrelationen sortiert werden können. Die Wellenfunktion der Pauligleichung

$$\hat{H}_{sl}\psi(\boldsymbol{r},\sigma) = E\,\psi(\boldsymbol{r},\sigma)$$

kann in der Form

$$\Psi(\boldsymbol{r},\sigma) = R(r)\mathcal{Y}(\Omega,\sigma)\,, \tag{10.2}$$

angesetzt werden, doch ist ein Produktansatz für den Spin-Winkelanteil $\mathcal{Y}$ offensichtlich nicht korrekt. Es gilt, aus den Wellenfunktionen zur Charakterisierung des Spins und des Bahndrehimpulses eine Basis zur Diskussion des Spin-Bahn Problems zu konstruieren.

10.1 Kopplung von Spin und Bahndrehimpuls

Der *Gesamtdrehimpuls* eines Elektrons setzt sich aus dem Bahndrehimpuls und dem Spin zusammen. Man definiert deswegen als Operator für den Gesamtdrehimpulsvektor des Elektrons

$$\hat{\boldsymbol{j}} = \hat{\boldsymbol{l}} + \hat{\boldsymbol{s}}\,. \tag{10.3}$$

So ist z. B. die x-Komponente

$$\hat{j}_x = \hat{l}_x\begin{pmatrix}1 & 0\\ 0 & 1\end{pmatrix} + \frac{\hbar}{2}\begin{pmatrix}0 & 1\\ 1 & 0\end{pmatrix} \equiv \hat{l}_x + \frac{\hbar}{2}\begin{pmatrix}0 & 1\\ 1 & 0\end{pmatrix}.$$

Die Operatoren in (10.3) wirken nur auf den Spin-Winkelanteil.

Mit Hilfe der Vertauschungsrelationen

$$\left.\begin{aligned}\left[\hat{l}_i, \hat{l}_j\right] &= \mathrm{i}\hbar\, \varepsilon_{ijk}\, \hat{l}_k \\ \left[\hat{s}_i, \hat{s}_j\right] &= \mathrm{i}\hbar\, \varepsilon_{ijk}\, \hat{s}_k\end{aligned}\right\} \qquad i, j, k = 1, 2, 3$$

und der Aussage, dass die Operatoren für die Spinkomponenten mit den Operatoren für die Bahndrehimpulskomponenten vertauschen

$$\left[\hat{l}_i, \hat{s}_j\right] = 0 \qquad i, j = 1, 2, 3\,,$$

kann man eine Reihe von Vertauschungsrelationen für den Gesamtdrehimpuls berechnen. Man findet[1]

(1) $$\left[\hat{j}_i, \hat{j}_k\right] = \mathrm{i}\hbar\, \varepsilon_{ikl}\, \hat{j}_l \qquad i, k, l = 1, 2, 3$$

Die Komponenten des Gesamtdrehimpulses erfüllen die gleichen Vertauschungsrelationen wie die Komponenten des Bahndrehimpulses und des Spins.

(2) Man definiert den Operator für das Quadrat des Gesamtdrehimpulses

$$\hat{\boldsymbol{j}}^2 = \hat{j}_x^2 + \hat{j}_y^2 + \hat{j}_z^2\,.$$

Eine nützliche alternative Form ist

$$\hat{\boldsymbol{j}}^2 = \left(\hat{\boldsymbol{l}} + \hat{\boldsymbol{s}}\right)^2 = \hat{\boldsymbol{l}}^2 + 2\left(\hat{\boldsymbol{l}} \cdot \hat{\boldsymbol{s}}\right) + \hat{\boldsymbol{s}}^2\,.$$

Dieser Operator erfüllt die folgenden Vertauschungsrelationen

- Der Operator vertauscht mit den einzelnen Komponenten

$$\left[\hat{\boldsymbol{j}}^2, \hat{j}_k\right] = 0 \qquad k = 1, 2, 3\,.$$

- Die Betragsquadrate aller drei Drehimpulsoperatoren vertauschen

$$\left[\hat{\boldsymbol{j}}^2, \hat{\boldsymbol{l}}^2\right] = \left[\hat{\boldsymbol{j}}^2, \hat{\boldsymbol{s}}^2\right] = \left[\hat{\boldsymbol{l}}^2, \hat{\boldsymbol{s}}^2\right] = 0\,.$$

- Als Korollar zu dieser Aussage findet man mit der alternativen Form von $\hat{\boldsymbol{j}}^2$

$$\left[\left(\hat{\boldsymbol{l}} \cdot \hat{\boldsymbol{s}}\right), \hat{\boldsymbol{l}}^2\right] = \left[\left(\hat{\boldsymbol{l}} \cdot \hat{\boldsymbol{s}}\right), \hat{\boldsymbol{s}}^2\right] = \left[\left(\hat{\boldsymbol{l}} \cdot \hat{\boldsymbol{s}}\right), \hat{\boldsymbol{j}}^2\right] = 0\,.$$

Der Spin-Bahnoperator vertauscht mit dem Betragsquadrat aller drei Drehimpulsoperatoren.

[1] Die Überprüfung dieser Relationen wird dem Aufgabenteil überlassen.

(3) Der Kommutator von $\hat{\boldsymbol{j}}^2$ mit $\hat{s}_z$ verschwindet nicht

$$\left[\hat{\boldsymbol{j}}^2, \hat{s}_z\right] = 2\left[\left(\hat{\boldsymbol{l}}\cdot\hat{\boldsymbol{s}}\right), \hat{s}_z\right] = 2\left[\left(\hat{l}_x\hat{s}_x + \hat{l}_y\hat{s}_y + \hat{l}_z\hat{s}_z\right), \hat{s}_z\right]$$

$$= 2\left(\hat{l}_x\left(-\mathrm{i}\hbar s_y\right) + \hat{l}_y\left(\mathrm{i}\hbar s_x\right)\right) = -2\mathrm{i}\hbar\left(\hat{l}_x\hat{s}_y - \hat{l}_y\hat{s}_x\right) \neq 0\,.$$

Entsprechend berechnet man

$$\left[\hat{\boldsymbol{j}}^2, \hat{l}_z\right] = 2\mathrm{i}\hbar\left(\hat{l}_x\hat{s}_y - \hat{l}_y\hat{s}_x\right) \neq 0\,,$$

so dass im Einklang mit Punkt (2)

$$\left[\hat{\boldsymbol{j}}^2, \hat{j}_z\right] = 0$$

folgt.

Eine direkte Umschreibung der letzten Aussage zeigt, dass der Spin-Bahnoperator nicht mit den Operatoren $\hat{l}_z$ und $\hat{s}_z$

$$\left[\left(\hat{\boldsymbol{s}}\cdot\hat{\boldsymbol{l}}\right), \hat{s}_z\right] = -\left[\left(\hat{\boldsymbol{s}}\cdot\hat{\boldsymbol{l}}\right), \hat{l}_z\right] \neq 0\,,$$

jedoch mit $\hat{j}_z$

$$\left[\left(\hat{\boldsymbol{s}}\cdot\hat{\boldsymbol{l}}\right), \hat{j}_z\right] = 0$$

vertauscht.

Anhand dieser Liste von Vertauschungsrelationen kann man die folgenden Aussagen notieren: Die Spinwinkelanteile des H_0-Problems ($\hat{H}_0 = \hat{T} + \hat{U}$) sind die Produkte

$$Y_{l,m_l}(\Omega)\chi_{1/2,m_s}\,.$$

Diese Funktionen sind gleichzeitig Eigenfunktionen der Operatoren

$$\hat{\boldsymbol{l}}^2,\ \hat{l}_z,\ \hat{\boldsymbol{s}}^2,\ \hat{s}_z\,.$$

Der Spin-Bahnoperator $\left(\hat{\boldsymbol{s}}\cdot\hat{\boldsymbol{l}}\right)$ vertauscht hingegen mit den Operatoren

$$\hat{\boldsymbol{l}}^2,\ \hat{\boldsymbol{s}}^2,\ \hat{\boldsymbol{j}}^2,\ \hat{j}_z\,.$$

Die Frage, die sich somit zur Diskussion des Spin-Bahn Problems stellt, lautet: Kann man aus den Produktfunktionen einen Satz von Eigenfunktionen der vier Operatoren

$$\hat{\boldsymbol{l}}^2,\ \hat{\boldsymbol{s}}^2,\ \hat{\boldsymbol{j}}^2,\ \hat{j}_z$$

(und somit des Spin-Bahnoperators) konstruieren?

Zur Antwort notiert man zunächst, dass die Produktfunktionen Eigenfunktionen des Operators $\hat{j}_z$ sind, denn es ist

$$\hat{j}_z \left(Y_{l,m_l}\chi_{1/2,m_s}\right) = \left(\hat{l}_z Y_{l,m_l}\right)\chi_{1/2,m_s} + Y_{l,m_l}\left(\hat{s}_z\chi_{1/2,m_s}\right)$$
$$= \hbar\left(m_l + m_s\right)\left(Y_{l,m_l}\chi_{1/2,m_s}\right) .$$

Die Eigenwerte von $\hat{j}_z$ sind additiv in den Einzelquantenzahlen m_l und m_s

$$m = m_l + m_s .$$

Man notiert als Nächstes für einen gegebenen Wert von l alle möglichen Projektionen m des Gesamtdrehimpulses j

$$\begin{array}{ll} (m_l + \frac{1}{2}): & m = l + \frac{1}{2},\, l - \frac{1}{2}, \ldots -l + \frac{3}{2},\, -l + \frac{1}{2} \\ (m_l - \frac{1}{2}): & m = l - \frac{1}{2},\, l - \frac{3}{2} \ldots -l + \frac{1}{2},\, -l - \frac{1}{2} \end{array} . \tag{10.4}$$

Da die Operatoren für den Gesamtdrehimpuls die gleichen Vertauschungsrelationen wie die anderen Drehimpulsoperatoren erfüllen, erkennt man, dass gemeinsame Eigenzustände von $\hat{\boldsymbol{j}}^2$ und $\hat{j}_z$ mit

$$\hat{\boldsymbol{j}}^2|j\,m\rangle = \hbar^2\, j(j+1)\,|j\,m\rangle$$

$$\hat{j}_z|j\,m\rangle = \hbar m\,|j\,m\rangle$$

existieren. Die möglichen Projektionen sollten

$$m = j,\, j-1, \ldots -j+1,\, -j$$

sein. Aus der Liste aller möglichen m-Werte kann man für die Kopplung des Spins an den Bahndrehimpuls direkt die möglichen j-Werte (für einen gegebenen l-Wert) ablesen. Die Projektionen von $j = l + 1/2$, das sind

$$m = l + \tfrac{1}{2},\;\; l - \tfrac{1}{2}, \ldots -l + \tfrac{3}{2},\, -l + \tfrac{1}{2},\, -l - \tfrac{1}{2}\, ,$$

findet man in der ersten Zeile von (10.4) plus dem letzten Wert der zweiten Zeile, die von $j = l - 1/2$ in dem Rest der zweiten Zeile.

Der Gesamtdrehimpuls ist (für den Fall von halbzahligem Spin) halbzahlig. Für jeden l-Wert ergibt Addition des Spins genau zwei Möglichkeiten für den Gesamtdrehimpuls

$$j = l \pm \frac{1}{2} .$$

Eine Ausnahme von dieser Regel ist der Bahndrehimpuls $l = 0$. In diesem Fall lautet das Abzählschema

$$(m_l + \tfrac{1}{2}) \qquad m = +\tfrac{1}{2}$$

$$(m_l - \tfrac{1}{2}) \qquad m = -\tfrac{1}{2} \; .$$

Es gibt nur den Wert $j = 1/2$.

Aus den vorhergehenden Aussagen kann man den Schluss ziehen, dass die Produktfunktionen, in formaler Schreibweise

$$|l\, m_l\rangle\, |\tfrac{1}{2}\, m_s\rangle\,,$$

Eigenfunktionen von $\hat{\boldsymbol{l}}^2$, $\hat{\boldsymbol{s}}^2$ und $\hat{j}_z$ sind, jedoch nicht von $\hat{\boldsymbol{j}}^2$. Sie können jedoch als Basis für die Darstellung der Eigenfunktionen von $\hat{\boldsymbol{j}}^2$ dienen. Zu diesem Zweck macht man den Ansatz

$$\mathcal{Y}_{jm;l,1/2}(\Omega,\sigma) = \sum_{m_l m_s} C(l\tfrac{1}{2}j; m_l m_s m) Y_{lm_l}(\Omega)\, \chi_{1/2 m_s}(\sigma)$$

oder in formaler Schreibweise

$$|jm; l, \tfrac{1}{2}\rangle = \textstyle\sum_{m_l m_s} C(l\,\tfrac{1}{2}\,j; m_l m_s m)|l\, m_l\rangle\, |\tfrac{1}{2}\, m_s\rangle\,.$$

Die Entwicklungskoefffizienten sind ein Spezialfall der sogenannten *Clebsch-Gordan Koeffizienten*[2]. Für diese Koeffizienten existieren eine gute Anzahl von Varianten (3j-Symbole, V-Koeffizienten) sowie keine Einheitlichkeit in der Notation, so schreibt man z. B. auch

$$C(l\tfrac{1}{2}j; m_l m_s m) \equiv \begin{bmatrix} l & \frac{1}{2} & j \\ m_l & m_s & m \end{bmatrix}.$$

Die Zustände $|j\, m; l,\, \tfrac{1}{2}\rangle$ sind Eigenzustände der Operatoren $\hat{\boldsymbol{l}}^2$ und $\hat{\boldsymbol{s}}^2$

$$\hat{\boldsymbol{l}}^2|jm; l, \tfrac{1}{2}\rangle = \hbar^2 l(l+1)|jm; l, \tfrac{1}{2}\rangle$$

$$\hat{\boldsymbol{s}}^2|jm; l, \tfrac{1}{2}\rangle = \frac{3}{4}\hbar^2|jm; l, \tfrac{1}{2}\rangle\,,$$

da die entsprechenden Aussagen für jeden der Basiszustände

$$\hat{\boldsymbol{l}}^2|l\, m\rangle = \hbar^2 l(l+1)|l\, m\rangle$$

$$\hat{\boldsymbol{s}}^2|\tfrac{1}{2}, m_s\rangle = \frac{3}{4}\hbar^2|\tfrac{1}{2}, m_s\rangle$$

gelten. Die Projektionsquantenzahlen sind, wie oben gezeigt, additiv

$$m = m_l + m_s\,.$$

Man kann somit den Ansatz wegen

$$\begin{bmatrix} l & \frac{1}{2} & j \\ m_l & m_s & m \end{bmatrix} = 0 \qquad \text{für} \quad m_l + m_s \neq m$$

[2] Für eine allgemeine Diskussion der Drehgruppe siehe Band 4.

vereinfachen. Die Doppelsumme kann auf eine einfache Summe beschränkt werden

$$|jm;l,\tfrac{1}{2}\rangle = \textstyle\sum_{m_s} \begin{bmatrix} l & \frac{1}{2} & j \\ m-m_s & m_s & m \end{bmatrix} |l,\, m-m_s\rangle\, |\tfrac{1}{2}\,, m_s\rangle\,.$$

Die Zustände $|jm;l,\frac{1}{2}\rangle$ sind Eigenzustände des Operators $\hat{j}_z$

$$\hat{j}_z|jm;l,\tfrac{1}{2}\rangle = \sum_{m_s} \begin{bmatrix} l & \frac{1}{2} & j \\ m-m_s & m_s & m \end{bmatrix}$$

$$* \left(\hbar(m-m_s) + \hbar m_s\right) |l,\, m-m_s\rangle\, |\tfrac{1}{2}\, m_s\rangle$$

$$= \hbar m |jm;l,\tfrac{1}{2}\rangle\,.$$

Da in dem hier betrachteten Fall nur zwei Spinprojektionen auftreten, besteht die Summe nur aus zwei Termen

$$|jm;l,\tfrac{1}{2}\rangle = \begin{bmatrix} l & \frac{1}{2} & j \\ m-\frac{1}{2} & \frac{1}{2} & m \end{bmatrix} |l,\, m-\tfrac{1}{2}\rangle\, |\tfrac{1}{2},\, \tfrac{1}{2}\rangle$$

$$+ \begin{bmatrix} l & \frac{1}{2} & j \\ m+\frac{1}{2} & -\frac{1}{2} & m \end{bmatrix} |l,\, m+\tfrac{1}{2}\rangle\, |\tfrac{1}{2},\, -\tfrac{1}{2}\rangle\,.$$

Bei der folgenden Bestimmung der Clebsch-Gordan Koeffizienten ist somit die Abkürzung

$$|jm;l,\tfrac{1}{2}\rangle = a|\phi_1\rangle + b|\phi_2\rangle$$

nützlich. Noch umzusetzen ist die Forderung, dass die Zustände Eigenzustände des Operators $\hat{\boldsymbol{j}}^2$ sein sollen

$$\hat{\boldsymbol{j}}^2\, |jm;l,\tfrac{1}{2}\rangle = \lambda_j\, |jm;l,\tfrac{1}{2}\rangle$$

bzw. explizit

$$\hat{\boldsymbol{j}}^2\, \{a|\phi_1\rangle + b|\phi_2\rangle\} = \lambda_j\, \{a|\phi_1\rangle + b|\phi_2\rangle\}\,.$$

Projiziert man diese Forderung auf die Basis (unter Benutzung der Orthogonalität der Basiszustände), so ergibt sich ein algebraisches Eigenwertproblem

$$\begin{aligned} &\left\{\langle\phi_1|\,\hat{\boldsymbol{j}}^2|\phi_1\rangle - \lambda_j\right\} a + \langle\phi_1|\,\hat{\boldsymbol{j}}^2|\phi_2\rangle b = 0 \\ &\langle\phi_2|\,\hat{\boldsymbol{j}}^2|\phi_1\rangle a + \left\{\langle\phi_2|\,\hat{\boldsymbol{j}}^2|\phi_2\rangle - \lambda_j\right\} b = 0\,. \end{aligned} \tag{10.5}$$

Für die Matrixelemente des Operators $\hat{\boldsymbol{j}}^2$ bezüglich der Produktbasis findet man im Fall $l \neq 0$ die folgenden, reellen Resultate (siehe D.tail 10.1)

$$\langle\phi_1|\hat{\boldsymbol{j}}^2|\phi_1\rangle = \hbar^2\left\{l(l+1)+m+\frac{1}{4}\right\}$$

$$\langle\phi_1|\hat{\boldsymbol{j}}^2|\phi_2\rangle = \langle\phi_2|\hat{\boldsymbol{j}}^2|\phi_1\rangle = \hbar^2\left\{\left(l+m+\frac{1}{2}\right)\left(l-m+\frac{1}{2}\right)\right\}^{1/2}$$

$$\langle\phi_2|\hat{\boldsymbol{j}}^2|\phi_2\rangle = \hbar^2\left\{l(l+1)-m+\frac{1}{4}\right\}.$$

Die Bedingung der Lösbarkeit des Gleichungssystems

$$\begin{vmatrix} \langle\phi_1|\hat{\boldsymbol{j}}^2|\phi_1\rangle - \lambda_j\,, & \langle\phi_1|\hat{\boldsymbol{j}}^2|\phi_2\rangle \\ \langle\phi_2|\hat{\boldsymbol{j}}^2|\phi_1\rangle & , \quad \langle\phi_2|\hat{\boldsymbol{j}}^2|\phi_2\rangle - \lambda_j \end{vmatrix} = 0$$

ergibt die charakteristische Gleichung

$$\lambda_j^2 - 2\hbar^2\left\{l(l+1)+\frac{1}{4}\right\}\lambda_j + \hbar^4\left\{\left[l(l+1)+\frac{1}{4}\right]^2 - \left(l+\frac{1}{2}\right)^2\right\} = 0\,.$$

Die Koeffizienten dieser quadratischen Gleichung sind (wie zu erwarten) unabhängig von der Quantenzahl m, die Eigenwerte sind

$$\lambda_1 = \hbar^2\left(l+\frac{1}{2}\right)\left(l+\frac{3}{2}\right) \qquad \lambda_2 = \hbar^2\left(l-\frac{1}{2}\right)\left(l+\frac{1}{2}\right).$$

Dies entspricht genau der Erwartung

$$\lambda_j = \hbar^2 j(j+1) \qquad \text{für} \quad j = l+\tfrac{1}{2} \quad \text{und} \quad l-\tfrac{1}{2}\,.$$

Für den Fall $l = 0$ existiert nur ein Basiszustand

$$|\{j=\tfrac{1}{2}\},\{m=m_s\};\,0,\tfrac{1}{2}\rangle = |00\rangle\,|\tfrac{1}{2}\,m_s\rangle$$

und somit ist

$$\lambda_j = \langle\phi_1|\hat{\boldsymbol{j}}^2|\phi_2\rangle = \frac{3}{4}\hbar^2\,.$$

Für jeden der Eigenwerte kann man die zugehörigen Entwicklungskoeffizienten (Clebsch-Gordan Koeffizienten) berechnen, indem man

- die Eigenwerte in das lineare Gleichungssystem einsetzt,
- zur Lösung die Normierung $a^2 + b^2 = 1$ benutzt,
- die unbestimmte Phase der Clebsch-Gordan Koeffizienten, die bei der Lösung des Gleichungssystems (10.5) auftritt, wird z. B. mit a reell, > 0 festlegt.

Das Ergebnis dieser Rechnung (◉ D.tail 10.1) ist in der folgenden kleinen Tabelle für den Koeffizienten $C(l\frac{1}{2}j; m-m_s, m_s, m)$

	$m_s = \frac{1}{2}$	$m_s = -\frac{1}{2}$
$j = l + \frac{1}{2}$	$\left[\frac{l+m+\frac{1}{2}}{2l+1}\right]^{\frac{1}{2}}$	$\left[\frac{l-m+\frac{1}{2}}{2l+1}\right]^{\frac{1}{2}}$
$j = l - \frac{1}{2}$	$-\left[\frac{l-m+\frac{1}{2}}{2l+1}\right]^{\frac{1}{2}}$	$\left[\frac{l+m+\frac{1}{2}}{2l+1}\right]^{\frac{1}{2}}$

zusammengefasst. Für den Spezialfall $l = 0$, $j = 1/2$ ist, wie schon angedeutet, der Clebsch-Gordan Koeffizient

$$\begin{bmatrix} 0 & \frac{1}{2} & \frac{1}{2} \\ 0 & m & m \end{bmatrix} = 1 \, .$$

Bevor diese Resultate für die Diskussion des Spin-Bahnproblems eingesetzt werden, ist eine Veranschaulichung des Ergebnisses dieser etwas längeren Rechnung von Nutzen. Die Produktbasis $Y_{lm_l}(\Omega)\,\chi_{1/2m_s}$ beschreibt zwei unabhängig um die z-Achse fluktuierende Drehimpulsvektoren (Abb. 10.1).

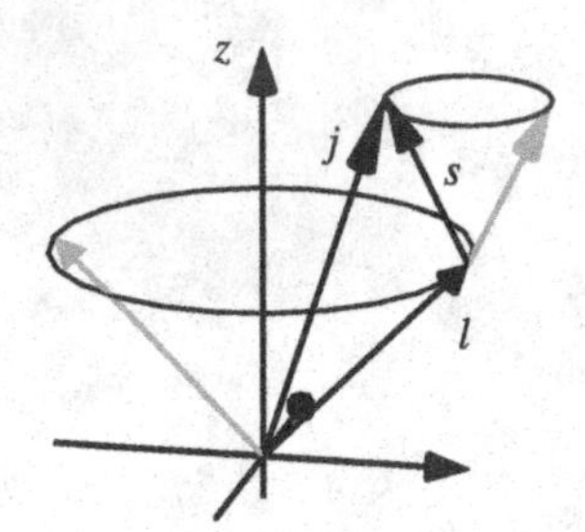

Abb. 10.1. Illustration der Drehimpulsvektoren in der $|l, m_l\rangle|\frac{1}{2}, m_s\rangle$-Basis

Addiert man die Vektoren $\boldsymbol{l}$ und $\boldsymbol{s}$, so kann man für den resultierenden Vektor $\boldsymbol{j}$ die Projektion j_z angeben, die Länge (charakterisiert durch $\boldsymbol{j}^2$ bleibt unbestimmt.

Für die Eigenzustände $|jm; l, \frac{1}{2}\rangle$ sind j und m gleichzeitig messbar. Der $\boldsymbol{j}$-Vektor fluktuiert auf einem Unschärfekegel (Abb. 10.2). Der $\boldsymbol{j}$-Vektor setzt sich vektoriell aus den Vektoren $\boldsymbol{l}$ und $\boldsymbol{s}$ zusammmen. Das Vektordiagramm dieser zwei Vektoren fluktuiert jedoch um den $\boldsymbol{j}$-Vektor, während dieser um die z-Achse fluktuiert. Die Projektionen von $\boldsymbol{l}$ und $\boldsymbol{s}$ auf die z-Achse sind nicht scharf messbar.

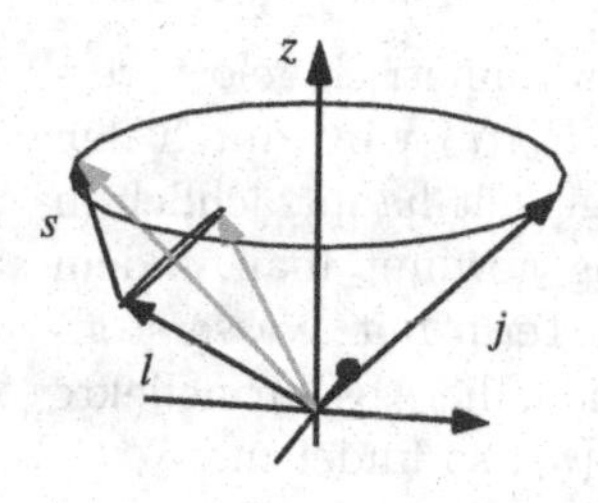

Abb. 10.2. Entsprechende Illustration für die $|jm; l, \frac{1}{2}\rangle$ - Basis

10.2 Das Spin-Bahn Problem

Die Spin-Winkelfunktionen

$$\mathcal{Y}_{jm;l,1/2}(\Omega, \sigma) \equiv \mathcal{Y}_{jm;l,1/2}(\Omega) = \sum_{m_s} \begin{bmatrix} l & \frac{1}{2} & j \\ m - m_s & m_s & m \end{bmatrix} Y_{l,m-m_s}(\Omega)\chi_{1/2,m_s}$$

sind Eigenfunktionen der Operatoren

$$\hat{\boldsymbol{s}}^2, \hat{\boldsymbol{l}}^2, \hat{\boldsymbol{j}}^2, \hat{j}_z$$

mit den Eigenwerten

$$\frac{3}{4}\hbar^2, l(l+1)\hbar^2, j(j+1)\hbar^2, m\hbar\,.$$

Aus diesem Grund sind sie auch Eigenfunktionen von $(\hat{\boldsymbol{s}} \cdot \hat{\boldsymbol{l}})$. Es gilt

$$(\boldsymbol{s} \cdot \boldsymbol{l})\mathcal{Y}_{jm;l,1/2}(\Omega) = \frac{1}{2}\left(\hat{j}^2 - \hat{l}^2 - \hat{s}^2\right)\mathcal{Y}_{jm;l,1/2}(\Omega) = \frac{\hbar^2}{2}\left(j(j+1) - l(l+1) - \frac{3}{4}\right)\mathcal{Y}_{jm;l,1/2}(\Omega)\,.$$

Die expliziten Eigenwerte für die zwei möglichen j-Werte sind

$$(\hat{\boldsymbol{s}} \cdot \hat{\boldsymbol{l}})\,\mathcal{Y}_{l+1/2,m;l,1/2}(\Omega) = \frac{\hbar^2}{2} l\mathcal{Y}_{l+1/2,m;l,1/2}(\Omega)$$

$$(\hat{\boldsymbol{s}} \cdot \hat{\boldsymbol{l}})\,\mathcal{Y}_{l-1/2,m;l,1/2}(\Omega) = -\frac{\hbar^2}{2}(l+1)\mathcal{Y}_{l-1/2,m;l,1/2}(\Omega)\,.$$

Die Eigenfunktionen des Spin-Bahn Problems (10.1) haben aus diesem Grund die Form

$$\Psi(\boldsymbol{r}) = R(r)\mathcal{Y}_{j,m;l,1/2}(\Omega)\,, \tag{10.6}$$

wobei für jeden Wert von j und l der Radialanteil $R(r) = R_{njl}$ durch Lösung der Differentialgleichung

$$\left\{-\frac{\hbar^2}{2m_e}\left(\frac{\mathrm{d}^2}{\mathrm{d}r^2} + \frac{2}{r}\frac{\mathrm{d}}{\mathrm{d}r}\right) + \frac{\hbar^2 l(l+1)}{2m_e r^2} - \frac{Ze^2}{r} + \frac{1}{2}\frac{Ze^2\hbar^2}{(m_e c)^2}\left(j(j+1) - l(l+1) - \frac{3}{4}\right)\frac{1}{r^3}\right\} R(r) = ER(r)$$

zu bestimmen ist. Diese Differentialgleichung kann nur numerisch gelöst werden. Die Lösung des einfachen Wasserstoffproblems $R_{nl}(r)$ wird durch den Spin-Bahn Term modifiziert, wegen der $1/r^3$-Abhängigkeit hauptsächlich in der Nähe des Koordinatenursprungs. Eine Näherung gewinnt man, indem man die Energiekorrektur ΔE durch den Spin-Bahn Term mit Wasserstoffwellenfunktionen R_{nl} (oder Einteilchenwellenfunktionen, die Abschirmeffekte beinhalten) berechnet[3]. Ersetzt man $R(r)$ durch $R_{nl}(r)$, so findet man

$$ER_{nl}(r) = \left\{ E_{nl} + \frac{1}{2}\frac{Ze^2\hbar^2}{(m_e c)^2}\left(j(j+1) - l(l+1) - \frac{3}{4}\right)\frac{1}{r^3}\right\} R_{nl}(r)\ ,$$

wobei die Energie e_{nl} der Beitrag des H_0-Anteils ist. Nach Multiplikation mit R_{nl} und Integration erhält man

$$E_{njl} = E_{nl} + \frac{\hbar^2}{2} B_{nl}\left(j(j+1) - l(l+1) - \frac{3}{4}\right)\ .$$

Der Koeffizient B_{nl} ist durch

$$B_{nl} = \frac{Ze^2}{(m_e c)^2}\int_0^\infty \mathrm{d}r\ \frac{R_{nl}^2(r)}{r} \tag{10.7}$$

gegeben. Das Integral in (10.7) divergiert für Zustände mit $l = 0$. Da jedoch der Faktor von B_{nl} für $l = 0,\ j = 1/2$ den Wert Null annimmt, ist der entsprechende Energiewert zunächst unbestimmt.

Berechnet man B_{nl} mit Wasserstoffwellenfunktionen für $l \neq 0$, so findet man (siehe D.tail 10.2)

$$B_{nl}(\mathrm{H-Atom}) = \frac{Z^4 e^2}{(m_e c)^2}\frac{1}{a_0^3 n^3}\frac{1}{l(l+1/2)(l+1)}\ . \tag{10.8}$$

Die Energiekorrektur durch den Spin-Bahn Term für diese Zustände beträgt somit

$$\begin{aligned} \Delta E(n, j = l + \tfrac{1}{2}, l) &= \frac{C}{n^3(l+1/2)(l+1)} \\ \Delta E(n, j = l - \tfrac{1}{2}, l) &= -\frac{C}{n^3 l(l+1/2)}\ . \end{aligned} \tag{10.9}$$

Der Parameter C

$$C = \frac{Z^4 e^2\hbar^2}{2(m_e c)^2 a_0^3}$$

[3] Dies entspricht einer Auswertung in Störungstheorie erster Ordnung, siehe Kap. 11.2.

hat den Wert $C = 0.728 \cdot 10^{-3} Z^4$ eV. Für Zustände mit $l = 0$ kann die Divergenz in (10.8) mit dem Beitrag des Spin-Bahn Terms kombiniert werden, so dass der Grenzwert für die Energieverschiebung von $l = 0$ Zuständen

$$\Delta E(n, j = \tfrac{1}{2}, 0) = \lim_{l \to 0} \Delta E_{n, j=l+1/2, l} = \frac{2C}{n^3}$$

beträgt.

Die Energieniveaus spalten für $l \neq 0$ in zwei Niveaus auf, für $l = 0$ wird das Niveau verschoben. Diese Verschiebung beträgt für den Grundzustand des Wasserstoffatoms

$$\Delta E(1, \tfrac{1}{2}, 0)_{Z=1} = 2C \approx +2 \cdot 10^{-3}\,\text{eV}\,.$$

Die Verschiebung bzw. Aufspaltungen der Zustände mit $n = 2$ sind

	$j = \frac{1}{2}, l = 0$	$j = \frac{1}{2}, l = 1$	$j = \frac{3}{2}, l = 1$
ΔE	$\frac{C}{4}$	$-\frac{C}{12}$	$\frac{C}{24}$

Die berechnete Verschiebung der $2p$-Zustände ist in Abbildung 10.3a (bei starker Vergrößerung der Aufspaltung) dargestellt. Die Übereinstimmung mit dem Experiment ist jedoch, wie Abbildung 10.3b und die Tabelle 10.1 zeigen,

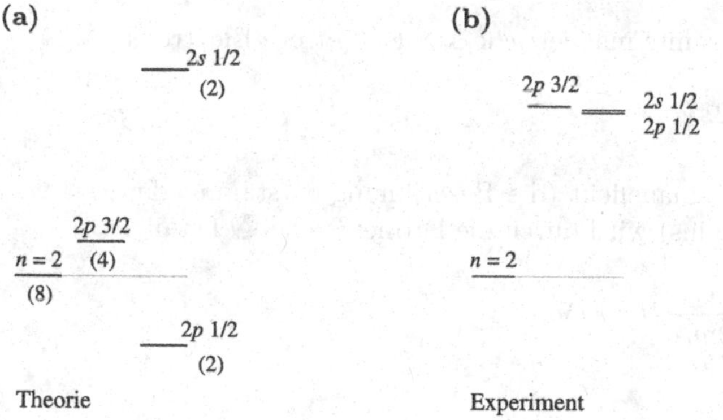

(a)
2s 1/2
(2)
2p 3/2
n = 2 (4)
(8)
2p 1/2
(2)
Theorie

(b)
2p 3/2
2s 1/2
2p 1/2
n = 2
Experiment

Abb. 10.3. Spin-Bahnaufspaltung der $n = 2$ Zustände im Wasserstoffatom

keineswegs perfekt. In der Tabelle sind die Veränderungen gegenüber den Wasserstoffenergiewerten

$$E_{1s} = -13.60583\,\text{eV} \quad \text{und} \quad E_{2s} = E_{2p} = -3.40146\,\text{eV}$$

in Einheiten von 10^{-5} eV eingetragen. In der Natur sind z. B. die Zustände mit gleichem n und j (bis auf wesentlich kleinere Korrekturen) entartet. Da die Spin-Bahn Korrekturen sich mit Z wie Z^4 verändern, ist ΔE in hochgeladenen Ionen wesentlich größer, so z.B in Ne^{9+} 100 mal und in U^{91+} sogar 8464

Tabelle 10.1. Spin-Bahn Aufspaltung im Wasserstoffatom in Einheiten von 10^{-5} eV

	berechnet	experimentell
$2p\,\frac{3}{2}$	3	188
$2s\,\frac{1}{2}$	18	184
$2p\,\frac{1}{2}$	−6	183
$1s\,\frac{1}{2}$	200	740

mal. Auch für diese Systeme besteht die Diskrepanz zwischen Theorie und Experiment. Es zeigt sich, dass die mangelnde Übereinstimmung mit dem Experiment auf weitere relativistische Korrekturen, die ebenfalls bei kleinen Abständen von dem Kern wirksam werden, zurückzuführen ist.

Die in Kap. 7.4.1 berechnete normale Zeemanaufspaltung

$$\Delta E_{\text{norm}} = \frac{e\hbar}{2m_e c} B(m_l + 2m_s) = \frac{e\hbar}{2m_e c} B(m + m_s)$$

wird modifiziert, wenn man die Spin-Bahn Wechselwirkung einbezieht. Die Aufspaltung ist in diesem Fall durch

$$\Delta E_{\text{anom}}(jlm) = -\langle\, jm;\, l,\, \tfrac{1}{2}|\hat{m}_z B|\, jm;\, l,\, \tfrac{1}{2}\rangle$$

gegeben, wobei das gesamte magnetische Moment $\hat{\boldsymbol{m}}$ des Elektrons

$$\hat{\boldsymbol{m}} = -\frac{e}{2m_e c}(\hat{\boldsymbol{l}} + 2\hat{\boldsymbol{s}})$$

ist. Dieser anomale Zeemaneffekt (die Bezeichnung entstammt der Zeit vor der Entdeckung des Spins) wird durch die Formel (siehe ◎ D.tail 10.3)

$$\Delta E_{\text{anom}}(jlm) = \frac{e\hbar}{2m_e c} B g(j,l) m$$

mit dem Landéfaktor

$$g(j,l) = 1 + \frac{(j(j+1) - l(l+1) + 3/4)}{2j(j+1)}$$

beschrieben.

11 Stationäre Störungstheorie

In den vorherigen Kapiteln wurden meist Beispiele aufgeführt, die analytisch gelöst werden konnten. Ist im Fall von Einteilchenproblemen der Quantenmechanik eine analytische Lösung nicht möglich, so kann man gegebenenfalls auf numerische Methoden zurückgreifen, um eine genügend genaue Lösung zu gewinnen. Diese Optionen bestehen nicht, wenn man Vielteilchenprobleme diskutieren möchte. Anstelle eines direkten Lösungswegs, ob analytisch oder numerisch, ist man auf die Anwendung von Näherungsmethoden angewiesen.

In diesem Kapitel werden die Grundzüge solcher Näherungsmethoden im Bereich stationärer (zeitunabhängiger) Systeme dargestellt und anhand von Einteilchenproblemen umgesetzt. Auch im Fall von Einteilchenproblemen kann die Anwendung von Näherungsmethoden nützliche Einblicke in die 'Physik' des Systems vermitteln, die bei einer numerischen Auswertung nicht offensichtlich sind. Vielteilchenprobleme, für die die Verwendung von geeigneten Näherungsmethoden unerlässlich ist, werden erst in Kap. 13 und in Band 4 angesprochen.

Eine typische Situation für den Einsatz von Näherungsmethoden liegt vor, wenn der Hamiltonoperator $\hat{H} = \hat{T} + \hat{V}$ in der Form

$$\hat{H} = \hat{T} + \hat{V} = \hat{T} + \hat{V}_0 + \hat{V}_1 = \hat{H}_0 + \hat{V}_1$$

aufgespalten werden kann und

- das Eigenwertproblem für den $\hat{H}_0$-Anteil exakt lösbar ist, sowie
- der Beitrag der potentiellen Energie $\hat{V}_1$ 'schwach' genug ist, so dass er in kontrollierten Näherungsschritten einbezogen werden kann.

Die erforderliche Aufspaltung kann auch künstlich erzeugt werden, indem man einen geeignet gewählten Anteil von der potentiellen Energie abspaltet

$$\hat{H} = \hat{T} + \hat{V} = (\hat{T} + \hat{V} - \hat{V}_1) + \hat{V}_1 = \hat{H}_0 + \hat{V}_1 \,.$$

Um vor der formalen Aufbereitung der stationären Störungstheorie einige konkrete Situationen vor Augen zu haben, kann man die folgenden Beispiele betrachten:

- Ein Wasserstoffatom in einem schwachen, stationären, homogenen elektrischen Feld E (in z-Richtung)

  $$\hat{H} = (\hat{T} + \hat{V}_C) + eE\hat{z} \,.$$

Die Auswirkung des elektrischen Feldes ist unter der Bezeichnung Starkeffekt bekannt.

- Ein Wasserstoffatom in einem schwachen, stationären magnetischen Feld

$$\hat{H} = \hat{H}_0 - \hat{\boldsymbol{m}} \cdot \boldsymbol{B} ,$$

wobei das magnetische Moment $\hat{\boldsymbol{m}}$ durch die Bahnbewegung und/oder infolge des Elektronspins auftritt. Hier geht es um die Diskussion des Zeemaneffekts.

- Anharmonische Oszillatoren (z. B. in einer eindimensionalen Welt) charakterisiert durch

$$\hat{H} = \hat{T} + \frac{b}{2}\hat{x}^2 + \lambda_1 \hat{x}^3 + \lambda_2 \hat{x}^4$$

mit Anwendungen in der Molekülphysik, Kernphysik und anderen Gebieten.

In diesen und anderen Beispielen lautet die Frage: Welche Verschiebung von Energieniveaus bzw. welche Korrektur der Eigenfunktionen entsteht infolge der Störung? Ist die Störung hingegen zeitabhängig $\hat{V}_1 = \hat{V}_1(t)$, so wird im Rahmen der Störungstheorie eine vollständig anders geartete Problemstellung angesprochen: Die Frage nach den von der Störung induzierten Übergängen zwischen den Energieniveaus. Ein Beispiel wäre die Einwirkung eines schwachen elektromagnetischen Feldes auf ein H-Atom mit dem Hamiltonoperator (bei Unterdrückung des Spins)

$$\hat{H} = \frac{1}{2m_e}\left(\hat{p} + \frac{e}{c}\hat{\boldsymbol{A}}(t)\right)^2 - \frac{e^2}{\hat{r}} + e\hat{\phi}(t) .$$

Die zeitabhängige Störungstheorie wird in Kap. 12 besprochen.

Der Zugang zu der stationären Störungstheorie hängt davon ab, ob das Spektrum des H_0-Problems entartet ist oder nicht, bzw. diskret ist oder nicht. In den folgenden Abschnitten (Kap. 11.1 bis Kap. 11.3) wird der einfachste Fall vorausgesetzt. Die Einbeziehung von Entartung wird im Anschluss (Kap. 11.4) aufgegriffen. Zuletzt wird eine vormals viel benutzte Näherungsmethode, die WKB Methode, kurz angesprochen (Kap. 11.5).

11.1 Aufbereitung

Der Ausgangspunkt der Aufbereitung der Störungstheorie ist die Lösung des H_0-Problems

$$\hat{H}_0 |\, n\,\rangle = E_n^{(0)} |\, n\,\rangle , \tag{11.1}$$

wobei vorausgesetzt wird, dass

- das Spektrum diskret und nicht entartet ist

$$E_n^{(0)} \neq E_m^{(0)} \quad \text{für} \quad n,\, m = 1,\, 2,\, \ldots \qquad n \neq m .$$

- die Eigenzustände orthonormiert und vollständig sind

$$\langle n \,|\, m \rangle = \delta_{nm} \qquad \sum_n |\, n \rangle \langle n \,| = \hat{1}\,.$$

Die Aufgabe lautet: Bestimme die Lösung des vollständigen stationären Eigenwertproblems

$$\hat{H} |\, \psi_\alpha \rangle = (\hat{H}_0 + \hat{V}_1) |\, \psi_\alpha \rangle = E_\alpha |\, \psi_\alpha \rangle \tag{11.2}$$

in systematischen Näherungsschritten

$$E_\alpha = E_\alpha(0) + E_\alpha(1) + E_\alpha(2) + \ldots$$
$$|\, \psi_\alpha \rangle = |\, \psi_\alpha(0) \rangle + |\, \psi_\alpha(1) \rangle + |\, \psi_\alpha(2) \rangle + \ldots\,,$$

d. h. in nullter Ordnung, erster Ordnung, etc. Die Standardlösung dieser Aufgabe bezeichnet man als Rayleigh-Schrödinger Störungstheorie, es sind jedoch Varianten möglich.

Zur Orientierung ist es nützlich, die Spektren des H_0-Problems und des vollständigen Problems gegenüberzustellen (Abb. 11.1). Die Energieniveaus der beiden Hamiltonoperatoren sind gegeneinander verschoben. Ist jedoch die

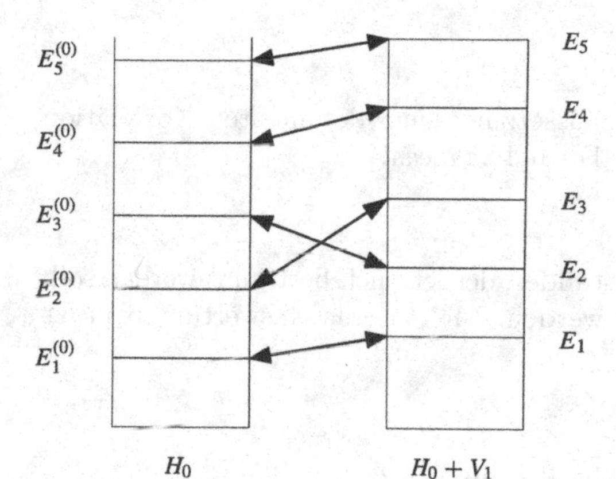

Abb. 11.1. Ungestörtes und 'exaktes' Spektrum

Störung $\hat{V}_1$ schwach, so ist eine gewisse Korrelation zwischen den zwei Sätzen von Zuständen gegeben. Störungstheorie ist nur sinnvoll, wenn die Projektion eines Zustandes $|\, \psi_\alpha \rangle$ auf einen ungestörten Zustand $|\, m \rangle$ den dominanten Beitrag zu der Entwicklung

$$|\, \psi_\alpha \rangle = \sum_n |\, n \rangle \langle n \,|\, \psi_\alpha \rangle$$

ergibt, also wenn

$$|\langle m \,|\, \psi_\alpha \rangle| \gg |\langle n \,|\, \psi_\alpha \rangle| \quad \text{für} \quad n \neq m$$

ist. In den meisten Fällen kann man erwarten, dass α direkt der Quantenzahl m entspricht. Leichte Verschiebungen, wie in Abb. 11.1 angedeutet, sind jedoch keine Ausnahme, vor allem in Bereichen, in denen die Dichte der Energieniveaus größer ist. Für die weitere Diskussion wird eine Korrelation

$$\alpha \Longleftrightarrow m \tag{11.3}$$

in dem angedeuteten Sinn vorausgesetzt.

Man gewinnt einen verwertbaren Ausgangspunkt zur Formulierung verschiedener Varianten der Störungstheorie, indem man die Ausgangsgleichung wie folgt umarbeitet: Man bildet zunächst die Projektion der Ausgangsgleichung auf den Zustand $|\, m\,\rangle$

$$\langle\, m\,|(\hat{H}_0 + \hat{V}_1)|\,\psi_\alpha\,\rangle = E_\alpha \langle\, m\,|\,\psi_\alpha\,\rangle\,.$$

Da der Operator $\hat{H}_0$ hermitesch ist, kann er auf den bra-Zustand $\langle\, m\,|$ wirken und ergibt

$$\langle\, m\,|\hat{H}_0 = \langle\, m\,|E_m^{(0)}\,.$$

Nach Sortierung der resultierenden Gleichung erhält man eine Formel für die Energieverschiebung

$$(E_\alpha - E_m^{(0)}) = \frac{\langle\, m\,|\hat{V}_1|\,\psi_\alpha\,\rangle}{\langle\, m\,|\,\psi_\alpha\,\rangle}\,.$$

Es ist üblich (und infolge der Voraussetzung einer dominanten Korrelation vertretbar) zur Verwertung dieser Formel *zunächst*

$$\langle\, m\,|\,\psi_\alpha\,\rangle \stackrel{!}{=} 1$$

zu setzen. Die Normierung des Zustandes, der letztlich bestimmt werden soll, kann in einfacher Weise korrigiert werden. Zur weiteren Auswertung benutzt man somit die Relation

$$(E_\alpha - E_m^{(0)}) = \langle\, m\,|\hat{V}_1|\,\psi_\alpha\,\rangle\,, \tag{11.4}$$

muss aber die Frage der Normierung im Hinterkopf behalten.

Um diese Formel für die Energieverschiebung auszuwerten, benötigt man eine geeignete Darstellung des gesuchten Zustandes $|\,\psi_\alpha\,\rangle$. Eine Möglichkeit, dieses Ziel zu erreichen, ist die Herleitung einer Integralgleichung für diesen Zustand bzw. für die entsprechende Wellenfunktion. Integralgleichungen sind ein geeignetes Instrument zur iterativen Gewinnung von Lösungen und somit zur Erzeugung einer Störungsentwicklung. Mit diesem Ziel im Auge, greift man im nächsten Schritt auf die Resolvente $\hat{R}(\varepsilon, \hat{H}_0)$ des ungestörten Hamiltonoperators zurück. Aus der Definitionsgleichung

$$\begin{aligned}\hat{R}(\varepsilon, \hat{H}_0)(\varepsilon - \hat{H}_0) &= (\varepsilon - \hat{H}_0)^{-1}(\varepsilon - \hat{H}_0) = \frac{1}{(\varepsilon - \hat{H}_0)}(\varepsilon - \hat{H}_0) = \hat{1} \\ &= (\varepsilon - \hat{H}_0)\hat{R}(\varepsilon, \hat{H}_0)\end{aligned}$$

folgt die Matrixdarstellung

$$\langle n \,|\frac{1}{(\varepsilon - \hat{H}_0)}|\, n' \rangle = \delta_{n,n'} \frac{1}{\left(\varepsilon - E_n^{(0)}\right)} \,.$$

Ausgehend von einer erweiterten Form der Gleichung (11.2)

$$(\varepsilon - \hat{H}_0)|\, \psi_\alpha \rangle = (\varepsilon - E_\alpha + \hat{V}_1)|\, \psi_\alpha \rangle \tag{11.5}$$

gewinnt man durch Multiplikation mit der Resolventen die formale Integralgleichung

$$|\, \psi_\alpha \rangle = \frac{1}{(\varepsilon - \hat{H}_0)}(\varepsilon - E_\alpha + \hat{V}_1)|\, \psi_\alpha \rangle \,. \tag{11.6}$$

Die Reihenfolge der Operatoren ist hier wesentlich, da $\hat{H}_0$ und $\hat{V}_1$ als nicht vertauschbar anzusehen sind (ansonsten wäre die Lösung des gestellten Problems trivial).

Die Gleichung (11.6) ist für den gewünschten Zweck noch nicht einsetzbar. Zu einer letzten Umformung benutzt man die Projektoren

$$\hat{P}_m = |\, m \rangle\langle\, m \,| \quad \text{und} \quad \hat{Q}_m = \hat{1} - |\, m \rangle\langle\, m \,| \,,$$

um, bei Benutzung der vorläufigen Normierung des gesuchten Zustandes,

$$\hat{Q}_m|\, \psi_\alpha \rangle = \left[\, \hat{1} - |\, m \rangle\langle\, m \,|\right] |\, \psi_\alpha \rangle = |\, \psi_\alpha \rangle - |\, m \rangle$$

zu schreiben. Multipliziert man (11.6) mit dem Projektor $\hat{Q}_m$ und benutzt diese Relation, so ergibt sich eine verwertbare Integralgleichung für die Zustände des vollständigen Problems

$$|\, \psi_\alpha \rangle = |\, m \rangle + \hat{Q}_m \frac{1}{(\varepsilon - \hat{H}_0)}(\varepsilon - E_\alpha + \hat{V}_1)|\, \psi_\alpha \rangle \,. \tag{11.7}$$

Die Ortsdarstellung von (11.7)

$$\begin{aligned} \psi_\alpha(\boldsymbol{r}) = \psi_m^{(0)}(\boldsymbol{r}) + \iiint \mathrm{d}^3 r' \, \mathrm{d}^3 r'' \, \langle\, \boldsymbol{r} \,|\hat{Q}_m \frac{1}{(\varepsilon - \hat{H}_0)} |\, \boldsymbol{r}' \rangle \\ * \langle\, \boldsymbol{r}' \,|(\varepsilon - E_\alpha + \hat{V}_1)|\, \boldsymbol{r}'' \rangle\langle\, \boldsymbol{r}'' \,|\, \psi_\alpha \rangle \end{aligned}$$

vereinfacht sich, falls die potentielle Energie lokal ist

$$\psi_\alpha(\boldsymbol{r}) = \psi_m^{(0)}(\boldsymbol{r}) + \iiint \mathrm{d}^3 r' \, \langle\, \boldsymbol{r} \,|\hat{Q}_m \frac{1}{(\varepsilon - \hat{H}_0)} |\, \boldsymbol{r}' \rangle(\varepsilon - E_\alpha + V_1(\boldsymbol{r}'))\psi_\alpha(\boldsymbol{r}') \,.$$

Das Produkt von Projektor und Resolvente hat mit (11.5) die Ortsdarstellung

$$
\begin{aligned}
\langle \boldsymbol{r} | \hat{Q}_m \frac{1}{(\varepsilon - \hat{H}_0)} | \boldsymbol{r}' \rangle &= \sum_{n,n'} \langle \boldsymbol{r} | \hat{Q}_m | n \rangle \langle n | \frac{1}{(\varepsilon - \hat{H}_0)} | n' \rangle \langle n' | \boldsymbol{r}' \rangle \\
&= \sum_{n'} \sum_{n \neq m} \langle \boldsymbol{r} | n \rangle \langle n | \frac{1}{(\varepsilon - \hat{H}_0)} | n' \rangle \langle n' | \boldsymbol{r}' \rangle \\
&= \sum_{n \neq m} \frac{\phi_n(\boldsymbol{r}) \phi_n^*(\boldsymbol{r}')}{\left(\varepsilon - E_n^{(0)}\right)} .
\end{aligned}
$$

(Die Eigenfunktionen des H_0-Problems wurden zur Unterscheidung mit $\phi_n(r)$ bezeichnet.) Dieser nichtlokale Kern der Integralgleichung ist eine Greensfunktion der stationären Schrödingergleichung. Er kann im Prinzip nach Vorgabe von ε aus den Lösungen des H_0-Problems berechnet werden.

Die sukzessive Lösung der Integralgleichung (11.7) liefert die Basis für die verschiedenen Varianten der stationären Störungstheorie. Man setzt, im Sinn der Zuordnung (11.3), als nullte Näherung

$$
| \psi_\alpha(0) \rangle = | m \rangle ,
$$

die nächste Näherung lautet dann

$$
| \psi_\alpha(1) \rangle = | m \rangle + \hat{Q}_m \frac{1}{(\varepsilon - \hat{H}_0)} (\varepsilon - E_\alpha + \hat{V}_1) | m \rangle .
$$

Zur Abkürzung definiert man den Operator

$$
\hat{O} = \hat{Q}_m \frac{1}{(\varepsilon - \hat{H}_0)} (\varepsilon - E_\alpha + \hat{V}_1) ,
$$

so dass man für die erste Näherung

$$
| \psi_\alpha(1) \rangle = | m \rangle + \hat{O} | m \rangle
$$

schreiben kann. Die zweite Näherung erhält man, indem man die erste in die Integralgleichung einsetzt

$$
| \psi_\alpha(2) \rangle = | m \rangle + \hat{O} | m \rangle + \hat{O}^2 | m \rangle .
$$

An dieser Stelle kann man das Endresultat absehen (oder durch vollständige Induktion beweisen). Es lautet

$$
| \psi_\alpha \rangle = | m \rangle + \sum_{k=1}^{\infty} \left[\hat{O} \right]^k | m \rangle .
$$

Verabredet man noch die Aussage $\hat{O}^0 = \hat{1}$, so kann man das Endresultat in der Form

$$| \psi_\alpha \rangle = \sum_{k=0}^{\infty} \left[\hat{O} \right]^k | m \rangle$$

$$= \sum_{k=0}^{\infty} \left[\hat{Q}_m \frac{1}{(\varepsilon - \hat{H}_0)} (\varepsilon - E_\alpha + \hat{V}_1) \right]^k | m \rangle \tag{11.8}$$

angeben. Man kann die Zustände des vollständigen Problems durch Anwendung einer recht involvierten Operatorreihe aus den Zuständen des H_0-Problems erzeugen.

Zu dem zentralen Resultat (11.8) kann man das Folgende bemerken:

- Auf der rechten Seite erkennt man eine Entwicklung nach Potenzen des Störpotentials $\hat{V}_1$. Da die Potenzen jedoch in der Form

  $$(\varepsilon - E_\alpha + \hat{V}_1)^k$$

  auftreten (und die gesuchte Energie E_α enthalten), muss noch eine systematische Sortierung durchgeführt werden, um eine Entwicklung nach Potenzen von $\hat{V}_1$ alleine zu erhalten
- Durch Wahl des Parameters ε hat man eine gewisse Flexibilität bei der Anwendung des Endresultates. Die Wahl

  $$\varepsilon = E_m^{(0)}$$

  führt, wie in Kap. 11.2 ausgeführt wird, auf die *Rayleigh-Schrödinger Störungstheorie.*
  Wählt man hingegen

  $$\varepsilon = E_\alpha \,,$$

  so erhält man eine Entwicklung, die als *Brillouin-Wigner Störungsentwicklung* bezeichnet wird. Die explizite Form dieser Entwicklung

  $$| \psi_\alpha \rangle = \left\{ \hat{1} + \sum_{k=1}^{\infty} \left[\hat{Q}_m \frac{1}{(E_\alpha - \hat{H}_0)} \hat{V}_1 \right]^k \right\} | m \rangle \tag{11.9}$$

  zeigt, dass hier die gesuchte Energie im Nenner der einzelnen Terme auftritt. In Kap. 11.2.1 wird angedeutet, wie man diese Entwicklung mit Vorteil verwerten kann.
  Weitere Varianten, die sozusagen zwischen diesen zwei Extremen liegen, sind denkbar. So könnte man z. B.

  $$\varepsilon = E_m^{(0)} + \langle m | \hat{V}_1 | m \rangle$$

  benutzen. Auf diese Variationsmöglichkeiten wird nicht eingegangen.

- Eine Integralgleichung der Form (11.7)

$$|\,\psi_\alpha\,\rangle = |\,m\,\rangle + \hat{K}|\,\psi_\alpha\,\rangle$$

bezeichnet man als eine Integralgleichung vom Fredholmtyp. Für Fredholm-Integralgleichungen sind Kriterien für die Existenz von Lösungen bereitgestellt worden, aus denen Aussagen über die Konvergenz der Iterationsreihe gewonnen werden können.

11.2 Die Rayleigh-Schrödinger Störungstheorie

Berechnet man mit der Störungsentwicklung (11.8) oder (11.9) die Projektion $\langle\, m\,|\,\psi_\alpha\,\rangle$ so findet man z. B.

$$\langle\, m\,|\,\psi_\alpha\,\rangle = 1 + \sum_{k=1}^{\infty} \langle\, m\,| \left[\hat{Q}_m \frac{1}{(\varepsilon - \hat{H}_0)} \left(\varepsilon - E_\alpha + \hat{V}_1 \right) \right]^k |\,m\,\rangle = 1\,.$$

Infolge des Projektionsoperators $\hat{Q}_m$ trägt die Summe nicht bei. Die Störungsentwicklung erfüllt die vorläufige Normierungsbedingung.

Zur Berechnung der Energieverschiebung eines Zustandes $|\,\psi_\alpha\,\rangle$ des vollständigen Problems gegenüber einem ungestörten Zustand $|\,m\,\rangle$ genügt es, die Störungsentwicklung (11.8) in die Formel (11.4) einzusetzen. Benutzt man noch $\varepsilon = E_m^{(0)}$, so erhält man

$$\begin{aligned} E_\alpha &= E_m^{(0)} + \langle\, m\,|\hat{V}_1|\, m\,\rangle \\ &+ \langle\, m\,|\hat{V}_1 \hat{Q}_m \frac{1}{(E_m(0) - \hat{H}_0)} (\hat{V}_1 + E_m(0) - E_\alpha)|\, m\,\rangle \\ &+ \langle\, m\,|\hat{V}_1 \left[\hat{Q}_m \frac{1}{(E_m(0) - \hat{H}_0)} (\hat{V}_1 + E_m(0) - E_\alpha) \right]^2 |\, m\,\rangle + \ldots\,. \end{aligned} \tag{11.10}$$

Aus diesem Ausdruck kann man durch striktes Sortieren nach Potenzen von $\hat{V}_1$ die Rayleigh-Schrödinger Entwicklung der Energie

$$E_\alpha = E_\alpha(0) + E_\alpha(1) + E_\alpha(2) + \ldots = \sum_{k=0}^{\infty} E_\alpha(k) \tag{11.11}$$

gewinnen. Die niedrigste Ordnung ist offensichtlich

$$E_\alpha(0) \equiv E_m(0) = E_m^{(0)}\,,$$

so dass man durch Kombination von (11.10) und (11.11) (andeutungsweise) den Ausdruck

$$E_\alpha(1) + E_\alpha(2) + \ldots = \langle\, m \,|\hat{V}_1|\, m \,\rangle \tag{11.12}$$
$$+\langle\, m \,|\hat{V}_1 \hat{Q}_m \frac{1}{(E_m(0) - \hat{H}_0)} (\hat{V}_1 - E_\alpha(1) - E_\alpha(2) - \ldots)|\, m \,\rangle + \ldots$$

erhält. Der zweite und alle weiteren Terme auf der rechten Seite sind wenigstens von zweiter Ordnung. Die Energiekorrektur in erster Ordnung

$$E_\alpha(1) = \langle\, m \,|\hat{V}_1|\, m \,\rangle \tag{11.13}$$

entspricht dem Mittelwert des Störpotentials bezüglich des ungestörten Zustands. Für den Energiebeitrag in zweiter Ordnung extrahiert man aus (11.11)

$$E_\alpha(2) = \langle\, m \,|\hat{V}_1 \hat{Q}_m \frac{1}{(E_m(0) - \hat{H}_0)} (\hat{V}_1 - E_\alpha(1))|\, m \,\rangle \,.$$

Der Term

$$\langle\, m \,|\hat{V}_1 \hat{Q}_m \frac{1}{(E_m(0) - \hat{H}_0)} |\, m \,\rangle E_\alpha(1)$$

trägt nicht bei. Wegen

$$\langle\, n \,|\, m \,\rangle = 0 \quad \text{für} \quad n \neq m$$

ist

$$E_\alpha(1) \sum_{n \neq m} \langle\, m \,|\hat{V}_1|\, n \,\rangle \frac{1}{(E_m(0) - E_n(0))} \langle\, n \,|\, m \,\rangle = 0 \,.$$

Der verbleibende Term ergibt

$$E_\alpha(2) = \sum_{n \neq m} \frac{\langle\, m \,|\hat{V}_1|\, n \,\rangle \langle\, n \,|\hat{V}_1|\, m \,\rangle}{(E_m(0) - E_n(0))} \,. \tag{11.14}$$

Die Auswertung der Energiekorrektur in der dritten (und falls erwünscht in höherer) Ordnung folgt dem gleichen Muster (siehe D.tail 11.1 für Herleitung und Resultat). Die hier aufgeführten Resultate für die Energiekorrekturen laden zu den folgenden Bemerkungen ein:

- Ab der zweiten Ordnung erkennt man, warum die Voraussetzung eines nichtentarteten H_0-Spektrums notwendig war. Die auftretenden Energienenner bereiten Schwierigkeiten, falls

  $$E_n(0) = E_m(0) \quad \text{für} \quad n \neq m$$

  ist.

- Schon in der zweiten Ordnung ist die vollständige Auswertung unter Umständen nicht machbar. Es liegt eine unendliche Summe vor. Wenn nicht spezielle Auswahlregeln für die Matrixelemente des Störterms vorliegen (vergleiche Kap. 11.3), muss man in der praktischen Anwendung auf die Verkleinerung der Matrixelemente in dem Zähler $\langle m|\hat{V}_1|n\rangle\langle n|\hat{V}_1|m\rangle$ und die Vergrößerung der Energienenner $|E_m(0) - E_n(0)|$ für wachsende bzw. genügend große Werte von n hoffen.
- Eine notwendige Bedingung für die Konvergenz der Reihe für $E_\alpha(2)$ ist

  $$|\langle n|\hat{V}_1|m\rangle|^2 < |E_m(0) - E_n(0)| .$$

  Diese Bedingung ist jedoch für die Konvergenz der gesamten Störungsreihe für die Energie oder für die Gültigkeit von

  $$|E_\alpha(1)| > |E_\alpha(2)| > |E_\alpha(3)| > \dots$$

  nicht hinreichend. Es liegt eine unendliche Reihe vor, für die das Verhalten der späteren Terme und nicht das Verhalten der ersten Terme eine Rolle spielt. In der Praxis ist die Abschätzung der Konvergenz infolge der Komplexität der weiteren Terme keine einfache Angelegenheit.
- Die Herleitung der ersten Ordnungen der Energieverschiebung in der Rayleigh-Schrödinger Störungstheorie ist auch mit einfachen Mitteln möglich. In der hier vorgestellten Form ist die Betrachtung der höheren Korrekturen durchsichtiger. Zusätzlich gewinnt man einen Überblick über mögliche Varianten der Störungsentwicklungen.

Die Berechnung der Korrektur der Zustände, bzw. in der Ortsdarstellung der Korrektur der Wellenfunktionen, basiert ebenfalls auf der Auswertung der zentralen Entwicklung (11.8). Allgemein gilt

$$|\psi_\alpha\rangle = \sum_n |n\rangle\langle n|\psi_\alpha\rangle \equiv \sum_n C_{\alpha,n}|n\rangle .$$

Aus (11.8) folgt für die Entwicklungskoeffizienten

$$C_{\alpha,n} = \sum_{k=0}^{\infty}\langle n|\left[\hat{Q}_m\frac{1}{(\varepsilon - \hat{H}_0)}(\varepsilon - E_\alpha + \hat{V}_1)\right]^k|m\rangle ,$$

bzw. für den Fall der Rayleigh-Schrödinger Entwicklung

$$C_{\alpha,n} = \sum_{k=0}^{\infty}\langle n|\left[\hat{Q}_m\frac{1}{(E_m(0) - \hat{H}_0)}(E_m(0) - E_\alpha + \hat{V}_1)\right]^k|m\rangle . \quad (11.15)$$

Auch hier ist eine strikte Sortierung nach Potenzen von $\hat{V}_1$ notwendig. Man schreibt

$$C_{\alpha,n} = C_{\alpha,n}(0) + C_{\alpha,n}(1) + C_{\alpha,n}(2) + \dots$$

und findet (siehe ◉ D.tail 11.1 für Herleitung und Resultate bis zur zweiten Ordnung)

$$C_{\alpha,n} = \delta_{nm} + \frac{\langle n\,|\hat{V}_1|\,m\,\rangle}{(E_m(0) - E_n(0))}(1 - \delta_{nm}) + \ldots$$

Der Zustand $|\,\psi_\alpha\,\rangle$ bis zu der zweiten Ordnung ist somit z. B.

$$|\,\psi_\alpha\,\rangle = |\,m\,\rangle + \sum_{n\neq m} \frac{\langle n\,|\hat{V}_1|\,m\,\rangle}{(E_m(0) - E_n(0))}|\,n\,\rangle + \ldots . \tag{11.16}$$

Ist ein Zustand bis zu einer gegebenen Ordnung bestimmt, so ist noch eine konsistente Normierung in dieser Ordnung durchzuführen. Man bildet zu diesem Zweck

$$\begin{aligned}\langle\,\psi_\alpha\,|\,\psi_\alpha\,\rangle &= \sum_n C^*_{\alpha,n}C_{\alpha,n} \\ &= \sum_n (C^*_{\alpha,n}(0) + C^*_{\alpha,n}(1) + \ldots)(C_{\alpha,n}(0) + C_{\alpha,n}(1) + \ldots) \\ &= N_\alpha \neq 1 \,.\end{aligned}$$

Die konsistent Auswertung der rechten Seite dieser Gleichung erfordert z. B. für die Normierung eines Zustandes in zweiter Ordnung die Berechnung von

$$\begin{aligned}N_\alpha(2) = \sum_n \big[&C^*_{\alpha,n}(0)C_{\alpha,n}(0) + \{C^*_{\alpha,n}(0)C_{\alpha,n}(1) + C^*_{\alpha,n}(1)C_{\alpha,n}(0)\} \\ &+ \{C^*_{\alpha,n}(0)C_{\alpha,n}(2) + C^*_{\alpha,n}(1)C_{\alpha,n}(1) + C^*_{\alpha,n}(2)C_{\alpha,n}(0))\}\big] \,.\end{aligned}$$

11.2.1 Bemerkung zur Brillouin-Wigner Störentwicklung

Die Brillouin-Wigner Störentwicklung kann in verschiedener Weise eingesetzt werden. An dieser Stelle soll nur ein Beispiel zur Verwertung der Energieformel (11.9) angedeutet werden. Diese Formel lautet

$$E_\alpha = E_m(0) + \langle\,m\,|\hat{V}_1|\,m\,\rangle + \sum_{n\neq m} \frac{\langle\,m\,|\hat{V}_1|\,n\,\rangle\langle\,n\,|\hat{V}_1|\,m\,\rangle}{(E_\alpha - E_n(0))} + \ldots .$$

Bei Beschränkung der Diskussion auf die zweite Ordnung könnte man eine Energiekorrektur folgendermaßen iterativ bestimmen. Setze in den Summenterm auf der rechten Seite für E_α das Resultat in der ersten Ordnung

$$E_\alpha(1) = E_m(0) + \langle\,m\,|\hat{V}_1|\,m\,\rangle$$

ein und erhalte

$$E_\alpha(2) = \sum_{n\neq m} \frac{\langle\,m\,|\hat{V}_1|\,n\,\rangle\langle\,n\,|\hat{V}_1|\,m\,\rangle}{(E_\alpha(1) - E_n(0))} \,.$$

Im nächsten Schritt berechnet man

$$E_\alpha(3) = \sum_{n \neq m} \frac{\langle m | \hat{V}_1 | n \rangle \langle n | \hat{V}_1 | m \rangle}{(E_\alpha(2) - E_n(0))}$$

etc. Dieses Vorgehen stellt keine strenge Sortierung nach Potenzen von $\hat{V}_1$, sondern eine spezielle, partielle Resummation der Restreihe dar, die jedoch unter Umständen bessere Ergebnisse als die strikte Sortierung liefern kann.

11.3 Eine Anwendung: Anharmonische Oszillatoren

Für dreidimensionale Probleme, z. B. die Bewegung eines Teilchens in einem Zentralpotential, liegt meist Entartung des H_0-Problems vor, z. B. in der Quantenzahl für die Projektion des Drehimpulses. Für derartige Probleme ist die Störungstheorie in der einfachen Form nicht bzw. nur für Korrekturen erster Ordnung anwendbar. Aus diesem Grund ist das folgende Beispiel, ein anharmonischer Oszillator, der eindimensionalen Welt entnommen. Der Hamiltonoperator in der Ortsdarstellung lautet

$$\langle x | \hat{H} | x \rangle = \langle x | (\hat{H}_0 + \hat{V}_1) | x \rangle = \left[-\frac{\hbar^2}{2m_0} \frac{\mathrm{d}^2}{\mathrm{d}x^2} + \frac{b}{2} x^2 \right] + b_3 x^3$$

$$b = m_0 \omega^2 \, .$$

Das H_0-Problem mit dem Spektrum (Kap. 5.3.1)

$$E_n(0) = \hbar\omega \left(n + \frac{1}{2} \right) \qquad n = 0, 1, 2, \ldots$$

und den Eigenfunktionen

$$\langle x | n \rangle = u_n(x) = \left[\sqrt{\frac{\lambda}{\pi}} \frac{1}{2^n n!} \right]^{1/2} H_n(\sqrt{\lambda} x) \mathrm{e}^{-\lambda x^2/2} \qquad \lambda = \left[\frac{m_0 b}{\hbar^2} \right]^{1/2}$$

ist nicht entartet. Die gesamte potentielle Energie, die in Abb. 11.2 skizziert ist, verdeutlicht eine Schwierigkeit, die bei der Addition einer Störung zu einer unkomplizierten Situation auftreten kann. Für positive x-Werte (und $b_3 > 0$) wird die H_0-Parabel steiler. Für negative x-Werte ändert sich die Struktur der potentiellen Energiekurve entscheidend. Für genügend große negative x-Werte dominiert die Störung. Der ursprünglich geschlossene Potentialtopf wird geöffnet. Man findet eine Potentialbarriere mit einem Maximum $V_{\max} = b^3/(54\, b_3^2)$ an der Stelle $x_{\max} = -b/(3\, b_3)$. Ein Teilchen mit einer Energie in der Nähe des Maximums wird relativ schnell durch die Barriere tunneln und sich (beschleunigt) ungehindert nach links bewegen. Stationäre Störungstheorie kann eine derartige Situation nicht beschreiben. Auch ein

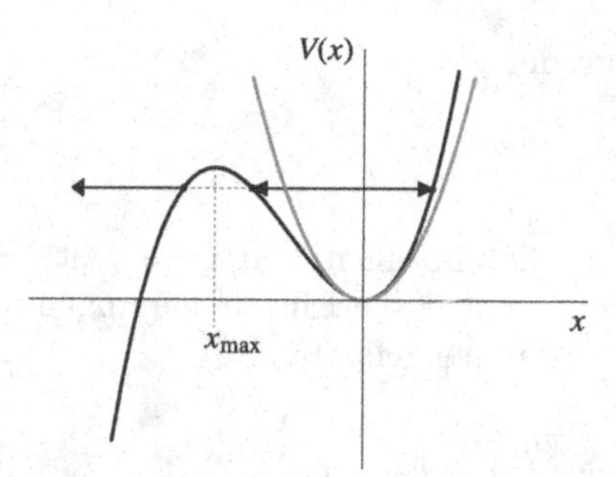

Abb. 11.2. Potentielle Energie des $x^2 + x^3$ Oszillators ($b_3 > 0$)

Teilchen mit einer Energie deutlich unterhalb des Maximums wird letztlich aus der Potentialtasche tunneln. Falls die Barriere jedoch genügend hoch (und breit) ist, wird es im statistischen Mittel sehr lange dauern, bis das Tunneln stattfindet. Man kann von einem quasistationären Zustand sprechen.

Eigentlich muss man derartige Situationen im Rahmen der zeitabhängigen Theorie diskutieren. Eine korrekte Diskussion von quasistationären Zuständen ist jedoch auch möglich, wenn man die veränderten Randbedingungen berücksichtigt. Die normale Annahme, dass sich ein Teilchen in einem beschränkten Raumgebiet aufhält, ist nicht mehr gegeben. Mit der für derartige Fälle zuständigen Theorie singulärer Differentialgleichungen[1] erhält man komplexe Energieeigenwerte

$$E_n = E_n(0) - \mathrm{i}\beta_n \qquad \text{mit} \qquad \beta_n > 0 \,.$$

Der Zeitfaktor der gesamten Wellenfunktion lautet dann

$$\mathrm{e}^{-\mathrm{i}E_n t/\hbar} = \mathrm{e}^{-\mathrm{i}E_n(0)t/\hbar}\mathrm{e}^{-\beta_n t/\hbar} \,.$$

Der Zustand hat eine endliche Lebensdauer. Man bezeichnet

- $E_n(0)$ als die Energie des quasistationären Zustandes,
- $\Gamma_n = 2\beta_n/\hbar$ als seine Zerfallsbreite,
- $\tau_n = 1/\Gamma_n$ als seine (mittlere) Lebensdauer.

Ist die Breite klein genug, so kann man hoffen, dass die Energiewerte, die mit Hilfe der Störungstheorie berechnet wurden, gut genug mit dem Realteil der komplexen Energiewerte übereinstimmen. Aussagen über die Breite selbst kann man in dieser Weise nicht erhalten.

Zur Durchführung der Störungstheorie benötigt man die Matrixelemente des Störpotentials. Deren Berechnung ist in fast allen Fällen eine etwas mühselige Angelegenheit. Neben der direkten Auswertung von Integralen wie in diesem Beispiel

$$\langle\, m\,|\hat{x}^3|\, n\,\rangle = \int \mathrm{d}x\; u_m^*(x)x^3 u_n(x) \,,$$

[1] siehe E. A. Coddington and N. Levinson, Kap. 9.

bietet sich die Möglichkeit an, eine Zerlegung der Form

$$\langle m|\hat{x}^3|n\rangle = \sum_{k_1,k_2} \langle m|\hat{x}|k_1\rangle\langle k_1|\hat{x}|k_2\rangle\langle k_2|\hat{x}|n\rangle$$

zu benutzen. Diese Option ist nützlich, falls die einzelnen Matrixelemente eine einfache Struktur haben. In der Tat findet man (alle Einzelrechnungen zu dem x^3-Oszillator sind in D.tail 11.2 zusammengefasst)

$$\langle m|\hat{x}|k_1\rangle = \frac{1}{\sqrt{\lambda}}\left\{\left[\frac{m+1}{2}\right]^{1/2}\delta_{m+1,k_1} + \left[\frac{m}{2}\right]^{1/2}\delta_{m-1,k_1}\right\},$$

so dass die Ausführung der Doppelsumme nicht sonderlich schwierig ist. Das Resultat lautet

$$\begin{aligned}\langle m|\hat{x}^3|n\rangle = \left[\frac{1}{2\lambda}\right]^{3/2} &\Big\{[(m+3)(m+2)(m+1)]^{1/2}\delta_{m+3,n} \\ &+ 3[m+1]^{3/2}\delta_{m+1,n} + 3[m]^{3/2}\delta_{m-1,n} \\ &+ [(m)(m-1)(m-2)]^{1/2}\delta_{m-3,n}\Big\}.\end{aligned}$$

Die Matrixdarstellung der Störung besteht aus vier Bändern parallel zur Hauptdiagonalen (Abb. 11.3).

$$\begin{pmatrix} 0 & \mathbf{X} & 0 & \mathbf{X} & 0 & 0 & 0 & \dots \\ \mathbf{X} & 0 & \mathbf{X} & 0 & \mathbf{X} & 0 & 0 & \dots \\ 0 & \mathbf{X} & 0 & \mathbf{X} & 0 & \mathbf{X} & 0 & \dots \\ \mathbf{X} & 0 & \mathbf{X} & 0 & \mathbf{X} & 0 & \mathbf{X} & \dots \\ 0 & \mathbf{X} & 0 & \mathbf{X} & 0 & \mathbf{X} & 0 & \dots \\ 0 & 0 & \mathbf{X} & 0 & \mathbf{X} & 0 & \mathbf{X} & \dots \\ 0 & 0 & 0 & \mathbf{X} & 0 & \mathbf{X} & 0 & \dots \end{pmatrix}$$

Abb. 11.3. Struktur der Matrix des x^3-Störpotentials

Die Struktur der Matrixdarstellung ist eine Folge der Paritätsauswahlregel. Für den Paritätsoperator $\hat{P}$ kann man die formalen Aussagen festhalten (vergleiche Kap. 5.3):

- Man kann erkennen, ob eine Wellenfunktion gerade oder ungerade ist. Folglich ist die Parität eines Systems eine Observable und der Paritätsoperator ist hermitesch $\hat{P}^\dagger = \hat{P}$. Außerdem gilt
$$\hat{P}^2 = \hat{1} \quad \text{und} \quad \hat{P}\hat{P}^{-1} = \hat{1}.$$
- Der Ortsoperator ändert sein Vorzeichen unter der Paritätsoperation. Dies wird in den folgenden Alternativen ausgedrückt
$$\begin{aligned}\hat{P}\hat{x} &= -\hat{x}\hat{P} \\ \hat{P}\hat{x} + \hat{x}\hat{P} &= \{\hat{P}, \hat{x}\}_+ = 0 \\ \hat{P}\hat{x}\hat{P}^{-1} &= -\hat{x}.\end{aligned}$$

Der Paritäts- und der Ortsoperator antikommutieren, bzw. der Ortsoperator $\hat{x}$ geht bei einer Ähnlichkeitstransformation mit dem Paritätsoperator in $-\hat{x}$ über.

- Für die Einwirkung auf Orts- und Oszillatorzustände gelten die Aussagen

$$\hat{P}|\,x\,\rangle = |\,-x\,\rangle$$
$$\hat{P}|\,n\,\rangle = (-1)^n|\,n\,\rangle\,.$$

Wendet man den Paritätsoperator auf einen Ortszustand an, so erhält man den am Ursprung gespiegelten Zustand. Bei der Anwendung auf Oszillatorzustände erhält man die Aussage: Diese Zustände sind entweder gerade oder ungerade. Daraus schließt man

$$\langle\,x\,|\hat{P}|\,n\,\rangle = (-1)^n\langle\,x\,|\,n\,\rangle$$

und

$$\langle\,x\,|\hat{P}|\,n\,\rangle = \langle\,-x\,|\,n\,\rangle\,.$$

Vergleich der rechten Seiten liefert die Standardaussage für die Oszillatorwellenfunktionen

$$u_n(-x) = (-1)^n u_n(x)\,.$$

Für die Matrixelemente des Operators $\hat{x}^3$ gilt anhand dieser Festlegungen die Auswahlregel

$$\begin{aligned}\langle\,m\,|\hat{x}^3|\,n\,\rangle &= \langle\,m\,|\hat{P}^{-1}(\hat{P}\hat{x}\hat{P}^{-1})(\hat{P}\hat{x}\hat{P}^{-1})(\hat{P}\hat{x}\hat{P}^{-1})\hat{P}|\,n\,\rangle \\ &= (-1)^{m+n+3}\langle\,m\,|\hat{x}^3|\,n\,\rangle\,.\end{aligned}$$

Die Matrixelemente haben den Wert Null, falls $m+n$ eine gerade Zahl ist.

Für die Energie des anharmonischen Oszillators ist bis zur zweiten Ordnung die Formel

$$\begin{aligned}E_\alpha \Longleftrightarrow E_m &= \hbar\omega(m+1/2) + b_3\langle\,m\,|\hat{x}^3|\,m\,\rangle \\ &\quad + b_3^2 \sum_{n\neq m} \frac{\langle\,m\,|\hat{x}^3|\,n\,\rangle\langle\,n\,|\hat{x}^3|\,m\,\rangle}{\hbar\omega(m-n)} + \ldots\end{aligned}$$

auszuwerten. Infolge der Auswahlregel gibt es keine Korrektur in erster Ordnung. In zweiter Ordnung tragen zu der Summe nur Terme mit

$$n = m+3 \quad n = m+1 \quad n = m-1 \quad n = m-3$$

bei. Setzt man die berechneten Matrixelemente ein und fasst die Terme zusammen (D.tail 11.2), so findet man die Energiekorrektur

$$E_m(2) = -\frac{15}{4}\frac{b_3^2}{\lambda^3\hbar\omega}\left[m^2+m+\frac{11}{30}\right] \qquad m = 0,\,1,\,2,\,\ldots\,.$$

Die Energien werden (in zweiter Ordnung) nach unten verschoben (Abb. 11.4).

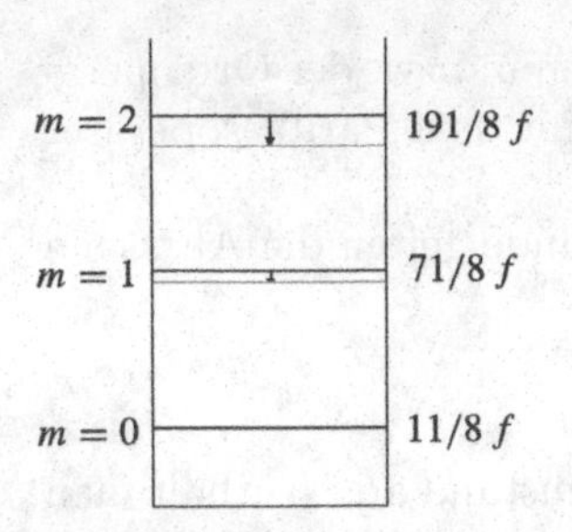

Abb. 11.4. Spektrum des x^3 Oszillators in Störungstheorie ($f = b_3^2/(\lambda^3\hbar\omega)$)

Die Korrektur wächst quadratisch mit m und b_3. Die oben notierte, notwendige Bedingung für die Anwendbarkeit der Störungstheorie

$$|\langle\, n\,|\hat{V}_1|\, m\,\rangle|^2 < |E_m(0) - E_n(0)|$$

liefert in diesem Beispiel

$$|\langle\, m \pm 3\,|\hat{V}_1|\, m\,\rangle|^2 \approx \frac{b_3}{8\lambda^{3/2}} m^3 < 3\hbar\omega$$

$$|\langle\, m \pm 1\,|\hat{V}_1|\, m\,\rangle|^2 \approx \frac{9b_3}{2\lambda^{3/2}} m^3 < \hbar\omega\,.$$

Benutzt man die restriktivere dieser Aussagen, so lautet die Abschätzung für die Zustände, für die die Störungsrechnung noch vertretbar sein sollte

$$m < \left(\frac{2\hbar\omega}{9b_3}\right)^{1/3} \sqrt{\lambda}\,.$$

Der Index des Zustandes muss kleiner als die angegebene Kombination der Parameter der potentiellen Energie sein.

Ein zweites Beispiel, der anharmonische Oszillator mit dem Hamiltonoperator

$$\langle\, x\,|\hat{H}|\, x\,\rangle = \langle\, x\,|(\hat{H}_0 + \hat{V}_1)|\, x\,\rangle = \left[-\frac{\hbar^2}{2m_0}\frac{\mathrm{d}^2}{\mathrm{d}x^2} + \frac{b}{2}x^2\right] + b_4 x^4$$

$$b = m_0\omega^2\,,$$

soll nur angedeutet werden, da dieses Problem ein Bestandteil der Aufgabensammlung ist. Für positive Werte der Konstanten b_4 verengt die Störung den Potentialtopf. Die Anwendung der Störungstheorie korrigiert Zustände, die weiterhin gebunden bleiben. Ist die Konstante negativ, so ändert sich die Struktur des Topfes. Es tritt eine symmetrische Doppelbarriere auf (Abb. 11.5). Störungstheorie kann, wie im Fall des x^3-Oszillators, nur bedingt (bei genügend großer Lebensdauer der quasistationären Zustände) eingesetzt werden.

Die Berechnung der Matrixelemente $\langle\, m\,|\hat{x}^4|\, n\,\rangle$ folgt dem vorherigen Muster, nur müssen sie dieses Mal aus vier Einzelelementen zusammengesetzt

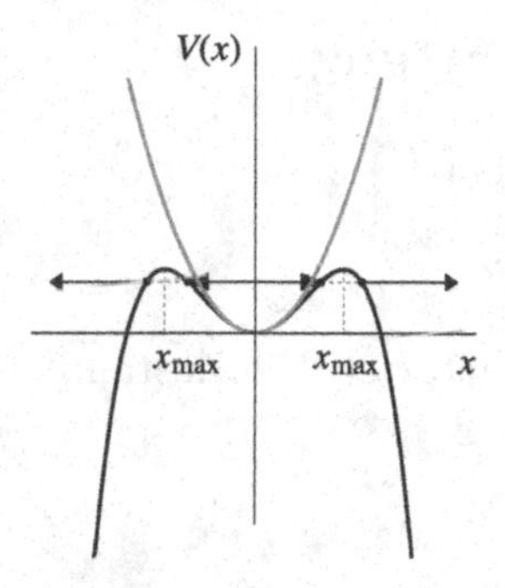

Abb. 11.5. Potentielle Energie des $x^2 + x^4$ Oszillators ($b_4 < 0$)

werden. Die Paritätsauswahlregel lautet

$$\langle\, m\,|\hat{x}^4|\, n\,\rangle = 0\,,$$

falls $m - n$ ungerade ist. Dies bedingt, zusammen mit der Struktur der Matrixelemente des einfachen Ortsoperators, wiederum eine Bänderstruktur der Matrixdarstellung der Störung (siehe Abb. 11.6).

$$\begin{pmatrix}
\mathbf{X} & 0 & \mathbf{X} & 0 & \mathbf{X} & 0 & 0 & 0 & \ldots \\
0 & \mathbf{X} & 0 & \mathbf{X} & 0 & \mathbf{X} & 0 & 0 & \ldots \\
\mathbf{X} & 0 & \mathbf{X} & 0 & \mathbf{X} & 0 & \mathbf{X} & 0 & \ldots \\
0 & \mathbf{X} & 0 & \mathbf{X} & 0 & \mathbf{X} & 0 & \mathbf{X} & \ldots \\
\mathbf{X} & 0 & \mathbf{X} & 0 & \mathbf{X} & 0 & \mathbf{X} & 0 & \ldots \\
0 & \mathbf{X} & 0 & \mathbf{X} & 0 & \mathbf{X} & 0 & \mathbf{X} & \ldots \\
0 & 0 & \mathbf{X} & 0 & \mathbf{X} & 0 & \mathbf{X} & 0 & \ldots
\end{pmatrix}$$

Abb. 11.6. Struktur der Matrix des x^4-Störpotentials

Man findet von Null verschiedene Matrixelemente für $m - n = 0,\ \pm 2,\ \pm 4$. Da die Diagonalelemente der Störung nicht verschwinden, tritt für den x^4-Oszillator ein Korrekturterm in erster Ordnung auf. Für die resultierende Energie bis zur zweiten Ordnung findet man (siehe D.tail 11.2 für eine Andeutung der notwendigen Rechnung)

$$\begin{aligned}
E_m = \hbar\omega\left(m + \frac{1}{2}\right) &+ \frac{3b_4}{4\lambda^2}\left(2m^2 + 2m + 1\right) \\
&- \frac{b_4^2}{8\lambda^4\hbar\omega}\left(34m^3 + 51m^2 + 59m + 21\right) + \ldots\,.
\end{aligned}$$

Auch für diesen anharmonischen Oszillator könnte man weitere Details (z. B. für welche Parameter und Zustände ist $E_m(1)$ größer als $E_m(2)$, vergleiche die Situation für verschiedene Werte des Parameters λ, etc.) untersuchen.

11.4 Stationäre Störungstheorie bei Entartung

Eine Entartung des H_0-Problems kann durch die Vorgabe

$$\hat{H}_0 | n, f \rangle = E_n^{(0)} | n, f \rangle \qquad n = 1, 2, \ldots \quad f = 1, 2, \ldots, f_n$$

charakterisiert werden. Der n-te Zustand ist f_n-fach entartet. Die Zustände sind orthonormal

$$\langle n, f \,|\, n', f' \rangle = \delta_{n,n'} \delta_{f,f'}$$

und vollständig

$$\sum_{n,f} | n, f \rangle \langle n, f \,| = \hat{1} \,.$$

Als konkretes Beispiel kann das Wasserstoffatom (Kap. 6.1) dienen, wobei

- n der Hauptquantenzahl entspricht,
- f für die zulässigen Drehimpulsquantenzahlen l, m steht
- und der Entartungsgrad $f_n = n^2$ ist.

Offensichtlich kann man die Standardform der Rayleigh-Schrödinger Störungstheorie nicht anwenden. Der Beitrag in zweiter Ordnung für eine Störung des Wasserstoffproblems lautet

$$E_{nlm}(2) = \sum_{n',l',m' \neq n,l,m} \frac{\langle nlm \,|\hat{V}_1|\, n'l'm' \rangle \langle n'l'm' \,|\hat{V}_1|\, nlm \rangle}{(E_{nlm}^{(0)} - E_{n'l'm'}^{(0)})} \,.$$

Sind die Energiewerte $E_{nlm}^{(0)}$ unabhängig von den Drehimpulsquantenzahlen ($E_{nlm}^{(0)} = E_n^{(0)}$), so treten divergente Terme (für $E_{nlm}^{(0)} - E_{nl'm'}^{(0)}$) auf. Die folgenden Optionen zur Behebung dieser Schwierigkeit bieten sich an:

- Man kann eine Variante der Störungstheorie mit der Ersetzung

  $$\varepsilon = E_n^{(0)} + \langle n, f \,|\hat{V}_1|\, n, f \rangle$$

  anstelle von $\varepsilon = E_n^{(0)}$ benutzen, falls durch das zusätzliche Matrixelement die Entartung aufgehoben ist. Eine strikte Sortierung nach Potenzen der Störung ist dann nicht mehr gegeben.
- Bei der Standardmethode geht man von der Matrixdarstellung des vollständigen Problems

  $$\langle n, f \,|(\hat{H}_0 + \hat{V}_1)|\, n', f' \rangle = E_n^{(0)} \delta_{nn'} \delta_{ff'} + V_{nf,n'f'}$$

  aus und behebt die Entartung in niedrigster Ordnung durch eine Vordiagonalisierung, indem man die Matrix $\langle n, f \,|(\hat{H}_0 + \hat{V}_1)|\, n, f' \rangle$ (gleiches n !) mit einer unitären Transformation auf Diagonalform bringt.

Für das konkrete Beispiel eines Wasserstoffatoms mit Störung sieht die Matrixdarstellung (bei einfacher Durchnumerierung des Index f) andeutungsweise folgendermaßen aus

$$\langle n, f\,|(\hat{H}_0 + \hat{V}_1)|\, n', f'\,\rangle \longrightarrow$$

$$\begin{array}{c|cccc|cc}
E_1^{(0)}{+}V_{11,11} & V_{11,21} & V_{11,22} & V_{11,23} & V_{11,24} & V_{11,31} & \dots \\
\hline
V_{21,11} & E_2^{(0)}{+}V_{21,21} & V_{21,22} & V_{21,23} & V_{21,24} & V_{21,31} & \dots \\
V_{22,11} & V_{22,21} & E_2^{(0)}{+}V_{22,22} & V_{22,23} & V_{22,24} & V_{22,31} & \dots \\
\dots & \dots & \dots & \dots & \dots & \dots & \dots \\
V_{24,11} & V_{24,21} & V_{24,22} & V_{24,23} & E_2^{(0)}{+}V_{24,24} & V_{24,31} & \dots \\
\hline
V_{31,11} & V_{31,21} & V_{31,22} & V_{31,23} & V_{31,24} & E_3^{(0)}{+}V_{31,31} & \dots \\
\dots & \dots & \dots & \dots & \dots & \dots & \dots
\end{array}$$

In einem ersten Schritt berücksichtigt man nur die entarteten Blöcke. Die Matrix hat dann die Form

$$\langle n, f\,|(\hat{H}_0 + \hat{V}_1)|\, n, f'\,\rangle \rightsquigarrow$$

$$\begin{array}{c|cccc|cc}
E_1^{(0)}{+}V_{11,11} & 0 & 0 & 0 & 0 & 0 & 0 \\
\hline
0 & E_2^{(0)}{+}V_{21,21} & V_{21,22} & V_{21,23} & V_{21,24} & 0 & 0 \\
0 & V_{22,21} & E_2^{(0)}{+}V_{22,22} & V_{22,23} & V_{22,24} & 0 & 0 \\
0 & \dots & \dots & \dots & \dots & 0 & 0 \\
0 & V_{24,21} & V_{24,22} & V_{24,23} & E_2^{(0)}{+}V_{24,24} & 0 & 0 \\
\hline
0 & 0 & 0 & 0 & 0 & E_3^{(0)}{+}V_{31,31} & \dots \\
0 & 0 & 0 & 0 & 0 & \dots & \dots
\end{array}$$

Jeder der Teilblöcke der Dimension n_f kann mittels einer unitären Basistransformation (Praktische Aspekte der Diagonalisierung werden in Math.Kap. 3 beschrieben.)

$$|\, n\, F\rangle = \sum_{f=1}^{n_f} C_{F,f}(n) |\, n\, f\rangle \tag{11.17}$$

in eine Diagonalform gebracht werden. Es gilt dann, von Zufälligkeiten abgesehen, für die 'Eigenwerte' der entarteten Blöcke

$$E_{n,F} \neq E_{n,F'} \quad \text{für} \quad F \neq F' \, .$$

Die Matrixdarstellung des vollständigen Hamiltonoperators bezüglich der Basis (11.17) enthält keine entarteten Diagonalelemente

$$\langle\, n,\, F\,|(\hat{H}_0 + \hat{V}_1)|\, n',\, F'\,\rangle \longrightarrow$$

$$\begin{array}{c|cccc|cc}
E_{11} & V_{11,21} & V_{11,22} & V_{11,23} & V_{11,24} & V_{11,31} & \dots \\
\hline
V_{21,11} & E_{21} & 0 & 0 & 0 & V_{21,31} & \dots \\
V_{22,11} & 0 & E_{22} & 0 & 0 & V_{22,31} & \dots \\
\dots & \dots & \dots & \dots & \dots & \dots & \dots \\
V_{24,11} & 0 & 0 & 0 & E_{24} & V_{24,31} & \dots \\
\hline
V_{31,11} & V_{31,21} & V_{31,22} & V_{31,23} & V_{31,24} & E_{31} & 0 \\
\dots & \dots & \dots & \dots & \dots & \dots & \dots
\end{array}$$

so dass die Rayleigh-Schrödinger Störungstheorie wie in Kap. 11.2 eingesetzt werden kann, auch wenn mit der Vordiagonalisierung die strikte Sortierung nach Potenzen der Störung $\hat{V}_1$ aufgegeben wurde.

11.4.1 Der Starkeffekt

Das angedeutete Verfahren kann durch die Diskussion des *Starkeffektes* für das Wasserstoffatom illustriert werden[2]. Zu berechnen ist die Energieverschiebung der Wasserstoffniveaus in einem homogenen elektrischen Feld. Wählt man als Feldrichtung die z-Richtung, so wird das Starkproblem durch den Hamiltonoperator

$$\langle\, \boldsymbol{r}\,|\hat{H}|\, \boldsymbol{r}'\,\rangle = \delta(\boldsymbol{r} - \boldsymbol{r}') \left\{ \left[-\frac{\hbar^2}{2m_e}\Delta - \frac{Ze^2}{r} \right] + e|E|z \right\}$$

(mit $Z = 1$) charakterisiert. Die Abb. 11.7a, in der das effektive Potential

$$V_{\text{eff}}(z) = -\frac{e^2}{|z|} + e|E|z$$

[2] Der Starkeffekt kann alternativ in parabolischen Koordinaten diskutiert werden.

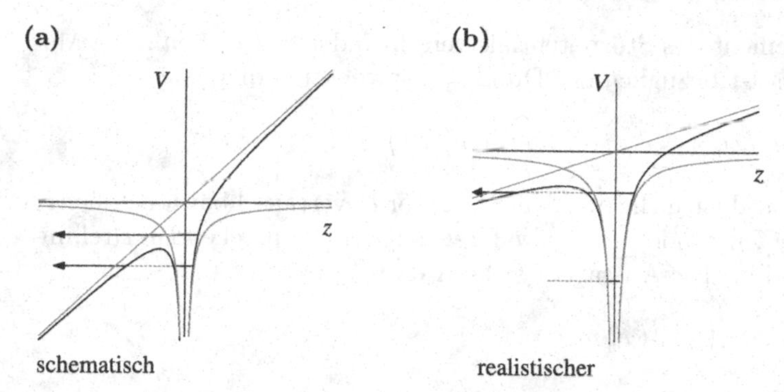

Abb. 11.7. Das effektive Potential des Starkproblems entlang der z-Achse

entlang der z-Achse aufgetragen ist, zeigt, dass auch in diesem Beispiel quasistationäre Zustände auftreten können, in denen sich das Elektron von dem Proton durch Tunneln entfernt. Betrachtet man jedoch explizite Zahlen, so erscheint die in Abb. 11.7b dargestellte Situation realistischer. Das mittlere atomare Feld, dem ein Elektron in einem Zustand mit der Quantenzahl n ausgesetzt ist, hat die Größenordnung

$$|\overline{E}_n| \approx \frac{e}{a_0^2 n^2} \approx \frac{5 \cdot 10^9}{n^2}\ \text{Volt/cm}\,.$$

Die Stärke von äusseren elektrischen Feldern beträgt hingegen maximal 10^6 Volt/cm, bevor in einem Kondensator Durchschlag einsetzt[3]. Für Zustände mit $n < 70$ ist das externe Feld deutlich schwächer als das mittlere Feld des Protons.

Bevor man die Matrixelemente der Störung explizit berechnet, ist es nützlich zu fragen, welche Matrixelemente von Null verschieden sind. Zur Bestimmung der entsprechenden Auswahlregeln bezüglich der Wasserstoffwellenfunktionen schreibt man zweckmäßigerweise

$$\begin{aligned}\langle\, nlm\,|\hat{V}_1|\, n'l'm'\,\rangle &= e|E|\langle\, nlm\,|\hat{z}|\, n'l'm'\,\rangle \\ &= e|E|\left[\frac{4\pi}{3}\right]^{1/2} \iiint \mathrm{d}^3r\ \psi^*_{nlm}(\boldsymbol{r})\{rY_{10}(\theta,0)\}\psi_{n'l'm'}(\boldsymbol{r})\end{aligned}$$

und erarbeitet aufgrund der Symmetrie des Problems die Aussagen

- Das Störpotential vertauscht mit dem Operator $\hat{l}_z \to -\mathrm{i}\hbar\partial_\varphi$. Das Matrixelement des Kommutators $[\hat{V}_1, \hat{l}_z] = 0$ ergibt

$$\langle\, nlm\,|(\hat{V}_1\hat{l}_z - \hat{l}_z\hat{V}_1)|\, n'l'm'\,\rangle = \hbar(m'-m)\langle\, nlm\,|\hat{V}_1|\, n'l'm'\,\rangle = 0\,.$$

[3] In typischen Experimenten benutzt man eine Plattenspannung von 10^3 Volt und einen Plattenabstand von 10^{-1} cm. Eine typische Feldstärke ist somit 10^4 Volt/cm.

Das Matrixelement des Störpotentials verschwindet für $m \neq m'$. Die Matrixdarstellung ist bezüglich der Drehimpulsprojektion diagonal

$$\langle nlm | \hat{V}_1 | n'l'm' \rangle = \delta_{mm'} \langle nlm | \hat{V}_1 | n'l'm \rangle \, .$$

- Das Störpotential ist nicht mit dem Operator $\boldsymbol{l}^2$ vertauschbar, doch liefert die Parität der Zustände eine Auswahlregel in der entsprechenden Drehimpulsquantenzahl l. Die Aussagen (siehe Kap. 6.1)

$$\langle \boldsymbol{r} | \hat{P} | nlm \rangle = (-1)^l \langle \boldsymbol{r} | nlm \rangle$$

bzw.

$$\hat{P} | nlm \rangle = (-1)^l | nlm \rangle$$

und

$$\hat{P} \hat{z} \hat{P}^{-1} = -\hat{z}$$

führen auf

$$\begin{aligned} \langle nlm | \hat{V}_1 | n'l'm \rangle &= \langle nlm | \hat{P}^{-1} (\hat{P} \hat{V}_1 \hat{P}^{-1}) \hat{P} | n'l'm \rangle \\ &= (-1)^{l+l'+1} \langle nlm | \hat{V}_1 | n'l'm \rangle \, . \end{aligned}$$

Die Paritätsauswahlregel lautet somit

$$\langle nlm | \hat{V}_1 | n'l'm \rangle = 0 \quad \text{falls} \quad l + l' \quad \text{gerade ist} \, .$$

- Eine weitere Einschränkung bezüglich der Quantenzahl l ergibt sich aufgrund der Drehimpulskopplung. In D.tail 11.3 wird gezeigt, dass das Integral

$$I(lm, l'm) = \iint \mathrm{d}\Omega Y^*_{lm}(\Omega) Y_{1,0}(\Omega) Y_{l'm}(\Omega)$$

den Wert

$$\begin{aligned} I(lm, l'm) = \sqrt{\frac{3}{4\pi}} \Bigg\{ & \left[\frac{(l'+m+1)(l'-m+1)}{(2l'+1)(2l'+3)} \right]^{1/2} \delta_{l,l'+1} \\ & + \left[\frac{(l'-m)(l'+m)}{(2l'-1)(2l'+1)} \right]^{1/2} \delta_{l,l'-1} \Bigg\} \end{aligned}$$

hat. Es gilt also in Konsistenz mit und in Erweiterung der Paritätsauswahlregel

$$\langle nlm | \hat{V}_1 | n'l'm \rangle = 0 \quad \text{falls} \quad l - l' \neq \pm 1 \quad \text{ist} \, .$$

Die explizite Auswertung der verbleibenden Matrixelemente des Störpotentials für $n, n' = 1, 2, 3$ sowie weitere Rechenschritte sind in D.tail 11.3 zusammengestellt. Infolge der Auswahlregeln und der Einschränkung durch die Hermitizität

$$\langle\, nlm\, |\hat{V}_1|\, n'l'm'\,\rangle = \langle\, n'l'm'\, |\hat{V}_1|\, nlm\,\rangle^*$$

muss man bei Berücksichtigung aller Zustände bis $n = 3$ (anstelle von 196) nur 12 Matrixelemente berechnen. Die nichtverschwindenden Elemente in der Matrix mit der Form

$$\langle\, n,\, l\, m\, |\hat{V}_1|\, n',\, l'\, m'\,\rangle \longrightarrow \text{Zahl} \cdot\, e\, a_0\, |E|$$

sind in Tabelle 11.1 zusammengefasst.

Die Bestimmung der $|\, n\, F\rangle$-Basis erfordert die Lösung der folgenden einfachen, algebraischen Eigenwertprobleme:

- für $n = 2,\ m = 0$, ein 2×2 Eigenwertproblem,
- für $n = 3,\ m = 0$, ein 3×3 Eigenwertproblem,
- für $n = 3,\ m = \pm 1$, je ein 2×2 Eigenwertproblem.

Die Eigenwerte (siehe D.tail 11.3) der diagonalisierten Blöcke, in der Notation $E_{F,nm}$ sind:

$$\begin{aligned} E_{F,20} &= E_2^{(0)} \pm 3b \\ E_{F,30} &= E_3^{(0)},\ E_3^{(0)} \pm 9b \\ E_{F,3,\pm 1} &= E_3^{(0)} \pm \frac{9}{2} b\,. \end{aligned}$$

Die Größe b steht für $b = e|E|a_0$, die Energien $E_n^{(0)}$ für die Wasserstoffenergiewerte. Vernachlässigt man die verbleibenden Matrixelemente ausserhalb der diagonalen Blöcke), so erhält man als Zwischenergebnis das in Abb. 11.8 gezeigte, genäherte Starkspektrum eines Wasserstoffatoms in einem homogenen, elektrischen Feld. Die Energie des Grundzustands ist unverändert. Das vierfach entartete Niveau mit $n = 2$ spaltet in drei Niveaus auf, da der Energiewert der zwei Zustände mit $m = 0$ um den gleichen Betrag angehoben

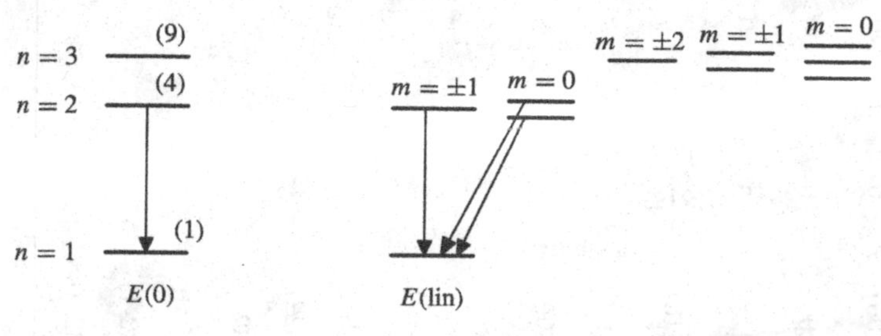

Abb. 11.8. Das lineare Starkspektrum des H-Atoms

Tabelle 11.1. Matrixdarstellung des Starkpotentials in Einheiten $e\,a_0\,|E|$ für $n, n' = 1, 2, 3$

	(100)	(200)	(211)	(210)	(21-1)	(300)	(311)	(310)	(31- 1)	(322)	(321)	(320)	(32-1)	(32-2)
(100)	0	0	0	$\frac{128}{243}\sqrt{2}$	0	0	0	$\frac{27}{128}\sqrt{2}$	0	0	0	0	0	0
(200)	0	0	0	-3	0	0	0	$\frac{27648}{15625}$	0	0	0	0	0	0
(211)	0	0	0	0	0	0	0	0	0	0	$\frac{165888}{78125}$	0	0	0
(210)	$\frac{128}{243}\sqrt{2}$	-3	0	0	0	$\frac{3456}{15625}\sqrt{6}$	0	0	0	0	0	$\frac{110592}{78125}\sqrt{3}$	0	0
(21-1)	0	0	0	0	0	0	0	0	0	0	0	0	$\frac{165888}{78125}$	0
(300)						0	0	$-3\sqrt{6}$	0	0	0	0	0	0
(311)							0	0	0	0	$-\frac{9}{2}$	0	0	0
(310)								0	0	0	0	$-3\sqrt{3}$	0	0
(31-1)									0	0	0	0	$-\frac{9}{2}$	0
(322)										0	0	0	0	0
(321)											0	0	0	0
(320)												0	0	0
(32-1)													0	0
(32-2)														0

bzw. abgesenkt wird. Das neunfach entartete Niveau $n = 3$ spaltet in fünf Niveaus auf. Die Energieverschiebungen sind jedoch gering. Für ein äußeres Feld mit der Stärke $|E| = 10^4$ Volt/cm findet man die Energieverschiebungen

$$\begin{aligned} n = 2 \quad m = 0 \quad &: \quad \Delta \approx \pm 1.6 \cdot 10^{-4} \text{ eV} \\ n = 3 \quad m = 0 \quad &: \quad \Delta \approx \pm 4.8 \cdot 10^{-4} \text{ eV} \\ n = 3 \quad m = \pm 1 \quad &: \quad \Delta \approx \pm 2.4 \cdot 10^{-4} \text{ eV} . \end{aligned}$$

Diese minimalen Verschiebungen (z. B. gegenüber einer Energiedifferenz von 10.2 eV für die erste Linie der Wasserstoff Lyman-Serie) sind auch für schwächere Felder noch messbar. So beobachtet man (neben der durch relativistische Effekte bedingten Aufspaltungen) eine Veränderung der Linien von Wasserstoffatomen in einem elektrischen Feld entsprechend dem oben angedeuteten Muster. Da die Verschiebungen linear in der Feldstärke sind, spricht man von einem *linearen* Starkeffekt. Sind die Felder schwach genug, so können nur diese linearen Verschiebungen beobachtet werden.

Zur Berechnung von höheren Korrekturen benötigt man die Matrixdarstellung des Stark-Hamiltonoperators bezüglich der durch Vordiagonalisierung gewonnenen Basis (für Interessenten: ebenfalls in ◉ D.tail 11.3). Die mit dieser Matrixdarstellung durchgeführte Störungstheorie ergibt essentiell Korrekturen von zweiter Ordnung in der Feldstärke, so z. B. für den Grundzustand eine Verschiebung (Absenkung) um $\Delta(G) \approx -10^{-9}$ eV bei einer Feldstärke von 10^4 Volt/cm.

11.5 Die WKB Näherung

Bei dem Durchgang einer elektromagnetischen Welle durch einen Spalt kann man Fresnelbeugung (falls die Wellenlänge und der Spalt von gleicher Größe sind) und geometrische Optik (der Spalt ist groß gegenüber der Wellenlänge, geometrisch begrenzte Strahlen ergeben eine ausreichende Beschreibung der Situation) unterscheiden. Diesem Übergang von der Wellenoptik der Elektrodynamik zu der geometrischen Optik entspricht die nach G. Wentzel, H. A. Kramers und L. Brillouin benannte Umschreibung bzw. Näherung der Quantenmechanik.

Ein Quantenteilchen dessen de Broglie Wellenlänge vergleichbar mit der 'charakteristischen Dimension des Systems' (zum Beispiel der Dimension eines Potentialtopfes) ist (Abb. 11.9a), muss mit der vollen Wellenmechanik beschrieben werden. Ist die Wellenlänge klein im Vergleich zu der Dimension (Abb. 11.9b), so kann man die potentielle Energie über Bereiche von der Größenordnung der Wellenlänge als konstant ansehen. Die Umsetzung dieser Modellvorstellung ist die Grundidee der WKB Näherung.

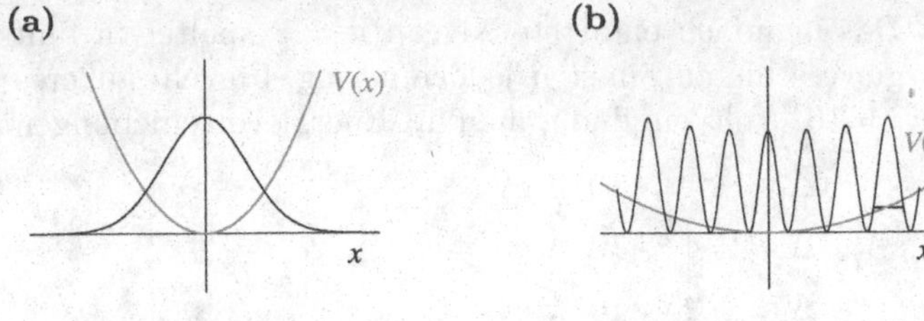

wellenmechanische Behandlung erforderlich

WBK Näherung möglich

Abb. 11.9. Zur WKB Näherung

Zur Andeutung der Details kann man sich auf die eindimensionale Welt beschränken. Die stationäre Schrödingergleichung

$$\left[\frac{\mathrm{d}^2}{\mathrm{d}x^2} + \frac{2m_0}{\hbar^2}(E - V(x))\right]\psi(x) = 0$$

hat für eine konstante potentielle Energie $V(x) = V_0$ die Lösung

$$\psi(x) = \mathrm{e}^{\pm ikx} \qquad \text{mit} \qquad k = \left[\frac{2m_0}{\hbar^2}(E - V_0)\right]^{1/2} .$$

Man verwertet diese Aussage in dem Ansatz

$$\psi(x) = \mathrm{e}^{\mathrm{i}S(x)} \tag{11.18}$$

und findet für die Phasenfunktion $S(x)$ zunächst die exakte Differentialgleichung

$$\mathrm{i}S''(x) - (S'(x))^2 + k(x)^2 = 0 . \tag{11.19}$$

Die ortsabhängige Wellenzahl $k(x)$ ist je nach Situation

$$k(x) = \left[\frac{2m_0}{\hbar^2}(E - V(x))\right]^{1/2} \qquad \text{für} \quad E > V(x)$$

$$k(x) = -\mathrm{i}\left[\frac{2m_0}{\hbar^2}(V(x) - E)\right]^{1/2} \qquad \text{für} \quad E < V(x) .$$

Die Differentialgleichung für die Phasenfunktion $S(x)$ ist, im Gegensatz zu der Schrödingergleichung für die Wellenfunktion, nichtlinear.

Ist nun $V(x)$ und somit $k(x)$ eine Funktion, die sich langsam mit der Position verändert, so kann man erwarten, dass sich auch die Phasenfunktion langsam verändert. Dies kann mit der Bedingung

$$|S''(x)| < |S'(x)|$$

zum Ausdruck gebracht werden. Vernachlässigt man die zweite Ableitung in (11.19), so erhält man die genäherte Differentialgleichung

$$S_1'(x)^2 = k(x)^2$$

mit den linear unabhängigen Lösungen

$$S_1(x) = \pm \int^x \mathrm{d}x'\, k(x') + const.\,,$$

sowie

$$\psi_1(x) = A\mathrm{e}^{\pm \int^x \mathrm{d}x'\, k(x')}\,,$$

Man bezeichnet diese Lösung als die erste WKB Näherung.

Eine typische Anwendung ist in Abb. 11.10a skizziert: Die Berechnung des Transmissionskoeffizienten durch eine Barriere von dem Punkt a zu dem

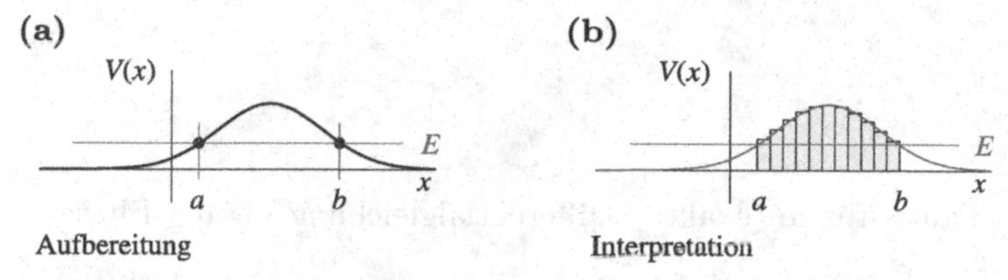

Abb. 11.10. Transmission in der WKB Näherung

Punkt b. Es ist $E \leq V(x)$, so dass die integrierte Wellenfunktion[4] (in der ersten WKB Näherung)

$$S_1(ab) = \exp\left[-\int_a^b \mathrm{d}x' \left[\frac{2m}{\hbar^2}(V(x') - E)\right]^{1/2}\right] = \exp\left[-\int_a^b \mathrm{d}x'\, \kappa(x')\right]$$

die Wahrscheinlichkeitsamplitude beschreibt, dass ein Teilchen mit der Energie E die Barriere durchtunnelt, wenn es im Punkt a die Wahrscheinlichkeit 1 besitzt. Der Transmissionskoeffizient ist dann

$$T_{a\to b} = |S_1(ab)|^2 = \mathrm{e}^{-2\int_a^b \mathrm{d}x'\, \kappa(x')}\,.$$

Dieser vielbenutzten Abschätzung, die für eine nicht zu kleine Barriere brauchbar ist, liegt die Vorstellung zugrunde: Unterteile die Barriere in infinitesimale Rechteckbarrieren und berechne die Transmission als Produkt der Transmissionskoeffizienten durch die einzelnen Rechteckbarrieren (Abb. 11.10b).

[4] Es kommt nur die exponentiell abfallende Lösung in Frage.

Zur Gewinnung von Korrekturen zu der ersten WKB Näherung arbeitet man mit dem Ansatz

$$S(x) = S_1(x) + S_2(x) + \dots .$$

Man bestimmt die zweite Näherung, indem man die zweite Ableitung der ersten Näherung auswertet und in der Differentialgleichung (11.19) benutzt

$$(S_2'(x))^2 = k(x)^2 + \mathrm{i}S_1''(x) = k(x)^2 \pm \mathrm{i}k'(x) .$$

Entsprechend bestimmt man Korrekturen höherer Ordnung mittels

$$(S_n'(x))^2 = k(x)^2 + \mathrm{i}S_{n-1}''(x) .$$

In der dreidimensionalen Welt ist der Ausgangspunkt die Schrödingergleichung

$$\Delta\psi(\boldsymbol{r}) + k(\boldsymbol{r})^2\psi(\boldsymbol{r}) = 0 .$$

Der Ansatz

$$\psi(\boldsymbol{r}) = \mathrm{e}^{\mathrm{i}S(\boldsymbol{r})}$$

führt in diesem Fall auf eine (exakte) Differentialgleichung für die Phasenfunktion in der Form

$$\mathrm{i}\Delta S(\boldsymbol{r}) - (\boldsymbol{\nabla} S(\boldsymbol{r}))^2 + k(\boldsymbol{r})^2 = 0 .$$

Sie kann in Analogie zu dem eindimensionalen Fall diskutiert und sukzessive genähert werden.

12 Zeitabhängige Störungstheorie

Das Ziel der zeitabhängigen Störungstheorie ist die Diskussion von Näherungslösungen der zeitabhängigen Schrödingergleichung

$$\mathrm{i}\hbar\, \partial_t |\psi(t)\rangle = \hat{H}(t)|\,\psi(t)\rangle = \left[\left(\hat{T} + \hat{V}_0\right) + \hat{V}_1(t)\right] |\,\psi(t)\rangle \,. \tag{12.1}$$

Um ein konkretes Beispiel vor Augen zu haben, kann man die folgende Situation betrachten: Das System, das durch den stationären Anteil ($\hat{H}_0 = \hat{T} + \hat{V}_0$) beschrieben wird, ist ein Wasserstoffatom. Das Elektron ist zum Zeitpunkt $t \leq 0$ in dem Grundzustand (Abb. 12.1)

$$|\,\psi(t)\rangle = \mathrm{e}^{-\mathrm{i}tE_1^{(0)}/\hbar}|\,100\rangle \qquad \text{für} \quad t \leq 0 \,.$$

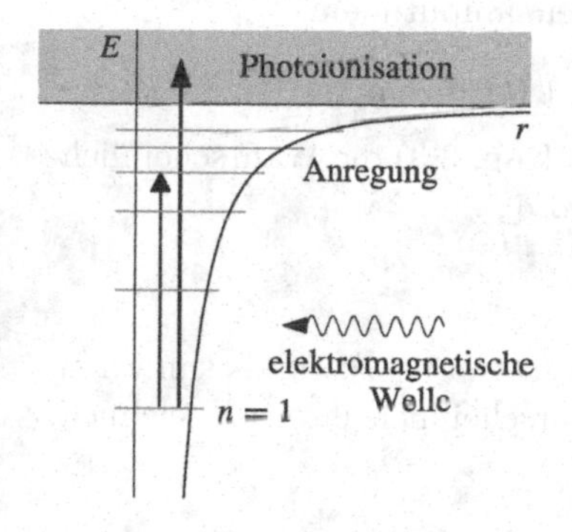

Abb. 12.1. Anregung im H-Atom

Zur Zeit $t = 0$ trifft eine elektromagnetische Welle (Wellenpaket) an der Position des Atoms ein. Die einfallende Welle (pauschal beschrieben durch $\hat{V}_1(t)$, Details folgen) greift an dem Elektron an. Das Elektron wird infolge der Energiezufuhr als Quantensystem mit einer gewissen Wahrscheinlichkeit in einen angeregten Zustand gehoben. Neben Anregung ist Photoionisation möglich. Ist die Energiezufuhr groß genug, so wird das Elektron von dem Proton getrennt und endet in einem Kontinuumszustand.

Aus mathematisch-technischer Sicht liegt ein Anfangswertproblem vor: Die Lösung der Schrödingergleichung für gegebene Anfangsbedingungen. Die Größen, die in diesem Fall zu bestimmen sind, sind nicht Energieverschiebungen, sondern die Wahrscheinlichkeiten für Übergänge zwischen den ungestörten Energieniveaus. Der Zugang zu dieser Aufgabe sieht folgendermaßen aus: Man entwickelt den gesuchten Zustand nach den Lösungen (einschließlich der Zeitphase) des $\hat{H}_0$-Problems

$$|\,\psi(t)\rangle = \sum_{nlm} C_{nlm}(t)\mathrm{e}^{-\mathrm{i}tE_n^{(0)}/\hbar}|\,nlm\rangle + \int \mathrm{d}^3k\, C_{\boldsymbol{k}}(t)\mathrm{e}^{-\mathrm{i}tE_{\boldsymbol{k}}^{(0)}/\hbar}|\,\boldsymbol{k}^{(+)}\rangle\,. \tag{12.2}$$

Dabei sind diskrete Lösungen und Kontinuumslösungen zu berücksichtigen. Die Kontinuumslösungen (mit geeigneten Randbedingungen, vorläufig angedeutet durch $\boldsymbol{k}^{(+)}$) werden in Band 4 diskutiert. Für den Moment genügt die Information, dass sie, in dem genannten Beispiel, auslaufende Kugelwellen in einem Coulombpotential darstellen.

Die Anfangsbedingung für ein H-Atom im Grundzustand lautet

$$C_{100}(t) = 1 \qquad C_a(t) = 0 \qquad \text{für} \quad a \neq (100) \quad \text{und} \quad t \leq 0\,.$$

Zu jedem Zeitpunkt $t > 0$ kann man eine Spektralanalyse der Lösung der zeitabhängigen Schrödingergleichung durchführen. Sind alle Zustände orthogonal

$$\langle nlm\,|\,n'l'm'\rangle = \delta_{nn'}\delta_{ll'}\delta_{mm'} \qquad \langle nlm\,|\,\boldsymbol{k}^{(+)}\rangle = 0$$

$$\langle \boldsymbol{k}'^{(+)}\,|\,\boldsymbol{k}^{(+)}\rangle = \delta(\boldsymbol{k}-\boldsymbol{k}')\,,$$

so lauten die entsprechenden Wahrscheinlichkeitsamplituden

$$\langle nlm\,|\,\psi(t)\rangle = C_{nlm}(t)\mathrm{e}^{-\mathrm{i}tE_n^{(0)}/\hbar} \qquad \langle \boldsymbol{k}^{(+)}\,|\,\psi(t)\rangle = C_{\boldsymbol{k}}(t)\mathrm{e}^{-\mathrm{i}tE_{\boldsymbol{k}}^{(0)}/\hbar}\,.$$

Das Betragsquadrat dieser Größen stellt (siehe Kap. 3.3) die Wahrscheinlichkeit dar, das System zur Zeit t in dem Zustand a,

$$a \quad \rightarrow \quad nlm \qquad \text{oder} \qquad \boldsymbol{k}'^{(+)}\,,$$

zu finden. Bei der Vorgabe eines wohldefinierten Anfangszustands kann man diese Wahrscheinlichkeiten als Übergangswahrscheinlichkeiten bezeichnen. Für das oben angedeutete Szenario gilt also

$$P_{100\rightarrow a}(t) = |\langle\, a|\,\psi(t)\rangle|^2 = |C_a(t)|^2\,.$$

Die Zeitphase hebt sich heraus. Die Größe $P_{100\rightarrow a}(t)$ ist die Übergangswahrscheinlichkeit für den Übergang von dem Ausgangszustand (dem Grundzustand) in den Zustand a (diskret oder kontinuierlich).

Falls sich die Besetzungswahrscheinlichkeit mit der Zeit fortwährend ändert, ist es nicht möglich, das System auf einfache Weise zu analysieren. Damit man eine eindeutige Analyse durchführen kann, muss man annehmen, dass die Einwirkung von $\hat{V}_1$ nur über ein endliches Zeitintervall andauert

$$\hat{V}_1(t) = 0 \quad \text{für} \quad \begin{cases} t \leq 0 \\ t \geq T \end{cases}\,.$$

Für $t > T$ ist der Hamiltonoperator wieder stationär, so dass für $t \geq T$ die Aussage

$$| \psi(t)\rangle = \sum_n C_n(T)\mathrm{e}^{-\mathrm{i}tE_n^{(0)}/\hbar}| nlm\rangle + \int \mathrm{d}^3k\, C_{\boldsymbol{k}}(T)\mathrm{e}^{-\mathrm{i}tE_{\boldsymbol{k}}^{(0)}/\hbar}| \boldsymbol{k}^{(+)}\rangle$$

gilt. Die Situation wird sozusagen eingefroren, wenn die Störung abgeklungen ist. Die weitere Zeitentwicklung wird alleine von den Zeitphasen getragen. Spektralanalyse dieses Zustandes ergibt für alle $t > T$

$$P_{100\to a} \equiv P_{100\to a}(T) = |C_a(T)|^2 \ .$$

Diese zeitlich konstanten Größen sind (im Prinzip) aus praktischer Sicht analysierbar. Es ist jedoch anzumerken, dass in Wirklichkeit auch *spontane* Abregungsprozesse stattfinden. Solche Prozesse sind jedoch in der theoretischen Beschreibung der Situation mit der Schrödingergleichung nicht eingeschlossen.

Die Berechnung der *Übergangswahrscheinlichkeit* für den Fall einer zeitlich begrenzten Einwirkung eines Potentials $\hat{V}_1(t)$ wird in den nächsten Abschnitten (Kap. 12.1 und Kap. 12.2) vorgestellt. Dabei wird das Potential als 'Störung' angesehen. Die Diskussion basiert essentiell auf der Formulierung und Auswertung einer geeigneten Störungstheorie.

Die Situation ist jedoch anders gelagert, wenn man eine *monochromatische* Störung, z. B.

$$\hat{V}_1(t) = \hat{v}\mathrm{e}^{\mathrm{i}\omega t}$$

betrachtet. Eine derartige Störung ist nicht auf ein endliches Zeitintervall beschränkt. Es stellt sich somit die Frage, ob es überhaupt sinnvoll ist, eine Übergangswahrscheinlichkeit zu diskutieren. Beantwortet man diese Frage positiv, so stellt sich die zweite Frage, wie man dies tun kann. Die Antwort, eine Formel für die Berechnung einer *Übergangsrate*, wird unter der Bezeichnung 'Fermis Goldene Regel' in Kap. 12.3 besprochen.

12.1 Induzierte An- und Abregungsprozesse

Für das direkte An-/Abregungsproblem lautet die Aufgabenstellung: Bestimme durch Lösung des Anfangswertproblems, das durch die zeitabhängige Schrödingergleichung gestellt wird, die Koeffizienten der Entwicklung (12.2) für eine Störung über einen endlichen Zeitraum. Die Lösung für Zeiten nach dem Abklingen der Störung ergibt direkt die gesuchten Übergangswahrscheinlichkeiten.

Man schreibt für die weitere Diskussion einen Ansatz wie (12.2) in der abgekürzten Form

$$| \psi_i(t)\rangle = \sum_{a=1}^{\infty} C_{ia}(t)\mathrm{e}^{-\mathrm{i}tE_a^{(0)}/\hbar}| a\rangle \ , \qquad (12.3)$$

wobei die Anfangsbedingung durch

$$|\,\psi_i(0)\rangle = |\,i\rangle$$

charakterisiert ist[1]. Geht man mit diesem Ansatz in die Schrödingergleichung ein, so findet man

$$\mathrm{i}\hbar \sum_a \dot{C}_{ia}(t)\mathrm{e}^{-\mathrm{i}tE_a^{(0)}/\hbar}|\,a\rangle = \sum_a C_{ia}(t)\mathrm{e}^{-\mathrm{i}tE_a^{(0)}/\hbar}\hat{V}_1(t)|\,a\rangle\ ,$$

da sich die Zeitableitungen der Phasenfaktoren und die $\hat{H}_0$-Terme herausheben. Multiplikation mit dem bra-Vektor $\langle b\,|$ ergibt für orthogonale Zustände

$$\mathrm{i}\hbar\dot{C}_{ib}(t)\mathrm{e}^{-\mathrm{i}tE_b^{(0)}/\hbar} = \sum_a C_{ia}(t)\mathrm{e}^{-\mathrm{i}tE_a^{(0)}/\hbar}\langle b\,|\hat{V}_1(t)|\,a\rangle\ .$$

Zur Abkürzung schreibt man noch

$$\omega_{ba} = \frac{E_b^{(0)} - E_a^{(0)}}{\hbar}$$

für die schon von Bohr eingeführte Übergangsfrequenz und erhält die Endgleichung

$$\mathrm{i}\hbar\dot{C}_{ib}(t) = \sum_{a=1}^{\infty}\langle b\,|\hat{V}_1(t)|\,a\rangle\mathrm{e}^{\mathrm{i}\omega_{ba}t}C_{ia}(t)\ , \tag{12.4}$$

die mit der Anfangsbedingung $C_{ii}(0) = 1$ und $C_{ia}(0) = 0$ für $a \neq i$ zu lösen ist. Dieses System von gekoppelten linearen, homogenen Differentialgleichungen erster Ordnung für die Übergangsamplituden ist noch exakt. Die Lösung dieses Systems von Differentialgleichungen wird jedoch im Allgemeinen nicht möglich sein, es sei denn die Störung verkoppelt nur einen endlichen Satz von Zuständen.

Man erhält systematische Näherungslösungen, wenn man analog zu dem stationären Fall eine Störentwicklung der Koeffizienten C_{ib} in der Form

$$C_{ib}(t) = \sum_{\nu=0}^{\infty} C_{ib}^{(\nu)}(t) \qquad \text{für alle} \quad b \tag{12.5}$$

ansetzt. Der Index ν bezeichnet die Ordnung der Störungsentwicklung in der Wechselwirkung $\hat{V}_1(t)$. Geht man mit der Störentwicklung in das Differentialgleichungssystem ein, so erhält man explizit

$$\dot{C}_{ib}^{(0)} + \dot{C}_{ib}^{(1)} + \dot{C}_{ib}^{(2)} + \ldots = \frac{1}{\mathrm{i}\hbar}\sum_a \langle b\,|\hat{V}_1(t)|\,a\rangle\mathrm{e}^{\mathrm{i}\omega_{ba}t}\left(C_{ia}^{(0)} + C_{ia}^{(1)} + \ldots\right)\ .$$

[1] Allgemeine Anfangsbedingungen der Form $|\,\psi_i(0)\rangle = \sum_a C_{ia}(0)|\,a\rangle$ sind möglich.

Man sortiert in bewährter Weise nach Ordnungen in der Störung

$$\dot{C}_{ib}^{(0)}(t) = 0$$

$$\dot{C}_{ib}^{(1)}(t) = \frac{1}{\mathrm{i}\hbar}\sum_a \langle b\,|\hat{V}_1(t)|\,a\rangle \mathrm{e}^{\mathrm{i}\omega_{ba}t} C_{ia}^{(0)}(t)$$

$$\dot{C}_{ib}^{(2)}(t) = \frac{1}{\mathrm{i}\hbar}\sum_a \langle b\,|\hat{V}_1(t)|\,a\rangle \mathrm{e}^{\mathrm{i}\omega_{ba}t} C_{ia}^{(1)}(t)$$

$$\vdots$$

$$\dot{C}_{ib}^{(\nu+1)}(t) = \frac{1}{\mathrm{i}\hbar}\sum_a \langle b\,|\hat{V}_1(t)|\,a\rangle \mathrm{e}^{\mathrm{i}\omega_{ba}t} C_{ia}^{(\nu)}(t)$$

$$\vdots$$

Diese teilweise entkoppelten Differentialgleichungen können sukzessiv integriert werden. Infolge der hier gestellten Anfangsbedingungen ist

$$C_{ib}^{(0)}(t) = \delta_{ib} \qquad \text{für alle} \quad b\,. \tag{12.6}$$

Ist eine anfängliche Superposition von Zuständen vorgegeben, so lauten die Koeffizienten in nullter Ordnung

$$C_{ib}^{(0)}(t) = C_{ib}(0) \quad i = i_1, \ldots, i_n \quad \text{mit} \quad \sum_{k=1}^{n} |C_{i_k,n}|^2 = 1\,.$$

In nullter Ordnung verbleibt das System im Anfangszustand. In erster Ordnung erhält man somit die Differentialgleichung

$$\dot{C}_{ib}^{(1)}(t) = \frac{1}{\mathrm{i}\hbar}\,\mathrm{e}^{\mathrm{i}\omega_{bi}t}\langle b\,|\hat{V}_1(t)|\,i\rangle$$

mit der Lösung

$$C_{ib}^{(1)}(t) = \frac{1}{\mathrm{i}\hbar}\int_0^t \mathrm{d}t'\,\langle b\,|\hat{V}_1(t')|\,i\rangle \mathrm{e}^{\mathrm{i}\omega_{bi}t'}\,. \tag{12.7}$$

Die Störung wirkt 'einmal' (über das Zeitintervall $0 < t' < t$) auf den Anfangszustand. Dabei wird auf auf den Zustand $|\,b\rangle$ projiziert.

Die Differentialgleichung in zweiter Ordnung lautet

$$\dot{C}_{ib}^{(2)}(t) = \frac{1}{(\mathrm{i}\hbar)^2}\sum_a \langle b\,|\hat{V}_1(t)|\,a\rangle \mathrm{e}^{\mathrm{i}\omega_{ba}t}\int_0^t \mathrm{d}t'\,\langle a\,|\hat{V}_1(t')|\,i\rangle \mathrm{e}^{\mathrm{i}\omega_{ai}t'}\,.$$

Die Lösung ist

$$C_{ib}^{(2)}(t) = \frac{1}{(\mathrm{i}\hbar)^2}\sum_a \int_0^t \mathrm{d}t_2\,\langle b\,|\hat{V}_1(t_2)|\,a\rangle \mathrm{e}^{\mathrm{i}\omega_{ba}t_2}\int_0^{t_2} \mathrm{d}t_1\,\langle a\,|\hat{V}_1(t_1)|\,i\rangle \mathrm{e}^{\mathrm{i}\omega_{ai}t_1}\,.$$

Hier wirkt die Störung 'zweimal', wobei das Teilchen zwischenzeitlich in alle möglichen Zwischenzustände befördert wird.

In dieser Weise kann man sich von Ordnung zu Ordnung hocharbeiten bzw. eine formale Gesamtlösung angeben. In der weiteren Diskussion wird jedoch vorausgesetzt, dass die Störung 'schwach' ist, so dass man sich auf die niedrigsten Ordnungen beschränken kann.

Die Ergebnisse in den verschiedenen Ordnungen sind in Abb. 12.2 noch einmal illustriert. In nullter Ordnung verharrt das System in dem Anfangszustand (Abb. 12.2a). In erster Ordnung finden Einstufenprozesse statt. Die Störung, die über das Zeitintervall 0 bis t einwirkt, bedingt einen direkten Übergang von dem Ausgangszustand i in den Endzustand b (Abb. 12.2b). In zweiter Ordnung liegen Zweistufenprozesse vor. Die Störung bewirkt in einem ersten Schritt einen Übergang in alle möglichen Zwischenzustände und in dem zweiten Schritt einen Übergang in den Endzustand b (Abb. 12.2c). Alle Beiträge werden ($\sum_a$) kohärent addiert. Für den Übergang i nach b muss die Energiebilanz stimmen: Die Anregungsenergie entspricht der zugeführten Energie. Für die Zwischenschritte ist dies infolge der Zeit-Energieunschärferelation nicht notwendig. Man spricht in diesem Fall von virtuellen Anregungen.

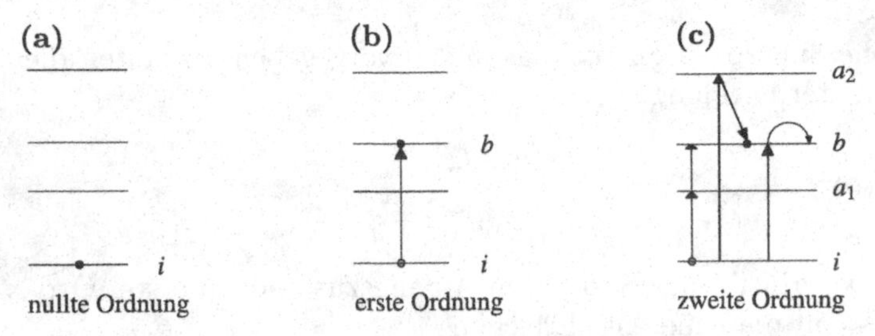

Abb. 12.2. Anregungsprozesse in Störungstheorie

Ist die Störung schwach genug, so genügt die Betrachtung der ersten Ordnung. Für diese ist die Übergangswahrscheinlichkeit in den Endzustand f zur Zeit t

$$P_{i\to f}^{(1)}(t) = \left|C_{if}^{(1)}(t)\right|^2 = \frac{1}{\hbar^2}\left|\int_0^t \mathrm{d}t_1 \langle f\,|\hat{V}_1(t_1)|\,i\rangle \mathrm{e}^{\mathrm{i}\omega_{fi}t_1}\right|^2 . \tag{12.8}$$

Der Endzustand f kann ein diskreter Zustand oder ein Kontinuumszustand sein, so z. B. für ein H-Atom

$$|\,f\rangle = |\,nlm\rangle \qquad \text{oder} \qquad |\,f\rangle = |\,\boldsymbol{k}^{(+)}\rangle\,.$$

Wirkt die Störung nur über ein endliches Zeitintervall

$$\langle f\,|\hat{V}_1(t)|\,i\rangle = 0 \quad \text{für} \quad t \le 0\,, T \le t < \infty\,,$$

so ist die Übergangswahrscheinlichkeit für $t > T$ konstant. Eine solche Störung muss die Form eines Wellenpakets haben. Liegt z. B. eine (örtlich) lokale Störung vor

$$\langle \boldsymbol{r} \,|\hat{V}_1(t)|\, \boldsymbol{r}'\rangle = \delta(\boldsymbol{r} - \boldsymbol{r}')V_1(r,t)$$

und betrachtet man die Störung an einem festen Ort als Funktion der Zeit, so könnte sie z. B. die in Abb. 12.3 angedeutete Form mit der Zeitbreite T

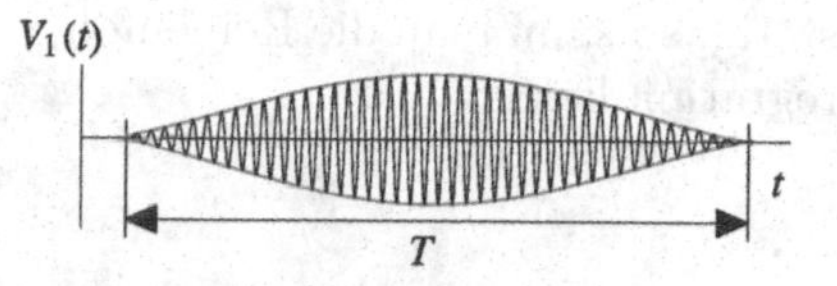

Abb. 12.3. Zeitbreite eines Wellenpakets

haben. Ein Wellenpaket kann man durch Fourierzerlegung nach Frequenzen darstellen

$$V_1(\boldsymbol{r},t) = \int_{-\infty}^{\infty} \mathrm{d}\omega\, \mathrm{e}^{-\mathrm{i}\omega t}\, \tilde{V}_1(\boldsymbol{r},\omega)\,. \tag{12.9}$$

Für die Fouriertransformierte $\tilde{V}_1(\boldsymbol{r},\omega)$ gilt die schon diskutierte (klassische) Unschärferelation

$$\Delta\omega\Delta t \approx 1 \quad\longrightarrow\quad \Delta\omega \sim \frac{1}{T}\,.$$

Je kleiner das Zeitintervall ist, desto größer ist der Frequenzbereich und umgekehrt. Das Matrixelement der Störung in (12.8) kann mit Hilfe der Fourierdarstellung umgeschrieben werden[2]

$$\begin{aligned}\langle f\,|\hat{V}_1(t)|\,i\rangle &= \int \mathrm{d}^3r\; \psi_f^*(\boldsymbol{r})V_1(\boldsymbol{r},t)\psi_i(\boldsymbol{r}) \\ &= \int_{-\infty}^{\infty} \mathrm{d}\omega \int \mathrm{d}^3r\; \psi_f^*(\boldsymbol{r})\tilde{V}_1(\boldsymbol{r},\omega)\psi_i(\boldsymbol{r})\,\mathrm{e}^{-\mathrm{i}\omega t} \\ &= \int_{-\infty}^{\infty} \mathrm{d}\omega\; V_{fi}(\omega)\,\mathrm{e}^{-\mathrm{i}\omega t}\,.\end{aligned}$$

Das Matrixelement $V_{fi}(\omega)$ beschreibt den Überlapp der räumlichen Verteilung der Störung mit den Zuständen $\varphi_f(\boldsymbol{r})$ und $\varphi_i(\boldsymbol{r})$ für einen bestimmten Frequenzwert.

Zur Berechnung der Übergangsamplituden für Zeiten größer als T

$$C_{if}^{(1)}(T) = \frac{1}{\mathrm{i}\hbar}\int_0^T \mathrm{d}t\,\langle f\,|\hat{V}_1(t)|\,i\rangle \mathrm{e}^{\mathrm{i}\omega_{fi}t} \tag{12.10}$$

[2] Es wird eine örtlich lokale Störung vorausgesetzt.

kann man somit schreiben

$$C_{if}^{(1)} \equiv C_{if}^{(1)}(T) = \frac{1}{\mathrm{i}\hbar} \int_{-\infty}^{\infty} \mathrm{d}t \, \langle f \,|\hat{V}_1(t)|\, i\rangle \mathrm{e}^{\mathrm{i}\omega_{fi}t}$$

$$= \frac{1}{\mathrm{i}\hbar} \int_{-\infty}^{\infty} \mathrm{d}t \int_{-\infty}^{\infty} \mathrm{d}\omega V_{fi}(\omega) \mathrm{e}^{\mathrm{i}(\omega_{fi}-\omega)t} \, .$$

Da die Störung nur in dem Intervall $0 < t < T$ von Null verschieden ist, kann man die Zeitintegration auf das Intervall $-\infty < t < \infty$ ausdehnen. Sind die Funktionen $V_{fi}(\omega)$ wenigstens stückweise stetig, so kann man die Reihenfolge der Integrationen vertauschen. Die Zeitintegration liefert

$$\int_{-\infty}^{\infty} \mathrm{d}t \, \mathrm{e}^{\mathrm{i}(\omega_{fi}-\omega)t} = 2\pi\delta(\omega_{fi} - \omega) \, .$$

Hier zeigt sich der Resonanzcharakter der quantenmechanischen Übergänge: Übergänge finden nur statt, wenn die Übergangsfrequenz von der Störung angeboten wird

$$\omega_{fi} - \omega = 0$$

oder wenn als Energiebilanz

$$E_f^{(0)} = E_i^{(0)} + \hbar\omega$$

gilt. Die noch verbleibende Frequenzintegration ist nun trivial. Man erhält für die Übergangsamplituden in erster Ordnung

$$C_{fi}^{(1)} = \frac{2\pi}{\mathrm{i}\hbar} V_{fi}(\omega_{fi}) \, . \tag{12.11}$$

Die Übergangswahrscheinlichkeit in erster Ordnung ist

$$P_{i \to f}^{(1)} = \frac{4\pi^2}{\hbar^2} \left| V_{fi}(\omega_{fi}) \right|^2 \, . \tag{12.12}$$

Die Auswertung der niedrigsten Ordnung der zeitabhängigen Störungstheorie beinhaltet also die Schritte:

- Berechne die Fouriertransformierte des (zeitlich begrenzten) Störpotentials $V_1(\boldsymbol{r}, t)$ bezüglich der Zeitvariablen.
- Berechne das Matrixelement der Fourierkomponente $V_{fi}(\boldsymbol{r}, \omega_{fi})$ mit Anfangs- und Endzustand (des H_0-Problems).
- Das Betragsquadrat dieses Matrixelementes entspricht bis auf eine Konstante der Übergangswahrscheinlichkeit (in erster Ordnung).

Die Formel (12.12) ist für Übergänge in diskrete als auch in kontinuierliche Zustände anwendbar. Die Übergangsfrequenz muss in der Fourieranalyse der Störung auftreten. So muss z. B. im Fall der Photoionisation aus dem Grundzustand des Wasserstoffatoms (Abb. 12.4) die angebotene Frequenz wenigstens der Ionisationsenergie $\hbar\omega > |E_1^{(0)}| = 13.606$ eV entsprechen.

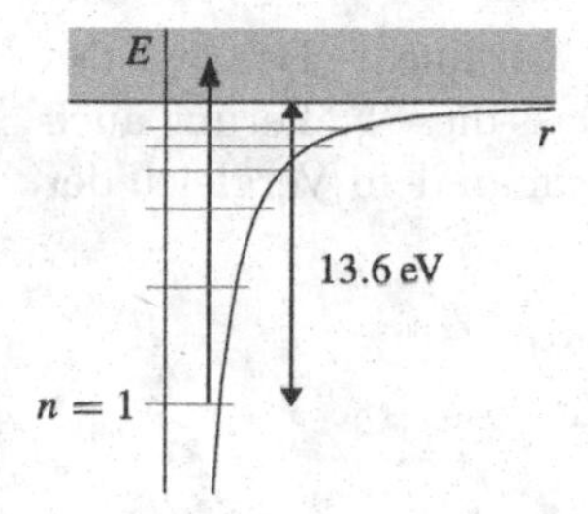

Abb. 12.4. Photoionistation im Wasserstoffatom

12.2 Auswertung: H-Atom in einem elektromagnetischen Feld

Als Beispiel für die Anwendung der Störungsformel kann die Berechnung der Übergangswahrscheinlichkeiten (induzierte Anregung oder Abregung) zwischen Zuständen des Wasserstoffatoms durch Einwirkung eines elektromagnetischen Wechselfeldes dienen. Der zuständige Hamiltonoperator ist (vergleiche (7.9))

$$\hat{H} \Longrightarrow \frac{1}{2m_e}\left(\hat{\boldsymbol{p}} + \frac{e}{c}\boldsymbol{A}(\boldsymbol{r},t)\right)^2 - \frac{e^2}{r} - e\phi(\boldsymbol{r},t)\,. \tag{12.13}$$

Spineffekte werden *nicht* berücksichtigt. Wenn man voraussetzt, dass die elektromagnetische Welle, charakterisiert durch das Vektorpotential $\boldsymbol{A}(\boldsymbol{r},t)$ und das skalare Potential $\phi(\boldsymbol{r},t)$, in genügender Entfernung von dem Atom erzeugt wird, kann diese in der Coulombeichung (siehe Bd. 2, Kap. 5)

$$\phi(\boldsymbol{r},t) = 0 \qquad \boldsymbol{\nabla}\cdot\boldsymbol{A}(\boldsymbol{r},t) = 0$$

angegeben werden. Die Wellenausbreitung wird in diesem Fall durch

$$\Box\boldsymbol{A}(\boldsymbol{r},t) = 0$$

beschrieben und die zeitabhängigen Felder sind mit dem Vektorpotential durch die Relationen

$$\boldsymbol{E}(\boldsymbol{r},t) = -\frac{1}{c}\frac{\partial A(\boldsymbol{r},t)}{\partial t} \qquad \boldsymbol{B}(\boldsymbol{r},t) = \boldsymbol{\nabla}\times\boldsymbol{A}(\boldsymbol{r},t)$$

verknüpft. Der Hamiltonoperator kann unter dieser Voraussetzung noch etwas umgeschrieben werden. Zunächst gilt

$$\hat{H} = \frac{1}{2m_e}\hat{p}^2 - \frac{e^2}{r} + \frac{e}{2m_e c}\left(\hat{\boldsymbol{p}}\cdot\boldsymbol{A} + \boldsymbol{A}\cdot\hat{\boldsymbol{p}}\right) + \frac{e^2}{2m_e c^2}\boldsymbol{A}^2\,. \tag{12.14}$$

Der dritte Term ergibt in Coulombeichung

$$\hat{\boldsymbol{p}}\cdot\boldsymbol{A} + \boldsymbol{A}\cdot\hat{\boldsymbol{p}} = -\mathrm{i}\hbar\,\boldsymbol{\nabla}\cdot\boldsymbol{A} + 2\boldsymbol{A}\cdot\hat{\boldsymbol{p}} = 2\boldsymbol{A}\cdot\hat{\boldsymbol{p}}\,.$$

Der letzte Term in (12.14) ist quadratisch in der Störung. Falls man sich auf die Betrachtung von Störungstheorie in erster Ordnung beschränkt, muss dieser Term konsistenterweise vernachlässigt werden. Nur lineare Beiträge des Störpotentials spielen in erster Ordnung eine Rolle. Dass diese Näherung auch aus physikalischen Gründen vernünftig ist, entnimmt man dem Vergleich der Feldstärken im Atom und in der Störung

$$\left|\bar{E}_{\text{Atom}}(\boldsymbol{r}_0)\right| \approx 10^9\,\text{Volt/cm} \qquad \text{(im Grundzustand)}$$

$$\left|\bar{E}_{\text{Stör}}(\boldsymbol{r}_0)\right| \approx 10^1\,\text{Volt/cm}\,.$$

Die zweite Angabe gilt z. B. für Sonnenlicht, das eine relativ intensive, anregende elektromagnetische Strahlung darstellt.

Der Hamiltonoperator, der letztlich zur Diskussion steht, lautet somit:

$$H = \left(\frac{1}{2m_e}\hat{\boldsymbol{p}}^2 - \frac{e^2}{r}\right) + \frac{e}{m_e c}\boldsymbol{A}(\boldsymbol{r},t)\cdot\hat{\boldsymbol{p}} = \hat{H}_0 + \hat{V}_1(\boldsymbol{r},t)\,. \tag{12.15}$$

Für das Vektorpotential der störenden elektromagnetischen Welle muss man im Allgemeinen ein Wellenpaket mit einer elliptischen Polarisation ansetzen, so z. B.

$$\boldsymbol{A}(\boldsymbol{r},t) = \frac{1}{2}\int_0^\infty \mathrm{d}\omega \left\{A_0(\omega)\mathrm{e}^{-\mathrm{i}(\boldsymbol{k}\cdot\boldsymbol{r}-\omega t)} + A_0^*(\omega)\mathrm{e}^{\mathrm{i}(\boldsymbol{k}\cdot\boldsymbol{r}-\omega t)}\right\}\boldsymbol{e}_{\text{pol}}\,.$$

Der Vektor $\boldsymbol{e}_{\text{pol}}$ ist ein Einheitsvektor in der Schwingungsebene des elektrischen Feldes

$$\begin{aligned}
\boldsymbol{E} &= -\frac{1}{c}\frac{\partial}{\partial t}\boldsymbol{A}(\boldsymbol{r},t)\\
&= -\frac{1}{2c}\int_0^\infty \mathrm{d}\omega\,\mathrm{i}\omega\left(A_0(\omega)\mathrm{e}^{-\mathrm{i}(\boldsymbol{k}\cdot\boldsymbol{r}-\omega t)} - A_0^*(\omega)\mathrm{e}^{\mathrm{i}(\boldsymbol{k}\cdot\boldsymbol{r}-\omega t)}\right)\boldsymbol{e}_{\text{pol}}\\
&= E(\boldsymbol{r},t)\,\boldsymbol{e}_{\text{pol}}\,.
\end{aligned}$$

Da $\boldsymbol{\nabla}\cdot\boldsymbol{A} = 0$ und $\boldsymbol{B} = \boldsymbol{\nabla}\times\boldsymbol{A}$ ist, liegt die übliche Orientierung der Vektoren $\boldsymbol{k}$, $\boldsymbol{B}$ und $\boldsymbol{E}$ vor (Abb. 12.5). Im Fall von linearer Polarisation ist die Amplitudenfunktion reell ($A_0^*(\omega) = A_0(\omega)$) und es folgt

$$\boldsymbol{A}(\boldsymbol{r},t) = \int_0^\infty \mathrm{d}\omega\,A_0(\omega)\cos(\boldsymbol{k}\cdot\boldsymbol{r} - \omega t)\,\boldsymbol{e}_{\text{pol}}\,. \tag{12.16}$$

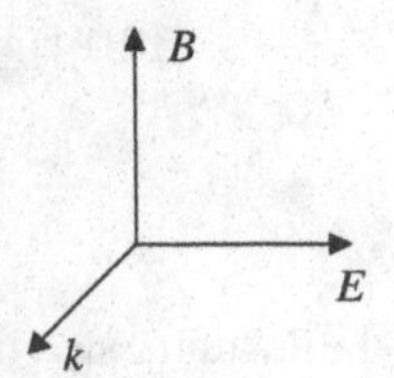

Abb. 12.5. Dreibein der Elektrodynamik

Der Störoperator ist dann hermitesch

$$\hat{V}_1(\boldsymbol{r},t) = \frac{e}{m_e c}\boldsymbol{A}(\boldsymbol{r},t)\cdot\hat{\boldsymbol{p}}\,,$$

denn man findet in Coulombeichung

$$\hat{V}_1^\dagger\,\psi(\boldsymbol{r}) = \frac{e}{m_e c}\hat{\boldsymbol{p}}^\dagger\cdot\boldsymbol{A}^\dagger\,\psi(\boldsymbol{r}) = \frac{e}{m_e c}\hat{\boldsymbol{p}}\cdot\boldsymbol{A}\,\psi(\boldsymbol{r}) = \frac{e}{m_e c}\boldsymbol{A}\cdot\hat{\boldsymbol{p}}\,\psi(\boldsymbol{r})\,.$$

Mit diesen Vorgaben kann man die Auswertung der Störungsformel in Angriff nehmen. Da der Störoperator sich minimal von der Form unterscheidet, die bei der allgemeinen Diskussion benutzt wurde, ist es notwendig, die Formel für die Übergangsamplitude in erster Ordnung noch einmal aufzubereiten. Geht man mit dem linearen Wellenpaket (12.16) in (12.10) ein, so findet man ($A_0 = A_0^*$)

$$\begin{aligned} C_{fi}^{(1)} &= \frac{e}{2\mathrm{i}\hbar m_e c}\int_0^\infty \mathrm{d}\omega \int_{-\infty}^\infty \mathrm{d}t \int \mathrm{d}^3r\,\psi_f^*(\boldsymbol{r})\Big[A_0(\omega)\mathrm{e}^{-\mathrm{i}\boldsymbol{k}\cdot\boldsymbol{r}}\mathrm{e}^{\mathrm{i}(\omega+\omega_{fi})t} \\ &\quad + A_0^*(\omega)\mathrm{e}^{\mathrm{i}\boldsymbol{k}\cdot\boldsymbol{r}}\mathrm{e}^{\mathrm{i}(\omega_{fi}-\omega)t}\Big]\,\boldsymbol{e}_{\mathrm{pol}}\cdot\hat{\boldsymbol{p}}\,\psi_i(\boldsymbol{r})\,. \end{aligned}$$

Man erkennt, dass der Ansatz zu zwei Störtermen führt. Die Zeitintegration führt auf

$$\begin{aligned} C_{fi}^{(1)} &= \frac{e}{2\mathrm{i}\hbar m_e c}\int_0^\infty \mathrm{d}\omega \int \mathrm{d}^3r\,\psi_f^*(\boldsymbol{r})\left[A_0(\omega)\mathrm{e}^{-\mathrm{i}\boldsymbol{k}\cdot\boldsymbol{r}}\delta(\omega+\omega_{fi})\right. \\ &\quad \left. + A_0^*(\omega)\mathrm{e}^{\mathrm{i}\boldsymbol{k}\cdot\boldsymbol{r}}\delta(\omega_{fi}-\omega)\right]\boldsymbol{e}_{\mathrm{pol}}\cdot\hat{\boldsymbol{p}}\,\psi_i(\boldsymbol{r})\,. \end{aligned}$$

Man stellt fest, dass der erste Term nur für

$$\omega + \omega_{fi} = 0 \qquad \text{bzw.} \quad E_f^{(0)} = E_i^{(0)} - \hbar\omega$$

beiträgt. Da $\hbar\omega > 0$ ist, kann dieser Term nur Übergänge beschreiben, für die die Energie des Endzustandes geringer als die Energie des Anfangszustandes ist. Der Anfangszustand $|\,i\,\rangle$ muss ein angeregter Zustand sein. Es liegt ein Abregungsprozess (Abb. 12.6a) vor. Ein solcher Prozess wird 'stimulierte Emission' genannt. Für den zweiten Term gilt

$$\omega_{fi} - \omega = 0 \qquad \text{bzw.} \quad E_f^{(0)} = E_i^{(0)} + \hbar\omega\,.$$

Er beschreibt also stimulierte Anregung (Abb. 12.6b) bzw. stimulierte Absorption. Die Übergangswahrscheinlichkeit für den Anregungsprozess ist in erster Ordnung Störungstheorie

$$\begin{aligned} P_{i\to f,\mathrm{Abs.}} &= \frac{4\pi^2}{\hbar^2}\,|V_{fi}(\omega_{fi})|^2 \\ &= \frac{\pi^2 e^2}{\hbar^2 m_e^2 c^2}A_0^2(\omega_{fi})\left|\langle f\,|\mathrm{e}^{\mathrm{i}\boldsymbol{k}\cdot\boldsymbol{r}}\boldsymbol{e}_{\mathrm{pol}}\cdot\hat{\boldsymbol{p}}|\,i\rangle\right|^2\,. \end{aligned} \tag{12.17}$$

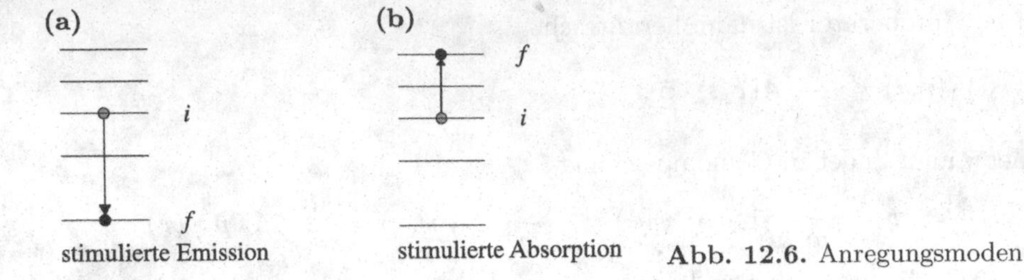

Abb. 12.6. Anregungsmoden

Die Übergangswahrscheinlichkeit ist proportional zu der Intensität der einfallenden Strahlung (A_0^2) und zu dem Betragsquadrat eines Matrixelementes, das den Übergang zwischen den Zuständen des Quantensystems charakterisiert. Für eine freie Welle gilt $\omega = ck$ und somit ist der Betrag der Wellenzahl festgelegt auf $|\boldsymbol{k}| = \omega_{fi}/c$.

Das Matrixelement kann man mit Wasserstoffwellenfunktionen exakt berechnen. Ein Beispiel wird in Kap. 12.2.2 vorgestellt. Die Diskussion wird auf der anderen Seite wesentlich vereinfacht, wenn man zunächst eine genäherte Berechnung durchführt, die zusätzlich direktere Einblick in die physikalischen Aspekte der Übergänge vermittelt (und die sich als eine sehr gute Näherung herausstellen wird).

12.2.1 Auswertung in der Langwellennäherung

Die genäherte Rechnung basiert auf der Feststellung, dass die Ausdehnung des Wasserstoffatoms von der Größenordnung

$$r_0 \approx 10^{-8}\,\text{cm}$$

ist. Auf diesen Bereich ist dann auch effektiv die anstehende Raumintegration beschränkt. Die absorbierten Wellenlängen der Grundserien des Wasserstoffatoms sind typischerweise

$$\lambda_{fi} \approx 5 \cdot 10^{-5}\,\text{cm} \qquad \text{bzw.} \quad k_{fi} = \frac{2\pi}{\lambda_{fi}} \approx 10^{5}\,\text{cm}^{-1}\,.$$

Das Argument der e-Funktion ist also maximal

$$kr_0 \approx 10^{-3}\,.$$

In diesem Fall bietet sich die Entwicklung der Exponentialfunktion an

$$\mathrm{e}^{\mathrm{i}\boldsymbol{k}\cdot\boldsymbol{r}} = 1 + \mathrm{i}\boldsymbol{k}\cdot\boldsymbol{r} + \ldots\,.$$

Ist die Wellenlänge der elektromagnetischen Strahlung so groß, dass alle Punkte innerhalb des Atoms praktisch die gleiche Phase der Welle sehen (Abb. 12.7), so kann man sich auf den ersten Term beschränken. In dieser

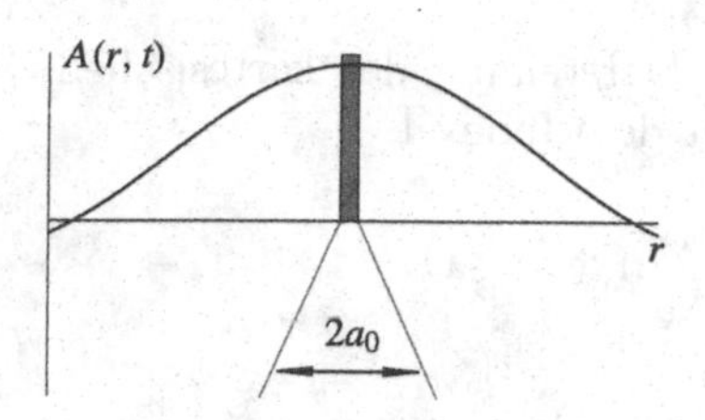

Abb. 12.7. Größenverhältnisse bei der Langwellennäherung

extremen Langwellennäherung wird die Übergangswahrscheinlichkeit durch das Matrixelement

$$\langle f\,|\boldsymbol{e}_{\mathrm{pol}}\cdot\hat{\boldsymbol{p}}|\,i\rangle = \boldsymbol{e}_{\mathrm{pol}}\cdot\langle f\,|\hat{\boldsymbol{p}}|\,i\rangle$$

bestimmt.

Zur Auswertung dieses Matrixelementes ist ein nützlicher Umweg erdacht worden. In dem Kommutator

$$\left[\hat{H}_0, \hat{\boldsymbol{r}}\right] = \left[\left(\frac{1}{2m_e}\hat{\boldsymbol{p}}^2 + \hat{V}(\boldsymbol{r})\right), \hat{\boldsymbol{r}}\right]$$

vertauschen Positionsoperator und Potentialoperator. Es bleibt also

$$\left[\hat{H}_0, \hat{\boldsymbol{r}}\right] = \left[\frac{\hat{\boldsymbol{p}}^2}{2m_e}, \hat{\boldsymbol{r}}\right] = -\frac{\mathrm{i}\hbar}{m_e}\hat{\boldsymbol{p}}$$

bzw.

$$\hat{\boldsymbol{p}} = \frac{\mathrm{i}m_e}{\hbar}\left[\hat{H}_0, \hat{\boldsymbol{r}}\right] \ . \tag{12.18}$$

Für das gesuchte Matrixelement erhält man damit

$$\begin{aligned}\langle f\,|\,\hat{\boldsymbol{p}}\,|\,i\rangle &= \frac{\mathrm{i}m_e}{\hbar}\langle f\,|\hat{H}_0\hat{\boldsymbol{r}} - \hat{\boldsymbol{r}}\hat{H}_0|\,i\rangle = \frac{\mathrm{i}m_e}{\hbar}\left(E_f - E_i\right)\langle f\,|\hat{\boldsymbol{r}}|\,i\rangle \\ &= \mathrm{i}m_e\omega_{fi}\,\langle f\,|\hat{\boldsymbol{r}}|\,i\rangle \ .\end{aligned}$$

Das Matrixelement des Impulsoperators kann durch das einfachere Matrixelement des Ortsoperators ausgedrückt werden. Anstelle des Ortsoperators führt man noch den Dipoloperator ein

$$\hat{\boldsymbol{d}} = e\hat{\boldsymbol{r}}$$

ein und schreibt für die Übergangswahrscheinlichkeit bei Absorption

$$P_{i\to f,\mathrm{Ab.,LWN}} = \frac{\pi^2}{\hbar^2 c^2}A_0^2(\omega_{fi})\omega_{fi}^2\left|\langle f\,|\hat{\boldsymbol{d}}|\,i\rangle\cdot\boldsymbol{e}_{\mathrm{pol}}\right|^2 \ . \tag{12.19}$$

Die Übergänge, die in dieser Näherung auftreten, sind elektrische Dipolübergänge. Sie werden als

E1-Übergänge

bezeichnet. Die Zahl 1 nimmt Bezug auf die Darstellung der kartesischen Koordinaten durch Kugelflächenfunktionen mit dem Index 1

$$x = -\sqrt{\frac{2\pi}{3}}\, r\,(Y_{1,1} - Y_{1,-1}) \qquad y = \mathrm{i}\sqrt{\frac{2\pi}{3}}\, r\,(Y_{1,1} + Y_{1,-1})$$

$$z = \sqrt{\frac{4\pi}{3}}\, rY_{1,0}\,.$$

In anderen Worten: Es tragen nur Wellenanteile, die den Drehimpuls $L = 1$ tragen, in der extremen Langwellennäherung bei.

Für die weitere Diskussion kann man die folgende Option ins Auge fassen: Das H_0-Problem ist ein System mit einem beliebigen Zentralpotential

$$H_0 = \frac{1}{2m_e}\hat{p}^2 + V(r)\,.$$

Die Eigenfunktionen und Eigenwerte der stationären Schrödingergleichung sind dann (siehe Kap. 6)

$$\psi_{nlm}(\boldsymbol{r}) = R_{nl}(r)\, Y_{lm}(\Omega) \qquad \text{und} \qquad e_{nl}\,.$$

Die Quantenzahl n zählt, ähnlich der Situation im Wasserstoffproblem, die verschiedenen Drehimpulszustände ab. Die Energien sind im Allgemeinen jedoch nicht in der Drehimpulsquantenzahl entartet. Diese Vorgabe könnte ein 'Leuchtelektron' in einem Mehrelektronenproblem darstellen, wobei das Potential die Abschirmung durch die restlichen Elektronen wiedergibt. Das Wasserstoffproblem ist ein Spezialfall mit $E_{nl} \equiv E_n$. Im Weiteren wird hauptsächlich das Wasserstoffproblem angesprochen.

Der Polarisationsvektor der einfallenden Strahlung markiert das Koordinatensystem, auf das die Orientierung der Eigenfunktionen bezogen ist. Man wählt zweckmäßigerweise

$$\boldsymbol{e}_{\text{pol}} = (0, 0, 1)$$

und z. B. für die Einbeziehung der weiteren Terme der Entwicklung der Exponentialfunktion

$$\boldsymbol{k} = (k, 0, 0)\,.$$

Mit dieser Festlegung gilt

$$\langle f \,|\, \hat{\boldsymbol{d}} \,|\, i \rangle \cdot \boldsymbol{e}_{\text{pol}} = e\langle n_f l_f m_f \,|\hat{z}|\, n_i l_i m_i \rangle\,.$$

Das Matrixelement von $\hat{z}$ wurde schon im Rahmen der Diskussion des Starkeffekts betrachtet (Kap. 11.4.1). Für die Drehimpulsquantenzahlen wurden die Auswahlregeln gefunden: Das Matrixelement $\langle n_f l_f m_f \,|\hat{z}|\, n_i l_i m_i \rangle$ ist nur ungleich Null, wenn $\Delta m = m_f - m_i = 0$ und $\Delta l = l_f - l_i = \pm 1$ ist

$$\langle n_f l_f m_f \, |\hat{z}| \, n_i l_i m_i \rangle \neq 0 \quad \text{nur falls} \quad \begin{cases} \Delta m = m_f - m_i = 0 \\ \Delta l = l_f - l_i = \pm 1 \end{cases} .$$

Diese Auswahlregeln werden durch die Winkelanteile bestimmt. Aus diesem Grund gelten sie für jedes Einteilchenproblem mit einem Zentralpotential.

Hätte man keine spezielle Polaristionsrichtung gewählt, sondern z. B.

$$\boldsymbol{e}_{\text{pol}} = (0\,, a,\, b) \qquad \text{mit} \qquad \sqrt{a^2 + b^2} = 1\,,$$

so würde auch die y-Komponente des Ortsvektors beitragen

$$\langle f \,|\, \hat{\boldsymbol{d}} \,|\, i \rangle \cdot \boldsymbol{e}_{\text{pol}} = e \langle n_f l_f m_f \, |(a\hat{y} + b\hat{z})| \, n_i l_i m_i \rangle \,.$$

Es gelten in diesem Fall infolge des Auftretens des zusätzlichen Winkelintegrals

$$\iint \mathrm{d}\Omega \, Y^*_{l_f m_f}(\Omega) Y_{1,\pm 1}(\Omega) Y_{l_i m_f}(\Omega) \propto \delta_{m_f, m_i \pm 1}$$

die erweiterten Drehimpulsauswahlregeln

$$\Delta m = 0\,,\ \pm 1 \qquad\qquad \Delta l = \pm 1\,.$$

Die Abb. 12.8 zeigt das Muster der *E1-Anregungen*. Ausgehend von s-Zuständen sind Anregungen in alle p-Zustände möglich. Von den p-Niveaus gibt es Anregungen in s und d Niveaus, von den d Niveaus in p und f Niveaus, etc. Übergänge innerhalb einer 'Schale' sind (Aufhebung der Entartung vorausgesetzt) wegen der Kleinheit des Faktors ω_{fi}^2 in (12.19) sehr schwach. Im (theoretischen) Wasserstoffatom finden infolge der Entartung mit $\omega_{fi} = 0$ Übergänge innerhalb einer Schale nicht statt. Ein entsprechendes Muster von

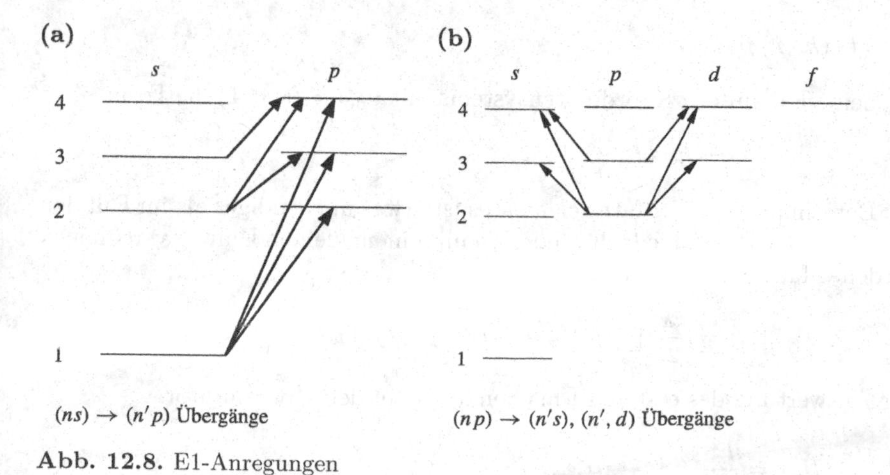

Abb. 12.8. E1-Anregungen

Auswahlregeln gilt für die stimulierten Abregungsprozesse. Die Auswahlregeln (eine Konsequenz des Operators, der den Übergang bewirkt und der Form der Wellenfunktionen) sind ein typisch quantenmechanisches Charakteristikum. Eine fast klassische Theorie wie das Bohrsche Atommodell macht zu dem Thema Auswahlregeln keine Aussage.

Da z. B. der Überlapp von $1s$-Wellenfunktionen mit np-Wellenfunktionen mit wachsendem n abnimmt, nimmt auch die entsprechende Übergangswahrscheinlichkeit $P_{1s\to np}$ mit wachsendem n ab. Für einen numerischen Vergleich der E1-Übergänge $1s \to 2p$ bzw. $1s \to 3p$ im Wasserstoffatom benötigt man die Dipolmatrixelemente. Diese kann man der Diskussion des Starkproblems (Kap. 11.4.1) entnehmen. Es ist

$$\begin{aligned}\langle 210|\hat{z}|100\rangle &= \frac{2^7\sqrt{2}}{3^5}a_0 = \frac{128\sqrt{2}}{243}a_0 \quad \text{und}\\ \langle 310|\hat{z}|100\rangle &= \frac{3^3\sqrt{2}}{2^7}a_0 = \frac{27\sqrt{2}}{128}a_0 \,. \end{aligned} \tag{12.20}$$

Man findet somit (in Langwellennäherung)

$$\frac{P_{10\to 31}}{P_{10\to 21}} = \left(\frac{27}{128}\cdot\frac{243}{128}\right)^2\left(\frac{\omega_{31}}{\omega_{21}}\right)^2 = \left(\frac{243}{512}\right)^2 \approx 0.225\,.$$

Das Amplitudenverhältnis wurde bei dieser Abschätzung vernachlässigt, da sich die Anregungsenergien nur wenig unterscheiden. Somit kann man festhalten, dass der $1s$- $3p$ Übergang um einen Faktor 4 bis 5 schwächer ist.

Sind E1-Übergänge nach den Auswahlregeln möglich, so dominieren sie über die weiteren Beiträge, die bei der Entwicklung der Exponentialfunktion entstehen. Ist jedoch ein Dipolübergang infolge der Auswahlregeln verboten (so z. B. der Übergang $(100) \to (320)$ im Wasserstoffatom), muss man die weiteren Terme der Langwellenentwicklung ins Auge fassen. Der nächste Term mit dem Matrixelement

$$\mathrm{i}\langle f\,|\,(\boldsymbol{k}\cdot\hat{\boldsymbol{r}})\,\hat{\boldsymbol{p}}\,|\,i\rangle\cdot\boldsymbol{e}_{\mathrm{pol}}$$

hat bei der Wahl des Koordinatensystems mit $\boldsymbol{e}_{\mathrm{pol}} = (0,0,1)$ die Form

$$= \hbar k\;\langle f\,|\,x\partial_z\,|\,i\rangle\,.$$

Die Berechnung dieses Matrixelementes ist etwas aufwendiger als im Fall der Dipolübergänge, kann jedoch wiederum mit einem kleinen Umweg vereinfacht werden. Man schreibt zunächst

$$= \frac{\hbar k}{2}\;\{\langle f\,|(x\partial_z + z\partial_x)|\,i\rangle + \langle f\,|(x\partial_z - z\partial_x)|\,i\rangle\}\,.$$

Zur Auswertung des ersten Terms benutzt man den Kommutator

$$\left[\hat{x}\hat{z}, \hat{H}_0\right] = \frac{\hbar^2}{m_e}(x\partial_z + z\partial_x)\,.$$

In dem zweiten Term erkennt man den Drehimpulsoperator

$$\hat{l}_y = -\mathrm{i}\hbar(x\partial_z - z\partial_x)\,.$$

Demnach findet man für den Beitrag der nächsten Ordnung in der Entwicklung der Exponentialfunktion

$$\begin{aligned}\mathrm{i}\langle f\,|(\boldsymbol{k}\cdot\hat{\boldsymbol{r}})\hat{\boldsymbol{p}}|\,i\rangle\cdot\boldsymbol{e}_{\text{pol}} &= \frac{m_e k}{2\hbar}\langle f\,|\left[\hat{x}\hat{z},\hat{H}_0\right]|\,i\rangle + \frac{\mathrm{i}k}{2}\langle f\,|\hat{l}_y|\,i\rangle \\ &= -\frac{m_e k}{2}\,\omega_{fi}\,\langle f\,|\hat{x}\hat{z}|\,i\rangle + \frac{\mathrm{i}k}{2}\langle f\,|\hat{l}_y|\,i\rangle\,. \end{aligned} \tag{12.21}$$

Das erste Matrixelement ist ein spezielles Matrixelement des Quadrupoltensors

$$\langle f\,|Q_{ik}|\,i\rangle = \begin{pmatrix} \langle f\,|\hat{x}^2|\,i\rangle & \langle f\,|\hat{x}\hat{y}|\,i\rangle & \langle f\,|\hat{x}\hat{z}|\,i\rangle \\ \ldots & \langle f\,|\hat{y}^2|\,i\rangle & \ldots \\ \ldots & \ldots & \ldots \end{pmatrix}.$$

Die hier auftretenden Koordinatenprodukte lassen sich durch Kugelflächenfunktionen mit dem Index $L = 2$ darstellen (Bd. 2, Kap 3.4). Der erste Anteil beschreibt also (einschließlich des Faktors e) elektrische Quadrupol- oder *E2-Übergänge*.

Zur Diskussion des zweiten Beitrages kann man bemerken, dass das magnetische Moment eines (klassisch) zirkulierenden Elektrons die Form

$$\boldsymbol{\mu} = -\frac{e}{2m_e c}\,\boldsymbol{l}$$

hat. Überträgt man diese Definition, wie in Kap. 7, in die Quantenmechanik, so erkennt man in

$$\frac{\mathrm{i}}{2}\,k\langle f\,|\hat{l}_y|\,i\rangle = -\frac{\mathrm{i}km_e c}{e}\,\langle f\,|\hat{\mu}_y|\,i\rangle$$

ein spezielles Matrixelement für einen magnetischen Dipol- oder *M1-Übergang*. Für jeden der Beiträge kann man wiederum Auswahlregeln bereitstellen. Zur Diskussion der Auswahlregeln für die elektrischen Quadrupolübergänge kann man entweder eine Kombination der Dipolauswahlregeln benutzen

$$\langle n_f l_f m_f\,|\hat{x}\hat{z}|\,n_i l_i m_i\rangle = \sum_{nlm}\langle n_f l_f m_f\,|\hat{x}|\,nlm\rangle\langle nlm\,|\hat{z}|\,n_i l_i m_i\rangle$$

oder man beruft sich direkt auf die Eigenschaften des Winkelintegrals

$$\iint \mathrm{d}\Omega\, Y^*_{l_f m_f}(\Omega) Y_{2m}(\Omega) Y_{l_i m_f}(\Omega)\,.$$

Das Ergebnis für die Drehimpulsauswahlregeln bei E2-Übergängen induziert durch elliptisch polarisierte Strahlung ist

$$\langle f\,|\hat{Q}|\,i\rangle \neq 0 \qquad \text{falls} \quad \Delta l = 0,\, 2 \quad \text{und} \quad \Delta m = 0,\, \pm 1,\, \pm 2\,.$$

Die Regel $\Delta l = 0$ gilt nicht, falls entweder l_i oder $l_f = 0$ ist.

Das *E2-Anregungsmuster* ist in den Abb. 12.9 und 12.10 angedeutet. Es sind z. B. Übergänge von s- nach d-Zuständen, von p-Zuständen nach p-Zuständen und nach f-Zuständen, sowie von d-Zuständen nach s-, d- und g-Zuständen möglich.

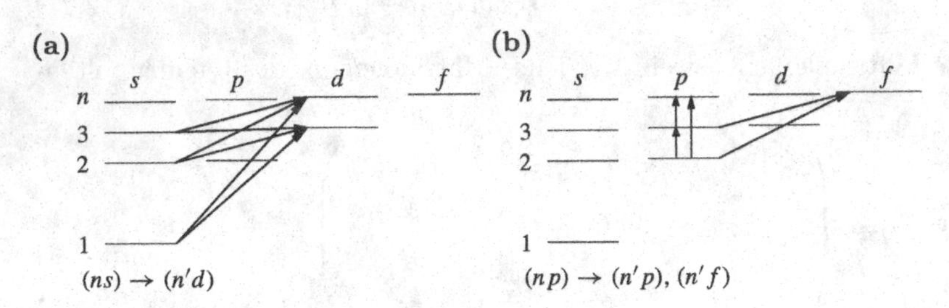

Abb. 12.9. E2-Anregungen

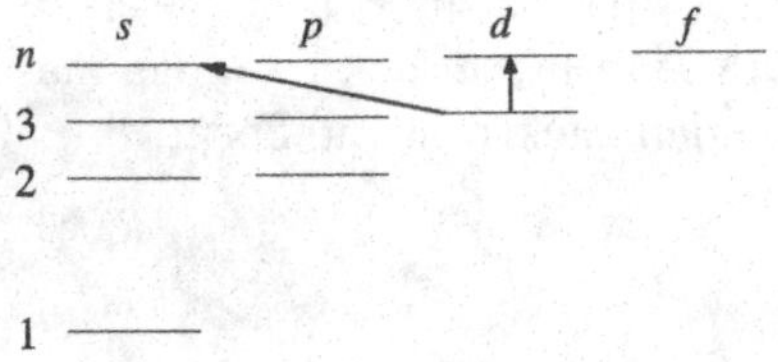

Abb. 12.10. E2-Anregungen: $(nd) \to (n's), (n'd), , \ldots$

Die Auswahlregeln für die M1-Übergänge folgen aus den Eigenschaften des Drehimpulsoperators

$$\langle f\,|\hat{\mu}|\,i\rangle \neq 0 \qquad \text{für} \quad \Delta n = 0 \quad \Delta l = 0 \quad \Delta m = 0,\, \pm 1\,.$$

Für solche Übergänge ist $k_{if} \propto \omega_{if} = 0$. Die Übergänge finden wegen der Entartung in der Quantenzahl m für ein Zentralpotential nicht statt. Spaltet man jedoch die m-Entartung durch ein äußeres stationäres Feld (wie z. B. in einem Stark-Versuch) auf, so kann man solche Übergänge (mit geringer Wahrscheinlichkeit wegen der kleinen Differenz ω_{if}) beobachten.

Abschließend ist zu der Langwellennäherung noch das Folgende zu bemerken:

- Die Aussagen zu den M1-Übergängen sind nicht vollständig, da auch der Spinfreiheitsgrad (Kap. 7) zu magnetischen Übergängen beiträgt.

- Das Verhältnis der Stärke von Anregungswahrscheinlichkeiten der E2- zu E1-Übergängen kann man in einfacher Weise abschätzen. Betrachtet man z. B. die Übergänge

$$2s \xrightarrow{E1} 3p \qquad 2s \xrightarrow{E2} 3d\,,$$

so ergibt sich wegen der (für leichte Atome fast) gleichen Übergangsfrequenz

$$\frac{P(E2)}{P(E1)} = \frac{k^2}{4}\,\frac{\left|\langle f_1\,|\hat{Q}|\,i\rangle\right|^2}{\left|\langle f_2\,|\hat{d}|\,i\rangle\right|^2}$$

mit den Abschätzungen

$$\langle f_1\,|\hat{Q}|\,i\rangle \sim e\,a_0^2$$

$$\langle f_2\,|\hat{d}|\,i\rangle \sim e\,a_0$$

die Aussage (Zahlenwerte, siehe Kap. 12.2.2)

$$\frac{P(E2)}{P(E1)} \sim \frac{1}{4}\,(ka_0)^2 \sim 10^{-6}\,.$$

Dipolübergänge sind ca. 10^6 mal wahrscheinlicher als Quadrupolübergänge. An dieser Aussage ändert sich wenig, wenn man, wie unten ausgeführt, die Matrixelemente für bestimmte Übergänge explizit auswertet und die leicht verschiedenen Übergangsfrequenzen einsetzt.
- Da die direkten E2-Übergänge sehr schwach sind, muss man die Wahrscheinlichkeit für Zweistufendipolübergänge einbeziehen (auch wenn die Berechnung mit Störungstheorie zweiter Ordnung eine wesentlich langwierigere Aufgabe darstellt) und sie mit den Ergebnissen für E2-Übergänge kombinieren bzw. vergleichen.
- In analoger Weise wie man die diskreten Übergänge behandelt, kann man den Fall der Photoionisation (diskret $\to$ kontinuierlich) diskutieren.

In dem nächsten, kurzen Abschnitt werden, auf der Basis der Störungstheorie erster Ordnung, die Langwellennäherung und das Resultat bei exakter Auswertung des Dipolmatrixelements verglichen.

12.2.2 Ein Beispiel für die exakte Auswertung der Multipolmatrixelemente

Eine exakte Methode zur Diskussion der verschiedenen Multipolbeiträge ergibt sich aus der Entwicklung

$$\mathrm{e}^{\mathrm{i}\boldsymbol{k}\cdot\boldsymbol{r}} = 4\pi \sum_{l,m} \mathrm{i}^l j_l(kr)\,Y_{lm}(\Omega)Y_{lm}^*(\Omega_k)\,. \tag{12.22}$$

Das Matrixelement

$$\langle n_f l_f m_f \,|\, \mathrm{e}^{\mathrm{i}\boldsymbol{k}\cdot\boldsymbol{r}} \boldsymbol{e}_{\mathrm{pol}} \cdot \hat{\boldsymbol{p}} \,|\, n_i l_i m_i \rangle \,, \tag{12.23}$$

das zur Auswertung ansteht, kann mit oder ohne die Wahl $\boldsymbol{e}_{\mathrm{pol}} = (0, 0, 1)$ allgemein analysiert werden[3]. Die Drehimpulsauswahlregeln für die verschiedenen Multipole werden durch Diskussion des Operators

$$Y_{lm}(\Omega)\,\hat{\boldsymbol{p}}$$

bestimmt. Die Langwellennäherung ergibt sich aus der Formel

$$j_l(kr) \overset{kr\to 0}{\longrightarrow} \frac{(kr)^l}{(2l+1)!!} \,.$$

Hier soll, zur Illustration, nur das Übergangsmatrixelement von dem Grundzustand des Wasserstoffatoms zu dem $2p$-Zustand diskutiert werden. Wählt man den Polarisationsvektor wie angedeutet, so ist als Erstes die Wirkung des Operators $\hat{p}_z$ auf die Grundzustandswellenfunktion zu betrachten. Mit der Ableitung der $1s$-Wellenfunktion

$$\hat{p}_z\, \psi_{100}(\boldsymbol{r}) = -\mathrm{i}\hbar \frac{\lambda_1^{3/2}}{\sqrt{\pi}} \frac{\partial}{\partial z} \mathrm{e}^{-\lambda_1 r} = \mathrm{i}\hbar \frac{\lambda_1^{5/2}}{\sqrt{\pi}} \cos\theta \mathrm{e}^{-\lambda_1 r}$$

berechnet man (siehe ◎ D.tail 12.1) das Matrixelement

$$\langle 210|\mathrm{e}^{\mathrm{i}\boldsymbol{k}\cdot\boldsymbol{r}}\hat{p}_z|100\rangle = 4\sqrt{\pi}\,\hbar\lambda_1^{5/2} \sum_{l,m} \mathrm{i}^{l+1} \int r^2 \mathrm{d}r\, R_{21}(r) j_l(kr) \mathrm{e}^{-\lambda_1 r} \iint \mathrm{d}\Omega\, Y_{1m_f}^*(\Omega)\, [\cos\theta Y_{lm}(\Omega)] Y_{lm}^*(\Omega_k) \,.$$

Wählt man wie zuvor als Ausbreitungsrichtung der elektromagnetischen Störung die x-Richtung

$$\boldsymbol{k} = (k, 0, 0) \,,$$

so findet man das Resultat

$$\langle 210|\mathrm{e}^{\mathrm{i}\boldsymbol{k}\cdot\boldsymbol{r}}\hat{p}_z|100\rangle = \mathrm{i}\hbar \frac{16\sqrt{2}}{a_0(9 + 4a_0^2k^2)^2} \,,$$

das wenig Gemeinsamkeit mit dem Ergebnis (12.20) der Langwellennäherung zu haben scheint. Beachtet man jedoch die Energiewerte des Wasserstoffatoms, so kann man

$$\frac{1}{a_0} = \frac{8m_e}{3\hbar}\omega_{2p,1s}\, a_0$$

[3] Details einschließlich Spineffekte, findet man z. B. in M. E. Rose, Multipole Fields.

schreiben und somit durch Ersetzung von $1/a_0$ das Resultat

$$\langle 210|\mathrm{e}^{\mathrm{i}\boldsymbol{k}\cdot\boldsymbol{r}}\hat{p}_z|100\rangle = \mathrm{i}m_e\omega_{2p,1s}\,\frac{128\sqrt{2}}{3(9+4a_0^2k^2)^2}\,a_0 \quad . \tag{12.24}$$

gewinnen. Dieses geht im Grenzfall $a_0k \longrightarrow 0$ in (12.20) über.

Um einen expliziten Vergleich des Ergebnisses der Langwellennäherung mit dem exakten Resultat durchzuführen, muss man im Nenner von (12.24) $a_0\,k$ einsetzen. Für elektromagnetische Strahlung ist $\hbar\omega = \hbar kc$. Auf der anderen Seite ist $\hbar\omega$ gleich der Anregungsenergie ΔE. Daraus ergibt sich

$$a_0^2k^2 = \frac{a_0^2}{\hbar^2c^2}\cdot 2.566\cdot 10^{-24}(\Delta E)^2\,,$$

wobei die Anregungsenergie in eV einzusetzen ist. Mit der Energiedifferenz der $1s$- und $2p$-Niveaus von 10.205 eV erhält man

$$a_0^2k^2 = 7.48\cdot 10^{-6}\,.$$

Damit ergibt sich ein relativer Fehler der Langwellennäherung von ca. 10^{-3} %. Die Näherung ist also durchaus vertretbar.

12.3 Fermis Goldene Regel

Die bisherigen Überlegungen zur Auswertung der Störungstheorie basieren auf der Annahme, dass die Störung nur über ein Zeitintervall $0 \leq t \leq T$ einwirkt und somit

$$\dot{C}_{if}(t) = 0 \qquad \text{für} \quad t > T$$

ist. Eine monochromatische Welle wirkt hingegen über einen beliebig langen Zeitraum ein. Somit muss die Aufstellung einer Störungsformel für diesen Fall erneut diskutiert werden. Als erstes wird man jedoch die Frage stellen, inwieweit die Diskussion von monochromatischen Störungen aus experimenteller Sicht überhaupt notwendig oder möglich ist. Eine Antwort auf diese Frage ergibt sich aus der Betrachtung der zugrundeliegenden Zeitskala, die in den 'Experimenten' eine Rolle spielt. Eine atomare Zeitskala wird in grober Näherung durch die Umlaufzeit eines Elektrons im Wasserstoffgrundzustand gemäß dem Bohrmodell festgelegt. Diese Zeit ist

$$T_{\text{atomar}} = \frac{2\pi a_0}{v_0} = \frac{2\pi a_0\hbar}{e^2} \approx 1.5\cdot 10^{-16}\ \mathrm{s}\,.$$

Bezogen auf diese Zeitskala wirkt eine makroskopische Störung (z. B. ein gepulster Strahl mit einer Pulsdauer von einer Millisekunde (10^{-3} s) oder einer Mikrosekunde (10^{-6} s)) für eine sehr lange Zeit auf das Atom ein. Eine derartige Störung kann somit in guter Näherung als monochromatisch gelten, so dass sich die Frage

Wie sieht die Handhabung der zeitabhängigen Störungstheorie aus, wenn anstatt eines Wellenpaketes eine monochromatische Störung auf ein System (Atom) einwirkt?

in der Tat stellt. Fermis Goldene Regel beantwortet diese Frage.

Ein allgemeiner Ansatz für eine monochromatische Störung ist

$$\hat{V}_1(t) = \hat{v}^\dagger \mathrm{e}^{\mathrm{i}\omega t} + \hat{v}\mathrm{e}^{-\mathrm{i}\omega t} .$$

Dieser Operator ist hermitesch

$$\hat{V}_1^\dagger(t) = \hat{V}_1(t) .$$

Der Operator $\hat{v}$ selbst ist zeitunabhängig, im Normalfall ist es, bezüglich des Ortes, ein lokaler Operator

$$\langle \boldsymbol{r} |\hat{v}| \boldsymbol{r}' \rangle = \delta(\boldsymbol{r} - \boldsymbol{r}') v(\boldsymbol{r}) .$$

Ein spezielles Beispiel wäre eine skalare ebene Welle

$$V_1(\boldsymbol{r}, t) = v_0 \left(\mathrm{e}^{-\mathrm{i}(\boldsymbol{k}\cdot\boldsymbol{r} - \omega t)} + \mathrm{e}^{\mathrm{i}(\boldsymbol{k}\cdot\boldsymbol{r} - \omega t)} \right) = 2 v_0 \cos(\boldsymbol{k}\cdot\boldsymbol{r} - \omega t) . \qquad (12.25)$$

Die Differentialgleichung für die Übergangsamplitude in erster Ordnung (12.10)

$$\dot{C}_{fi}^{(1)}(t) = \frac{1}{\mathrm{i}\hbar} \langle f |\hat{V}_1(t)| i \rangle \mathrm{e}^{\mathrm{i}\omega_{fi} t} \qquad t_0 = 0$$

führt zu der Lösung

$$C_{fi}^{(1)}(t) = \frac{1}{\mathrm{i}\hbar} \left[\langle f |\hat{v}^\dagger| i \rangle \int_0^t \mathrm{e}^{\mathrm{i}(\omega_{fi} + \omega) t'} \mathrm{d}t' + \langle f |\hat{v}| i \rangle \int_0^t \mathrm{e}^{\mathrm{i}(\omega_{fi} - \omega) t'} \mathrm{d}t' \right] .$$

Für die Zeitintegrale benutzt man die Formel

$$\int_0^t \mathrm{e}^{\alpha t'} \mathrm{d}t' = \frac{1}{\alpha} \left(\mathrm{e}^{\alpha t} - 1 \right)$$

und erhält

$$C_{fi}^{(1)}(t) = - \left[\langle f |\hat{v}^\dagger| i \rangle \frac{(\mathrm{e}^{\mathrm{i}(\omega_{fi} + \omega) t} - 1)}{E_f^{(0)} - E_i^{(0)} + \hbar\omega} + \langle f |\hat{v}| i \rangle \frac{(\mathrm{e}^{\mathrm{i}(\omega_{fi} - \omega) t} - 1)}{E_f^{(0)} - E_i^{(0)} - \hbar\omega} \right] . \qquad (12.26)$$

Man erkennt noch einmal die Möglichkeiten

Term 1: $E_f^{(0)} = E_i^{(0)} - \hbar\omega \Longrightarrow$ Abregung

Term 2: $E_f^{(0)} = E_i^{(0)} + \hbar\omega \Longrightarrow$ Anregung,

jedoch auch, dass die Resonanzbedingungen jeweils einen unbestimmten Ausdruck der Form 0/0 ergeben.

Da sich die Resonanzbedingungen für die zwei Moden deutlich unterscheiden, kann man die weitere Diskussion wieder auf eine der Moden, z. B. die *Anregung* beschränken. In diesem Fall lautet die Formel für die Übergangswahrscheinlichkeit zu dem Zeitpunkt t (in erster Ordnung)

$$P_{i\to f}^{(1)} = \left|C_{fi}^{(1)}(t)\right|^2 = |\langle f\,|\hat{v}|\,i\rangle|^2 \,\frac{\left|\left(\mathrm{e}^{\mathrm{i}(\omega_{fi}-\omega)t}-1\right)\right|^2}{\hbar^2\left(\omega_{fi}-\omega\right)^2}\,.$$

Für die Zeitfunktion gilt

$$\left|\mathrm{e}^{\mathrm{i}\alpha t}-1\right|^2 = 4\sin^2\frac{1}{2}\alpha t$$

und somit ist

$$P_{i\to f}^{(1)} = \frac{4}{\hbar^2}\,|\langle f\,|\hat{v}|\,i\rangle|^2\,\frac{\sin^2\frac{1}{2}(\omega_{fi}-\omega)t}{(\omega_{fi}-\omega)^2}\,. \tag{12.27}$$

Für die hier auftretende Funktion

$$F(\alpha,t) = \frac{4\sin^2\frac{1}{2}\alpha t}{\alpha^2} \tag{12.28}$$

kann man die folgenden Eigenschaften notieren:

- Entwicklung ergibt $F(0,t) = t^2$.
- Die Funktion ist symmetrisch in α: $F(\alpha,t) = F(-\alpha,t)$.
- Die Funktion ist positiv definit: $F(\alpha,t) \geq 0$.
- Für $\alpha_n = \pm(2n\pi)/t$ mit $n = 1,2,\ldots$ besitzt die Funktion äquidistante Nullstellen $F(\alpha - n,t) = 0$.

Unter der Berücksichtigung der oszillatorischen Struktur und des Abfalls mit α^{-2} ergibt sich für F als Funktion von α bei festem t das in Abb. 12.11a gezeigte Schaubild. Die Breite des zentralen Maximums ist

$$\Delta\alpha \approx \frac{2\pi}{t}\,.$$

Das zentrale Maximum ist umso höher und schmaler je größer t ist. Betrachtet man F als Funktion von t für festes $\alpha \neq 0$, so oszilliert die Funktion mit der Periode $T = 2\pi/\alpha$ zwischen den Werten 0 und $4/\alpha^2$ (Abb. 12.11b). Außerdem findet man mit Hilfe von Kontourintegration (siehe D.tail 12.2)

$$\int_{-\infty}^{\infty} F(\alpha,t)\mathrm{d}\alpha = 2\pi\,t\,,$$

sowie

$$F(\alpha,t) \stackrel{t\to\infty}{\longrightarrow} 2\pi\,t\,\delta(\alpha)\,.$$

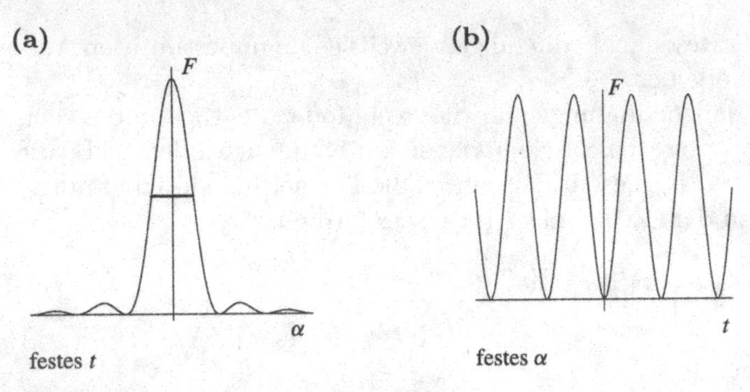

Abb. 12.11. Die Funktion $F(\alpha, t)$

Die Funktion geht für große Zeiten in eine Distribution multipliziert mit t über.

Erfüllt nun die eingestrahlte Frequenz für einen Übergang von einem diskreten zu einem diskreten Zustand genau die Resonanzbedingung (ist also $\alpha = 0$), so gilt

$$P^{(1)}_{i \to f} = |\langle f\,|\hat{v}|\,i\rangle|^2 \left(\frac{t}{\hbar}\right)^2 .$$

Die Übergangswahrscheinlichkeit wächst quadratisch mit der Zeit. Anwendung der Störungstheorie ist jedoch nur sinnvoll, wenn

$$P^{(1)}_{i \to f} < 1$$

ist. Ist diese Bedingung nicht erfüllt, so ist Störungstheorie nicht angemessen. Es verbleibt die Möglichkeit, das Differentialgleichungssystem

$$\mathrm{i}\hbar \dot{C}_{ib}(t) = \sum_a \langle b\,|\hat{V}_1(t)|\,a\rangle \mathrm{e}^{\mathrm{i}\omega_{ba}t} C_{ia}(t)$$

exakt (oder exakter) zu lösen.

Einen Einblick in eine mögliche exakte Lösungsstruktur erhält man durch die Betrachtung von Modellsystemen, wie z. B. einem Zweiniveausystem, das durch die Differentialgleichungen

$$\begin{aligned} \mathrm{i}\hbar \dot{C}_{11}(t) &= v_{12} C_{12}(t) \\ \mathrm{i}\hbar \dot{C}_{12}(t) &= v_{21} C_{11}(t) \end{aligned} \tag{12.29}$$

definiert ist. Die zeitliche Änderung der Besetzungszahlen wird jeweils durch die Besetzung des anderen Niveaus bestimmt, Die eingestrahlte Frequenz erfüllt die Resonanzbedingung, so dass die verbleibenden Matrixelemente nicht von der Zeit abhängen. Die Wechselwirkung ist hermitesch, es gilt

$$v_{12} = v^*_{21} .$$

Die Lösung des Zweiniveauproblems mit den Anfangsbedingungen

$$C_{11}(0) = 1 \qquad C_{12}(0) = 0$$

ist (siehe D.tail 12.3)

$$C_{11}(t) = \cos at \qquad C_{12}(t) = -\mathrm{i}\sqrt{\frac{v_{12}^*}{v_{12}}}\sin at\,. \tag{12.30}$$

Der Parameter steht für

$$a = \sqrt{\frac{|v_{12}|^2}{\hbar^2}}\,.$$

Es findet sowohl Anregung als auch Abregung statt. Die entsprechenden Besetzungswahrscheinlichkeiten

$$P_{1\to1}(t) = \cos^2 at \qquad P_{1\to2}(t) = \sin^2 at$$

ändern sich gegenläufig periodisch mit der Zeit. Das Teilchen ist zu jedem Zeitpunkt in einem der Zustände

$$P_{1\to1}(t) + P_{1\to2}(t) = 1\,.$$

Störungstheorie erster Ordnung entspräche der Aussage

$$P_{1\to2}(t) \approx a^2t^2 + \ldots\,.$$

Sie gibt nur die Anfangsphase des ersten Anregungsprozesses wieder und ist zur Beschreibung der weiteren Zeitentwicklung völlig unangemessen. Da es unmöglich ist, für ein Quantensystem Momentaufnahmen zu machen, wäre auf der anderen Seite eine direkte, experimentelle Analyse dieses Zweiniveausystems nicht möglich.

Strahlt man mit einer Frequenz ein, die die Resonanzbedingungen nicht erfüllt ($\alpha \neq 0$), so lautet das Differentialgleichungssystem

$$\mathrm{i}\hbar\dot{C}_{11}(t) = v_{12}\mathrm{e}^{\mathrm{i}\alpha t}C_{12}(t)$$

$$\mathrm{i}\hbar\dot{C}_{12}(t) = v_{21}\mathrm{e}^{-\mathrm{i}\alpha t}C_{11}(t)\,. \tag{12.31}$$

Stellt man wie zuvor die Anfangsbedingungen $C_{11}(0) = 1$, $C_{12}(0) = 0$, so findet man als spezielle Lösung dieses Gleichungssystems (siehe D.tail 12.3)

$$C_{11}(t) = \mathrm{e}^{\mathrm{i}\alpha t/2}\left(\cos wt - \frac{\mathrm{i}\alpha}{2w}\sin wt\right)$$

$$C_{12}(t) = -\frac{\mathrm{i}v_{21}}{\hbar w}\sin wt\,, \tag{12.32}$$

wobei der Parameter nun die Form

$$w = \left[a^2 + \frac{\alpha^2}{4}\right]^2$$

hat. Das Muster für die Besetzung der Zustände unterscheidet sich von dem Resonanzfall. Je weiter man sich von der Resonanz entfernt, desto kleiner wird der Vorfaktor in $|C_{12}(t)|^2$. In Abb. 12.12 wird dargestellt, wie die Besetzungswahrscheinlichkeit des zweiten Zustands mit der Abweichung von

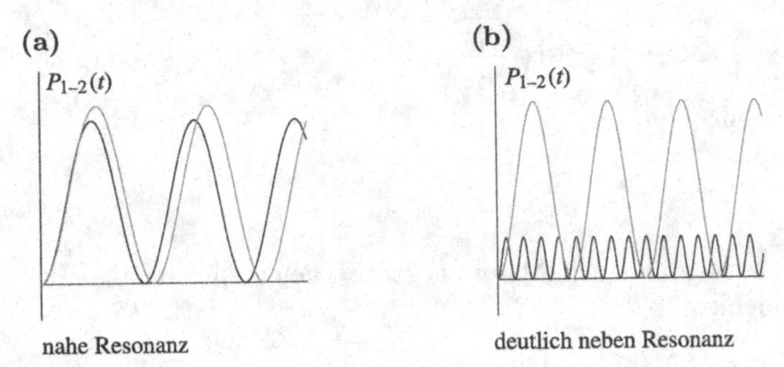

Abb. 12.12. Besetzungswahrscheinlichkeit $P_{1\to 2}(t)$, Resonanzfall (grau) zum Vergleich

der Resonanz abnimmt und deutlich unter 1 bleibt. In Störungstheorie gilt jedoch immer noch die Aussage

$$P_{1\to 2}(t) \approx a^2 t^2 + \dots .$$

Da eine exakte Lösung des gekoppelten Differentialgleichungssystems im Allgemeinen nicht zugänglich ist, kommt für praktische Anwendungen nur eine der Problemstellung angepasste Variante der störungstheoretischen Formulierung in Frage. In Anbetracht der Aussage, dass die bisherige Formulierung der Störungstheorie nicht anwendbar ist, wenn die Störung monochromatisch und die Resonanzbedingung erfüllt ist, stellt sich die Frage nach einem vertretbaren Ausweg. Ein Zugang ergibt sich aus der vorliegenden experimentellen Situation:

- Streng monochromatische Störungen sind eine Fiktion. Jede Störung hat eine, wenn auch kleine Frequenzbreite: Anstatt einer Frequenz ω_0 steht das Frequenzintervall

  $$\omega_0 - \varepsilon \le \omega \le \omega_0 + \varepsilon$$

  zur Verfügung.
- Angeregte stationäre Zustände, das heißt angeregte Zustände mit einem scharfen Energiewert, sind ebenfalls eine Fiktion. Da diese Zustände eine endliche (wenn auch kurze) Lebensdauer haben, liegt immer eine Energieunschärfe vor. Die Energie $E_n^{(0)}$ von angeregten Zuständen ist durch das Energieintervall

  $$E_n^{(0)} - \Delta \le E \le E_n^{(0)} + \Delta$$

  zu ersetzen.

Zur Umsetzung dieser Aussagen in eine 'praxisorientierte' Variante der Störungstheorie kann man einen Übergang von einem Grundzustand (der wirklich stationär ist und deswegen keine Breite besitzt) in einen Kontinuumszustand bei Einstrahlung einer nahezu monochromatischen Welle betrachten. In dem Kontinuum liegen die Zustände beliebig dicht. Ist die einfallende Welle nicht streng monochromatisch, so regt man das System in einem Intervall

$$[\omega - \varepsilon, \omega + \varepsilon]$$

an. Es liegt in diesem Fall nahe, die Übergangswahrscheinlichkeit

$$P_{0\to \boldsymbol{k}^{(+)}} = \frac{1}{\hbar^2}\langle 0\,|\hat{v}^\dagger|\,\boldsymbol{k}^{(+)}\rangle\langle \boldsymbol{k}^{(+)}\,|\hat{v}|0\,\rangle F\left(\frac{E_{\boldsymbol{k}}^{(0)}}{\hbar} - \frac{E_0^{(0)}}{\hbar} - \omega, t\right)$$

über alle Energiewerte, die von der Strahlung angeboten werden, zu mitteln.

Zu der Energiemittelung stellt man die folgende Überlegung an: Mittelung über alle Impulszustände aus einem Bereich entspräche

$$\frac{1}{(2\pi)^3}\int \mathrm{d}k^3 = \frac{1}{8\pi^3}\int k^2 \mathrm{d}k \int \mathrm{d}\Omega_k \,.$$

Zwischen Energie und Impuls besteht für die Kontinuumszustände des H_0-Problems eine Relation der Form $E = E_k^{(0)}$, insbesondere für den Fall von freien Teilchen

$$E = \frac{\hbar^2 k^2}{2m_0}\,.$$

Kehrt man diese Relation um, so erhält man $k = k(E)$ und somit

$$\mathrm{d}k = \left(\frac{\mathrm{d}k}{\mathrm{d}E}\right)\mathrm{d}E\,.$$

Somit ergibt sich

$$\frac{1}{(2\pi)^3}\int \mathrm{d}k^3 = \left[\int \left[\frac{k^2}{2\pi^2}\frac{\mathrm{d}k}{\mathrm{d}E}\right]\mathrm{d}E\right]\int \frac{\mathrm{d}\Omega_k}{4\pi}\,.$$

Der zweite Faktor mittelt über die Raumwinkel. Für die angestrebte Energiemittelung ist nur der erste Faktor von Interesse. Die Größe in der Klammer bezeichnet man als die Zustandsdichte in dem Intervall $\mathrm{d}E$

$$\rho(E) = \left[\frac{k^2}{2\pi^2}\frac{\mathrm{d}k}{\mathrm{d}E}\right]\,. \tag{12.33}$$

Sie ist ein direktes Maß für die Zahl der Zustände pro Energieintervall. Im einfachsten Fall von ebenen Wellen kann man

$$\rho(E) = \frac{m_0}{2\pi^2\hbar^3}\,[2m_0 E]^{1/2} \tag{12.34}$$

schreiben.

Für die Mittelung um eine Resonanzsituation setzt man auf der Basis dieser Überlegung die gemittelte Übergangswahrscheinlichkeit als

$$\bar{P}_{0\to\boldsymbol{k}}(t) = \frac{1}{\hbar^2}\int_{(E_k^{(0)}-E_0^{(0)}-\varepsilon)/\hbar}^{(E_k^{(0)}-E_0^{(0)}+\varepsilon)/\hbar} \mathrm{d}\omega\, \rho(\hbar\omega)\frac{\left|\langle \boldsymbol{k}^{(+)}\,|\hat{v}|0\,\rangle\right|^2}{\hbar^2}$$

$$*F\left(\frac{E_k^{(0)}}{\hbar} - \frac{E_0^{(0)}}{\hbar} - \omega, t\right)$$

an. Falls der Bereich, über den man mittelt, klein ist, kann man voraussetzen, dass die Zustandsdichte und das Matrixelement über das Integrationsintervall konstant sind

$$= \frac{1}{\hbar}\rho(E_k^{(0)} - E_0^{(0)})\left|\langle \boldsymbol{k}^{(+)}\,|\hat{v}|0\,\rangle\right|^2$$

$$*\int_{(E_k^{(0)}-E_0^{(0)}-\varepsilon)/\hbar}^{(E_k^{(0)}-E_0^{(0)}+\varepsilon)/\hbar} \mathrm{d}\omega\, F\left(\frac{E_k^{(0)}}{\hbar} - \frac{E_0^{(0)}}{\hbar} - \omega, t\right).$$

Der Integrand in dem verbleibenden Integral ist auch für kleine Zeiten, gemäß den Eigenschaften der Funktion

$$F(\alpha, t) = \frac{4\sin^2 \alpha\, t/2}{\alpha^2}\,,$$

eine gute Nadelfunktion, so dass man das Integrationsintervall von $[-\varepsilon, \varepsilon]$ auf $[-\infty, \infty]$ ausdehnen kann

$$\int \mathrm{d}\omega\, F\left(\frac{E_k^{(0)}}{\hbar} - \frac{E_0^{(0)}}{\hbar} - \omega, t\right) = \int \mathrm{d}\omega\, F\left(\omega - \frac{E_k^{(0)}}{\hbar} - \frac{E_0^{(0)}}{\hbar}, t\right)$$

$$= \int_{-\varepsilon}^{\varepsilon} \mathrm{d}\alpha\, F(\alpha, t)$$

$$= \int_{-\infty}^{\infty} \mathrm{d}\alpha\, F(\alpha, t) = 2\pi\, t\,.$$

Damit erhält man für die gemittelte Übergangswahrscheinlichkeit

$$\bar{P}_{0\to\boldsymbol{k}}^{(1)}(t) = \frac{2\pi}{\hbar}\left|\langle \boldsymbol{k}^{(+)}\,|\hat{v}|0\,\rangle\right|^2 \rho(E_k^{(0)} - E_0^{(0)})\, t\,. \tag{12.35}$$

Die gemittelte Übergangswahrscheinlichkeit wächst nur noch linear mit der Zeit. Aus diesem Grund ist eine direkt verwandte Größe, die Übergangsrate

$$W_{i\to\boldsymbol{k}}^{(1)}(t) = \frac{\mathrm{d}\bar{P}_{i\to\boldsymbol{k}}^{(1)}(t)}{\mathrm{d}t}$$

in der Zeit konstant. Die Übergangsrate ist auch die Größe, die im Experiment bestimmt werden kann. Für den diskutierten Übergang von dem

Grundzustand in das Kontinuum würde man sie folgendermaßen messen: Man beschickt ein Gasvolumen, das Atome im Grundzustand enthält, mit einer (nahezu) monochromatischen Strahlung und misst die Zahl der emittierten Elektronen (d. h. die Zahl der Übergänge diskret → Kontinuum) pro Zeiteinheit. Nach den obigen Betrachtungen ist diese Übergangsrate zeitlich konstant und durch die Formel

$$W^{(1)}_{0\to \boldsymbol{k}} = \frac{2\pi}{\hbar} \left| \langle \boldsymbol{k}^{(+)} \, | \hat{v} | 0 \,\rangle \right|^2 \rho(E^{(0)}_k - E^{(0)}_0) \tag{12.36}$$

gegeben. Diese Formel ist unter dem Namen *Fermis Goldene Regel* bekannt. Sie hat sich in der Praxis bewährt. Sie gibt sozusagen unserer Unfähigkeit wieder, streng monochromatische Störungen einwirken zu lassen. Anstatt Übergangswahrscheinlichkeiten misst man in diesem Fall Übergangsraten.

Man kann in gleicher Weise eine entsprechende Formel auch für die folgenden Fälle gewinnen:

Finden Übergänge von einem diskreten Zustand (ohne oder sehr geringer Breite) in einen diskreten Zustand statt und liegt der Endzustand in einem Bereich mit hoher Niveaudichte, so liegt ein Übergang in ein Quasi-Kontinuum vor. Man erhält in diesem Fall die entsprechende goldene Regel

$$W^{(1)}_{i\to f} = \frac{2\pi}{\hbar} \left| \langle f \, | \hat{v} | i \,\rangle \right|^2 \rho(E^{(0)}_f - E^{(0)}_i) \,. \tag{12.37}$$

Diese Situation liegt z. B. vor, wenn man Anregung in Wasserstoffzustände mit einem großen Wert der Hauptquantenzahl n betrachtet oder die Anregungen vom Grundzustand eines Atomkerns in höher liegend angeregte Zustände. Eine typische Niveaudichte, die man in Kernen oberhalb einer Anregungsenergie von 5–10 MeV antrifft, ist 10^5 Zustände pro MeV.

Betrachtet man Übergänge von einem isolierten diskreten Zustand in einen isolierten diskreten Zustand, so muss man sich auf die natürliche Linienbreite berufen, um die Goldene Regel zu begründen. Das Integral über die Zustandsdichte entspricht dann eigentlich einem Integral über die Linienbreite, das man in guter Näherung jedoch gleich 1 setzen kann.

12.4 Photonen versus klassisches elektromagnetisches Feld

Die Diskussion der stimulierten Anregung (und Abregung) basierte auf der Vorstellung, dass eine klassische elektromagnetische Welle auf ein atomares Elektron (ein Quantensystem) einwirkt. Diese Einwirkung führt (mit einer gewissen Wahrscheinlichkeit) zu einem Übergang von einem Ausgangszustand in einen Endzustand (Abb. 12.13). Dabei muss die Übergangsfrequenz $\hbar\omega_{fi} = E^{(0)}_f - E^{(0)}_i$ von der einfallenden Welle bzw. dem einfallenden Wellenpaket angeboten werden.

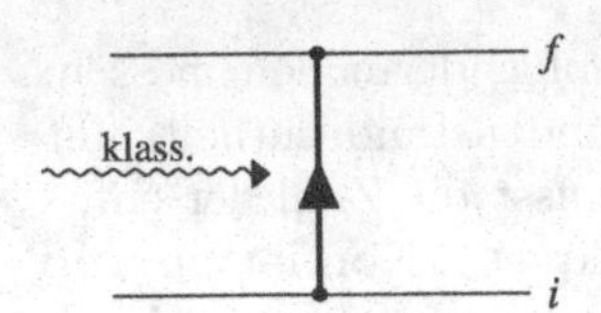

Abb. 12.13. Photoanregung: klassisch

Für eine vollständig quantenmechanische Charakterisierung der Prozesse ist es notwendig, anstelle des klassischen elektromagnetischen Feldes ein quantisiertes Feld, das heißt Photonen, zu benutzen. Da dies nicht durchgeführt wurde, ergeben sich zwei Fragen

1. Beschreibt die halbklassische Theorie die oben angesprochenen Prozesse in korrekter Weise?
2. Beschreibt die halbklassische Theorie alle möglichen Prozesse?

Zur Beantwortung dieser Fragen muss man sich auf die Quantenelektrodynamik (QED) oder eine äquivalente Fassung des Photonkonzepts stützen. Die Antworten, die die Quantenfeldtheorie gibt, kann man in Worten folgendermaßen zusammenfassen:

In der QED wird der Prozess der stimulierten Absorption folgendermaßen beschrieben: Ein Photon mit der Energie $\hbar\omega$ ($\omega = \omega_{if}$) wird durch Wechselwirkung mit einem *atomaren* Elektron vernichtet. Es gibt seine gesamte Energie (und seinen gesamten Impuls) durch Anregung des Elektrons (genauer des Atoms) ab. Die Wahrscheinlichkeit für diesen Prozess,

$$|\,\hbar\omega, i\rangle \to |\,f\rangle\,,$$

dessen Darstellung in niedrigster Ordnung Störungstheorie durch ein Feynmandiagramm in Abb. 12.14 angedeutet ist, kann auf der Basis der Quantenelektrodynamik berechnet werden. Es stellt sich heraus, dass die Wahrscheinlichkeit für die Vernichtung von Photonen bei gleichzeitiger Änderung des atomaren Zustandes in erster Ordnung Störungstheorie mit dem halbklassischen Ergebnis übereinstimmt. Eine Teilantwort auf die erste Frage lautet also: In erster Ordnung Störungstheorie ergeben QED und die halbklassische Theorie für die stimulierte Anregung das gleiche Resultat.

Zur Illustration einer Antwort auf die zweite Frage kann man die *spontanen Emission* betrachten: Ein Elektron in einem angeregten Zustand i kann spontan unter Aussendung eines Photons mit der Energie $\hbar\omega = E_f^{(0)} - E_i^{(0)}$ in einen energetisch niedrigeren Zustand übergehen. Dieser Prozess wird durch

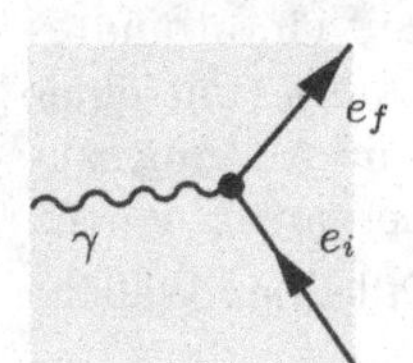

Abb. 12.14. Photoanregung: QED-Diagramm

die halbklassische Theorie nicht direkt beschrieben. Ohne äußere Einwirkung bleibt das Elektron in dem 'stationären' Zustand.

In der QED kann die spontane Emission in einfacher Weise diskutiert werden. Fordert man Zeitumkehr- und Ladungsumkehrsymmetrie (das Feynmandiagramm in Abb. 12.14 wird um 180° gedreht, die entstehenden Antiteilchen werden danach durch Teilchen ersetzt), so werden die Wahrscheinlichkeitsaussagen für die Prozesse

$$\hbar\omega + e_i^- \to e_f^- \qquad \text{und} \qquad e_f^- \to \hbar\omega + e_i^-$$

verknüpft (Abb. 12.15). Bis auf berechenbare Faktoren entspricht die Wahrscheinlichkeit für spontane Emission der Wahrscheinlichkeit für induzierte

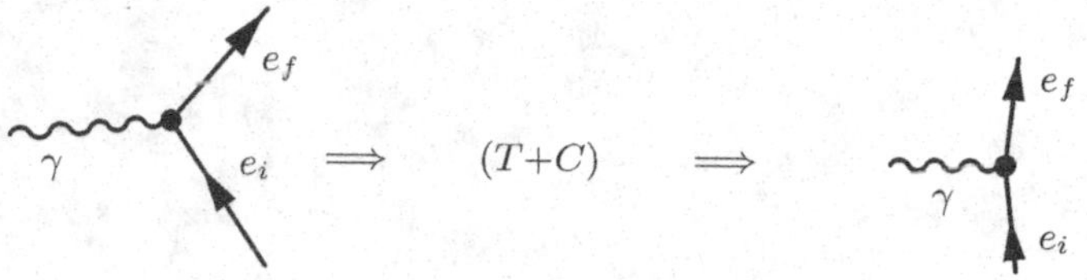

Abb. 12.15. Wechselwirkung eines Elektrons mit einem äußeren Feld

Absorption. Entnimmt man der QED (oder einfacheren Überlegungen, z. B. Einsteins elementarer Photonentheorie der Strahlung) diese Faktoren, so kann man sagen, dass die Wahrscheinlichkeit für spontane Emission ebenfalls durch die halbklassische Theorie berechnet werden kann.

Der Prozess der stimulierten Emission wird in der QED folgendermaßen beschrieben: Ein Photon mit der Energie $\hbar\omega$ wird bei virtueller Anregung des Anfangszustandes vernichtet. Dieser Zwischenzustand zerfällt anschließend unter Aussendung von zwei Photonen (Abb. 12.16)

$$e_i^- + \hbar\omega \to e_{\text{virt}}^- \to e_f^- + \hbar\omega + \hbar\omega_{if} \ .$$

Energieerhaltung insgesamt garantiert, dass man für die Frequenz des zweiten Photons $\hbar\omega_{fi}$ erhält. Die Wahrscheinlichkeit für die stimulierte Emission wird (in Störungstheorie gemäß dem Feynmandiagramm in Abb. 12.17) ebenfalls durch die halbklassische Theorie korrekt wiedergegeben.

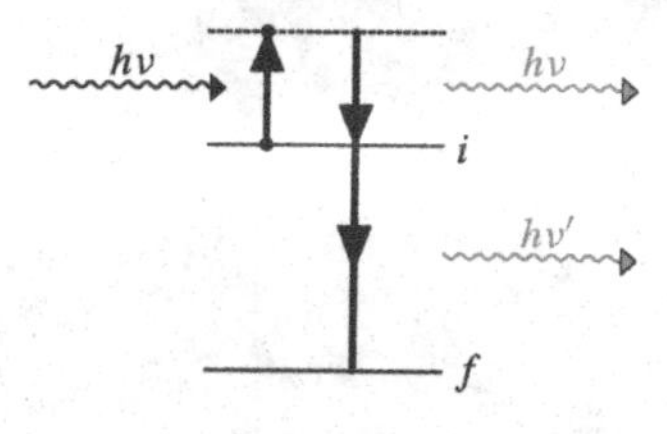

Abb. 12.16. Stimulierte Emission: QED-Beschreibung

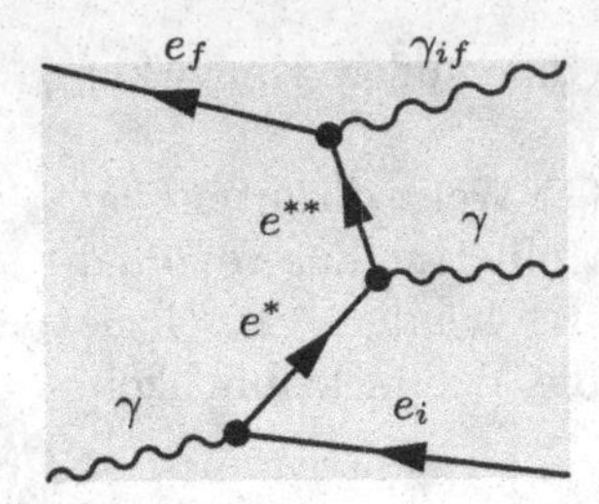

Abb. 12.17. Stimulierte Emission: Feynmandiagramm

13 Vielteilchensysteme: Das Pauliprinzip

Das Thema 'Vielteilchenprobleme der Quantenmechanik', das in diesem Kapitel angeschnitten wird, ist eines der Hauptthemen der theoretischen Physik. Zur Diskussion steht die Lösung der Schrödinger- (oder Pauli-) Gleichung mit einem Hamiltonoperator der Form[1]

$$\begin{aligned}\hat{H} &= \hat{t}(1) + \hat{t}(2) + \ldots + \hat{v}(1) + \hat{v}(2) + \ldots + \hat{w}(1,2) + \hat{w}(1,3) + \ldots \\ &= \sum_{i=1}^{N}(\hat{t}(i) + \hat{v}(i)) + \sum_{i<k=1}^{N} \hat{w}(i,k) = \hat{T} + \hat{V} + \hat{W}\,. \end{aligned} \tag{13.1}$$

N Teilchen bewegen sich in einem Potential, charakterisiert durch eine potentielle Energie $\hat{v}(\boldsymbol{r},\sigma)$. Zusätzlich wechselwirken sie miteinander über eine Zweiteilchenwechselwirkung $\hat{w}(i,k)$, die z. B. als Funktion des Abstands $\hat{w}(i,k) \Rightarrow w(\boldsymbol{r}_i - \boldsymbol{r}_k)$ angesetzt werden kann. Wird die Zweiteilchenwechselwirkung vernachlässigt oder unterdrückt, so reduziert sich das Problem auf die Diskussion eines Satzes von Teilchen, die sich unabhängig voneinander in dem Potential $\hat{v}$ bewegen. Man kann, wie in den vorherigen Kapiteln, die (stationäre) Einteilchenschrödingergleichung

$$(\hat{t} + \hat{v})|\,\alpha\,\rangle = E_\alpha|\,\alpha\,\rangle$$

lösen und die N Teilchen auf die so berechneten Niveaus, charakterisiert durch einen Satz von Quantenzahlen α, verteilen. In der Natur ist die Unabhängigkeit der Teilchen jedoch nicht vollständig realisiert. Das mögliche Besetzungsmuster ist verschieden für Fermionen oder für Bosonen. Man muss die Besetzungsvorschriften gemäß dem Pauliprinzip berücksichtigen.

Die Vernachlässigung der Zweiteilchenwechselwirkung ist in den meisten Fällen nicht angemessen. Um die Einfachheit der Einteilchenbeschreibung zu retten, versucht man durch Aufstellung (Modellierung) oder Gewinnung (kontrollierte Reduktion des Vielteilchenproblems) *effektive* Einteilchenpotentiale zu finden. Ist dies nicht ausreichend, so muss man versuchen, die Wechselwirkung so gut als möglich einzubeziehen.

[1] Zur Notation: Bei der Diskussion von Vielteilchensystemen werden Operatoren für das Gesamtsystem i. A. mit Großbuchstaben, Operatoren, die auf einzelne Teilchen Bezug nehmen, mit Kleinbuchstaben bezeichnet. Einteilchenpotentiale werden meist durch $\hat{v}$ bzw. $\hat{V}$, Zweiteilchenpotentiale durch $\hat{w}$ bzw. $\hat{W}$ charakterisiert.

In diesem Kapitel wird anhand einer Betrachtung des Heliumatoms die Notwendigkeit des Pauliprinzips herausgestellt (Kap. 13.1). Das Prinzip wird in Kap. 13.2 formuliert, umgesetzt und ausführlich kommentiert. Eine Begründung, die auf das Spin-Statistik Theorem der Quantenfeldtheorie zurückgreifen müsste, wird nicht gegeben. Die Diskussion des Vielteilchenproblems wird in Band 4 wieder aufgenommen.

Die letzten Kapitel dieses Bandes befassen sich mit einer eingehenderen Erörterung eines Zweiteilchenproblems, der stationären Zustände des Heliumatoms (Kap.14), sowie einem, wenn auch straffen Überblick über *Einteilchen-* Modelle, die in der Atomphysik, der Molekülphysik und der Festkörperphysik eingesetzt werden (Kap.15).

13.1 Vorbemerkungen

Zur Einführung kann als einfaches Beispiel für ein Mehrteilchensystem das He-Atom (oder ein Helium ähnliches Ion) dienen (Abb. 13.1).

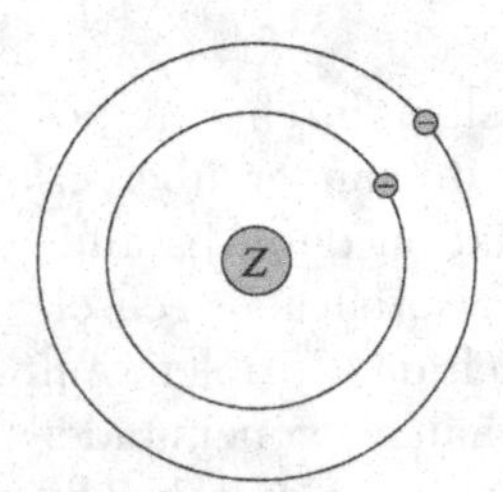

Abb. 13.1. Zweielektronensystem, z. B. He-Atom

Setzt man voraus, dass der Kern nur die ruhende Quelle des Coulombfeldes darstellt, in dem sich zwei Elektronen bewegen, so liegt ein Zweiteilchenproblem vor. Die klassische Hamiltonfunktion für ein solches System ist

$$\mathcal{H} = \frac{p_1^2}{2m_e} + \frac{p_2^2}{2m_e} + v(\boldsymbol{r}_1) + v(\boldsymbol{r}_2) + w(\boldsymbol{r}_1, \boldsymbol{r}_2) \, .$$

Mit der Aussage, dass die Operatoren für die Koordinaten und Impulse der beiden Teilchen vertauschen

$$[\hat{p}_{ki}, \hat{x}_{lj}] = 0 \qquad \text{für} \qquad k, l = 1, 2, \quad k \neq l \quad \text{und} \quad i, j = 1, 2, 3$$

kann man diese Hamiltonfunktion in einfacher Weise quantisieren. Der Hamiltonoperator ist dann

$$\hat{H} = \hat{t}(1) + \hat{t}(2) + \hat{v}(1) + \hat{v}(2) + \hat{w}(1, 2) \, .$$

Die Operatoren für die kinetische Energie sind

$$\hat{t}(k) \Rightarrow -\frac{\hbar^2}{2m_e} \Delta_k \qquad (k = 1, 2) \, .$$

Die gesamte potentielle Energie $\hat{V}$ beschreibt die Wirkung des Coulombpotentials des Kernes auf jedes der Elektronen plus z. B. in einer vereinfachten Theorie die Spin-Bahnwechselwirkung für jedes Elektron

$$\hat{v}(k) \Rightarrow -\frac{Ze^2}{r_k} + f_{sl}(r_k)(\boldsymbol{s}_k \cdot \boldsymbol{l}_k) \,.$$

Die potentielle Energie $\hat{W}$ stellt die Coulombabstoßung zwischen den beiden Elektronen

$$\hat{W}(1,2) \equiv \hat{w}(1,2) \Rightarrow \frac{e^2}{|\boldsymbol{r}_1 - \boldsymbol{r}_2|}$$

dar. Weitere Feinheiten sind denkbar, doch sollen diese noch nicht angesprochen werden.

Kürzt man, wie oben, die Orts- und Spinkoordinaten der Einfachheit wegen mit $(\boldsymbol{r}_k,\, s_k) \rightarrow k$ ab, so lautet die Schrödingergleichung (bzw. Pauligleichung) für das Zweielektronensystem

$$\mathrm{i}\hbar\, \partial_t\, \Psi(1,2,t) = \hat{H}(1,2)\, \Psi(1,2,t) \,.$$

Für stationäre Probleme führt die Separation der Zeitkoordinate

$$\Psi(1,2,t) = \Psi(1,2)\, f_E(t)$$

auf eine stationäre Schrödingergleichung (bzw. Pauligleichung)

$$\hat{H}(1,2)\, \Psi(1,2) = E\, \Psi(1,2) \tag{13.2}$$

und die Energiephase

$$f_E(t) = \exp\left[-\frac{\mathrm{i}}{\hbar}\, Et\right] \,.$$

Gesucht ist eine Wellenfunktion, die von den 6 Koordinaten $\boldsymbol{r}_1$, $\boldsymbol{r}_2$ und den Spinfreiheitsgraden der beiden Teilchen abhängt. Dieses Problem ist nicht exakt lösbar. Aus diesem Grund ist es nicht abwegig, das Problem über eine Hierarchie von (zum Teil durchaus einschneidenden) Näherungen anzugehen.

In der einfachsten Näherung vernachlässigt man die Elektron-Elektron Wechselwirkung und ignoriert den Spinfreiheitsgrad. Der Hamiltonoperator lautet dann

$$\hat{H}_{\mathrm{nw}} = \hat{h}(1) + \hat{h}(2) \Rightarrow \left(-\frac{\hbar^2}{2m_e}\Delta_1 - \frac{Ze^2}{r_1}\right) + \left(-\frac{\hbar^2}{2m_e}\Delta_2 - \frac{Ze^2}{r_2}\right) . \tag{13.3}$$

In diesem Fall ist das Schrödingerproblem

$$\left(\hat{h}(\boldsymbol{r}_1) + \hat{h}(\boldsymbol{r}_2)\right) \Psi(\boldsymbol{r}_1, \boldsymbol{r}_2) = E\, \Psi(\boldsymbol{r}_1, \boldsymbol{r}_2)$$

exakt lösbar. Mit dem Separationsansatz

$$\Psi(\boldsymbol{r}_1, \boldsymbol{r}_2) = f(\boldsymbol{r}_1) g(\boldsymbol{r}_2)$$

findet man, dass für jedes der Teilchen ein wasserstoffartiges Problem (6.1) vorliegt

$$\hat{h}(\boldsymbol{r})\psi_{nlm}(\boldsymbol{r}) = E_n\, \psi_{nlm}(\boldsymbol{r})\ ,$$

wobei ψ für f bzw. g steht. Es ist also

$$E = E_{n_1} + E_{n_2}$$

$$\Psi(\boldsymbol{r}_1, \boldsymbol{r}_2) = \psi_{n_1 l_1 m_1}(\boldsymbol{r}_1)\, \psi_{n_2 l_2 m_2}(\boldsymbol{r}_2)\ .$$

Die Teilchen bewegen sich unabhängig voneinander, die Gesamtenergie ist die Summe der Energien der einzelnen Teilchen. Die Wellenfunktion ist ein Produkt der beiden Wellenfunktionen.

Einbeziehung des Spinfreiheitsgrades: Es ist einfach den Spinfreiheitsgrad einzubeziehen. Die Einteilchenhamiltonoperatoren sind jetzt in der Form

$$\hat{h}_s(k) = \left(-\frac{\hbar^2}{2m_e}\Delta_k - \frac{Ze^2}{r_k}\right)\begin{pmatrix}1 & 0\\ 0 & 1\end{pmatrix}_k \qquad k = 1,2 \tag{13.4}$$

zu notieren und die Gesamtwellenfunktion setzt sich aus den Produkten

$$\Psi(1,2) = [\psi_{n_1 l_1 m_1}(\boldsymbol{r}_1)\, \chi_{1/2\, m_{s1}}(\sigma_1)][\psi_{n_2 l_2 m_2}(\boldsymbol{r}_2)\, \chi_{1/2\, m_{s2}}(\sigma_2)]$$

zusammen. Die Energiewerte sind unverändert.

Einbeziehung des Spinbahnterms: Bei Einbeziehung des Spinbahnterms gilt ($k = 1,2$)

$$\hat{h}_{\rm sl}(k) = \left(-\frac{\hbar^2}{2m_e}\Delta_k - \frac{Ze^2}{r_k}\right)\begin{pmatrix}1 & 0\\ 0 & 1\end{pmatrix}_k + f_{sl}(r_k)(\hat{\boldsymbol{s}}_k \cdot \hat{\boldsymbol{l}}_k)\ . \tag{13.5}$$

In diesem Fall lautet die Gesamtwellenfunktion

$$\Psi_{\rm sl}(1,2) = [R_{n_1 l_1 j_1}(\boldsymbol{r}_1)\, Y_{j_1 m_1; l_1 1/2}(\Omega_1, \sigma_1)] \\ * [R_{n_2 l_2 j_2}(\boldsymbol{r}_2)\, Y_{j_2 m_2; l_2 1/2}(\Omega_2, \sigma_2)]$$

und die Energiewerte sind

$$E = E_{n_1 j_1 l_1} + E_{n_2 j_2 l_2}\ .$$

Vergleicht man für diese Näherungen (die Einbeziehung der Spinbahneffekte macht keinen wesentlichen Unterschied) die berechnete Energie mit dem Experiment, so findet man die in Abb. 13.2 angedeutete Situation. Der Grundzustand mit zwei Elektronen in dem $1s$ Zustand hat in dieser Näherung die Energie

$$E_0^{\rm nw} = 2\left(\frac{Z^2 e^2}{2a_0}\right)_{Z=2} = -8 \cdot 13.606\,{\rm eV} = -108.85\,{\rm eV}\ .$$

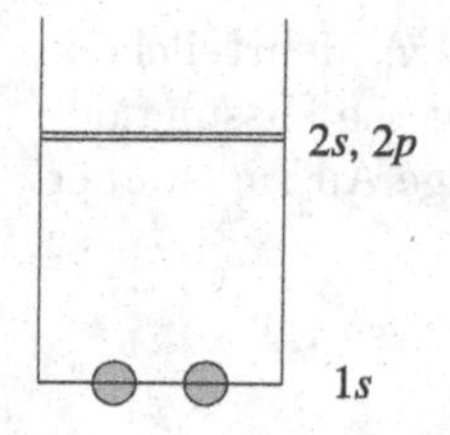

Abb. 13.2. Besetzung von Niveaus im He-Atom

Der experimentelle Wert ist $E_0^{\text{exp}} = -79.005\,\text{eV}$. Die Vernachlässigung der Elektron-Elektron Wechselwirkung ist offensichtlich keine gute Näherung. Einbeziehung von Spin-Bahneffekten ergibt nur eine minimale Änderung.

Es treten jedoch noch weitere Schwierigkeiten auf. In dem einfachen Modell des Heliumatoms ist der Grundzustand entartet. Die folgenden Kombinationen der Spinprojektionen der beiden Elektronen sind möglich:

m_{s_1}	$1/2$	$1/2$	$-1/2$	$-1/2$
m_{s_2}	$1/2$	$-1/2$	$1/2$	$-1/2$
$M_S = m_{s_1} + m_{s_2}$	1	0	0	-1

Da die Elektron-Elektron Wechselwirkung nicht an dem Spin angreift, wird diese Entartung durch diese Wechselwirkung nicht aufgehoben. In erster Ordnung Störungstheorie findet man für alle vier Spinzustände (Notation: $\alpha_i = (100; 1/2\, m_{s_i})$)

$$\Delta E_{\alpha_1\alpha_2} = \int \mathrm{d}^3r_1 \mathrm{d}^3r_2\, \psi^\dagger_{\alpha_1}(1)\psi^\dagger_{\alpha_2}(2) \frac{e^2}{|\boldsymbol{r}_1 - \boldsymbol{r}_2|} \psi_{\alpha_1}(1)\psi_{\alpha_2}(2)\,.$$

Bringt man dieses (vereinfachte) He-Atom in ein äußeres Magnetfeld B, so erwartet man eine Zeemanaufspaltung etwa in der in Abb. 13.3 gezeigten Form. Eine Zeemanaufspaltung des Grundzustands des Heliumatoms wird im Ex-

(1) $M_S = 1$
(4) → (2)
$M_S = 0$
(1)
$M_S = -1$
ohne B
mit B

Abb. 13.3. Zeemanaufspaltung im Grundzustand des (vereinfachten) He-Atoms

periment jedoch nicht beobachtet. Es stellt sich natürlich die Frage, wie diese Diskrepanz zu erklären ist. Die Antwort lautet: Ein wesentlicher Aspekt der Eigenschaften von Vielteilchensystemen wurde in der bisherigen Diskussion nicht beachtet: Das Pauliprinzip. Die vier Spinzustände, die (sozusagen ganz legal) konstruiert wurden, sind nicht alle in der Natur realisiert. Diese erstaunliche Tatsache wird durch eine Vielzahl von Experimenten bestätigt. Nur mit dem Pauli- (oder Ausschließungs-)prinzip ist es möglich, die Spektren und die Eigenschaften von Mehrelektronensystemen (bzw. Mehrteilchensystemen) zu verstehen. Für die weitere Diskussion ist somit die Fassung des Pauliprinzips unerlässlich. Dazu benötigt man zunächst einige Aussagen über Permutationsoperatoren.

13.2 Der Permutationsoperator

Ein Hamiltonoperator für ein beliebiges Zweiteilchensystem soll die Form haben

$$\hat{H}(1,2) \Rightarrow -\frac{\hbar^2}{2m_1}\Delta_1 - \frac{\hbar^2}{2m_2}\Delta_2 + v_1(\boldsymbol{r}_1,\sigma_1) + v_2(\boldsymbol{r}_2,\sigma_2) + w(\boldsymbol{r}_1,\boldsymbol{r}_2)\ . \quad (13.6)$$

Sind die beiden Teilchen identisch (z. B. zwei Elektronen), so sind die Massen gleich $m_1 = m_2$ und die funktionale Form der Einteilchenpotentiale ist identisch

$$v_1(\boldsymbol{r},\sigma) = v_2(\boldsymbol{r},\sigma) = v(\boldsymbol{r},\sigma)\ .$$

Außerdem gilt (als Konsequenz des dritten Newtonschen Axioms) für die Zweiteilchenwechselwirkung $\hat{w}(1,2) = \hat{w}(2,1)$. In diesem Fall ist also

$$\hat{H}(1,2) = \hat{h}(1) + \hat{h}(2) + \hat{w}(1,2) = \hat{H}(2,1)\ .$$

Der Hamiltonoperator ist symmetrisch bei Vertauschung der Teilchenkoordinaten (inklusive des Spinfreiheitsgrades).

Man kann diesen Sachverhalt in folgender Weise formulieren: Man definiert einen *Permutationsoperator*, der auf die Zweiteilchenwellenfunktion einwirkt

$$\hat{P}_{12}\Psi(1,2) = \Psi(2,1)\ . \quad (13.7)$$

Dieser Operator vertauscht die Koordinaten (Orts- und Spinkoordinate) der beiden Teilchen. Eine entsprechende Aussage gilt für jede Funktion der zwei Teilchenkoordinaten. Die Symmetrie des Hamiltonoperators führt zu der folgenden Aussage

$$\begin{aligned}\hat{P}_{12}\{\hat{H}(1,2)\Psi(1,2)\} &= \hat{H}(2,1)\Psi(2,1)\\ &= \hat{H}(1,2)\Psi(2,1) = \hat{H}(1,2)\hat{P}_{12}\Psi(1,2)\ ,\end{aligned}$$

wobei im ersten Schritt die Definition von $\hat{P}_{12}$ und im zweiten die Symmetrie des Hamiltonoperators benutzt wurde. Vergleich des ersten und des letzten Ausdrucks liefert

$$[\hat{H}(1,2), \hat{P}_{12}] = 0\ . \quad (13.8)$$

Der Hamiltonoperator und der Permutationsoperator sind vertauschbar. Dies bedeutet, man kann Eigenfunktionen von $\hat{H}(1,2)$ konstruieren, die gleichzeitig Eigenfunktionen von $\hat{P}_{12}$ sind. Da

$$\hat{P}_{12}^2\,\Psi(1,2) = p\,\hat{P}_{12}\,\Psi(2,1) = p^2\,\Psi(1,2)$$

ist und P_{12}^2 dem Einheitsoperator entspricht

$$\hat{P}_{12}^2 = \hat{1}\,,$$

sind nur die Eigenwerte $p = \pm 1$ möglich

$$\hat{P}_{12}\,\Psi(1,2) = \pm\Psi(1,2)\,. \tag{13.9}$$

Die Konsequenzen dieser Überlegung sollen zunächst für die einfachste Situation

$$\hat{H}(1,2) = \hat{h}(1) + \hat{h}(2)$$

genauer untersucht werden. Die Lösung der stationären Pauligleichung ergibt in diesem Fall (z. B. mit $\alpha = n, l, m, m_s$)

$$\Psi_{\alpha_1,\alpha_2}(1,2) = \psi_{\alpha_1}(1)\psi_{\alpha_2}(2) \qquad E_{\alpha_1,\alpha_2} = E_{\alpha_1} + E_{\alpha_2}\,.$$

Die angegebenen Eigenfunktionen sind jedoch im Allgemeinen keine Eigenfunktionen des Permutationsoperators, denn es gilt

$$\hat{P}_{12}\left(\psi_{\alpha_1}(1)\psi_{\alpha_2}(2)\right) = \psi_{\alpha_1}(2)\psi_{\alpha_2}(1) \neq \psi_{\alpha_1}(1)\psi_{\alpha_2}(2) \qquad \text{für } \alpha_1 \neq \alpha_2\,.$$

Es ist jedoch einfach, einen Satz von gemeinsamen Eigenfunktionen der Operatoren $\hat{H}$ und $\hat{P}$ zu konstruieren. Die Zustände

$$\Psi_{\alpha_1,\alpha_2}(1,2) = \psi_{\alpha_1}(1)\psi_{\alpha_2}(2)$$

$$\Psi_{\alpha_2,\alpha_1}(1,2) = \psi_{\alpha_2}(1)\psi_{\alpha_1}(2)$$

haben die gleiche Energie $E_{\alpha_1} + E_{\alpha_2}$. Jede Linearkombination dieser Funktionen ist demnach ebenfalls eine Lösung der Pauligleichung zu derselben Energie. Eigenzustände des Permutationsoperators mit den Eigenwerten ± 1 sind:

$$\Psi_{\alpha_1,\alpha_2}(1,2)_{\mathsf{S}} = \frac{1}{\sqrt{2}}\left\{\psi_{\alpha_1}(1)\psi_{\alpha_2}(2) + \psi_{\alpha_2}(1)\psi_{\alpha_1}(2)\right\} \quad (p=1)\,. \tag{13.10}$$

Dies ist (für $\alpha_1 \neq \alpha_2$) ein (normierter) symmetrischer Zustand.

$$\Psi_{\alpha_1,\alpha_2}(1,2)_{\mathsf{A}} = \frac{1}{\sqrt{2}}\left\{\psi_{\alpha_1}(1)\psi_{\alpha_2}(2) - \psi_{\alpha_2}(1)\psi_{\alpha_1}(2)\right\} \quad (p=-1)\,. \tag{13.11}$$

Dies ist ein (normierter) antisymmetrischer Zustand.

Es bedarf der Verabredung $\alpha_2 \geq \alpha_1$ (im Sinn irgendeiner Abzählung der Sätze von Quantenzahlen), damit Zustände nicht doppelt gezählt werden. Um den Fall $\alpha_1 = \alpha_2$ mit der richtigen Normierung abzudecken, schreibt man für den symmetrischen Zustand auch

$$\Psi_{\alpha_1,\alpha_2}(1,2)_{\mathsf{S}} = \frac{1}{\left[2(1+\delta_{\alpha_1,\alpha_2})\right]^{1/2}} \left\{\psi_{\alpha_1}(1)\psi_{\alpha_2}(2) + \psi_{\alpha_2}(1)\psi_{\alpha_1}(2)\right\} .$$

Der antisymmetrische Zustand mit $\alpha_1 = \alpha_2$ existiert nicht. Es gilt

$$\Psi_{\alpha_1,\alpha_1}(1,2)_{\mathsf{A}} \equiv 0 .$$

Zusammenfassend kann man als Eigenschaften der neuen Zustände notieren: Die symmetrischen ($\Sigma = \mathsf{S}$) wie die antisymmetrischen ($\Sigma = \mathsf{A}$) Zustände sind Eigenfunktionen des (einfachen) Hamiltonoperators mit dem Eigenwert $(E_{\alpha_1} + E_{\alpha_2})$. Sie sind auch Eigenfunktionen des Permutationsoperators mit den Eigenwerten p_Σ ($p_{\mathsf{S}} = +1$, $p_{\mathsf{A}} = -1$). Die Funktionen sind orthonormal, vorausgesetzt die Einteilchenwellenfunktionen sind orthonormal (und es gilt $\alpha_2 \geq \alpha_1$)

$$\hat{H}(1,2)\, \Psi_{\alpha_1,\alpha_2}(1,2)_\Sigma = (E_{\alpha_1} + E_{\alpha_2})\, \Psi_{\alpha_1,\alpha_2}(1,2)_\Sigma$$

$$\hat{P}_{12}\, \Psi_{\alpha_1,\alpha_2}(1,2)_\Sigma = p_\Sigma\, \Psi_{\alpha_1,\alpha_2}(1,2)_\Sigma$$

$$\iint \mathrm{d}^3 r_1\, \mathrm{d}^3 r_2\, \Psi^\dagger_{\alpha_1,\alpha_2}(1,2)_\Sigma\, \Psi_{\alpha_1',\alpha_2'}(1,2)_{\Sigma'} = \delta_{\Sigma,\Sigma'}\, \delta_{\alpha_1\alpha_1'}\delta_{\alpha_2\alpha_2'} .$$

Die Relation $[\hat{P}_{12}, \hat{H}(1,2)] = 0$ ist auch gültig, wenn der Hamiltonoperator eine Zweiteilchenwechselwirkung aufweist

$$\hat{H}(1,2) = \hat{h}(1) + \hat{h}(2) + \hat{w}(1,2) .$$

Die Eigenfunktionen $\Psi(1,2)_\Sigma$ können auch in diesem Fall nach der Permutationssymmetrie klassifiziert werden, nur ist es nicht möglich, diese Eigenfunktionen in einfacher Form anzugeben.

Für ein System von N identischen Teilchen, mit der stationären Pauligleichung

$$\hat{H}(1,2,3,\ldots,N)\Psi(1,2,\ldots,N) = E\Psi(1,2,\ldots,N)$$

gelten entsprechende Aussagen. Der Hamiltonoperator soll die Form (13.1)

$$\begin{aligned}\hat{H}(1,2,3,\ldots,N) &= \hat{h}(1) + \ldots + \hat{h}(N) \\ &\quad + \hat{w}(12) + \hat{w}(13) + \ldots + \hat{w}(1N) + \hat{w}(23) + \ldots \\ &= \sum_{i=1}^{N} \hat{h}(i) + \frac{1}{2} \sum_{\substack{i,k=0 \\ i\neq k}}^{N} \hat{w}(i,k)\end{aligned}$$

haben. Hier muss man einen Satz von Permutationsoperatoren

$$\{\hat{P}_{i,k}\} \qquad (i,k = 1,2,\ldots,N \quad i < k)$$

betrachten, die durch die Relationen

$$\hat{P}_{i,k}\,\Psi(1,2,\ldots,i,\ldots,k,\ldots,N) = \Psi(1,2,\ldots,k,\ldots,i,\ldots,N) \qquad (13.12)$$

definiert sind. Offensichtlich gilt auch in diesem Fall

$$\hat{P}_{ik}^2 = 1\,.$$

Für ein derartiges N-Teilchensystem kann man die folgenden Aussagen notieren:

- Der Hamiltonoperator für ein System von identischen Teilchen ist symmetrisch bei Vertauschung eines jeden Teilchenpaares

  $$\hat{H}(1,2,\ldots,i,\ldots,k,\ldots,N) = \hat{H}(1,2,\ldots,k,\ldots,i,\ldots,N)\,.$$

  Es folgt

  $$[\hat{H}(1,2,\ldots,N),\hat{P}_{ik}] = 0 \qquad \text{für alle } \hat{P}_{ik}\,. \qquad (13.13)$$

- Man kann Eigenfunktionen konstruieren, die gleichzeitig Eigenfunktionen zu $\hat{H}$ und allen $\hat{P}_{ik}$ sind. Wegen $\hat{P}_{ik}^2 = 1$ gibt es nur die Möglichkeit, dass gilt

  $$\hat{P}_{ik}\Psi(1,2,\ldots,N) = \pm\Psi(1,2,\ldots,N) \qquad \text{für alle } \hat{P}_{ik}\,. \qquad (13.14)$$

- Man könnte annehmen, dass Wellenfunktionen für Systeme von identischen Teilchen existieren, die symmetrisch gegenüber einer Teilmenge und antisymmetrisch gegenüber der Restmenge sind. Dies ist nicht möglich. Es gibt nur die Möglichkeiten

  +1 bei *allen* Vertauschungen
  oder
  −1 bei *allen* Vertauschungen.

  Man kann diese Aussage mit einigem Umstand allgemein beweisen, doch soll ein einfaches Gegenbeispiel genügen. Eine Dreiteilchenwellenfunktion $\Psi(1,2,3)$ soll symmetrisch gegenüber den Vertauschungen $\hat{P}_{12}$, $\hat{P}_{23}$, jedoch antisymmetrisch gegenüber der Vertauschung $\hat{P}_{13}$ sein. Die Tabelle (13.1) zeigt, dass für das Produkt

  $$\hat{P}_{23}\cdot\hat{P}_{13}\cdot\hat{P}_{23} = \hat{P}_{12}$$

Tabelle 13.1. Produkt von drei Vertauschungen

	1	2	3
$\hat{P}_{23}$	1	3	2
$\hat{P}_{13}$	2	3	1
$\hat{P}_{23}$	2	1	3

gilt. Es wird zunächst die zweite und dritte Position vertauscht, danach in dem Ergebnis die erste und die dritte Position und in der daraus resultierenden Sequenz noch einmal die Positionen zwei und drei.
Führt man das Produkt der drei Vertauschungen einschließlich der Symmetrievorgaben aus, so findet man

$$\begin{aligned}\hat{P}_{23} \cdot \hat{P}_{13} \cdot \hat{P}_{23}\, \Psi(1,2,3) &= \hat{P}_{23} \cdot \hat{P}_{13}\, \Psi(1,3,2) \\ &= -\hat{P}_{23}\, \Psi(2,3,1) \\ &= -\Psi(2,1,3)\,.\end{aligned}$$

Diese Aussage ist ein Widerspruch zu der direkten Vertauschung

$$P_{12}\Psi(1,2,3) = +\Psi(2,1,3)\,.$$

13.3 Das Pauliprinzip

Anhand der Betrachtungen der Permutationssymmetrie kann man das *Pauliprinzip* folgendermaßen formulieren[2] :

(1) Ein System von identischen Mikroteilchen wird entweder durch symmetrische oder antisymmetrische Wellenfunktionen charakterisiert.
(2) In der Natur gibt es zwei Sorten von Mikroteilchen
   - Bose-Teilchen oder *Bosonen*. Diese sind durch ganzzahligen Spin charakterisiert $s = 0, 1, 2, \ldots$. Beispiele sind:

γ	Photon	$s = 1$	$m_0c^2 = 0$
$\pi^{\pm,0}$	Pi – Meson(en)	$s = 0$	$m_0c^2 = 139.6,\ 135.0\,\text{MeV}$
$K^{\pm}$	K – Meson(en)	$s = 0$	$m_0c^2 \approx 495\,\text{MeV}$

   - Fermi-Teilchen oder *Fermionen*. Diese haben einen halbzahligen Spin $s = 1/2, 3/2, 5/2, \ldots$. Beispiele sind:

ν	Elektronneutrino	$s = \frac{1}{2}$	$m_0c^2 < 17\,\text{eV}$
$e^{\pm}$	Elektron, Positron	$s = \frac{1}{2}$	$m_0c^2 = 0.511\,\text{MeV}$
$\mu^{\pm}$	Myonen	$s = \frac{1}{2}$	$m_0c^2 = 105.7\,\text{MeV}$
p	Proton,	$s = \frac{1}{2}$	$m_0c^2 = 938.3\,\text{MeV}$
n	Neutron	$s = \frac{1}{2}$	$m_0c^2 = 939.6\,\text{MeV}$
Δ	Deltaresonanz	$s = \frac{3}{2}$	$m_0c^2 \approx 1232\,\text{MeV}$
$u,\ d,\ \ldots$	Up, Down, ... Quarks	$s = \frac{1}{2}$	$m_0c^2 \approx\ ?\ \text{MeV}$.

[2] Alternativ wird das Folgende mit dem Begriff 'Symmetriepostulat' bezeichnet. Die Bezeichnung 'Pauliprinzip' ist dann auf den Fall von Fermionen beschränkt.

Die Umsetzung der Symmetrieaussagen ist nur einfach, wenn ein System von nicht wechselwirkenden Teilchen vorliegt. Im Idealfall bewegen sich die Teilchen in einem Potentialtopf völlig unabhängig voneinander. Der Hamiltonoperator für ein solches System ist

$$\hat{H}_{nw}(1,2,\ldots,N) = \sum_{i=1}^{N} \hat{h}(i) .$$

Die Lösung der stationären Wellengleichung

$$\hat{H}_{nw}(1,2,\ldots,N)\Psi(1,2,\ldots,N) = E\Psi(1,2,\ldots,N)$$

ohne Berücksichtigung der Permutationssymmetrie erhält man mit dem Separationsansatz zu

$$\Psi(1,2,\ldots,N) = \psi_{\alpha_1}(1)\,\psi_{\alpha_2}(2)\ldots\psi_{\alpha_N}(N)$$

$$E = E_{\alpha_1} + E_{\alpha_2} + \ldots + E_{\alpha_N} .$$

Die Orbitalwellenfunktionen und die Eigenwerte sind Lösungen der Einteilchenwellengleichungen

$$\hat{h}\psi_\alpha(\boldsymbol{r},\sigma) = E_\alpha\,\psi_\alpha(\boldsymbol{r},\sigma) .$$

Es steht jedoch noch die Einarbeitung der Symmetrieforderung an.

13.3.1 Umsetzung: Fermionen

Für Fermionen muss man eine Gesamtwellenfunktion konstruieren, die antisymmetrisch gegenüber allen Vertauschungen ist. Eine praktische Formulierung des Pauliprinzips, die oft zitiert wird, besagt, dass es ist nicht möglich ist, zwei Fermionen in dem gleichen Zustand unterzubringen. Für den Fall von zwei Teilchen wird diese Forderung durch

$$\Psi_{\alpha_1,\alpha_2}(1,2)_\mathsf{A} = \frac{1}{\sqrt{2}}\left(\psi_{\alpha_1}(1)\psi_{\alpha_2}(2) - \psi_{\alpha_2}(1)\psi_{\alpha_1}(2)\right) ,$$

d. h. eine Wellenfunktion in der Form einer 2×2 Determinante, erfüllt. Für den Fall von N Teilchen kann man demnach die Verallgemeinerung erwarten

$$\Psi_{\alpha_1,\ldots\alpha_N}(1,2,\ldots,N)_\mathsf{A} = F_N\,\mathsf{det}(\psi_{\alpha_1}(1)\ldots\psi_{\alpha_N}(N)) ,$$

bzw. im Detail

$$\Psi_{\alpha_1,\ldots\alpha_N}(1,2,\ldots,N)_\mathsf{A} = F_N \begin{vmatrix} \psi_{\alpha_1}(1) & \psi_{\alpha_1}(2) & \ldots & \psi_{\alpha_1}(N) \\ \vdots & \vdots & & \vdots \\ \psi_{\alpha_N}(1) & \psi_{\alpha_N}(2) & \ldots & \psi_{\alpha_N}(N) \end{vmatrix} . \quad (13.15)$$

Hier sind die Spalten den Koordinaten (Ort, Spin) der Teilchen und die Zeilen den Quantenzahlen der Orbitale zugeordnet. Diese Zuordnung kann vertauscht werden.

Es ist einfach, zu zeigen, dass der Ansatz die gestellten Anforderungen erfüllt. Aufgrund der Eigenschaften von Determinanten kann man feststellen:

(i) Die Vertauschung von zwei Teilchen entspricht der Vertauschung von zwei Spalten. Bei der Vertauschung von zwei Spalten ändert jede Determinante ihr Vorzeichen. Es gilt also

$$\hat{P}_{ik}\Psi_{\alpha_1,\ldots,\alpha_N}(1,2,..,i,..,k,..,N)_\mathsf{A}$$
$$= -\Psi_{\alpha_1,\ldots,\alpha_N}(1,2,..,k,..,i,..,N)_\mathsf{A}\,.$$

(ii) Der Wert der Determinante ist Null, wenn zwei Zeilen gleich sind. Es ist also

$$\Psi_{\alpha_1,\ldots\alpha_N}(1,2,\ldots,N)_A = 0 \qquad \text{falls} \quad \alpha_i = \alpha_k\,,$$

falls zwei der Sätze von Quantenzahlen übereinstimmen. Zwei Fermionen können sich auch im Fall von N Teilchen nicht in dem gleichen Zustand aufhalten.

(iii) Eine Determinante verschwindet, wenn zwei Spalten gleich sind. Es gilt also

$$\Psi_{\alpha_1,\ldots\alpha_N}(1,2,\ldots,N)_\mathsf{A} = 0 \qquad \text{falls} \quad \boldsymbol{r}_i\sigma_i = \boldsymbol{r}_k\sigma_k\,.$$

Zwei Fermiteilchen können sich nicht an der gleichen Stelle des Orts- und Spinraumes aufhalten.

(iv) Um den Normierungsfaktor F_N zu bestimmen, schreibt man die Determinante explizit aus

$$\Psi_{\alpha_1,\ldots\alpha_N}(1,2,\ldots N)_\mathsf{A}$$
$$= F_N \sum_{\mathrm{Perm}(1,\ldots,N)} \mathsf{sign}(P)\left\{\psi_{\alpha_{i_1}}(1)\ldots\psi_{\alpha_{i_N}}(N)\right\}\,. \qquad (13.16)$$

Summiert wird über alle Permutationen (Perm$(1,\ldots N)$) der Quantenzahlen α oder alternativ die Koordinaten. Das Signum jeder Permutation sign(P) entspricht (-1) hoch der Anzahl der Zweiervertauschungen, die auf eine Permutation P führen. Es gibt $N!$ Permutationen von N Objekten. Aus diesem Grund erhält man (unter der Voraussetzung, dass die Orbitale orthonormal sind)

$$\int \mathrm{d}^3r_1\ldots\mathrm{d}^3r_N \quad \Psi^\dagger_{\alpha_1,\ldots\alpha_N}(1,2,\ldots,N)_\mathsf{A}\Psi_{\alpha_1,\ldots\alpha_N}(1,2,\ldots,N)_\mathsf{A}$$
$$= F_N^2\,N! \stackrel{!}{=} 1\,.$$

Das Mehrfachintegral enthält zunächst $N!$ mal $N!$ Terme. Wegen der Orthogonalität tragen jedoch nur die $N!$ Terme bei, in denen die Wellenfunktionen die gleiche Permutation aufweisen. Da jedes der Integrale den Wert 1 ergibt, ist der Normierungsfaktor

$$F_N = \frac{1}{N!} \,. \tag{13.17}$$

(v) Da jeder der $N!$ Terme einer Permutation der Quantenzahlen $\alpha_1, \alpha_2, \dots \alpha_N$ entspricht, gilt für die Gesamtenergie immer noch

$$\hat{H}_{\text{nw}} \Psi_{\alpha_1,\dots\alpha_N}(1,2,\dots,N)_{\mathsf{A}} = (E_{\alpha_1} + E_{\alpha_2} + \dots + E_{\alpha_N}) \\ * \Psi_{\alpha_1,\dots\alpha_N}(1,2,\dots,N)_{\mathsf{A}} \,.$$

Die Frage, wie die Situation für den Fall von wechselwirkenden Teilchen zu diskutieren ist, kann man folgendermaßen beantworten. Man betrachtet ein wechselwirkendes System von Fermionen, das durch den Hamiltonoperator

$$\hat{H}_{ww}(1,2,\dots,N) = \sum_{i=1}^{N} \hat{h}(i) + \frac{1}{2} \sum_{i \neq k} \hat{w}(i,k)$$

charakterisiert wird, z. B. Elektronen in einem Atom mit

$$\hat{h}(i) \Rightarrow \hat{t}(i) - \frac{Ze^2}{r_i} + \dots \,, \quad \hat{w}(i,k) \Rightarrow \frac{e^2}{|\boldsymbol{r}_i - \boldsymbol{r}_k|} \,.$$

Ein Zugang zur (näherungsweisen) Bestimmung der Eigenfunktion(en) eines solchen Systems ist die Entwicklung der Wellenfunktion nach den (bzw. einem ausgewählten Satz von) Eigenfunktionen des nichtwechselwirkenden Systems, so z. B.

$$\Psi_\beta \; (1,2,\dots,N)_{\mathsf{A}} = \\ \sum_{\alpha_1 < \alpha_2 < \dots < \alpha_N} C^{(\beta)}_{\alpha_1,\dots\alpha_N} \frac{1}{N!} \, \mathsf{det}(\psi_{\alpha_1}(1) \dots \psi_{\alpha_N}(N)) \,. \tag{13.18}$$

Mit diesem Ansatz ist die Symmetrieanforderung

$$\hat{P}_{ik} \Psi_\beta(1,2,..,i,..,k,..,N)_{\mathsf{A}} = -\Psi_\beta(1,2,..,k,..,i,..,N)_{\mathsf{A}}$$

erfüllt, da Antisymmetrie für jeden Term der Entwicklung vorliegt. Die Berechnung der Entwicklungskoeffizienten ist auf der anderen Seite keine einfache Angelegenheit. Mit geeigneten numerischen Methoden sind jedoch solche Wellenfunktionen mit bis zu 10^6 Termen berechnet worden.

13.3.2 Umsetzung: Bosonen

Für den Fall von Bosonen muss man eine Wellenfunktion konstruieren, die symmetrisch gegen alle Vertauschungen ist. Dies wird durch den Ansatz

$$\Psi_{\alpha_1,\dots\alpha_N}(1,2,\dots N)_{\mathsf{S}} = \frac{1}{N!} \sum_{\text{Perm}(1,\dots,N)} \left\{ \psi_{\alpha_{i_1}}(1) \dots \psi_{\alpha_{i_N}}(N) \right\} \tag{13.19}$$

gewährleistet. Der Ansatz unterscheidet sich von der Determinante durch das fehlende sign(P). Man bezeichnet eine solche Multilinearform als *Permanente*. Für diesen Ansatz gilt

$$
\begin{aligned}
&(\mathrm{i}') \quad \hat{P}_{ik}\Psi_{\alpha_1,\ldots\alpha_N}(1,2,\ldots,N)_\mathrm{S} &&= +\Psi_{\alpha_1,\ldots\alpha_N}(1,2,\ldots,N)_\mathrm{S} \\
&(\mathrm{v}') \quad \hat{H}_{nw}\Psi_{\alpha_1,\ldots\alpha_N}(1,2,\ldots,N)_\mathrm{S} &&= (E_{\alpha_1} + E_{\alpha_2} + \ldots + E_{\alpha_N}) \\
& && \quad * \Psi_{\alpha_1,\ldots\alpha_N}(1,2,\ldots,N)_\mathrm{S} \,.
\end{aligned}
$$

Die Aussagen (ii) und (iii) im Fall von Fermionen treffen für eine solche Wellenfunktion nicht zu. Das bedeutet: Man kann beliebig viele Boseteilchen in einem Orbital unterbringen, bzw. man kann beliebig viele Boseteilchen an die gleiche 'Stelle' setzen.

Zur Verdeutlichung der Unterschiede kann ein System von nichtwechselwirkenden Teilchen in einem Potentialtopf dienen. Ist der Potentialtopf für Fermionen der Gleiche wie für Bosonen, so erhält man das gleiche (als vollständig nichtentartet vorausgesetzte) Spektrum für jedes der Einteilchenprobleme. Der Grundzustand, z. B. eines 5 Teilchensystems (Abb. 13.4), ist

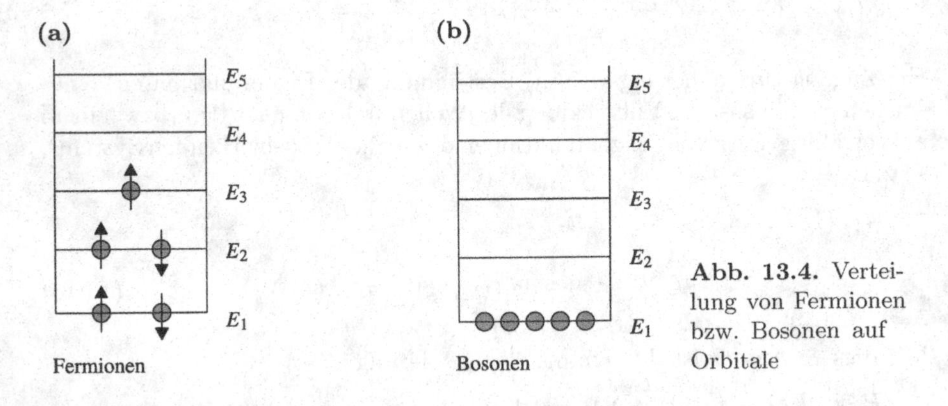

Abb. 13.4. Verteilung von Fermionen bzw. Bosonen auf Orbitale

im Fall von Fermionen ein Zustand, in dem die Teilchen auf die niedrigsten Niveaus verteilt werden (nach dem Pauliprinzip nur zwei Teilchen pro Niveau). Die Gesamtenergie ist also

$$E_0^F = E_1 + E_1 + E_2 + E_2 + E_3 \,.$$

Im Fall von Bosonen können alle 5 Teilchen in dem niedrigsten Orbital untergebracht werden. Die Grundzustandsenergie ist also

$$E_0^B = 5\,E_1 < E_0^F \,.$$

Diese einfache Aussage ist der Hintergrund für das unterschiedliche Verhalten von Vielbosesystemen im Vergleich zu Vielfermionensystemen (Bosekondensation) bei niedrigen Temperaturen[3].

13.3.3 Experimentelles, Auswahl

Das Pauliprinzip wird durch eine Vielzahl von experimentellen Beobachtungen bestätigt, so z. B. in *Zweiteilchenstreuprozessen.* In der klassischen Physik kann man die Teilchen in einem System mit Nummern versehen und die Bewegung der nummerierten Teilchen im Detail verfolgen. Bei der Streuung von zwei klassischen Teilchen ist es somit möglich, die in Abb. 13.5 aus der

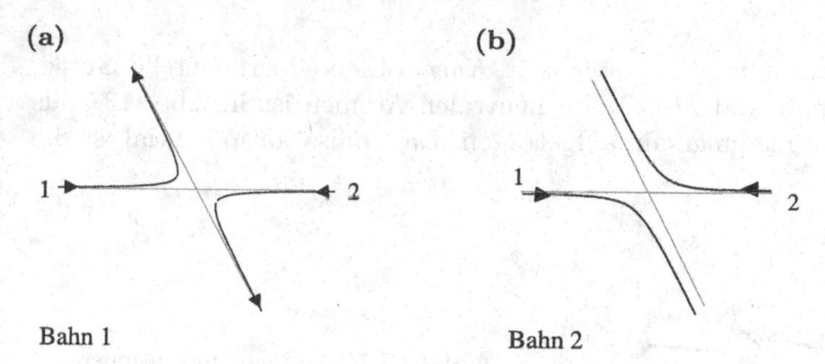

Abb. 13.5. Streuung von zwei Teilchen: klassisch

Sicht des Schwerpunktsystems gezeigten Bahnen zu unterscheiden. Die Teilchen laufen aufeinander zu und werden durch die Wechselwirkung entweder stark reflektiert oder sie bewegen sich auf streifenden Bahnen. In der Quantenmechanik ist es hingegen nicht möglich, die verschiedenen Streubahnen zu unterscheiden. Die Teilchen werden durch Wellenpakete beschrieben, die sich ausbreiten und im Wechselwirkungsbereich überlappen. Das quantenmechanische Bild, das den beiden klassischen Experimenten entspricht, ist in Abb. 13.6 illustriert. Man kann die Teilchen zwar anfänglich nummerieren. Sie verlieren jedoch in dem Überlappbereich ihre Identität. Nach Ablauf des Stoßprozesses weiß man nicht, ob der Prozess gemäß dem klassischen Bild (a) oder (b) in Abb. 13.5 abgelaufen ist. Man registriert nur, ob eines der beiden Teilchen (mit einer gewissen Wahrscheinlichkeit) oben oder unten angekommen ist.

Die Nichtunterscheidbarkeit wird durch das Pauliprinzip korrekt beschrieben. Benutzt man zur Diskussion dieses Zweiteilchensystems symmetrische bzw. antisymmetrische Wellenfunktionen, so erhält man eine Überlagerung mit *verschiedener* Interferenzstruktur, die experimentell überprüft werden kann.

[3] Das unterschiedliche Tieftemperaturverhalten wird in Band 5 unter dem Stichwort 'Quantenstatistik' diskutiert.

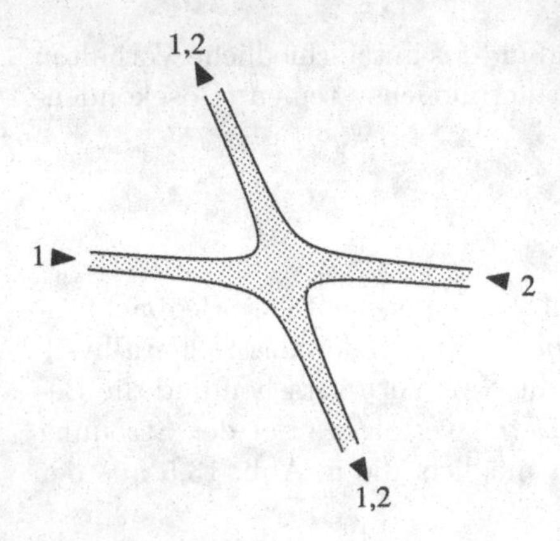

Abb. 13.6. Streuung von zwei Teilchen: quantenmechanisches Äquivalent zu Abb. 13.5

Die Schalenstruktur der Atome bzw. Kerne. Eine experimentelle Größe, das Ionisationspotential $IP(Z)$ von neutralen Atomen ist in Abb. 13.7 als Funktion der Kernladungszahl aufgetragen. Das Ionisationspotential ist die

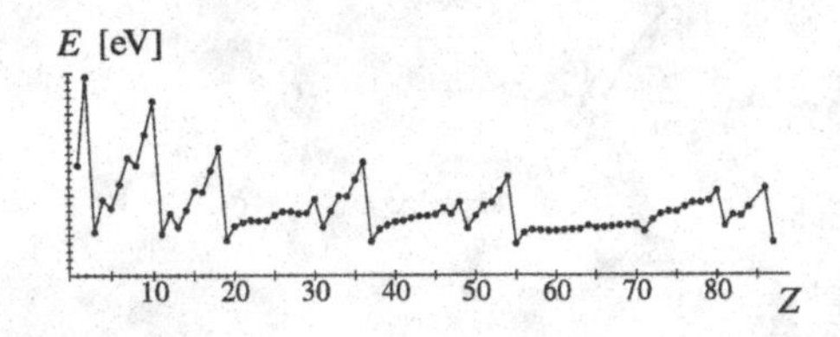

Abb. 13.7. Atomare Ionisationspotentiale: Experiment

Energie, die notwendig ist, um das am schwächsten gebundene Elektron aus dem atomaren Verband zu lösen. Man berechnet diese Größe als Differenz der Grundzustandsenergien des neutralen und des einfach ionisierten Atoms

$$IP(Z) = E_0(N = Z, Z) - E_0(N = Z - 1, Z) .$$

Experimentell findet man ausgeprägte Maxima für die Edelgasatome, die durch die sogenannten magischen Zahlen

$$N_{\text{mag}} = 2, 10, 18, 36, 54, 86$$

charakterisiert werden. Die magischen Zahlen kann man qualitativ (und mit etwas mehr Arbeit auch quantitativ) deuten, wenn man

- als Hamiltonoperator

$$\hat{H} = \sum_{i=1}^{N} \hat{h}_{\text{eff}}(Z, i)$$

ansetzt. Der Index eff deutet an, dass die Coulombabstoßung der Elektronen in geeigneter Weise durch ein effektives Abschirmpotential, das sich von Element zu Element ändern kann, für die einzelnen Elektronen berücksichtigt wird. Wie das $\hat{h}_{\text{eff}}$ im Detail aussehen könnte, wird in Band 4, z. B. unter dem Stichwort 'Hartree-Fock Näherung', diskutiert.

- Die Schalenstruktur der Atome und Kerne tritt nur auf, wenn man die Zustände (von $\hat{h}_{\text{eff}}$) nach der Vorschrift des Pauliprinzips besetzt. Für den Fall, dass $\hat{h}_{\text{eff}}$ dem Coulombpotential $\hat{h}_{\text{coul}}$ entspricht, ergibt die volle Besetzung der ersten Schale ($n = 1$) die magische Zahl 2, die Besetzung der ersten und zweiten Schale die magische Zahl 10. Für schwerere Atome wird jedoch infolge der Coulombabstoßung der Elektronen eine Abweichung von dem Besetzungsmuster gemäß der Auffüllung von Coulombschalen immer deutlicher (siehe Kap. 15.1).

Die Wirkung des Pauliprinzips äußert sich auch in der Detailstruktur des He-Atoms bzw. von Helium ähnlichen Ionen, die in dem nächsten Kapitel genauer analysiert werden soll.

14 Das Helium Atom

Das Heliumatom stellt das einfachste Mehrelektronensystem dar. Da die Gesamtwellenfunktion (bei Vernachlässigung von Spin-Bahn und relativistischen Effekten) in einen Spin- und einen Ortsanteil separiert, ist es nützlich die Heliumzustände anhand von antisymmetrischen und symmetrischen Spinfunktionen zu klassifizieren. Die benötigten Spinfunktionen werden in Kap. 14.1 zusammengestellt. Einen, wenn auch groben Überblick über das Energiespektrum des Heliumatoms gewinnt man durch Vernachlässigung der Elektron-Elektron Wechselwirkung (Kap. 14.2). Die Energiewerte, die man in dieser Näherung angeben kann, stimmen jedoch mit den experimentellen Werten keineswegs überein. Zur Korrektur dieser Situation kommt eine Auswahl von Methoden zum Einsatz. In dem vorgegebenen Rahmen einer Einführung in das Zweielektronenproblem werden in Kap. 14.3 der Einsatz von Störungstheorie (erster Ordnung) und, zur Verbesserung der Aussagen zu dem Heliumgrundzustand, die Anwendung von Variationsmethoden vorgestellt.

14.1 Zweiteilchenspinfunktionen

Die einfachste Näherung (13.4) für den Hamiltonoperator des Heliumproblems lautet[1]

$$\hat{H}_{nw} = \left[-\frac{\hbar^2}{2m_e}\Delta_1 - \frac{Ze^2}{r_1}\right]\begin{pmatrix}1 & 0\\ 0 & 1\end{pmatrix}_1 + \left[-\frac{\hbar^2}{2m_e}\Delta_2 - \frac{Ze^2}{r_2}\right]\begin{pmatrix}1 & 0\\ 0 & 1\end{pmatrix}_2 . \quad (14.1)$$

Eine Ladung mit $Z = 2$ entspricht dem neutralen He-Atom, mit $Z = 3$ dem Ion Li^+, mit $Z = 4$ dem Ion Be^{++} etc. Die Lösung der Pauligleichung ohne Berücksichtigung der Vertauschungssymmetrie ergibt ($\alpha = n\,l\,m\,m_s$)

$$\Psi_{\alpha_1,\alpha_2}(1,2) = [\psi_{n_1 l_1 m_1}(r_1)\chi_{m_{s1}}(\sigma_1)]\,[\psi_{n_2 l_2 m_2}(r_2)\chi_{m_{s2}}(\sigma_2)]$$

$$E = E_{n_1} + E_{n_2} .$$

Um die Anforderung des Pauliprinzips einzubauen, ist es in der vorliegenden Näherung nützlich, den Ortsanteil und den Spinanteil getrennt zu betrachten.

[1] Die Einheitsmatrizen im Spinraum deuten nur an, dass Spinfreiheitsgrade zu berücksichtigen sind. Sie können im Weiteren unterdrückt werden.

Für den Spinanteil sind vier Produkte möglich, die durch die Spinkombinationen

Spinkombination	↑↑	↑↓	↓↑	↓↓
Teilchennummer	1 2	1 2	1 2	1 2

charakterisiert sind. Daraus kann man vier (normierte) Zustände mit einer bestimmten Vertauschungssymmetrie konstruieren

Wellenfunktion	$M_S = m_{s_1} + m_{s_2}$	Sym.
$\chi_{1/2}(1)\chi_{1/2}(2)$	1	S
$\frac{1}{\sqrt{2}}\left(\chi_{1/2}(1)\chi_{-1/2}(2) + \chi_{-1/2}(1)\chi_{1/2}(2)\right)$	0	S
$\frac{1}{\sqrt{2}}\left(\chi_{1/2}(1)\chi_{-1/2}(2) - \chi_{-1/2}(1)\chi_{1/2}(2)\right)$	0	A
$\chi_{-1/2}(1)\chi_{-1/2}(2)$	-1	S

Die symmetrischen Zustände (mit $M_S = 1, 0, -1$) sind Eigenzustände des Operators

$$\hat{\boldsymbol{S}}^2 = (\hat{\boldsymbol{s}}(1) + \hat{\boldsymbol{s}}(2))^2 \tag{14.2}$$

mit dem Eigenwert $2\hbar^2$ (Gesamtspin $S = 1$). Man bezeichnet diese drei Zustände als ein Spintriplett. Entsprechend ist der antisymmetrische Zustand ein Eigenzustand dieses Operators mit $S = 0$. Dieser Zustand wird als Spinsingulett bezeichnet. Die Aussagen bezüglich des Betrags des Gesamtspins kann man direkt beweisen. Man schreibt den Operator (14.2) mit Hilfe der Operatoren

$$\hat{s}_+(i) = \hat{s}_x(i) + \mathrm{i}\hat{s}_y(i) \quad \text{und} \quad \hat{s}_-(i) = \hat{s}_x(i) - \mathrm{i}\hat{s}_y(i) \qquad i = 1, 2$$

in der gleichen Form wie den Spin-Bahn Operator (siehe Kap. 10.2)

$$\hat{\boldsymbol{S}}^2 = (\hat{\boldsymbol{s}}(1)^2 + \hat{\boldsymbol{s}}(2)^2 + \hat{\boldsymbol{s}}_+(1)\hat{\boldsymbol{s}}_-(2) + \hat{\boldsymbol{s}}_-(1)\hat{\boldsymbol{s}}_+(2) + 2\hat{\boldsymbol{s}}_z(1)\hat{\boldsymbol{s}}_z(2)) \tag{14.3}$$

und benutzt z. B.

$$\hat{s}_+(1)\,\chi_-(1) = \hbar\chi_+(1) \qquad \hat{s}_-(1)\,\chi_+(1) = \hbar\chi_-(1)\,.$$

Es folgt dann für die vier Wellenfunktionen

$$\begin{aligned}\hat{S}^2\,\chi_{1/2}(1)\chi_{1/2}(2) &= \hbar^2\left(\frac{3}{4} + \frac{3}{4} + 0 + 0 + \frac{2}{4}\right)\chi_{1/2}(1)\chi_{1/2}(2)\\ &= 2\hbar^2\chi_{1/2}(1)\chi_{1/2}(2)\end{aligned}$$

(entsprechend $\hbar^2 S(S+1)$ für $S = 1$)

$$\hat{S}^2 \left(\chi_{1/2}(1)\chi_{-1/2}(2) \pm \chi_{-1/2}(1)\chi_{1/2}(2)\right)$$

$$= \hbar^2 \left\{ \left(\frac{3}{4} + \frac{3}{4} + 0 - \frac{2}{4}\right) \chi_{1/2}(1)\chi_{-1/2}(2) + \chi_{-1/2}(1)\chi_{1/2}(2) \right\}$$

$$\pm\hbar^2 \left\{ \left(\frac{3}{4} + \frac{3}{4} + 0 - \frac{2}{4}\right) \chi_{-1/2}(1)\chi_{1/2}(2) \right\} + \chi_{1/2}(1)\chi_{-1/2}(2)$$

$$= \begin{cases} 2\hbar^2 & \left(\chi_{1/2}(1)\chi_{-1/2}(2) + \chi_{-1/2}(1)\chi_{1/2}(2)\right) \\ 0 & \left(\chi_{1/2}(1)\chi_{-1/2}(2) - \chi_{-1/2}(1)\chi_{1/2}(2)\right) \end{cases}$$

$$\hat{S}^2\chi_{-1/2}(1)\chi_{-1/2}(2) = 2\hbar^2\chi_{-1/2}(1)\chi_{-1/2}(2) \,.$$

Die gekoppelten Spinwellenfunktionen kann man mit einer Variante der Darstellung durch Clebsch-Gordan Koeffizienten in kompakter Weise zum Ausdruck bringen. Man schreibt

$$\chi_{S,M_S}(\sigma_1,\sigma_2) = \sum_{m_s} \begin{bmatrix} 1/2 & 1/2 & S \\ M_S - m_s & m_s & M_S \end{bmatrix} \chi_{M_S - m_s}(\sigma_1)\chi_{m_s}(\sigma_2) \tag{14.4}$$

und benutzt die Koeffizienten (siehe D.tail 14.1)

$$\begin{bmatrix} 1/2 & 1/2 & 1 \\ 1/2 & 1/2 & 1 \end{bmatrix} = \begin{bmatrix} 1/2 & 1/2 & 1 \\ -1/2 & -1/2 & -1 \end{bmatrix} = 1$$

$$\begin{bmatrix} 1/2 & 1/2 & 1 \\ 1/2 & -1/2 & 0 \end{bmatrix} = \begin{bmatrix} 1/2 & 1/2 & 1 \\ -1/2 & 1/2 & 0 \end{bmatrix} = \frac{1}{\sqrt{2}} \tag{14.5}$$

$$\begin{bmatrix} 1/2 & 1/2 & 0 \\ 1/2 & -1/2 & 0 \end{bmatrix} = -\begin{bmatrix} 1/2 & 1/2 & 0 \\ -1/2 & 1/2 & 0 \end{bmatrix} = \frac{1}{\sqrt{2}} \,.$$

Für die Ortsanteile gelten die komplementären Aussagen:

- Ist der Spinanteil symmetrisch ($S = 1$), so muss der Ortsanteil antisymmetrisch sein, damit sich eine antisymmetrische Gesamtwellenfunktion ergibt (z. B. mit $a = n\,l\,m, \quad a_1 < a_2$)

$$\Psi_{a_1 a_2;1,M_S}(1,2)_\mathsf{A} = \Psi_{a_1 a_2}(\boldsymbol{r}_1,\boldsymbol{r}_2)_\mathsf{A}\ \chi_{1,M_S}(\sigma_1,\sigma_2)_\mathsf{S} \tag{14.6}$$

$$\Psi_{a_1 a_2}(\boldsymbol{r}_1,\boldsymbol{r}_2)_\mathsf{A} = \frac{1}{\sqrt{2}}\left[\psi_{a_1}(\boldsymbol{r}_1)\psi_{a_2}(\boldsymbol{r}_2) - \psi_{a_2}(\boldsymbol{r}_1)\psi_{a_1}(\boldsymbol{r}_2)\right] \,.$$

Insbesondere gilt dann: Für einen Zustand mit $S = 1$ ist die Doppelbesetzung eines Raumorbitals ($a_1 = a_2$) nicht möglich.

- Ist der Spinanteil antisymmetrisch ($S = 0$), so muss der Ortsanteil symmetrisch sein

$$\Psi_{\sigma_1 a_1 a_2;00}(1,2)_\mathsf{A} = \Psi_{a_1 a_2}(\boldsymbol{r}_1, \boldsymbol{r}_2)_\mathsf{S}\, \chi_{00}(\sigma_1, \sigma_2)_\mathsf{A} \tag{14.7}$$

Hier ist

$$\Psi_{a_1 a_2}(\boldsymbol{r}_1, \boldsymbol{r}_2)_\mathsf{S} =$$

$$\begin{cases} \frac{1}{\sqrt{2}} \left[\psi_{a_1}(\boldsymbol{r}_1)\psi_{a_2}(\boldsymbol{r}_2) + \psi_{a_2}(\boldsymbol{r}_1)\psi_{a_1}(\boldsymbol{r}_2)\right] & \text{für } a_1 < a_2 \\ \psi_{a_1}(\boldsymbol{r}_1)\psi_{a_1}(\boldsymbol{r}_2) & \text{für } a_1 = a_2 \end{cases} .$$

Die möglichen Zustände des He-Atoms zerfallen demnach in zwei Klassen. Zustände aus der Klasse mit $S = 0$ bezeichnet man als *Parazustände*, Zustände aus der Klasse mit $S = 1$ als *Orthozustände.*

14.2 Klassifikation der Heliumzustände in einfacher Näherung

Ist die Ladungszahl $Z = 2$, so findet man für das Spektrum des wasserstoffähnlichen Einteilchen-Schrödingerproblems (Kap. 6.1) die in Abb. 14.1 angedeuteten Energiewerte. Das $1s$-Orbital hat die Energie

$$E_{1s} = -\left.\frac{Z^2 e^2}{2a_0}\right|_{Z=2} = -54.42\,\text{eV}\,,$$

die $n = 2$ Orbitale

$$E_{2s} = E_{2p} = -\left.\frac{Z^2 e^2}{8a_0}\right|_{Z=2} = -13.61\,\text{eV}$$

etc. An die gebundenen Orbitale schließt sich für $E \geq 0$ das Kontinuum an.

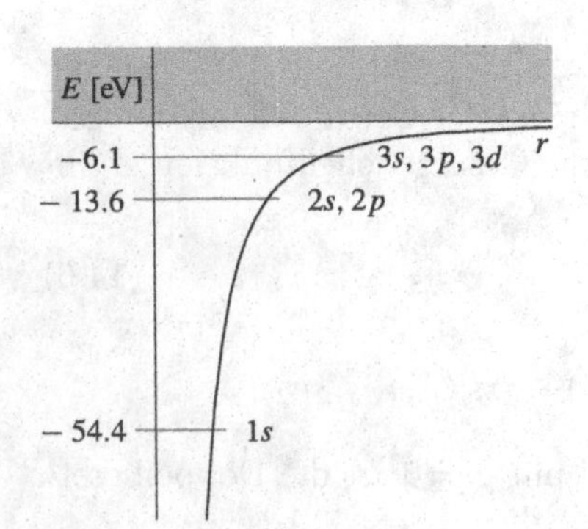

Abb. 14.1. Orbitalenergien im He-Atom

Neben der Einheit Elektronenvolt [eV] werden in der Atomphysik die folgenden Energieeinheiten benutzt: die Einheit *Rydberg* und die Einheit *Hartree*, die auch als *atomic (energy) unit* bezeichnet wird. Ein Rydberg entspricht der (theoretischen) Bindungsenergie des Elektrons im Wasserstoffatom, ein Hartree ist doppelt so groß. In Zahlen ist also

$$\begin{aligned} 1\,\text{Hartree} &= 1\,\text{a.\,u.} = \frac{e^2}{a_0} = 27.2116\,\text{eV} \\ 1\,\text{Rydberg} &= 1\,\text{ryd} = \frac{e^2}{2a_0} = 13.6058\,\text{eV}\,. \end{aligned} \tag{14.8}$$

Die Energie, z. B. des $Z = 2$, $1s$-Niveaus kann also auch als

$$E_{1s} = -\left.\frac{Z^2e^2}{2a_0}\right|_{Z=2} = -2\,\text{Hartree} = -2\,\text{a.\,u.} = -4\,\text{ryd}$$

angegeben werden.

In der einfachen Näherung gewinnt man Parazustände, indem man alle möglichen Orbitale mit Elektronen besetzt, wobei Doppelbesetzungen möglich sind. Der Grundzustand (Abb. 14.2) entspricht demnach der Konfiguration $(1s)^2$ (beide Elektronen im $1s$-Zustand) mit der Energie

$$E_{(1s)^2} = -108.85\,\text{eV} \qquad (\text{exp.} - 79.005\,\text{eV})\,.$$

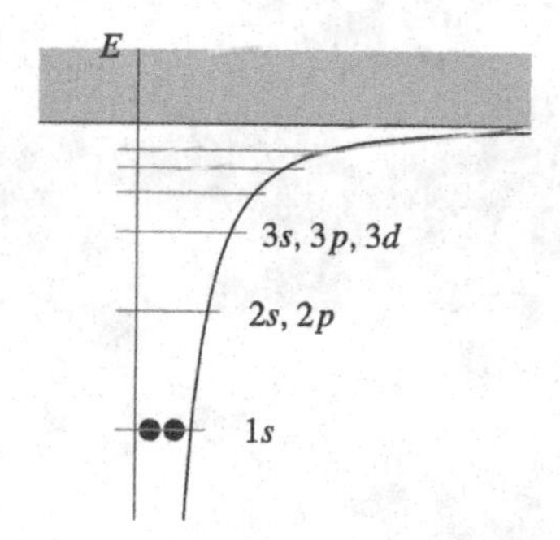

Abb. 14.2. Helium: Grundzustand

Der Energiewert ist (wie schon bemerkt) nicht korrekt. Die weiteren Zustände kann man in der folgenden Weise klassifizieren:

Klasse (a) Ein Elektron (man kann natürlich nicht sagen welches) ist in dem $1s$-Zustand, das andere befindet sich in einem angeregten, gebundenen Zustand (Abb. 14.3). Diese Zustände haben die Energie

$$E_{1s,nl} = -\frac{Z^2}{2}\left(1 + \frac{1}{n^2}\right)\frac{e^2}{a_0}\,.$$

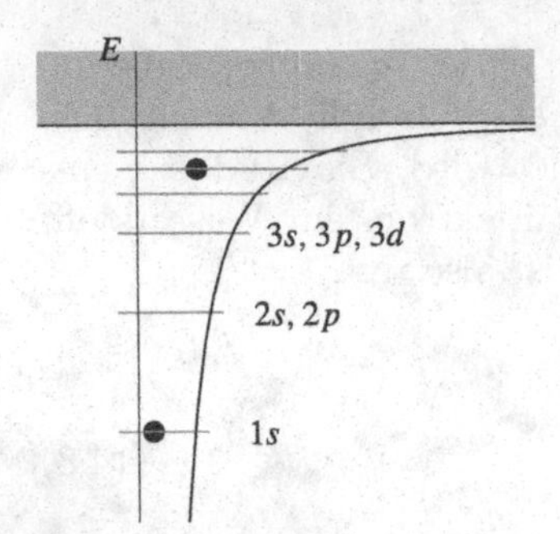

Abb. 14.3. Heliumkonfigurationen: Klasse (a)

Die Energiewerte liegen für $Z = 2$ (in dieser einfachen Sicht) zwischen

$$-108.85\,\mathrm{eV} < E_{1s,nl} < -54.42\,\mathrm{eV}\,.$$

Klasse (b) Ein Elektron ist in einem gebundenen Zustand ($1s$, $2s, \ldots$), das andere in einem Kontinuumszustand (Abb. 14.4). Dies entspricht einem He^+-Ion plus einem freien Elektron. Die Energiewerte sind

$$E_{nl,\boldsymbol{k}} = -\frac{Z^2e^2}{2a_0n^2} + T_e\,,$$

bzw. für $Z = 2$

$$E_{nl,\boldsymbol{k}} \geq -54.42\,\mathrm{eV}\,.$$

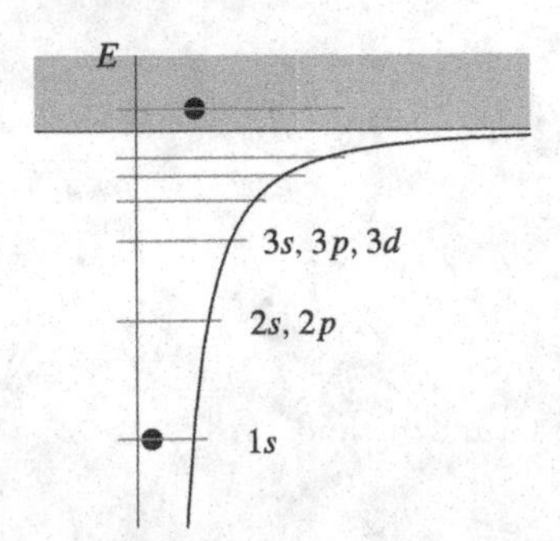

Abb. 14.4. Heliumkonfigurationen: Klasse (b)

Klasse (c) Beide Elektronen befinden sich in einem gebundenen, angeregten Zustand (Abb. 14.5). Die Energiewerte dieser Zustände sind

$$E_{n_1l_1,n_2l_2} = -\frac{Z^2}{2}\left(\frac{1}{n_1^2} + \frac{1}{n_2^2}\right)\frac{e^2}{a_0} \qquad (n_1, n_2 > 1)\,.$$

Die niedrigsten Zustände in dieser Klasse sind Zustände mit der Konfigura-

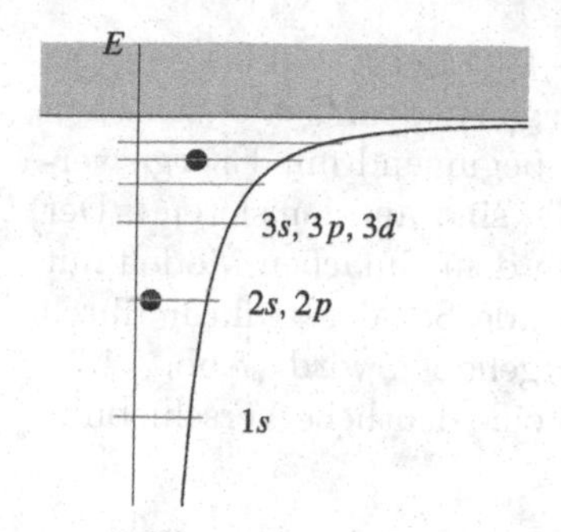

Abb. 14.5. Heliumkonfigurationen: Klasse (c)

tion $(2l_1, 2l_2)$, z. B. $((2s)^2$ etc. Sie haben die Energie (für $Z = 2$)

$$E_{2l_1,2l_2} = -\frac{Z^2 e^2}{4a_0}\bigg|_{Z=2} = -27.21\,\text{eV}\,.$$

Diese Zustände sind somit in das $He^+ + e^-$ -Kontinuum eingebettet. Sie zerfallen nur mit sehr geringer Wahrscheinlichkeit durch Quantensprünge (mit der Aussendung eines Photons) in tieferliegende Konfigurationen. Sie zerfallen mit überwältigender Wahrscheinlichkeit durch Aussendung eines Elektrons. Man bezeichnet sie aus diesem Grund als *autoionisierende* Zustände.

Klasse (d) Der Vollständigkeit halber muss man noch die Zustände mit den Energiewerten

$$E_{\boldsymbol{k}_1,\boldsymbol{k}_2} = T_e(\boldsymbol{k}_1) + T_e(\boldsymbol{k}_2) \geq 0$$

erwähnen. Sie beschreiben zwei freie Elektronen, die sich in dem elektrischen Feld eines He-Kerns (He^{++}) bewegen.

Die Abb. 14.6 fasst die Energiesituation für Parahelium im Rahmen der einfachen Näherung noch einmal zusammen: Der Grundzustand bei −108.85 eV ist nicht entartet. Er spaltet in einem Zeemanexperiment nicht

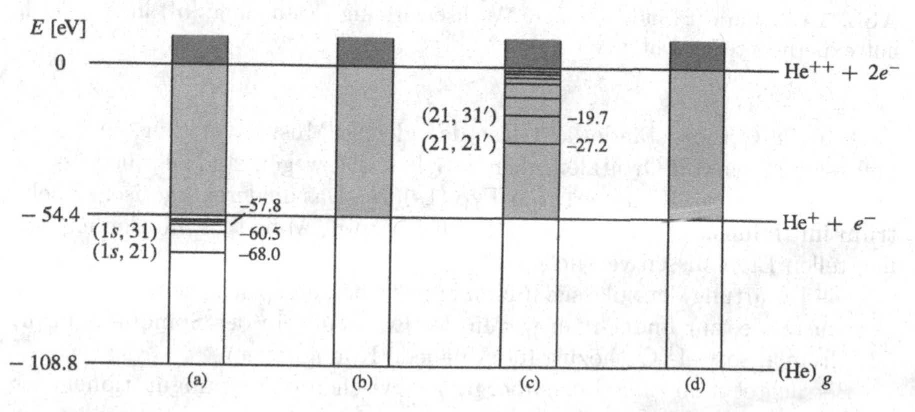

Abb. 14.6. Para-Heliumkonfigurationen ohne e-e Wechselwirkung: Übersicht

auf. Bei $-54.42\,\text{eV}$ beginnt das Kontinuum $\text{He}^+ + e^-$. Bei $E = 0$ beginnt das Kontinuum $\text{He}^{++}+2e^-$. Zustände vom Typ (a) liegen in dem Gebiet zwischen -108.85 und $-54.42\,\text{eV}$. Zustände vom Typ (c), beginnend mit Energiewerten von $-27.21\,\text{eV}$, liegen in dem Kontinuum. Sie sind autoionisierend. Der Vergleich der niedrigsten gebundenen Zustände in dem einfachen Modell mit experimentellen Daten zeigt, dass die unterliegende Schalenstruktur durch die Elektron-Elektron Wechselwirkung nicht aufgehoben wird (Abb. 14.7). Man findet nur eine minimale Aufspaltung, doch eine deutliche Verschiebung der Schalen.

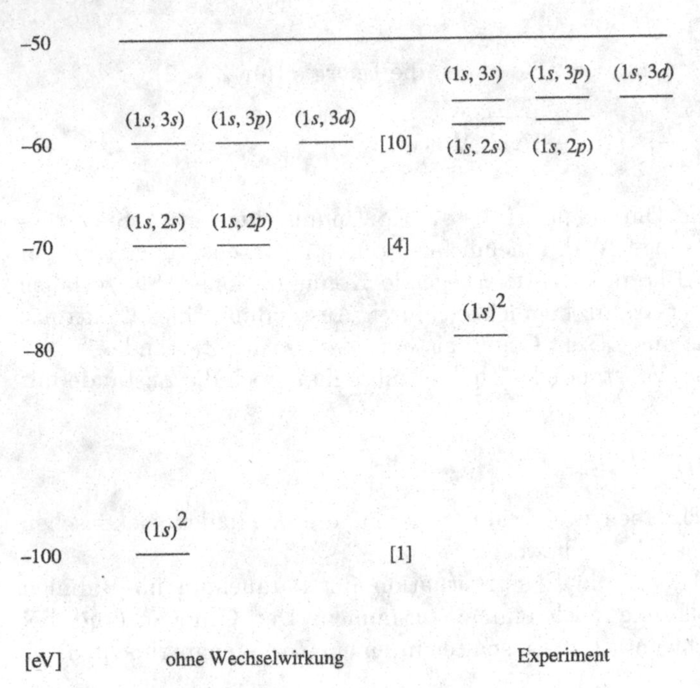

Abb. 14.7. Parazustände ohne e-e Wechselwirkung (Entartung: $[n]$) im Vergleich mit experimentellen Daten

Für die Orthozustände liegt fast das gleiche Muster vor, nur sind Doppelbesetzungen von Orbitalen nicht möglich. Deswegen sind die niedrigsten Orthozustände der Klasse (a) vom Typ $(1s)(2l)$. Das niederenergetische Spektrum im Rahmen der einfachen Näherung wird in Abb. 14.8 mit den experimentellen Ergebnissen verglichen.

Die Entartung der zulässigen Konfigurationen entspricht dem Muster der Parazustände, nur findet man wegen der Entartung in der Spinquantenzahl M_S dreimal so viele Orthozustände für jede Konfiguration.

Betrachtet man Strahlungsübergänge zwischen den Konfigurationen der Klasse (a), so sind Matrixelemente der Form

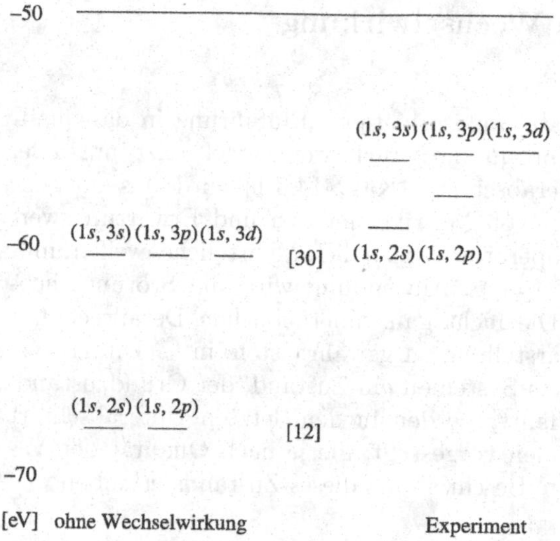

Abb. 14.8. Orthozustände ohne e-e Wechselwirkung (Entartung: $[n]$) im Vergleich mit experimentellen Daten

$$\langle 1s, nlm, SM_S|\hat{O}|1s, n'l'm', S'M'_S\rangle$$

zu berechnen. Für die dominanten Übergänge (z. B. $E1$) ist der Operator $\hat{O}$ nur eine Funktion der Ortskoordinaten. Es gilt deswegen die Auswahlregel

$$\Delta S = S' - S = 0\,.$$

Es finden keine (elektrischen) Strahlungsübergänge zwischen den Ortho- und Parazuständen statt. Bezieht man die Spin-Bahn-Wechselwirkung ein und betrachtet magnetische Übergänge mit Spinflip, so sind Übergänge zwischen Ortho- und Parazuständen möglich. Diese Übergänge sind jedoch so schwach, dass der niedrigste Orthozustand (in der Natur kein reiner $(1s, 2s)$-Zustand, doch ist dies die dominante Konfiguration) mit einer Anregungsenergie von 19.82 eV metastabil ist. Er hat eine Lebensdauer von einigen Stunden

$$\tau_{\mathrm{G},(1\mathrm{s},2\mathrm{s})\mathrm{S}=0} = 7900\,\mathrm{s} \approx 2.2\,\mathrm{h}\,.$$

Die Herstellung von Orthohelium ist aus diesen Gründen auch nicht durch Strahlungsanregung möglich. Man benutzt z. B. eine Ladungsaustauschreaktion wie

$$\mathrm{He}\,(\mathrm{Para}) + e^- \rightarrow \mathrm{He}\,(\mathrm{Ortho}) + (e^-)'\,.$$

Das einfallende Elektron tauscht seinen Platz mit einem Elektron in dem Paragrundzustand.

14.3 Elektron-Elektron Wechselwirkung im Zweiteilchensystem

Dieser Abschnitt stellt eine erste praxisorientierte Einführung in das quantenmechanische Vielteilchenproblem dar, auch wenn 'viel' hier nur zwei bedeutet. In dem ersten Unterabschnitt (Kap. 14.3.1) wird das notwendige Rüstzeug, die Auswertung von Matrixelementen und Erwartungswerten von Ein- und Zweiteilchenoperatoren bezüglich Mehrteilchenwellenfunktionen, angesprochen. Für eine erste Anwendung wird die Störungstheorie (Kap. 14.3.2) betrachtet. Die nicht ganz unerheblichen Detailrechnungen sind, um den Fluss der Darstellung zu gewährleisten, in ◉ D.tails verpackt. Da in allen physikalischen Systemen ein Zustand, der Grundzustand, besondere Aufmerksamkeit erfährt, werden in dem letzten Unterabschnitt (Kap. 14.3.3) Variationsmethoden vorgestellt, die je nach Qualität der Variationsansätze, eine verbesserte Beschreibung dieses Zustands erlauben.

14.3.1 Aufbereitung

Die in Kap. 14.2 angedeuteten Zustände findet man auch in dem wirklichen He-System, nur stimmen natürlich die Energiewerte, die man in der einfachen Näherung gewinnt, nicht mit der Realität überein. Es ist somit notwendig, im nächsten Schritt den Hamiltonoperator

$$\hat{H}_{ww} \Rightarrow \hat{H}_{nw} + \frac{e^2}{r_{12}} \tag{14.9}$$

zu betrachten. Spin-Bahneffekte (von der Größenordnung $10^{-3}\,\mathrm{eV}$) werden weiterhin vernachlässigt. Der Spinanteil wird durch die Coulombabstoßung nicht modifiziert. Ein Korrekturansatz zur Lösung der Pauligleichung mit dem obigen Hamiltonoperator ist deswegen

$$\Psi_{b,S,M_S}(1,2) = \Psi_{b,S}(\boldsymbol{r}_1,\boldsymbol{r}_2)\,\chi_{\mathrm{S,M_S}}(\sigma_1,\sigma_2)\ .$$

Für die Berechnung des Ortanteils ist die Zweiteilchenschrödingergleichung zuständig

$$\left(h(1) + h(2) + \frac{e^2}{r_{12}}\right)\Psi_{b,S}(\boldsymbol{r}_1,\boldsymbol{r}_2) = E\Psi_{b,S}(\boldsymbol{r}_1,\boldsymbol{r}_2)\ , \tag{14.10}$$

wobei auch hier die Vertauschungssymmetrie zu beachten ist:

$$\begin{aligned} S = 0 &\rightarrow \text{symmetrische Ortsfunktion} \\ S = 1 &\rightarrow \text{antisymmetrische Ortsfunktion.} \end{aligned}$$

Da der Spinanteil der Zweiteilchenwellenfunktion von der 'Störung' nicht angesprochen wird, kann die weitere Diskussion auf den Ortsanteil beschränkt bleiben. Eine exakte analytische Lösung der Differentialgleichung (14.10) in sechs Variablen für diesen Anteil ist nicht möglich. Aus diesem Grund wurden *Näherungsmethoden* erarbeitet. Diese Methoden beruhen z. B. auf

- direkter bzw. modifizierter Störungstheorie mit Determinanten oder Permanenten aus Orbitalwellenfunktionen des nichtwechselwirkenden Problems

$$\Psi_{a_1,a_2,S}(\boldsymbol{r}_1,\boldsymbol{r}_2) = \psi_{a_1}(\boldsymbol{r}_1)\psi_{a_2}(\boldsymbol{r}_2)\begin{Bmatrix} + \\ - \end{Bmatrix}\psi_{a_2}(\boldsymbol{r}_1)\psi_{a_1}(\boldsymbol{r}_2) \qquad \begin{Bmatrix} S=0 \\ S=1 \end{Bmatrix} .$$

- Entwicklungen nach diesen Funktionen

$$\Psi_{b,S}(\boldsymbol{r}_1,\boldsymbol{r}_2) \sum_{a_1,a_2} C^{(b,S)}_{a_1,a_2}\Psi_{a_1,a_2,S}(\boldsymbol{r}_1,\boldsymbol{r}_2) .$$

- Inbesondere für die Bestimmung des Grundzustandes existieren einfache und nicht so einfache Ansätze mit Parametern $\{\beta_1, \beta_2, \ldots\}$, die durch Variation bestimmen werden können. Für einen Ansatz der Grundzustandsenergie der Form $E_G(\beta_1, \beta_2, \ldots)$ lauten die Variationsgleichungen

$$\frac{\partial E_G(\beta_1,\beta_2,\ldots)}{\partial\beta_i} = 0 \qquad i = 1, 2, \ldots .$$

  Der Grundzustand ist ein Extremum (Minimum) bezüglich der Variation aller Parameter.

In allen Fällen ist die handwerkliche Grundaufgabe die Berechnung der Erwartungswerte bzw. Matrixelemente diverser Operatoren bezüglich der Determinanten und Permanenten. Man benutzt für eine symmetrische Wellenfunktion bzw. eine entsprechende antisymmetrische Wellenfunktion im Ortsraum zweckmäßigerweise normierte Orbitale

$$\begin{aligned}\Psi_{a_1,a_2}(\boldsymbol{r}_1,\boldsymbol{r}_2,\beta_1,\beta_2) = N_2\,\{&\psi_{a_1}(\boldsymbol{r}_1,\beta_1)\psi_{a_2}(\boldsymbol{r}_2,\beta_2) \\ &\pm\psi_{a_2}(\boldsymbol{r}_1,\beta_2)\psi_{a_1}(\boldsymbol{r}_2,\beta_1)\} .\end{aligned} \tag{14.11}$$

Die Orbitalfunktionen sind wasserstoffähnliche Wellenfunktionen, in denen der Standardparameter $\lambda(Z, n)$ durch einen freien Parameter bzw. einen Variationsparameter ersetzt wird. Zu berechnen sind (zusätzliche Information findet man in D.tail 14.2)

- die Normierung der Zweiteilchenwellenfunktion N_2,
- die Matrixelemente von Einteilchenoperatoren, die in abgekürzter Notation in der Form

$$\hat{O} = \hat{o}(1) + \hat{o}(2)$$

  notiert werden, in einem Zweiteilchensystem. Beispiele sind die kinetische Energie

$$\hat{T} = \hat{t}(1) + \hat{t}(2) = -\frac{\hbar^2\Delta_1}{2m_e} - \frac{\hbar^2\Delta_2}{2m_e}$$

  und die potentielle Energie

$$\hat{V} = \hat{v}(1) + \hat{v}(2) ,$$

- die Matrixelemente von Zweiteilchenoperatoren wie z. B. der Wechselwirkungsenergie $\hat{w}(1,2)$.

Benutzt man die bra-ket Schreibweise, so kann man die benötigten Matrixelemente bezüglich der Ortswellenfunktionen notieren:

- Überlappmatrixelemente mit den Orbitalwellenfunktionen in (14.11)

$$\langle a_i\beta_i \,|\, a_k\beta_k\rangle = \int \mathrm{d}^3 r\, \psi^*_{a_i}(\boldsymbol{r},\beta_i)\, \psi_{a_k}(\boldsymbol{r},\beta_k)\,. \tag{14.12}$$

  Die Wellenfunktionen mit verschiedenen Parametern ($\beta_i \neq \beta_k$) sind nicht orthonormal. Für Wasserstoffwellenfunktionen mit dem gleichen Parameter gilt jedoch

$$\langle a_i\beta \,|\, a_k\beta\rangle = \int \mathrm{d}^3 r\, \psi^*_{a_i}(\boldsymbol{r},\beta)\psi_{a_k}(\boldsymbol{r},\beta) = \delta_{a_i,a_k}\,.$$

- Die Matrixelemente von Einteilchenoperatoren mit Orbitalwellenfunktionen

$$\langle a_i\beta_i \,|\hat{o}|\, a_k\beta_k\rangle = \int \mathrm{d}^3 r\, \psi^*_{a_i}(\boldsymbol{r},\beta_i)o(\boldsymbol{r})\psi_{a_k}(\boldsymbol{r},\beta_k)\,. \tag{14.13}$$

- Für einen Zweiteilchenoperator, wie z. B. die Wechselwirkung $\hat{w}(1,2)$ lauten die individuellen Matrixelemente mit Produkten von Einteilchenwellenfunktionen

$$\begin{aligned}\langle a_1\beta_1,\, a_2\beta_2|\hat{w}|a_3\beta_3,\, a_4\beta_4\rangle &= \int \mathrm{d}^3 r_1 \int \mathrm{d}^3 r_2\; \psi^*_{a_1}(\boldsymbol{r}_1,\beta_1)\psi^*_{a_2}(\boldsymbol{r}_2,\beta_2)\\ &\quad * \; w(\boldsymbol{r}_1,\boldsymbol{r}_2)\psi_{a_3}(\boldsymbol{r}_1,\beta_3)\psi_{a_4}(\boldsymbol{r}_2,\beta_4)\,.\end{aligned} \tag{14.14}$$

  Offensichtlich kommt der Reihenfolge der Quantenzahlen und Parameter $a_1\,\beta_1$, etc. in den bra- und ket-Vektoren eine Bedeutung zu. Das Matrixelement

$$\begin{aligned}\langle a_1\beta_1,\, a_2\beta_2|\hat{w}|a_4\beta_4,\, a_3\beta_3\rangle &= \int \mathrm{d}^3 r_1 \int \mathrm{d}^3 r_2\; \psi^*_{a_1}(\boldsymbol{r}_1,\beta_1)\psi^*_{a_2}(\boldsymbol{r}_2,\beta_2)\\ &\quad * \; w(\boldsymbol{r}_1,\boldsymbol{r}_2)\psi_{a_4}(\boldsymbol{r}_1,\beta_4)\psi_{a_3}(\boldsymbol{r}_2,\beta_3)\end{aligned}$$

  ist nicht gleich dem Matrixelement

$$\langle a_1\beta_1,\, a_2\beta_2|\hat{w}|a_3\beta_3,\, a_4\beta_4\rangle\,.$$

  Auf der anderen Seite gilt als Konsequenz der Symmetrie des Operators $\hat{w}(1,2) = \hat{w}(2,1)$ die Symmetrierelation

$$\langle a_1\beta_1,\, a_2\beta_2|\hat{w}|a_3\beta_3,\, a_4\beta_4\rangle = \langle a_2\beta_2,\, a_1\beta_1|\hat{w}|a_4\beta_4,\, a_3\beta_3\rangle\,. \tag{14.15}$$

  Zum Beweis benennt man in der expliziten Darstellung die Integrationsvariablen um und benutzt die Symmetrie des Operators.

Emtsprechend sind für die symmetrische bzw. die antisymmetrische Zweiteilchenwellenfunktion im Ortsraum die folgenden Größen zu berechnen:

- Zur Berechnung der Normierung der Zweiteilchenwellenfunktion wertet man die Forderung

$$\langle \Psi_{a_1,a_2} \,|\, \Psi_{a_1,a_2} \rangle = |N_2|^2 \iint \mathrm{d}^3r_1 \mathrm{d}^3r_2 \,\{\psi^*_{a_1}(\boldsymbol{r}_1,\beta_1)\psi^*_{a_2}(\boldsymbol{r}_2,\beta_2)$$
$$\pm\, \psi^*_{a_2}(\boldsymbol{r}_1,\beta_2)\psi^*_{a_1}(\boldsymbol{r}_2,\beta_1)\}\,\{\psi_{a_1}(\boldsymbol{r}_1,\beta_1)\psi_{a_2}(\boldsymbol{r}_2,\beta_2)$$
$$\pm\, \psi_{a_2}(\boldsymbol{r}_1,\beta_2)\psi_{a_1}(\boldsymbol{r}_2,\beta_1)\} \stackrel{!}{=} 1$$

aus und findet für eine reelle Normierungskonstante N_2

$$N_2 = \left[2(1 \pm |\langle a_1\beta_1 \,|\, a_2\beta_2\rangle|^2\right]^{-1/2} . \tag{14.16}$$

- Für einen Einteilchenoperator lautet der Erwartungswert[2]

$$\langle \Psi_{a_1,a_2} |\hat{O}| \Psi_{a_1,a_2} \rangle = |N_2|^2 \iint \mathrm{d}^3r_1 \mathrm{d}^3r_2 \quad \{\psi^*_{a_1}(\boldsymbol{r}_1,\beta_1)\psi^*_{a_2}(\boldsymbol{r}_2,\beta_2)$$
$$\pm\, \psi^*_{a_2}(\boldsymbol{r}_1,\beta_2)\psi^*_{a_1}(\boldsymbol{r}_2,\beta_1)\}\,(o(\boldsymbol{r}_1)+o(\boldsymbol{r}_2))\,\{\psi_{a_1}(\boldsymbol{r}_1,\beta_1)\psi_{a_2}(\boldsymbol{r}_2,\beta_2)$$
$$\pm\, \psi_{a_2}(\boldsymbol{r}_1,\beta_2)\psi_{a_1}(\boldsymbol{r}_2,\beta_1)\} .$$

Man erkennt, dass die Beiträge der beiden nicht unterscheidbaren Teilchen gleich sind. Einige der Beiträge vereinfachen sich noch infolge der vorausgesetzten Normierung der Orbitalfunktionen. Das Ergebnis der direkten Sortierung lautet

$$\langle \Psi_{a_1,a_2} |\hat{O}| \Psi_{a_1,a_2} \rangle = 2|N_2|^2 \,\{\langle a_1\beta_1 \,|\hat{o}|\, a_1\beta_1\rangle + \langle a_2\beta_2 \,|\hat{o}|\, a_2\beta_2\rangle \tag{14.17}$$
$$\pm\, [\langle a_1\beta_1 \,|\hat{o}|\, a_2\beta_2\rangle\langle a_2\beta_2 \,|\, a_1\beta_1\rangle \;+\langle a_2\beta_2 \,|\hat{o}|\, a_1\beta_1\rangle\langle a_1\beta_1 \,|\, a_2\beta_2\rangle]\} .$$

Die zwei letzten Terme sind zueinander komplex konjugiert, vorausgesetzt der Operator $\hat{o}$ ist hermitesch.

- Der Erwartungswert des Zweiteilchenoperators, in bra-ket Schreibweise

$$\langle \Psi_{a_1,a_2} \,|\, \hat{W} \,|\, \Psi_{a_1,a_2} \rangle =$$
$$|N_2|^2 \,\{\langle a_1\beta_1\, a_2\beta_2|\hat{w}|a_1\beta_1\, a_2\beta_2\rangle \pm \langle a_1\beta_1\, a_2\beta_2|\hat{w}|a_2\beta_2\, a_1\beta_1\rangle$$
$$\pm\langle a_2\beta_2\, a_1\beta_1|\hat{w}|a_1\beta_1\, a_2\beta_2\rangle + \langle a_2\beta_2\, a_1\beta|\hat{w}|a_2\beta_2,\, a_1\beta_1\rangle\} ,$$

kann infolge der Symmetrierelation (14.15) ebenfalls vereinfacht werden. Man erhält

$$\langle \Psi_{a_1,a_2} \,|\, \hat{W} \,|\, \Psi_{a_1,a_2} \rangle = \tag{14.18}$$
$$2|N_2|^2 \,\{\langle a_1\beta_1\, a_2\beta_2|\hat{w}|a_1\beta_1\, a_2\beta_2\rangle \pm \langle a_1\beta_1\, a_2\beta_2|\hat{w}|a_2\beta_2\, a_1\beta_1\rangle\} ,$$

[2] Da im Weiteren nur Erwartungswerte benutzt werden, beschränkt sich die Diskussion auf diese Größen.

wobei das obere Vorzeichen für Para-, das untere für Orthozustände gilt. Man nennt den ersten Term in (14.18), der auch bei der Benutzung von einfachen Produktwellenfunktionen auftreten würde, den *direkten Term*. Der zweite Term ist eine Konsequenz des Pauliprinzips. Er entsteht sozusagen aus der Unmöglichkeit jedem der Elektronen einen bestimmten Einteilchenzustand zuzuordnen. Man bezeichnet diesen Term als den *Austauschterm*. Durch diesen Term unterscheiden sich bei der Anwendung von Störungstheorie erster Ordnung die Energiewerte von Ortho- und Parazuständen.

14.3.2 Störungstheorie

Den einfachsten Zugang zur Berechnung der Energiekorrektur durch die Elektron-Elektron Wechselwirkung bietet die Störungstheorie erster Ordnung. Die entsprechende Energiekorrektur für den Grundzustand (wobei λ ein Parameter der Wasserstoffwellenfunktion ist, siehe Kap. 6.1.1)

$$\Psi_{100,100}(\boldsymbol{r}_1, \boldsymbol{r}_2, \lambda_1) = \psi_{100}(\boldsymbol{r}_1, \lambda_1)\psi_{100}(\boldsymbol{r}_2, \lambda_1)\,,$$

das ist

$$\Delta E_G^{(1)} = \iint \mathrm{d}r_1^3 \mathrm{d}r_2^3 |\psi_{100}(r_1, \lambda_1)|^2 |\psi_{100}(r_2, \lambda_1)|^2 \frac{e^2}{r_{12}}\,, \tag{14.19}$$

kann man direkt interpretieren. Sie entspricht der klassischen Coulombenergie von zwei kugelsymmetrischen Ladungsverteilungen

$$\rho(r_1) = |\psi_{100}(r_1, \lambda_1)|^2 = \frac{1}{\pi}\left(\frac{Z}{a_0}\right)^3 \mathrm{e}^{-2Zr_1/a_0}$$

und entsprechend für $\rho(r_2)$. Zur Auswertung des Integrals entwickelt man $1/r_{12}$ nach Kugelflächenfunktionen

$$\frac{1}{r_{12}} = \sum_{LM} \frac{r_<^L}{r_>^{L+1}} \left(\frac{4\pi}{2L+1}\right) Y_{LM}(\Omega_1) Y_{LM}^*(\Omega_2)\,. \tag{14.20}$$

Infolge der Kugelsymmetrie der Ladungsverteilungen trägt nur der Term mit $L = 0$ bei, so dass die Raumwinkelintegration trivial ist. Die Radialintegrale sind ebenfalls einfach (siehe ◉ D.tail 14.3), sie ergeben

$$\Delta E_G^{(1)} = \frac{5}{8}\frac{Ze^2}{a_0}\,.$$

Für das Heliumatom findet man

$$\Delta E_G^{(1)}\bigg|_{Z=2} = \frac{5}{4}\frac{e^2}{a_0} = 34.01\,\mathrm{eV}\,.$$

Die wechselseitige Abstoßung der Elektronen äußert sich in einer positiven Energieverschiebung. Die gesamte Grundzustandsenergie ist in dieser Ordnung

$$E_G^{(1)}(Z) = -\frac{Ze^2}{a_0}\left(Z - \frac{5}{8}\right) , \tag{14.21}$$

bzw. für das He-Atom

$$E_G^{(1)}(2) = -\frac{11}{4}\frac{e^2}{a_0} = -74.83\,\text{eV} .$$

Das Ergebnis stimmt bis auf 5.3% mit dem experimentellen Wert ($-79.005\,\text{eV}$) überein. Der Energiebeitrag jedes der Elektronen wird nicht alleine durch die Kernladung $q = Ze$ bestimmt. Die Kernladung wird durch eine kugelsymmetrische Ladungsverteilung mit entgegensetztem Vorzeichen abgeschirmt.

Die Auswertung des Beitrages in der nächsten Ordnung Störungstheorie

$$\Delta E_G^{(2)} = \sum_{r \neq G} \frac{\langle G|\hat{W}|r\rangle\langle r|\hat{W}|G\rangle}{\left(E_G^{(0)} - E_r^{(0)}\right)}$$

ist eine mühselige Angelegenheit. Da die Auswahlregeln für die Coulombwechselwirkung nicht einfach sind, muss eine große Zahl von Zwischenzuständen berücksichtigt werden.

Störungstheorie kann auch zur Korrektur von angeregten Zuständen eingesetzt werden. Als Beispiel für die Diskussion von Zuständen mit der Struktur ($1s$, nl) soll der ($1s, 2p$)-Zustand näher betrachtet werden. In nullter Ordnung sind die entsprechenden Para- und Orthozustände entartet, z. B. für die ($1s, 2p$)-Zustände mit dem Energiewert

$$E_{(2p,1s)}(S, M_S) = E_{1s} + E_{2p} = -\frac{5}{8}Z^2\frac{e^2}{a_0}\bigg|_{Z=2} = -68.03\,\text{eV} .$$

Zur Berechnung der Korrektur in erster Ordnung benutzt man zweckmäßigerweise einen etwas allgemeineren Ansatz für die Wellenfunktion im Ortsraum

$$\Psi(\boldsymbol{r}_1, \boldsymbol{r}_2, \beta, \gamma) = \frac{1}{\sqrt{2}}\left\{\psi_{100}(\boldsymbol{r}_1, \beta)\psi_{nlm}(\boldsymbol{r}_2, \gamma) \pm \psi_{nlm}(\boldsymbol{r}_1, \gamma)\psi_{100}(\boldsymbol{r}_2, \beta)\right\}$$

$$\psi_{nlm}(\boldsymbol{r}, \beta) = R_{nl}(r, \beta)Y_{lm}(\Omega) ,$$

um sowohl direkte Störungstheorie mit $\beta = \lambda_1$ und $\gamma = \lambda_n$ als auch Varianten abzudecken. Orthogonalität der zwei Orbitalwellenfunktionen ist gewährleistet, wenn man $lm \neq 00$ voraussetzt. Für die Energiekorrektur erster Ordnung der Para- (+) und der Orthozustände (−) findet man (siehe D.tail 14.2)

$$\begin{aligned}\Delta E^{(1)}_{nl,S} &= \iint \mathrm{d}^3r_1\mathrm{d}^3r_2\psi^*_{100}(\boldsymbol{r}_1,\beta)\psi^*_{nlm}(\boldsymbol{r}_2,\gamma)\frac{e^2}{r_{12}} \\ &\qquad * (\psi_{100}(\boldsymbol{r}_1,\beta)\psi_{nlm}(\boldsymbol{r}_2,\gamma) \pm \psi_{nlm}(\boldsymbol{r}_1,\gamma)\psi_{100}(\boldsymbol{r}_2,\beta)) \\ &= Q_{nlm} \pm A_{nlm} \,. \end{aligned} \tag{14.22}$$

Der direkte Term Q stellt wieder die Coulombenergie von zwei Ladungsverteilungen dar

$$\rho_1(1) = |\psi_{100}(1)|^2 \qquad \rho_2(2) = |\psi_{nlm}(2)|^2 \,.$$

Die Energiewerte der Ortho- und Parazustände unterscheiden sich durch den Austauschterm A.

Die explizite Berechnung der Störungsbeiträge ist eine Übung im Umgang mit Kugelflächenfunktionen und Laguerrepolynomen:

- Die Schritte beinhalten auch hier die Entwicklung (14.20) der Abstandsfunktion nach Kugelflächenfunktionen.
- Für den direkten Term trägt nur der Term mit $L = 0$ bei, da eine der Ladungsverteilungen kugelsymmetrisch ist. Das verbleibende Doppelintegral über die Radialfunktionen ist

$$\begin{aligned} Q_{nlm} = 4\pi \int_0^\infty r_1^2\,\mathrm{d}r_1\,|R_{10}(r_1,\beta)|^2 &\left\{\frac{1}{r_1}\int_0^{r_1} r_2^2\,\mathrm{d}r_2\,|R_{nl}(r_2,\gamma)|^2\right. \\ &\left. + \int_{r_1}^\infty r_2\,\mathrm{d}r_2\,|R_{nl}(r_2,\gamma)|^2\right\} \equiv Q_{nl}\,. \end{aligned}$$

  Das Integral ist unabhängig von der Quantenzahl m und für alle nl positiv.
- In dem Austauschintegral trägt in der Multipolentwicklung der Term mit $L = l$ bei. Nach der Winkelintegration verbleibt

$$\begin{aligned} A_{nlm} = A_{nl} = \frac{4\pi}{(2l+1)} \int_0^\infty r_1^2\,\mathrm{d}r_1 R_{10}(r_1,\beta)R_{nl}(r_1,\gamma) \\ \left\{\frac{1}{r_1}\int_0^{r_1} r_2^2\,\mathrm{d}r_2\left(\frac{r_2}{r_1}\right)^l R_{10}(r_2,\beta)R_{nl}(r_1,\gamma)\right. \\ \left. + \int_{r_1}^\infty r_2\,\mathrm{d}r_2\left(\frac{r_1}{r_2}\right)^l R_{10}(r_2,\beta)R_{nl}(r_1,\gamma)\right\}. \end{aligned}$$

  Auch dieses Integral ist unabhängig von der magnetischen Quantenzahl und immer positiv.

Ohne diese Matrixelemente explizit auszuwerten, kann man die folgenden qualitativen Aussagen machen: Die Entartung bezüglich der l-Quantenzahlen und der Para- und Orthozustände wird aufgehoben. Die Energieverschiebung ist größer für Parazustände, da sich die Elektronen in Parazuständen (symmetrischen Zuständen) im Ortsraum beliebig nahe kommen können und somit die Wirkung der Coulombabstoßung im Mittel deutlicher spüren. Für Orthozustände verschwindet die Wellenfunktion an den Stellen $\boldsymbol{r}_1 = \boldsymbol{r}_2$. In Orthozuständen ist die Abstoßung weniger effektiv.

Für eine quantitative Aussage ist eine explizite Rechnung notwendig (siehe ◉ D.tail 14.3). Setzt man in die obigen Radialintegrale wasserstoffähnliche Wellenfunktionen ein (die korrekte nullte Ordnung), so erhält man für den ($1s$, $2p$)-Zustand die Ergebnisse

$$Q_{2p} = \frac{59}{243} Z \frac{e^2}{a_0} \qquad A_{2p} = \frac{112}{6561} Z \frac{e^2}{a_0} .$$

Für das Heliumatom findet man

$$Q_{2p}(Z = 2) = 13.21\,\text{eV} \quad \text{und} \quad A_{2p}(Z = 2) = 0.93\,\text{eV}$$

und somit

$$E(1s, 2p)_{S=0} = -53.89\,\text{eV} \quad \text{und} \quad E(1s, 2p)_{S=1} = -55.74\,\text{eV} .$$

Der Austauschterm ist wesentlich kleiner als der direkte Term. Diese Situation ist typisch für eine langreichweitige Wechselwirkung wie die Coulombwechselwirkung. Für Wechselwirkungen mit einer kurzen Reichweite, wie sie in der Kernphysik auftreten, sind der direkte und der Austauschterm von der gleichen Größenordnung. Im Vergleich zu den experimentellen Werten

$$E^{\text{exp}}(1s, 2p)_{S=0} = -57.79\,\text{eV} \quad \text{und} \quad E^{\text{exp}}(1s, 2p)_{S=1} = -58.04\,\text{eV}$$

sind diese Ergebnisse jedoch nicht vollständig überzeugend. Diese Aussage gilt für die absoluten Werte ebenso wie für die Energiedifferenz der Para- und Orthozustände

$$[E^{\text{exp}}(1s, 2p)_{S=0} - E^{\text{exp}}(1s, 2p)_{S=1})] \approx 0.25\,\text{eV}$$

im Vergleich zu

$$\left[E^{(1)}(1s, 2p)_{S=0} - E^{(1)}(1s, 2p)_{S=1})\right] \approx 1.86\,\text{eV} .$$

Etwas bessere Ergebnisse erhält man mit einer einfachen Korrektur der nullten Ordnung, die auf Heisenberg zurückgeht[3]. Um die Abschirmung zu modellieren, setzt man für das innere Elektron, das $1s$-Elektron, die volle Kernladung $\beta = Z$ an. Das äußere Elektron, in dem Zustand[4] $nl \neq 00$, sieht nur die abgeschirmte Ladung $\gamma = (Z - 1)/n$. So findet man z. B. für den $(1s, 2p)$ Zustand (siehe ◉ D.tail 14.3)

---

[3] siehe W. Heisenberg, Z. Phys. **39** (1926), 499.

[4] In angeregten Zuständen mit $l \neq 0$ sind die Orbitalfunktionen ψ_{nlm} orthogonal.

$$Q_{2p} = \frac{(Z-1)}{4}\left\{1 - \frac{(7Z-1)((Z-1)^4}{(3Z-1)^5}\right\}\frac{e^2}{a_0} \tag{14.23}$$

$$A_{2p} = \frac{112}{3}\frac{Z^3(Z-1)^5}{(3Z-1)^7}\frac{e^2}{a_0} \,. \tag{14.24}$$

Insbesondere für Helium erhält man

$$Q_{2p}(Z=2) = 6.775\,\text{eV} \quad \text{und} \quad A_{2p}(Z=2) = 0.104\,\text{eV}\,,$$

bzw.

$$E(1s,2p)_{S=0} = -61.15\,\text{eV} \quad \text{und} \quad E(1s,2p)_{S=1} = -61.36\,\text{eV}\,.$$

Die absoluten Werte überzeugen immer noch nicht, doch ist die Aufspaltung der $(1s, 2p)$ Para- und Orthozustände in diesem Fall mit 0.21 eV in deutlich besserer Übereinstimmung mit dem experimentellen Wert 0.25 eV.

14.3.3 Variationsmethoden

Da der Grundzustand von Vielteilchensystemen als Energieminimum ausgezeichnet ist, kann man zur Diskussion von Grundzuständen Alternativen zur Störungstheorie einsetzen. Typischerweise sind dies *Variationsmethoden*.

Ein einfacher Ansatz für die Grundzustandswellenfunktion von Zweielektronensystemen bzw. den Orbitalwellenfunktionen in dem Grundzustand ist

$$\Psi_G(r_1, r_2, \beta) = \psi_{100}(r_1, \beta)\psi_{100}(r_2, \beta)\,\chi_{00}(\sigma_1, \sigma_2) \tag{14.25}$$

$$\psi_{100}(\boldsymbol{r}_i, \beta) = \left[\frac{1}{\pi}\left(\frac{\beta}{a_0}\right)^3\right]^{1/2} \mathrm{e}^{-\beta r_i/a_0} \qquad (i = 1, 2)\,.$$

Dieser Ansatz besagt, dass die Kernladung, die jedes der Elektronen sieht, nicht gleich Z sein muss. Der Kern wird durch die Anwesenheit des 'anderen' Elektrons abgeschirmt. Der Abschirmungseffekt ist für beide Elektronen gleich. Man erwartet für den Variationsparameter β

$$\beta < Z\,.$$

Die einzelnen Beiträge (siehe D.tail 14.4) zu dem Erwartungswert des Hamiltonoperators $\hat{H}_{ww}$ (14.9) mit dem Ansatz (14.25)

$$E_G(\beta) = \langle\Psi_G(\beta)|\hat{H}|\Psi_G(\beta)\rangle$$

können mit elementaren Mitteln berechnet werden. Die kinetische Energie enthält einen Faktor β^2, der sich durch zweimalige Differentiation ergibt

$$\langle\Psi_G(\beta)|\hat{T}|\Psi_G(\beta)\rangle = \beta^2\,\frac{e^2}{a_0}\,.$$

In der potentiellen Energie $\hat{U}$ kommt ein Faktor Z explizit vor, ein zusätzlicher Faktor β ergibt sich bei der Integration durch Substitution

$$\langle \Psi_G(\beta)|\hat{V}|\Psi_G(\beta)\rangle = -2Z\beta\,\frac{e^2}{a_0}\,.$$

Der Ausdruck für die Wechselwirkungsenergie hat die gleiche Form wie das Ergebnis der Störungstheorie

$$\langle \Psi_G(\beta)|\hat{W}|\Psi_G(\beta)\rangle = \frac{5}{8}\beta\,\frac{e^2}{a_0}\,.$$

Insgesamt lautet das Resultat für die Grundzustandsenergie

$$E_G(\beta) = \left\{\beta^2 - \left(2Z - \frac{5}{8}\right)\beta\right\}\frac{e^2}{a_0}\,. \tag{14.26}$$

Das Ergebnis für den optimierten Variationsparameter, der aus dem Variationsprinzip

$$\frac{\mathrm{d}}{\mathrm{d}\beta}\,E_G(\beta) = 0$$

folgt, kann direkt abgelesen werden

$$\beta_{\mathrm{opt}} = Z - \frac{5}{16}\,.$$

Die effektive Kernladung, die jedes der Elektronen sieht, ist um 5/16 Ladungseinheiten erniedrigt. Die entsprechende Grundzustandsenergie ist

$$E_G(Z, \beta_{\mathrm{opt}}) = -\left(Z - \frac{5}{16}\right)^2 \frac{e^2}{a_0}\,,$$

bzw. speziell für das He-Atom

$$E_G(2, \beta_{\mathrm{opt}}) = -\left(\frac{729}{256}\right)\frac{e^2}{a_0} = -77.49\,\mathrm{eV}\,.$$

Die Abweichung gegenüber dem experimentellen Wert beträgt nur 1.9%. Selbst mit dem einfachst möglichen Ansatz ist die Übereinstimmung des Energiewertes mit dem Experiment besser als bei der Störungstheorie erster Ordnung.

Man kann Ansätze mit mehreren Variationsparametern benutzen, um das Ergebnis weiter zu verbessern, so z. B. mit verschiedenen Abschirmparametern für jedes der Elektronen. Da der Ortsanteil der Gesamtwellenfunktion symmetrisch sein muss, lautet der entsprechende Ansatz[5]

[5] siehe C. Eckart, Phys.Rev. **36** (1930), 878.

$$\Psi_G(\boldsymbol{r}_1, \boldsymbol{r}_2, \beta, \gamma) = N_2(\beta, \gamma) \{\psi_{100}(\boldsymbol{r}_1, \beta)\psi_{100}(\boldsymbol{r}_2, \gamma) + \psi_{100}(\boldsymbol{r}_1, \gamma)\psi_{100}(\boldsymbol{r}_2, \beta)\} \,, \tag{14.27}$$

wobei die Orbitalfunktionen durch (14.25) gegeben sind. Die Berechnung des Erwartungswertes des Hamiltonoperators ist in diesem Fall etwas aufwendiger, jedoch immer noch in analytischer Form möglich (siehe D.tail 14.4). Das Resultat der etwas länglichen Rechnung lautet

$$\langle \Psi_G(\beta,\gamma)|\, \hat{H}\, |\Psi_G(\beta,\gamma)\rangle = \left\{ \frac{\beta^2 + 2\beta\gamma C^2 + \gamma^2}{2(1+C^2)} - (\beta+\gamma)Z \right\} \frac{e^2}{a_0} + \frac{\beta}{(1+C^2)} \left\{ 1 - \frac{2x+1}{(1+x)^3} + \frac{20x^3}{(1+x)^5} \right\} \frac{e^2}{a_0} \,. \tag{14.28}$$

Der Parameter x steht für $x = \gamma/\beta$, der Parameter C ist

$$C = 8\frac{(\beta\gamma)^{3/2}}{(\beta+\gamma)^3} \,.$$

Ist $\gamma = \beta$, so geht (14.28) in das einfachere Resultat (14.26) über. Die in Abb. 14.9 gezeigten Energieflächen sind infolge des symmetrischen Ansatzes (14.27) bezüglich der Geraden $x = y$ spiegelsymmetrisch. Das Minimum (bzw. die Minima) selbst sind recht flach.

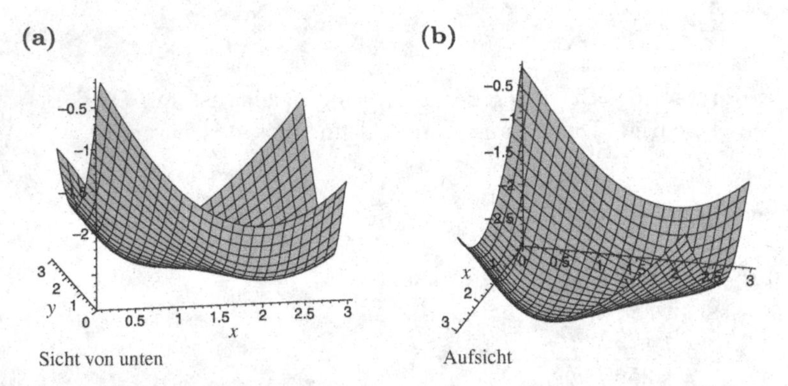

Abb. 14.9. Die Energiefläche des Zweiparameteransatzes für Helium

Die Variationsparameter werden, im Prinzip, anhand des Ausdrucks (14.28) für die Grundzustandsenergie durch die Variationsgleichungen

$$\frac{\mathrm{d}}{\mathrm{d}\beta} E_G(\beta,\gamma) = 0 \qquad \frac{\mathrm{d}}{\mathrm{d}\gamma} E_G(\beta,\gamma) = 0$$

bestimmt, eine Aufgabe die numerisch durchgeführt werden muss. Eine Möglichkeit ist die Anfertigung von Kontourplots mit Intervallschachtelung der Parameterbereiche. Zwei Beispiele (mit gleichem Intervall für die beiden

Variablen) werden in Abb. 14.10 gezeigt. Man erkennt noch die zwei symmetrisch positionierten Minima. Die weitere Schachtelung bis zur numerischen Konvergenz wird in ◉ D.tail 14.4 vorgestellt. Das Ergebnis für $Z = 2$

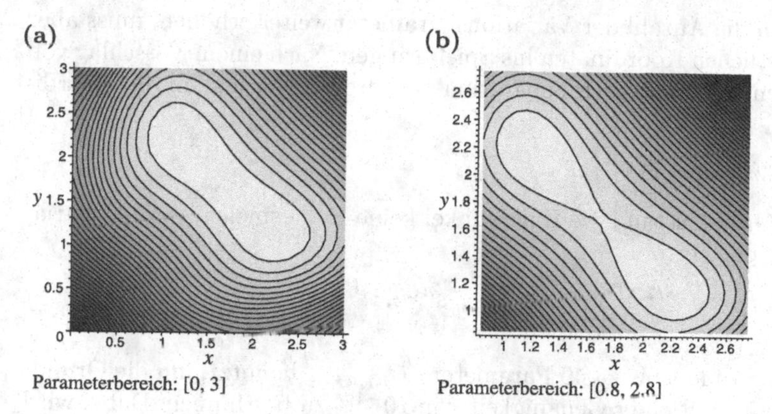

Abb. 14.10. Kontourplot der Minima der Energiefläche für Helium

$$\beta(Z = 2) = 1.188531 \qquad \gamma(Z = 2) = 2.183171$$

besagt, dass eines der Elektronen (wegen des Pauliprinzips kann man auch in diesem Fall nicht sagen welches) näher am Kern sitzt. Mit einem Exponenten, der durch den Faktor $\gamma = 2.18\ldots$ geprägt ist, fällt die Exponentialfunktion schneller ab. Das andere Elektron sieht nur noch eine abgeschirmte Ladung von 1.18... Einheiten. Es ist weiter vom Kern entfernt. Der aus diesem Ansatz resultierende Wert für die Energie des Grundzustandes ist

$$E_G(\beta(2), \gamma(2))_{\text{opt}} = -78.251\,\text{eV} .$$

Der relative Fehler gegenüber dem Experiment beträgt 0.95%.

Zum weiteren Vergleich werden noch Werte für das Li^+-Ion ($Z = 3$) angegeben. Der experimentelle Wert für die Grundzustandsenergie ist

$$E_G^{\text{exp}}(\text{Li}^+) = -198.09\,\text{eV} .$$

Man erhält mit

Störungstheorie 1. Ordnung:	−193.88 eV (2.1%)
dem einfachen Variationsansatz:	−196.54 eV (0.8%)
der Variation mit 2 Parametern:	−197.25 eV (0.4%) ,

wobei man für die zwei Variationsparameter β und γ die Werte

$$\beta(Z = 3) = 2.07898 \qquad \gamma(Z = 3) = 3.294908$$

findet. Die bessere Übereinstimmung mit dem Experiment, im Vergleich zu Helium, ist dadurch bedingt, dass die Bedeutung der Elektron-Elektron Wechselwirkung mit wachsendem Z gegenüber der Kernanziehung reduziert ist.

Man kann die Anzahl der Variationsparameter weiter erhöhen, muss aber dabei die restlichen Koordinaten ins Spiel bringen. Nach einem Vorschlag von Hylleras[6] benutzt man, nach Separation von drei Eulerwinkeln, die Koordinaten

$$s = r_1 + r_2 \quad u = r_{12} \quad t = -r_1 + r_2 \,.$$

Da für den Grundzustand die Eulerwinkel keine Rolle spielen, werden Variationsansätze der Form

$$\Psi_G(s,\, u,\, t) = \mathrm{e}^{-s/2} \sum_{n_1,n_2,n_3} C^G_{n_1,n_2,n_3} s^{n_1} u^{n_2} t^{n_3}$$

(oder Varianten) mit bis zu 40 Parametern C_{n_1,n_2,n_3} benutzt, um die Grundzustandsenergie mit einer Genauigkeit von 10^{-4}% zu bestimmen. Dabei wird nicht nur der Energiewert sondern auch verschiedene Details der Gesamtwellenfunktion des Grundzustands verbessert.

Die Anwendung von Variationsmethoden für N-Elektronensysteme, wobei N (deutlich) größer als zwei ist, erfordert eine Systematisierung des Variationsansatzes. Systematische Methoden sind z. B. die *Hartree-Fock-Methode* oder die *Dichtefunktionalmethode* (siehe Band 4). Diese Methoden sind zur Zeit Standardmethoden zur quantitativen Diskussion von Vielteilchenquanten- bzw. von Vielelektronensystemen in einem effektiven Einteilchenbild.

Für die Korrektur der Energiewerte von angeregten Zuständen sind Variationsmethoden nicht direkt anwendbar. Angeregte Zustände zeichnen sich im Allgemeinen nicht durch Extremaleigenschaften aus. Die Diskussion des Helium-Atoms bzw. von anderen Zweielektronensystemen ist mit diesen Bemerkungen keineswegs erschöpft. Für vollständigere Rechnungen sollte man z. B. die Veröffentlichungen

- E.A. Hylleras, Z. Phys. **66** (1930), 453
- E.A. Hylleras, J. Midtal, Phys.Rev. **103** (1956), 829
- T. Kinoshita, Phys. Rev. **105** (1957), 1490

konsultieren. Eine gute, wenn auch nicht neue Referenz zu dem Zweielektronenproblem ist der Handbuchartikel von H. Bethe und E. Salpeter, 'Quantum Mechanics of One and Two Electron Systems'.

Bevor in Band 4 das Vielteilchenproblem der Quantenmechanik eingehender diskutiert wird, soll in dem letzten Kapitel dieses Bandes noch ein Überblick über die Beschreibung von verschiedenen Vielteilchenquantensystemen im Rahmen des (qualitativen) effektiven Einteilchenbildes vorgestellt werden.

[6] E.A. Hylleraas, Z. Physik, **54** (1929), 347.

15 Reale Coulombsysteme

Als Coulombsysteme bezeichnet man die in der Natur vorkommenden Systeme, deren Struktur und Eigenschaften im Wesentlichen durch die Coulombwechselwirkung geprägt werden: Atome, Moleküle, Cluster und Festkörper. Atomare Cluster stellen einen Neuzugang zu den drei klassischen Kategorien dar. Sie sind erst ab den 90-er Jahren des letzten Jahrhunderts ausgiebiger untersucht worden. Sie sind aus wenigstens zwei Gründen von Interesse. Zum einen schließen sie interessante Strukturen, wie z. B. den fußballähnlichen C^{60}-Cluster, den Buckyball, ein. Zum anderen erlaubt die Untersuchung von Clustern mit einer immer größeren Anzahl von Konstituenten eine direkte Erforschung des Übergangs von Molekülen zu Festkörpern.

Bei jedem der vier Themen steht ein Mehrteilchenproblem zur Debatte. In der Praxis versucht man, durchaus mit Erfolg, diese Mehrteilchenprobleme jeweils auf einen Satz von effektiven (d. h. optimierten) Einteilchenproblemen abzubilden. Die Anregung zu diesem Unterfangen entnimmt man den experimentellen Daten zu diesen Systemen. Sie zeigen an, dass die Vorstellung, dass sich jedes der vielen Teilchen in einem mittleren elektrischen Feld der anderen bewegt, durchaus fruchtbar sein kann.

Die formale Reduktion des Vielteilchenproblems auf effektive Einteilchenprobleme (und die Erarbeitung von Korrekturen zu diesem Bild) wird erst in Band 4 aufgegriffen. Hier soll eine mehr phänomenologische Übersicht über die Eigenschaften der drei klassischen Coulombsysteme und der theoretischen Fassung dieser Eigenschaften im Vordergrund stehen.

15.1 Atome: Aufbau des Periodensystems

In Kap. 13 wurde das Ionisationspotential

$$IP(Z) = E_0(N = Z, Z) - E_0(N = Z - 1, Z)$$

von neutralen Atomen als Funktion der Kernladungszahl vorgestellt. Es ist definiert als die Differenz der Grundzustandsenergien des Atoms und seines einfach ionisierten Ions. Für diese Energie, die notwendig ist, um das am schwächsten gebundene Elektron aus dem Atomverband zu lösen, findet man ausgeprägte Maxima für die Edelgasatome. Diese werden (siehe Abb. 15.1a und b) durch die *magischen Zahlen*

$$N_{\text{mag}} = 2, 10, 18, 36, 54, 86$$

charakterisiert.

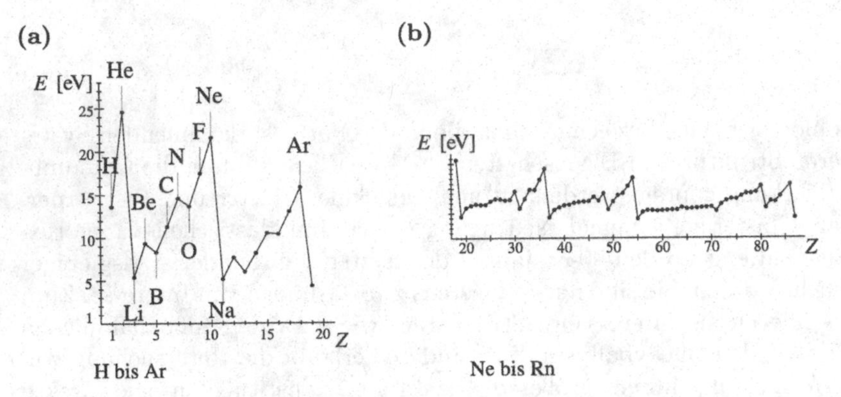

Abb. 15.1. Atomare Ionisationspotentiale und magische Zahlen

Die magischen Zahlen kann man auf der Basis von effektiven Einteilchenmodellen für die atomaren Elektronen und der Auffüllung der resultierenden Energiezustände gemäß dem Pauliprinzip qualitativ verstehen. Man versucht, die Auswirkungen der Elektron-Elektron Wechselwirkung einzubeziehen, indem man den Hamiltonoperator für das Mehrelektronenproblem

$$\hat{H} = \sum_{i}^{N} \left(\frac{\hat{\boldsymbol{p}}_i^2}{2m_e} - \frac{Ze^2}{r_i} \right) + \sum_{i<k}^{N} \frac{e^2}{|\boldsymbol{r}_i - \boldsymbol{r}_k|} \tag{15.1}$$

durch eine Summe von effektiven Einteilchenoperatoren

$$\hat{H}_{\text{eff}} = \sum_{i=1}^{N} \hat{h}_{\text{eff}}(Z, i) = \sum_{i=1}^{N} \left(\hat{t}_i + \hat{v}_{i,\text{eff}}(Z) \right) \tag{15.2}$$

nähert. Geeignete Methoden für einen systematischen Zugang zu der Gewinnung von effektiven Einteilchenoperatoren $\hat{h}_{\text{eff}}(Z, i)$ sind die Hartree-Fock Methode und die (heute bevorzugte) Dichtefunktionalmethode (siehe Band 4).

Für die leichten Atome ergibt die Anwendung dieser Methoden ein ähnliches Niveauschema wie das einfache Coulombproblem, nur wird die Entartung in der Drehimpulsquantenzahl aufgehoben. Die Schalen, charakterisiert durch eine Hauptquantenzahl, bleiben aber zunächst intakt. Die Wechselwirkung der Elektronen mit den Kernen dominiert noch über die Effekte der

Elektron-Elektron Wechselwirkung, so dass die $n = 2$ Zustände relativ nahe beisammen liegen. Diese Aussage gilt auch für die $3s$- und $3p$-Niveaus. Im Detail führen die Auswirkungen der Elektron-Elektron Wechselwirkung jedoch letztlich zu Umordnungen der Niveauabfolge im Vergleich zu dem einfachen Coulombproblem.

Die Besetzung der Orbitale nach dem Pauliprinzip führt auf die in Tabelle 15.1 angedeutete Schalenstruktur der neutralen Atome:

- Erste Schale: Im Grundzustand von Helium ist das $1s$-Niveau mit zwei Elektronen aufgefüllt.
- Zweite Schale: Das nächste verfügbare Niveau, das $2s$-Niveau, das im Grundzustand des Lithiumatoms (Li) besetzt wird, ist schwächer gebunden. In den Elementen Lithium bis Neon (Ne) wird die $n = 2$ Schale mit insgesamt acht Elektronen aufgefüllt (zwei Elektronen in dem $2s$-Niveau und sechs in dem $2p$-Niveau). Die Konfiguration $(1s)^2(2s)^2(2p)^6$ im Grundzustand des Neonatoms zeichnet sich wieder durch besondere Stabilität aus. Man kann auch zeigen, dass in dieser abgeschlossenen Schale der gesamte Drehimpuls als Summe der Bahndrehimpulse und Spins der Elektronen

$$\sum(\boldsymbol{l}_i + \boldsymbol{s}_i) = \boldsymbol{L} + \boldsymbol{S} = \boldsymbol{J} = \boldsymbol{0}$$

  den Wert Null ($J = 0$) hat.
- Dritte Schale: Das $3s$-Niveau, das zusätzlich im Natriumatom (Na) besetzt wird, ist wieder schwach gebunden. Der gesamte Drehimpuls und das magnetische Moment des Natriumatoms wird durch dieses Elektron bestimmt. In dieser Hinsicht hat das Na-Atom eine Ähnlichkeit mit dem Wasserstoffatom, nur dass in diesem Fall die angeregten Zustände durch Anhebung des zusätzlichen Elektrons in die

$$3p,\ 4s,\ 3d,\ 4p\ \ldots\ \text{Zustände}$$

  charakterisiert werden, während die inneren Elektronen in den 'abgeschlossenen' Schalen relativ inert bleiben. In dem nächsten Satz von Atomen werden die $3s$- und $3p$-Niveaus besetzt. Das Edelgas Argon (Ar) hat wieder eine abgeschlossene Schale, obschon keiner der $3d$-Zustände besetzt ist. Der Grundzustand des Argonatoms ist durch die Konfiguration $(1s)^2(2s)^2(2p)^6(3s)^2(3p)^6$ gekennzeichnet. Dies entspricht der magischen Zahl 18.
- Vierte Schale: Nach dem Abschluss der $3p$-Unterschale in Argon würde man erwarten, dass nun die $3d$-Zustände besetzt werden. Es gibt jedoch an dieser Stelle eine Umordnung: Die $4s$-Zustände werden zuerst aufgefüllt, sie sind in Kalium (K) und Calcium (Ca) stärker gebunden als die $3d$-Orbitale . Es folgen die sogenannten $3d$ Übergangselemente, die zum Teil eine variable Struktur aufweisen (im Grundzustand von Chrom (Cr) mit $(4s)(3d)^5$ ist z. B. nur ein $4s$ Elektron vorhanden) bis für Zinn (Sn) die $4s$-

Tabelle 15.1. Grundzustandskonfiguration neutraler Atome

N		Element									
1	H	Wasserstoff	$(1s)$								
2	He	Helium	$(1s)^2$								
3	Li	Lithium	$(1s)^2$	$(2s)$							
4	Be	Beryllium	$(1s)^2$	$(2s)^2$							
5	B	Bor	$(1s)^2$	$(2s)^2$	$(2p)$						
6	C	Kohlenstoff	$(1s)^2$	$(2s)^2$	$(2p)^2$						
7	N	Stickstoff	$(1s)^2$	$(2s)^2$	$(2p)^3$						
8	O	Sauerstoff	$(1s)^2$	$(2s)^2$	$(2p)^4$						
9	F	Fluor	$(1s)^2$	$(2s)^2$	$(2p)^5$						
10	Ne	Neon	$(1s)^2$	$(2s)^2$	$(2p)^6$						
11	Na	Natrium	$(1s)^2$	$(2s)^2$	$(2p)^6$	$(3s)$					
12	Mg	Magnesium	$(1s)^2$	$(2s)^2$	$(2p)^6$	$(3s)^2$					
13	Al	Aluminium	$(1s)^2$	$(2s)^2$	$(2p)^6$	$(3s)^2$	$(3p)$				
14	Si	Silizium	$(1s)^2$	$(2s)^2$	$(2p)^6$	$(3s)^2$	$(3p)^2$				
15	P	Phosphor	$(1s)^2$	$(2s)^2$	$(2p)^6$	$(3s)^2$	$(3p)^3$				
16	S	Schwefel	$(1s)^2$	$(2s)^2$	$(2p)^6$	$(3s)^2$	$(3p)^4$				
17	Cl	Chlor	$(1s)^2$	$(2s)^2$	$(2p)^6$	$(3s)^2$	$(3p)^5$				
18	Ar	Argon	$(1s)^2$	$(2s)^2$	$(2p)^6$	$(3s)^2$	$(3p)^6$				
19	K	Kalium	$(1s)^2$	$(2s)^2$	$(2p)^6$	$(3s)^2$	$(3p)^6$	$(4s)$			
20	Ca	Calcium	$(1s)^2$	$(2s)^2$	$(2p)^6$	$(3s)^2$	$(3p)^6$	$(4s)^2$			
21	Sc	Scandium	$(1s)^2$	$(2s)^2$	$(2p)^6$	$(3s)^2$	$(3p)^6$	$(4s)^2$	$(3d)$		
22	Ti	Titan	$(1s)^2$	$(2s)^2$	$(2p)^6$	$(3s)^2$	$(3p)^6$	$(4s)^2$	$(3d)^2$		
23	V	Vanadium	$(1s)^2$	$(2s)^2$	$(2p)^6$	$(3s)^2$	$(3p)^6$	$(4s)^2$	$(3d)^3$		
24	Cr	Chrom	$(1s)^2$	$(2s)^2$	$(2p)^6$	$(3s)^2$	$(3p)^6$	$(4s)$	$(3d)^5$		
25	Mn	Mangan	$(1s)^2$	$(2s)^2$	$(2p)^6$	$(3s)^2$	$(3p)^6$	$(4s)^2$	$(3d)^5$		
26	Fe	Eisen	$(1s)^2$	$(2s)^2$	$(2p)^6$	$(3s)^2$	$(3p)^6$	$(4s)^2$	$(3d)^6$		
27	Co	Kobalt	$(1s)^2$	$(2s)^2$	$(2p)^6$	$(3s)^2$	$(3p)^6$	$(4s)^2$	$(3d)^7$		
28	Ni	Nickel	$(1s)^2$	$(2s)^2$	$(2p)^6$	$(3s)^2$	$(3p)^6$	$(4s)^2$	$(3d)^8$		
29	Cu	Kupfer	$(1s)^2$	$(2s)^2$	$(2p)^6$	$(3s)^2$	$(3p)^6$	$(4s)$	$(3d)^{10}$		
30	Zn	Zink	$(1s)^2$	$(2s)^2$	$(2p)^6$	$(3s)^2$	$(3p)^6$	$(4s)^2$	$(3d)^{10}$		
31	Ga	Gallium	$(1s)^2$	$(2s)^2$	$(2p)^6$	$(3s)^2$	$(3p)^6$	$(4s)^2$	$(3d)^{10}$	$(4p)$	
32	Ge	Germanium	$(1s)^2$	$(2s)^2$	$(2p)^6$	$(3s)^2$	$(3p)^6$	$(4s)^2$	$(3d)^{10}$	$(4p)^2$	
33	As	Arsen	$(1s)^2$	$(2s)^2$	$(2p)^6$	$(3s)^2$	$(3p)^6$	$(4s)^2$	$(3d)^{10}$	$(4p)^3$	
34	Se	Selen	$(1s)^2$	$(2s)^2$	$(2p)^6$	$(3s)^2$	$(3p)^6$	$(4s)^2$	$(3d)^{10}$	$(4p)^4$	
35	Br	Brom	$(1s)^2$	$(2s)^2$	$(2p)^6$	$(3s)^2$	$(3p)^6$	$(4s)^2$	$(3d)^{10}$	$(4p)^5$	
36	Kr	Krypton	$(1s)^2$	$(2s)^2$	$(2p)^6$	$(3s)^2$	$(3p)^6$	$(4s)^2$	$(3d)^{10}$	$(4p)^6$	
37	Rb	Rubidium	$(1s)^2$	$(2s)^2$	$(2p)^6$	$(3s)^2$	$(3p)^6$	$(4s)^2$	$(3d)^{10}$	$(4p)^6$	$(5s)$
38	Sr	Strontium	...								

und $3d$-Schalen voll besetzt sind. Ab Gallium (Ga) bis Krypton (Kr) wird die $4p$-Schale Stück um Stück aufgefüllt. Das Edelgas Krypton entspricht der magischen Zahl 36.

In der Tabelle 15.2 und in der Abb. 15.2 (Abb. a für Calcium, Abb. b für Krypton) sind berechnete Orbitalenergien (auf der Basis der Lokalen Dichtenäherung der Dichtefunktionaltheorie) zur Illustration angege-

Tabelle 15.2. Energiewerte der Orbitale in Calcium und Krypton (gerundet, in eV)

Calcium $Z = 20$		Krypton $Z = 36$	
Zustand	Energie	Zustand	Energie
1s	−3916.71	1s	−13877.35
2s	−409.45	2s	−1803.73
2p	−334.30	2p	−1633.16
3s	−46.43	3s	−253.48
3p	−28.04	3p	−192.84
4s	−3.85	3d	−83.65
		4s	−22.33
		4p	−9.42

ben bzw. dargestellt. Die logarithmische Skala der Abbildung wurde, der Übersicht wegen, mit dem Faktor 4 im Fall von Calcium und mit dem Faktor 3 im Fall von Krypton gestreckt.

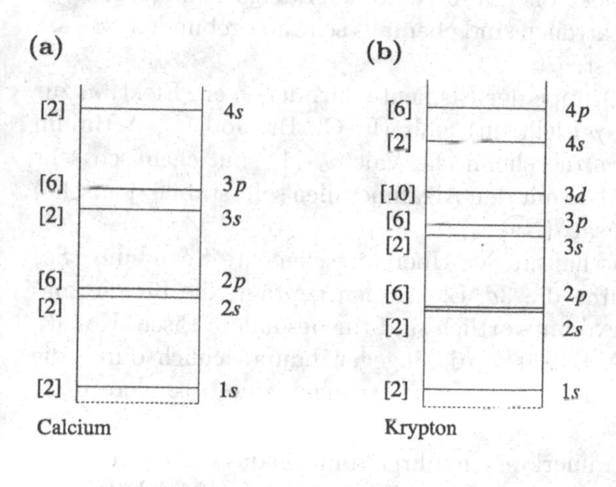

Abb. 15.2. Energien besetzter Niveaus in Calcium und Krypton (logarithmische Auftragung, skaliert)

- Weitere Schalen: In den höheren Schalen, jeweils beginnend mit einem Alkalimetall und abgeschlossen durch ein Edelgas, findet man das folgende Orbitalmuster:

$N = 37$ Rubidium (Rb) bis $N = 54$ Xenon (Xe) $5s$, $4d$, $5p$
$N = 55$ Cäsium (Cs) bis $N = 86$ Radon (Rn) $6s$, $4f$, $5d$, $6p$
$N = 87$ Francium (Fr) ... $7s$, $6d$, $5f$, ...

Es treten wieder Umbesetzungen auf, z. B. zwischen den zwei $5s$- und den zehn $4d$-Niveaus in der fünften Schale oder im Bereich der Seltenen Erden in der sechsten Schale zwischen den zehn $5d$- und den vierzehn $4f$-Zuständen.

Das Besetzungsmuster der effektiven Einteilchenzustände ist ein Schlüssel für das Verständnis der chemischen und der physikalischen Eigenschaften der Elemente. Die Frage, ob ein Element in einer Verbindung n Elektronen abgibt (die Anzahl n wird mit der Valenz $+n$ bezeichnet) oder annimmt (negative Valenz), kann man anhand der Grundzustandskonfiguration zumindest qualitativ erkennen. Jedoch auch Feinheiten, wie z. B. die Frage nach den besonderen chemischen Eigenschaften von Chrom (Cr) und Kupfer (Cu) im Vergleich zu anderen $3d$ Übergangselementen wie Eisen (Fe) und Nickel (Ni) kann man direkt feststellen.

- Die *Edelgase* (Ne, Ar, Kr, Xe, Rn) zeichnen sich dadurch aus, dass das 'letzte' Elektron ein stark gebundenes p-Elektron ist (Helium ist eine Ausnahme). Die resultierende, kompakte Struktur ist für die chemischen und physikalischen Eigenschaften dieser Gase zuständig.
- Die *Alkalimetalle* (Li, Na, K, Rb, Cs, Fr) besitzen ein leicht gebundenes s-Elektron außerhalb der abgeschlossenen Edelgasschale. Die chemische Aktivität dieser Elemente wird durch dieses Elektron (mit der Valenz $+1$) bestimmt, da es mit geringem Energieaufwand entfernt werden kann.
- Bei den *Erdalkalimetallen* (Be, Mg, Ca, Sr, Barium (Ba), Radium (Ra)) findet man jeweils zwei Elektronen außerhalb der Edelgaskonfiguration in s-Zuständen. Die zwei Elektronen sind ebenfalls schwach gebunden, so dass die chemische Valenz $+2$ ist.
- Die *Halogene* stellen die Gruppe der Elemente dar, denen ein Elektron zur vollen Edelgasschale (ein p-Elektron) fehlt (F, Cl, Br, Jod (I), Actinium (At)). Sie haben deswegen die chemische Valenz -1, sind chemisch sehr aktiv und bilden insbesondere mit den Alkalimetallen sehr stabile (ionische) Verbindungen (z. B. Kochsalz (NaCl)).
- Die physikalischen Eigenschaften der Übergangselemente Scandium (Sc) bis Zink (Zn) werden durch die $3d$ Elektronen geprägt, die für die magnetischen Eigenschaften verantwortlich sind (insbesondere Eisen, Kobalt, Nickel). Die chemische Aktivität wird hingegen hauptsächlich durch die $4s$ Elektronen, die auch infolge von Umbesetzungen eine besondere Rolle spielen können, bestimmt.

Diese recht gedrängten Anmerkungen führen somit in das weite Gebiet der Quantenchemie, zu dem auch die Frage nach der Struktur von Molekülen und den quantenmechanischen Anregungsmechanismen, die in Molekülen auftreten, zählt. Als Überblick über diesen Themenkreis soll der nächste Abschnitt dienen.

15.2 Moleküle

Die Bemerkungen zu diesem Themenkreis beschränken sich auf das einfachst mögliche Beispiel, zweiatomige Moleküle. Ein zweiatomiges Molekül mit den Konstituenten A und B wird durch einen Hamiltonoperator charakterisiert, der wenigstens die folgenden Beiträge enthält:

- die kinetische Energie der Kerne in A und B (Massen M_A, M_B),
- deren Coulombwechselwirkung (Ladungszahlen Z_A, Z_B),
- die kinetische Energie aller N Elektronen (Masse m_e) – für ein neutrales Molekül ist $N = Z_A + Z_B$,
- die Coulombwechselwirkung der Elektronen mit den Kernen,

und

- die Coulombwechselwirkung der Elektronen untereinander.

Spin-Bahn Beiträge und weitere Feinheiten können gegebenenfalls einbezogen werden. Der Operator lautet somit

$$\hat{H} = \hat{H}_K + \hat{H}_e \ ,$$

mit

$$\hat{H}_K = \frac{\hat{\boldsymbol{P}}_A^2}{2M_A} + \frac{\hat{\boldsymbol{P}}_B^2}{2M_B} + \frac{Z_A Z_B e^2}{|\boldsymbol{R}_A - \boldsymbol{R}_B|} \tag{15.3}$$

und

$$\hat{H}_e = \sum_{i=1}^{N} \left\{ \frac{\hat{\boldsymbol{p}}_i^2}{2m_e} - \frac{Z_A e^2}{|\boldsymbol{r}_i - \boldsymbol{R}_A|} - \frac{Z_B e^2}{|\boldsymbol{r}_i - \boldsymbol{R}_B|} \right\} + \sum_{i<k} \frac{e^2}{|\boldsymbol{r}_i - \boldsymbol{r}_k|} \ . \tag{15.4}$$

Der erste Schritt in der Diskussion des vorliegenden Problems ist der Übergang zu Schwerpunkts- und Relativkoordinaten für die Kernbewegung. Da die Kernmassen überwiegen, kann man in sehr guter Näherung den Schwerpunkt des Gesamtsystems mit

$$\boldsymbol{R}_{CM} = \frac{M_A \boldsymbol{R}_A + M_B \boldsymbol{R}_B}{(M_A + M_B)}$$

angeben. Die Relativkoordinate der Kernbewegung ist

$$\boldsymbol{R} = \boldsymbol{R}_A - \boldsymbol{R}_B \ .$$

Wie im klassischen Zweikörperproblem findet man für den Kernanteil des Hamiltonoperators (15.3)

$$\hat{H}_K = \frac{\hat{\boldsymbol{P}}_{CM}^2}{2(M_A + M_B)} + \frac{\hat{\boldsymbol{P}}^2}{2\mu} + \frac{Z_A Z_B e^2}{R} \ ,$$

wobei μ die reduzierte Masse

$$\mu = \frac{M_A M_B}{(M_A + M_B)}$$

bezeichnet. Die (freie) Schwerpunktsbewegung ist nicht von Interesse, so dass $\boldsymbol{P}_{CM}$ gleich Null gesetzt werden kann. Es verbleibt für die weitere Diskussion

$$\hat{H}_K = \frac{\hat{\boldsymbol{P}}^2}{2\mu} + \frac{Z_A Z_B e^2}{R} \,. \tag{15.5}$$

Der zweite Schritt ist die partielle Separation der Kernbewegung und der Bewegung der Elektronen über den Ansatz

$$\Phi(\boldsymbol{r}_1, \ldots \boldsymbol{r}_N; \boldsymbol{R}) = F(\boldsymbol{R})\Psi(\boldsymbol{r}_1, \ldots \boldsymbol{r}_N; \boldsymbol{R}) \,. \tag{15.6}$$

Mit diesem Ansatz lautet die molekulare Schrödingergleichung

$$\begin{aligned} \hat{H}\Phi(\boldsymbol{r}_1, \ldots \boldsymbol{r}_N; \boldsymbol{R}) &= \left[\hat{H}_K F(\boldsymbol{R})\right] \Psi(\boldsymbol{r}_1, \ldots \boldsymbol{r}_N; \boldsymbol{R}) \\ &+ F(\boldsymbol{R}) \left[\frac{\hat{\boldsymbol{P}}^2}{2\mu} \Psi(\boldsymbol{r}_1, \ldots \boldsymbol{r}_N; \boldsymbol{R})\right] + F(\boldsymbol{R}) \left[\hat{H}_e \Psi(\boldsymbol{r}_1, \ldots \boldsymbol{r}_N; \boldsymbol{R})\right] \\ &+ \frac{1}{\mu} \left[\hat{\boldsymbol{P}} F(\boldsymbol{R})\right] \cdot \left[\hat{\boldsymbol{P}} \Psi(\boldsymbol{r}_1, \ldots \boldsymbol{r}_N; \boldsymbol{R})\right] = E F(\boldsymbol{R}) \Psi(\boldsymbol{r}_1, \ldots \boldsymbol{r}_N; \boldsymbol{R}) \,. \end{aligned} \tag{15.7}$$

Vernachlässigt man die Kopplung von Kern- und Elektronenbewegung in dem zweiten Term, so erhält man die *Born-Oppenheimer Näherung*. In dieser Näherung ist zunächst eine Schrödingergleichung für die Elektronen

$$\hat{H}_e \Psi(\boldsymbol{r}_1, \ldots \boldsymbol{r}_N; \boldsymbol{R}) = \bar{E}(\boldsymbol{R})\, \Psi(\boldsymbol{r}_1, \ldots \boldsymbol{r}_N; \boldsymbol{R}) \tag{15.8}$$

zu diskutieren, in der die Relativkoordinate $\boldsymbol{R}$ als Parameter auftritt. Die Lösung dieser Differentialgleichung ist in fast allen Fällen nur näherungsweise möglich. Meist wird das Vielteilchenproblem, wie im Fall von Mehrelektronenatomen, durch einen Satz von effektiven Einteilchenproblemen ersetzt

$$\begin{aligned} &\hat{H}_e \Psi(\boldsymbol{r}_1, \ldots \boldsymbol{r}_N; \boldsymbol{R}) = \bar{E} \Psi(\boldsymbol{r}_1, \ldots \boldsymbol{r}_N; \boldsymbol{R}) \quad \longrightarrow \\ &\sum_i \left\{ \frac{\hat{\boldsymbol{p}}_i^2}{2m_e} + v_{\text{eff}}(\boldsymbol{r}_i; \boldsymbol{R}) \right\} \Psi(\boldsymbol{r}_1, \ldots \boldsymbol{r}_N; \boldsymbol{R}) = \bar{E} \Psi(\boldsymbol{r}_1, \ldots \boldsymbol{r}_N; \boldsymbol{R}) \,. \end{aligned}$$

Die Wellenfunktion

$$\Psi(\boldsymbol{r}_1, \ldots \boldsymbol{r}_N; \boldsymbol{R}) = \det\left(\psi_{k_1}(\boldsymbol{r}_1; \boldsymbol{R}) \ldots \psi_{k_N}(\boldsymbol{r}_N; \boldsymbol{R})\right) \tag{15.9}$$

und die Energie

$$\bar{E} = e_{k_1}(\boldsymbol{R}) + \ldots + e_{k_N}(\boldsymbol{R}) \tag{15.10}$$

können dann separiert werden. Die Lösungen der entsprechenden Einteilchen-schrödingergleichung, die Orbitalfunktionen und die Orbitalenergien,

$$\left\{\frac{\hat{\boldsymbol{p}}^2}{2m_e} + v_{\text{eff}}(\boldsymbol{r};\boldsymbol{R})\right\}\psi(\boldsymbol{r};\boldsymbol{R}) = e(\boldsymbol{R})\psi(\boldsymbol{r};\boldsymbol{R}) \tag{15.11}$$

werden numerisch als Funktion des internuklearen Abstands (der einzige relevante Parameter) bestimmt. Die Darstellung der Orbitalenergien für den Bereich von den getrennten Atomen A und B ($R \to \infty$) bis zu dem vereinigten Atom AB ($R = 0$) bezeichnet man als *Korrelationsdiagramm.* An dem Korrelationsdiagramm (siehe die schematische Darstellung für ein System mit $Z_A > Z_B$ in Abb. 15.3) kann man z. B. ablesen, dass die Gesamtenergie der Elektronen im Grundzustand $\bar{E}_g$ (15.11) infolge der Zusammenwirkung der von R abhängigen Orbitalenergien und des Pauliprinzips für bestimmte Konfigurationen $\{k_1, k_2, \ldots\}$ ein Minimum $R_0(k_1, k_2, \ldots)$ besitzen kann.

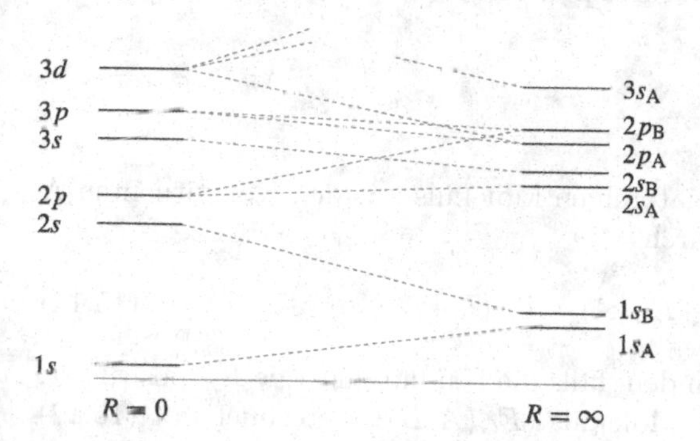

Abb. 15.3. Schematisches Korrelationsdiagramm

Nach der Diskussion des Beitrages der Elektronen verbleibt für die Diskussion der relativen Kernbewegung in der Born-Oppenheimer Näherung die Differentialgleichung

$$\left\{\frac{\hat{\boldsymbol{P}}^2}{2\mu} + \frac{Z_A Z_B e^2}{R} + \bar{E}_{\{k\}}(\boldsymbol{R})\right\} F(\boldsymbol{R}) = EF(\boldsymbol{R}) \,, \tag{15.12}$$

wobei die $\bar{E}_{\{k\}}(\boldsymbol{R})$ gemäß (15.10) die Energie der Elektronen in der Konfiguration k darstellt. Man gewinnt diese Differentialgleichung, indem man die Ausgangsgleichung (15.7) mit Ψ_k^* multipliziert, über alle Elektronkoordinaten integriert sowie die Orthonormierung der Lösung von (15.8) benutzt. Ist die Born-Oppenheimer Näherung nicht ausreichend, so muss man einen allgemeineren Ansatz (z. B. mit ausgewählten Konfigurationen $\{k\}$ des Elektronproblems)

$$\Phi(\boldsymbol{r}_1, \ldots \boldsymbol{r}_N; \boldsymbol{R}) = \sum_k F_k(\boldsymbol{R})\Psi_k(\boldsymbol{r}_1, \ldots \boldsymbol{r}_N; \boldsymbol{R})$$

benutzen und den Kopplungsterm in (15.7) berücksichtigen. Anstelle von (15.12) ist dann das gekoppelte System von Differentialgleichungen

$$\left\{ \frac{\hat{\boldsymbol{P}}^2}{2\mu} + \frac{Z_A Z_B e^2}{R} + \bar{E}_k(\boldsymbol{R}) \right\} F_k(\boldsymbol{R}) + \sum_{k'} \langle\, k(R)\,|\frac{\hat{\boldsymbol{P}}^2}{2\mu}|\, k'(R)\,\rangle F_{k'}(\boldsymbol{R})$$

$$+ \frac{1}{\mu} \sum_{k'} \langle\, k(R)\,|\hat{\boldsymbol{P}}|\, k'(R)\,\rangle \cdot \left[\hat{\boldsymbol{P}} F(\boldsymbol{R}) \right] = E F_k(\boldsymbol{R}) \tag{15.13}$$

für den Kernanteil zu betrachten.

Für die Diskussion der Molekülstruktur ist bis auf Ausnahmen (Entartungen der Konfigurationen der Elektronen) die Born-Oppenheimer Näherung ausreichend. Die Kopplungsterme spielen eine größere Rolle, wenn man Atom-Atom (oder Ion-Atom und Ion-Ion) Stoßsysteme betrachtet, da sich in diesem Fall $\boldsymbol{R}$ schnell (mit der Zeit) verändern kann. Vor diesem Hintergrund sollen nun die zwei Hauptthemen der Molekülphysik, Bindungstypen und Anregungsmechanismen, am Beispiel von zweiatomigen Molekülen, diskutiert werden.

15.2.1 Bindungstypen

Die Bindungsenergie eines zweiatomigen Moleküls mit den Konstituenten A und B im Grundzustand ist durch

$$E_B(A, B) = -\left[E_G(A, B) - E_G(A) - E_G(B)\right] \tag{15.14}$$

definiert. Das Molekül ist gebunden, falls die Bindungsenergie E_B positiv ist. Die Grundzustandsenergie des Moleküls ($E_G(A, B)$), berechnet mit (15.12) oder mit (15.13), muss in diesem Fall negativer sein als die Summe der Grundzustandsenergien der beiden Atome. In anderen Worten, die Energie muss reduziert werden, wenn sich die beiden Molekülpartner näher kommen. Man unterscheidet im Wesentlichen zwei Bindungsmechanismen

- ionische (heteropolare) Bindung
  und
- kovalente (homopolare) Bindung.

Ein Beispiel für ein Molekül mit *ionischer Bindung* ist das Kochsalz (NaCl). Dieses Molekül hat eine Bindungsenergie von

$$E_B(\mathrm{Na}, \mathrm{Cl}) = 4.24\,\mathrm{eV}$$

bei einem mittleren Abstand der Kerne von 2.36 Å . Zu diesen Zahlen kann man die folgende qualitative Überlegung anstellen: Die Ionisationsenergie von Natrium ist 5.1 eV, man muss diese Energie aufbringen, um das $3s$ Elektron zu entfernen. Die Elektronenaffinität von Chlor ist 3.8 eV. Man gewinnt 3.8 eV, wenn man ein $3p$ Elektron hinzufügt. Für zwei weit getrennte Na^+ und Cl^-

Ionen (Abb. 15.4a) ist die Energie somit um 1.3 eV höher als die Energie von entsprechend getrennten neutralen Atomen (Abb. 15.4b)

$$E_G(\mathrm{Na}^+) + E_G(\mathrm{Cl}^-) = 1.3\,\mathrm{eV}\ .$$

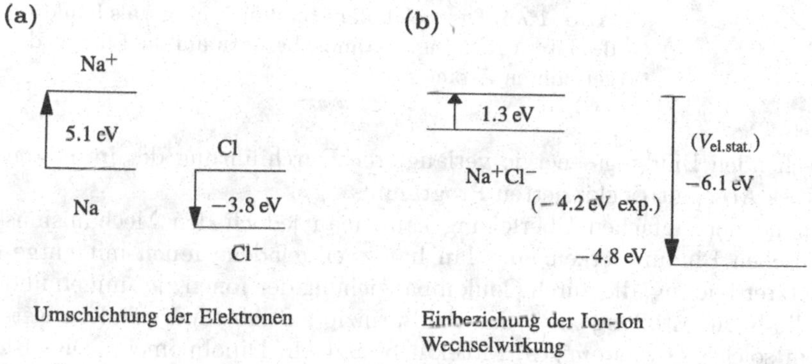

(a) Umschichtung der Elektronen

(b) Einbeziehung der Ion-Ion Wechselwirkung

Abb. 15.4. Die Energiesituation im Kochsalzmolekül

Da infolge der Umschichtung eines Elektrons zwei entgegengesetzt geladene Ionen erzeugt wurden, muss man noch die elektrostatische Anziehung berücksichtigen. Diese ist

$$W_{\mathrm{el.st.}}(R) = -\frac{e^2}{R} = -\frac{e^2}{2a_0}\left(\frac{2a_0}{R}\right) = -13.61\left(\frac{2a_0}{R}\right)\mathrm{eV}\ ,$$

wobei R die internukleare Separation angibt. Bei $R = 2.36\,\text{Å} = 4.46\,a_0$ beträgt die Coulombenergie

$$W_{\mathrm{el.st.}}(4.46a_0) = -6.1\,\mathrm{eV}$$

und damit die Bindungsenergie

$$E_B(4a_0) = -(-6.1 + 1.3)\,\mathrm{eV} = 4.8\,\mathrm{eV}\ .$$

Mit dem einfachen Argument gewinnt man ein Resultat, das nicht zu sehr von dem experimentellen Wert abweicht.

Die Bindungsenergie lässt sich durch Annäherung der Ionen nicht beliebig erhöhen. Beruft man sich auf das Orbitalbild, so stellt man fest, dass einige der Orbitalenergien bei Verminderung des Abstandes anwachsen und dass sich letztlich die Abstoßung der Kerne bemerkbar macht. Die Energie des Moleküls wächst als Funktion des internuklearen Abstandes (R) wieder an (Abb. 15.5). Aus diesem Grund gibt es einen Gleichgewichtsabstand (R_0). Die explizite quantitative Berechnung des Gleichgewichtsabstands und der

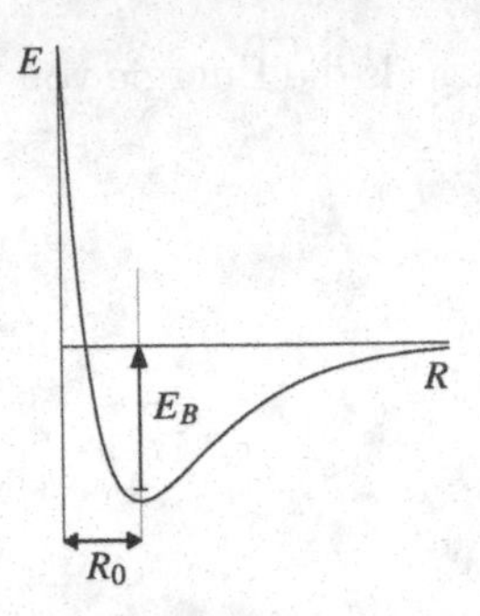

Abb. 15.5. Die molekulare Bindungsenergie als Funktion des internuklearen Abstands, bezogen auf die Energie der getrennten Atome

entsprechenden Bindungssenergie verlangt die Durchführung des im ersten Teil dieses Abschnittes skizzierten Programms.

Anhand der einfachen Überlegung kann man jedoch den Mechanismus der ionischen Bindung erkennen. Man hat zwei geladene Ionen mit entgegengesetzter Ladung, die durch Coulombanziehung der Ionen zusammen und durch die Kernabstoßung sowie das Pauliprinzip auf Abstand gehalten werden. Ein solches (zweiatomiges) Molekül besitzt ein Dipolmoment. Dies ist der Hintergrund für die Bezeichnung heteropolare Bindung.

Der Mechanismus ist grundverschieden für *kovalente Bindung.* Als Beispiel für diesen Bindungstyp kann man das neutrale Molekül H_2 betrachten. Bringt man zwei Wasserstoffatome nahe genug zusammen, so kann man die zwei Elektronen entweder in einem Zustand mit gleicher ($\uparrow\uparrow$) oder mit entgegengesetzter ($\uparrow\downarrow$) Spinorientierung unterbringen. Berechnet man die Bindungsenergie dieses Systems in den beiden Fällen, so findet man eine typische Bindungskurve mit Minimum im Fall entgegengesetzter Spinorientierung und keine Bindungsmöglichkeit (positive Wechselwirkungsenergie) bei gleicher Orientierung (Abb. 15.6). Der Unterschied entsteht (analog zu dem Helium-Atom) durch einen quantenmechanischen Austauschbeitrag, der in die (hier spinabhängigen) Korrelationsdiagramme eingearbeitet werden muss. Anschaulich gesprochen kann man feststellen, dass beide Elektronen bei entgegengesetzt orientiertem Spin sich an der 'gleichen Stelle' befinden können, also auch zwischen den beiden Protonen (und somit die Abstoßung der Protonen reduzieren). Bei zu kleinen Abständen dominiert jedoch die Abstoßung

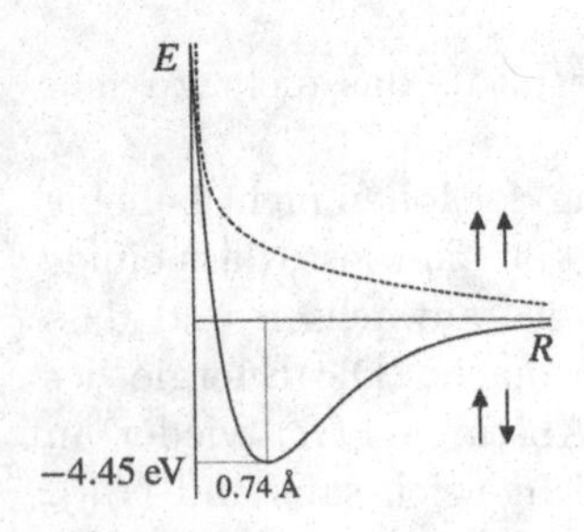

Abb. 15.6. Homopolare Bindung in H_2: Spineffekte

der Kerne, so dass sich auch in diesem Fall ein Gleichgewichtszustand mit $R_0 = 0.74$ Å bei einer Bindungsenergie von 4.45 eV ergibt. Diese Bindungsform wird als kovalent bezeichnet, da die bindenden Elektronen nicht unbedingt zu einem der Kerne gehören, sondern (zumindest teilweise) zu beiden. Ein solches zweiatomiges Molekül hat kein Dipolmoment und heißt deswegen auch homopolar.

Die kovalente Bindung ist zuständig für die Stabilität von organischen Molekülen, d. h. für die meisten komplizierten Moleküle. Bei anorganischen Molekülen findet man meist eine Kombination von ionischer und kovalenter Bindung. Diese Aussage trifft auch für die Bildung von kristallinen Festkörpern zu, wobei der eine oder andere Bindungstyp dominieren kann. So ist die Bindung in einem Kochsalzkristall (NaCl) ionisch, für Diamant (C) praktisch kovalent. Als dritter Bindungstyp tritt bei Festkörpern noch die metallische Bindung auf, die auf der Coulombwechselwirkung der Ionenrümpfe mit den Leitungselektronen beruht.

Es ist noch zu erwähnen, dass es lose Verbindungen von Edelgasatomen gibt, die als *Cluster* bezeichnet werden. Der Bindungsmechanismus bei Edelgasclustern ist die van der Waalsbindung, ein Polarisationseffekt. Nähern sich zwei neutrale Atome, so wird wegen der zuerst einsetzenden Abstoßung der Elektronenhüllen in jedem der Atome eine Verschiebung der Hüllen gegenüber den Kernen induziert. Die somit aufgebaute 'Dipolwechselwirkung' ist zuständig für die van der Waalsbindung.

15.2.2 Anregungsmechanismen

In Molekülen treten im Wesentlichen drei Anregungsmechanismen auf. Elektronen können in energetisch höhere Molekülorbitale gehoben werden, die Atome oder Ionen in dem Molekül können in vielfältiger Weise gegeneinander schwingen und letztlich kann das Molekül als Ganzes rotieren. In zweiatomigen Molekülen sind die Schwingungen und Drehungen infolge der reduzierten Anzahl von Freiheitsgraden relativ einfach. *Rotationen* von zweiatomigen Molekülen treten auf, da diese aus klassischer Sicht eine Hantel darstellen und Drehbewegungen um eine Achse senkrecht zu der Verbindungslinie ausführen können (Abb. 15.7).

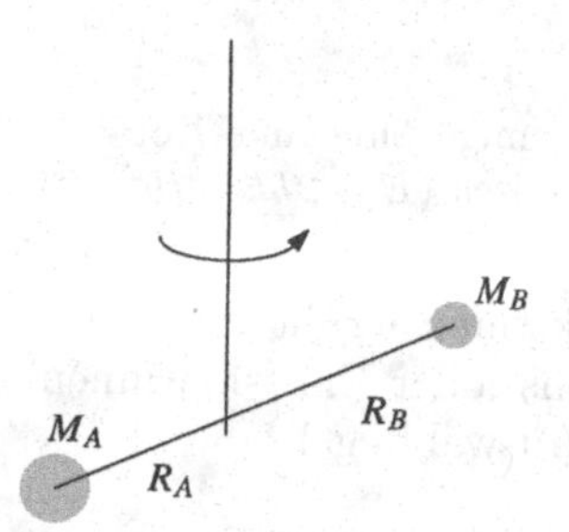

Abb. 15.7. Hantelmodell eines zweiatomigen Moleküls

Ausgehend von dem Hamiltonoperator (15.12) für die Bewegung der Kerne kann man für einen festen Abstand R, z. B. den Gleichgewichtsabstand R_0, die Wellenfunktion der Kerne in der Form

$$F(\boldsymbol{R})_{R=R_0} = F(\theta, \varphi)$$

ansetzen. Die Schrödingergleichung

$$\left\{\frac{\hat{\boldsymbol{P}}^2}{2\mu} + \frac{Z_A Z_B e^2}{R_0} + \bar{E}_{\{k\}}(R_0)\right\} F(\boldsymbol{R}) = EF(\boldsymbol{R})$$

geht dann in (vernachlässige konstante Energieverschiebung)

$$\frac{\hat{\boldsymbol{L}}^2}{2\mu R_0^2} F(\theta, \varphi) = EF(\theta, \varphi) \tag{15.15}$$

über. Der Nenner enthält das Trägheitsmoment I einer Hantel bezogen auf den Schwerpunkt

$$I = M_A R_A^2 + M_B R_B^2 = \frac{M_A M_B}{M_A + M_B}(R_A + R_B)^2 = \mu R_0^2 \,.$$

Die Schrödingergleichung beschreibt die Drehbewegung des Moleküls. Die Lösung des Eigenwertproblems

$$\hat{H}_{\text{rot}}\, F(\theta, \varphi) = \frac{\hat{L}^2}{2I}\, F(\theta, \varphi) = E_{\text{rot}}\, F(\theta, \varphi)$$

ist

$$F(\theta, \varphi) = Y_{LM}(\theta, \varphi)$$

$$E_{\text{rot}} = \frac{\hbar^2 L(L+1)}{2I} \qquad L = 0, 1, 2, \ldots \,.$$

Das Rotationsspektrum ist in Abb. 15.8 noch einmal (siehe Kap. 4.2.2) angedeutet.

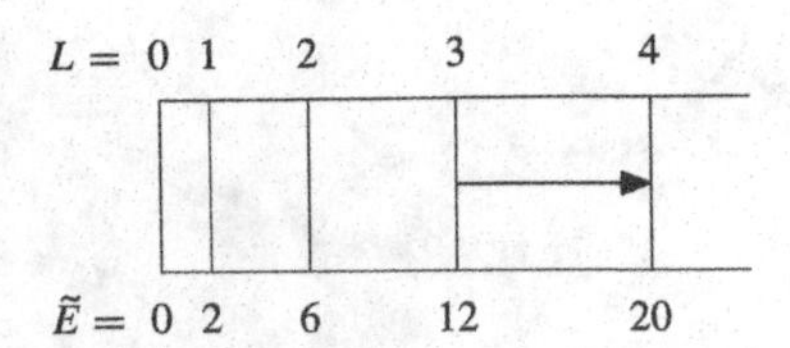

Abb. 15.8. Zweiatomige Moleküle: Rotationsspektrum, theoretisch ($\tilde{E} = 2IE_{\text{rot}}/\hbar^2$)

Der experimentelle Nachweis eines Rotationsspektrums beruht auf der Beobachtung von besonders strukturierten Absorptions- oder Emissionslinien. Da für ionische Moleküle Dipolübergänge mit der Auswahlregel

$$\Delta L = \pm 1$$

auftreten, beobachtet man für einen Übergang von L nach $L+1$ als Frequenz $\nu_{(L\leftrightarrow L+1)}$ der absorbierten oder emittierten Strahlung

$$h\nu_{(L\to L+1)} = \Delta E_{(L\to L+1)} = \frac{\hbar^2}{2I}\left((L+1)(L+2) - L(L+1)\right)$$
$$= \frac{\hbar^2}{I}(L+1)\,. \tag{15.16}$$

Die Übergangsfrequenzen sind für ein reines Rotationsspektrum linear in der Drehimpulsquantenzahl (Abb. 15.9). Die gemessenen Frequenzen oder Wel-

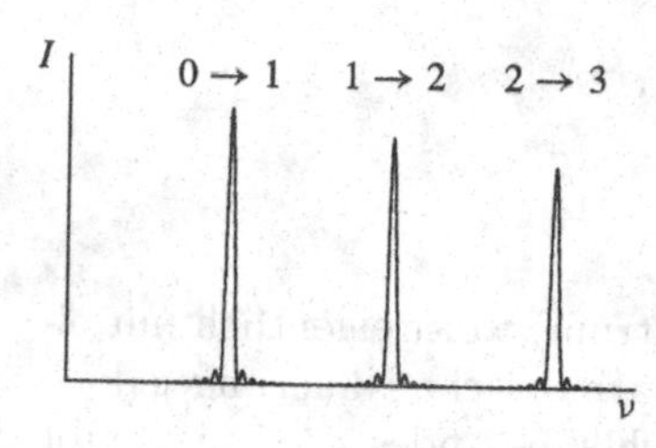

Abb. 15.9. Zweiatomige Moleküle: Rotationsspektrum, experimentell

lenlängen erlauben die Bestimmung des Gleichgewichtsabstands. Auflösung nach I gibt z. B.

$$I = \frac{\hbar\lambda}{2\pi c}(L+1) = \mu R_0^2\,.$$

So ist zum Beispiel für Bleimonosulfid, das in mineralischer Form als Bleiglanz bekannt ist, mit den Isotopen Pb^{208} und S^{32} die reduzierte Masse[1] $\mu = 27.733$ amu oder $46.052\cdot 10^{-24}$ g. Mit den experimentellen Wellenlängen der Spektrallinien im Bereich der Mikrowellen

$$\lambda_{(0\to 1)} = 4.302\,\text{cm} \qquad \lambda_{(2\to 3)} = 1.434\,\text{cm}$$

ergibt eine einfache Rechnung $R_0 = 2.287$ Å für den Abstand der beiden Kerne. Die den Wellenlängen entsprechenden Anregungsenergien sind

$$\Delta E_{(0\to 1)} = 2.88\cdot 10^{-5}\,\text{eV} \qquad \Delta E_{(2\to 3)} = 8.65\cdot 10^{-5}\,\text{eV}\,.$$

Rotationsspektren existieren auch für polyatomare Moleküle, sind jedoch komplizierter, da in diesem Fall drei Trägheitsmomente mitspielen Der experimentelle Wellenlängenbereich umfasst 10^{-3} bis 10 cm, d. h. einen Bereich von infrarotem Licht bis zu Mikrowellen.

Eine weitere Anregungsmode von zweiatomigen Molekülen sind *Vibrationen* der Kerne um den Gleichgewichtsabstand entlang der Molekülachse. In der Umgebung des Gleichgewichtsabstandes kann man das interatomare Potential in (15.12) durch ein harmonisches Potential nähern

[1] 1 atomare Masseneinheit =1 amu = $1.6605\cdot 10^{-24}$ g

$$W(R) = \frac{Z_A Z_B e^2}{R} + \bar{E}_{\{k\}}(R) \approx W_0 + \frac{b}{2}(R - R_0)^2 + \ldots .$$

Die Atome schwingen nur in Richtung der internuklearen Achse. Setzt man $X = R - R_0$, so kann man für die Kernwellenfunktion $F(\boldsymbol{R}) \equiv F(X)$ schreiben. Die Energiewerte der resultierenden Oszillatorgleichung

$$\frac{\hbar^2}{2\mu} F''(X) + \left(E - \frac{b}{2} X^2\right) F(X) = 0 \qquad (15.17)$$

sind (Kap. 5.3.1)

$$\begin{aligned} E_{n,\mathrm{vib}} &= \hbar \sqrt{\frac{b}{\mu}} \left(n + \frac{1}{2}\right) \qquad n = 0, 1, 2, \ldots \\ &= h\nu \left(n + \frac{1}{2}\right) . \end{aligned}$$

Das Absorptionsspektrum (bzw. Emissionsspektrum) weist eigentlich nur eine Linie auf, da $\Delta E_{(n \to n+1)} = h\nu$ ist. Da die harmonische Näherung jedoch nur in der engeren Umgebung des Gleichgewichtsabstandes gültig ist, gibt es für die höheren Vibrationszustände immer deutlichere Abweichungen von dem harmonischen Schwingungsmuster. Die anharmonischen Terme (siehe Kap. 11.3) führen zu Übergängen mit $\Delta n = 2, 3, \ldots$, so dass man eine gewisse Aufspaltung des gemessenen Frequenzspektrums (in Abb. 15.10 angedeutet) beobachtet.

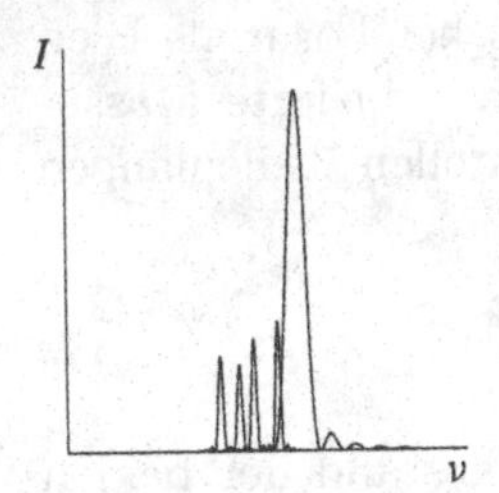

Abb. 15.10. Zweiatomige Moleküle: Vibrationsspektrum

Bei der dritten Anregungmode, der *elektronischen Anregung*, gehen Elektronen in energetisch höhere molekulare Orbitalzustände über, ohne ein Aufbrechen der Bindung zu bewirken. Liegt für derartige Konfigurationen eine charakteristische Bindungskurve mit einem Gleichgewichtsabstand $R_{0,\{k\}}$ vor, so können in Bezug auf diese Konfiguration ebenfalls Rotations- und Vibrationszustände auftreten (Abb. 15.11).

Die Situation bezüglich der Anregungsenergien von zweiatomigen Molekülen kann man folgendermaßen zusammenfassen: Die elektronischen Anregungen erfordern Energien im Bereich von eV. Zur Anregung von Vibrationen benötigt man ca. 10^{-2} eV, Rotationsanregungen findet man im Bereich von 10^{-4} eV (jeweils mit einer gewissen Bandbreite und Variation von System zu System).

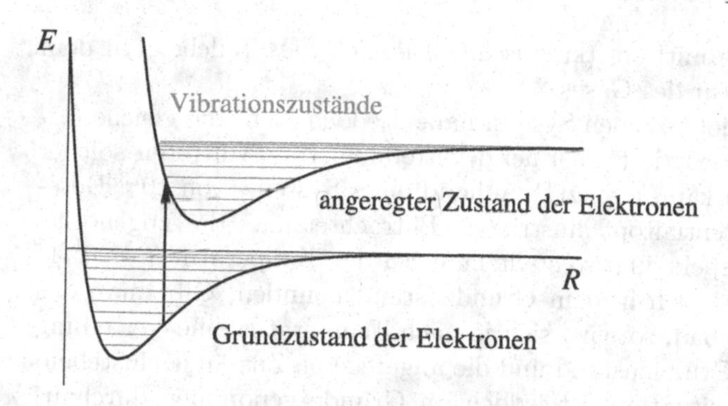

Abb. 15.11. Zweiatomige Moleküle: Elektron- und Vibrationsanregungen

15.3 Festkörper

In einem Festkörper muss man sich mit einer Teilchenzahl von der Größenordnung der Avogadrozahl (10^{23}) auseinandersetzen. In diesem Fall ist es schon aus rationellen Gründen nicht ratsam, sich auf eine Diskussion der Detailbewegung aller Teilchen einzulassen. Um die makroskopischen Größen, die ein solches System charakterisieren, zu berechnen, genügen gemittelte Aussagen über die Bewegung der Teilchen. Derartige Aussagen werden im Rahmen der 'Statistischen Mechanik' bzw. der 'Quantenstatistik' erarbeitet. Die zur weiteren Diskussion notwendigen Konzepte aus dem Bereich der statistischen Physik werden in dem folgenden Abschnitt in einer kurzen Zusammenfassung vorgestellt. Sie werden in Band 5 eingehender erläutert.

15.3.1 Bemerkungen zur Statistischen Mechanik

Das einfachste und bekannteste Beispiel aus der statistischen Mechanik ist das ideale, klassische Gas, ein System von nichtwechselwirkenden Massenpunkten in einem Volumen. Die makroskopischen Größen – wie Druck p, Volumen V Temperatur T – sind durch die idealen Gasgesetze

$$pV = nRT \qquad \overline{E}_{\text{Teilchen}} = \frac{3}{2}\,kT \tag{15.18}$$

verknüpft. In der ersten Gleichung, der Zustandsgleichung des idealen Gases, wird die Temperatur in Grad Kelvin (K) gemessen, R ist die ideale Gaskonstante

$$R = 8.31434 \cdot 10^7\,\text{erg/(mol K)}$$

und n ist die Anzahl der Mole des Gases. Die zweite Gleichung, in der die zentrale Größe der statistischen Mechanik, die Boltzmannkonstante

$$k = 1.380622 \cdot 10^{-16}\text{erg/K}$$

auftritt, verknüpft die mittlere (kinetische) Energie *eines* Teilchens in dem Gas mit der Temperatur des Gases.

Die Teilchen in einem solchen System haben jedoch nicht die gleiche (kinetische) Energie. Es existiert ein Energieverteilung. Das Auftreten solcher Verteilungsfunktionen kann man z. B. anhand eines Systems von 10^{23} Boseteilchen in einem Potentialtopf illustrieren: Betrachtet man das zugehörige (Einteilchen-)Energiespektrum, so stellt man bei der Temperatur $T = 0°$ K fest, dass alle Teilchen sich in dem Grundzustand befinden. Gibt man das System in ein Wärmebad, so wird sich je nach Temperatur eine Verteilung der Teilchen auf den Grundzustand und die angeregeten Zustände einstellen. Diese 'Gleichgewichtssituation' ist jedoch im Grunde genommen durchaus dynamisch. Da angeregte Zustände eine endliche Lebensdauer haben, gehen Teilchen wieder in den Grundzustand über. Auf der anderen Seite werden andere Teilchen infolge der Energiezufuhr wieder angeregt, so dass im Mittel immer die gleiche, nur von der Temperatur abhängige Verteilung vorliegt.

Je nach Teilchensorte (klassischer Massenpunkt, Bosonen, Fermionen) findet man drei verschiedene Verteilungsfunktionen $f(E,T)$ (Für eine Einführung in die statistische Mechanik und eine Begründung der Verteilungsfunktionen, siehe ◎ D.tail 15.1):

- Die Maxwell-Boltzmann Verteilung,
- die Bose-Einstein Verteilung,
- die Fermi-Dirac Verteilung.

Diese Funktionen charakterisieren die mittlere Anzahl von Teilchen in einem Zustand mit der Energie E für ein System von vielen Teilchen, das auf der Temperatur T gehalten wird. Im Fall von klassischen Systemen variiert die Energie kontinuierlich, für Quantensysteme können diskrete Energiewerte auftreten. Liegen nur diskrete Energiewerte vor, so ist die Verteilungsfunktion nur für diese Werte zuständig $f(E,T) \to f(E_i,T)$.

Die Verteilungsfunktion für klassische Systeme mit nicht unterscheidbaren Teilchen, die *Maxwell-Boltzmann Verteilung*, ist eine Exponentialfunktion[2]

$$f_{\mathrm{MB}}(E,T) = A(T)\,\mathrm{e}^{-E/(kT)} \,. \tag{15.19}$$

Die Abb. 15.12a zeigt, dass die Funktion mit wachsender Energie umso langsamer abfällt, umso höher die Temperatur ist. Bei höheren Temperaturen findet man Teilchen mit einer höheren Energie in dem System. Der Faktor $A(T)$ kann für vorgegebene Situationen bestimmt werden. Für ein ideales Gas von freien Teilchen, die dem Energiegesetz $E = p^2/2m_0$ folgen, findet man z. B. für den Vorfaktor

$$A(T) = [2m_0\pi kT]^{-3/2} \,. \tag{15.20}$$

[2] Alle Temperaturwerte sind in der absoluten Temperaturskala (Grad Kelvin) angegeben.

Für praktische Anwendungen ist die Angabe der Boltzmannschen Konstanten in den Einheiten eV/K von Nutzen

$$k = 0.862 \cdot 10^{-4}\ \frac{\mathrm{eV}}{\mathrm{K}}\ .$$

Eine Temperatur von 1000° K entspricht somit näherungsweise dem Wert $kT = 0.0862 \approx 0.1\,\mathrm{eV}$.

Für Systeme von Bosonen ist die *Bose-Einstein Verteilung*

$$f_{\mathrm{BE}}(E,T) = \frac{1}{(\mathrm{e}^{E/(kT)} - 1)} \qquad (15.21)$$

zuständig (Abb.15.12b). Für Energien, die viel größer sind als die vorgegebene Energie kT, dominiert der Exponentialterm, so dass die Bose-Einstein Verteilung in die Maxwell-Boltzmann Verteilung (15.19) übergeht

$$(\mathrm{e}^{E/(kT)} - 1)^{-1} \xrightarrow{E>>kT} \mathrm{e}^{-E/(kT)}\ .$$

In einem 'Wärmebad' mit hohen Temperaturen verhalten sich Bosonen wie klassische Teilchen. Für niedrige Temperaturen findet man

$$(\mathrm{e}^{E/(kT)} - 1)^{-1} \xrightarrow{E<<kT} \frac{kT}{E}\ .$$

Die Verteilung steigt bei kleinen Temperaturen stark mit fallender Energie an. Bei niedrigen Temperaturen unterscheiden sich die Verteilungsfunktionen von Bosonen und klassischen Teilchen (siehe Abb. 15.12), für Bosonen tritt ein Phänomen auf, das als Bosekondensation bekannt ist.

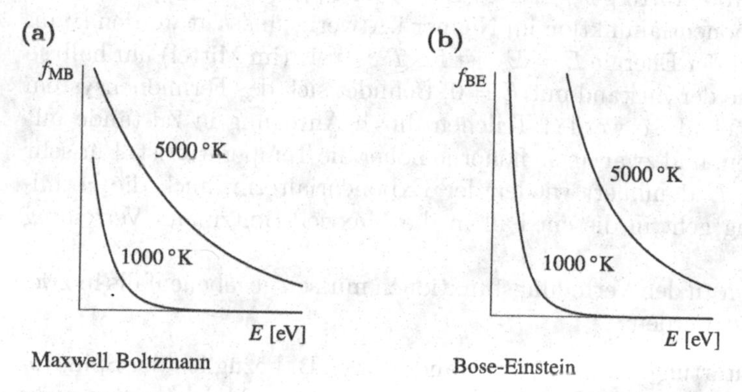

Abb. 15.12. Verteilungsfunktionen für klassische und Bosonensysteme

Die *Fermi-Dirac Verteilung*

$$f_{\mathrm{FD}}(E,T) = \frac{1}{(\mathrm{e}^{(E-E_F)/(kT)} + 1)}\ , \qquad (15.22)$$

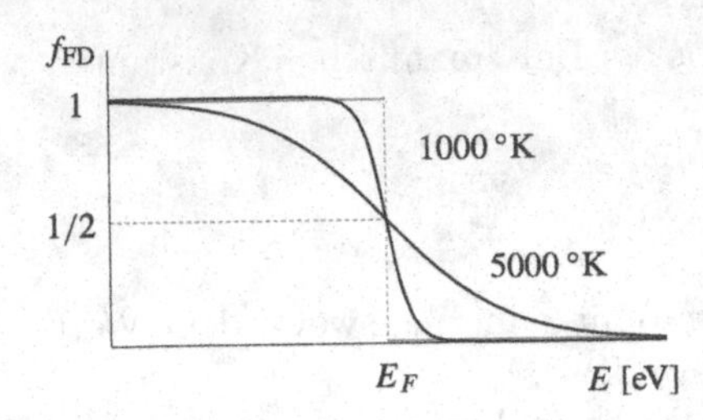

Abb. 15.13. Verteilungsfunktion für Fermionensysteme, $T = 0°$ K (*grau*), $T = 1000°$ K und $5000°$ K (*schwarz*)

die die Verteilung der Teilchen in Fermionensystemen beschreibt, ist auf einen Wertebereich zwischen Null und Eins beschränkt (Abb. 15.13). Es ist

$$0 \leq (\mathrm{e}^{(E-E_F)/(kT)} + 1)^{-1} \leq 1 \,.$$

Dies ist im Einklang mit dem Pauliprinzip, das besagt, dass jeder Zustand (ohne Berücksichtigung der Entartungen) nur mit einem Fermion besetzt werden kann. Eine anschauliche Interpretation der in der Verteilung auftretenden *Fermienergie* E_F ergibt sich aus dem Grenzfall $T \to 0°$ K

$$f_{\mathrm{FD}}(E,T) \xrightarrow{T\to 0} \Theta(E_F - E) = \begin{cases} = 1 & \text{für} \quad E < E_F \\ = 0 & \text{für} \quad E > E_F \end{cases} .$$

Die Fermienergie ist die Energiegrenze zwischen besetzten und unbesetzten Energiezuständen im Grenzfall $T = 0°$ K. Für die meisten Systeme verändert sich diese Größe nur sehr langsam mit der Temperatur, so dass sie als konstant angesehen werden kann.

Die Variation der Fermi-Dirac Verteilung mit der Temperatur und der Energie ist in Abb. 15.13 gezeigt. Für $E = 0$ ist $F_{\mathrm{FD}}(0,T) \approx 1$, so dass der Beitrag der Exponentialfunktion im Nenner i.A. vernachlässigt werden kann. Der Zustand mit der Energie $E = E_F$ ist für $T > 0°$ K (im Mittel) nur halb so stark besetzt wie der Zustand mit $E = 0$. Befindet sich das Fermionensystem in einem Wärmebad, so werden Teilchen durch Anregung in Zustände mit $E > E_F$ gehoben, und zwar umso höher je höher die Temperatur ist. Für sehr große Energien E dominiert wieder der Exponentialterm, auch die Fermi-Dirac Verteilung geht in diesem Fall in die Maxwell-Boltzmann Verteilung (15.19) über.

Die Aussagen zu den Verteilungsfunktionen müssen gegebenenfalls in zwei Punkten ergänzt werden:

- Liegt eine Entartung der Energiezustände vor, z. B. bezüglich der Spinprojektion oder der Entartung von Rotationsspektren in Molekülen, so muss man die Verteilungsfunktion mit dem Entartungsgrad wichten. Die Verteilungsfunktion in der Teilchenzahl bei gegebener Energie und Temperatur $n(E,T)$ ist dann

$$n(E,T) = g_{\mathrm{Ent}}(E) f(E,T) \quad \text{bzw.} \quad n(E_i,T) = g_{\mathrm{Ent}}(E_i) f(E_i,T) \,.$$

Der Entartungsgrad $g_{\mathrm{Ent}}(E)$ ist z. B.

$g_{\mathrm{Ent}}(E_i) = 2$ bei Spinentartung
$g_{\mathrm{Ent}}(E_i) = (2L_i + 1)$ für einfache Rotationsspektren, infolge der Entartung des Zustandes i in der Projektionsquantenzahl.

- Für ein kontinuierliches Spektrum interessiert meist die mittlere Teilchenzahl in einem Energieintervall $[E, E + \mathrm{d}E]$ anstelle der mittleren Teilchenzahl bei einer bestimmten Energie. Diese Zahl wird gemäß

$$n(E,T)\mathrm{d}E = f(E,T)g(E)\mathrm{d}E \tag{15.23}$$

berechnet. Die *Zustandsdichte* $g(E)$ beschreibt die Anzahl von Zuständen pro Energieeinheit. Einige oft benutzte Zustandsdichten (einschließlich Entartungsgrad, falls zutreffend, siehe D.tail 15.2 für die Herleitung dieser Größen, vergleiche auch Kap. 12.3) sind

$g_{\mathrm{kl}}(E) = \sqrt{2}m_0^{3/2}E^{1/2}G$ freie klassische Teilchen der Masse m_0
$g_{\mathrm{F}}(E) = (2m_0)^{3/2}E^{1/2}G$ freie Fermionen einschl. Spinentartung
$g_{\mathrm{Ph}}(E) = \dfrac{2E^2}{c^3}G$ Photonen (zwei Polaristionsrichtungen)
$g_{\mathrm{kl,\,rel.}}(E) = \dfrac{E}{c^3}[E^2 - m_0^2c^4]^{1/2}G$ freie, klassische Teilchen mit relativistischen Energien.

Die Zustandsdichten werden bestimmt, indem man die freie Schrödingergleichung für ein System von Teilchen in einem makroskopischen Volumen V löst und die Anzahl der möglichen Zustände in einem Energieintervall $\mathrm{d}E$ bestimmt. Für die Konstante G findet man aus diesem Grund

$$G = \frac{4\pi V}{h^3}\,.$$

Als Beispiele für die Anwendung der Verteilungsfunktionen und der Zustandsdichten kann man die Grundgleichung für das ideale klassische Gas und die Plancksche Strahlungsformel betrachten.

In dem ersten Beispiel ist es ausreichend, die abgekürzte Form $g_{\mathrm{kl}} = \mathrm{const.}\,E^{1/2}$ zu benutzen. Für die Teilchenzahl N in dem System kann man dann mit (15.19)

$$N = \int_0^\infty n(E)\,\mathrm{d}E = C(T)\int_0^\infty E^{1/2}\mathrm{e}^{-E/(kT)}\,\mathrm{d}E$$

schreiben. Die Gesamtenergie E_{ges} des Systems erhält man durch Integration über die Energie, gewichtet mit der Verteilung

$$E_{\mathrm{ges}} = \int_0^\infty E\,n(E)\,\mathrm{d}E = C(T)\int_0^\infty E^{3/2}\mathrm{e}^{-E/(kT)}\,\mathrm{d}E\,.$$

Partielle Integration des Ausdrucks für die Energie ergibt

$$E_{\rm ges} = -C(T)E^{3/2}kT\mathrm{e}^{-E/(kT)}\Big|_0^\infty + \frac{3}{2}kT\left\{C(T)\int_0^\infty E^{1/2}\mathrm{e}^{-E/(kT)}\mathrm{d}E\right\} .$$

Da der erste Term keinen Beitrag liefert, liest man die bekannte Formel für die gesamte (kinetische) Energie des Gases

$$E_{\rm ges} = \frac{3}{2}NkT$$

ab.

Die Plancksche Formel, ein erster Hinweis auf die Quantenstruktur der Mikrowelt (vergleiche Kap. 1.1), beschreibt die Frequenzverteilung von elektromagnetischer Strahlung in einem Hohlraum, dessen Wände auf der Temperatur T gehalten werden. Zur Herleitung der Strahlungsformel nimmt man an, dass Photonen von den Wänden des Hohlraums absorbiert und emittiert werden, so dass ein Gas von Photonen entsteht, das im thermischen Gleichgewicht mit dem Wandmaterial (dem 'Wärmebad') steht. Der Ansatz für die Energiedichte (sie wird zur Unterscheidung mit $\epsilon(E)$ bezeichnet) mit der Verteilungsfunktion für Bosonen (15.21) und der Zustandsdichte (15.23) für Photonen

$$\epsilon(E)\,\mathrm{d}E = E\,n(E,T)\,\mathrm{d}E = f_{\rm BE}(E,T)\,g_{\rm Ph}(E)\,\mathrm{d}E$$

ergibt

$$\epsilon(E)\,\mathrm{d}E = \frac{8\pi V}{c^3h^3}\frac{E^3}{(\mathrm{e}^{E/(kT)}-1)}\,\mathrm{d}E .$$

Man benutzt die Plancksche Quantisierungsvorschrift für Photonen

$$E = h\nu ,$$

definiert die mittlere Energiedichte

$$\bar{\epsilon}(E) = \frac{\epsilon(E)}{V}$$

und erhält

$$\bar{\epsilon}(E)\,\mathrm{d}E = \frac{8\pi h}{c^3}\frac{\nu^3}{(\mathrm{e}^{(h\nu)/(kT)}-1)}\,\mathrm{d}\nu \equiv \bar{\epsilon}(\nu)\,\mathrm{d}\nu . \tag{15.24}$$

Die in Abb. 15.14 skizzierte Strahlungsformel stimmt mit den experimentellen Beobachtungen überein. Außerdem enthält sie alle vor ihrer Aufstellung bekannten Grenzfälle:

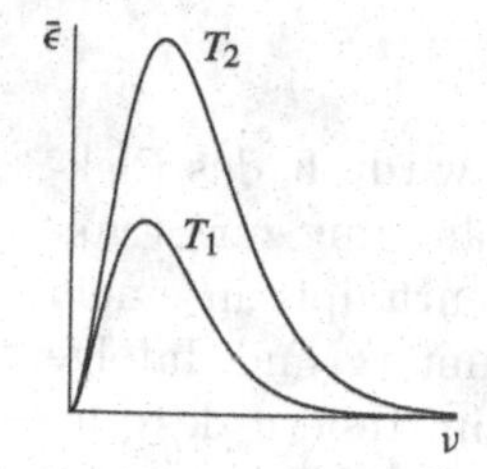

Abb. 15.14. Plancksche Strahlungsformel

- Die Rayleigh-Jeans Formel ist im Hochtemperaturlimit gültig. Für den Fall $h\nu < kT$ erhält man mit der Entwicklung der Exponentialfunktion

$$\mathrm{e}^{(h\nu)/(kT)} - 1 \approx \frac{h\nu}{kT}$$

die Formel

$$\bar{\epsilon}(E)\mathrm{d}E \propto \nu^2 \mathrm{d}\nu \,.$$

Die Verteilung wächst für kleine Frequenzen quadratisch mit der Frequenz.
- In Niedertemperaturlimit ($kT < h\nu$) dominiert die Exponentialfunktion im Nenner und man erhält des Wiensche Gesetz

$$\bar{\epsilon}(E)\mathrm{d}E \propto \nu^3 \mathrm{e}^{-(h\nu)/(kT)} \mathrm{d}\nu \,.$$

- Für die Gesamtenergie pro Phasenraumvolumen findet man

$$\bar{E}_{\text{ges}} = \int_0^\infty \bar{\epsilon}(\nu)\, \mathrm{d}\nu \propto T^4 \,.$$

Zur Gewinnung dieses Resultats benutzt man die Substitution

$$\nu = \frac{kT}{h} x$$

und die Aussage, dass das Integral

$$\int_0^\infty \frac{x^3}{(\mathrm{e}^x - 1)} \mathrm{d}x$$

einen endlichen Zahlenwert ergibt.

Eine direkte Anwendung finden die hier angedeuteten statistischen Konzepte in der Festkörperphysik. Dort ist z. B. das Verhalten von makroskopischen Proben bei Temperaturänderungen von Interesse. Die in der Folge angesprochenen Punkte entsprechen zentralen Themen der Festkörperphysik. Sie können hier aber nur skizzenhaft angerissen werden.

15.3.2 Elektronengasmodell der Metalle

Zur Diskussion von einfachen Aspekten der Leitfähigkeit wird oft das Elektronengasmodell benutzt. In dieser einfachst möglichen Näherung zur Struktur von Materialien ersetzt man die Anordnung der Ionenrümpfe in einem Kristallgitter durch einen konstanten positiven Ladungshintergrund. Infolge dieser 'Ausschmierung' erfahren die Leitungselektronen im Innern des Metalls ein konstantes (attraktives) Potential, sind also im Innern frei beweglich und können auf eine angelegte Spannung direkt reagieren. An der Metalloberfläche steigt das Potential auf den Wert Null und verhindert so das Austreten der Elektronen aus dem Material, es sei denn deren kinetische Energie ist größer als die Potentialstufe.

Die Eigenschaften des quasi-freien Elektronengases im Innern des Metalls werden durch die Fermi-Dirac Verteilungsfunktion beschrieben. Für die Verteilung der Elektronen in dem Gas als Funktion der Energie E bei der Temperatur T erhält man mit (15.22) und (15.23)

$$\begin{aligned} n(E,T)\,\mathrm{d}E &= f_{DE}(E,T)\,g_F(E)\,\mathrm{d}E \\ &= \frac{4\pi V}{h^3}(2m_e)^{3/2}\frac{E^{1/2}\mathrm{d}E}{\mathrm{e}^{(E-E_F)/(kT)}+1} . \end{aligned}$$

Die Energieverteilung selbst ist durch die Energiedichte

$$\epsilon(E,T)\,\mathrm{d}E = E\,n(E,T)\,\mathrm{d}E = \frac{4\pi V}{h^3}(2m)^{3/2}\frac{E^{3/2}\mathrm{d}E}{\mathrm{e}^{(E-E_F)/(kT)}+1}$$

gegeben. Die Verwertung dieser Aussagen in dem Grenzfall $T = 0°$ K ist einfach, da die Verteilungsfunktion in eine Stufenfunktion übergeht. Die Verteilung der Elektronen ist somit

$$n(E,0)\,\mathrm{d}E \equiv n(E)\,\mathrm{d}E = CE^{1/2}\Theta(E_F - E)\,\mathrm{d}E \qquad C = (2m_e)^{3/2}\frac{4\pi}{h^3}V .$$

Diese Funktion weist einen parabolischen Anstieg auf, der durch die Stufenfunktion bei $E = E_F$ abgeschnitten wird (Abb. 15.15). Hier erkennt man noch einmal in direkter Weise die Rolle der Fermienergie E_F. Diese Energie entspricht der Energie, die die energiereichsten Elektronen in dem Gas bei $T = 0°$ K besitzen. Im Gegensatz zu der Situation in einem klassischen Gas (in dem alle Teilchen bei $T = 0°$ K die Energie $E = 0$ haben) bedingt

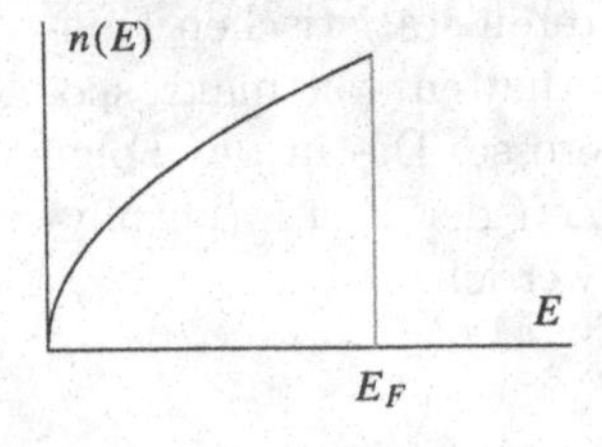

Abb. 15.15. Freies Elektronengas: Verteilung der Elektronen bei $T = 0°$ K

das Pauliprinzip, dass alle Zustände mit $E \leq E_F$ besetzt sind (Abb. 15.16). Die Gesamtzahl der Elektronen bei $T = 0°$ K berechnet man demnach zu (vergleiche Kap. 12.3)

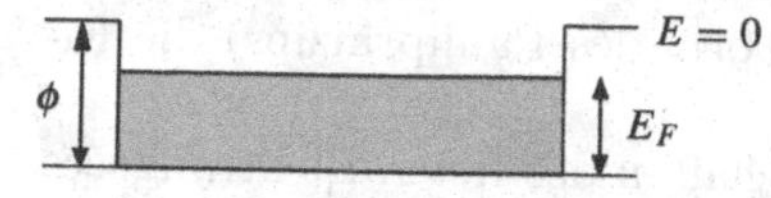

Abb. 15.16. Freies Elektronengas: Energiebetrachtung ($T = 0°$ K)

$$N = \int_0^\infty n(E)\,\mathrm{d}E = \int_0^{E_F} n(E)\,\mathrm{d}E = C\int_0^{E_F} E^{1/2}\,\mathrm{d}E$$
$$= \frac{2}{3}\,C\,E_F^{3/2}\,. \qquad (15.25)$$

Diese Relation wird in verschiedener Form zitiert. Benutzt man die (konstante) Dichte des Elektronengases $N/V = \varrho$, so erhält man eine Relation zwischen der maximalen Energie der Teilchen in dem Gas und der Dichte

$$E_F = \frac{h^2}{2m_e}\left(\frac{3\varrho}{8\pi}\right)^{2/3} \,. \qquad (15.26)$$

Definiert man den *Fermiimpuls* k_F durch

$$E_F = \frac{\hbar^2 k_F^2}{2m_e}\,,$$

so findet man

$$k_F = \left[3\pi^2\varrho\right]^{1/3}. \qquad (15.27)$$

Im Impulsraum sind die Elektronen auf das Innere einer Kugel, der *Fermikugel*, beschränkt. Werte für die Fermienergie sind typischerweise einige eV, so z. B. für Kupfer $E_F(\mathrm{Cu}) = 7.00\,\mathrm{eV}$ oder für Natrium $E_F(\mathrm{Na}) = 3.24\,\mathrm{eV}$. Die Dichte der Leitungselektronen hat demnach z. B. in Kupfer gemäß

$$\varrho = \frac{8\pi}{3}\left[\frac{2m_e E_F}{h^2}\right]^{3/2} = \frac{k_F^3}{3\pi^2} \qquad (15.28)$$

den ungefähren Wert $\varrho = 8.46 \cdot 10^{21}$ Elektronen pro Kubikzentimeter.

Für die mittlere (kinetische) Energie eines Elektrons $< E >$ in dem Gas bei $T = 0°$ K findet man (analog zu (15.25))

$$\langle E\rangle_{\mathrm{egas}} = \frac{1}{N}\int_0^\infty E\,n(E)\,\mathrm{d}E = \frac{\bar{E}}{N} = \frac{C}{N}\int_0^{E_F} E^{3/2}\,\mathrm{d}E$$
$$= \frac{C}{N}\,\frac{2}{5}\,E_F^{5/2} = \frac{3}{5}\,E_F\,. \qquad (15.29)$$

Diese Zahl ist zu vergleichen mit der Energie eines klassischen Teilchens bei $T = 0°$ K

$$\langle E \rangle_{\text{klassisch}} = 0 \; .$$

Man sieht hier, wie Quanteneffekte (in der Form des Pauliprinzips) die Eigenschaften bei tiefen Temperaturen prägen.

Eine quantitative Berechnung der Eigenschaften des freien Elektrongases bei endlichen Temperaturen ist deutlich aufwendiger. So ist z. B. zur Bestimmung der Teilchenzahl das Integral

$$N = C \int_0^\infty \frac{E^{1/2} \mathrm{d}E}{\mathrm{e}^{(E-E_F)/(kT)} + 1} \tag{15.30}$$

auszuwerten. Die Verteilungen der Elektronen auf die Zustände sind in Abb. 15.17 angedeutet. Die Verteilung in der Teilchenzahl hat eine gewisse Ähnlichkeit mit der $T = 0°$ K Verteilung, doch wird ein Teil der Elektro-

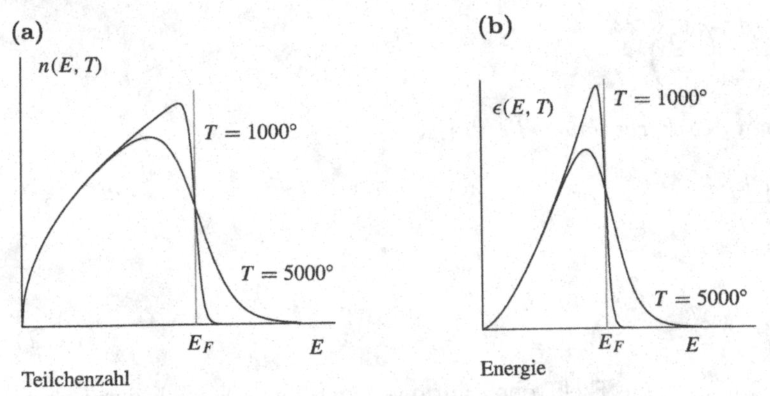

Abb. 15.17. Verteilungen des freien Elektrongases bei $T = 1000°$ K und $T = 5000°$ K

nen (aufgrund der Energiezufuhr durch die erfolgte Erwärmung) in vorher unbesetzte Zustände angehoben. Der Effekt ist bei Zimmertemperatur klein, da

$$kT = 0.03\,\text{eV} \qquad \text{für } T \approx 300° \text{ K}$$

ist. Da die Energiezufuhr gering ist, können nur Elektronen in Zuständen kurz unterhalb der Fermienergie angeregt werden. Für Elektronen mit niedriger Energie verbietet das Pauliprinzip eine Anregung. Diese Elektronen müssten in schon besetzte Zustände übergehen. Man erkennt noch einmal, dass für $T > 0°$ K Zustände mit der Fermienergie immer nur zu 50 % besetzt sind.

Die Manifestationen der Quantennatur erkennt man z. B. durch Betrachtung der spezifischen Wärme bei konstantem Volumen C_V, einer der Responsfunktionen der Thermodynamik, die durch

$$C_V(T) = \frac{\mathrm{d}E_{ges}(T)}{\mathrm{d}T} \tag{15.31}$$

definiert ist. Für ein klassisches Gas ergibt sich mit (15.18) der konstante Wert

$$C_V(\text{klass.}) = \frac{3}{2}kN\,.$$

Die Berechnung von C_V mit dem Elektronengasmodel (D.tail 15.3) ergibt hingegen (für den Beitrag der Elektronen) das in Abb. 15.18 gezeigte Verhalten. Die spezifische Wärme $C_V(T)$ zeigt bei tiefen Temperaturen, in Übereinstimmung mit dem Experiment, ein lineares Verhalten und geht erst bei genügend hohen Temperaturen in das klassische Resultat über.

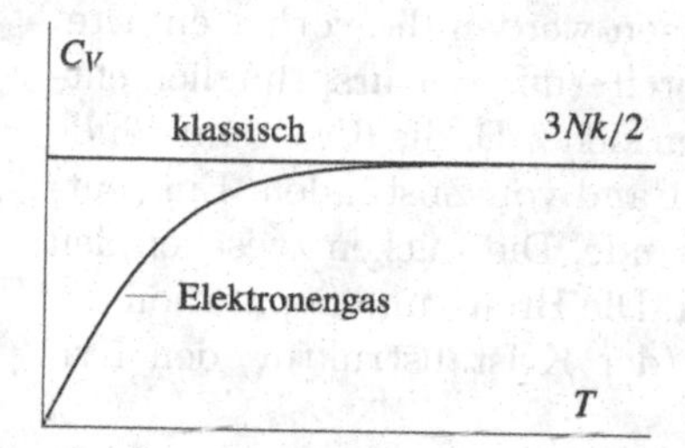

Abb. 15.18. Spezifische Wärme des freien Elektronengases bei konstantem Volumen

Die einfache Theorie freier Elektronen ist in der Lage weitere Eigenschaften von Metallen zu beschreiben, wenn man jedoch z. B. die Frage stellt, warum Material A ein Isolator und Material B ein Leiter ist, erhält man auf der Basis dieser Betrachtung keine Antwort. Zur Beantwortung dieser Frage muss man auf die Bändertheorie zurückgreifen.

15.3.3 Bändertheorie

Fügt man, in einem Gedankenexperiment, Atome zu einem Festkörper zusammen, so wird sich die Struktur der Zustände der einzelnen Atome infolge der Wechselwirkung zwischen benachbarten Atomen verändern. Ein Festkörpermodell, in dem diese Vorstellung umgesetzt wird, wurde 1927 von Walter Heitler und Fritz London formuliert. Die Grundidee ist in Abb. 15.19 dargestellt. Ausgangspunkt sind die Energiezustände in einem isolierten Atom (Abb. 15.19a). Da alle Atome eines Elementes (bei Vernachlässigung von Isotopeneffekten) das gleiche Niveausschema haben, ver-N-facht sich die Anzahl der Zustände für N isolierte (weit getrennte) Atome. In den ns-Zuständen

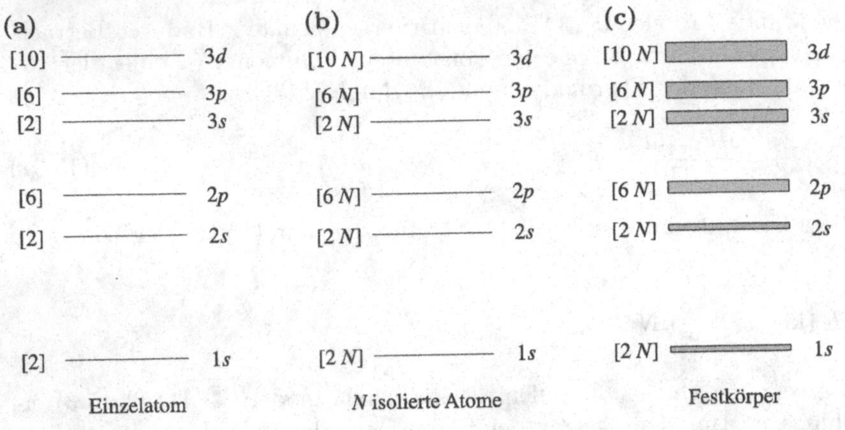

Abb. 15.19. Entstehung von Bandstrukturen ([x] gibt den Grad der Entartung der Orbitale an)

dieser Atome kann man z. B. $2N$ Elektronen unterbringen, etc. Als Folge der Wechselwirkung zwischen benachbarten Atomen werden die vorher entarteten Zustände aufgespalten. Es tritt eine Verbreiterung der ursprünglich entarteten Niveaus auf (Abb. 15.19c). So verteilen sich z. B. die $6N$ $2p$-Zustände auf ein (mehr oder weniger) kontinuierliches Band von Zuständen. Eine entsprechende Aussage gilt für die anderen Zustände. Die Lücken zwischen den Bändern können keine Elektronen aufnehmen. Die Breite und Separation der Bänder hängt von dem jeweiligen Material (der Kristallstruktur, den Kristallabständen, etc.) ab.

Die Bandstruktur für ein explizites Beispiel, Natrium, ist in Abb. 15.20 angedeutet. In isolierten Na-Atomen ist die Grundzustandskonfiguration

$$(1s)^2(2s)^2(2p)^6(3s)^1 \,.$$

Die zwei ersten Elektronenschalen bis zu dem $2p$-Zustand sind aufgefüllt, die $3s$-Schale enthält nur ein Elektron. In einem Natrium-Kristall treten die entsprechenden Bänder auf (Abb. 15.20). Die inneren Bänder sind recht schmal,

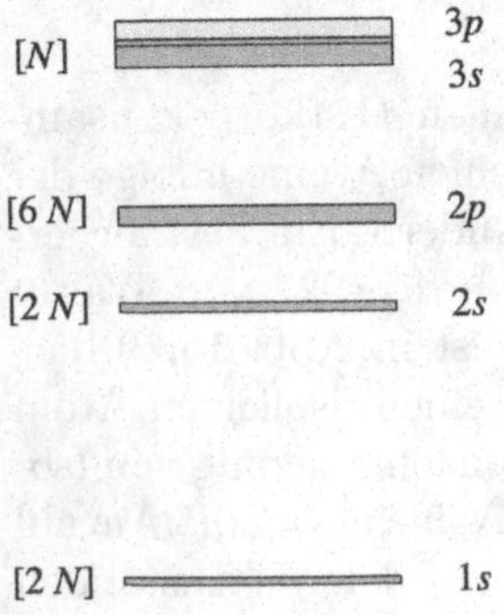

Abb. 15.20. Bandstruktur im Natriumkristall (schematisch)

da die Kernanziehung in dem Atom über die Wechselwirkung zwischen den Atomen dominiert. Die zugehörigen Wellenfunktionen für jedes Atom in dem Kristall haben also fast atomaren Charakter und überlappen kaum mit den Wellenfunktionen der nächsten Nachbarn. Das nur halb gefüllte $3s$-Band ist hingegen wesentlich breiter. Die $3s$-Wellenfunktionen benachbarter Atome überlappen stark. Oberhalb des halbgefüllten $3s$-Bandes liegt ein leeres $3p$-Band, das ebenfalls relativ breit ist und zum Teil in das $3s$-Band hineinreicht. Die relativ hohe Leitfähigkeit eines Natriumkristall beruht darauf, dass den $3s$ und $3p$ Elektronen somit eine große Anzahl von unbesetzten Niveaus zur Verfügung stehen. Wenn man ein elektrisches Feld anlegt, gewinnen diese Elektronen Energie und können in die darüberliegenden Zustände, die quasifreien Zuständen entsprechen, angehoben und zu Leitungselektronen werden. Die Leitfähigkeit kann zusätzlich durch Erwärmung stimuliert werden. Ist $T > 0°$ K, so ändert sich die Struktur der Bänder wenig (da $kT \ll E$ ist). Es ändert sich jedoch die Besetzung der höherenergetischen Zustände gemäß der Fermi-Dirac Verteilung. Dadurch werden mehr Elektronen in ein Leitungsband gehoben und die Leitfähigkeit somit verstärkt.

Ein Beispiel für einen Isolator ist der Diamant. Die Grundzustandskonfiguration in einem Kohlenstoffatom ist $(1s)^2(2s)^2(2p)^2$. Die $2p$-Unterschale, bzw. bei dem Übergang zu einem Festkörper, das $2p$-Band ist nur zu einem Drittel gefüllt. Es zeigt sich jedoch, dass das $2p$-Band in ein vollbesetztes und ein leeres Band aufgetrennt wird, die durch eine Lücke von ca. 6 eV getrennt sind (Abb. 15.21). Da das Produkt kT für Zimmertemperatur ($T = 300°$ K)

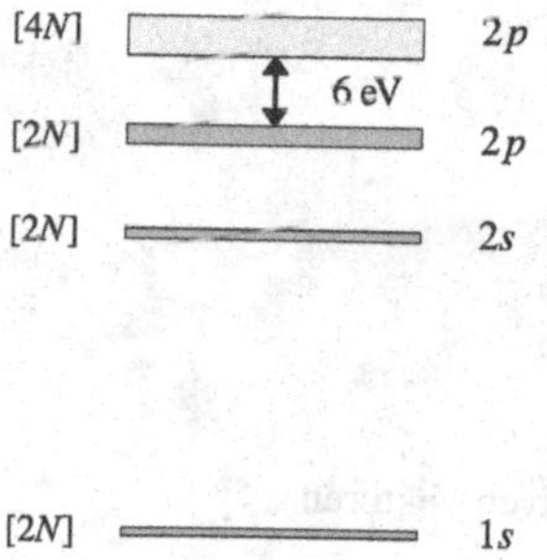

Abb. 15.21. Bandstruktur von Diamant (schematisch)

einen Wert von ungefähr 0.03 eV, hat, kann die Lücke nicht durch thermische Anregung überwunden werden. Ebensowenig ist es möglich, Elektronen durch Anlegen eines elektrischen Feldes in das leere Band zu befördern. Diamant ist aus diesem Grund ein guter Isolator.

Bei der Diskussion der Leitfähigkeit ist die folgende Nomenklatur gebräuchlich: Das letzte (voll oder teilweise) besetzte Band wird als Valenzband bezeichnet, das erste (ganz oder teilweise) unbesetzte Band als Leitungsband. Die Leitfähigkeit wird durch die Größe der Lücke zwischen diesen Bändern, der Bandlücke (band gap), kontrolliert (Abb. 15.22).

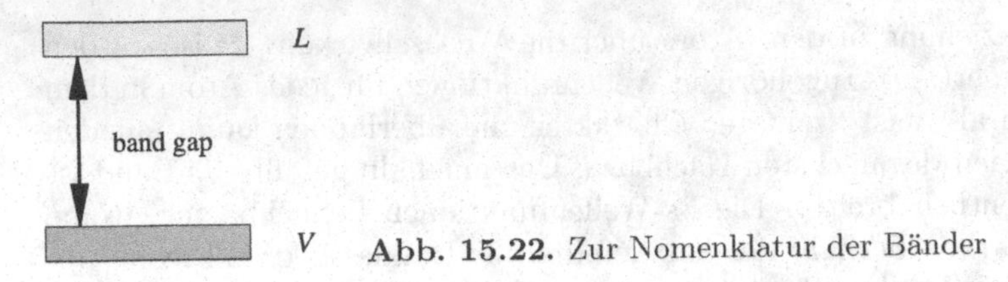

Abb. 15.22. Zur Nomenklatur der Bänder

Um diese Andeutungen in quantifizierbare Aussagen umzusetzen, ist ein gewisser Aufwand notwendig. Für die Berechnung der Bewegung der Elektronen in einem perfekten Kristall ist die Lösung der Schrödingergleichung in einem periodischen Potential zuständig. Die Diskussion der Periodizität in dem dreidimensionalen Raum erfordert die Kenntnis einiger Begriffe über Kristallgitter.

- Man bezeichnet ein Kristallgitter als ein *Bravaisgitter*, wenn, ausgehend von einem beliebigen Gitterpunkt in dem Kristall, die Gesamtheit der Gitterpunkte durch Bravaisvektoren

$$\boldsymbol{R}_B = n_1\boldsymbol{a}_1 + n_2\boldsymbol{a}_2 + n_3\boldsymbol{a}_3 \qquad n_i = 0,\, \pm 1,\, 2,\, \ldots \tag{15.32}$$

beschrieben werden können. Bravaisvektoren werden durch Superposition eines Satzes von *primitiven Vektoren* $\boldsymbol{a}_i$ dargestellt. In Abb. 15.23 wird

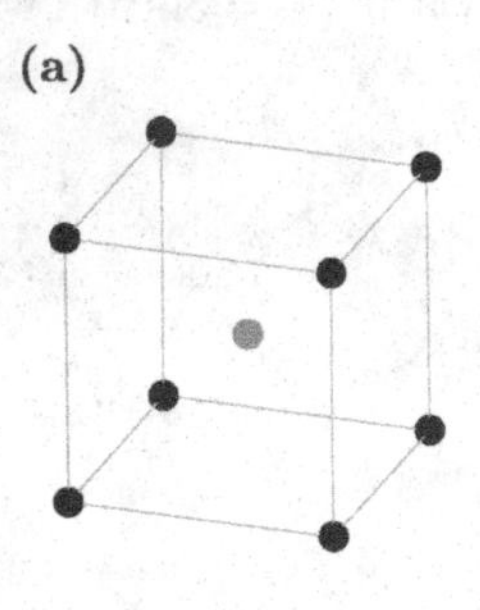

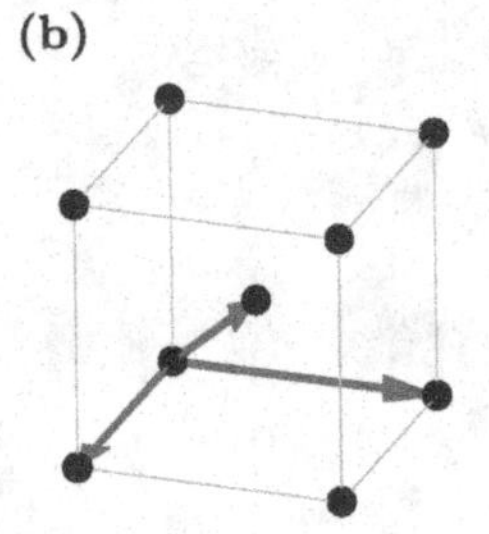

Abb. 15.23. Der bcc-Kristall

eine Ansicht (a) und ein möglicher Satz von primitiven Vektoren (b) für ein körperzentriertes kubisches Gitter (body centered cubic = bcc) gezeigt. In Bezug auf ein kartesisches Koordinatensystem in einem Eckpunkt des Würfels mit der Kantenlänge a gilt z. B.[3]

$$\boldsymbol{a}_1 = a\boldsymbol{e}_x \qquad \boldsymbol{a}_2 = a\boldsymbol{e}_y \qquad \boldsymbol{a}_3 = \frac{a}{2}\left(\boldsymbol{e}_x + \boldsymbol{e}_y + \boldsymbol{e}_z\right)\,. \tag{15.33}$$

[3] Einige zusätzliche Bemerkungen zur Kristallstruktur sind in D.tail 15.4 zusammengestellt.

Dieser Satz von primitiven Vektoren ist keineswegs eindeutig. Die Abb. 15.24 zeigt die entsprechenden Darstellungen für ein flächenzentriertes kubisches Gitter (face centered cubic = fcc).

(a)

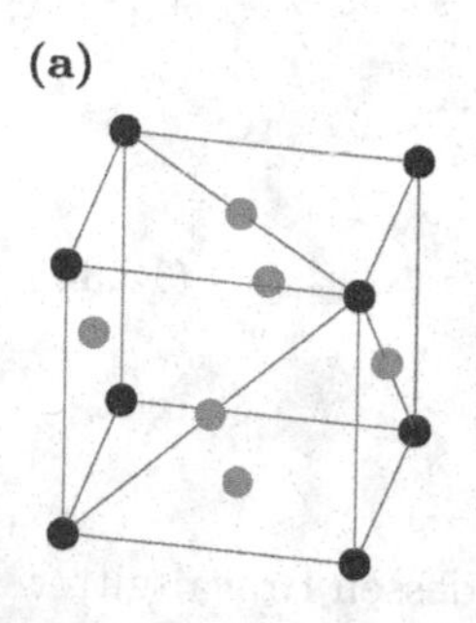

Ansicht

(b)

Ein Satz von primitiven Vektoren

Abb. 15.24. Der fcc-Kristall

- Die *Wigner-Seitz Zelle* um jeden Gitterpunkt ist das Volumen, dessen Begrenzung näher zu diesem als zu jedem anderen Punkt ist. Der Einfachheit halber zeigt die Abb. 15.25a ein zweidimensionales Bravaisgitter und die zugehörige hexagonale Wigner-Seitz Zelle. Die Wigner-Seitz Zelle des

(a)

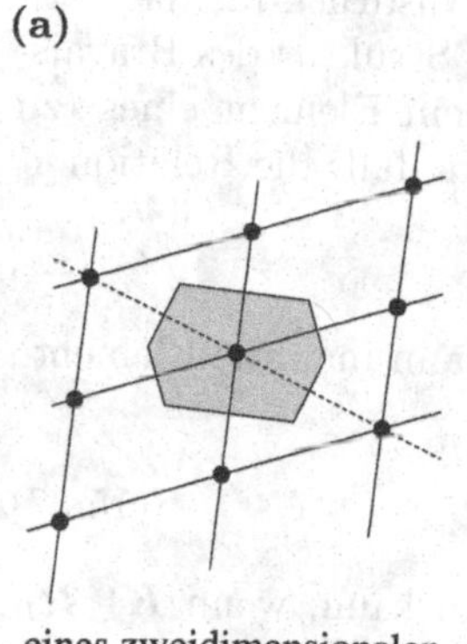

eines zweidimensionalen Bravaisgitters

(b)

eines bcc-Gitters

Abb. 15.25. Wigner-Seitz Zelle

bcc-Gitters ist ein Volumen, das von sechs quadratischen und acht hexagonalen Flächen begrenzt ist. Die quadratischen Flächen halbieren die Verbindungslinien zu den zentralen Gitterpunkten in den Nachbarwürfeln, die hexagonalen Flächen die Verbindungslinien zu den acht Eckpunkten des umgebenden Würfels (siehe Abb. 15.25b und D.tail 15.4).

- Das *reziproke Gitter* wird durch ein zu den primitiven Vektoren $\boldsymbol{a}_i$ reziprokes (schiefwinkliges) Dreibein aufgespannt. Man kann es (siehe Band 1, Math.Kap. 3.1.4, der zusätzliche Faktor 2π ist infolge der Bedingung (15.37) nützlich) durch

$$\boldsymbol{b}_1 = 2\pi\frac{(\boldsymbol{a}_2 \times \boldsymbol{a}_3)}{(\boldsymbol{a}_1\boldsymbol{a}_2\boldsymbol{a}_3)}$$

$$\boldsymbol{b}_2 = 2\pi\frac{(\boldsymbol{a}_3 \times \boldsymbol{a}_1)}{(\boldsymbol{a}_1\boldsymbol{a}_2\boldsymbol{a}_3)} \tag{15.34}$$

$$\boldsymbol{b}_3 = 2\pi\frac{(\boldsymbol{a}_1 \times \boldsymbol{a}_2)}{(\boldsymbol{a}_1\boldsymbol{a}_2\boldsymbol{a}_3)}$$

darstellen. Das reziproke Gitter für einen bcc-Kristall, dessen Bravaisgitter durch (15.33) aufgespannt wird, wird von den Vektoren

$$\boldsymbol{b}_1 = \frac{2\pi}{a}(\boldsymbol{e}_x - \boldsymbol{e}_z) \qquad \boldsymbol{b}_2 = \frac{2\pi}{a}(\boldsymbol{e}_y - \boldsymbol{e}_z) \qquad \boldsymbol{b}_3 = \frac{4\pi}{a}\boldsymbol{e}_z \tag{15.35}$$

erzeugt. Die Vektoren $\boldsymbol{a}_i$ und $\boldsymbol{b}_j$ sind orthogonal

$$\boldsymbol{a}_i \cdot \boldsymbol{b}_j = 2\pi\,\delta_{ij}\,. \tag{15.36}$$

Diese Aussage folgt aus der Konstruktion des reziproken Gitters und kann für das Beispiel direkt überprüft werden.
Das reziproke Gitter ist auf der anderen Seite ein Ausdruck für die Periodizität von ebenen Wellen in dem Kristall, die die Struktur des Bravaisgitters widerspiegeln. Ein Wellenzahlvektor $\boldsymbol{K}$ ist ein Element eines (zu einem Bravaisgitter im Ortsraum) reziproken Gitters, falls die Relation

$$\mathrm{e}^{\mathrm{i}\boldsymbol{K}\cdot(\boldsymbol{r}+\boldsymbol{R}_B)} = \mathrm{e}^{\mathrm{i}\boldsymbol{K}\cdot\boldsymbol{r}}$$

für alle Vektoren $\boldsymbol{r}$ und $\boldsymbol{R}_B$ erfüllt ist. Alternativ kann man die Elemente des reziproken Gitters durch

$$\mathrm{e}^{\mathrm{i}\boldsymbol{K}\cdot\boldsymbol{R}_B} = 1 \tag{15.37}$$

definieren. Da die Definition (15.37) nur erfüllt sein kann, wenn $\boldsymbol{K}\cdot\boldsymbol{R}_B$ ein ganzzahliges Vielfaches von 2π ist, folgt, dass der Wellenzahlvektor $\boldsymbol{K}$ eine Linearkombination der Vektoren $\boldsymbol{b}_j$ mit ganzahligen Koeffizienten m_i sein muss

$$\boldsymbol{K} = m_1\boldsymbol{b}_1 + m_2\boldsymbol{b}_2 + m_3\boldsymbol{b}_3 \qquad m_i = 0,\ \pm1,\ \pm2,\ \ldots\,. \tag{15.38}$$

Nur dann ist die Bedingung

$$\boldsymbol{K}\cdot\boldsymbol{R}_B = 2\pi(n_1\,m_1 + n_2\,m_2 + n_3\,m_3) \longrightarrow 2\pi * (\text{ganze Zahl})$$

erfüllt.

- Die (erste) *Brillouinzone* ist die Wigner-Seitz Zelle des reziproken Gitters. Konstruiert man z. B. das reziproke Gitter mit dem Satz von primitiven Vektoren eines bcc-Gitters in (15.35), so stellt man fest, dass die reziproke Basis ein flächenzentriertes kubisches Gitter erzeugt. Die Brillouinzone eines bcc-Gitters ist die Wigner-Seitz Zelle eines fcc-Gitters.

Die Aufteilung eines Kristalls in Zellen bedingt die Reduktion des Festkörperproblems auf die Betrachtung von einzelnen Atomen oder Ionen. Das verbleibende Mehrteilchenproblem wird, wie im Fall von isolierten Atomen oder Molekülen im nächsten Schritt durch einen Satz von effektiven Einteilchenproblemen ersetzt. Dies führt auf die Aufgabe, die Lösungen einer (Einteilchen)-Schrödingerleichung

$$\hat{h}\,\psi(\boldsymbol{r}) = \left\{-\frac{\hbar^2}{2m_e}\Delta + v(\boldsymbol{r})\right\}\psi(\boldsymbol{r}) \tag{15.39}$$

mit einem periodischen Potential

$$v(\boldsymbol{r} + \boldsymbol{R}_B) = v(\boldsymbol{r}) \tag{15.40}$$

zu finden. Nach dem Theorem von Bloch (Begründung siehe ◉ D.tail 15.5) kann die Lösung in der Form einer ebenen Welle multipliziert mit einer periodischen Funktion

$$\psi_{\boldsymbol{k}}(\boldsymbol{r}) = \mathrm{e}^{i\boldsymbol{k}\cdot\boldsymbol{r}}u_{\boldsymbol{k}}(\boldsymbol{r}) \tag{15.41}$$

angesetzt werden. Die Funktion u erfüllt die Bedingung

$$u_{\boldsymbol{k}}(\boldsymbol{r} + \boldsymbol{R}_B) = u_{\boldsymbol{k}}(\boldsymbol{r})\,. \tag{15.42}$$

Der Blochansatz und die Periodizität der Funktion u bedingen die Alternativform des Blochtheorems

$$\psi_{\boldsymbol{k}}(\boldsymbol{r} + \boldsymbol{R}_B) = \mathrm{e}^{i\boldsymbol{k}\cdot(\boldsymbol{r}+\boldsymbol{R}_B)}u_{\boldsymbol{k}}(\boldsymbol{r} + \boldsymbol{R}_B) = \mathrm{e}^{i\boldsymbol{k}\cdot\boldsymbol{R}_B}\psi_{\boldsymbol{k}}(\boldsymbol{r})\,. \tag{15.43}$$

Der Wellenzahlvektor $\boldsymbol{k}$ kann durch die reziproken Gittervektoren dargestellt werden

$$\boldsymbol{k} = x_1\boldsymbol{b}_1 + x_2\boldsymbol{b}_2 + x_3\boldsymbol{b}_3\,.$$

Er wird durch die Bedingung der Periodizität festgelegt und eingeschränkt. Zusätzlich ist der Wellenzahlvektor $\boldsymbol{k}$ auf die erste Brillouinzone beschränkt. Ein Vektor $\boldsymbol{k}'$, der nicht in der ersten Brillouinzone liegt, kann aus einem Vektor $\boldsymbol{k}$ in der Zone und einem reziproken Gittervektor $\boldsymbol{K}$ zusammengesetzt werden. Für diesen Vektor gilt

$$\mathrm{e}^{\mathrm{i}\boldsymbol{k}'\cdot\boldsymbol{R}_B} = \mathrm{e}^{\mathrm{i}(\boldsymbol{k}+\boldsymbol{K})\cdot\boldsymbol{R}_B} = \mathrm{e}^{\mathrm{i}\boldsymbol{k}\cdot\boldsymbol{R}_B}\,. \tag{15.44}$$

Die Blochform mit dem Vektor $\boldsymbol{k}'$ ist identisch mit der Blochform (15.43) mit dem Vektor $\boldsymbol{k}$.

Die Schrödingergleichung für die Funktion u mit einem vorgegebenen Wellenzahlvektor $\boldsymbol{k}$ lautet

$$\hat{h}_{\boldsymbol{k}} u_{\boldsymbol{k}}(\boldsymbol{r}) = \left(\frac{\hbar^2}{2m_e} \left(-\nabla + \boldsymbol{k}\right)^2 + v(\boldsymbol{r}) \right) u_{\boldsymbol{k}}(\boldsymbol{r}) = E_{\boldsymbol{k}} u_{\boldsymbol{k}}(\boldsymbol{r}) \,, \tag{15.45}$$

die mit geeigneten Randbedingungen in einer Wigner-Seitz Zelle zu lösen ist. Infolge der Beschränkung auf ein endliches Volumen wird man einen (unendlichen) Satz von diskreten Eigenlösungen erhalten

$$u_{\boldsymbol{k}}(\boldsymbol{r}) \longrightarrow u_{n,\,\boldsymbol{k}}(\boldsymbol{r}) \qquad E_{\boldsymbol{k}} \longrightarrow E_{n,\,\boldsymbol{k}} \,.$$

Der Wellenvektor tritt in der Lösung als ein kontinuierlicher Parameter auf, der auf die erste Brillouinzone beschränkt ist. Die Zustände mit den Energiewerten $E_{n,\,\boldsymbol{k}}$ mit einem kontinuierlichen Parameter $\boldsymbol{k}$ entsprechen den Energiebändern. Man bezeichnet die Quantenzahl n als den *Bandindex*.

Eine alternative Aussage, die aus den vorangegangen Bemerkungen folgt, lautet: Für einen gegebenen Wert von n sind die Eigenzustände und die Eigenwerte des Hamiltonoperators (15.45) periodische Funktionen des Wellenzahlvektors $\boldsymbol{k}$ mit der Periode $\boldsymbol{K}$

$$\psi_{n,\,\boldsymbol{k}+\boldsymbol{K}}(\boldsymbol{r}) = \psi_{n,\,\boldsymbol{k}}(\boldsymbol{r}) \qquad E_{n,\,\boldsymbol{k}+\boldsymbol{K}} = E_{n,\,\boldsymbol{k}} \,.$$

In Anlehnung an diese Aussage findet man oft eine (redundante) Darstellung des Festkörperproblems, in der der gesamte $\boldsymbol{k}$-Raum benutzt wird. Die drei Darstellungen der Bandstruktur sind in Abb. 15.26 und 15.27 für eine Raumdimension gegenübergestellt. Man benutzt

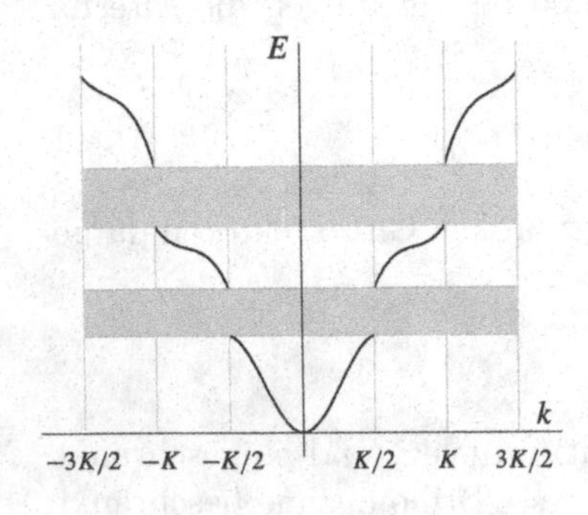

Abb. 15.26. Darstellungen der Bandstruktur (eindimensional): erweiterte Zone

- die Darstellung mit einer erweiterten Zone (Abb. 15.26), in der der gesamte k-Raum in der Standardform benutzt wird,
- die Darstellung mit einer reduzierten Zone (Abb. 15.27a) mit der Beschränkung der k-Werte auf die erste Brillouinzone,

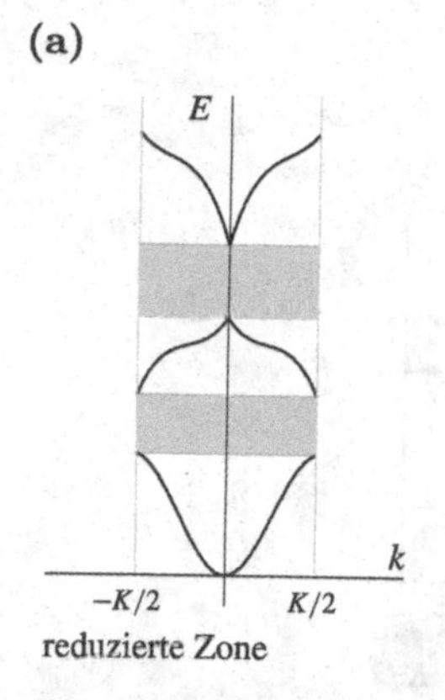

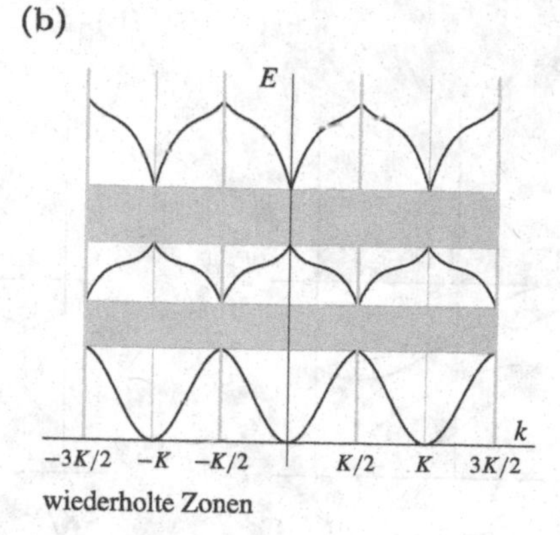

Abb. 15.27. Darstellungen der Bandstruktur (eindimensional)

- die Darstellung mit wiederholten Zonen (Abb. 15.27b), in der die Darstellung in der Brioullinzone in den nächsten Zonen wiederholt wird.

In einem realen dreidimensionalen Kristall werden die Bandstrukturen entlang ausgezeichneter Achsen in der Brillouinzone aufgetragen.

Zur Lösung des Blochproblems stehen eine Vielzahl von Methoden zur Verfügung, die in dieser Einführung nicht diskutiert werden sollen. Der Umsetzung der anfangs diskutierten Heitler-London Methode kommt die unter dem Kürzel LCAO-Methode (linear combination of atomic orbitals) am nächsten.

Die Resultate, die sich aus derartigen Rechnungen ergeben, können in qualitativer Form folgendermaßen zusammengefasst werden: Den Grundzustand eines Kristalls bei $T = 0°$ K mit N Blochelektronen erhält man, indem man die Blochzustände mit den Energiewerten $E_{n,\boldsymbol{k}}$ bis zu einer Fermifläche (dem Äquivalent der Fermikugel im Fall des freien Elektronengases) auffüllt. Die folgenden Konfigurationen können dabei auftreten:

- Einige Bänder sind vollständig gefüllt, die restlichen Bänder sind leer. Je nach der Energiedifferenz zwischen der höchsten Energie des höchsten gefüllten Bandes und der tiefsten Energie des tiefsten nicht gefüllten Bandes (der Bandlücke) hat man einen Isolator oder einen Halbleiter (Abb. 15.28a). Einige Daten zu den Bandlücken sind in Tabelle 15.3 zusammengestellt.
- Einige Bänder sind nur teilweise gefüllt. In diesem Fall existiert für jedes teilweise gefüllte Band eine Fläche im Wellenzahlraum, die durch die Fermienergie E_F bestimmt ist

$$E_{n,\boldsymbol{k}} \rightarrow E_n(\boldsymbol{k}) = E_F \ .$$

Die Gesamtheit dieser Flächen stellt die Fermifläche des Materials dar. Jede der Einzelflächen bezeichnet man als einen Zweig der Fermifläche. Materialien mit Fermiflächen haben metallischen Charakter. Eine Andeutung

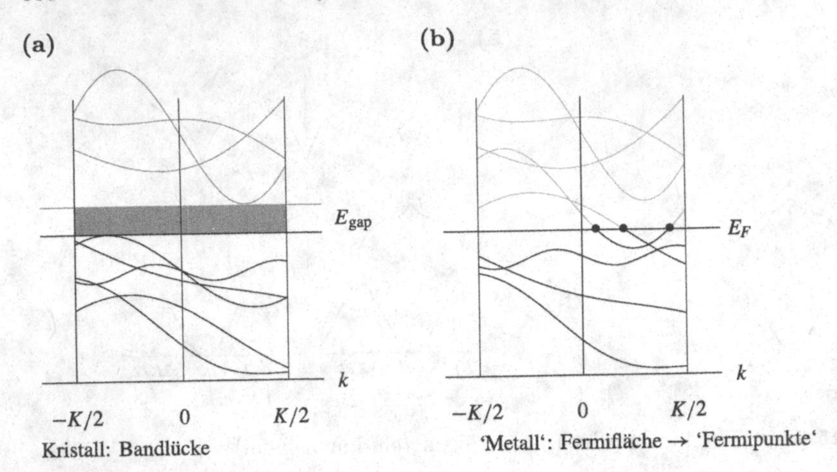

Abb. 15.28. Bandstruktur in einem eindimensionalen Festkörper (schematisch)

der Situation zeigt Abb. 15.28b. Für das Beispiel in einer Raumdimension erhält man anstelle der Fermifläche nur Fermipunkte.

In Halbleitern ist die Bandlücke wesentlich kleiner als für Isolatoren. Bei tieferen Temperaturen können Elektronen die Lücke noch nicht überwinden. Bei höheren Temperaturen oder einer anderweitigen Einwirkung wie Photoabsorption können jedoch Elektronen in das Leitungsband angehoben werden. Es kommt zur Leitfähigkeit.

Tabelle 15.3. Bandlücken bei Zimmertemperatur (300° K, außer Br_2 und Ar)

Isolator			Halbleiter		
Material	Symbol	E_{gap} [eV]	Material	Symbol	E_{gap} [eV]
Manganoxyd	MnO	3.7	Silizium	Si	1.12
Nickeloxyd	NiO	4.2	Germanium	Ge	0.67
Diamant	C	5.5	Bleisulfid	PbS	0.37
Brom	Br_2	8.3	Technetium	Te	0.35
Argon	Ar	14.3	Indiumantimonid	InSb	0.16

Neben den reinen Halbleitern gibt es einen weiteren Mechanismus für das Auftreten von Halbleitung, der auf der Anwesenheit von 'Dotierungen' basiert. Die äußeren Elektronen in Si und Ge entsprechen den Konfigurationen $(3s)^2(3p)^2$ bzw. $(4s)^2(4p)^2$. Die vier Elektronen in jedem Atom gehen mit den entsprechenden Elektronen der benachbarten Atomen eine kovalente Bindung in dem Kristall ein (Abb. 15.29a). Da die p-Bänder der $n = 3$-

bzw. der $n = 4$-Schale entstammen, ist die Bandlücke in diesen Materialien deutlich reduziert (siehe Tabelle 15.3). Im Vergleich dazu ist die Bandlücke in Diamant mit der entsprechenden Konfiguration $(2s)^2(2p)^2$ merklich größer, da die $n = 2$ Schale betroffen ist. Bringt man nun z. B. ein Arsenatom (As) anstelle eines Si-/Ge-Atoms in den Kristall ein (in Realität natürlich N' solcher Atome), so findet man die in Abb. 15.29b skizzierte Situation vor: Die

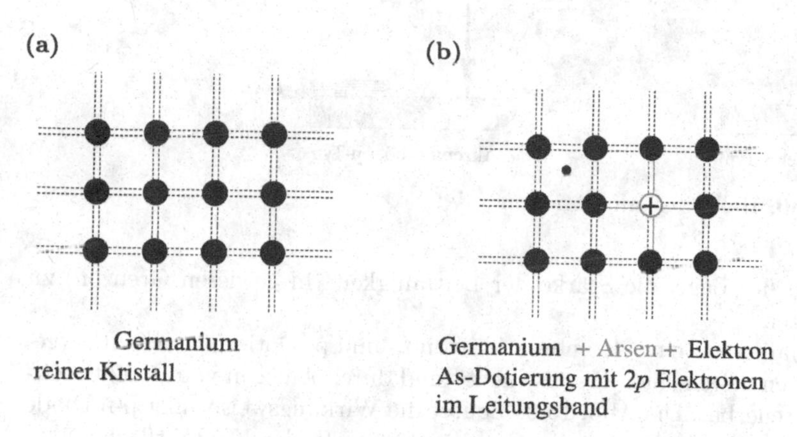

Abb. 15.29. Arsendotierung im Germaniumkristall

Konfiguration der äußeren Schalen in Arsen ist $(4s)^2(4p)^3$. Vier der äußeren Elektronen der dotierten Atome sind wie die Elektronen des Trägermaterials an der kovalenten Bindung beteiligt. Je eines der p-Elektronen ist nicht an der Bindung beteiligt. Da es jedoch infolge der Einbettung sehr schwach gebunden ist (z. B. 0.013 eV für Arsen in Germanium), ist es in einem Band angesiedelt, das knapp unter dem Leitungsband liegt. Diese zusätzlichen durch Dotierung eingebrachten Elektronen können mit geringem Energieaufwand in das Leitungsband gehoben werden und führen somit zu einer erhöhten Leitfähigkeit.

Es existieren zwei verschiedene Typen von Halbleitern mit Dotierung:

- der Donator- oder n-Typ
- der Akzeptor- oder p-Typ.

In dem Donatortyp wird ein Element mit der atomaren Struktur $(ns)^2(np)^3$, z. B. Arsen aus der 3. Reihe mit $n = 4$, anstelle eines Elementes mit der Konfiguration $(n's)^2(n'p)^2$ in den Festkörperverband eingebracht. Bei dem Akzeptortyp ist das Fremdatom ein Element mit der Konfiguration $(ns)^2(np)^1$ (z. B. Gallium (Ga) mit $n = 4$). Zur Herstellung der kovalenten Bindung in dem Kristallverband nimmt das Fremdatom ein Elektron auf. Um das so erzeugte negative Ion (Ga^-) entstehen 'Lochzustände'. Diese unbesetzten Zustände liegen knapp über dem Valenzband, so dass Elektronen aus dem Valenzband mit geringem Energieaufwand diese Lochzustände (mit Leitungsbandcharakter) besetzen können (Abb. 15.30). Durch Variation der Stärke der Dotierung

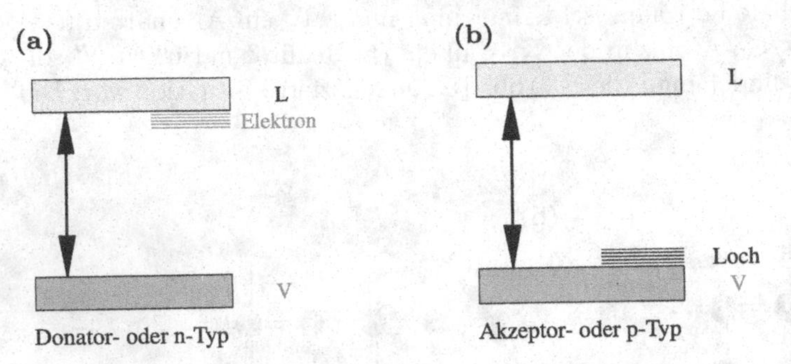

Abb. 15.30. Halbleiter mit Dotierung

ist man in der Lage, die Stärke der Leitfähigkeit (in gewissen Grenzen) zu kontrollieren.

Materialien mit einer Kombination von n- und p- Dotierungen (auf entgegengesetzten Seiten einer Trennschicht) sind durch Anlegen von Potentialdifferenzen steuerbar. Die Abb. 15.31 deutet die Wirkungsweise einer p-n Diode aus der Sicht der Ladungen der Gitterionen an. In der Kontaktfläche eines n- mit einem p-dotierten Halbleiter bildet sich jeweils eine Schicht von Leitungselektronen bzw. Löchern in der Größenordnung 10^3 Å aus (Abb. 15.31a). Auf der n-Seite ist der ionische Hintergrung positiv, auf der p-Seite negativ. Diese Schicht wirkt als Sperrschicht für den Ladungstransport. Durch Anlegung einer Spannung in der durch die jeweiligen Ladungsträger vorgegebene Orientierung verbreitert sich die Schicht und verstärkt so den Widerstand (Abb. 15.31b). Kehrt man die Richtung des angelegten Feldes um, so wird die Schicht verringert und die Leitfähigkeit (drastisch) erhöht (Abb. 15.31c). Derartige n-p 'junctions' stellen die Grundelemente für die Herstellung von

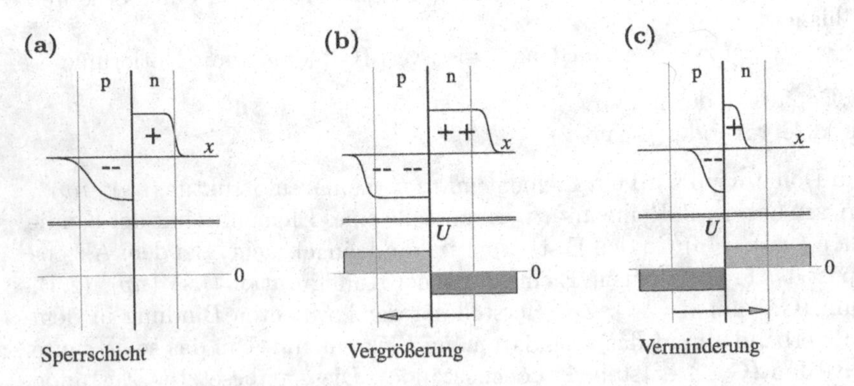

Abb. 15.31. Arbeitsweise der p-n Diode

Halbleiterbauelementen dar. So bestehen z. B. Transistoren aus n-p-n oder p-n-p Elementen.

15.3.4 Phononen

In einem Kristallverband befinden sich Ionenrümpfe, die fest in die Gitterstruktur eingebaut sind. Sie sind also nicht frei beweglich, können jedoch bei Energiezufuhr in Schwingung versetzt werden. Die quantisierten, harmonischen Schwingungsmoden des Kristallgitters bezeichnet man als *Phononen*. Zur Andeutung dieses Themenkreises soll ein vereinfachtes klassisches Modell betrachtet werden. Anschließend werden die notwendigen Erweiterungen benannt. Man vermeidet die Komplikationen infolge der realen Kristallstruktur, wenn man einen linearen Festkörper betrachtet, der durch eine (große) Zahl von identischen Massenpunkten modelliert wird, die durch identische Federn verbunden sind (Abb. 15.32).

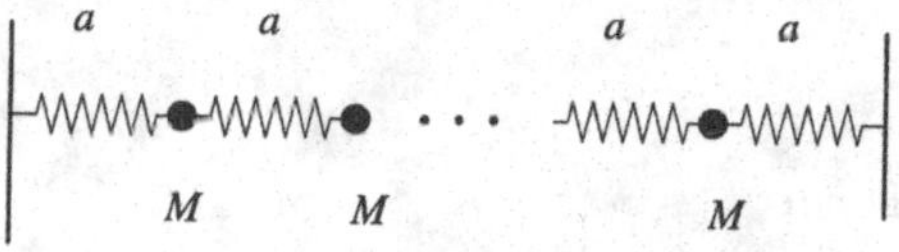

Abb. 15.32. Die einfache lineare Kette

Die Masse eines jeden Massenpunktes ist M, die Federkonstante b und die Gleichgewichtsabstände, bei denen die Federn entspannt sind, sind a. In dieser schwingungsfähigen, linearen Kette wird jetzt jede der n Massen in Richtung der nächsten Nachbarn um die kleine Strecke x_n aus der Gleichgewichtslage ausgelenkt. Die gesamte potentielle Energie des Systems ist dann

$$\begin{aligned} W &= \frac{b}{2} \sum_{n=1}^{N-1} (x_n - x_{n+1})^2 \\ &= \frac{b}{2} \left\{ (x_1 - x_2)^2 + (x_2 - x_3)^2 + \ldots + (x_{n-1} - x_n)^2 \right\} . \end{aligned}$$

Daraus ergibt sich für die n-te Masse (bzw. das n-te Ion) die Bewegungsgleichung

$$M\ddot{x}_n(t) = -b \left\{ 2x_n(t) - x_{n+1}(t) - x_{n-1}(t) \right\} . \qquad (15.46)$$

Für Festkörpersysteme ist N eine große Zahl. In diesem Fall kann man die besondere Rolle der beiden Endmassen vernachlässigen. Die einfachste mathematische Methode, um dies umzusetzen, ist die Forderung von periodischen Randbedingungen (die Born-von Karmann Randbedingungen für die lineare Kette, Abb. 15.33)

$$x_N(t) = x_0(t) \qquad x_{N+1}(t) = x_1(t) .$$

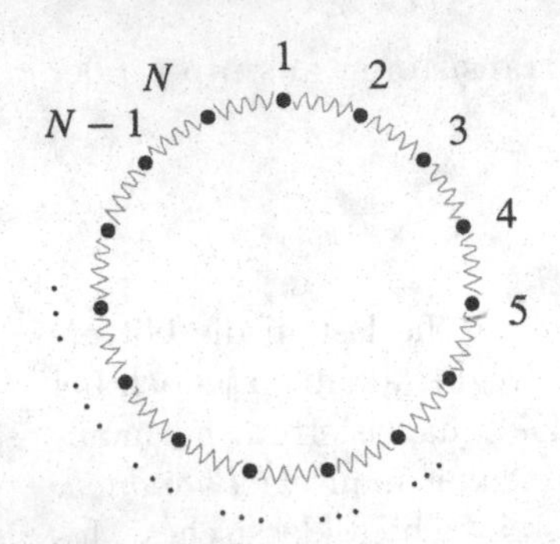

Abb. 15.33. Born-von Karmann Randbedingung für die lineare Kette

Dies bedeutet, dass man die lange Kette an den Enden durch eine Extrafeder (unter mehr als 10^{20} Federn) verbindet. Die Diskussion von Systemen von gekoppelten Oszillatoren wird in der Mechanik (Band 1, Kap. 6.1.3.3) geübt. Die Lösungen können nach den Eigenmoden des Systems entwickelt werden

$$x_n(t) = \sum_{r=1}^{N} A_{nr}\, q_r(t) \qquad \dot{A}_{nr} = 0 \,,$$

die Eigenmoden selbst können in der Form

$$q_r(t) = \mathrm{e}^{\mathrm{i}\omega_r t}$$

dargestellt werden. Die Bestimmung der Eigenfrequenzen ist keine ganz einfache Aufgabe, kann aber für den Fall, dass nur nächste Nachbarn durch eine Feder verknüpft sind, analytisch durchgeführt werden. Das Ergebnis wird in der Form einer Dispersionsrelation (d. h. ω als Funktion einer Wellenzahl k) angegeben

$$\omega(k_r) = 2\sqrt{\frac{k}{M}}\left|\sin\frac{1}{2}ak_r\right| \,. \tag{15.47}$$

Die zulässigen (diskreten) Werte der Wellenzahl sind

$$k_r = \frac{\pi}{a}\frac{(N-2r)}{N} \qquad r = 1, 2, \ldots, N \,. \tag{15.48}$$

Falls N (wie vorgesehen) eine große Zahl ist, liegen die Wellenzahlen sehr dicht. Für das Beispiel $N = 1000$ (eine Zahl, die bei weitem zu klein ist) hätte man die Wellenzahlwerte

$$k_r \longrightarrow \left\{\frac{998}{1000}, \frac{996}{1000}, \ldots, \frac{-1000}{1000}\right\}\frac{\pi}{a} \,,$$

in einem Intervall der Länge π/a

$$-\frac{\pi}{a} \le k_r \le \frac{\pi}{a} \,.$$

Das bedeutet, dass die Dispersionsrelation einer linearen Kette mit vielen Gliedern eine kontinuierliche Dispersionskurve $\omega = \omega(k)$ ergibt. Diese Kurve hat ungefähr den in Abb. 15.34 gezeigten Verlauf: Für kleine Werte von

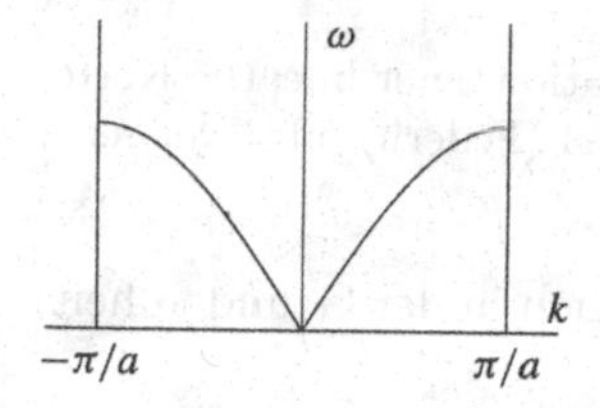

Abb. 15.34. Dispersionsrelation der einfachen linearen Kette

$k_r \to k$ (entwickle den Sinus in (15.47)) variiert ω linear mit k. Für die Endwerte ($ak \to \pm\pi/2$) flacht die Kurve mit dem Sinus ab, die Ableitung $\mathrm{d}\omega(k)/\mathrm{d}k$ verschwindet. Man bezeichnet eine solche Dispersionskurve als einen akustischen Zweig, da der lineare Anstieg um $k = 0$ der Dispersionskurve von Schallwellen entspricht. Die allgemeine Lösung der Differentialgleichungen der linearen Oszillatorkette erhält man durch die Umsetzung von $2N$ Anfangsbedingungen. Anschaulich gesprochen, erhält man ein Wellenmuster, das mit der Phasengeschwindigkeit $v_{\mathrm{ph}} = \omega(k)/k$ und der Gruppengeschwindigkeit $v_{\mathrm{gr}} = \mathrm{d}\omega/\mathrm{d}k$ an der Kette entlang läuft.

Die Diskussion wird auf dem klassischen Niveau aufwendiger, wenn man komplexere Situationen betrachtet, so z. B.

- eine lineare Kette mit alternierenden Abständen und/oder alternierenden Massen (Abb. 15.35),
- monoatomare Gitter in zwei oder drei Dimensionen,
- multiatomare Gitter in zwei oder drei Dimensionen.

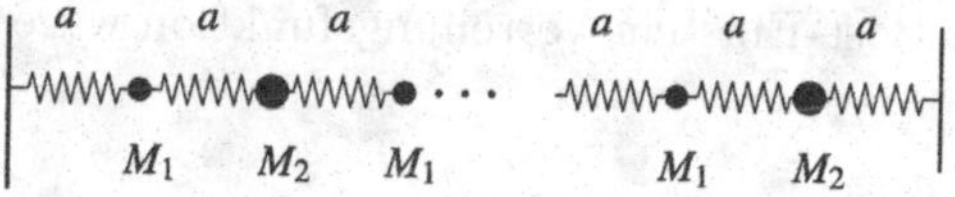

Abb. 15.35. Lineare Kette: Variante mit alternierenden Massen

Im Fall von alternierenden Abständen erhält man zwei verschiedene Dispersionskurven: Einen akustischen Zweig und einen 'optischen' Zweig (Abb. 15.36). Der zusätzliche Zweig wird optisch genannt, da er leicht durch elektromagnetische Strahlung angeregt wird und somit die optischen Eigenschaften des Kristalls zum großen Teil bestimmt. Liegt ein dreidimensionales Gitters liegt vor, so tritt ein Wellenzahlvektor $\boldsymbol{k}$ auf und die Dispersionsrelationen (mit mehreren Zweigen) haben die Form

$$\omega_s(\boldsymbol{k}_r) = \omega_s(k_{rx}, k_{ry}, k_{rz}) \tag{15.49}$$

$$r = 1, 2, 3, \ldots \qquad s = 1, 2, 3, \ldots, 3p\,.$$

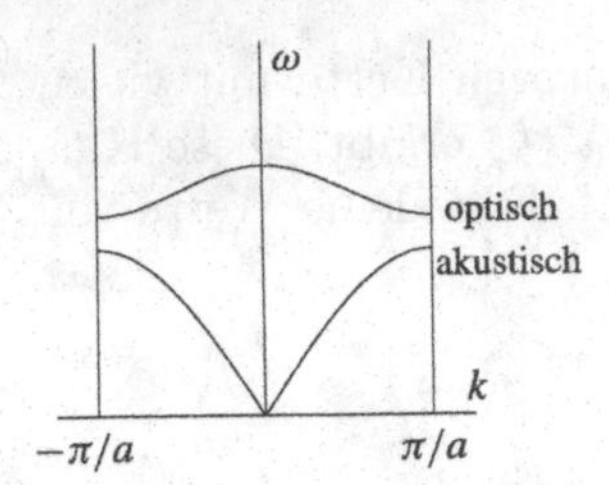

Abb. 15.36. Dispersionsrelation einer linearen Kette mit alternierenden Abständen (Federn) oder Massen

Die Zahl der Zweige ist $3\,p$, wobei p die Anzahl der Ionen in der Grundeinheit des Kristalls ist.

Geht man von der klassischen Beschreibung der Gitterschwingungen zu der quantisierten Form über, so entspricht jede der Eigenmoden einem Oszillatorspektrum. Jede Mode mit der Kreisfrequenz $\omega_s(\boldsymbol{k})$ kann die diskreten Energiewerte

$$E_{n_s}^{(s)}(\boldsymbol{k}) = \left(n_s + \frac{1}{2}\right) \hbar\omega_s(\boldsymbol{k}) \tag{15.50}$$

annehmen. Die Quantenzahl $n_s = 1, 2, \ldots$ entspricht der Anzahl der Phononen in dem Zweig s. Phononen haben wie alle Oszillatorquanten Bosonencharakter. Die gesamte Energie der quantisierten Gitterschwingungen in dem Kristall ist somit

$$E_{\text{phonon}} = \frac{1}{(2\pi)^3} \int_{\text{BZ}} \mathrm{d}^3k \sum_s E_{n_s}^{(s)}(\boldsymbol{k})\,. \tag{15.51}$$

Integriert wird, wie es sich in dem Beispiel der linearen Kette andeutete $(-\pi/a \leq k \leq \pi/a)$, über die erste Brillouinzone.

Wie im Fall von Fermionen (z. B. im Rahmen des freien Elektronengases) kann man die spezifische Wärme bei konstantem Volumen aufgrund der Gitterschwingungen berechnen. Mit der Bose-Einstein Verteilungsfunktion wäre das Integral

$$C_V = \frac{\partial}{\partial T} \sum_s \int_{rmBZ} \frac{\mathrm{d}^3k}{(2\pi)^3} \frac{\hbar\omega_s(\boldsymbol{k})}{(\mathrm{e}^{\hbar\omega_s(\boldsymbol{k})/(kT)} - 1)} \tag{15.52}$$

auszuwerten, eine Aufgabe, die hier nicht durchgeführt wird (siehe Band 5). Man findet, dass der Beitrag der Gitterschwingungen zu der spezifischen Wärme schon oberhalb von einigen Grad Kelvin über den Beitrag der Elektronen dominiert. Die mögliche Kopplung der Dynamik der Gitterschwingungen an die Bewegung der Elektronen hat jedoch i.A. nur einen bescheidenen Einfluss. So wird z. B. die Fermienergie von Metallen durch die Ankopplung der Phononen nicht verändert.

Sowohl Photonen (Lichtquanten) als auch Phononen (Schwingungsquanten) sind Bosonen. Eine Analogie besteht nicht nur in der Bezeichnung sondern auch in den Eigenschaften. Trotz der Unterschiede

- Es gibt $3p$ Moden für Phononen. Die Dispersionsrelation $\omega = \omega(\boldsymbol{k})$ ist nichtlinear. Photonen haben zwei Moden und eine lineare Dispersionsrelation $\omega = c\,k$.
- Der Wellenzahlvektor $\boldsymbol{k}$ ist für Phononen infolge der periodischen Struktur auf die erste Brillouinzone beschränkt, im Fall von Photonen spielt der gesamte Wellenzahlraum eine Rolle.

kann man mit den entsprechenden Ersetzungen (z. B. der Schallgeschwindigkeit durch die Lichtgeschwindigkeit) die jeweiligen Formeln ineinander umschreiben. So könnte man die Plancksche Strahlungsformel auch aus der Betrachtung von Kristallgitterschwingungen gewinnen.

16 Literaturverzeichnis

In dem folgenden Verzeichnis findet man die zitierten Originalliteraturstellen, eine Liste von Lehrbüchern der Quantenmechanik, sowie ausgewählte mathematische Literatur und Formelsammlungen.

Die Lehrbücher sind alphabetisch aufgeführt, die Reihenfolge nimmt also keinen Bezug auf das Niveau oder die Schwierigkeit der Darstellung. Werke, die (soweit den Internet-Seiten der Verlage entnehmbar) nicht mehr im Handel erhältlich sind, sind mit (*) markiert.

Zur Einführung

- R. Feynman, R. B. Leighton, M. Sands: ‘Feynman Vorlesungen über Physik‘ Band 3 (Verlag Oldenbourg, München, 2001)

Quantenmechanik: Klassische Texte

- P. A. M. Dirac: ‘The Principles of Quantum Mechanics‘ (Oxford University Press, 1958, Erstveröffentlichung 1930)
- W. Heisenberg: ‘Physikalische Prinzipien der Quantentheorie‘ (Bibliographisches Institut, Mannheim, 1958, Erstveröffentlichung 1930)
- E. C. Kemble: ‘The Fundamental Principles of Quantum Mechanics‘ (Dover Publications, New York, 1958, Erstveröffentlichung 1937)
- A. Sommerfeld: ‘Atombau und Spektrallinien‘ Bd I und II (Verlag H. Deutsch Frankfurt/M., 1978, Erstveröffentlichung 1919)

Quantenmechanik

- C. Cohen-Tannoudji, B. Diu and F. Lalöe: ‘Quantenmechanik‘ 2 Bde (de Gruyter, Berlin, 1999)
- G. Eder: ‘Quantenmechanik I‘ (Bibliographisches Institut, Mannheim, 1968)
- E. Fick: ‘Einführung in die Grundlagen der Quantentheorie‘ (Akademische Verlagsgesellschaft, Frankfurt/M., 1968)

- T. Fließbach: 'Quantenmechanik' (Spektrum Akademischer Verlag, Heidelberg, 2000)
- S. Flügge: 'Rechenmethoden der Quantentheorie' (Springer-Verlag, Heidelberg, 1999)
- S. Gasiorowitz: 'Quantum Physics' (John Wiley, Weinheim, 2003)
- W. Greiner: 'Quantenmechanik I' (Verlag H. Deutsch, Frankfurt/M., 2005)
- R. Jelitto: 'Quantenmechanik I' (Aula Verlag, Wiesbaden, 1993)
- L. D. Landau and E. M. Lifshitz: 'Quantenmechanik' (Verlag H. Deutsch, Frankfurt/M., 1986)
- E. Merzbacher: 'Quantum Mechanics' (John Wiley, Weinheim, 1998)
- A. Messiah: 'Quantum Mechanics, Vol I and II' (North Holland und John Wiley, Amsterdam und New York, 1968)
- W. Nolting: 'Quantenmechanik Teil I und II' (Springer-Verlag, Heidelberg, 2004)
- H. Rollnik: 'Quantentheorie I' (Springer-Verlag, Heidelberg, 2003)
- F. Scheck: 'Nichtrelativistische Quantentheorie' (Springer-Verlag, Heidelberg, 2006)
- L. Schiff: 'Quantum Mechanics' (McGraw-Hill, New York, 1955)
- F. Schwabl: 'Quantenmechanik' (Springer-Verlag, Heidelberg, 2005)

Quantenmechanik, numerisch

- S. Brandt und H. D. Dahmen: 'Quantum Mechanics on the Personal Computer' (Springer-Verlag, Heidelberg, 1989)
- J. M. Feagin: 'Methoden der Quantenmechanik mit Mathematica' (Springer-Verlag, Heidelberg, 1995)
- M. Horbatsch: 'Quantum Mechanics using Maple' (Springer-Verlag, Heidelberg, 1995)
- B. Thaller: 'Visual Quantum Mechanics' (Springer-Verlag, New York, 2000)

Ergänzende Literatur

- N. Ashcroft and D. Mermin: 'Solid State Physics' (Saunders Publications, Philadelphia, 1976)
- H. Bethe und E. Salpeter: 'Quantum Mechanics of One and Two Electron Systems' in Handbuch der Physik ed. S. Flügge, Band **35** (Springer-Verlag, Berlin, 1957)
- H. Friedrich: 'Theoretische Atomphysik' (Springer-Verlag, Berlin, 1990)
- M. E. Rose: 'Multipole Fields' (John Wiley, New York, 1955)

Zeitschriftenveröffentlichungen

- W. Heisenberg, Z. Phys. **39** (1926), 499 S 341 Kap. 14
- C. Eckart, Phys.Rev. **36** (1930), 878 S 343 Kap 14
- E. A. Hylleraas, Z. Physik, **54** (1929), 347. S 345 Kap 14
- E. A. Hylleras, Z. Phys. **66** (1930), 453
- E. A. Hylleras, J. Midtal, Phys.Rev. **103** (1956), 829
- T. Kinoshita, Phys. Rev. **105** (1957), 1490

Mathematik

- V. I. Arnold: 'Gewöhnliche Differentialgleichungen' (Springer-Verlag, Heidelberg, 2004)
- K. T. Bathe: Finite Elemente Methoden (Springer-Verlag, Heidelberg, 2002)
- D. Braess: 'Finite Elemente' (Springer-Verlag, Heidelberg, 2003)
- E. A. Coddington and N. Levinson: 'Theory of Ordinary Differential Equations' (McGraw-Hill, New York, 1955)
- W. Gröbner: 'Differentialgleichungen I, Gewöhnliche Differentialgleichungen' (Bibliographisches Institut, Mannheim, 1977)
- P. I. Katlan: 'Matlab Guide to Finite Elements' (Springer-Verlag, Heidelberg, 2007)
- P. Meyer-Nieberg: 'Banach Space Theory and its Applications' (Springer-Verlag, Heidelberg, 1983)
- (*) P. Moon, D. Eberle: 'Field Theory Handbook' (Springer-Verlag, Heidelberg, 1961)
- P. M. Morse and H. Feshbach: 'Methods of Theoretical Physics, Vol I and II' (McGraw Hill, New York, 1953)
- L. J. Slater, 'Confluent Hypergeometric Functions' (Cambridge University Press, Cambridge, 1960)
- A. Sommerfeld: 'Partielle Differentialgleichungen der Physik' (Verlag H. Deutsch, Frankfurt/M., 1978)
- W. Walter: 'Gewöhnliche Differentialgleichungen' (Springer-Verlag, Heidelberg, 2000)
- C. N. Watson, 'A treatise on the Theory of Bessel Functions' (Cambridge University Press, Cambridge, 1966)

Tabellen und Formelsammlungen

Allgemeine Formelsammlungen

- H.-J. Bartsch: 'Kleine Formelsammlung Mathematik' (Hanser Verlag, Leipzig, 1995)

- I. Bronstein, I. Semendjajew, G. Musiol, H. Mühlig: 'Taschenbuch der Mathematik' (Verlag H. Deutsch, Frankfurt/M., 2000)
- H. Stöcker: 'Mathematische Formeln und Moderne Verfahren' (Verlag H. Deutsch, Frankfurt/M., 1995)
- E. Hering, R. Martin, M. Stohrer: 'Physikalisch-Technisches Taschenbuch' (VDI Verlag, Düsseldorf, 1994)

Spezielle Funktionen

- M. Abramovitz, I. Stegun: 'Handbook of Mathematical Functions' (Dover Publications, New York, 1974)
- F. Lösch ed.: 'Jahnke, Emde, Lösch, Tafeln Höherer Funktionen' (Teubner, Stuttgart, 1966)
- (*) W. Magnus, F. Oberhettinger: 'Formeln und Sätze für die speziellen Funktionen der mathematischen Physik' (Springer-Verlag, Heidelberg, 1948)
- (*) I. N. Sneddon: 'Spezielle Funktionen der Mathematischen Physik' (Bibliographisches Institut, Mannheim, 1961)

Integraltafeln

- I. Gradstein, I. Ryshik: 'Summen-, Produkt- und Integraltafeln' Band I und II (Verlag H. Deutsch, Frankfurt/M., 1981)
- W. Gröbner, N. Hofreiter: 'Integraltafel' Band I und II (Springer-Verlag, Wien, 1975 und 1973)
- sowie die entsprechenden Abschnitte der Formelsammlungen

A Zahlenwerte

A.1 Grundgrößen

Elementarladung:

$$e = 4.803250 \cdot 10^{-10}\ \text{esu} = 1.602192 \cdot 10^{-19}\ \text{C}$$

Plancksche Konstante:

$$h = 6.626196 \cdot 10^{-27}\ \text{erg s}$$

Plancksche Konstante geteilt durch 2π:

$$\hbar = 1.0545919 \cdot 10^{-27}\ \text{erg s}$$

Lichtgeschwindigkeit:

$$c = 2.997925 \cdot 10^{8}\ \frac{\text{m}}{\text{s}}$$

ideale Gaskonstante:

$$R = 8.31434 \cdot 10^{7}\ \text{erg/(mol K)}$$

Boltzmannkonstante:

$$k = 1.380622 \cdot 10^{-16}\ \text{erg/K} = 0.862 \cdot 10^{-4}\ \frac{\text{eV}}{\text{K}}$$

1 atomare Masseneinheit:

$$1\ \text{amu} = 1.6605 \cdot 10^{-24}\ \text{g}$$

Ruhemasse des Elektrons:

$$m_0(e^-) = m_e = 9.109558 \cdot 10^{-28}\ \text{g}$$

Ruhemasse des Protons:

$$M_0(p) = 1.672614 \cdot 10^{-24}\ \text{g} \approx 1836\, m_e$$

Verhältnis der Proton- zu der Elektronmasse:

$$\frac{M_0(p)}{m_0(e^-)} = 1836.109$$

A.2 Atomare Größen

Ångstrøm:

$$1\,\text{Å} = 10^{-8}\ \text{cm}$$

Compton Wellenlänge des Elektrons:

$$\lambda_C(e^-) = \frac{h}{m_e\,c} = 2.4263096 \cdot 10^{-10}\ \text{cm} = 0.02426\,\text{Å}$$

Bohrscher Radius:

$$r_1 \equiv a_0 = \frac{\hbar^2}{m_e\,e^2} = 0.52917715 \cdot 10^{-8}\ \text{cm}$$

Grundzustandsenergie des Wasserstoffatoms:

$$E_1 = -\frac{e^2}{2\,r_1} = -13.605826\,\text{eV}$$

Rydbergkonstante:

$$R = \frac{|E_1|}{h\,c} = \frac{e^4\,m_e}{4\pi\,\hbar^3\,c} = 1.09737312 \cdot 10^5\ \text{cm}^{-1}$$

A.3 Energieeinheiten

Elektronvolt in mechanischen Einheiten:

$$1\ \text{eV} = 1.6021917 \cdot 10^{-12}\ \text{erg}$$

Hartree:

$$1\,\text{Hartree} = 1\,\text{a.u.} = \frac{e^2}{a_0} = 27.2116\ \ \text{eV}$$

Rydberg:

$$1\,\text{Rydberg} = 1\,\text{ryd} = \frac{e^2}{2a_0} = 13.6058\ \ \text{eV}\ .$$

B Schrödingergleichung in Kugelkoordinaten

B.1 Wasserstoff-/Coulombproblem

Eigenfunktionen:

$$\psi_{nlm}(\boldsymbol{r}) = R_{nl}(r)Y_{lm}(\Omega) = \left[\frac{u_{nl}(r)}{r}\right] Y_{lm}(\Omega)$$

Radialgleichung:

$$-\frac{\hbar^2}{2m_0}u''(r) - \frac{Ze^2}{r}u(r) + \frac{\hbar^2 l(l+1)}{2m_0 r^2}u(r) = Eu(r)$$

Energieeigenwerte:

$$E_n = -\frac{m_0 e^4 Z^2}{2\hbar^2}\frac{1}{n^2} \qquad n = 1,\, 2,\, 3,\, \dots$$

Für $m_0 = m_e$:

$$|E_1| = \frac{m_e e^4}{2\hbar^2} \approx 13.606\ \text{eV}$$

Radialanteil:

$$R_{nl}(r) = \frac{u_{nl}(r)}{r} = A_{nl}\, r^l\, \mathrm{e}^{-\lambda_n r}\, F(l+1-n, 2l+2; 2\lambda_n r)$$

$$= A_{nl}\,\frac{(n-l-1)!(2l+1)!}{(l+n)!}\, r^l\, \mathrm{e}^{-\lambda_n r}\, L_{n-l-1}^{(2l+1)}(2\lambda_n r)$$

mit

$$\lambda_n = \left[-\frac{2m_0 E_n}{\hbar^2}\right]^{1/2} = \frac{m_0 e^2}{\hbar^2}\frac{Z}{n} = \frac{Z}{a_0 n}$$

Normierungsfaktor:

$$A_{nl} = \frac{(2\lambda_n)^{l+3/2}}{(2l+1)!}\left[\frac{(n+l)!}{2n(n-l-1)!}\right]^{1/2}$$

Tabelle B.1. Radialanteile der Coulombwellenfunktionen:

	n	l	(n_r)	A_{nl}	R_{nl}/A_{nl}
$(1s)$	1	0	0	$2\lambda_1^{3/2}$	$\mathrm{e}^{-\lambda_1 r}$
$(2s)$		0	1	$2\lambda_2^{3/2}$	$(1-\lambda_2 r)\mathrm{e}^{-\lambda_2 r}$
$(2p)$	2	1	0	$\frac{2}{\sqrt{3}}\lambda_2^{5/2}$	$r\mathrm{e}^{-\lambda_2 r}$
$(3s)$		0	2	$2\lambda_3^{3/2}$	$(1-2\lambda_3 r+2\lambda_3^2 r^2/3)\mathrm{e}^{-\lambda_3 r}$
$(3p)$		1	1	$\frac{4\sqrt{2}}{3}\lambda_3^{3/2}$	$(r-\lambda_3 r^2/2)\mathrm{e}^{-\lambda_3 r}$
$(3d)$	3	2	0	$\frac{2}{3}\sqrt{\frac{2}{5}}\lambda_3^{7/2}$	$r^2\mathrm{e}^{-\lambda_3 r}$

B.2 Harmonischer Oszillator

Eigenfunktionen:

$$\psi_{nlm}(\boldsymbol{r}) = R_{nl}(r)Y_{lm}(\Omega) = \left[\frac{u_{nl}(r)}{r}\right] Y_{lm}(\Omega)$$

Radialgleichung:

$$u_l''(r) + \left[\frac{2m_0}{\hbar^2}E - \frac{m_0^2\omega^2}{\hbar^2}r^2 - \frac{l(l+1)}{r^2}\right] u_l(r) = 0$$

mit

$$\omega = \sqrt{\frac{b}{m_0}}$$

Energieeigenwerte:

$$E_{nl} = \hbar\omega\left(2n + l + \frac{3}{2}\right) \qquad n, l = 0,\, 1,\, 2,\, \ldots$$

$$E_{N(n,l)} = \hbar\omega\left(N + \frac{3}{2}\right) \qquad N = 2n + l = 0,\, 1,\, 2,\, \ldots$$

Radialanteil:

$$R_{nl}(r) = A_{nl}\, r^l\, \mathrm{e}^{-\lambda r^2/2}\, F(-n, l+3/2, \lambda r^2)$$

mit

$$\lambda = \frac{m_0\omega}{\hbar} = \frac{\sqrt{m_0 b}}{\hbar}$$

Normierungsfaktor:

$$A_{nl} = \frac{1}{\Gamma(l+3/2)} \left[2\lambda^{(l+3/2)} \frac{\Gamma(n+l+3/2)}{\Gamma(n+1)} \right]^{1/2}$$

Tabelle der Funktionen $R_{nl}(r)\, e^{\lambda r^2/2} = A_{nl}\, r^l F(-n, l+3/2; \lambda r^2)$:

$(n+1,\, l)$	$R_{nl}(r)\, e^{\lambda r^2/2}$
(1s)	$\sqrt{\frac{4\lambda^{3/2}}{\pi^{1/2}}}$
(1p)	$\sqrt{\frac{8\lambda^{5/2}}{3\pi^{1/2}}}\, r$
(2p)	$\sqrt{\frac{8\lambda^{3/2}}{3\pi^{1/2}}}(3/2 - \lambda r^2)$
(1d)	$\sqrt{\frac{16\lambda^{7/2}}{15\pi^{1/2}}}\, r^2$

C Formelsammlung

C.1 Spezielle Funktionen

Nomenklatur der Funktionen

Siehe auch Mathematische Ergänzungen II und III

$\Gamma(x)$	Gammafunktion
$\delta(x)$	Deltafunktion
$\Theta(x)$	Stufenfunktion
$B(x,y)$	Betafunktion
$C(x)\,,\ S(x)$	Fresnelintegrale
$F(a,b;c;x)$	hypergeometrische Funktion
$F(a;c;x)$	konfluente hypergeometrische Funktion
$H_n(n)$	Hermitesche Polynome
$h_l^{(\pm)}(x)$	sphärische Hankelfunktionen
$J_\nu(x)\,,\ N_\nu(x)$	Besselfunktionen
$j_l(x)$	sphärische Besselfunktionen
$L_n(x)$	einfache Laguerresche Polynome
$L_n^\alpha(x)$	zugeordnet Laguerresche Polynome
$M_{k,m}(x)\,,\ W_{k,m}(x)$	Whittakerfunktion
$n_l(x)$	sphärische Neumannfunktionen
$P_l(x)$	Legendre Polynome
$U_\nu(w,z)\,,\ V_\nu(w,z)$	Lommelfunktionen
$u_l(x)$	Bessel-Riccati Funktionen
$v_l(x)$	Neumann-Riccati Funktionen
$w_l^{(\pm)}(x)$	Hankel-Riccati Funktionen
$Y_{lm}(\Omega)$	Kugelflächenfunktion

C.1.1 Die konfluente hypergeometrische Funktion $F(a; c; x)$

- Kummersche Differentialgleichung:

$$x\frac{\mathrm{d}^2y(x)}{\mathrm{d}x^2} + [c-x]\frac{\mathrm{d}y(x)}{\mathrm{d}x} - ay(x) = 0$$

- Lösungen:

$$y_1(x) = F(a,c\,;x) = 1 + \frac{a}{c}x + \frac{a(a+1)}{c(c+1)}\frac{x^2}{2!} + \dots$$

$$= \frac{\Gamma(c)}{\Gamma(a)}\sum_0^\infty \frac{\Gamma(a+n)}{\Gamma(c+n)}\frac{x^n}{n!}$$

$$y_2(x) = x^{1-c}F(a-c+1, 2-c; x)$$

Die Lösungen sind linear unabhängig, $y_1(x)$ ist bei $x = 0$ regulär.

- Ableitungen und Integrale:

$$\frac{\mathrm{d}}{\mathrm{d}x}F(a,c;x) = \frac{a}{c}F(a+1, c+1; x)$$

$$\frac{\mathrm{d}^n}{\mathrm{d}x^n}F(a,c;x) = \frac{(a)_n}{(c)_n}F(a+n, c+n; x) \qquad n = 1,\,2,\,\dots$$

$$\frac{\mathrm{d}}{\mathrm{d}x}\left\{x^a F(a,c;x)\right\} = ax^{a-1}F(a+1,c;x)$$

$$\frac{\mathrm{d}}{\mathrm{d}x}\left\{\mathrm{e}^{-x}F(a,c;x)\right\} = -\frac{(c-a)}{b}\mathrm{e}^{-x}F(a,c+1;x)$$

$$F(a+1,c;x) = F(a,c;x) + \frac{x}{a}\frac{\mathrm{d}}{\mathrm{d}x}F(a,c;x)$$

$$F(a,c+1;x) = \frac{c}{(c-a)}\left\{F(a,c;x) - \frac{\mathrm{d}}{\mathrm{d}x}F(a,c;x)\right\}$$

Unbestimmte Integrale:

$$\int \mathrm{d}x\; F(a,c;x) = \frac{(b-1)}{(a-1)}F(a-1,c-1;x) \qquad (a \neq 1)$$

$$\int \mathrm{d}x\; x^{a-2}F(a,c;x) = \frac{x^{a-1}}{(a-1)}F(a-1,c;x) \qquad (a \neq 1)$$

$$\int \mathrm{d}x\; \mathrm{e}^{-x}F(a,c;x) = \frac{\mathrm{e}^{-x}(c-1)}{(a+1-c)}F(a,c-1;x) \qquad (c-a \neq 1)$$

- Rekursionsformeln (Auswahl):

$$c(a+x)F(a,c;x) - (c-a)xF(a,c+1;x) - acF(a+1,c;x) = 0$$

$$cF(a,c;x) - (c-a)F(a,c+1;x) - aF(a+1,c+1;x) = 0$$

$$cF(a,c;x) - cF(a-1,c;x) - xF(a,c+1;x) = 0$$

$$(2a-c+x)F(a,c;x) + (c-a)F(a-1,c;x) - aF(a+1,c;x) = 0$$

- Integraldarstellung:

$$F(a,c;x) = \frac{\Gamma(c)}{\Gamma(a)\Gamma(c-a)} \int_0^1 \mathrm{d}t\, \mathrm{e}^{xt} t^{a-1}(1-t)^{c-a-1}$$

- Asymptotische Entwicklungen:

$$\lim_{x\to+\infty} F(a,c\,;x) = \frac{\Gamma(c)}{\Gamma(a)}\, \mathrm{e}^x\, x^{a-c}$$

$$\lim_{x\to-\infty} F(a,c\,;x) = \frac{\Gamma(c)}{\Gamma(c-a)}(-x)^{-a}$$

- Spezialfälle (Beispiele):

$$\mathrm{e}^x = F(a,a\,;x)$$

$$\sin x = x\mathrm{e}^{\mathrm{i}x} F(1,2;-2\mathrm{i}x)$$

$$J_\nu(x) = \frac{x^\nu \mathrm{e}^{-\mathrm{i}x}}{2^\nu \Gamma(\nu+1)} F\left(\nu+\frac{1}{2}, 2\nu+1; 2\mathrm{i}x\right)$$

$$j_l(x) = \frac{x^l \Gamma(1/2)\mathrm{e}^{-\mathrm{i}x}}{2^{l+1}\Gamma(l+3/2)} F(l+1, 2l+2; 2\mathrm{i}x)$$

C.1.2 Die Hermiteschen Polynome $H_n(x)$

- Differentialgleichung:

$$\frac{\mathrm{d}^2 y(x)}{\mathrm{d}x^2} - 2x\frac{\mathrm{d}y(x)}{\mathrm{d}x} + 2\alpha y(x) = 0$$

- Lösung mit $\alpha = n$:
  Normierung $\longrightarrow$ Term mit der höchsten Potenz hat die Form $2^n x^n$

$$H_n(n) = \sum_{r=0}^{[n/2]} (-1)^r \frac{n!}{r!(n-2r)!}(2x)^{n-2r}$$

mit der Notation

$$[n/2] = \begin{cases} n/2 & \text{für } n \text{ gerade} \\ (n-1)/2 & \text{für } n \text{ ungerade} \end{cases}$$

- Explizite Polynome mit niedrigster Ordnung:

$$H_0(x) = 1$$

$$H_1(x) = 2x$$

$$H_2(x) = 4x^2 - 2$$

$$H_3(x) = 8x^3 - 12x$$

$$H_4(x) = 16x^4 - 48x^2 + 12$$

$$H_5(x) = 32x^5 - 160x^3 + 120x$$

- Erzeugende Funktion:

$$g(t,x) = \mathrm{e}^{2tx-t^2} = \sum_{n=0}^{\infty} \frac{t^n}{n!}\, H_n(x)$$

- Spezielle Werte:

$$H_{2n}(0) = (-1)^n \frac{(2n)!}{n!}$$

$$H_{2n+1}(0) = 0$$

- Rodriguesformel:

$$H_n(x) = (-1)^n \mathrm{e}^{x^2} \frac{\mathrm{d}^n}{\mathrm{d}x^n} \mathrm{e}^{-x^2}$$

- Orthogonalitätsrelation:

$$\int_{-\infty}^{\infty} \mathrm{d}x\, \mathrm{e}^{-x^2} H_n(x) H_m(x) = 2^n n! \sqrt{\pi}\, \delta_{nm}$$

- Ableitungs- und Rekursionsformeln:

$$H_n'(x) = 2nH_{n-1} \quad \text{für} \quad n \geq 1\,, \qquad H_0'(x) = 0$$

$$H_{n-1}'(x) = 2xH_{n-1}(x) - H_n(x)$$

$$\frac{\mathrm{d}^m}{\mathrm{d}x^m} \{H_n(x)\} = \frac{2^m n!}{(n-m)!} H_{n-m}(x) \qquad (n > m)$$

$$H_{n+1}(x) = 2xH_n(x) - 2nH_{n-1}(x)$$

- Integrale:

$$\int_{-\infty}^{\infty} \mathrm{d}x\, x\, \mathrm{e}^{-x^2} H_n(x) H_m(x) = \sqrt{\pi}\,\big(2^{n-1} n!\, \delta_{n-1,m} + 2^n (n+1)!\, \delta_{n+1,m}\big)$$

$$\frac{2}{n!\sqrt{\pi}} \int_0^{\infty} \mathrm{d}t\, t^n \mathrm{e}^{-t^2} = P_n(x) H_n(xt)$$

C.1.3 Die Laguerreschen Polynome $L_n(x)$, $L_n^\alpha(x)$

sind reguläre Lösungen der Differentialgleichung

$$x \frac{\mathrm{d}^2}{\mathrm{d}x^2} L_n^\alpha(x) + (\alpha + 1 - x) \frac{\mathrm{d}}{\mathrm{d}x} L_n^\alpha(x) + n L_n^\alpha(x) = 0$$

mit der Normierung

$$\lim_{x \to \infty} \frac{1}{x^n} L_n^\alpha(x) = (-1)^n \frac{1}{n!}$$

C.1.4 Die einfachen Laguerreschen Polynome

- Differentialgleichung ($\alpha = 0$):

$$x \frac{\mathrm{d}^2}{\mathrm{d}x^2} L_n(x) + (1 - x) \frac{\mathrm{d}}{\mathrm{d}x} L_n(x) + n L_n(x) = 0$$

Lösung:

$$L_n(x) = \sum_{r=0}^{n} (-1)^r \frac{n!}{(n-r)!(r!)^2} x^r$$

- Die einfachsten Polynome:

$$L_0(x) = 1$$

$$L_1(x) = 1 - x$$

$$L_2(x) = \frac{1}{2!}(2 - 4x + x^2)$$

$$L_3(x) = \frac{1}{3!}(6 - 18x + 9x^2 - x^3)$$

$$L_4(x) = \frac{1}{4!}(24 - 96x + 72x^2 - 16x^3 + x^4)$$

- Erzeugende Funktion:

$$g(x,t) = \frac{\exp[-xt/(1-t)]}{(1-t)} = \sum_{n=0}^{\infty} L_n(x) t^n$$

- Rodriguesformel:

$$L_n(x) = \frac{\mathrm{e}^x}{n!}\frac{\mathrm{d}^n}{\mathrm{d}x^n}\left(x^n \mathrm{e}^{-x}\right)$$

- Spezielle Werte:

$$L_n(0) = 1 \qquad L_n'(0) = -n \qquad L_n'(0) + nL_n(0) = 0$$

- Orthogonalitätsrelation:

$$\int_0^\infty \mathrm{d}x\, \mathrm{e}^{-x} L_n(x) L_m(x) = \delta_{nm}$$

- Rekursionsformeln:

$$(n+1)L_{n+1}(x) = (2n+1-x)L_n(x) - nLn - 1(x)$$

$$L_{n-1}(x) = L_{n-1}'(x) - L_n'(x)$$

$$xL_n'(x) = nL_n(x) - nL_{n-1}(x)$$

- Ableitungsformel:

$$\frac{\mathrm{d}}{\mathrm{d}x} L_n(x) = -\sum_{s=0}^{n-1} L_s(x)$$

C.1.5 Die zugeordneten Laguerreschen Polynome

- Differentialgleichung:

$$x\frac{\mathrm{d}^2}{\mathrm{d}x^2} L_n^\alpha(x) + (\alpha + 1 - x)\frac{\mathrm{d}}{\mathrm{d}x} L_n^\alpha(x) + nL_n^\alpha(x) = 0$$

- Darstellung durch die konfluente hypergeometrische Funktion :

$$L_n^\alpha(x) = \frac{\Gamma(\alpha+n+1)}{\Gamma(n+1)\Gamma(\alpha+1)} F(-n, \alpha+1; x)$$

$$= \frac{(\alpha+n)!}{n!\alpha!} F(-n, \alpha+1; x)$$

$$= \sum_{r=0}^{n} (-1)^r \frac{(n+\alpha)!}{(n-r)!(\alpha+r)!r!}\, x^r$$

- Darstellung durch Ableitung der einfachen Laguerreschen Polynome:

$$L_n^\alpha(x) = (-1)^\alpha \frac{\mathrm{d}^\alpha}{\mathrm{d}x^\alpha} L_{n+\alpha}(x)$$

- Die einfachsten zugeordneten Polynome:

$$L_0^\alpha(x) = 1$$

$$L_1^\alpha(x) = (\alpha + 1 - x)$$

$$L_2^0(x) = 1 - 2x + \frac{x^2}{2!} \quad L_2^1(x) = 3 - 3x + \frac{x^2}{2!} \quad L_2^2(x) = 6 - 4x + \frac{x^2}{2!}$$

$$L_3^0(x) = 1 - 3x + \frac{3x^2}{2} - \frac{x^3}{3!} \quad L_3^1(x) = 4 - 6x + 2x^2 - \frac{x^3}{3!} \dots$$

- Erzeugende Funktion:

$$g_\alpha(x,t) = \frac{\mathrm{e}^{-xt/(1-t)}}{(1-t)^{\alpha+1}} = \sum_{n=0}^{\infty} t^n L_n^\alpha(x)$$

- Rodriguesformel:

$$L_n^\alpha(x) = \frac{\mathrm{e}^x}{x^\alpha (n)!} \frac{\mathrm{d}^n}{\mathrm{d}x^n} \left(x^n \mathrm{e}^{-x}\right)$$

- Rekursionsformeln:

$$(\alpha + n) L_{n-1}^\alpha(x) + (x - \alpha - 2n - 1) L_n^\alpha(x) + (n+1) L_{n+1}^\alpha(x) = 0$$

$$L_{n-1}^\alpha(x) = \frac{\mathrm{d}}{\mathrm{d}x} \left[L_{n-1}^\alpha(x) - L_n^\alpha(x)\right]$$

- Integrale:

$$\int_0^\infty \mathrm{d}x\, x^\alpha \mathrm{e}^{-x} L_{n'}^\alpha(x) L_n^\alpha(z) = 0 \qquad \text{für} \quad n \neq n'$$

$$\int_0^\infty \mathrm{d}x\, x^\alpha \mathrm{e}^{-x} \left(L_n^{(\alpha)}(x)\right)^2 = \frac{\Gamma(\alpha + n + 1)}{\Gamma(n+1)} = \frac{(\alpha + n)!}{n!}$$

- Additionstheorem:

$$L_n^{\alpha+\beta+1}(x + z) = \sum_{r=0}^{n} L_r^\alpha(x) L_{n-r}^\beta(z)$$

C.1.6 Bessel-Riccati Funktionen

- Differentialgleichung:

$$\frac{\mathrm{d}^2 f_l(x)}{\mathrm{d}x^2} + \left[1 - \frac{l(l+1)}{x^2}\right] f_l(x) = 0$$

- Lösungen:
  Reguläre Lösungen → Bessel-Riccati Funktionen $f_l(x) = u_l(x)$.
  Singuläre Lösungen → Neumann-Riccati Funktionen $f_l(x) = v_l(x)$

- Rekursionsformel:

$$f_{l+1}(x) = \frac{(l+1)}{x} f_l(x) - f_l'(x)$$

- Erzeugung der Funktionen durch Rekursion:
Beginne Rekursion mit Lösung der Differentialgleichung für $l = 0$

$$f_0''(x) + f_0(x) = 0$$

$$u_0(x) = \sin x$$

$$u_1(x) = \frac{1}{x} \sin x - \cos x$$

$$u_2(x) = \left(\frac{3}{x^2} - 1\right) \sin x - \frac{3}{x} \cos x$$

$$\vdots$$

$$v_0(x) = -\cos x$$

$$v_1(x) = -\frac{1}{x} \cos x - \sin x$$

$$v_2(x) = \left(1 - \frac{3}{x^2}\right) \cos x - \frac{3}{x} \sin x$$

$$\vdots$$

(Vorzeichen von $v_0(x)$ Konvention)
Hankel-Riccati Funktionen (alternatives Fundamentalsystem, beachte Varianten in der Normierung):

$$w_0^{(+)}(x) = u_0(x) + \mathrm{i} v_0(x) = -\mathrm{i} \mathrm{e}^{\mathrm{i}x}$$

$$w_0^{(-)}(x) = u_0(x) - \mathrm{i} v_0(x) = \mathrm{i} \mathrm{e}^{-\mathrm{i}x}$$

$$w_1^{(+)}(x) = u_1(x) + \mathrm{i} v_1(x) = -\left(\frac{\mathrm{i}}{x} + 1\right) \mathrm{e}^{\mathrm{i}x}$$

$$w_1^{(-)}(x) = u_1(x) - \mathrm{i} v_1(x) = \left(\frac{\mathrm{i}}{x} - 1\right) \mathrm{e}^{-\mathrm{i}x}$$

$$w_2^{(+)}(x) = u_2(x) + \mathrm{i} v_2(x) = -\left(\frac{3\mathrm{i}}{x^2} + \frac{3}{x} - \mathrm{i}\right) \mathrm{e}^{\mathrm{i}x}$$

$$w_2^{(-)}(x) = u_2(x) - \mathrm{i} v_2(x) = \left(\frac{3\mathrm{i}}{x^2} - \frac{3}{x} - \mathrm{i}\right) \mathrm{e}^{-\mathrm{i}x}$$

$$\vdots$$

- Verhalten für $x \to 0$:

$$u_l(x) \stackrel{x\to 0}{\longrightarrow} \frac{x^{l+1}}{(2l+1)!!}$$

$$v_l(x) \stackrel{x\to 0}{\longrightarrow} -\frac{(2l-1)!!}{x^l}$$

- Asymptotisches Verhalten:

$$u_l(x) \stackrel{x\to\infty}{\longrightarrow} \sin\left(x - l\frac{\pi}{2}\right)$$

$$v_l(x) \stackrel{x\to\infty}{\longrightarrow} -\cos\left(x - l\frac{\pi}{2}\right)$$

- Integraldarstellung der regulären Bessel-Riccati Funktion:

$$u_l(x) = (-\mathrm{i})^l \, \frac{x}{2} \int_{-1}^{1} \mathrm{d}t \, \mathrm{e}^{\mathrm{i}tx} P_l(t)$$

- Wronskideterminante:

$$W(x) = u_l(x)v_l'(x) - u_l'(x)v_l(x) = 1$$

C.1.7 Sphärische Besselfunktionen

- Relation Riccati Funkionen mit sphärischen Besselfunktionen:

$$\text{sphärische Besselfunktion} : j_l(x) = \frac{u_l(x)}{x}$$

$$\text{sphärische Neumannfunktion} : n_l(x) = \frac{v_l(x)}{x}$$

$$\text{sphärische Hankelfunktionen} : h_l^{(\pm)}(x) = \frac{w_l^{(\pm)}(x)}{x}$$

- Relation sphärische Besselfunktionen mit Besselfunktionen:

$$j_l(x) = \sqrt{\frac{\pi}{2x}}\, J_{l+1/2}(x) \qquad n_l(x) = \sqrt{\frac{\pi}{2x}}\, N_{l+1/2}(x) \qquad \text{etc.}$$

- Rekursionsrelationen:

für $R_l(x) \to j_l(x),\ n_l(x),\ h_l^{(\pm)}(x)$

$$R_{l+1}(x) = \frac{(2l+1)}{x} R_l(x) - R_{l-1}(x)$$

$$(2l+1)R_l'(x) = lR_{l-1}(x) - (l+1)R_{l+1}(x)$$

und

$$\frac{\mathrm{d}}{\mathrm{d}x}\left(x^{l+1}j_l(x)\right) = x^{l+1}j_{l-1}(x)$$

$$\frac{\mathrm{d}}{\mathrm{d}x}\left(x^{-l}j_l(x)\right) = -x^{-l}j_{l+1}(x)$$

- Rayleighs Formeln:

$$j_l(x) = (-1)^l x^l \left(\frac{1}{x}\frac{\mathrm{d}}{\mathrm{d}x}\right)^l \left(\frac{\sin x}{x}\right)$$

$$n_l(x) = (-1)^l x^l \left(\frac{1}{x}\frac{\mathrm{d}}{\mathrm{d}x}\right)^l \left(\frac{\cos x}{x}\right)$$

$$h_l^{(\pm)}(x) = \mp\mathrm{i}(-1)^l x^l \left(\frac{1}{x}\frac{\mathrm{d}}{\mathrm{d}x}\right)^l \left(\frac{\mathrm{e}^{\pm\mathrm{i}x}}{x}\right)$$

- Asymptotisches Verhalten:

$$J_\nu(x) \to \sqrt{\frac{2}{\pi x}}\cos\left(x - \left[\nu + \frac{1}{2}\right]\frac{\pi}{2}\right)$$

$$j_l(x) \to \frac{1}{x}\sin\left(x - l\frac{\pi}{2}\right)$$

- Verhalten für $x \longrightarrow 0$:

$$J_\nu(x) \to \frac{1}{\Gamma(\nu+1)}\left(\frac{x}{2}\right)^\nu$$

$$j_l(x) \to \frac{x^l}{(2l+1)!!}$$

- Wronskideterminante:

$$W(x) = J_\nu(x)N'_\nu(x) - J'_\nu(x)N_\nu(x) = \frac{2}{\pi x}$$

$$W(x) = j_l(x)n'_l(x) - j'_l(x)n_l(x) = \frac{1}{x^2}$$

- Orthogonalitätsrelation:

$$\int_0^\infty \mathrm{d}x\; j_l(x)j_n(x) = \frac{\sin\left([l-n]\frac{\pi}{2}\right)}{(l(l+1) - n(n+1))} \qquad l \neq n$$

$$\int_0^\infty \mathrm{d}x\; j_l^2(x) = \left[\frac{\frac{\pi}{2}\cos\left([l-n]\frac{\pi}{2}\right)}{(2l+1)}\right]_{n=l} = \frac{\pi}{2(2l+1)} \qquad l = n$$

C.1.8 Die Fresnelintegrale

- Definition:

$$C(x) = \int_0^x \mathrm{d}t \, \cos\left(\frac{\pi}{2} t^2\right) \qquad S(x) = \int_0^x \mathrm{d}t \, \sin\left(\frac{\pi}{2} t^2\right)$$

- Alternative Form der Fresnelintegrale:

$$C(x) = \frac{1}{\sqrt{2\pi}} \int_0^{z_m(x)} \mathrm{d}z \, \frac{\cos z}{\sqrt{z}} \qquad S(x) = \frac{1}{\sqrt{2\pi}} \int_0^{z_m(x)} \mathrm{d}z \, \frac{\sin z}{\sqrt{z}}$$

mit $z_m(x) = \pi x^2/2$

- Verknüpfung Fresnelintegrale → Fehlerfunktion:

$$C(x) + \mathrm{i}S(x) = \frac{(1+\mathrm{i})}{2} \, \mathrm{erf}\left(\frac{\sqrt{\pi}(1-\mathrm{i})x}{2}\right)$$

- Fehlerfunktion:

$$\mathrm{erf}\, x = \frac{2}{\sqrt{\pi}} \int_0^x \mathrm{d}t \, \mathrm{e}^{-t^2} \qquad \text{mit} \qquad \lim_{x \to \infty} \mathrm{erf}\, x = 1$$

- Darstellung der Fresnelintegrale:

$$C(x) = \frac{1}{2} + f(x) \sin\left(\frac{\pi}{2} x^2\right) - g(x) \cos\left(\frac{\pi}{2} x^2\right)$$

$$S(x) = \frac{1}{2} - f(x) \cos\left(\frac{\pi}{2} x^2\right) - g(x) \sin\left(\frac{\pi}{2} x^2\right)$$

- Asymptotisches Verhalten:

$$C(x) = \frac{1}{2} + \frac{1}{\pi x} \left\{ \left(1 - \frac{3}{\pi^2 x^4} + \ldots\right) \sin\left(\frac{\pi x^2}{2}\right) - \left(\frac{1}{\pi x^2} - \frac{15}{\pi^3 x^6} + \ldots\right) \cos\left(\frac{\pi x^2}{2}\right) \right\}$$

$$S(x) = \frac{1}{2} - \frac{1}{\pi x} \left\{ \left(1 - \frac{3}{\pi^2 x^4} + \ldots\right) \cos\left(\frac{\pi x^2}{2}\right) + \left(\frac{1}{\pi x^2} - \frac{15}{\pi^3 x^6} + \ldots\right) \sin\left(\frac{\pi x^2}{2}\right) \right\}$$

- Grenzwert für $x \longrightarrow \infty$:

$$\lim_{x \to \infty} C(x) = \lim_{x \to \infty} S(x) = \frac{1}{2}$$

C.2 Clebsch-Gordan Koeffizienten für die Spin-Bahn Kopplung

Notation:

$$C(l\tfrac{1}{2}j; m_l m_s m) \equiv \begin{bmatrix} l & \frac{1}{2} & j \\ m_l & m_s & m \end{bmatrix}$$

Tabelle:

$j \setminus m_s$	$m_s = \frac{1}{2}$	$m_s = -\frac{1}{2}$
$l + \frac{1}{2}$	$\left[\frac{l+m+\frac{1}{2}}{2l+1}\right]^{\frac{1}{2}}$	$\left[\frac{l-m+\frac{1}{2}}{2l+1}\right]^{\frac{1}{2}}$
$l - \frac{1}{2}$	$-\left[\frac{l-m+\frac{1}{2}}{2l+1}\right]^{\frac{1}{2}}$	$\left[\frac{l+m+\frac{1}{2}}{2l+1}\right]^{\frac{1}{2}}$

Spezialfall $l = 0$, $j = 1/2$:

$$\begin{bmatrix} 0 & \frac{1}{2} & \frac{1}{2} \\ 0 & m & m \end{bmatrix} = 1$$

Index

Printed in the United States
By Bookmasters